Lineare Algebra für Dummies – Schummelseite

Körpergesetze (gelten in $\mathbb{Q}$, $\mathbb{R}$, $\mathbb{C}$)

Assoziativgesetz: $x + (y + z) = (x + y) + z,\ x \cdot (y \cdot z) = (x \cdot y) \cdot z$

Kommutativgesetz: $x + y = y + x,\ x \cdot y = y \cdot x$

Neutralelemente (Null, Eins): $x + 0 = 0 + x = x,\ x \cdot 1 = 1 \cdot x = x$

Inverse Elemente: $x + (-x) = 0,\ x \cdot \frac{1}{x} = 1$ für $x \neq 0$

Distributivgesetz: $x \cdot (y + z) = x \cdot y + x \cdot z$

W0386865

Vektoroperationen (am Beispiel $\mathbb{R}^3$)

Vektoraddition: $\begin{pmatrix} x_1 \\ y_1 \\ z_1 \end{pmatrix} + \begin{pmatrix} x_2 \\ y_2 \\ z_2 \end{pmatrix} = \begin{pmatrix} x_1 + x_2 \\ y_1 + y_2 \\ z_1 + z_2 \end{pmatrix}$

Skalare Multiplikation: $k \cdot \begin{pmatrix} x \\ y \\ z \end{pmatrix} = \begin{pmatrix} k \cdot x \\ k \cdot y \\ k \cdot z \end{pmatrix}$

Skalarprodukt: $\begin{pmatrix} x_1 \\ y_1 \\ z_1 \end{pmatrix} \cdot \begin{pmatrix} x_2 \\ y_2 \\ z_2 \end{pmatrix} = x_1 \cdot x_2 + y_1 \cdot y_2 + z_1 \cdot z_2$

Kreuzprodukt: $\begin{pmatrix} x_1 \\ y_1 \\ z_1 \end{pmatrix} \times \begin{pmatrix} x_2 \\ y_2 \\ z_2 \end{pmatrix} = \begin{pmatrix} y_1 z_2 - z_1 y_2 \\ z_1 x_2 - x_1 z_2 \\ x_1 y_2 - y_1 x_2 \end{pmatrix}$

Spatprodukt: $[\vec{u}\vec{v}\vec{w}] = \vec{u} \cdot (\vec{v} \times \vec{w})$

Norm/Betrag: $\left\| \begin{pmatrix} x \\ y \\ z \end{pmatrix} \right\| = \sqrt{x^2 + y^2 + z^2}$

Winkel zwischen Vektoren: $\cos\alpha = \frac{\vec{u} \cdot \vec{v}}{\|\vec{u}\| \cdot \|\vec{v}\|}$ oder $\sin\alpha = \frac{\|\vec{u} \times \vec{v}\|}{\|\vec{u}\| \cdot \|\vec{v}\|}$

Lineare Algebra für Dummies – Schummelseite

Matrix-Bezeichnungen

Name	Symbol	Bedeutung
Transponierte	M^T	Vertauschen von Zeilen und Spalten
Adjungierte	M^*	Transposition und komplexe Konjugation $M^* = \bar{M}^T = \overline{M^T}$
Inverse	M^{-1}	Eindeutige Matrix mit $M^{-1} \cdot M = I$
Komplementäre Matrix, Adjunkte	$\tilde{M}$	Transponierte der Kofaktormatrix: $\tilde{M} = \det(M) \cdot M^{-1}$
Charakteristische Gleichung von M	$\det(\lambda \cdot I - M) = 0$	Die λs sind die *Eigenwerte* von M

Matrixeigenschaften I

Eigenschaft	Bezeichnung
$\det(M) \neq 0$	M ist *regulär* und *invertierbar*
$M^n = M$	M ist *idempotent*
$M^n =$ Nullmatrix	M ist *nilpotent*

Matrixeigenschaften II

Eigenschaft	Einträge rein reell	Einträge komplex
$M = M^*$	*symmetrisch*	*hermitesch*
$M = -M^*$	*schiefsymmetrisch*	*schiefhermitesch*
$M^{-1} = M^*$	*orthogonal*	*unitär*

Lineare Algebra für Dummies – Schummelseite

Ähnlichkeit und Diagonalisierbarkeit von Matrizen

A ist *ähnlich* zu B, falls C existiert mit: $A = C^{-1} \cdot B \cdot C$

A ist *diagonalisierbar*, falls eine Diagonalmatrix D ähnlich zu A ist mit $D = U^{-1} \cdot A \cdot U$. U ist die *Übergangsmatrix*. Die Elemente von D auf der Hauptdiagonalen sind die *Eigenwerte* von A. A lässt sich dann leicht *potenzieren*: $A^m = U \cdot D^m \cdot U^{-1}$

Abstandsformeln

Punkt p_1 zu Punkt p_2: $d = \| \vec{p}_1 - \vec{p}_2 \|$

Punkt p zu Gerade G mit G: $\vec{x} = \vec{a} + \lambda \vec{r}$ $\quad d = \dfrac{\| (\vec{p} - \vec{a}) \times \vec{r} \|}{\| \vec{r} \|}$

Punkt p zu Ebene E mit E: $\vec{n}(\vec{x} - \vec{a}) = 0$ $\quad d = \dfrac{| (\vec{p} - \vec{a}) \cdot \vec{n} |}{\| \vec{n} \|}$

Geraden G_1 und G_2 mit $G_1: \vec{x} = \overrightarrow{a_1} + \lambda \overrightarrow{r_1}$ und $G_2: \vec{x} = \overrightarrow{a_2} + \mu \overrightarrow{r_2}$

- ✔ G_1 und G_2 parallel: $d = \dfrac{\| (\overrightarrow{a_1} - \overrightarrow{a_2}) \times \overrightarrow{r_2} \|}{\| \overrightarrow{r_2} \|}$ $\quad (\overrightarrow{r_1} \times \overrightarrow{r_2} = \vec{0})$
- ✔ G_1 und G_2 windschief: $d = \dfrac{| (\overrightarrow{a_1} - \overrightarrow{a_2}) \cdot (\overrightarrow{r_1} \times \overrightarrow{r_2}) |}{\| \overrightarrow{r_1} \times \overrightarrow{r_2} \|}$ $\quad (\overrightarrow{r_1} \times \overrightarrow{r_2} \neq \vec{0})$

Gerade G zu paralleler Ebene E: $d = \dfrac{| (\overrightarrow{a_g} - \overrightarrow{a_e}) \cdot \vec{n} |}{\| \vec{n} \|}$ $\quad (\vec{n} \cdot \vec{r} = 0)$

Parallele Ebenen E_1 und E_2: $d = \dfrac{| (\overrightarrow{a_1} - \overrightarrow{a_2}) \cdot \overrightarrow{n_2} |}{\| \overrightarrow{n_2} \|}$ $\quad (\overrightarrow{n_1} \times \overrightarrow{n_2} = \vec{0})$

Basiswechsel

$A = T^{-1} \cdot A \cdot S$

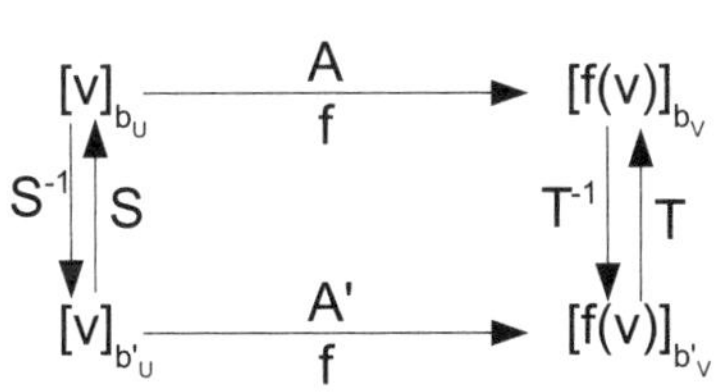

Lineare Algebra für Dummies – Schummelseite

Dimensionssatz für lineare Abbildung *f*

$\dim(V) = \dim(\mathrm{Kern}(f)) + \dim(\mathrm{Bild}(f))$

Produktsatz für Determinanten

$\det(M \cdot N) = \det(M) \cdot \det(N)$

Satz von Cayley-Hamilton

Jede Matrix erfüllt ihre eigene charakteristische Gleichung!

Spektralsatz

Sei A symmetrisch/hermitesch. Dann gilt:

- ✔ A ist diagonalisierbar mit Eigenwerten $\lambda_1, \ldots, \lambda_n \in \mathbb{R}$
- ✔ A ist in Projektionen zerlegbar: $A = \lambda_1 \cdot P_1 + \ldots + \lambda_n \cdot P_n$
- ✔ dabei gilt: $P_1 + \ldots + P_n = I$ und $P_i \cdot P_j = 0$ für alle $i \neq j$

Lineare Algebra für Dummies

Ernst Georg Haffner

Lineare Algebra für Dummies

Fachkorrektur von
Dr. Patrick Kühnel

WILEY-VCH

WILEY-VCH Verlag GmbH & Co. KGaA

Bibliografische Information der Deutschen Nationalbibliothek
Die Deutsche Nationalbibliothek verzeichnet diese Publikation in der Deutschen Nationalbibliografie; detaillierte bibliografische Daten sind im Internet über http://dnb.d-nb.de abrufbar.

1. Auflage 2012

2. Nachdruck 2016

Printed in Germany

Gedruckt auf säurefreiem Papier

Coverfoto: © iStock.com/Pavel Bolotov
Satz: Beltz Bad Langensalza GmbH, Bad Langensalza
Druck und Bindung: CPI books GmbH, Leck

ISBN: 978-3-527-70721-8

Cartoons im Überblick

von Rich Tennant

Seite 27

Seite 117

»Erst hat er nur ein paar lineare Gleichungen hingeschrieben und irgendwelche Sätze darauf angewendet, aber ehe ich wusste, wie mir geschieht, hatte ich diesen Hohlraumrostschutz gekauft!«

Seite 249

Seite 341

Seite 467

Fax: 001-978-546-7747
Internet: www.the5thwave.com
E-Mail: richtennant@the5thwave.com

Inhaltsverzeichnis

Kapitel 7
Die Matrix ist überall 177

Kapitel 8
Die lineare Unabhängigkeitserklärung 207

Kapitel 11 Abstand halten und schneiden 275

Kapitel 12 Geometrische Transformationen 303

Teil IV
Lineare Algebra for Runaway Dummies 341

Kapitel 13
Raubtierfütterung der Morphismen 343

Kapitel 14
Ganz bestimmte Determinanten 371

Einführung

Wollen Sie richtig Eindruck bei Ihren Freunden und Verwandten schinden, so verwenden Sie doch einfach bei passender Gelegenheit mathematische Fachausdrücke wie beispielsweise *Algebra, Matrix* oder *Vektor*. Wenn Sie diese Nomen dann noch mit spezifischen Adjektiven wie *linear, affin* oder *skalar* kombinieren, bleibt die offene oder unausgesprochene Bewunderung gewiss nicht aus.

Voraussetzung dafür ist selbstverständlich, dass Sie genau wissen, worum es sich dabei handelt. Die Basis dafür haben Sie bereits erfolgreich gelegt, indem Sie dieses Buch in Händen halten.

Zu diesem Buch

In diesem Buch werden Sie rasch und ohne Schnörkel alles Wichtige über die lineare Algebra erfahren, von den Grundlagen bis hin zu den tiefgründigsten Erkenntnissen.

Mathematische Abhandlungen und selbst die meisten Lehrbücher neigen dazu, möglichst knapp und kompakt ihre Inhalte zu vermitteln. »Jedes Wort zuviel verwässert die reine Lehre«, das ist die Devise. Warum aufwändig einen Sachverhalt erklären, wenn man genauso gut eine kryptische Formel angeben kann, die – allerdings nur für Eingeweihte – alles Wesentliche bereits enthält? Viele Leser werden durch diese Art von Mathematik abgeschreckt, wenn nicht gar verängstigt.

Ich verspreche Ihnen, dass dieses Buch anders ist. Es wird Sie sanft in eine der zweifellos wichtigsten Teilgebiete der Mathematik entführen. Sie werden sich wundern, wie viel Spaß und Unterhaltung sogar die kompliziertesten Sachverhalte bereiten können! Dieses Buch wird Sie auf eine Weise ansprechen, die Sie bisher nicht kannten, aber an die Sie sich schnell gewöhnen werden. Es behandelt überraschende, spannende aber auch alltägliche Themen.

Dabei können Sie das Buch in beliebiger Reihenfolge durcharbeiten. Es zwingt Sie niemand dazu, das Buch von vorne bis hinten Seite für Seite zu lesen. Wie andere *Dummies*-Bücher ist auch dieses Buch so aufgebaut, dass Sie so viel wie möglich darin herumblättern können – schließlich ist es Ihr Buch. Die lineare Algebra bietet so viele interessante Aspekte, dass Sie immer wieder davon fasziniert sein werden!

Konventionen in diesem Buch

Zahlreiche Bücher verwenden etliche Konventionen, die Sie kennen sollten, bevor Sie die Lektüre starten können. Das ist hier nicht der Fall. Es gibt nur einige wenige Konventionen, die Ihnen helfen werden, sich schnell zurechtzufinden:

- ✔ *Kursivschrift* kennzeichnet wichtige Fachbegriffe und hebt bedeutsame Worte hervor.
- ✔ **Fettschrift** wird für Schlüsselworte in Aufzählungen und in Aktionen bei nummerierten Schritten verwendet. Ebenso sind wichtige Begriffe fett markiert, die jedoch keine Fachbegriffe der linearen Algebra darstellen.
- ✔ KAPITÄLCHEN bleibt Verweisen auf Webadressen vorbehalten.

Was Sie nicht lesen müssen

Es gibt im gesamten Buch immer wieder interessante und nützliche Aspekte bei der Behandlung der Themen, die Sie jedoch nicht unbedingt lesen müssen, um die weiteren Abschnitte zu verstehen. Diese Informationen habe ich Ihnen in die grau unterlegten Kästen gepackt.

Wenn ein Satz mit dem Symbol »Achtung Technik« (das ulkige Gesicht und der erhobene Zeigefinger) gekennzeichnet ist, verweist er auf weiterführende oder tiefer gehende Facetten für Insider. Wenn Sie zurzeit noch kein Insider sind, ist das nicht schlimm. Vielleicht werden Sie später einmal wieder das Buch in die Hand nehmen wollen und dann sind die »Achtung Technik« Einschübe ihre Lieblingslektüre!

Törichte Annahmen über den Leser

Wenn Sie jetzt nicht zufällig in einer Buchhandlung stehen und versehentlich dieses *Dummies*-Buch mit einem Kochbuch für südfranzösische Desserts verwechselt haben, wird Ihnen die lineare Algebra heute womöglich bereits einiges Kopfzerbrechen bereiten.

Oder Sie bereiten sich auf ein technisches oder naturwissenschaftliches Studium vor und haben gesehen, dass Sie schon im ersten Semester – mehr oder weniger freiwillig – mit linearer Algebra konfrontiert werden. Vielleicht haben Sie Ihr Studium auch schon hinter sich und wollen auf möglichst amüsante Weise alles Wichtige über lineare Algebra rekapitulieren? Ich weiß es wirklich nicht.

Auf jeden Fall sind Sie motiviert, sich mit Mathematik zu befassen und werden sich noch wundern, was alles auf Sie zukommt. In einem Punkt muss ich Sie jedoch enttäuschen. Die Delikatessen der südfranzösischen Küche werden wir nicht behandeln, ganz ehrlich nicht. Allerdings können wir dafür bereits im ersten Kapitel über Diätpläne sinnieren …

Wie dieses Buch aufgebaut ist

Vermutlich haben Sie schon im Inhaltsverzeichnis geblättert und die Gliederungsebenen entdeckt. Dieses Buch besteht aus fünf Teilen mit insgesamt zwanzig Kapiteln. Jedes Kapitel wiederum ist in Abschnitte unterteilt, manchmal sind selbst diese Abschnitte in Unterabschnitte aufgegliedert.

Die Kapitel sind die wichtigste bedeutungstragende Einheit. Hier werden die wesentlichen Aspekte der linearen Algebra ausführlich diskutiert. In den Teilen werden Kapitel zusammengefasst, die thematisch eng verwandt sind. Um Ihnen die Lektüre dieser Kapitel zu erleichtern, werden die Abschnitte sich jeweils mit Teilaspekten befassen, die logisch zusammenhängen.

Allerdings ist es unvermeidlich, dass ich bei der Darstellung der einzelnen Themen auch auf andere Kapitel zur Erklärung verweise. Das ist kein Fehler, sondern liegt in der Natur der Sache, nämlich der linearen Algebra. Das macht sie sogar besonders reizvoll und wichtig. Alles hängt mit einander zusammen und voneinander ab wie ein wild zerzauster Wollknäuel. Daher ist es auch keine schlechte Strategie, wenn Sie sich ein bereits gelesenes Kapitel zu einem späteren Zeitpunkt erneut vorknöpfen. Denn dann könnten Ihnen neue Aspekte der behandelten Themen auffallen und ziemlich viele tiefsinnige Zusammenhänge besser einleuchten. Die lineare Algebra ist wie ein Labyrinth, durch das Sie dieses Buch hindurchführen möchte!

Teil I: Grundlagen der linearen Algebra

Dieser Teil befasst sich mit den Basiselementen der linearen Algebra. Sie finden dort zunächst einen Streifzug durch die faszinierende Welt eines der wichtigsten und erfolgreichsten Teilgebiete der Mathematik. Sie werden anhand praktischer und anschaulicher Beispiele Sinn und Nutzen der gesamten linearen Algebra erforschen und nebenbei lernen, wie man sich gesund ernährt.

In einem eigenen Kapitel finden Sie einen Crash-Kurs zur Behandlung komplexer Zahlen, ohne selbst Komplexe zu bekommen. Ebenfalls zur Sprache kommen Körper, wie sie nur die Mathematik kennt. Diese wichtigen Strukturen sind ein integraler Bestandteil der linearen Algebra und es ist immer gut, wenn man nachschlagen kann, was es damit auf sich hat.

Der Teil schließt mit der Vektorrechnung, die sich durch den gesamten Rest des Buches zieht und immer wieder benötigt wird.

Teil II: Landschaftserkundung zur linearen Algebra

In diesem Teil untersuchen wir gemeinsam die zentrale Struktur der linearen Algebra, nämlich die Vektorräume. Alle zulässigen und möglichen Operationen können Sie selbst ausprobieren. Natürlich werden auch zahlreiche Beispiele für Vektorräume nicht fehlen.

Und dann geht es schnurstracks um lineare Gleichungssysteme, die immer wieder und an unerwarteter Stelle auftauchen. Aber keine Panik. Sie werden dort auch sehen, wie man die Lösungsmengen dieser mächtigen Konstrukte bestimmt.

Eine Abstraktion von linearen Gleichungssystemen führt uns unmittelbar zu den Matrizen, die am Anfang unhandlich erscheinen, die sich aber sehr bald schon als höchst effektiv und nützlich erweisen, ganz ehrlich! Ein weiteres wichtiges Thema dieses zweiten Teils ist die lineare Unabhängigkeit, eine grundlegende Eigenschaft von Vektoren, die sich überraschend sehr erfolgreich auf lineare Gleichungssysteme anwenden lässt.

Teil III: Analytische Geometrie fürs Leben

Der dritte Teil steht ganz im Zeichen der Geometrie. Erfahrungsgemäß wird es Ihnen große Freude bereiten, nach und nach die Grundelemente der Geometrie zu erkunden und in zwei oder drei Dimensionen zahlreiche Objekte zu erzeugen. Abstände, Winkel und Schnitte zwischen derartigen geometrischen Figuren lassen sich effektiv algebraisch ermitteln und manchmal auch anschaulich darstellen.

Den Höhepunkt jedoch werden die geometrischen Transformationen darstellen. Wenn Sie beispielsweise die Hauptachsentransformation als einen recht schwierigen algebraischen Vorgang in Erinnerung haben, dann wird es Ihnen eine Freude sein, wie leicht das mit linear-algebraischen Mitteln von der Hand geht. Und spätestens dann wird klar, warum lineare Algebra so eng mit analytischer Geometrie verknüpft ist.

Teil IV: Lineare Algebra for Runaway Dummies

Im vierten Teil werden Sie die allgemein als schwierig empfundenen und abstrakten Komponenten der linearen Algebra kennen lernen. Sie befinden sich dort im Innersten, an den undurchsichtigsten Stellen des Labyrinthes. Aber ich verspreche Ihnen, Sie wieder herauszuführen und dabei die tiefgründigsten Gedanken über lineare Algebra mitnehmen zu lassen!

Wir werden uns dazu mit zahlreichen linearen Abbildungen befassen, die recht komische Namen tragen wie »Homomorphismus«, »Endomorphismus« oder »Isomorphismus«. Sobald Sie jedoch die Systematik der Namensgebung durchschauen, gehören Sie zu den Eingeweihten und können fortan mit Ihrem nicht geringen Wissen prahlen. Oder andere Menschen aus dem Labyrinth hinaus begleiten!

Sie erfahren des Weiteren alles über Determinanten, die sich ursprünglich auf Matrizen beziehen, die aber alsdann auch auf lineare Abbildungen angewendet werden.

Spannend wird es, wenn Sie Basisvektoren als erzeugende Komponenten von Vektorräumen betrachten. Und wenn Ihnen eine Basis nicht gefällt, dann wechseln wir sie, nichts einfacher als das!

Die eigenartigsten Basisvektoren sind übrigens Eigenvektoren, die mit den zugehörigen Eigenwerten Eigenräume bilden. Auch das wird in diesem vierten Teil geklärt. Doch den Mittelpunkt der gesamten linearen Algebra bilden der »Spektralsatz« und der »Satz von Cayley-Hamilton«. Wenn Sie bis dahin das Buch nicht verzweifelt in die Ecke geworfen oder als Tischunterlage verwendet haben, wird Ihnen – ganz am Ende dieses Teils und nach langer Wanderschaft durch das dunkle Labyrinth – klar werden, wie schön, wie faszinierend und hell strahlend die lineare Algebra doch eigentlich ist …

Teil V: Top Ten Teil

Falls es Ihnen noch nicht aufgefallen sein sollte, prüfen Sie es gerne nach: der letzte Teil eines jeden *Dummies*-Buch handelt von Auflistungen im Zehnerblock. Da bildet dieses Werk keine Ausnahme.

Sie können sich hier die 10 wichtigsten Aspekte der linearen Algebra hübsch und kompakt angeordnet anschauen. Außerdem stelle ich Ihnen 10 mathematische Tools vor. Und ganz am Ende befasst sich das letzte Kapitel mit den 10 häufigsten Fehlerursachen bei der Berechnung von Aufgabenstellungen zur linearen Algebra. Es würde mich freuen, wenn es Ihnen hilft, bedenkliche Operationen im Griff zu behalten.

Symbole in diesem Buch

In diesem Buch erscheinen immer wieder fünf unterschiedliche Typen von Symbolen. Hier erfahren Sie, was diese bedeuten:

Alles, was Sie sich unbedingt einprägen sollten, wird mit diesem Symbol markiert. Die dargestellten Zusammenhänge sind für die gesamte lineare Algebra sehr wichtig.

Mit dieser Zielscheibe werden Sie auf einen Tipp hingewiesen. Es kann sich um eine Abkürzung zur Lösung eines Problems handeln oder einfach um einen freundlichen Hinweis, der Ihnen helfen sollte, das Verständnis der linearen Algebra zu erleichtern.

Auch wenn Sie dieses Männlein darauf hinweist, dass der nebenstehende Text recht technisch, häufig schwierig und nur für Insider gedacht ist, trösten Sie sich. Entweder Sie haben Spaß daran und sind schon auf die nächste Warnung gespannt oder Sie ignorieren den Hinweis. In beiden Fällen kommen Sie gut mit der Lektüre der restlichen Abschnitte klar.

Wie Sie sehen, brennt die Lunte. Das ist ein Zeichen, dass nun ihre höchste Konzentration und Aufmerksamkeit gefordert ist. Gefährliche Fallstricke oder typische Fehlerquellen werden dann angezeigt. Aber keine Angst, das Symbol taucht nur sehr selten auf in diesem Buch.

Das Hinweisschild zeigt Ihnen die Wege durch das Labyrinth! Wenn die nachfolgenden Abschnitte bestimmte Begriffe oder Kenntnisse voraussetzen, verdeutlicht Ihnen der Wegweiser, wo Sie diese nötigenfalls erwerben können.

Wie es weitergeht

Ich möchte Ihnen keinesfalls vorschreiben, was Sie als nächstes mit diesem Buch tun sollen. Ich habe es ja nur geschrieben, aber jetzt ist es Ihr Buch. Niemand hindert Sie daran, es von der ersten bis zur letzten Seite zu lesen. Sie können aber auch mitten drin starten. Das bleibt Ihnen überlassen. Wenn Sie zuerst an der Geometrie interessiert sind, dann kann ich Ihnen den zweiten Teil empfehlen. Je nach Vorbildung können Sie innerhalb dieses Teils das ein oder andere Kapitel überspringen.

Wenn Sie aber gleich an den harten Kern der linearen Algebra wollen, dann wird Ihnen eines der Kapitel ab der Nummer 13 wohl gefallen. Sie sind doch hoffentlich nicht abergläubisch?

Oder Sie wollen ganz systematisch von Anfang an beginnen, ja dann ist der erste Teil mit den Grundlagen genau das Richtige für Sie. Wenn Sie komplexe Zahlen schon beherrschen, können Sie das Kapitel 2 ohne größere Bedenken überspringen.

Möglicherweise haben Sie auch von dem Gerücht gehört, dass sich mathematische Zusammenhänge allein mittels Osmose übertragen und dass es eventuell genügt, dieses Buch einfach unter das Kopfkissen zu legen und es überhaupt nicht mehr aufzuschlagen. Ich kann Ihnen das wirklich nicht empfehlen, aber da es Ihr Buch ist, können Sie damit machen, was Sie wollen und alle Gerüchte ausprobieren, die Sie über die Mathematik gehört haben.

Sie sehen, ich kann Ihnen die Entscheidung nicht abnehmen, sondern nur hoffen, dass Ihnen dieses Buch gefallen wird und dass Sie jede Menge Spaß an der linearen Algebra haben werden. Das würde mich schon sehr freuen!

Auf geht es durch das Labyrinth der linearen Algebra!

Teil I
Grundlagen der linearen Algebra

In diesem Teil ...

Erfahren Sie in diesem Teil das Wichtigste zu den Grundlagen der linearen Algebra. Was man mit linearer Algebra überhaupt anfangen kann und was die wesentlichen Bausteine der linearen Algebra sind. Dazu werde ich Sie mit komplexen Zahlen vertraut machen, die eigentlich recht simpel sind. Außerdem müssen wir uns mit Körpern befassen, mit mathematischen, versteht sich, ohne die in der linearen Algebra nichts zu machen ist. Am Ende dieses Teils findet sich ein Kapitel über Vektoren, deren Bedeutung für technische und allgemein naturwissenschaftliche Problemlösungen nicht überschätzt werden kann und die der eigentliche Grund für den enormen Erfolg der linearen Algebra sind.

Die bunte Welt der linearen Algebra

1

In diesem Kapitel ...

- Sinn und Zweck der linearen Algebra kennenlernen
- Erfahrungen mit den notwendigen Bestandteilen der linearen Algebra sammeln
- Sich vom Potenzial der Matrizen und Determinanten überzeugen
- Lineare Abbildungen und affine Transformationen erfassen
- Erkenntnisse über Eigenwerte und Eigenvektoren gewinnen bis hin zum Spektralsatz
- Verstehen, wie alles zusammen hängt

In diesem Kapitel gebe ich Ihnen eine Schnelleinführung in die lineare Algebra. Wenn Sie auf einem Gebiet unsicher sind oder gerne ausführlichere Erklärungen hätten, dann lesen einfach in den Kapiteln nach, die ich Ihnen an den entsprechenden Stellen empfehle.

Leider löst allein das Wort *Algebra* bei den meisten Menschen und selbst bei Studierenden, die sich mehr oder weniger zwingend mit Mathematik befassen müssen, Kopfschmerzen oder Magenkrämpfe aus. Es scheint sich um eine geheimnisvolle, nicht verständliche Gedankenwelt zu handeln, die Uneingeweihte nie und nimmer erschließen können und die einzig zu dem Zweck konzipiert worden ist, Ängste und böse Erinnerungen an die Schulzeit auszulösen.

Wenn dann noch ein kryptisches Adjektiv wie *linear* hinzukommt, schaltet der Verstand automatisch in den Verteidigungsmodus und blockt alles ab, was danach an Erklärungen folgt.

Algebra

Das Wort »*Algebra*« müsste aufgrund seiner Herkunft eine geradezu heilsame Wirkung verbreiten. Denn das arabische *al-ǧabr* steht für »Einrenken gebrochener Knochen« und wurde vom medizinischen Fachbegriff vor über tausend Jahren geradewegs auf die Mathematik übertragen. Die Algebra meint seither gewissermaßen das Einrenken von mathematischen Termen, etwa in Gleichungen, um eine Lösung für die dort vorhandenen Unbekannten zu ermitteln. Die Anwendung algebraischer Methoden bedeutet also nichts weniger als die Suche nach Lösungen für gegebene Probleme, und das ist in allen Facetten erstrebenswert. Zumal die mathematischen Probleme fast immer aus technischen und naturwissenschaftlichen Anwendungsgebieten hervorgegangen sind.

Linear

Der Begriff »*linear*« lässt sich auf das griechische *linea* zurückführen und bedeutet eine gerade Linie, was sich auch im deutschen Wort »Lineal« widerspiegelt. Es ist also ein Hilfsmittel, um eine direkte, schnörkellose Verbindung vom Anfangspunkt bis zum Endpunkt herzustellen. Dasselbe sollen Sie erreichen auf dem Weg durch das Labyrinth der linearen Algebra, von den einfachsten Grundvoraussetzungen bis zu den kompliziertesten Folgerungen!

Wenn Sie nun endlich in die Welt der linearen Algebra eintauchen, möchte ich Sie einladen, die heilsame und geradlinige Wirkung der Erkenntnisse zu spüren und ihre spannenden Entdeckungen auf sich einwirken zu lassen.

Dafür braucht man lineare Algebra

Um auszurechnen, wie weit ein Zug entfernt ist, der sich mit einer konstanten Geschwindigkeit von 120 km/h bewegt und in genau 27 Minuten ankommen soll, genügt einfache Schulalgebra, wie sie im Allgemeinen in der Mittelstufe den Schülern vermittelt wird. Ausgehend von der Formel

$$v = \frac{s}{t} \text{ und damit } s = v \cdot t$$

für konstante Geschwindigkeiten können Sie die Unbekannte »s«, die die zurückgelegte Wegstrecke beschreibt, durch die Multiplikation der Geschwindigkeit »v« mit der Zeit »t« erhalten. Beachten Sie dabei, dass die Zeit von 27 Minuten durch Division von 60 in 0,45 Stunden umzurechnen ist, weil ja auch die Geschwindigkeit in Kilometer pro Stunde angegeben wurde. Sie erhalten:

$$s = v \cdot t = 120 \frac{\text{km}}{\text{h}} \cdot 0{,}45\ \text{h} = 54\ \text{km}$$

Der Zug ist also exakt 54 km entfernt, vorausgesetzt, er kommt pünktlich an, und wann tut er das schon? Aber das ist ein anderes Thema …

Die Aufgabe war aus zwei Gründen relativ einfach. Zum einen traten in der Ausgangsformel weder Quadrate, noch Wurzeln, noch trigonometrische oder andere mathematische Funktionen auf. Vielmehr verhielten sich die gesuchte Wegstrecke und die gegebene Zeit zueinander *proportional*, was die Mathematiker *linear* nennen.

Das Adjektiv *linear* im Zusammenhang mit mathematischen Problemstellungen verweist immer auf einfache Beziehungen ohne komplizierte Funktionen, also auf solche Beziehungen, bei denen eine Größe in einem konstanten Verhältnis zu einer anderen steht. Sie können es meistens als Synonym für *einfach* verwenden.

Zum anderen war das Problem *eindimensional*, weil sich der Zug nur auf Schienen bewegen kann und weil nur von einem einzigen Zug die Rede war.

Spannende lineare Algebra kommt immer dann ins Spiel, wenn Sie *viele Unbekannte* oder ein *mehrdimensionales* Umfeld benötigen, das Zusammenspiel der einzelnen Variablen jedoch im Prinzip so einfach, also linear ist, wie Sie das im obigen Beispiel gesehen haben.

Systeme von Gleichungen lösen

Wenn zwei Billard-Kugeln mit unterschiedlichen aber konstanten Geschwindigkeiten kollidieren, werden beide vom Aufprall abgelenkt. Dabei verändern sich sowohl Tempo als auch die jeweilige Bewegungsrichtung. Dieses Problem ist wie das Eingangsbeispiel linear, weil man idealisierend von Reibungsgrößen absieht. Aber jetzt haben Sie es offenbar mit zwei Dimensionen zu tun. Zur Beschreibung der Geschwindigkeit benötigen Sie daher einen *Vektor*, der zwei Komponenten besitzt, jeweils eine für jede Raumdimension auf dem Billardtisch. Das dahinter liegende physikalische Erhaltungsgesetz bezieht sich auf den *Impuls*, der das Produkt von Masse und Geschwindigkeit angibt. Wenn Sie die Massen der beiden Kugeln mit m_1 und m_2 ansetzen und die jeweiligen Geschwindigkeiten mit v_1 und v_2, erhalten Sie die lineare Gleichung:

$$m_1 \cdot \left(\overrightarrow{v_1} - \overrightarrow{v_1}'\right) = m_2 \cdot \left(\overrightarrow{v_2} - \overrightarrow{v_2}'\right)$$

Dabei deutet der Pfeil auf den Variablen an, dass es sich um Vektoren handelt und der Strich meint die jeweilig neuen Geschwindigkeiten der Billardkugeln nach dem Aufprall.

Tatsächlich stecken in dieser einfachen, linearen Vektorgleichung zwei lineare Gleichungen, weil sich die Billardkugeln auf einer zweidimensionalen Ebene bewegen. Diese beiden Gleichungen hängen aber zusammen; sie werden daher als ein *Gleichungssystem* bezeichnet.

Ein *Gleichungssystem* besteht aus zwei oder mehr Gleichungen mit mehreren Unbekannten. Jede Lösung des Gleichungssystems muss zugleich Lösung einer jeden einzelnen Gleichung sein.

Lineare Algebra versetzt Sie in die Lage, mit ausgefeilten technischen Verfahren dieses und viele andere Probleme auf elegante Weise zu lösen. Und das ist nur der Anfang. Die Anzahl der Dimensionen spielt nämlich überhaupt keine Rolle. Solange die Grundgleichungen alle linear sind, lassen sie sich mit denselben Methoden bearbeiten. Sie können die Verfahren der linearen Algebra für beliebig viele Dimensionen einsetzen!

Wenn Ihnen jetzt der Kopf raucht, kann ich Sie beruhigen. Denn das allerbeste dabei ist, dass Sie sich keineswegs die vielen Dimensionen räumlich vorstellen müssen. Um die räumliche Komplexität zu erfassen, genügt jedenfalls fast immer die Vorstellung von drei Dimensionen.

Geometrische Rätsel knacken

Seit der Antike ist die *Geometrie* ein sehr fruchtbarer Zweig der Mathematik, dessen Erkenntnisse auch auf die anderen Teilgebiete abstrahlen. Denken Sie allein an die Betrachtung von rechtwinkligen Dreiecken. Der berühmte »Satz des Pythagoras« ist dabei nur die Spitze des Eisberges. Weitere Klassiker sind etwa der »Höhensatz« oder der »Kathetensatz des Euklid«.

Praktischerweise hat auch die lineare Algebra einen klaren geometrischen Bezug. Stellen Sie sich zwei Geraden im dreidimensionalen Raum vor. Hier gibt es einige Möglichkeiten, wie sich diese zueinander verhalten.

Zwei Geraden können …

- ✔ sich in einem Punkt schneiden. Wunderbar! Treffer, versenkt!
- ✔ komplett zusammenfallen, so dass Sie denken, es handele sich nur um eine einzige Gerade.
- ✔ parallel zueinander liegen. Dann kann man lange auf einen Schnittpunkt warten. Unendlich lange, gewissermaßen.
- ✔ auch *windschief* zueinander sein. Dieses Adjektiv wird nicht nur auf unsachgemäß zusammen gebastelte Möbelstücke angewendet, sondern meint in der Mathematik eben die Lage zweier sich nicht schneidender aber auch nicht paralleler Geraden.

Im zweidimensionalen Raum können Geraden nicht zueinander windschief sein!

Aus der Schulmathematik erinnern Sie sich vielleicht an die *allgemeine Geradengleichung*, sie lautet:

$$y = m \cdot x + b$$

Dabei sind x und y variabel, während m die Steigung und b der Y-Achsenabschnitt der zugehörigen Geraden darstellt.

Vielleicht springt es Ihnen jetzt ins Auge: die Geradengleichung ist linear! Wenn Sie nun zwei konkrete Geraden benötigen, setzen Sie einfach für m und b die entsprechenden Werte ein. Zum Beispiel:

$$\begin{aligned} y &= 3x + 1 \\ y &= 6x - 2 \end{aligned}$$

Und schon haben Sie ein System von linearen Gleichungen, kurz ein *lineares Gleichungssystem*. Die beiden Geraden schneiden sich übrigens im Punkt S(1,4), was Sie durch Einsetzen von x = 1 und y = 4 in beide Gleichungen überprüfen können.

Geometrisch entnehmen Sie diese Lösung unmittelbar Abbildung 1.1.

Das geht mittels linearer Algebra jedoch eleganter und genauer. Schauen Sie sich dazu ein weiteres, etwas größeres lineares Gleichungssystem an:

$$\begin{aligned} 3x - 2y + 4z &= 5 \\ -x + 3y + 2z &= 5 \\ 2x - 7y + 3z &= 4 \end{aligned}$$

Durch eine Lösungsmethode Ihrer Wahl finden Sie den gesuchten Schnittpunkt S(–1,0,2).

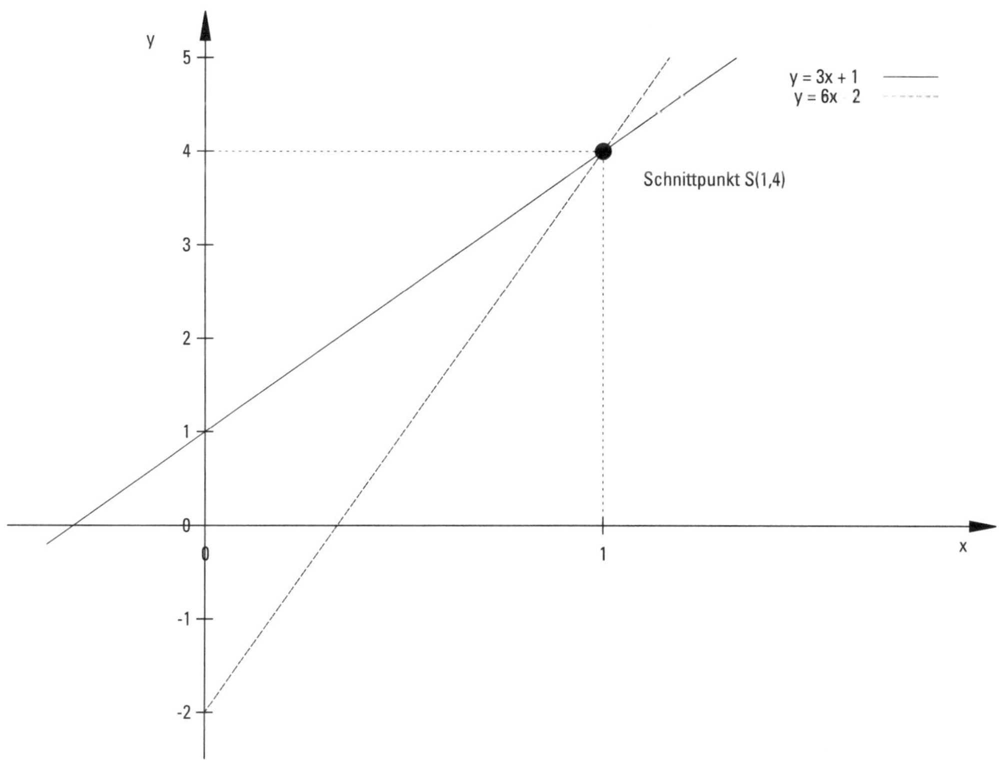

Abbildung 1.1: Schnittpunkt zweier Geraden

Im 6. Kapitel werden alle wichtigen Verfahren zur Lösung linearer Gleichungssysteme systematisch und ohne großes Brimborium erklärt!

Natürlich können Sie dieses Problem alternativ auch rein geometrisch lösen. Jede Zeile entspricht einer Ebene im dreidimensionalen Raum. Drei Zeilen ergeben drei Ebenen und diese schneiden sich im Beispiel – zufällig – genau in einem Punkt!

Wenn ich Sie immer noch nicht vom Nutzen der linearen Algebra überzeugt habe, lassen Sie uns doch ein Gleichungssystem mit zehn Unbekannten und zehn Gleichungen angehen. Ich versichere Ihnen, dass kein Mensch auf dieser Erde eine derartige Aufgabenstellung durch räumliche Vorstellung lösen kann! Dennoch kann auch hier wiederum ein einziger Punkt herauskommen, und die Methodik zur Lösungsfindung unterscheidet sich überhaupt nicht vom dreidimensionalen Fall.

Die Bausteine der linearen Algebra erkennen

Scheinbar besitzt die lineare Algebra keine erschreckenden oder beunruhigenden Aspekte. Gut, alles oberhalb von drei Dimensionen ist, um es gelinde auszudrücken, recht ungewohnt, aber ansonsten ist doch alles einfach und klar, eben linear.

Das ist richtig! Aber damit Sie das Potenzial der linearen Algebra voll ausschöpfen, genügen die Betrachtungen von geometrischen Aspekten nicht mehr. Vielmehr müssen Sie sich die Frage gefallen lassen, ob die Konzepte der linearen Algebra nicht so verallgemeinert werden können, dass sie sich auf alle möglichen anderen Bereiche ausdehnen lassen.

Körper und Vektorräume

Jener Gedanke führt uns geradewegs in einen neuen, hellen Raum und einen Schritt weiter in das noch unbekannte Labyrinth. Dieser Ort mit seinen klaren Strukturen und unentdeckten Möglichkeiten heißt *Vektorraum*. Jeder Vektorraum benötigt zudem eine – zumindest vom Namen her – sehr merkwürdige Struktur, nämlich einen *Körper*.

Der *Vektorraum* ist die wichtigste Struktur der linearen Algebra. Fast alle Erkenntnisse und mathematischen Gesetze basieren auf Vektorräumen. Kapitel 5 befasst sich exklusiv mit diesen sagenhaften Räumen und verspricht eine atemberaubende Aussicht!

Sinnvolle Verknüpfungen von Vektoren

Im Gegensatz zu einer einfachen Zahl besteht ein *Vektor* aus vielen Zahlen, die auch *Komponenten* heißen. Beispielsweise besteht der Vektor $\begin{pmatrix} 1 \\ 3 \end{pmatrix}$ nur aus zwei Komponenten, während $\begin{pmatrix} 1 \\ -2 \\ 3 \\ 7 \end{pmatrix}$ über vier verfügt! Der *Vektorraum* bezeichnet den Ort, den die Vektoren bewohnen. Innerhalb des Vektorraums sind Verknüpfungen zwischen den Vektoren definiert, zum Beispiel die *Addition*. Jede einzelne Komponente eines Vektors ist dabei ein *Skalar*, eine einfache Zahl. Die Anzahl der Komponenten bestimmt die *Dimension* des Vektorraums.

Gewöhnen Sie sich schnell, am besten sofort, an die in der Mathematik übliche Verklausulierung von einfachsten Zusammenhängen, damit Sie sogleich zum elitären Club derjenigen gehören, die wissen, was hinter gefährlich klingenden Ausdrücken wie »*Skalar*« steckt: nämlich eine ganz gewöhnliche *Zahl*. Im Ernst: Ob es Ihnen gefällt oder nicht, diese Fachsprache wird von vielen Autoren und Dozenten genutzt und deshalb müssen Sie diese verstehen, damit Sie den Ausführungen folgen können.

Diese Zahl kann beispielsweise eine reelle Zahl sein, eine komplexe oder eine rationale. Auf jeden Fall muss sie einem Zahlkörper, oder kurz einem *Körper*, angehören. Ein Körper definiert die mathematischen Verknüpfungen zwischen Skalaren. Sie benötigen für jeden möglichen Vektorraum, und davon gibt es sehr viele, immer einen Körper. Ein Vektorraum schwirrt wie ein Satellit um den Himmels-»Körper«. Damit wird eine sehr enge, um nicht zu sagen »innige« Verbindung zwischen einem Vektorraum und einem Körper hergestellt.

Kapitel 3 erwartet Sie mit allen Informationen rund um den *Körper*, den mathematischen, wohlgemerkt!

Sie denken, mehr als drei Dimensionen sind unsinnig? Dann lassen Sie sich bitte nicht von den Physikern erwischen, die nach der Vereinheitlichungsformel für alle bekannten Kräfte unseres Universums suchen. Denn deren »String-Theorie« benötigt allein zehn Dimensionen. Aber wo sind die restlichen Dimensionen hin, Sie sehen nur drei? »Dann müssen wir nur genauer hinsehen, vielleicht entdecken wir sie noch«. Das denken etliche theoretische Physiker wirklich, ungelogen!

Der Vektorraum gestattet den Vektoren, in gewisse Beziehungen zueinander zu treten. Die wichtigsten dieser Beziehungen sind:

- ✔ **Addition** zweier Vektoren
- ✔ **Multiplikation** eines Skalars mit einem Vektor
- ✔ **Skalare Multiplikation** zweier Vektoren, deren Ergebnis ein Skalar ist
- ✔ **Vektorprodukt** zweier Vektoren, deren Ergebnis wiederum ein Vektor ist
- ✔ **Spatprodukt**, eine merkwürdige Verknüpfung von drei Vektoren miteinander, deren Endergebnis ein Skalar ist.

Die Werte in Reih' und Glied bringen

Momentan erscheint es Ihnen vielleicht überflüssig, ein so großes Rad zu drehen, um Vektorräume zu spezifizieren. Nun gut, dann lassen Sie uns wieder ganz bescheiden auf die alltäglichen Dinge des Lebens zu sprechen kommen, zum Beispiel einen Diätplan, meinen oder den Ihren. Nicht, dass Sie es nötig hätten! Um jedwede Konflikte zu vermeiden, sprechen wir über den Diätplan des Herrn Müller.

Dessen Tagesbedarf an Energie könnte beispielsweise 10.000 kJ (Kilojoule, gut 2.000 Kilokalorien) betragen. Dabei setzen wir zwar eine überwiegend sitzende Tätigkeit voraus, gleichzeitig berücksichtigen wir den emotionalen Stress, dem Herrn Müller ausgesetzt ist, weil er sich mit linearer Algebra beschäftigt!

Angenommen, er will unbedingt zum Frühstück ein Buttercroissant (1.750 kJ pro 100 g) verspeisen und in der Mensa gibt es Käsespätzle (1.250 kJ/100g). Aus Zeitgründen gönnt er sich am Abend nur eine Currywurst mit Pommes und Ketchup (1000 kJ / 100g). Wie viel von den einzelnen Speisen darf er essen, ohne sein Tagessoll zu überschreiten? Es wird Sie nicht wundern, dass diese Zusammenstellung eine lineare Gleichung darstellt.

$$1.750x + 1.250y + 1000z = 10.000$$

Dabei habe ich der Menge der Croissants die Variable x und den Spätzle das y zugeordnet. Die Bedeutung der Variablen z haben Sie gewiss selbst schon erraten! Was, Ihnen schmeckt dieses Beispiel nicht? Dann ersetzen Sie die einzelnen Speisen durch Köstlichkeiten Ihrer Wahl. Berücksichtigen Sie aber den jeweiligen Energiegehalt! Die Zahlen ändern sich zwar, aber nicht das Prinzip, wie Sie damit umgehen müssen.

Da Sie über drei Unbekannte und nur eine Gleichung verfügen, gibt es ganz viele Lösungen. Sie sehen das noch leichter, wenn Sie die gesamte Gleichung durch 250 teilen:

$$7x + 5y + 4z = 40$$

Zum Beispiel erfüllt x = 2, y = 2 und z = 4 die Anforderung. Oder x = 1, y = 1 und z = 7. Hier liste ich Ihnen noch weitere Lösungen auf:

$$\begin{pmatrix} x \\ y \\ z \end{pmatrix} = \begin{pmatrix} 4 \\ 0 \\ 3 \end{pmatrix} \text{ oder } \begin{pmatrix} x \\ y \\ z \end{pmatrix} = \begin{pmatrix} 0 \\ 4 \\ 5 \end{pmatrix} \text{ oder auch } \begin{pmatrix} x \\ y \\ z \end{pmatrix} = \begin{pmatrix} 0 \\ 0 \\ 10 \end{pmatrix}$$

Die *vektorielle Schreibweise*, also das Übereinanderschreiben und gemeinsame Einklammern der Werte reduziert die Anzahl an Gleichheitszeichen. Und das spart Druckerschwärze und so schont die lineare Algebra sogar noch die Umwelt …

Gemeint ist damit jedenfalls, dass für den rechten Fall x = y = 0 gilt und nur z den Wert 10 besitzt. Das bedeutet, Herr Müller streicht Frühstück und Mittagessen, darf dafür aber 10 · 100 g = 1 Kg Currywurst mit Pommes und Ketchup verzehren. Hm, lecker! (Oder auch nicht)

Wenn Sie mir nun vorhalten, für einen Diätplan sei das wohl eine recht ungesunde Zusammenstellung, muss ich Ihnen widersprechen: das Soll von 10.000 kJ pro Tag wird ganz genau erreicht und keineswegs überschritten!

Schön, ich lasse mich von Ihnen überzeugen und akzeptiere, dass wir noch an den Voraussetzungen für eine gesunde Ernährung arbeiten müssen. Denn die Energiezufuhr ist zwar wichtig, aber keineswegs das einzige Kriterium. Ebenso sollten Sie folgende für Herrn Müller ideale Tagesmengen berücksichtigen:

- ✔ 80 g Eiweiß
- ✔ 70 g Fett
- ✔ 330 g Kohlenhydrate

Dabei habe ich wieder einen gewissen Durchschnittsbedarf vorausgesetzt. Das Sinnieren über lineare Algebra ist jedoch schon berücksichtigt.

Lassen Sie uns nun in Tabelle 1.1 zusammenstellen, welche Kenndaten die Lebensmittel aufweisen. Die Werte sind auf je 5 Gramm gerundet und beziehen sich auf 100g Portionen der Lebensmittel.

Nahrungsmittel	Eiweiß	Fett	Kohlenhydrate
Buttercroissants	10	20	50
Käsespätzle	5	15	20
Currywurst mit Pommes und Ketchup	5	20	20

Tabelle 1.1: Angenommene Nährwerte pro 100 g

Ihre Aufgabe besteht nun darin, die richtigen Mengen für Herrn Müllers Speiseplan herauszufinden. Dabei sollen die einzelnen Nährwerte genau den Vorgaben entsprechen. Dies führt Sie zu folgendem *Gleichungssystem*:

$$\begin{array}{rcrcrcr} 10x & + & 5y & + & 5z & = & 80 \\ 20x & + & 15y & + & 20z & = & 70 \\ 50x & + & 20y & + & 20z & = & 330 \end{array}$$

Beachten Sie, dass jede Zeile für eine Nährstoff-Vorgabe steht. Die erste entspricht der Eiweißmenge, die zweite bezieht sich auf das Fett, ja, auch das ist auf einem Diätplan lebensnotwendig, und die letzte steht für die Kohlenhydrate.

Die so genannte *Konstantenspalte* auf den rechten Seiten der Gleichungen enthält die jeweiligen Tages-Sollmengen. Geht das nicht eleganter?

Alle Zahlen sind durch 5 teilbar; die letzte Zeile darf sogar durch 10 geteilt werden, ohne dass Brüche entstehen. Das Ergebnis sieht schon etwas hübscher aus:

$$\begin{array}{rcrcrcr} 2x & + & y & + & z & = & 16 \\ 4x & + & 3y & + & 4z & = & 14 \\ 5x & + & 2y & + & 2z & = & 33 \end{array}$$

Aber es wird noch besser …

Matrizen und ihre Verknüpfungen

Vorhin haben Sie die vektorielle Schreibweise benutzt, um einige Gleichheitszeichen bei den Variablen zu sparen. Wenn Sie es nun mit einem Gleichungssystem mit insgesamt 3 Gleichungen (die Energiezufuhr werde ich weiter unten aufgreifen) und je 3 Unbekannten zu tun haben, können Sie ja eigentlich noch viel mehr Toner einsparen, vorausgesetzt, Sie schreiben die richtigen Zahlenwerte, die auch *Koeffizienten* heißen, immer schön hübsch in die richtigen Zeilen und Spalten. Das Ergebnis ist eine wunderschöne *Matrix*.

$$\begin{pmatrix} 2 & 1 & 1 \\ 4 & 3 & 4 \\ 5 & 2 & 2 \end{pmatrix}$$

Das sieht zwar schon sehr nett aus, allerdings fehlt der Bezug zu den Tages-Sollmengen und den Variablen. Speziell für solche Fälle hat man die Matrix-Vektor Multiplikation erfunden. Sie erhalten insgesamt eine einzige Gleichung, die alle benötigten Informationen beinhaltet und auch *Matrizengleichung* genannt wird. Elegant, nicht wahr?

$$\begin{pmatrix} 2 & 1 & 1 \\ 4 & 3 & 4 \\ 5 & 2 & 2 \end{pmatrix} \cdot \begin{pmatrix} x \\ y \\ z \end{pmatrix} = \begin{pmatrix} 16 \\ 14 \\ 33 \end{pmatrix}$$

Wie Sie sehen, entspricht jeder Zeile der Matrix genau eine Gleichung. Die Multiplikation auf der linken Seite wird so durchgeführt, dass Sie die Koeffizienten einer **Zeile** der Matrix mit den Komponenten in den **Spalten des Vektors** multiplizieren und alles zusammen addieren. Das ist bei weitem nicht so kompliziert wie es klingt. Sehen Sie selbst:

$$\begin{pmatrix} 2 & 1 & 1 \\ 4 & 3 & 4 \\ 5 & 2 & 2 \end{pmatrix} \cdot \begin{pmatrix} x \\ y \\ z \end{pmatrix} = \begin{pmatrix} 2 \cdot x + 1 \cdot y + 1 \cdot z \\ 4 \cdot x + 3 \cdot y + 4 \cdot z \\ 5 \cdot x + 2 \cdot y + 2 \cdot z \end{pmatrix} = \begin{pmatrix} 16 \\ 14 \\ 33 \end{pmatrix}$$

Und schon stehen links und rechts des rechten Gleichheitszeichens zwei Vektoren mit je drei Komponenten. Das lösen Sie auf, indem Sie alle drei Komponenten jeweils in eine eigene Gleichung bringen. Das Ergebnis ist nicht überraschend, es handelt sich genau um das Gleichungssystem von oben!

$$\begin{pmatrix} 2 \cdot x + 1 \cdot y + 1 \cdot z \\ 4 \cdot x + 3 \cdot y + 4 \cdot z \\ 5 \cdot x + 2 \cdot y + 2 \cdot z \end{pmatrix} = \begin{pmatrix} 16 \\ 14 \\ 33 \end{pmatrix} \quad \Rightarrow \quad \begin{matrix} 2x & + & y & + & z & = & 16 \\ 4x & + & 3y & + & 4z & = & 14 \\ 5x & + & 2y & + & 2z & = & 33 \end{matrix}$$

Endlich haben Sie das Ziel erreicht, die Aufgabenstellung mittels linearer Algebra zu formulieren!

Was bleibt ist die Kleinigkeit, dieses Problem auch zu lösen.

Systematisches Lösen von linearen Gleichungssystemen ist der Gegenstand von Kapitel 6.

Wenn Sie das Doppelte der oberen Zeile der Matrix oder auch des korrespondierenden Gleichungssystems von der unteren subtrahieren, ergibt sich in der ersten Spalte wegen $5 - 2 \cdot 2$ für x der Wert 1, während die beiden anderen Spalten aufgrund der Rechnung $2 - 2 \cdot 1$ Null werden. Die hintere Konstantenspalte ergibt gemäß $33 - 2 \cdot 16$ ebenfalls den Wert 1. Insgesamt erhalten Sie damit bereits ein erstes Ergebnis: $x = 1$.

Das ist schon einmal gut! Herr Müller darf demnach Einhundertgramm Buttercroissant zum Frühstück verköstigen, das entspricht einem Croissant ohne Füllung. Die darf ohnehin nicht vorhanden sein, weil sich sonst die Nährwerte verändern.

Wenn Sie nun x durch 1 in der Gleichung ersetzen, ergibt sich:

$$\begin{pmatrix} 2 & 1 & 1 \\ 4 & 3 & 4 \\ 5 & 2 & 2 \end{pmatrix} \cdot \begin{pmatrix} 1 \\ y \\ z \end{pmatrix} = \begin{pmatrix} 16 \\ 14 \\ 33 \end{pmatrix}$$

$$\Rightarrow \begin{matrix} 2 & + & y & + & z & = & 16 \\ 4 & + & 3y & + & 4z & = & 14 \\ 5 & + & 2y & + & 2z & = & 33 \end{matrix} \quad \Rightarrow \quad \begin{matrix} y & + & z & = & 14 \\ 3y & + & 4z & = & 10 \\ 2y & + & 2z & = & 28 \end{matrix}$$

Die untere Zeile ist genau das Doppelte der oberen und enthält keine zusätzliche Information mehr.

Die Elimination einer Unbekannten in einem Gleichungssystem reduziert nicht allein eine Variable, sondern führt zwangsläufig dazu, dass auch eine der Gleichungen überflüssig wird und keine Information enthält, die nicht bereits in den anderen Gleichungen vorhanden ist.

Aus der oberen Gleichung ergibt sich: y = 14 – z. Wenn Sie diesen Term in die mittlere Gleichung für y einsetzen, erhalten Sie etwas Sonderbares:

$$3(14-z) + 4z = 10 \Rightarrow 42-3z+4z=10 \Rightarrow z=-32$$

Herr Müller muss demnach Minus 32 kg Currywurst am Abend verzehren?

Die Vorgaben waren also in sich widersprüchlich. Dies lag an der Zusammenstellung der Speisen und nicht an den empfohlenen Tagesmengen und schon gar nicht an der linearen Algebra! Mit diesen drei Speisen alleine lässt sich keine gesunde Nährstoffzufuhr sicherstellen. Wenn Sie erneut einen scharfen Blick in die Tabelle 1.1 werfen, können Sie auch genau erkennen, woran das liegt. Alle drei Gerichte enthalten mehr Fett als Eiweiß. Die empfohlene Tagesmenge an Fett liegt jedoch unterhalb jener von Eiweiß.

Um das Problem zu lösen, müssen Sie also Speisen suchen, deren Fettgehalt deutlich geringer ist. Wie wäre es mit Gartensalat? Die Fettanteile betragen dort nur ein Fünftel des Eiweißes …

Im Übrigen haben wir weder Getränke noch andere wichtige Faktoren wie Mineralien, Vitamine oder Ballaststoffe berücksichtigt. Außerdem ist die Energiemenge pro Tag zu limitieren, wie am Anfang des Beispiels gezeigt. Jede dieser Anforderungen entspricht einer Gleichung eines linearen Gleichungssystems. Jede weitere Speise stellt eine zusätzliche Unbekannte dar!

Häufig ist ein lineares Gleichungssystem eindeutig lösbar, wenn die Anzahl an Gleichungen der Anzahl an Unbekannten entspricht.

Je mehr Unbekannte gegenüber Gleichungen existieren, desto mehr Lösungen sind zu erwarten. Und das schönste dabei ist, dass Herr Müller dann nicht mehr jeden Tag dasselbe essen muss …

Determinanten

Eine *Determinante* ist eine Zahl, mit der Sie überprüfen können, ob mit einer Matrix etwas nicht stimmt. Das kann ich Ihnen am Beispiel von Herrn Müllers Diätplan aufzeigen.

Zunächst einmal machen Sie sich klar, dass die Aufgabenstellung weder schwerer noch leichter wird, wenn Sie die vorgesehenen Speisen austauschen. Es ändern sich in der Matrizengleichung lediglich die *Koeffizienten* der Matrix ganz links, der Rest bleibt gleich.

Wenn »Käsespätzle« Herr Müllers Leibgericht sind, kann er dann das System nicht überlisten, indem er einfach 3-mal am Tag dieselbe Speise verköstigt? Die Matrizengleichung würde demnach folgende Gestalt annehmen:

$$\begin{pmatrix} 1 & 1 & 1 \\ 3 & 3 & 3 \\ 2 & 2 & 2 \end{pmatrix} \cdot \begin{pmatrix} x \\ y \\ z \end{pmatrix} = \begin{pmatrix} 16 \\ 14 \\ 33 \end{pmatrix}$$

Diese Gleichung wiederum entspricht folgendem Gleichungssystem:

$$\begin{array}{ccccccc} x & + & y & + & z & = & 16 \\ 3x & + & 3y & + & 3z & = & 14 \\ 2x & + & 2y & + & 2z & = & 33 \end{array}$$

Jetzt sind Sie nicht mehr in der Lage, Mengenangaben für die unbekannten Variablen so zu machen, dass alle Zeilen ein korrektes Ergebnis liefern. Wenn Sie mir nicht glauben, versuchen Sie es doch einfach! Spannend wird es jedoch, wenn ich Ihnen sage, dass die Koeffizientenmatrix uns sofort verrät, dass hier etwas faul ist.

An dieser Stelle kommt die bereits erwähnte *Determinante* ins Spiel. Sobald eine Zeile das Vielfache einer anderen ist, besitzt die Determinante den Wert Null und dann enthält die Matrix nicht mehr genügend Informationen, um alle Unbekannte ordentlich aufzulösen!

Wenn die Determinante einer Matrix ungleich Null ist, gibt es für das zugehörige Gleichungssystem stets eine eindeutige Lösung!

Alles Wissenswerte über Determinanten und deren Berechnung steht in Kapitel 14.

Alles in einen linearen Zusammenhang bringen

Sie haben gesehen, dass lineare Algebra in vielen Bereichen nützlich sein kann. Insbesondere spielt weder die Anzahl der Dimensionen des Problemraumes noch die Anzahl der Unbekannten eine Rolle, wenn es darum geht, lineare Algebra gewinnbringend zu nutzen. Grundvoraussetzung ist jedoch, dass der Zusammenhang zwischen den Unbekannten stets *linear* ist, also keine Potenzen, Wurzeln, Produkte von Variablen oder ähnlich komplizierte Formeln aufweist. Die Grundform einer linearen Gleichung ist sogar immer gleich und schaut so aus:

$$a_1x_1 + a_2x_2 + \cdots + a_nx_n = b$$

Dabei sind die *Koeffizienten* $a_1, \ldots, a_n$ Elemente eines beliebigen Zahlkörpers, zum Beispiel reelle oder komplexe Zahlen, und die *Unbekannten* $x_1, \ldots, x_n$ bilden einen Vektor aus einem Vektorraum.

Mit konkreten Zahlen sieht eine lineare Gleichung beispielsweise so aus:

$$3x_1 + 2x_2 - x_3 = 5$$

Die Koeffizienten lauten dabei 3, 2 und –1.

Sie dürfen die unbekannten Variablen auch als *Vektor* notieren. Um Verwechselungen mit einfachen Skalaren zu vermeiden, können Sie dem Vektor auch einen Pfeil als Hut verpassen:

$$\vec{x} = \begin{pmatrix} x_1 \\ \vdots \\ x_n \end{pmatrix}$$

Lineare Abbildungen

Die Welt möglicher Anwendungen der linearen Algebra ist unerschöpflich. Betrachten Sie dazu ein Beispiel aus der Technik.

Ein Stahlausleger muss so angelegt werden, dass er eine vorgegebene Gewichtskraft von 10.000 N zu halten in der Lage ist, wie in Abbildung 1.2 dargestellt.

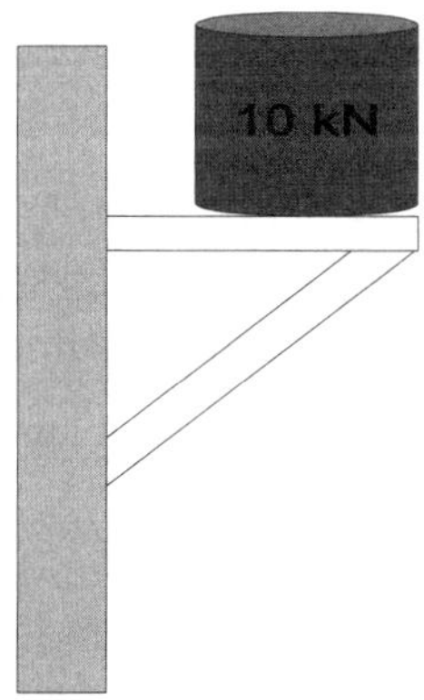

Abbildung 1.2: Stahlausleger

Eine vektorielle Modellierung ist hier nahe liegend. Sie erhalten dadurch das *Kräftediagramm* aus Abbildung 1.3.

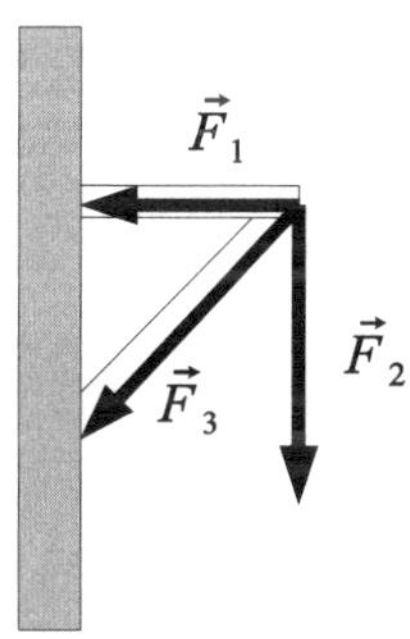

Abbildung 1.3: Kräftediagramm

Nun ist anschaulich klar, dass die zu berechnenden Kräfte dieselben sind, unabhängig davon, an welchem Objekt sich der Ausleger befindet. Geometrisch formuliert können Sie auch sagen, es spielt keine Rolle, wo Sie den Ursprung des zugehörigen Koordinatensystems anbringen und ob es sich überhaupt um ein kartesisches System (mit einheitlichen Größen und rechtwinkligen Basisvektoren) handelt.

Koordinaten werden ausführlich in Kapitel 9 behandelt.

Die konkreten Zahlen der zugehörigen Vektoren und Matrizen mögen unterschiedlich sein, aber das Endergebnis ist stets dasselbe. Es muss also einen berechenbaren Zusammenhang zwischen unterschiedlichen Koordinatensystemen geben. Das Verfahren, um Vektoren eines Koordinatensystems in solche eines anderen zu transformieren, nennt man *lineare Abbildung*.

Lineare Abbildungen sind ein sehr mächtiges Konzept. Sie werden nicht nur zur erwähnten sogenannten *Koordinatentransformation* eingesetzt, sondern überall dort, wo Vektoren eines Vektorraumes in einen anderen abgebildet werden. Sie kennen das vielleicht von vielen algebraischen Funktionen, beispielsweise dem Quadrieren. Hier gilt:

$$y = f(x) = x^2$$

Die Funktion f weist einem gegebenen Wert x, dem *Urbild*, einen neuen Wert y, das *Bild* zu, welcher in diesem Fall genau dem Quadrat von x entspricht.

Lineare Abbildungen sind Funktionen, die Vektoren aus der Urbildmenge ihre zugehörigen Bildvektoren zuordnen.

»Schön«, denken Sie womöglich, »aber sollten wir uns jetzt nicht wieder mit den wichtigen Dingen der linearen Algebra befassen, wie etwa dem Lösen von linearen Gleichungssystemen?« Aber genau dazu können Sie auch lineare Abbildungen einsetzen! Wenn Sie eine geschickte Abbildungsvorschrift wählen, kann eine Ausgangsmatrix in eine äquivalente Matrix überführt werden, die beispielsweise für die Lösungsbestimmung wesentlich geeigneter ist.

Hierzu ein einfaches Beispiel. Gegeben sei die Matrizengleichung:

$$\begin{pmatrix} 3 & -1 \\ -2 & 1 \end{pmatrix} \cdot \begin{pmatrix} x \\ y \end{pmatrix} = \begin{pmatrix} 1 \\ 0 \end{pmatrix}$$

Wenn Sie nun beide Seiten von links mit der Matrix

$$\begin{pmatrix} 1 & 1 \\ 2 & 3 \end{pmatrix}$$

multiplizieren, was nichts anderes ist als eine spezielle Anwendung einer linearen Abbildung, erhalten Sie:

$$\begin{pmatrix} 1 & 1 \\ 2 & 3 \end{pmatrix} \cdot \begin{pmatrix} 3 & -1 \\ -2 & 1 \end{pmatrix} \cdot \begin{pmatrix} x \\ y \end{pmatrix} = \begin{pmatrix} 1 & 1 \\ 2 & 3 \end{pmatrix} \cdot \begin{pmatrix} 1 \\ 0 \end{pmatrix}$$

Ausmultipliziert ergibt das:

$$\begin{pmatrix} 1 & 0 \\ 0 & 1 \end{pmatrix} \cdot \begin{pmatrix} x \\ y \end{pmatrix} = \begin{pmatrix} 1 \\ 2 \end{pmatrix}$$

Das sieht gut aus! Spätestens sobald Sie das zugehörige Gleichungssystem betrachten, wird Ihnen der große Fortschritt bewusst:

$$\begin{array}{ccccc} x & + & 0 \cdot y & = & 1 \\ 0 \cdot x & + & y & = & 2 \end{array} \Rightarrow \begin{array}{ccc} x & = & 1 \\ y & = & 1 \end{array}$$

Damit ist die Lösung des Gleichungssystems unmittelbar abzulesen, nämlich $x = 1$ und $y = 2$. Diese Lösung gilt auch für das ursprüngliche lineare Gleichungssystem; bitte rechnen Sie das nach, wenn Sie mir nicht glauben!

Matrizen, deren Elemente auf der Hauptdiagonalen sämtlich Eins sind, während alle anderen Elemente Null sind, nennt man ***Einheitsmatrizen***.

Affine Transformationen

Geometrisch lassen sich lineare Abbildungen als *affine Transformationen* deuten. Das sind geometrische Operationen, die Sie vielleicht noch aus der Schulzeit kennen, etwa die *Translation* (Verschiebung), die *Transvektion* (Scherung), die *Spiegelung* oder die *Kontraktion*.

Kapitel 12 behandelt affine Transformationen und deren Anwendungen für die lineare Algebra, klar und anschaulich!

Einige dieser Operationen lassen sich alleine mit Zirkel und Lineal bewerkstelligen. Andere erfordern größeren geometrischen Aufwand. Gemeinsam ist jedoch allen affinen Transformationen, dass sie allein mithilfe der linearen Algebra ausgeführt werden können, ohne einen geometrischen Bezug aufweisen zu müssen.

Doch die Geometrie ist keineswegs das einzige Anwendungsgebiet für affine Transformationen. Möglicherweise haben Sie schon von der *Lorentz-Transformation* gehört? Sie spielt bei der »speziellen Relativitätstheorie« eine wesentliche Rolle und ihr Verständnis ist sicherlich eine wichtige Voraussetzung, wenn Sie sich auf diesem schwierigen Gebiet kundig machen wollen.

Vor Einstein war lediglich die *Galilei-Transformation* bekannt. Diese affine Transformation ist nach wie vor in der klassischen Mechanik gültig. Der Begriff der *Kraft*, wie Isaac Newton ihn definierte, bezieht sich gerade auf Beschleunigungen, die sich durch Galilei-Transformationen nicht ändern.

Zur Umrechnung astronomischer und geografischer Koordinaten sind affine Transformationen ebenfalls seit Jahrhunderten das Mittel der Wahl. Doch auch in der Neuzeit gibt es immer wieder Bedarf an affinen Transformationen. Beispielhaft zu nennen wäre hier etwa die *Denavit-Hartenberg-Transformation*, die seit einigen Jahren das Standardverfahren in der Robotik darstellt, um die kinematischen Vorgänge von Achsendrehungen zu realisieren. Die Denavit-Hartenberg-Transformation besteht übrigens in der Hintereinanderausführung von vier linearen Abbildungen, die sich jeweils in Form von 4×4-Matrizen darstellen lassen.

Noch bunter geht es nicht

Im Beispiel aus dem letzten Abschnitt haben Sie eine lineare Abbildung durch die Multiplikation einer Matrix ausgeführt. Das ist sehr wichtig. Lineare Abbildungen können demnach mit Matrizen identifiziert werden.

Weiter wissen Sie schon, dass sich zumindest eine Kenngröße der Matrix, nämlich die *Determinante*, durch gewisse Transformationen nicht ändert. Daher wird sich ein Diätplan nicht einfach ändern, wenn alle Portionen von 100 g auf 50 g reduziert werden.

Die Betrachtung geometrischer Abbildungen lässt aber noch weitere Schlüsse zu. Sie können sich schnell klar machen, was zum Beispiel alle Spiegelungen, ganz gleich in welchem Koordinatensystem betrachtet, gemeinsam haben: Punkte (oder Vektoren) auf der Spiegelachse werden auf sich selbst abgebildet.

Eigenwerte und Eigenvektoren

Vektoren, die durch eine lineare Abbildung nicht verändert werden, oder die zumindest nur gestreckt oder gestaucht werden, nennt man *Eigenvektoren*. Den Streckungsfaktor bezeichnen wir als zugehörigen *Eigenwert*. Alle Vektoren auf einer Spiegelachse sind beispielsweise Eigenvektoren zum Eigenwert 1. Solche, die genau senkrecht, sprich *orthogonal* zur Spiegelachse verlaufen, sind ebenfalls Eigenvektoren, diesmal jedoch zum Eigenwert –1, weil ihre Richtung gerade umgekehrt wird. Dies sehen Sie exemplarisch in Abbildung 1.4 dargestellt.

Konkret sieht das im zweidimensionalen Raum beispielsweise so aus. Die Matrix M_1 mit

$$M_1 = \begin{pmatrix} 0 & 1 \\ 1 & 0 \end{pmatrix}$$

hat die Eigenschaft, dass alle Vektoren der Form

$$\vec{v} = \begin{pmatrix} r \\ r \end{pmatrix}$$

mit beliebigen reellen Komponenten auf sich selbst abgebildet werden. Das entspricht wiederum der Multiplikation einer Matrix mit einem Vektor (von rechts).

$$M_1 \cdot \vec{v} = \begin{pmatrix} 0 & 1 \\ 1 & 0 \end{pmatrix} \cdot \begin{pmatrix} r \\ r \end{pmatrix} = \begin{pmatrix} r \\ r \end{pmatrix} = \vec{v}$$

Damit sind alle Vektoren der Form $\vec{v}$ Eigenvektoren zum Eigenwert 1. Weiter können Sie leicht nachrechnen, dass für Vektoren mit

$$\vec{w} = \begin{pmatrix} -r \\ r \end{pmatrix}$$

gilt:

$$M_1 \cdot \vec{w} = \begin{pmatrix} 0 & 1 \\ 1 & 0 \end{pmatrix} \cdot \begin{pmatrix} -r \\ r \end{pmatrix} = \begin{pmatrix} r \\ -r \end{pmatrix} = -\vec{w}$$

Damit sind alle Vektoren der Form $\vec{w}$ Eigenvektoren zum Eigenwert –1. Eigenvektoren zu unterschiedlichen Eigenwerten erzeugen einen speziellen Vektorraum, den so genannten *Eigenraum*.

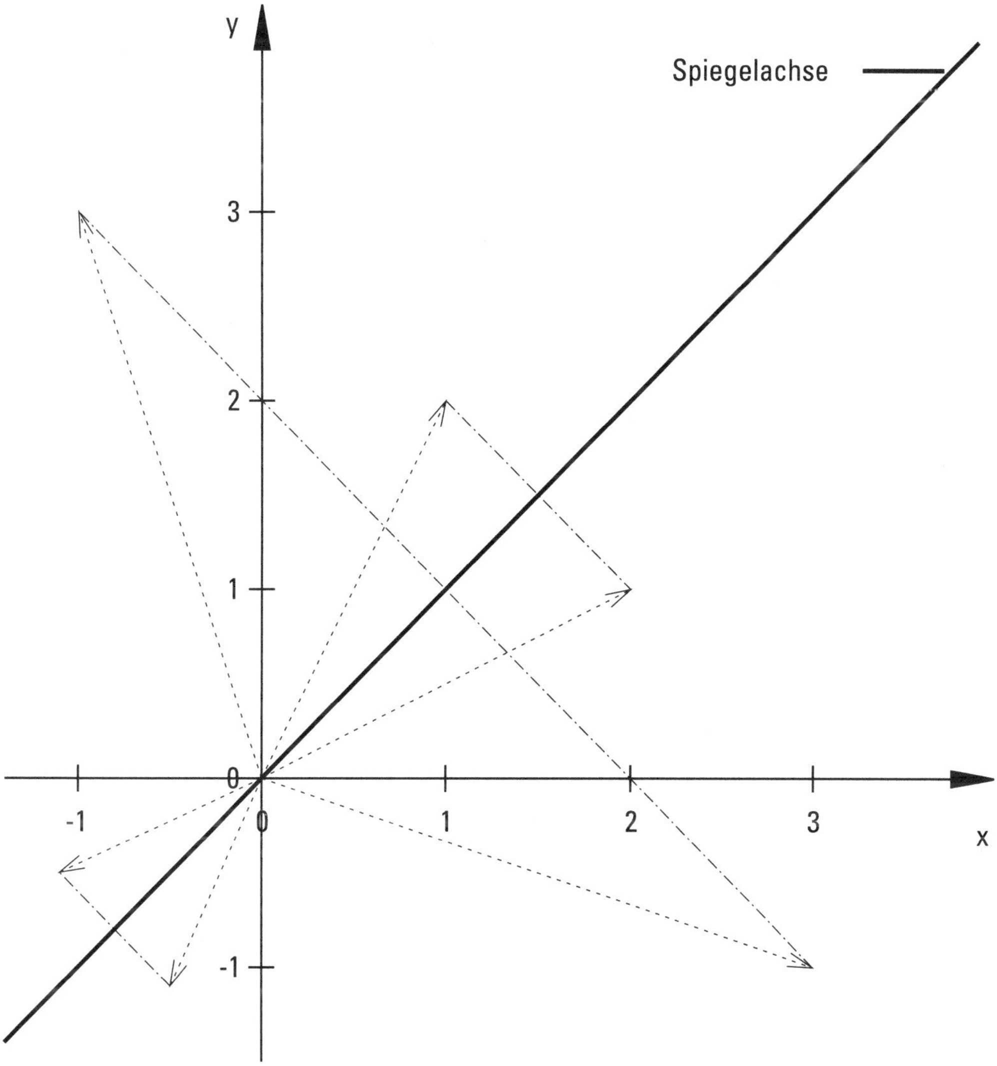

Abbildung 1.4: Spiegelachse einer affinen Transformation

In die eigenartige Welt der Eigenvektoren werden Sie in Kapitel 16 entführt. Aber geben Sie acht, dass Sie dort nicht zu lange verharren.

So weit, so gut. Ich stelle Ihnen jetzt eine weitere Matrix M_2 vor.

$$M_2 = \begin{pmatrix} 2 & 1 \\ -3 & -2 \end{pmatrix}$$

Als Eigenvektor finden Sie beispielsweise

$$\begin{pmatrix} 2 & 1 \\ -3 & -2 \end{pmatrix} \cdot \begin{pmatrix} r \\ -r \end{pmatrix} = \begin{pmatrix} r \\ -r \end{pmatrix}$$

Diese Eigenvektoren gehören sichtlich zum Eigenwert 1. Weiter sehen Sie, dass gilt:

$$M_2 \cdot \begin{pmatrix} -r \\ 3r \end{pmatrix} = \begin{pmatrix} 2 & 1 \\ -3 & -2 \end{pmatrix} \cdot \begin{pmatrix} -r \\ 3r \end{pmatrix} = \begin{pmatrix} r \\ -3r \end{pmatrix} = -\begin{pmatrix} -r \\ 3r \end{pmatrix}$$

Somit sind alle Vektoren, deren y-Komponente dem Minus-Dreifachen der x-Komponente entspricht, Eigenvektoren zum Eigenwert –1. Aber damit ist doch ebenfalls klar, dass die Matrix M_2 zwangsläufig eine *Schrägspiegelung* sein muss, deren Reflexionsachse nicht senkrecht zur Spiegelachse steht.

Eine andere affine Abbildung im zweidimensionalen Raum mit den Eigenwerten 1 und –1 kommt nämlich nicht in Frage!

Eigenvektoren zu zwei unterschiedlichen Eigenwerten spezifizieren das Verhalten einer linearen Abbildung im zweidimensionalen Raum eindeutig!

Diagonalisieren und der Spektralsatz

Da die Matrizen M_1 und M_2 – bis auf Koordinatentransformation – derselben linearen Abbildung entsprechen, müssen sie auch gewisse Gemeinsamkeiten besitzen. Tatsächlich nennt man Matrizen, die unterschiedlichen Darstellungen derselben affinen Transformation sind, *ähnlich*.

»Klasse«, werden Sie hier denken, »da haben sich die Mathematiker endlich einmal auf einen einprägsamen Fachterminus geeinigt«. Und Recht haben Sie!

Ähnliche Matrizen sind also solche, die im Grunde dieselbe lineare Abbildung bezogen auf ein anderes Koordinatensystem darstellen. Und die Matrixdarstellung der linearen Abbildung, die eine solche Transformation ermöglicht, heißt *Übergangsmatrix*. Um die Matrixdarstellung des einen Koordinatensystems in jene eines anderen zu überführen, benötigen Sie neben der Übergangsmatrix auch deren *Inverse*. Ja, auch Matrizen besitzen Inverse! So wie ½ die Inverse von 2 bezüglich der gewöhnlichen Multiplikation von Zahlen ist, weil $2 \cdot \frac{1}{2}=1$ gilt, so besitzt auch eine Übergangsmatrix eine Inverse. Sobald Sie eine Matrix mit ihrer Inversen multiplizieren, ergibt sich die Einheitsmatrix!

Sie multiplizieren die Übergangsmatrix von rechts und deren Inverse von links mit der Originalmatrix und erhalten als Ergebnis eine ähnliche Matrix derselben linearen Abbildung, jedoch bezogen auf ein anderes Koordinatensystem. Man spricht hier auch vom *Basiswechsel*.

Alles zum Thema ***Basiswechsel*** und noch viel mehr finden Sie in Kapitel 15.

Sicher warten Sie schon gespannt auf die Übergangsmatrix P, um M_1 in M_2 zu überführen. Hier ist sie:

$$P = \begin{pmatrix} 1 & 0 \\ 2 & 1 \end{pmatrix} \quad \Rightarrow \quad P^{-1} = \begin{pmatrix} 1 & 0 \\ -2 & 1 \end{pmatrix}$$

Der Witz der Inversen besteht, wie gesagt darin, dass ihr Produkt mit der Originalmatrix stets zur Einheitsmatrix führt.

Rechnen Sie selbst nach, dass P tatsächlich M_1 in M_2 überführt. Ermitteln Sie also den Wert von $P^{-1} \cdot M_1 \cdot P$.

Lesen Sie erst weiter, sobald Sie die Lösung gefunden haben!

So schnell schon fertig? Ok, das ist das Ergebnis:

$$P^{-1} \cdot M_1 \cdot P = \begin{pmatrix} 1 & 0 \\ -2 & 1 \end{pmatrix} \cdot \begin{pmatrix} 0 & 1 \\ 1 & 0 \end{pmatrix} \cdot \begin{pmatrix} 1 & 0 \\ 2 & 1 \end{pmatrix} = \begin{pmatrix} 0 & 1 \\ 1 & -2 \end{pmatrix} \cdot \begin{pmatrix} 1 & 0 \\ 2 & 1 \end{pmatrix} = \begin{pmatrix} 2 & 1 \\ -3 & -2 \end{pmatrix} = M_2$$

Wenn M_1 und M_2 schon ähnlich sind, wollen Sie sicher wissen, ob nicht noch mehr Matrizen existieren, die ebenfalls zu diesen beiden ähnlich sind.

Aber keine Angst, ich möchte Sie gewiss nicht langweilen mit der Aufzählung von zigtausenden ähnlicher Matrizen. Die Frage ist nur, welche Matrix unter allen zueinander ähnlichen Matrizen für unseren Zweck am geeignetsten erscheint.

Der tiefere innere Zusammenhalt ähnlicher Matrizen hatte mit Eigenvektoren und Eigenwerten zu tun. Alle ähnlichen Matrizen besitzen nicht nur dieselben Eigenwerte, sondern stellen auch die gleiche affine Transformation dar. Unter allen ähnlichen Matrizen sind solche zu bevorzugen, bei denen die Eigenwerte recht elegant abzulesen sind. So wie ein lineares Gleichungssystem dann gerne gesehen wird, wenn die zugehörige Koeffizientenmatrix eine Einheitsmatrix darstellt, ist die Suche nach einer optimalen ähnlichen Matrix dann abgeschlossen, wenn Sie eine *Diagonalmatrix* gefunden haben. Bei dieser entsprechen die Werte auf der Hauptdiagonalen nämlich genau den Eigenwerten!

Betrachten Sie dazu beispielsweise das folgende lineare Gleichungssystem.

$$\begin{pmatrix} 1 & 0 & 0 \\ 0 & 1 & 0 \\ 0 & 0 & 1 \end{pmatrix} \cdot \begin{pmatrix} x \\ y \\ z \end{pmatrix} = \begin{pmatrix} 7 \\ -3 \\ 4 \end{pmatrix} \quad \Rightarrow \quad \begin{matrix} x & & & = & 7 \\ & y & & = & -3 \\ & & z & = & 4 \end{matrix}$$

Die Koeffizientenmatrix ist eine Einheitsmatrix, deswegen erkennen Sie die Lösung ohne weitere Rechnung.

Ebenso besitzt die Matrix

$$M = \begin{pmatrix} 3 & 0 & 0 \\ 0 & -4 & 0 \\ 0 & 0 & 2 \end{pmatrix}$$

Idealgestalt, weil Sie die Eigenwerte 3, –4 und 2 unmittelbar ablesen können.

Den Vorgang, eine beliebige Matrix in die Idealgestalt zu überführen, nennt man *Diagonalisierung* und ist eines der bedeutsamsten Verfahren der linearen Algebra.

Von hier aus ist der Weg zum Zentrum der Erkenntnis, zum Herz aller Dinge, zwar noch weit, wenn Sie jedoch unbedingt eine Abkürzung gehen wollen, werde ich Sie nicht daran hindern: In Kapitel 17 erfahren Sie alles über Diagonalisierung! Sollten Sie sich jedoch verlaufen, sagen Sie nicht, ich hätte Sie nicht gewarnt!

Das Ergebnis der Diagonalisierung von M_1 oder M_2, was dasselbe ist, kennen Sie bereits. Die Diagonalmatrix D hat dann folgende Gestalt:

$$D = \begin{pmatrix} 1 & 0 \\ 0 & -1 \end{pmatrix}$$

In D sind die Elemente auf der Hauptdiagonalen nunmehr die Eigenwerte. Auch die Suche nach den Eigenvektoren, die zu diesen Eigenwerten gehören, gestaltet sich überraschend einfach. Es gilt nämlich:

$$D \cdot \begin{pmatrix} 1 \\ 0 \end{pmatrix} = \begin{pmatrix} 1 \\ 0 \end{pmatrix}$$

sowie

$$D \cdot \begin{pmatrix} 0 \\ 1 \end{pmatrix} = -\begin{pmatrix} 0 \\ 1 \end{pmatrix}$$

Die Basisvektoren stellen bei einer Diagonalmatrix gerade die Eigenvektoren dar, und dies ist im Sinne der linearen Algebra der Idealzustand. Daran erkennen Sie die entscheidenden Eigenschaften der linearen Abbildung, die diese Matrix – und alle zu ihr ähnlichen – repräsentiert. Im vorliegenden Fall handelt es sich um eine *Spiegelung*.

Damit stoßen Sie auf die Frage, ob jede beliebige Matrix diagonalisiert werden kann. Dies kann ja wohl nicht der Fall sein, weil beispielsweise jede Menge affiner Transformationen existierte, die keine Eigenwerte besitzen, etwa *Rotationen*. Jeder Vektor wird gedreht, deswegen kann keiner auf ein Vielfaches seiner selbst abgebildet werden.

Der *Spektralsatz*, der gerne als der Zenit der linearen Algebra betrachtet wird, liefert Ihnen einen wesentlichen Anhaltspunkt, wann eine vorgegebene Matrix M und damit die zugehörige lineare Abbildung diagonalisiert werden kann.

Für reelle Matrizen gilt:

Gemäß ***Spektralsatz*** sind symmetrische Matrizen stets diagonalisierbar.

Ein vergleichbares Resultat wird auch für komplexe Matrizen erzielt.

Gemäß ***Spektralsatz*** sind hermitesche Matrizen stets diagonalisierbar.

Was der Spektralsatz noch alles besagt und was genau eine Matrix *hermitesch* macht, finden Sie in Kapitel 17 dieses Buches!

Wie man den linearen Überblick behält

Nach diesem Höhenflug durch die schöne Welt der linearen Algebra möchte ich Ihnen zum Abschluss des Kapitels die wichtigsten Aspekte Revue passieren lassen. Damit Sie sich nicht langweilen, werde ich das in genau der umgekehrten Reihenfolge vornehmen.

- ✔ Um den *Spektralsatz* und seine Anwendungsmöglichkeiten zu verstehen, ist es nötig, das innere Wesen von Matrizen zu begreifen, das sich in *Eigenwerten* und *Eigenvektoren* abzeichnet.
- ✔ Überhaupt sind *Matrizen* sehr vielseitige Objekte. Sie sind ursprünglich als Verallgemeinerung von Koeffizienten aus linearen Gleichungssystemen hervorgegangen und inzwischen wurden so viele Eigenschaften entdeckt, dass man allein mit der Diskussion von Matrizen ganze Bücher füllen könnte.
- ✔ Matrizen können, müssen aber nicht *diagonalisierbar, invertierbar* oder *ähnlich* sein. Auf Matrizen werden grundsätzlich *Matrix-, Vektor-* und *Skalare Multiplikation* definiert. Die mysteriöseste Zahl, die Sie einer Matrix zuordnen, ist jedoch die *Determinante.*
- ✔ Wenn ein Gleichungssystem prinzipielle Schwierigkeiten aufweist, dann ist die Determinante der zugehörigen Koeffizientenmatrix Null. Entweder wollte da jemand bei seinem Diätplan mogeln, oder die Aufgabenstellung selbst weist widersprüchliche Vorgaben auf.

Die Strukturen, mit denen sich die lineare Algebra befasst, sind *Vektorräume* und *Körper.* Diese definieren die erlaubten Operationen und lassen interessante Zusammenhänge erkennen. Funktionen, die Elemente eines Vektorraumes in einen anderen überführen, nennt man *lineare Abbildungen* oder *Homomorphismen,* was immer Ihnen besser gefällt. Und das Beste daran: Vektorräume finden sich überall!

Orte, wo sich Vektorräume »verstecken«

Sie können über symmetrischen 2×2-Matrizen einen Vektorraum erzeugen. Natürlich auch über beliebigen anderen Formen von n x m-Matrizen. Ebenso über Polynomen von einem bestimmten Maximalgrad, zum Beispiel drei. Die Koeffizienten dieser Polynome können beliebigen Zahlkörpern entstammen; gern genommen werden hier $\mathbb{R}$, $\mathbb{C}$ und in selteneren Fällen auch $\mathbb{Q}$. Oder, warum nicht, auch Vektorräume über den linearen Abbildungen zwischen zwei (anderen) Vektorräumen sind schnell spezifiziert. Die Elemente dieses Raumes sind dann selbst wiederum lineare Abbildungen – ganz schön abgefahren!

- ✔ Ausgangspunkt für die lineare Algebra sind oft ganz gewöhnliche Alltagsprobleme, mit zumeist technischem, naturwissenschaftlichem oder wirtschaftswissenschaftlichem Bezug. Häufig spielen zahlreiche unbekannte Variablen eine Rolle und geometrische Probleme lassen sich auf beliebig viele Dimensionen übertragen.

- Entscheidend für die Behandlung einer gegebenen Aufgabenstellung bleibt allerdings, dass die Fragestellung sich auf *lineare* Zusammenhänge bezieht. Dies ist geometrisch für Punkte, Geraden, Ebenen und Räume beliebiger Dimension der Fall. Ungeeignet und außerhalb des linearen Bezugs sind dagegen gekrümmte Flächen wie etwa Paraboloide oder Ellipsoide. Deren algebraische Darstellungen weisen zum Beispiel Quadrate in den Unbekannten auf.
- Physikalisch muss eine Bewegung mit konstanter Geschwindigkeit erfolgen. Beschleunigungs- oder Abbremsvorgänge erfordern eine analytische Herangehensweise, bei der Differenzial- und Integralrechnung zum Zuge kommen.

Werfen Sie doch einmal einen Blick in das Buch »Analysis für Dummies«, dort finden Sie auch Dinge, die garantiert nicht linear sind!

Allerdings können Methoden der Analysis auf überaus fruchtbare Weise mit jenen der linearen Algebra verknüpft werden. Dies wird unter dem Schlagwort *Vektoranalysis* geführt und erlaubt die Lösung auch hochkomplexer, nicht-linearer Prozesse. Differentialgleichungen sind ein Paradebeispiel für die Verknüpfung von Methoden der linearen Algebra mit solchen der Analysis. Die *Hauptachsentransformation*, ursprünglich aus der Geometrie erwachsen und insbesondere auf nicht-lineare Objekte bezogen, wird Ihnen jedoch auch auf dem weiteren Weg durch das Labyrinth begegnen und Sie hoffentlich motivieren, den Weg bis ans Ende zu gehen …

Die Hauptachsentransformation und Ihre Durchführung mithilfe der linearen Algebra wird Sie gewiss faszinieren. Dies und mehr erwartet Sie in Kapitel 12!

Zahlen gegen reelle Komplexe

2

In diesem Kapitel ...

- Den Aufbau der reellen Zahlen rekapitulieren
- Die Grundidee der komplexen Zahlen verstehen
- Die wichtigsten Rechenoperationen mit komplexen Zahlen beherrschen
- Einige Besonderheiten über komplexe Zahlen erfahren
- Beträge und konjugierte komplexe Zahlen ermitteln

In diesem Kapitel erfahren Sie ohne Umschweife alles Wesentliche über komplexe Zahlen. Woher sie kommen und was man mit ihnen anstellen kann. Und wenn Sie sich vielleicht schon gefragt haben, was ein eigenes Kapitel über komplexe Zahlen in einem Buch über lineare Algebra zu tun hat, auch das wird geklärt!

Reelle Zahlen in der Realität

Im Rahmen der Schulmathematik werden die Zahlenräume immer weiter ausgedehnt. Es beginnt mit *natürlichen Zahlen* $\mathbb{N}$, die schon vor Jahrtausenden von Menschen benutzt worden sind, um Gegenstände abzählen zu können. Dabei war es kulturhistorisch noch ein weiter Weg bis zum Verständnis, dass auch die Zahl **Null** eine natürliche Zahl ist, obwohl man selbstverständlich keine null Objekte abzählen kann.

Die *ganzen Zahlen* $\mathbb{Z}$ bestehen aus den positiven natürlichen Zahlen erweitert um die negativen Zahlen. Als die Menschen begannen, Handel zu treiben, kamen sie auch ohne ein intuitives Verständnis von negativen Zahlen aus. Mit dem Aufkommen des Konzepts von »Schulden« änderte sich das jedoch. Heutzutage scheinen für manche Politiker die negativen Zahlen schon wichtiger zu sein als die positiven.

Alle Brüche aus ganzen Zahlen bilden die *rationalen Zahlen* $\mathbb{Q}$. Eine dreiste Vermutung könnte vielleicht lauten, dass jede beliebige Länge als rationale Zahl dargestellt werden kann. Dass dem nicht so ist, wussten bereits die Griechen der Antike.

Nicht alle Zahlen sind rational!

Stellen Sie sich ein rechtwinkliges Dreieck mit der *Kathetenlänge* Eins vor, wie in Abbildung 2.1 dargestellt.

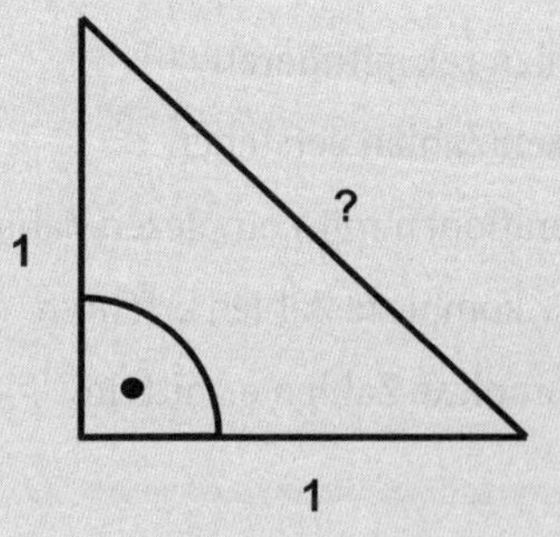

Abbildung 2.1: Rechtwinkliges Dreieck mit Kathetenlänge Eins

Wie lang ist die *Hypotenuse* dieses Dreiecks? Nach dem »Satz des Pythagoras« gilt bekanntlich, dass die Summe der Kathetenquadrate gleich dem Quadrat der Hypotenuse ist. Wenn Sie die gesuchte Länge mit x bezeichnen, ergibt sich daraus die algebraische Gleichung:

$$1^2 + 1^2 = x^2$$

Also ist klar, dass das Quadrat der der Hypotenuse den Wert 2 hat. Allerdings konnten bereits die antiken Griechen feststellen, dass x kein Bruch sein kann. Auch dies lässt sich mittels einfacher Algebra zeigen. Nehmen Sie dazu an, x könne eine Darstellung als Bruch besitzen. Sie könnten dann x folgendermaßen schreiben:

$$x = \frac{p}{q} \text{ mit } p, q \in \mathbb{N} \text{ sowie } ggT(p,q) = 1$$

Zusätzlich gehen Sie also davon aus, dass Zähler und Nenner bereits gekürzt sind, dass also der **g**rößte **g**emeinsame **T**eiler, der ***ggT*** von p und q die Zahl 1 ist.

Daraus folgt jedoch:

$$x^2 = \left(\frac{p}{q}\right)^2 = \frac{p^2}{q^2} = 2$$

Und weiter ergibt sich durch Multiplikation von q^2 auf beiden Seiten:

$$2 \cdot q^2 = p^2$$

Demnach ist p^2 eine gerade Zahl und damit auch p. Ergo können Sie die Zahl p auch folgendermaßen notieren:

$$p = 2 \cdot p' \text{ mit } p' \in \mathbb{N}$$

Für das q der Ausgangsgleichung finden Sie somit:

$$2 \cdot q^2 = p^2 = (2 \cdot p')^2 = 4 \cdot (p')^2$$

Sie sehen, dass eine Division durch 2 zu folgender Gleichung führt:

$$q^2 = 2 \cdot (p')^2$$

Daher muss auch q eine gerade Zahl sein. Wenn aber p und q gerade sind, lässt sich der Bruch x zumindest durch 2 kürzen, was der Annahme widerspricht, der ggT von p und q sei 1. Daran sehen Sie, dass Längen existieren, die sich nicht mit rationalen Zahlen darstellen lassen.

Für die Griechen der Antike war das ein Riesenschock!

Die Werte »zwischen« den rationalen heißen *Irrationale Zahlen*. Wie Sie vielleicht wissen, ist die Hypotenusenlänge x eines rechtwinkligen Dreiecks mit den Kathetenlängen 1 genau

$$x = \sqrt{2}$$

und das ist eine irrationale Zahl. Die Menge der rationalen Zahlen zusammen mit den irrationalen Zahlen ergibt die Menge der *reellen Zahlen* $\mathbb{R}$. Es gibt keine konstruierbare Länge, die nicht reell ist. Andere berühmte Vertreter irrationaler reeller Zahlen sind π und die Eulersche Zahl e.

Messbare Längen

Wenn Sie meinen, rationale Zahlen seien kaum zu gebrauchen, weil noch nicht einmal die Hypotenuse eines einfachen rechtwinkligen Dreiecks rational ist, dann kann ich Sie beruhigen. Alle messbaren Größen, ganz gleich wie genau die Messgeräte sind, stellen stets rationale Zahlen dar. Eine irrationale Zahl hat beispielsweise unendlich viele, nicht periodische Nachkommastellen. Wie soll ein Messgerät einen solchen Wert ausspucken? Außerdem lässt sich jede reelle Zahl durch eine rationale Zahl beliebig genau nähern. In der technisch/naturwissenschaftlichen Praxis konkreter Anwendungen haben Sie es also stets mit rationalen Zahlen zu tun.

Eine alternative Darstellung für die Erweiterung der Zahlenräume, bei der es um die Erfüllung der *Körpergesetze* geht, finden Sie in Kapitel 3 »Körper und andere Welten«

Grundidee der komplexen Zahlen

Der letzte Abschnitt hat Ihnen eindrucksvoll dargelegt, wie bereits eine einfache algebraische Gleichung die Unzulänglichkeit eines ganzen Zahlenraumes zu erschüttern vermag!

Die Achilles-Verse der rationalen Zahlen ist die Gleichung

$$x^2 = 2$$

Denn hierfür gibt es keine rationale Lösung! Wenn Sie unbedingt eine Lösung haben möchten, müssen Sie auf die reellen Zahlen ausweichen. Aber auch diese sind nicht vollkommen! Schauen Sie sich einfach einmal folgende Gleichung an:

$$x^2 = -1$$

Natürlich wissen Sie, dass das Quadrat sowohl von positiven als auch von negativen reellen Zahlen stets positiv ist. Also kann kein Quadrat jemals eine negative Zahl ergeben. Demnach ist die Gleichung sinnlos? Keineswegs!

Es wäre schon sehr hilfreich, wenn die obige Gleichung eine Lösung hätte. Denn dann könnten Sie beispielsweise alle quadratischen Gleichungen lösen!

Das Schöne ist nun, dass Sie dieser Gleichung einfach eine Lösung verpassen und sehen, was weiter passiert. Nennen Sie die Lösung der Einfachheit halber »i«.

Die Verwendung des Buchstabens »i« geht schon auf René Descartes zurück. Allerdings wird in der Elektrotechnik anstatt dessen der Buchstabe »j« benutzt, um Verwechselungen mit der Notation für Stromstärke auszuschließen.

Definitionsgemäß gilt also:

$$i^2 = -1$$

Zugleich muss ebenfalls richtig sein:

$$(-i)^2 = (-1)^2 \cdot (i)^2 = 1 \cdot i^2 = i^2 = -1$$

Ich habe bereits angedeutet, dass Sie durch die Definition von i, die auch *imaginäre Einheit* heißt, fortan alle quadratischen Gleichungen immer und systematisch lösen können. Das geht folgendermaßen:

Sie gehen von einer *normierten quadratischen Gleichung* aus, bei der der Koeffizient zur höchsten Potenz, also zur quadratischen, den Wert 1 hat. Dies können Sie stets durch Division erreichen.

$$x^2 + px + q = 0$$

Jetzt wenden Sie die *quadratische Ergänzung* an. Dabei handelt es sich um eine Zahl, die Sie addieren, um eine binomische Formel anwenden zu können. Damit das Ergebnis stimmt, müssen Sie die quadratische Ergänzung natürlich sofort wieder subtrahieren. Das klingt komisch, vielleicht sogar sinnlos, ist es aber nicht. Im Gegenteil: Alberne Tricks wie Zahlen zu addieren, die gleich darauf wieder subtrahiert werden, sind wesentliche Techniken der gesamten Mathematik.

Für die obige Gleichung lautet die quadratische Ergänzung $\left(\frac{p}{2}\right)^2$:

$$x^2 + 2 \cdot \frac{p}{2} x + \left(\frac{p}{2}\right)^2 - \left(\frac{p}{2}\right)^2 + q = 0$$

Die ersten drei Summanden lassen sich dadurch mit der ersten *binomischen Formel* zusammenfassen:

$$\left(x+\frac{p}{2}\right)^2-\left(\frac{p}{2}\right)^2+q=0$$

Die drei binomischen Formeln ziehen sich wie ein roter Faden durch sehr viele Bereiche der Mathematik. Dabei sind sie eigentlich keineswegs so hochtrabend, wie Sie vielleicht denken. *Binom* bedeutet einfach »zwei Namen« und die zugehörigen Formeln ergeben sich durch einfaches Ausmultiplizieren aus den drei möglichen Termen:

1. binomische Formel: $(a+b)\cdot(a+b)=a^2+2ab+b^2$
2. binomische Formel: $(a-b)\cdot(a-b)=a^2-2ab+b^2$
3. binomische Formel: $(a+b)\cdot(a-b)=a^2-b^2$

Wenn Sie die beiden rechten Terme in der obigen Gleichung zusammenfassen, erhalten Sie eine Zahl, die den hübschen Namen »*Diskriminante*« trägt. Die Diskriminante ist von entscheidender Bedeutung für die Lösung der quadratischen Gleichung! Sie lautet in diesem Fall:

$$D=-\left(\frac{p}{2}\right)^2+q$$

Nun ergeben sich prinzipiell drei Möglichkeiten. Entweder ergibt D den Wert Null, dann lässt sich die Lösung sofort angeben:

$$x=\frac{-p}{2}$$

Hierbei handelt es sich um eine *doppelte Nullstelle* der Gleichung, die sich geometrisch damit erklären lässt, dass der Scheitelpunkt der zugehörigen Parabel genau auf der X-Achse liegt.

Wenn D negativ ist, kann die Gleichung mittels der dritten binomischen Formel aufgelöst werden. Das sehen Sie besonders leicht, wenn Sie folgende Ersetzungen vornehmen:

$$a=x+\frac{p}{2}\text{ und }b=\sqrt{\left|-\left(\frac{p}{2}\right)^2+q\right|}$$

Die quadratische Gleichung hat dann die Form:

$$a^2-b^2=0$$

Das ist wunderbar, weil Sie mit der dritten binomischen Formel die quadratischen Terme zu linearen Termen auflösen können, denn a^2-b^2 ist nichts anderes als (a + b) · (a – b). Geometrisch lässt sich dieser Fall durch zwei unterschiedliche reelle Schnittpunkte der Parabel mit der X-Achse darstellen.

Echten Kummer macht nur der dritte Fall, wenn nämlich die Diskriminante positiv ist. Hier erhalten Sie als quadratische Gleichung den Ausdruck:

$$a^2+b^2=0$$

Diese Gleichung ist sicherlich **nicht** mittels einer binomischen Formel aufzulösen. Sie stellt sogar eine prinzipielle Hürde dar, die in der Mathematik immer wieder auftaucht. Den hier anzuwendenden Trick haben Sie bereits kennen gelernt und werden ihn auch für die Zukunft bestimmt nicht mehr vergessen: Sie ersetzen das »+«–Zeichen durch »$-i^2$«:

$$a^2 + b^2 = a^2 - i^2 \cdot b^2 = a^2 - (i \cdot b)^2 = 0$$

Wann immer Sie bei algebraischen Operationen auf das Problem stoßen, die *Summe zweier Quadrate* zu faktorisieren, ersetzen Sie das Pluszeichen durch $-i^2$!

Dadurch wird aus der Summe die *Differenz zweier Quadrate*, die Sie nach Belieben mittels der dritten binomischen Formel faktorisieren können.

Aus der Summe der Quadrate auf der linken Seite, die kaum zu verarbeiten ist, haben Sie so mithilfe der imaginären Einheit »i« die Differenz zweier Quadrate erzeugt, die wiederum mittels der dritten binomischen Formel zerlegt werden kann. Geometrisch tritt dieser Fall immer dann ein, wenn die Parabel die X-Achse gar nicht schneidet und deshalb – auf reelle Zahlen bezogen – überhaupt keine Nullstellen aufweist.

Zur Verdeutlichung dieses witzigen Effektes werfen Sie einen Blick auf ein einfaches Beispiel. Ausgehend von der Gleichung

$$x^2 + 4x + 13 = 0$$

führt Sie die quadratische Ergänzung zu

$$x^2 + 4x + 4 - 4 + 13 = 0$$

und damit zu

$$(x + 2)^2 + 3^2 = 0$$

Die Suche nach reellen Lösungen können Sie an dieser Stelle getrost vergessen, weil die Summe zweier reeller Quadratzahlen nicht Null ergeben kann.

Jetzt ist die richtige Zeit für den Trick mit der imaginären Einheit gekommen:

$$(x + 2)^2 - i^2 \cdot 3^2 = 0$$

Wenn Sie den zweiten Term als *ein* Quadrat zusammenfassen, ergibt sich die offensichtliche Differenz zweier Quadrate:

$$(x + 2)^2 - (3i)^2 = 0$$

Und so lässt sich die dritte binomische Formel sofort anwenden:

$$(x + 2 + 3i) \cdot (x + 2 - 3i) = 0$$

Jetzt endlich ist aus der ursprünglich quadratischen Gleichung das Produkt zweier linearer Gleichungen geworden. Die beiden Lösungen für x lesen Sie leicht ab:

$$x = -2 - 3i \vee x = -2 + 3i$$

Noch schöner geht das nicht mehr. Die beiden Lösungen für x sind *komplexe Zahlen* ($\mathbb{C}$), die sich aus einem *Realteil* (ohne »i«) und einem *Imaginärteil* (mit »i«) zusammensetzen. Die reellen Zahlen sind ein Spezialfall von komplexen Zahlen, bei denen der Imaginärteil Null ergibt. Umgekehrt nennt man komplexe Zahlen, deren Realteil 0 ist, *rein imaginär*.

Insgesamt lassen sich die Zahlenräume zueinander als jeweilige Obermengen verstehen:

$$\mathbb{N} \subset \mathbb{Z} \subset \mathbb{Q} \subset \mathbb{R} \subset \mathbb{C}$$

Nun könnten Sie sich fragen, wo um alles in der Welt die komplexen Zahlen auf dem Zahlenstrahl zu finden sind, denn eigentlich entsprechen ja alle reellen Längen genau den reellen Zahlen.

Zum Glück hat Carl Friedrich Gauß schon 1811 eine sehr elegante Antwort auf diese Frage geliefert. Ihm zu Ehren spricht man von der *Gaußschen Zahlenebene* als dem Ort, an dem komplexe Zahlen anschaulich beheimatet sind. Stellen Sie sich dazu ein Koordinatensystem vor, bei dem die X-Achse den reellen Zahlen entspricht und die Y-Achse den rein imaginären.

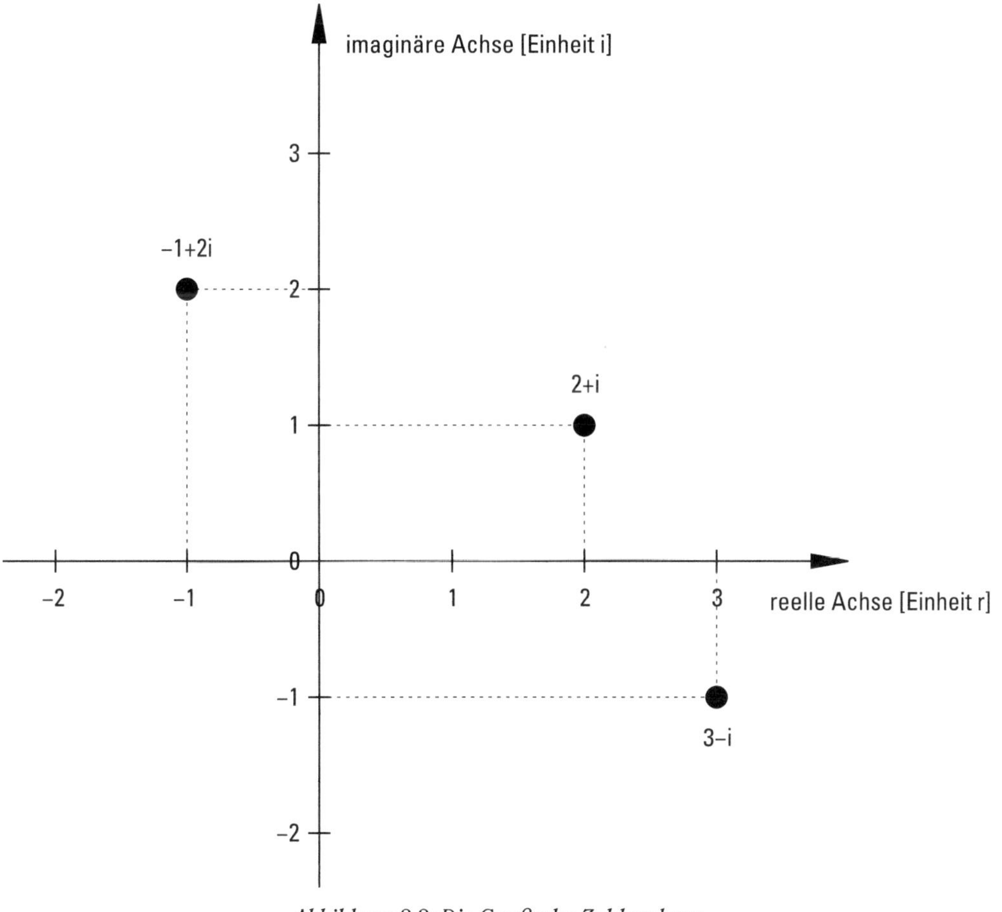

Abbildung 2.2: Die Gaußsche Zahlenebene

Wie Sie in Abbildung 2.2 sehen, lässt sich jede beliebige komplexe Zahl bestehend aus Rational- und Imaginärteil mit genau einem Punkt in diesem Koordinatensystem identifizieren. Und so wächst der Zahlenhorizont um eine ganze Dimension!

Selbst scheinbar sehr einfache Funktionen, die beliebige komplexe Zahlen in andere komplexe Zahlen überführen, wie zum Beispiel

$$y = x^2$$

stecken bereits voller Tücken. Sie benötigen für die Werte von x und y jeweils zwei Raumdimensionen. Deswegen können Sie diese scheinbar sehr einfache Funktion schon nicht mehr grafisch darstellen, denn dazu sind insgesamt 4 Raumdimensionen nötig! Häufig ist es dann eine gute Idee, sich auf Teilmengen der komplexen Zahlen zu beschränken, beispielsweise auf rein imaginäre, die so nur noch eine Dimension benötigen.

Crashkurs: Rechnen mit komplexen Zahlen

Im Vergleich zur enormen Bedeutung der komplexen Zahlen für Naturwissenschaften und Technik erscheinen die Rechenregeln dagegen äußerst einfach. Zuerst zeige ich Ihnen die Grundrechenarten wie *Addition* und *Multiplikation*. Im darauf folgenden Abschnitt geht es um etwas spannendere und ungewöhnlichere Operationen.

Addition und Subtraktion komplexer Zahlen

Im Allgemeinen verfügen komplexe Zahlen über einen Realteil und einen Imaginärteil, der jeweils mittels einer reellen Zahl repräsentiert werden kann. Mathematischer formuliert heißt das:

$$c = a + ib \text{ mit } c \in \mathbb{C} \quad \text{und} \quad a,b \in \mathbb{R}$$

Beachten Sie, dass die imaginäre Einheit »i« weder eine Variable ist noch sonst irgendwie mit a oder b »verrechnet« werden kann.

Die *imaginäre Einheit* »i« einer komplexen Zahl darf weder im Nenner noch unter einem Wurzelzeichen verbleiben. Die Darstellung einer komplexen Zahl setzt voraus, dass der Real- und der Imaginärteil jeweils als reelle Zahlen getrennt voneinander geschrieben werden können. Daher kann jede komplexe Zahl auch als 2-Tupel, also als Paar von reellen Zahlen der Form c = (a, b) notiert werden. Damit sollte klar sein, dass die imaginäre Einheit nicht in einem verschachtelten Term verbleiben darf.

Die Addition zweier komplexer Zahlen c_1 mit c_2 ist sehr einfach:

$$c_1 + c_2 = (a_1 + b_1 i) + (a_2 + b_2 i) = (a_1 + a_2) + (b_1 + b_2)i$$

Zwei komplexe Zahlen werden *addiert*, indem die jeweiligen Realteile und Imaginärteile getrennt voneinander addiert werden.

Zur Veranschaulichung erhalten Sie noch ein konkretes Beispiel:

$$(3 + 4i) + (2 - 2i) = (3 + 2) + (4 - 2)i = 5 + 2i$$

Die Subtraktion ergibt sich automatisch als Umkehroperation der Addition aus dem bisher Gesagten. Es muss also für drei komplexe Zahlen c_1, c_2 und c gelten:

Aus $c = c_1 + c_2$ muss folgen: $c - c_2 = c_1$

Dies führt unmittelbar zu:

$$c_1 - c_2 = (a_1 + b_1 i) - (a_2 + b_2 i) = (a_1 - a_2) + (b_1 - b_2)i$$

Auch hier erhalten Sie zur Veranschaulichung ein konkretes Beispiel:

$$(2 - i) - (2 - 2i) = (2 - 2) + (-1 - (-2))i = 0 + i = i$$

Das Ergebnis zeigt eine rein imaginäre Zahl ohne Realteil – oder besser gesagt, mit einem Realteil von 0.

Spannenderweise lassen sich Addition und Subtraktion zweier beliebiger komplexer Zahlen in der Gaußschen Zahlenebene sehr anschaulich erklären. Abbildung 2.3 verdeutlicht die geometrische Darstellung des mathematischen Terms (–1 + 2i) + (2 + i) = 1 + 3i.

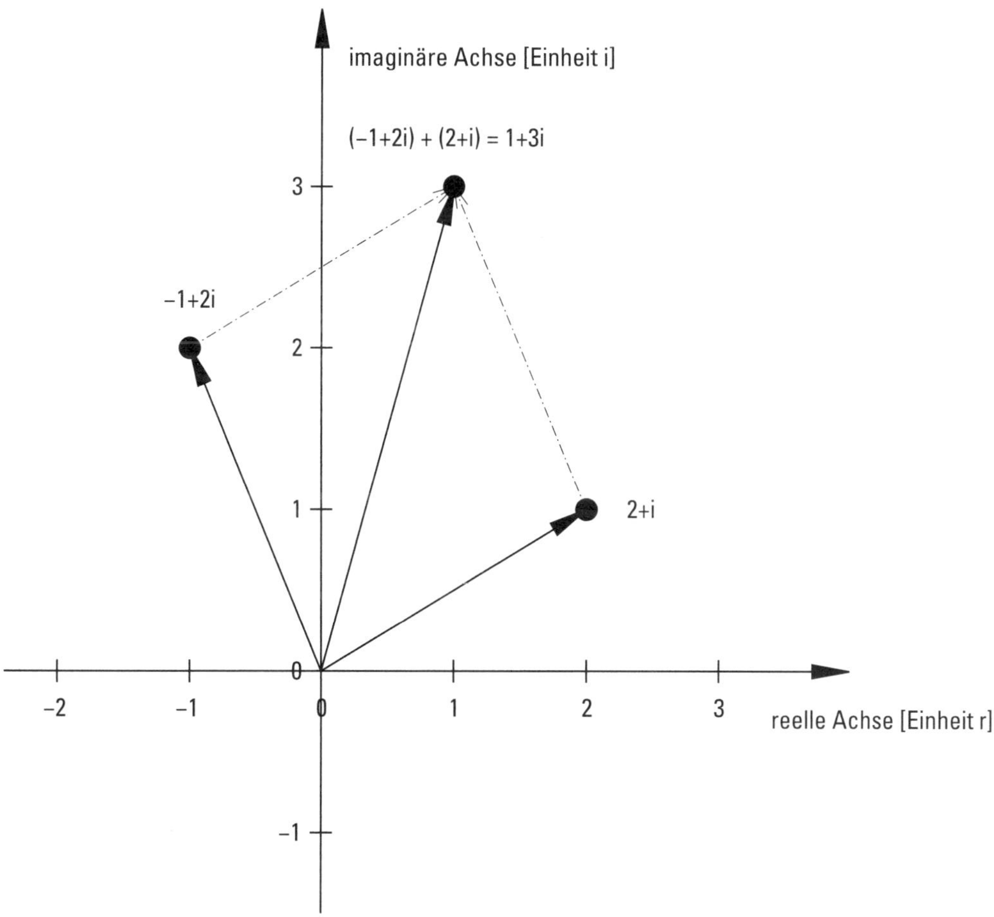

Abbildung 2.3: Addition zweier komplexer Zahlen

Damit wird auch klar, wie die Subtraktion funktioniert. Wenn Sie (2 + 3i) – (3 + i) ausrechnen wollen, legen Sie an die Pfeilspitze von (2 + 3i) einfach den Vektor (3 + i) an, jedoch in umgekehrter Richtung, weil Sie diesen Vektor abziehen wollen. Das Ergebnis ist in Abbildung 2.4 abzulesen.

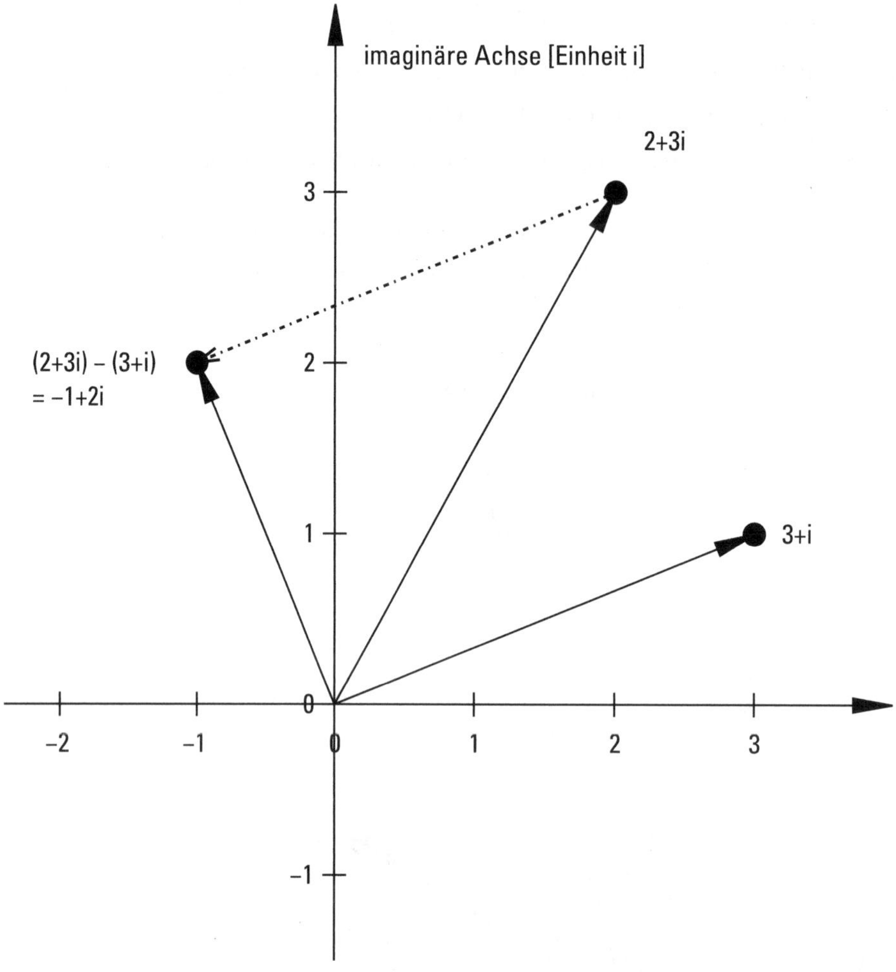

Abbildung 2.4: Subtraktion zweier komplexer Zahlen

Multiplikation und Division komplexer Zahlen

Die Multiplikation zweier komplexer Zahlen bereitet schon größere Schwierigkeiten. Allerdings genügt es zunächst, sich neben der Regel für das Ausmultiplizieren zu merken, wie die imaginäre Einheit entstanden ist.

Ok, das klingt einfach! Sind Sie für mehr bereit? Dann kann es losgehen: die *Multiplikation* zweier komplexer Zahlen c_1 und c_2 ergibt:

$$c_1 \cdot c_2 = (a_1 + b_1 i) \cdot (a_2 + b_2 i) = (a_1 \cdot a_2 + b_1 \cdot b_2 \cdot i^2) + (b_1 \cdot a_2 + a_1 \cdot b_2)i$$

Eine Sache fehlt noch. Das i^2 darf auf keinen Fall so stehen bleiben!

Wenn Sie nicht mehr wissen, wie sich »i« mit anderen Werten verrechnen lässt, genügt es, sich auf die wichtigste Formel zu konzentrieren:

$$i^2 = -1$$

Damit kommen Sie durch fast alle Probleme komplexer Zahlen, ehrlich!

Nach der Ersetzung von i^2 erhalten Sie die *Produkt-Formel*:

$$c_1 \cdot c_2 = (a_1 + b_1 i) \cdot (a_2 + b_2 i) = (a_1 \cdot a_2 - b_1 \cdot b_2) + (b_1 \cdot a_2 + a_1 \cdot b_2)i$$

Das sieht gruselig aus, aber keine Angst! Sie müssen diese Formel nicht auswendig lernen. Setzen Sie einfach Ihre Kenntnis der gewöhnlichen Rechenwege ein plus die besondere Eigenschaft von »i«, sobald es irgendwo im Quadrat auftaucht.

Wiederum möchte ich Ihnen ein konkretes Beispiel mit Zahlenwerten nicht vorenthalten:

$$(3 + \sqrt{2}i) \cdot (2 - \sqrt{2}i) = (6 - \left(\sqrt{2}\right)^2 \cdot i^2) + (-3\sqrt{2} + 2\sqrt{2})i = 8 - \sqrt{2}i$$

Der häufigste Fehler bei der Multiplikation komplexer Zahlen entsteht dann, wenn Sie das i^2 im Kopf auflösen und ein möglicherweise vorhandenes Vorzeichen ignorieren. Passen Sie in solchen Fällen bitte genau auf oder machen Sie einen Zwischenschritt!

Die *Division* ist sogar noch verzwickter. Betrachten Sie zunächst folgendes Beispiel:

$$\frac{3 - 2i}{-1 + i}$$

Das eigentliche Problem ist das »i« im Nenner. Dort darf es auf keinen Fall bleiben. Auch hier kann ich Ihnen einen hilfreichen Trick anbieten, der auf der Idee der dritten binomischen Formel basiert.

Eine komplexe Zahl im Nenner wird durch die Anwendung der dritten binomischen Formel beseitigt, indem Sie den Bruch mit der *konjugiert komplexen Zahl* des Nenners erweitern!

Im nächsten Abschnitt werden wir uns diese komischen *konjugiert komplexen Zahlen* noch genauer vornehmen. Für jetzt reicht es zu wissen, dass Sie einfach das Vorzeichen des Imaginärteils umkehren!

Probieren Sie es aus!

$$\frac{3 - 2i}{-1 + i} = \frac{3 - 2i}{-1 + i} \cdot \frac{-1 - i}{-1 - i} = \frac{(3 - 2i) \cdot (-1 - i)}{(-1 + i) \cdot (-1 - i)} = \frac{-5 - i}{2} = -\frac{5}{2} - \frac{1}{2}i$$

Faszinierend an diesem Verfahren ist die Art und Weise, wie das störende »i« aus dem Nenner verschwindet. Im Zähler dagegen macht es keine Schwierigkeiten, denn das Endergebnis darf selbstverständlich als komplexe Zahl wiederum aus Real- und Imaginärteil bestehen.

Um zu verdeutlichen, dass hier nicht gemogelt wurde, sondern die gezeigte Division die Umkehroperation der Multiplikation darstellt, sollten Sie das erhaltene Ergebnis wiederum mit dem ursprünglichen Divisor multiplizieren, um so den Dividenden zu gewinnen. Probieren Sie es selbst aus und erfreuen Sie sich am Ergebnis!

$$\left(-\frac{5}{2}-\frac{1}{2}i\right)\cdot(-1+i)=\left(\frac{5}{2}+\frac{1}{2}\right)+\left(-\frac{5}{2}+\frac{1}{2}\right)i=3-2i$$

Weniger erfreulich ist der Blick in die Gaußsche Zahlenebene, wenn Sie versuchen, die Multiplikation geometrisch zu deuten. Oder können Sie sich auf Anhieb die in Abbildung 2.5 dargestellte Multiplikation von (2 + i) · (1 + 3i) = 2 – 3 + i(6 + 1) = –1 + 7i grafisch erklären?

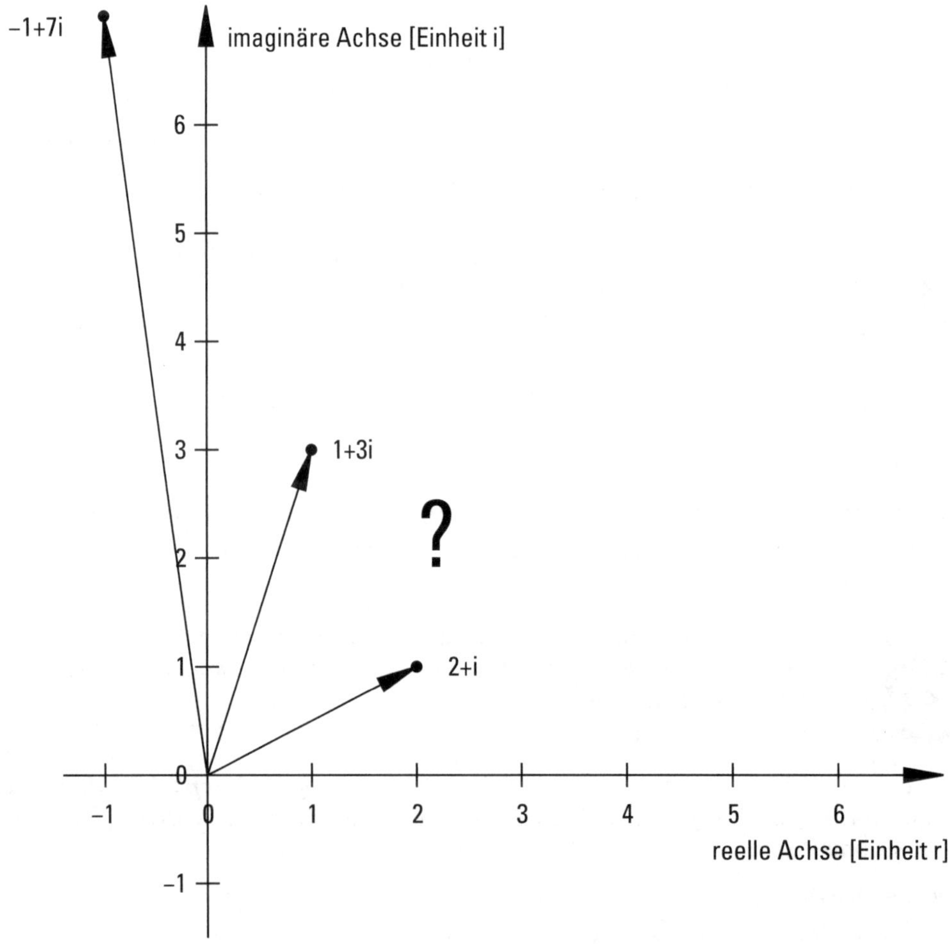

Abbildung 2.5: Multiplikation komplexer Zahlen

Allerdings wird sich das Geheimnis um eine geometrische Deutung bis zum Ende dieses Kapitels lüften, versprochen!

Besonderheiten komplexer Zahlen

Neben der bereits durchgeführten *kartesischen* Herleitung komplexer Zahlen, die Sie bereits gesehen haben und die auch für die lineare Algebra entscheidend ist, können Sie komplexe Zahlen auch über ihre *Polarkoordinaten* eindeutig beschreiben. Die Polarkoordinaten bestehen ebenfalls aus zwei Zahlen, nämlich einer Länge und einem Winkel, mit denen Sie die Position einer komplexen Zahl eindeutig angeben können.

Dazu müssen Sie sich zunächst daran erinnern, wie man den Abstand eines Punktes in einem Koordinatensystem zum Ursprung berechnet. Tatsächlich erhalten Sie so den *Betrag* einer komplexen Zahl.

Beträge komplexer Zahlen

Der Betrag einer reellen Zahl r stimmt mit der Zahl r überein, wenn diese positiv ist; ist die Zahl r negativ, dann erhalten Sie den Betrag durch Umkehrung ihres Vorzeichens. In mathematischer Formelsprache sieht das so aus:

$$|r| = \begin{cases} r & \text{falls } r \geq 0 \\ -r & \text{falls } r < 0 \end{cases}$$

Bei einer komplexen Zahl ist das nicht so leicht möglich. Denn wann sollte eine komplexe Zahl negativ sein? Wenn der Realteil negativ ist, oder der Imaginärteil? Die Lösung springt jedoch ins Auge, wenn Sie reelle Zahlen auf dem Zahlenstrahl betrachten. Der Betrag ist dann einfach die *Entfernung* der Zahl von der Null. Für positive Zahlen wie 2 ist die Entfernung zum Ursprung die Zahl selbst. Für negative, wie –1, beträgt dieser Abstand plus Eins (siehe Abbildung 2.6).

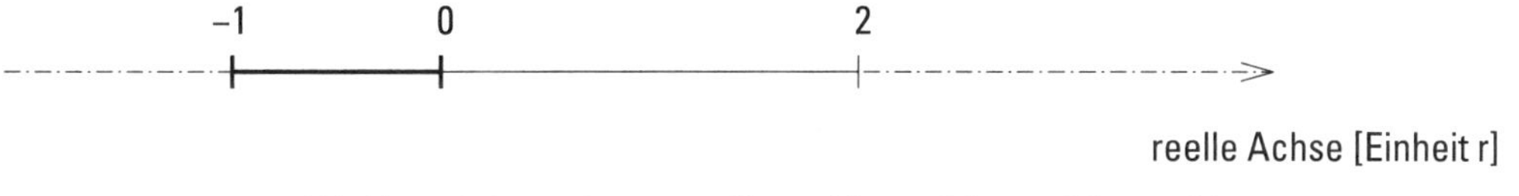

Abbildung 2.6: Der Betrag reeller Zahlen auf dem Zahlenstrahl

Dieser Gedanke lässt sich unmittelbar auf komplexe Zahlen in der Gaußschen Zahlenebene übertragen. Abbildung 2.7 zeigt einige komplexe Zahlen. Der jeweilige Betrag ergibt sich als Entfernung vom Ursprung.

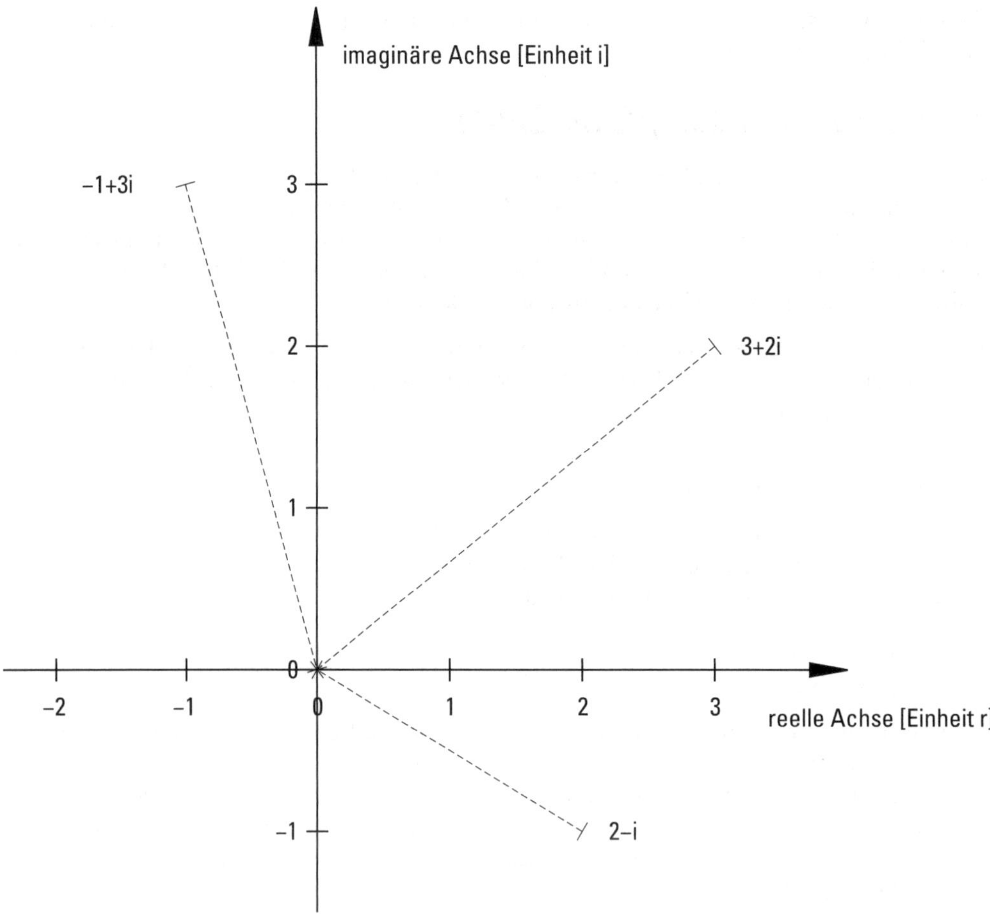

Abbildung 2.7: Der Betrag komplexer Zahlen in der Gaußschen Zahlenebene

Mit dem »Satzes des Pythagoras« finden Sie den genauen reellen Zahlenwert des Betrages einer komplexen Zahl c:

$$|c| = |a + bi| = \sqrt{a^2 + b^2}$$

Zur Auflockerung nach diesen komplexen Gedankengängen ein paar beispielhafte Beträge, darunter auch jene der Zahlen aus Abbildung 2.7.

$$|3 + 2i| = \sqrt{9 + 4} = \sqrt{13}$$

$$|-1 + 3i| = \sqrt{1 + 9} = \sqrt{10}$$

$$|2 - i| = \sqrt{4 + 1} = \sqrt{5}$$

$$|i| = \sqrt{0 + 1} = 1$$

$$|1 - i| = \sqrt{1 + 1} = \sqrt{2}$$

$$|-3 + 4i| = \sqrt{9 + 16} = 5$$

Konjugierte Komplexe

Wie Sie bereits im Zusammenhang mit der Division gesehen haben, gibt es zu jeder komplexen Zahl eine zugehörige *konjugiert komplexe Zahl* aus der Menge $\mathbb{C}$ der komplexen Zahlen. Das bedeutet nichts anderes, als das Vorzeichen des Imaginärteils umzudrehen.

Um eine komplexe Zahl zu konjugieren, kehren Sie einfach das Vorzeichen des Imaginärteils um!

Allgemein zeigt ein Strich über einer komplexen Zahl an, dass es sich um die zugehörige konjugiert komplexe Zahl handelt:

$$c = a + ib \rightarrow \overline{c} = a - ib$$

Auch wenn das wirklich sehr einfach ist, schadet es sicherlich nicht, wenn Sie sich ein paar Beispiele dazu ansehen.

$$\overline{-1+3i} = -1-3i$$

$$\overline{3-2i} = 3+2i$$

$$\overline{1.5+i} = 1.5-i$$

$$\overline{1} = 1$$

In der Gaußschen Zahlenebene stellen konjugiert komplexe Zahlen das Spiegelbild ihrer Ausgangszahlen dar. Überzeugen Sie sich selbst anhand von Abbildung 2.8.

Wenn Sie sich noch an die dritte binomische Formel erinnern, können Sie leicht einsehen, warum die Konjugation einer komplexen Zahl so einfach ist. Bei der Multiplikation einer Zahl mit ihrer konjugiert komplexen verschwindet jeglicher imaginäre Teil vollständig! Immer, wirklich!

$$(a+ib)(a-ib) = a^2 - i^2 \cdot b^2 = a^2 + b^2$$

Das Ergebnis kommt Ihnen bekannt vor? Sehr gut! Es bedeutet nichts weniger, als dass die Multiplikation einer komplexen Zahl mit ihrer konjugiert komplexen das Quadrat des Betrags ergibt.

Oder in zwei hübschen Formeln, wenn Ihnen das lieber ist:

$$c \cdot \overline{c} = |c|^2$$

$$|c| = \sqrt{c \cdot \overline{c}}$$

Damit sind Sie schon bestens gerüstet, für den Umgang mit komplexen Zahlen in der linearen Algebra. Allerdings haben Sie sich vermutlich schon gefragt, ob sich auch die Multiplikation komplexer Zahlen geometrisch veranschaulichen lässt. Das geht in der Tat sehr schön, jedoch müssen Sie sich zunächst mit der eingangs erwähnten *Polarkoordinatendarstellung* komplexer Zahlen befassen.

Jeder Punkt im kartesischen Koordinatensystem lässt sich, wie Sie wissen, durch einen x- und einen y-Wert eindeutig bestimmen.

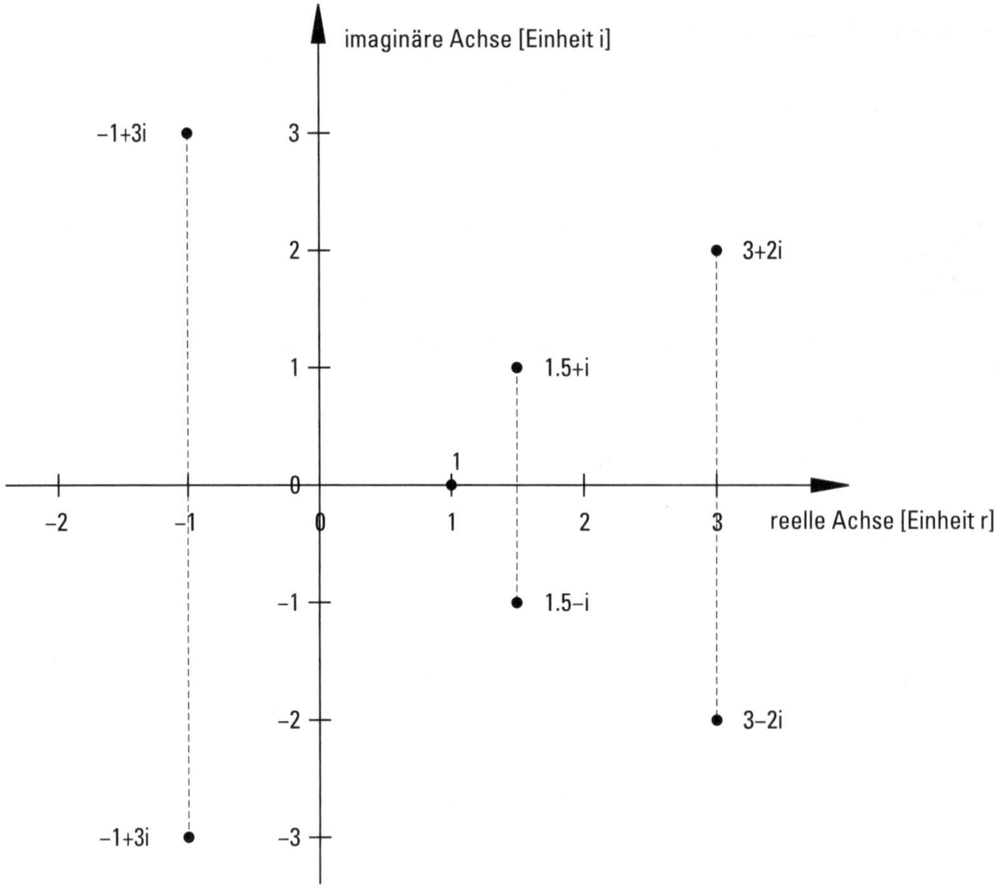

Abbildung 2.8: Darstellung zueinander konjugiert komplexe Zahlen

Dazu gibt es jedoch noch eine Alternative. Wenn Sie den Abstand des Punktes vom *Ursprung*, also den Betrag der Zahl, sowie den Winkel zur X-Achse festlegen, können Sie jeden Punkt im Koordinatensystem eindeutig bestimmen.

In der Mathematik wird ein Winkel α häufig nicht im *Gradmaß* zwischen 0 Grad und 360 Grad angegeben, sondern im *Bogenmaß*. Das Bogenmaß ist die Länge des Bogens eines Kreissegments mit dem Winkel α im *Einheitskreis*, also im Kreis mit dem Radius 1. Außerdem werden Winkel im mathematisch positiven Sinne, das heißt entgegen dem Uhrzeigersinn angegeben.

Sie benötigen also eine Länge r und einen Winkel α im Bogenmaß, der ebenfalls eine reelle Zahl darstellt. Üblicherweise wird α zwischen 0 und 2π gewählt, um so jeden möglichen Winkel darstellen zu können.

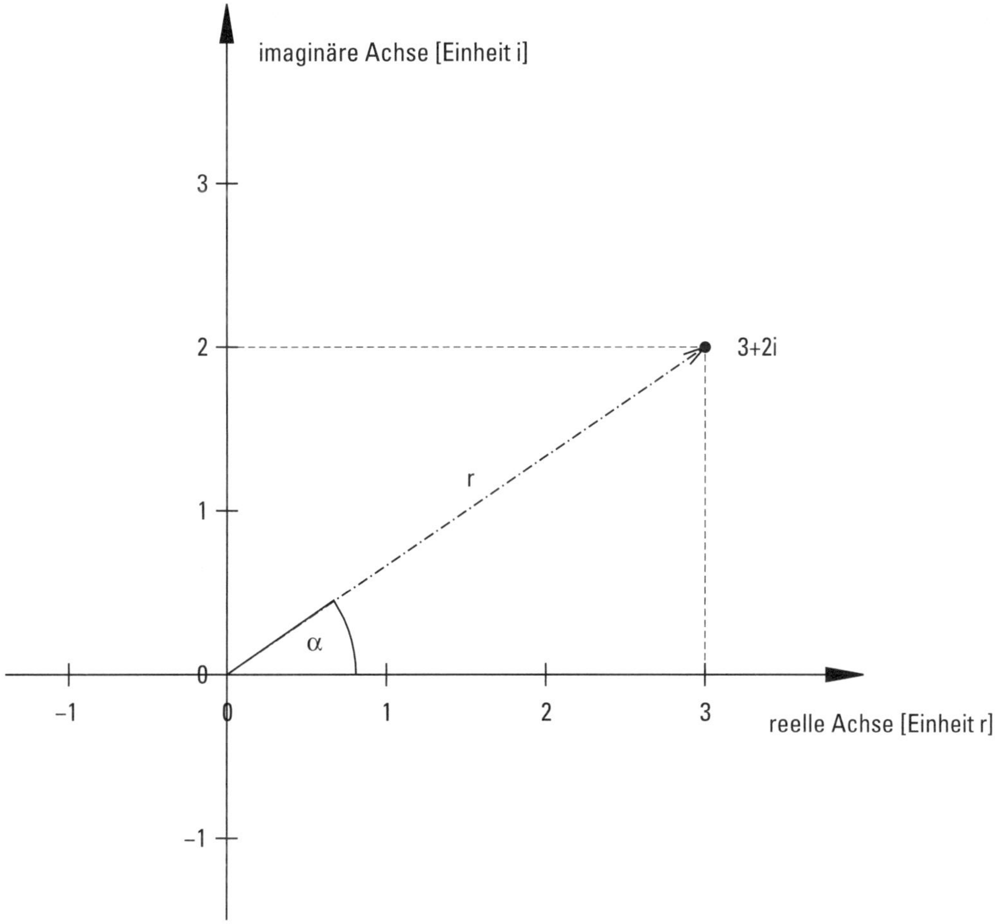

Abbildung 2.9: Kartesische- und Polarkoordinaten

Wie Sie Abbildung 2.9 entnehmen, lassen sich kartesische und Polarkoordinaten recht einfach ineinander umrechnen.

Die zugehörigen Formeln lauten:

Kartesische Koordinaten $\rightarrow$ Polarkoordinaten

$$\alpha = \begin{cases} \arccos\frac{x}{r} & \text{für } y \geq 0 \\ -\arccos\frac{x}{r} & \text{für } y < 0 \end{cases} \quad \text{und r} = \sqrt{x^2 + y^2}$$

Die komplexe Zahl (3 + 2i) aus Abbildung 2.9, deren kartesische Koordinaten x = 3 und y = 2 lauten, besitzt folgende Polarkoordinaten:

$$r=\sqrt{9+4} = \sqrt{13} \approx 3.6$$

$$\alpha=\arccos\frac{3}{\sqrt{13}} \approx 0.588 \approx 33.7^\circ$$

Messen Sie es nach, wenn Sie mir nicht glauben!

Umgekehrt lassen sich kartesische Koordinaten ebenso aus Polarkoordinaten ermitteln:

Polarkoordinaten $\rightarrow$ Kartesische Koordinaten

$x = r \cdot \cos\alpha$ und $y = r \cdot \sin\alpha$

Mit diesen wichtigen Vorarbeiten und der Erinnerung an die trigonometrischen Additionstheoreme können Sie die geometrische Deutung der komplexen Multiplikation selbst nachvollziehen.

Seien also nun $c_1 = x_1 + iy_1$ sowie $c_2 = x_2 + iy_2$ komplexe Zahlen mit den zugehörigen Polarkoordinaten r_1 und α_1 sowie r_2 und α_2. Dann ergibt die Multiplikation in Polarkoordinaten:

$$\begin{aligned}
c_1 \cdot c_2 &= (x_1 + iy_1)\cdot(x_2 + iy_2) \\
&= x_1x_2 - y_1y_2 + i(y_1x_2 + x_1y_2) \\
&= r_1 \cos\alpha_1 \cdot r_2 \cos\alpha_2 - r_1 \sin\alpha_1 \cdot r_2 \sin\alpha_2 + i(r_1 \sin\alpha_1 \cdot r_2 \cos\alpha_2 + r_1 \cos\alpha_1 \cdot r_2 \sin\alpha_2) \\
&= r_1r_2 \cdot (\cos\alpha_1 \cos\alpha_2 - \sin\alpha_1 \sin\alpha_2) + ir_1r_2 \cdot (\sin\alpha_1 \cos\alpha_2 + \cos\alpha_1 \sin\alpha_2) \\
&= r_1r_2 \cdot \cos(\alpha_1 + \alpha_2) + ir_1r_2 \cdot \sin(\alpha_1 + \alpha_2) \\
&= x + iy
\end{aligned}$$

Die Polarkoordinaten des Produktes, nämlich den Betrag und den Winkel, können Sie im obigen Ergebnis leicht ablesen. Es ergibt sich ein Betrag von $r_1 \cdot r_2$ sowie ein Winkel von $\alpha_1 + \alpha_2$. Damit wird die geometrische Deutung der Multiplikation komplexer Zahlen klar.

Bei der *Multiplikation* komplexer Zahlen *multiplizieren sich die Beträge* der Faktoren und *es addieren sich die Winkel*.

Weil das so nett aussieht, spendiere ich Ihnen noch eine kleine Grafik (Abbildung 2.10) zum Abschluss des Kapitels.

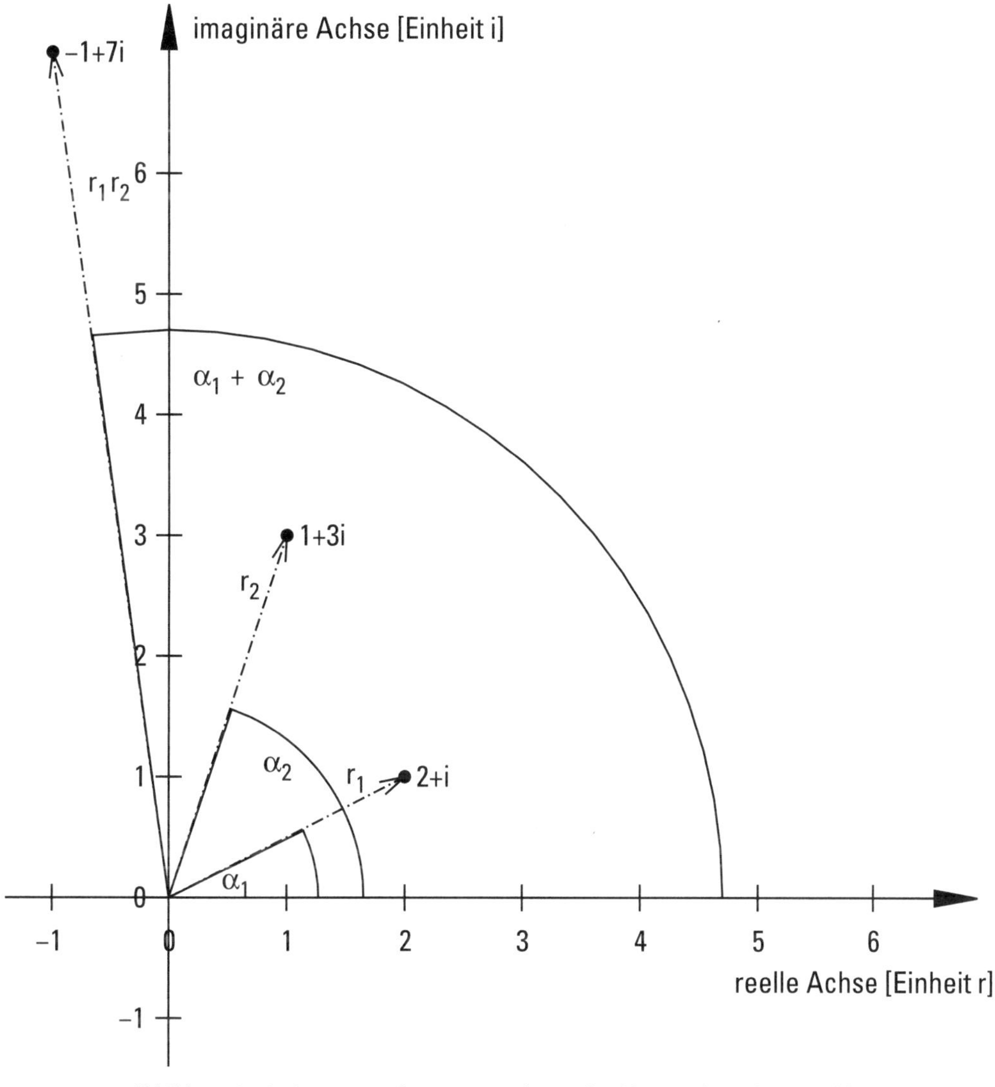

Abbildung 2.10: Geometrische Deutung der Multiplikation komplexer Zahlen

So weit, so gut! Jetzt haben Sie die komplexen Zahlen im Griff und können fortschreiten durch das Labyrinth der linearen Algebra …

Das nächste Kapitel erwartet Sie mit einer weiteren Basislektüre, nämlich der algebraischen Struktur der *Körper*. Wenn Sie von diesen abstrakten Dingen erst einmal genug haben, dürfen Sie auch gleich zum Kapitel 4 übergehen, das die Vektorrechnung einführt!

Körper und andere Welten

3

In diesem Kapitel ...

- Verstehen, was mathematische Körper sind
- Körpergesetze begreifen
- Die algebraische Struktur der Körper beherrschen
- Die wichtigsten mathematischen Körper entdecken

Dieses Kapitel dreht sich rund um Körper, mathematische, versteht sich. Hier erfahren Sie schnell und kompakt alles, was Sie über diese merkwürdige aber äußerst wichtige Struktur wissen müssen. Ganz nebenbei erkläre ich Ihnen natürlich auch, was Körper in einem Buch über lineare Algebra verloren haben.

Verkündigung der Körpergesetze

Wenn Sie sich fragen, wie um alles in der Welt es dazu kommen konnte, dass eine mathematische Struktur *Körper* genannt wird, dann lesen Sie einfach den grauen Kasten, ansonsten überspringen Sie ihn und wir können sofort »in medias res« gehen.

Der Begriff des »Körpers«

Vermutlich denken Sie, die Wahl eines Wortes wie »Körper« für eine mathematische Struktur sei so abwegig, ja geradezu absurd, dass es sich dabei wohl um einen Übersetzungsfehler handeln müsse. Wenn Sie weiter wissen, dass der englische Begriff für dieselbe Struktur »field« ist, fühlen Sie sich womöglich in Ihrer Annahme bestätigt.

Jedoch könnten sie gar nicht falscher liegen! Denn der Ausdruck »Körper« und sein gesamtes Konzept wurden von dem deutschen Mathematiker *Richard Dedekind* im 19. Jahrhundert eingeführt und in die meisten Sprachen – mit Ausnahme des Englischen – durch direkte Übersetzung übernommen. Aufschlussreich ist dabei etwa die französische Variante »corps«. Vorbild ist also keineswegs ein menschlicher oder tierischer Körper aus Fleisch und Blut, sondern eine Struktur, die Sie beispielsweise im militärischen Bereich (»das Corps«) oder in der Ausbildung (der »Lehrkörper«) antreffen können.

Allerdings müssen Sie nicht spekulieren. Der Erfinder des Begriffes, Richard Dedekind, hat 1893 in seinen »Vorlesungen über Zahlentheorie« höchst selbst ganz genau erläutert, warum ihm gerade das Wort *Körper* am besten gefallen hatte:

»Dieser Name soll, ähnlich wie in den Naturwissenschaften, in der Geometrie und in der menschlichen Gesellschaft, auch hier ein System bezeichnen, das eine gewisse Vollständigkeit, Vollkommenheit, Abgeschlossenheit besitzt, wodurch es als ein organisches Ganzes, als eine natürliche Einheit erscheint.«

Ein Körper in der Mathematik ist eine Menge, auch *Grundmenge* genannt, zusammen mit darauf definierten binären *Operatoren* oder *Verknüpfungen*. Die Grundmenge ist die Ansammlung von Objekten, auch *Elemente* genannt, die Sie irgendwie miteinander in Beziehung treten lassen wollen.

Die Operatoren liefern Ergebnisse, die ausdrücken wie die einzelnen Elemente zueinander in Beziehung stehen. Wenn Ihre Grundmenge beispielsweise aus den Elementen »Schere«, »Papier« und »Stein« besteht, wie das für das »Schnick-Schnack-Schnuck«-Spiel gilt, beschreibt der Operator, wer jeweils gewinnt, wenn »Schere«, »Papier« und »Stein« in allen denkbaren Kombinationen aufeinander treffen.

Im Allgemeinen stellen Sie sich einen solchen Operator am besten wie einen »schwarzen Kasten« vor, der als Eingabe zwei Elemente der Grundmenge erfordert, die *Operanden*, und als Ausgabe zu jeder Kombination von Operanden genau ein zugehöriges *Ergebnis* ausspuckt. Hierbei ist es wichtig zu betonen, dass das Ergebnis stets auch ein Element aus der Grundmenge sein muss. Das Grundschema habe ich Ihnen in Abbildung 3.1 dargestellt.

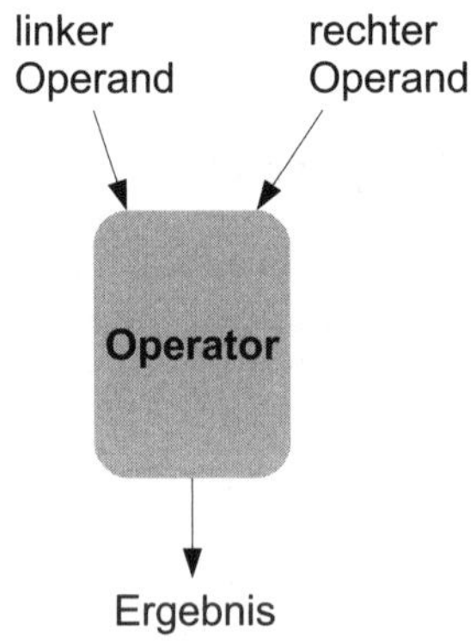

Abbildung 3.1: Ein binärer Operator auf einer Grundmenge

Diese Operatoren müssen ganz strengen Regeln gehorchen, die wir uns in den nachfolgenden Abschnitten eine nach der anderen vorknöpfen.

Sofern alle diese Regeln erfüllt sind, heißt die Grundmenge zusammen mit den beiden Operatoren *Körper*. Die bedeutsamste Gruppe von Körpern sind die so genannten *Zahlkörper*, für die die Grundmenge aus lauter Zahlen besteht.

Die wichtigsten Zahlkörper werden auf den *rationalen Zahlen*, den *reellen Zahlen* sowie den *komplexen Zahlen* definiert. Allein auf allen natürlichen oder ganzen Zahlen lässt sich jedoch kein Körper bilden.

Im fünften Kapitel dieses Buches dreht sich alles um den Begriff *Vektorraum*. Dies ist nicht nur die Welt, in der die Vektoren »leben«, sondern zugleich die wichtigste Struktur der linearen Algebra. Und wenn Sie denken, für die Definition eines Vektorraums sei ein *Zahlkörper* zwingend erforderlich, dann liegen Sie goldrichtig!

Das Assoziativgesetz

Das erste Körpergesetz heißt *Assoziativgesetz*, dessen Wortbedeutung auf etwas Verbindendes hinweist.

Ausgangssituation ist dabei, dass Sie drei beliebige Elemente der Grundmenge, etwa x, y, und z, durch den binären Operator schleusen. Dafür haben Sie zwei Möglichkeiten, wie in Abbildung 3.2 dargestellt.

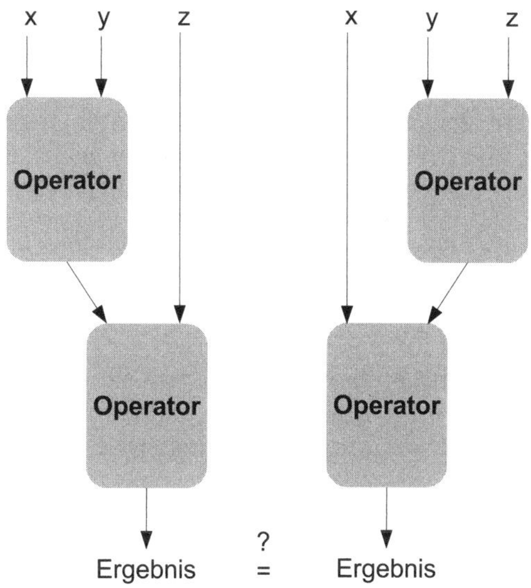

Abbildung 3.2: Das Assoziativgesetz

Beachten Sie, dass die Reihenfolge der drei Elemente in beiden Varianten gleich ist. Ganz links steht immer x und ganz rechts steht immer z. Das ist sehr wichtig, weil es anderenfalls viel mehr Möglichkeiten der Anordnung gäbe.

Das *Assoziativgesetz* ist genau dann erfüllt, wenn für alle denkbaren Kombinationen von Eingängen jede Reihenfolge der Verarbeitung stets zum selben Ergebnis führt.

Und das war es auch schon. Jetzt haben Sie das Assoziativgesetz verstanden. Wenn Sie die Grundmenge mit M bezeichnen, lautet die mathematische Formulierung des Assoziativgesetzes wie folgt:

$$\forall x, y, z \in M : x \otimes (y \otimes z) = (x \otimes y) \otimes z$$

Dabei habe ich als Operator das Symbol $\otimes$ gewählt, weil es für jede beliebige denkbare Operation steht, die dieses Gesetz erfüllt.

Das merkwürdige Symbol »$\forall$«, ein auf den Kopf gestelltes »A«, meint in mathematischen Formeln »**für alle**« und heißt »*All-Quantor*«. Jedes denkbare Element der Menge muss also die ihm nachstehend definierte Eigenschaft besitzen.

Weil das so schön einfach ist, gibt es ebenfalls ein umgedrehtes »E«. Das sieht recht hübsch aus und wird als »*Existenz-Quantor*« bezeichnet. »$\exists$« steht für »**es existiert wenigstens ein**« und zeigt an, das mindestens ein Element der Menge die danach folgende Eigenschaft besitzen muss. Sie verwenden somit *Quantoren,* um logische Aussagen über Elemente zu machen.

Für eine leere Menge ist eine mit dem Allquantor eingeleitete logische Aussage stets wahr, eine mit dem Existenzquantor eingeleitete Aussage stets falsch, denn die leere Menge enthält ja überhaupt keine Elemente.

Wie Sie sehen, ist die Reihenfolge von x, y und z auf beiden Seiten der Gleichung dieselbe. Der einzige Unterschied besteht in der Setzung der Klammern, die ausdrücken soll, mit welchen zwei Operanden angefangen wird.

Falls das Assoziativgesetz erfüllt ist, spielt die Reihenfolge der Verarbeitung keine Rolle. Also ist es gerechtfertigt, die Klammern komplett weg zu lassen. Daher heißt das Assoziativgesetz umgangssprachlich auch *Klammergesetz.*

Ich mache Ihnen zur Verdeutlichung des Assoziativgesetzes ein sehr einfaches Beispiel. Wenn die Grundmenge M = { A, B } nur aus zwei Elementen besteht, überblicken Sie leicht alle möglichen Eingabekombinationen. Bei drei oder mehr Elementen wird das schon recht unübersichtlich.

Der Operator $\otimes$ muss dabei für alle möglichen Operandenkombinationen einen definierten Wert liefern, zum Beispiel:

$$\begin{aligned} A \otimes A &= A \\ A \otimes B &= B \\ B \otimes A &= B \\ B \otimes B &= A \end{aligned}$$

Noch übersichtlicher ist die Darstellung dieses Operators in Form einer Tabelle, bei der jede Zeile demselben linken Eingabeoperanden und jede Spalte dem rechten Eingabeoperanden entspricht.

$\otimes$	A	B
A	A	B
B	B	A

Tabelle 3.1: Verknüpfungstabelle

Um zu überprüfen, ob die Verknüpfung ⊗ *assoziativ* ist, müssen Sie in Tabelle 3.1 alle Kombinationen von drei Elementen aus der Grundmenge M heranziehen und einmal zuerst die beiden rechten und dann zuerst die beiden linken Operanden verknüpfen. Am Ende vergleichen Sie die jeweiligen Ergebnisse: diese müssen stets übereinstimmen!

Gesagt, getan, in Tabelle 3.2 sehen Sie das Resultat:

Kombination	Möglichkeit 1	Möglichkeit 2
A, A, A	$A \otimes (A \otimes A) = A$	$(A \otimes A) \otimes A = A$
A, A, B	$A \otimes (A \otimes B) = B$	$(A \otimes A) \otimes B = B$
A, B, A	$A \otimes (B \otimes A) = B$	$(A \otimes B) \otimes A = B$
A, B, B	$A \otimes (B \otimes B) = A$	$(A \otimes B) \otimes B = A$
B, A, A	$B \otimes (A \otimes A) = B$	$(B \otimes A) \otimes A = B$
B, A, B	$B \otimes (A \otimes B) = A$	$(B \otimes A) \otimes B = A$
B, B, A	$B \otimes (B \otimes A) = A$	$(B \otimes B) \otimes A = A$
B, B, B	$B \otimes (B \otimes B) = B$	$(B \otimes B) \otimes B = B$

Tabelle 3.2: Überprüfung der Assoziativität

Et voilà: die so definierte Operation ⊗ ist tatsächlich assoziativ. Aber das ist keineswegs selbstverständlich!

Betrachten Sie dazu als weiteres Beispiel die Verknüpfung $\circ$, wie durch Tabelle 3.3 definiert.

$\circ$	A	B
A	B	B
B	A	A

Tabelle 3.3: Definition einer weiteren Verknüpfung

Wie Sie leicht nachprüfen, ergibt sich beispielsweise folgendes Resultat:

$$A \circ (B \circ A) = A \circ A = B \quad \text{aber} \quad (A \circ B) \circ A = B \circ A = A$$

Wenn der Operator $\circ$ assoziativ wäre, müssten Sie für beide Möglichkeiten der Klammerung dasselbe Ergebnis erzielen, was hier nicht der Fall ist: $A \circ (B \circ A) \neq (A \circ B) \circ A$.

Demnach ist der Operator $\circ$ **nicht** assoziativ. Es genügt ein einziges Gegenbeispiel, um das Klammerungsgesetz zunichte zu machen.

Zu Ihrer Beruhigung kann ich jedoch versichern, dass sehr wichtige binäre Operatoren auf Zahlen assoziativ sind.

Die *Addition von Zahlen* ist assoziativ, denn es gilt stets: $x + (y + z) = (x + y) + z$.

Ebenso ist die *Multiplikation von Zahlen* assoziativ, wegen: $x \cdot (y \cdot z) = (x \cdot y) \cdot z$.

Sobald das Assoziativgesetz erfüllt ist, können die Klammern vollständig entfallen, und zwar auch dann, wenn mehr als drei Operanden betroffen sind:

$$(x_1 + x_2) + (((x_3 + x_4) + x_5) + x_6) = x_1 + x_2 + x_3 + x_4 + x_5 + x_6$$

$$((x_1 \cdot x_2) \cdot x_3) \cdot (x_4 \cdot (x_5 \cdot x_6)) = x_1 \cdot x_2 \cdot x_3 \cdot x_4 \cdot x_5 \cdot x_6$$

Wo bleiben Subtraktion und Division?

Die Körpergesetze für die bekannten Zahlenmengen benötigen am Ende immer nur zwei Operatoren, und zwar die *Addition* und die *Multiplikation*. Die *Subtraktion* und die *Division* sind im Grunde gar keine eigenständigen Operatoren, sondern unmittelbar aus der Addition und der Multiplikation abzuleiten. Beispielsweise ist $4 - 3$ nichts anderes als $4 + (-3)$. Ebenso bedeutet 20/2 dasselbe wie $20 \cdot ½$.

Aus Sicht der Körpergesetze sind Division und Subtraktion entbehrlich. Im Alltag erleichtern diese beiden Operatoren jedoch den Umgang mit einigen Rechnungen!

Das Kommutativgesetz

Das zweite Körpergesetz ist viel einfacher zu verstehen. »Commutare« ist lateinisch und bedeutet »vertauschen«. Beim *Kommutativgesetz* handelt es sich also um ein *Vertauschungsgesetz*. Die Frage dabei lautet, ob für einen gegebenen binären Operator die beiden Operanden auch vertauscht werden dürfen, ohne dass sich das auf das Endergebnis auswirkt. Abbildung 3.3 verdeutlicht diese Idee.

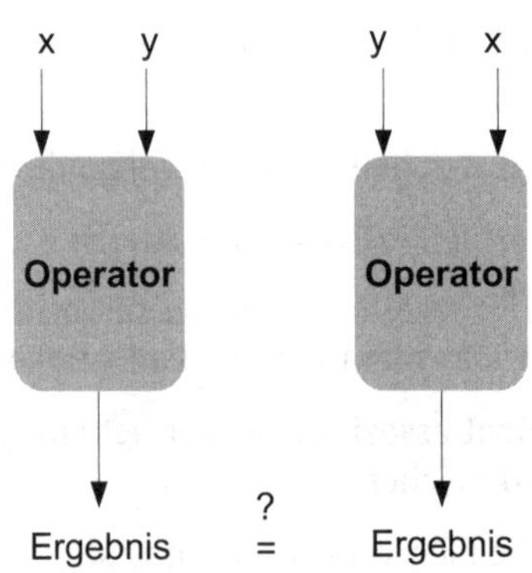

Abbildung 3.3: Das Kommutativgesetz

Das *Kommutativgesetz* ist genau dann erfüllt, wenn für alle denkbaren Kombinationen von Eingaben die beiden Operanden vertauscht werden dürfen, ohne dass sich das Ergebnis ändert.

So einfach ist das. Auch hier möchte ich Ihnen selbstverständlich die mathematische Formulierung nicht vorenthalten:

$$\forall x, y \in M : x \otimes y = y \otimes x$$

Wie Sie sehen, kommt es nun gerade – im Gegensatz zum Assoziativgesetz – auf die veränderte **Reihenfolge** der Operanden x und y an.

Da das Kommutativgesetz wesentlich einfacher zu verstehen und nachzuprüfen ist als das Assoziativgesetz, kann ich Ihnen ein deutlich aufwändigeres Beispiel geben.

Sei M = { A, B, C, D, E, F } Ihre Grundmenge und die darauf definierte Operation ⊗ durch Tabelle 3.4 gegeben.

⊗	A	B	C	D	E	F
A	D	E	F	A	B	F
B	E	D	C	B	F	A
C	F	C	A	C	D	A
D	A	B	C	D	E	F
E	B	E	D	E	F	B
F	F	A	A	F	B	D

Tabelle 3.4: Verknüpfungen von ⊗

Betrachten Sie sich diese Tabelle einmal in Ruhe. Vielleicht fällt Ihnen auf, dass eine vollständige Spiegelsymmetrie der Einträge Voraussetzung für die Kommutativität ist. Versuchen Sie die Frage der Kommutativität der Verknüpfung ⊗ anhand Tabelle 3.4 zu beantworten!

In Tabelle 3.5 habe ich Ihnen die Symmetrieachse eingezeichnet und den kritischen Eintrag markiert. Nur an genau dieser Stelle ist die Symmetrie unterbrochen.

⊗	A	B	C	D	E	F
A	D	E	F	A	B	F
B	E	D	C	B	F	D
C	F	C	A	C	D	A
D	A	B	C	D	E	F
E	B	E	D	E	F	B
F	F	D	A	F	B	C

Tabelle 3.5: Symmetrie bei der Kommutativität

Damit ist die Voraussetzung der Kommutativität nur für ein einziges Paar von Operanden **nicht** erfüllt.

$E \otimes B = E$ jedoch $B \otimes E = F$

Wären diese beiden Ergebnisse gleich, so wäre die gesamte Verknüpfung kommutativ, was sie so jedoch **nicht** ist.

Genau wie die Assoziativität, so gilt auch die Kommutativität für die beiden wichtigsten bekannten mathematischen Operationen auf Zahlen.

Die *Addition von Zahlen* ist kommutativ, denn es gilt stets: $x + y = y + x$.

Ebenso ist die *Multiplikation von Zahlen* kommutativ, weil gilt: $x \cdot y = y \cdot x$

Wollen Sie Millionär werden?

Womöglich halten Sie – zu Unrecht – die gesamte Diskussion der Körpergesetze für entbehrlich, kein Thema, mit dem Sie sich näher befassen sollten? Schon gar nicht in der heutigen, hoch technisierten Zeit?

Dies hat der Kandidat der bekannten Quizsendung »Wer wird Millionär?« mit Günther Jauch am 25. Oktober 2010 garantiert nicht gedacht. Die Frage, welche der dort gezeigten Operationen das Kommutativgesetz erfüllten, konnte der strauchelnde Kandidat nämlich **nicht** beantworten. Nachdem er mehrfach erfolglos versucht hatte, seinen Telefonjoker dazu zu befragen, entschied er sich für den »Fifty-fifty«-Joker. Am Ende blieb bei dieser sehr wichtigen Sechzehntausend-Euro-Frage nur die Wahl zwischen »plus und mal« sowie »minus und geteilt«. Der Kandidat zockte und hörte auf den Rat Günther Jauchs, einfach die optisch ansprechendere Antwort zu wählen. Was für eine Hilfestellung! Es geschah, was geschehen musste. Der Kandidat wählte die falsche Antwort »minus und geteilt« und verlor seinen gesamten Gewinn bis auf Fünfhundert Euro. Hätte er sich doch nur früher mit den Körpergesetzen befasst! Mit Leichtigkeit hätte er die Sechzehntausend Euro eingestrichen und sich die Option auf noch viel mehr bewahrt, denn zwei Joker für eine so simple Frage zu »verprassen« ist die reinste Verschwendung. Wenn Sie also Millionär werden wollen, behalten Sie die Körpergesetze stets im Hinterkopf!

Das neutrale Element

Stellen Sie sich vor, ein gegebener Operator würde für ein spezielles Element e der Grundmenge M stets den zweiten Operanden als Ergebnis liefern.

Der Einfachheit halber habe ich Ihnen in Abbildung 3.4 dargestellt, wie e zum linken Eingang des Operators geführt wird. Genau genommen müssten Sie e dann als *linksneutrales Element* bezeichnen. In mathematischer Schreibweise:

$\exists e \in M : \forall x \in M : e \otimes x = x$

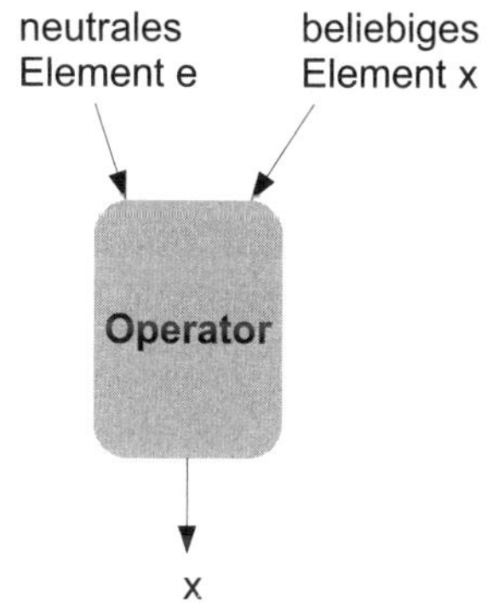

Abbildung 3.4: Das neutrale Element

Demnach wird es ja wohl auch ein *rechtsneutrales Element* e' geben können:

$$\exists e' \in M : \forall x \in M : x \otimes e' = x$$

Aber im Grunde genommen spielt das für die Struktur der Körper, die Sie in diesem Kapitel erlernen, keine Rolle. Denn die Gültigkeit des Kommutativgesetzes in Verbindung mit dem linksneutralen Element e liefert zugleich das rechtsneutrale Element e′ mit e = e′.

Da in jedem Köper das links- und das rechtsneutrale Element identisch sind, ergibt die Unterscheidung keinen Sinn und Sie können es bei der allgemeinen Bezeichnung *neutrales Element* belassen.

Betrachten Sie nun Tabelle 3.4 unter diesem Gesichtspunkt erneut. Wenn es Ihnen gelingt, dort das neutrale Element aufzuspüren, haben Sie alles verstanden. Ich verspreche Ihnen auch, dass die Operation über ein neutrales Element verfügt, was keineswegs selbstverständlich ist!

Haben Sie es noch nicht entdeckt? Dann schauen Sie noch einmal genauer hin! Es lohnt sich, dieses Erfolgserlebnis als Jäger des verlorenen Schatzes, pardon, des neutralen Elementes zu verspüren …

Haben Sie es jetzt gefunden? Tatsächlich ist das Element »D« das neutrale Element von M bezüglich der konkreten Verknüpfung $\otimes$, denn die Zeile von D enthält gerade alle Elemente von M, die der jeweiligen Spaltenüberschrift entsprechen. Damit ist D offiziell linksneutrales Element von $\otimes$; zugleich enthält die Spalte mit der Überschrift D genau die Elemente der jeweiligen Zeilenbeschriftungen. Also ist D ebenfalls rechtsneutrales Element. Und damit überhaupt ***neutral***. So neutral wie die Schweiz oder noch neutraler …

Spannend ist jedoch die Frage nach neutralen Elementen bezogen auf die wichtigen mathematischen Operationen auf Zahlen.

Das *neutrale Element der Addition von Zahlen* ist die Null, denn es gilt: $0 + x = x + 0 = x$

Entsprechend lautet das *neutrale Element der Multiplikation von Zahlen* Eins, weil immer wahr ist: $1 \cdot x = x \cdot 1 = x$

Bezogen auf einen Körper wird das neutrale Element bezüglich der Addition *Nullelement* genannt und das neutrale Element bezüglich der Multiplikation *Einselement*.

Inverse Elemente

Angenommen, Sie waren erfolgreich und haben ein neutrales Element wie im Beispiel der Verknüpfung aus Tabelle 3.4 entdeckt. Dann können Sie möglicherweise auch die *inversen Elemente* zu allen Elementen der Grundmenge bestimmen. Wenn x ein beliebiges Elements der Grundmenge ist, dann ist das zu x inverse Element x^{-1} gerade dasjenige Element, das verknüpft mit x im neutralen Element resultiert, wie in Abbildung 3.5 zu sehen.

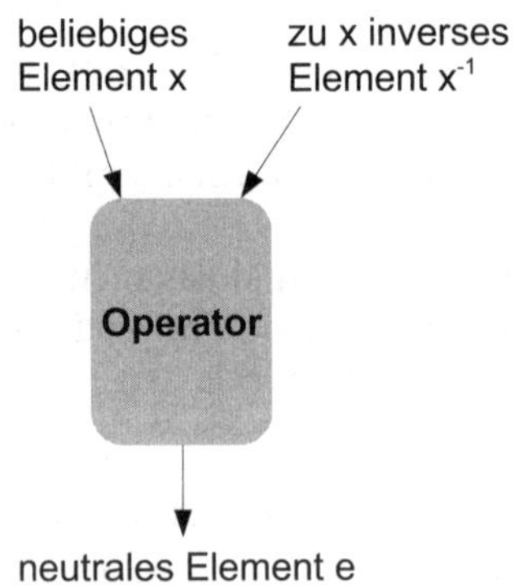

Abbildung 3.5: Inverse Elemente

Mathematisch präzise formuliert lautet die *Eigenschaft der inversen Elemente*, falls e das neutrale Element bezüglich ⊗ ist:

$$\forall x \in M \; \exists x^{-1} : x \otimes x^{-1} = e$$

Wie im Fall des neutralen Elements könnten Sie auch hier grundsätzlich ein links- und ein rechtsinverses Element definieren. Weil jeder Körper allerdings die Kommutativität voraussetzt, fallen beide Bezeichnungen wieder zusammen.

In jedem Köper ist das links- und das rechtsinverse Element identisch aufgrund des Kommutativgesetzes, daher genügt dort die allgemeine Bezeichnung *inverses Element*.

Finden Sie dieses Mal die inversen Elemente in Tabelle 3.4! Denken Sie daran, dass »D« Neutralelement ist. Sobald Sie fündig geworden sind, vergleichen Sie Ihr Ergebnis mit Tabelle 3.6.

Element der Grundmenge	Dazu inverse Elemente bezüglich ⊗
A	A
B	B
C	E
D	D
E	C
F	F

Tabelle 3.6: Inverse Elemente bezüglich ⊗

Wie Sie sehen, hat jedes Element genau ein inverses Element. Das muss aber nicht immer so sein. Genauso gut könnte ein Element der Grundmenge mehrere inverse Elemente besitzen, oder eben gar keines. In einem Körper gibt es jedoch immer nur eines. Merken Sie sich das! Es ist wie mit einem echten »Highlander«: es kann nur einen geben ...

Auch hier sollten Sie sich die inversen Elemente bezogen auf die wichtigen mathematischen Operationen auf Zahlen genauer ansehen:

Die *inversen Elemente der Addition* für positive Zahlen sind die **negativen Zahlen**, solche für negative Zahlen sind umgekehrt die zugehörigen positiven Zahlen:
$x + (-x) = 0$

Die *inversen Elemente der Multiplikation* sind die **Kehrwerte**.

$$x \cdot \frac{1}{x} = 1$$

Für das Nullelement der Addition eines Körpers wird grundsätzlich kein Inverses bezüglich der Multiplikation definiert!

Das ist jetzt aber sehr ärgerlich. Bis hierher herrschte Ordnung pur. Assoziativität, Kommutativität und neutrale Elemente waren jeweils Eigenschaften, die für beide Verknüpfungen auf dem Körper prinzipielle Gültigkeit hatten. Und jetzt wird so eine unschöne Ausnahme bei den inversen Elementen gemacht! Leider ist dies notwendig. Würden Sie verlangen, dass bezüglich der Multiplikation für das Nullelement ein inverses Element existierte, dann gäbe es auf der ganzen Welt überhaupt keine Körper!

Das Distributivgesetz

Das nun folgende Körpergesetz benötigt zwei binäre Operationen. Dieses *Verteilungs-* oder *Distributivgesetz* regelt das harmonische Zusammenspiel der Operatoren. Auch hier könnten Sie zwischen links- und rechtsdistributiven Eigenschaften unterscheiden. Da in jedem

Körper jedoch Assoziativ- und Kommutativgesetze gelten, fallen die beiden Begriffe – wieder einmal – zu dem einen Distributivgesetz zusammen.

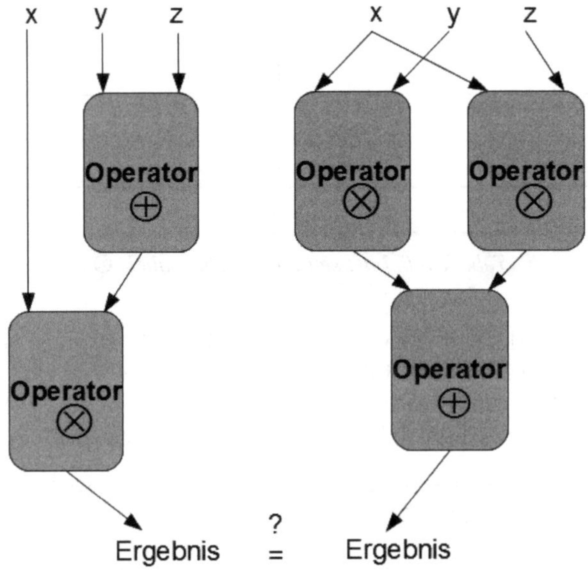

Abbildung 3.6: Das Distributivgesetz

Die mathematische Darstellung des Distributivgesetzes ist recht unübersichtlich. Eine Vorstellung davon können Sie sich anhand Abbildung 3.6 verschaffen. Sehen Sie genau hin! Hier können Sie als Operatoren exemplarisch ⊗ und ⊕ ansetzen.

$$\forall x, y, z \in M : x \otimes (y \oplus z) = (x \otimes y) \oplus (x \otimes z)$$

Ein wunderschönes Beispiel für das Distributivgesetz außerhalb von Körpereigenschaften liefert die *Mengenalgebra*. Prüfen Sie doch einmal nach, dass für die **Vereinigung** und den **Schnitt** beliebiger Mengen A, B und C gilt:

$$A \cap (B \cup C) = (A \cap B) \cup (A \cap C)$$
$$A \cup (B \cap C) = (A \cup B) \cap (A \cup C)$$

Im Allgemeinen ist es eine recht leichte, aber sehr mühselige Angelegenheit herauszufinden, ob zwei gegebene Verknüpfungen auf einer endlichen Grundmenge zueinander distributiv sind. Letztlich müssen Sie sich alle denkbaren Eingabekombinationen von drei Elementen vornehmen und die linke sowie die rechte Seite der Gleichung zum Distributivgesetz ausrechnen. Sollten Sie dabei stets dasselbe Ergebnis erhalten, ist alles gut und das Gesetz ist erfüllt. Wenn Sie allerdings nur eine einzige Ausnahme finden, ist die Distributivität insgesamt nicht erfüllt.

Zum Glück gilt für die bekannten Zahloperationen der Addition und der Multiplikation das Distributivgesetz.

Die *Addition* und die *Multiplikation* von Zahlen sind distributiv:

$$x \cdot (y + z) = x \cdot y + x \cdot z$$

Die Tatsache, dass in einem Term wie $3 + 4 \cdot 5$ die Klammern entfallen, bei $3 \cdot (4 + 5)$ jedoch nicht, weil bekanntlich **Punkt- vor Strichrechnung** gilt, ist eine rein technische Festlegung und hat mit dem Distributivgesetz nichts zu tun!

Die Algebraische Struktur der Körper

Es ist soweit. Jetzt haben Sie alle Zutaten zum Rezept »Körper« beisammen! Der besseren Übersicht halber fasse ich die Ingredienzien noch einmal zusammen:

- ✔ *Grundmenge* M
- ✔ Zwei darauf definierte binäre Operationen, nämlich die *Addition* und die *Multiplikation*
- ✔ Addition und Multiplikation müssen *assoziativ* sein
- ✔ Das *Kommutativgesetz* muss für Addition und Multiplikation erfüllt sein
- ✔ Die Addition muss über ein neutrales Element, das *Nullelement* verfügen
- ✔ Die Multiplikation muss über ein neutrales Element, das *Einselement* verfügen
- ✔ Für alle Elemente aus M müssen *Inverse bezüglich der Addition* existieren
- ✔ Für alle Elemente aus M, mit Ausnahme des Nullelementes, müssen *Inverse bezüglich der Multiplikation* existieren
- ✔ Für Addition und Multiplikation muss das *Distributivgesetz* gelten
- ✔ Das Nullelement und das Einselement müssen verschieden sein

Der letzte Aufzählungspunkt verhindert triviale Körper, deren Grundmenge leer ist oder nur aus einem Element bestünde.

Sie wollen genau wissen, warum es für das Nullelement kein Inverses bezüglich der Multiplikation in einem Körper geben kann? Dann schauen Sie sich die folgenden Zeilen einmal genau an. x ist dabei ein beliebiges Element der Grundmenge und das Nullelement wird natürlich als 0 notiert:

$$x \cdot 0 = x \cdot (1 + (-1)) = x \cdot 1 + x \cdot (-1) = x + (-x) = 0$$

Jedes beliebige Element, multipliziert mit dem Nullelement, ergibt in jedem Körper automatisch wieder das Nullelement. Also ist es unmöglich, durch Multiplikation mit der Null das Einselement zu erzeugen.

Sie können nun auch ein anderes wichtiges Problem für jeden beliebigen Körper lösen. Und zwar die Frage, was das Produkt des inversen Elementes bezüglich der Addition mit sich selbst ergibt. Gehen Sie dabei von der sicherlich wahren Aussage »0 = 0« aus:

$$\begin{aligned}
0 &= 0 \\
0 \cdot 0 &= 0 \\
(1+(-1)) \cdot (1+(-1)) &= 0 \\
1 \cdot 1 + 1 \cdot (-1) + (-1) \cdot 1 + (-1) \cdot (-1) &= 0 \\
1 + (-1) + (-1) + (-1) \cdot (-1) &= 0 \\
0 + (-1) + (-1) \cdot (-1) &= 0 \\
(-1) + (-1) \cdot (-1) &= 0 \\
1 + (-1) + (-1) \cdot (-1) &= 1 + 0 \\
(-1) \cdot (-1) &= 1
\end{aligned}$$

Denken Sie nicht, dass sei ja von vorneherein völlig klar gewesen. »Minus-Eins mal Minus-Eins ergibt Eins«. Die obige Aussage gilt für jeden beliebigen Körper auf jeder beliebigen Grundmenge, ganz gleich, wie die binären Operatoren auch immer definiert sind!

Endlich unendliche Körper

Nun gut, nach all den theoretischen Vorüberlegungen ist die Zeit reif dafür, dass Sie sich mit echten Körpern beschäftigen. In den folgenden Abschnitten entdecken Sie nacheinander den kleinsten Körper überhaupt und dann die bekannten Zahlkörper. Das Besondere dabei ist deren Grundmenge: sie ist *unendlich* und deshalb werden Sie auch gleich erfahren, wie sich um Himmels Willen für unendliche Grundmengen überhaupt Körpergesetze nachweisen lassen. Durch systematisches Ausprobieren jedenfalls nicht!

Der kleinste Körper

Da Sie wissen, dass das Nullelement und das Einselement eines jeden Körpers unterschiedlich sein müssen – das war der letzte Punkt auf dem »Rezept« – können Sie einfach auf dieser minimalen Grundmenge M = { 0, 1 } einen Körper errichten. Dazu fehlt Ihnen lediglich noch die Definition einer wie auch immer gearteten Addition sowie einer Multiplikation.

Da das Nullelement als Neutralelement der Addition wirkt, erhalten Sie eine Verknüpfungstabelle, wie in Tabelle 3.7 zu sehen.

+	0	1
0	0	1
1	1	?

Tabelle 3.7: Addition im kleinsten Körper, 1 + 1 fehlt

Die einzige offene Frage betrifft die Addition von 1 + 1. Vermutlich hätten Sie vor der Lektüre dieses Buches die Aufgabe, was Eins plus Eins sei, als höchst trivial empfunden. Und wenn

Sie Ihren Bekannten erzählen, dass Sie nun gelernt haben, was 1 + 1 ergibt, werden Sie bestenfalls skeptisches Kopfschütteln ernten, im schlimmsten Fall wird man an Ihrem Geisteszustand zweifeln. Aber Sie wissen es besser! Ein Körper, dessen Grundmenge nur aus Null- und Einselement besteht, kann als Ergebnis der Addition von 1 + 1 auch nur einen dieser beiden Werte liefern. Wenn Sie sich an die Vorgabe der inversen Elemente erinnern, wird Ihnen darüber hinaus bald klar werden, dass auch die Eins bezüglich der Addition ein inverses Element benötigt. Da die Null selbst schon das Neutralelement darstellt, ist nur die Eins selbst als ihr eigenes Inverses möglich. Damit muss gelten: 1 + 1 = 0. Die vollständige Verknüpfungstabelle finden Sie in Tabelle 3.8.

+	0	1
0	0	1
1	1	0

Tabelle 3.8: Addition im kleinsten Körper, vollständig

Wenden wir uns der Multiplikation zu. Sie wissen bereits aus dem vorherigen Abschnitt, dass die Multiplikation eines beliebigen Wertes mit dem Nullelement stets Null ergibt. Weiter ist klar, dass das Einselement neutral bleiben muss und dies gilt insbesondere für die Multiplikation mit sich selbst. Sie erhalten demnach Tabelle 3.9.

·	0	1
0	0	0
1	0	1

Tabelle 3.9: Multiplikation im kleinsten Körper

Dass die angegebenen Verknüpfungen kommutativ sind, sehen Sie sofort anhand der Symmetrie. Die Assoziativität und die Distributivität erfordert ein wenig Fleißarbeit. Die Ergebnisse finden Sie in Tabelle 3.10 und Tabelle 3.11. Beginnen Sie mit der Addition!

Linke Seite	Rechte Seite
0 + (0 + 0) = 0	(0 + 0) + 0 = 0
0 + (0 + 1) = 1	(0 + 0) + 1 = 1
0 + (1 + 0) = 1	(0 + 1) + 0 = 1
0 + (1 + 1) = 0	(0 + 1) + 1 = 0
1 + (0 + 0) = 1	(1 + 0) + 0 = 1
1 + (0 + 1) = 0	(1 + 0) + 1 = 0
1 + (1 + 0) = 0	(1 + 1) + 0 = 0
1 + (1 + 1) = 1	(1 + 1) + 1 = 1

Tabelle 3.10: Überprüfung der Assoziativität der Addition

Als nächstes nehmen Sie sich die Multiplikation vor. Hier können Sie sich die Aufstellung der kompletten Tabelle ersparen. Natürlich will ich Sie aber nicht daran hindern, wenn Sie unbedingt wollen. Die Multiplikation in unserem minimalen Körper ergibt ja fast immer 0. Also schauen Sie sich den einzigen Fall an, bei dem nicht Null herauskommt:

$$1 \cdot (1 \cdot 1) = 1 \text{ sowie } (1 \cdot 1) \cdot 1 = 1$$

Dies stimmt »auffallend« überein!

Zum Schluss bleibt Ihnen die leidige Überprüfung des Distributivgesetzes (Tabelle 3.11).

Linke Seite	Rechte Seite
$0 \cdot (0+0) = 0$	$(0 \cdot 0) + (0 \cdot 0) = 0$
$0 \cdot (0+1) = 0$	$(0 \cdot 0) + (0 \cdot 1) = 0$
$0 \cdot (1+0) = 0$	$(0 \cdot 1) + (0 \cdot 0) = 0$
$0 \cdot (1+1) = 0$	$(0 \cdot 1) + (0 \cdot 1) = 0$
$1 \cdot (0+0) = 0$	$(1 \cdot 0) + (1 \cdot 0) = 0$
$1 \cdot (0+1) = 1$	$(1 \cdot 0) + (1 \cdot 1) = 1$
$1 \cdot (1+0) = 1$	$(1 \cdot 1) + (1 \cdot 0) = 1$
$1 \cdot (1+1) = 0$	$(1 \cdot 1) + (1 \cdot 1) = 0$

Tabelle 3.11: Überprüfung des Distributivgesetzes

Auch das passt! Demnach ist die Menge M zusammen mit der soeben definierten Addition und Multiplikation ein Körper.

Die ***Struktur des Körpers*** besteht grundsätzlich aus drei Komponenten. Weil sich das viel zu einfach anhört, sprechen die Mathematiker auch von einem *»3-Tupel«*. Klingt geheimnisvoll, ist aber dasselbe.

$$(M, +, \cdot)$$

Die Klassischen Zahlkörper

Sie haben ja bei der Besprechung der Körpergesetze jeweils Hinweise auf die klassischen, so genannten *Zahlkörper* finden können. Dabei ist der Ausgangspunkt die Menge der natürlichen Zahlen $\mathbb{N}$ mit den bekannten Operationen der Addition und der Multiplikation. $(\mathbb{N}, +, \cdot)$ ist aber kein Körper, weil beispielsweise die Inversen bezüglich der Addition fehlen. Sie können sich ebenso merken, dass folgende Gleichung in $\mathbb{N}$ keine Lösung besitzt:

$$x + 1 = 0$$

Die Hinzunahme der benötigten inversen Elemente führt Sie zur Menge der ***ganzen Zahlen*** $\mathbb{Z}$. Dieser wiederum fehlen die Inversen bezüglich der Multiplikation, was durch die folgende Gleichung deutlich wird:

$$2 \cdot x = 1$$

Es gibt kein x in $\mathbb{Z}$, das diese Gleichung löst. Daher wird der Zahlenraum erneut um die Inversen bezüglich der Multiplikation erweitert, der **Brüche**. So entstehen die *rationalen Zahlen* $\mathbb{Q}$, die tatsächlich mit der Addition und der Multiplikation einen Körper bilden.

$\mathbb{Q}$ ist der kleinste Körper, der $\mathbb{N}$ als Teilmenge seiner Grundmenge enthält.

Der Nachweis der Körpergesetze für $\mathbb{Q}$ ist eine der klassischen Übungsaufgaben für Studierende. Diese und viele weitere Übungsaufgaben zusammen mit ausführlichen Lösungen finden Sie im »Übungsbuch Lineare Algebra für Dummies«.

Als weiteren bedeutsamen Zahlkörper sollten Sie die *reellen Zahlen* $\mathbb{R}$ im Blick behalten. Die wesentliche Erweiterung von $\mathbb{R}$ gegenüber $\mathbb{Q}$ besteht darin, dass $\mathbb{R}$ jeden Wert des Zahlenstrahls darstellen kann, auch *irrationale* Längen. Die folgende Gleichung besitzt damit eine Lösung in $\mathbb{R}$, jedoch nicht in $\mathbb{Q}$.

$$x^2 = 2$$

Lesen Sie im vorherigen Kapitel, was genau es mit den irrationalen Zahlen auf sich hat!

Schließlich tragen die komplexen Zahlen $\mathbb{C}$ die Krone aller Körpererweiterungen von $\mathbb{N}$. Selbst wüste Gleichungen wie

$$x^2 = -1$$

sind in $\mathbb{C}$ lösbar.

Die komplexen Zahlen $\mathbb{C}$ sind ***algebraisch abgeschlossen***. Das bedeutet, dass jede Gleichung mit Koeffizienten aus $\mathbb{C}$ vollständig in $\mathbb{C}$ lösbar ist.

Falls Sie einer Abkürzung im Labyrinth gefolgt sind: eine ausführliche Darstellung der komplexen Zahlen finden Sie im zweiten Kapitel dieses Buches, »Zahlen gegen reelle Komplexe«

Na so was: die Restklassenkörper

Eine weitere wichtige Gruppe von Körpern auf endlichen Mengen bilden die so bezeichneten *Restklassenkörper*. Gemeint sind damit die Reste der ganzzahligen Division.

Betrachten Sie dazu folgende Beispiele:

$$12/5 = 2 \text{ Rest } 2$$
$$17/4 = 4 \text{ Rest } 1$$
$$25/5 = 5 \text{ Rest } 0$$

Mit dieser Idee können Sie auf vielen endlichen Mengen systematisch einen Körper konstruieren. Angenommen, Ihre Grundmenge besteht aus den Elementen M = { A, B, C, D, E, F, G }. Wenn Sie daran interessiert sind, für M eine Addition und eine Subtraktion derart zu konstruieren, das die entstehende Struktur alle Körpergesetze erfüllt, dann identifizieren Sie einfach jedes Element von M mit einem Element von M' = { 0, 1, 2, 3, 4, 5, 6 }. Dabei spielt es keine Rolle, wie Sie das anstellen. Eine mögliche Zuordnung wäre beispielsweise jene in Tabelle 3.12.

Element in M	Element in M'
A	3
B	1
C	5
D	0
E	2
F	6
G	4

Tabelle 3.12: Abbildung von Elementen von M auf solche von M'

Die Addition auf M' gehen Sie jetzt so an, wie Sie das von den natürlichen Zahlen gewohnt sind.

Allerdings gibt es immer dann ein Problem, wenn die Summe zweier Elemente eine Zahl ergibt, die nicht mehr in M' vorhanden ist. In diesen Fällen ersetzen Sie das tatsächliche Ergebnis durch den **Rest der Division** dieser Zahl mit der Anzahl der Elemente aus M', in unserem Fall ist das 7.

Wenn Sie beispielsweise wissen wollen, was 3 + 5 ergibt, dann berechnen Sie zunächst klassisch 3 + 5 = 8 und ersetzen anschließend die 8 durch 1, weil der Rest der Division von 8 durch 7 den Wert 1 ergibt. Das ist nicht sehr schwer, oder?

Schauen Sie sich das Ergebnis in Tabelle 3.13 an!

+	0	1	2	3	4	5	6
0	0	1	2	3	4	5	6
1	1	2	3	4	5	6	0
2	2	3	4	5	6	0	1
3	3	4	5	6	0	1	2
4	4	5	6	0	1	2	3
5	5	6	0	1	2	3	4
6	6	0	1	2	3	4	5

Tabelle 3.13: Addition auf M'

Wie Sie leicht anhand der Symmetrie sehen, ist die so definierte Addition kommutativ. Ebenfalls ist das Assoziativgesetz erfüllt. Das neutrale Element ist, wie immer, die Null. In M wird also das Element D das Nullelement sein. Da in jeder Zeile – und damit auch in jeder Spalte – das Nullelement jeweils einmal erscheint, sind alle Elemente mit Inversen versorgt.

Dasselbe Verfahren wenden Sie auf die Multiplikation an. Die Zahlen können zwar zunächst einmal noch größer werden, zum Beispiel ist das Produkt von 6 und 5 die Zahl 30, allerdings dampft die Restebetrachtung bei der Division durch 7 auch diese Zahl auf den kleinen Wert 2 ein, der selbstverständlich ein Element von M' ist.

Sie erhalten so Tabelle 3.14 als Verknüpfungstabelle.

*	0	1	2	3	4	5	6
0	0	0	0	0	0	0	0
1	0	1	2	3	4	5	6
2	0	2	4	6	1	3	5
3	0	3	6	2	5	1	4
4	0	4	1	5	2	6	3
5	0	5	3	1	6	4	2
6	0	6	5	4	3	2	1

Tabelle 3.14: Multiplikation auf M'

Wie Sie erkennen, ist das Ergebnis wieder hübsch symmetrisch. Ebenfalls findet sich jeder Wert von M' genau einmal pro Zeile und einmal pro Spalte. Damit ist auch die Frage nach dem Inversen positiv beantwortet. Ach ja, das Neutralelement von M' bezüglich der Multiplikation ist das Einselement. Alles ist wunderbar. Wenn Sie nun alle Zahlen der Verknüpfungstabellen durch die entsprechenden Werte von M aus Tabelle 3.12 ersetzen, haben Sie auf M einen Körper definiert. Herzlichen Glückwunsch!

Leider hat diese Sache einen bösen Haken. Das Verfahren funktioniert nur dann, wenn die Anzahl der Elemente in der Grundmenge eine *Primzahl* darstellt!

Alle Restklassenkörper stellen – bis auf Vertauschung der Zuordnungen – die einzige Möglichkeit dar, auf endlichen Mengen mit p Elementen einen Körper zu errichten, vorausgesetzt, dass p eine Primzahl ist.

Beruhigenderweise kann auch auf Mengen, deren Anzahl eine Primzahlpotenz ist, ein Körper erzeugt werden. Zum Beispiel wäre das mit 4, 8 oder 9 Elementen möglich, denn 4 und 8 sind Potenzen der Primzahl 2 und 9 ist das Quadrat der Primzahl 3. Allerdings ist schon das vermeintlich einfache Problem, eine 6-elementige Menge durch einen Körper zu strukturieren, unlösbar! Denn 6 ist weder prim noch die Potenz einer Primzahl.

Wenn Sie nicht glauben, dass auf einer 6-elementigen Grundmenge kein Körper gebaut werden kann, dann versuchen Sie es doch und schicken mir das Ergebnis!

Viele Beispiele zu endlichen Körpern mit entsprechenden Übungsaufgaben und Lösungen erwarten Sie im »Übungsbuch Lineare Algebra für Dummies«.

In diesem Buch geht es nach dieser anstrengenden Lektion weiter mit den »*Vektoren*«, die sind viel entspannender …

Wen Amors Vektor trifft

4

In diesem Kapitel ...

- Mit Vektoren rechnen lernen
- Die Besonderheiten von Vektorprodukt und Norm erfahren
- Die physikalische Bedeutung der Vektoren verinnerlichen
- Den Begriff der Dimension und seine Konsequenzen begreifen
- Tricks im Umgang mit Vektoren beherrschen

In der linearen Algebra besitzt die Vektorrechnung eine enorme Bedeutung. Dieses Kapitel dient dazu, Sie schnell und umfassend mit den wichtigsten Elementen dieser faszinierenden Objekte vertraut zu machen. Selbstverständlich werden Sie auch die konkreten physikalischen Anwendungen kennenlernen, die selbst gewöhnungsbedürftige Operationen mit Vektoren rechtfertigen.

Woher die Vektoren kommen

Viele Dinge im Leben sind ***skalar*** und damit auf eine einzige Zahl reduzierbar. Zum Beispiel die Länge einer Strecke. Oder das Gewicht eines Gegenstands. Oder das Volumen, beispielsweise das einer Regentonne.

Etwas verzwickter verhält es sich mit der Temperatur. Denn auch sie ist skalar, obwohl unterschiedliche Temperaturen an verschiedenen Stellen eines Raumes gemessen werden können. Mit einer einzigen Zahl ist also oftmals alles gesagt.

Manches Mal reicht eine einzige Zahl aber einfach nicht aus. Wenn Ihr Navigationssystem nur einen Satelliten zur Verfügung hätte, könnte er unmöglich Ihren genauen Standort bestimmen, von einer Routenführung ganz zu schweigen.

Wenn Sie die aktuelle Bewegung eines Objekts beschreiben wollen, reicht die einfache Angabe der Geschwindigkeit nicht aus. Sie benötigen mehrere Zahlen, die gemeinsam die Richtung darstellen, in der sich das Objekt bewegt. Im dreidimensionalen Raum sind das 3 Zahlen, je eine für jede Koordinatenrichtung.

Überhaupt ist die Ortsbestimmung eines Punktes nur auf einer eindimensionalen Strecke ein Skalar. Die Position einer Lokomotive könnte, wenn Sie von Weichen und Rundkursen einmal absehen, durch eine einzige Zahl beschrieben werden. Aber für eine Kugel auf dem Billardtisch benötigen Sie schon zwei Werte. Die Ortsbestimmung auf der Erdoberfläche erfordert die Angabe von Längen- und Breitengrad. Doch ein Flugzeug bewegt sich in allen drei Raumdimensionen, und benötigt daher 3 Werte.

Kurzum, Skalare reichen im Allgemeinen auf dieser Welt nicht aus. Mehrere Zahlen gemeinsam bilden einen *Vektor*.

Um jederzeit eindeutig klar zu machen, dass die einzelnen *Komponenten* eines Vektors zusammen gehören, schreiben Sie diese vertikal übereinander.

Vektoren können aus zwei oder noch mehr Komponenten bestehen, wie im nachfolgenden Beispiel zu sehen:

$$\begin{pmatrix} 2 \\ -3 \end{pmatrix}, \begin{pmatrix} \pi \\ e \\ -12 \end{pmatrix}, \begin{pmatrix} 2 \\ 4-3i \\ 3i \\ 0 \end{pmatrix}, \begin{pmatrix} 34 \\ 21 \\ 43 \\ 12 \\ 87 \end{pmatrix}, \begin{pmatrix} 1 \\ 2 \\ \vdots \\ 10 \end{pmatrix}$$

Das sieht doch recht lustig aus, nicht wahr? Die runde Klammer deutet an, dass die jeweiligen Komponenten gemeinsam einen Vektor bilden.

Die skalaren Werte in den jeweiligen Zeilen entstammen beliebigen Zahlenmengen, meist handelt es sich um rationale, reelle oder komplexe Elemente eines Zahlkörpers, wie zum Beispiel $\mathbb{Q}$, $\mathbb{R}$ oder $\mathbb{C}$.

Alles Wissenswerte rund um die algebraische Struktur der Körper und die wichtigsten Zahlkörper $\mathbb{Q}$, $\mathbb{R}$ und $\mathbb{C}$ finden Sie in Kapitel 2!

Bei den Vektoren, die ich Ihnen in diesem Kapitel vorstelle, handelt es sich um so genannte »n-Tupel«, weil n Zahlen übereinander geschrieben werden. So wie Großbritannien nicht nur aus England besteht und Holland nur ein Teil der Niederlande darstellt, so sind auch n-Tupel nur ein Spezialfall von Vektoren. Es gibt noch unzählige andere Arten von Vektoren. Sie können sich davon in Kapitel 5 überzeugen!

Erweitern Sie Ihren Horizont – um n Dimensionen

Wenn Sie noch ein wenig skeptisch sind, was die Verwendung von Vektoren über drei Komponenten hinaus angeht, kann ich Sie beruhigen. Auch mehr, ja viel mehr Komponenten können durchaus Sinn machen.

Zum einen, weil Sie nach der aktuellen physikalischen Grundauffassung vom Aufbau unserer Welt von wenigstens zehn Raumdimensionen ausgehen sollten – wenn Sie mir nicht glauben, forschen Sie doch ein wenig nach unter dem Stichwort »Stringtheorie«!

Zum anderen, weil viele uns umgebende vektorielle Größen aus noch viel mehr Komponenten bestehen. Nehmen Sie als Beispiel die skalare Größe eines Kontostands. Das genügt dem Finanzamt jedoch keineswegs. Wenn Sie Ihre vektorielle Steuererklärung ausfüllen, wird Ihnen schlagartig bewusst, aus wie vielen Komponenten dieses Dokument besteht. Im Gegensatz zu den Elementen eines Vektors müssen Sie dort jedoch nicht zwingend jedes Feld ausfüllen.

Der Einfachheit halber können Sie die Anzahl an Zeilen eines Vektors als seine *Dimension* ansehen. Geschwindigkeitsvektoren benötigen beispielsweise in einem dreidimensionalen Raum 3 Komponenten, und die vektoriellen Mengenangaben für die Zutaten eines Kuchenrezeptes kommen vielleicht auf 10 Elemente. In diesem Sinne wäre das Kuchenrezept zehndimensional. Sollten Sie Ihre Partnerin oder Ihren Partner mit einem leckeren Kuchen überraschen wollen, könnte die Anzahl der Dimensionen eine Rolle dabei spielen, welchen Eindruck Sie hinterlassen.

Geometrische Größen und Objekte eignen sich schon von jeher zur Darstellung als Vektor. In einem zweidimensionalen Koordinatensystem bestehen die Vektoren aus zwei Komponenten, logischerweise benötigen Sie für ein dreidimensionales Koordinatensystem derer drei.

Aber ganz so einfach ist das dann doch nicht. Wenn die einzelnen skalaren Einträge, sagen wir eines dreidimensionalen Vektors, komplexe Zahlen sind, die selbst auf der Gaußschen Zahlenebene, jede für sich, schon zwei Dimensionen verbrauchen, dann würde die – rein geometrische – Darstellung sechs Dimensionen erfordern, was so einfach nicht darstellbar ist. Dennoch bliebe der zugrunde liegende Vektor dreidimensional.

Betrachten Sie als weiteres Beispiel die zweidimensionalen Vektoren

$$\vec{u} = \begin{pmatrix} -2 \\ 4 \end{pmatrix} \text{ und } \vec{v} = \begin{pmatrix} 3 \\ 2 \end{pmatrix}$$

in Abbildung 4.1:

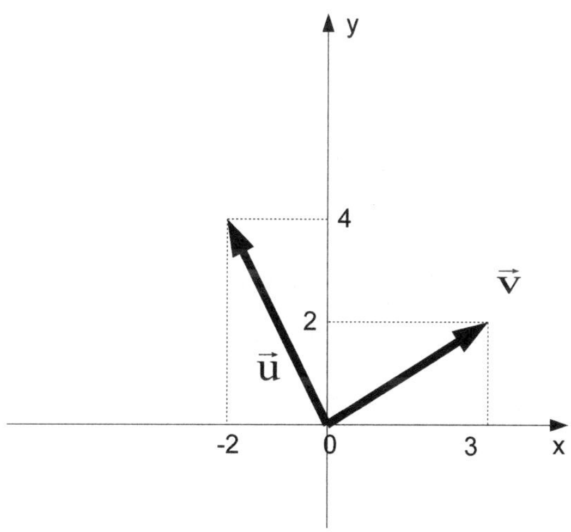

Abbildung 4.1: Vektordarstellung

Es bietet sich an, diese Vektoren als ***Pfeile*** darzustellen, damit sie nicht zwingend immer im Ursprung beginnen müssen. Deshalb wird auf den zugehörigen Variablen, hier $\vec{u}$ und $\vec{v}$, auch gerne ein Pfeil eingezeichnet.

Aber es ist durchaus berechtigt zu fragen, was ein derartiger Vektor bedeuten könnte, wenn er nicht im Ursprung beginnt. Nehmen Sie dazu einfach an, $\vec{u}$ gebe die Position eines sich bewegenden Objektes an und $\vec{v}$ wäre dann die Geschwindigkeit.

In diesem Fall würden Sie natürlich $\vec{u}$ im Ursprung ansetzen und $\vec{v}$ an der Pfeilspitze von $\vec{u}$ (siehe Abbildung 4.2).

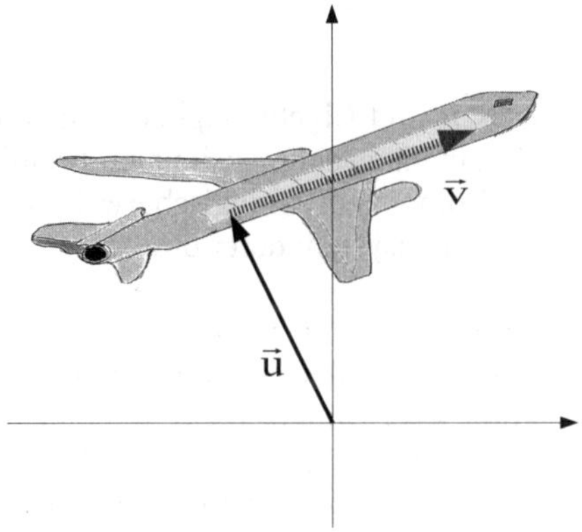

Abbildung 4.2: Komposition von Vektoren

Der Pfeil auf einem Vektor drückt aus, dass seine Komponenten absolut (vom Ursprung aus) *oder* relativ (von einer beliebigen anderen Position aus) verstanden werden können.

Im Beispiel des Kuchenrezepts könnte $\vec{u}$ die Rolle der in der Küche gerade vorhandenen Zutaten einnehmen und $\vec{v}$ wäre dann der Einkaufszettel. Die beiden Vektoren, $\vec{u}$ und $\vec{v}$ zusammen genommen müssten dann die im Rezept veranschlagten Mengen ergeben. Und schon sind Sie wieder einmal mitten drin: in der *Vektoralgebra*!

Grundlegende Vektoroperationen

Vektoren können zusammen genommen, also *addiert* werden. Außerdem mag es erforderlich sein, einen Vektor mit einem Skalar zu multiplizieren. Vielleicht wollen Sie nicht nur einen Kuchen backen, sondern zwei oder noch mehr?

Die nächste Vektoroperation ergibt sich an der Kasse des Einzelhändlers, nachdem Sie alle benötigten Zutaten in der erforderlichen Anzahl gefunden haben. Der Einkaufsvektor wird dann mit dem Preisvektor gewissermaßen *multipliziert*, aber was am Ende herauskommt, ist eine einzige Zahl, ein Skalar, der Rechnungsbetrag. Ihnen ist klar, dass bei dieser Vektoroperation jede einzelne Komponente des **Artikelvektors** mit den entsprechenden Komponenten eines – virtuellen – **Preisvektors** multipliziert wird; anschließend werden alle diese Produkte aufsummiert. Bezeichnenderweise trägt diese Operation den Namen *Skalarprodukt*.

Der langweiligste vorstellbare Vektor, nämlich ein solcher, der ausschließlich aus Nullen in allen Komponenten besteht, trägt übrigens den nicht gerade schwer zu merkenden Namen

Nullvektor. Dieser wird in Kapitel 5 ausführlich behandelt. Dort schlägt die große Stunde des Nullvektors, wenn er zum neutralen Element der Vektoraddition aufsteigt.

In den folgenden Unterabschnitten finden Sie für diese wesentlichen Vektoroperationen jeweils eine kompakte Definition und entsprechende Beispiele.

Addition und Subtraktion von Vektoren

Zwei n-dimensionale Vektoren werden *addiert*, indem alle Komponenten einzeln addiert werden:

$$\vec{u}+\vec{v}=\begin{pmatrix} u_1 \\ u_2 \\ \vdots \\ u_n \end{pmatrix}+\begin{pmatrix} v_1 \\ v_2 \\ \vdots \\ v_n \end{pmatrix}=\begin{pmatrix} u_1+v_1 \\ u_2+v_2 \\ \vdots \\ u_n+v_n \end{pmatrix}$$

Das Ergebnis der Vektoraddition ist also wiederum ein n-dimensionaler Vektor.

Vektoren unterschiedlicher Dimension können nicht addiert oder subtrahiert werden!

Betrachten Sie nun Abbildung 4.2 unter diesem Aspekt erneut. Die geometrische Konstruktion der Vektoraddition besteht also schlicht darin, den zweiten Vektor an der Pfeilspitze des ersten anzusetzen.

Übrigens ist die Addition kommutativ, wie Abbildung 4.3 belegt.

In Kapitel 3 finden Sie alle notwendigen Informationen zum Kommutativgesetz und zu allen anderen Körpergesetzen.

Es spielt keine Rolle, ob Sie zuerst den Vektor (–2,1) und danach den Vektor (3,2) an der Spitze ansetzen oder umgekehrt. In beiden Varianten werden Sie an der Stelle (1,3) ankommen, die den Ergebnisvektor repräsentiert.

Ein weiteres Beispiel zur Vektoraddition, diesmal mit komplexwertigen Komponenten, finden Sie hier:

$$\begin{pmatrix} 3+2i \\ -4+i \\ 13 \\ 2i \end{pmatrix}+\begin{pmatrix} -1-i \\ 5-i \\ -i \\ 3+2i \end{pmatrix}=\begin{pmatrix} 2+i \\ 1 \\ 13-i \\ 3+4i \end{pmatrix}$$

Wenn Sie unsicher sind, wie mit komplexen Zahlen gerechnet wird, schlagen Sie einfach im Kapitel 2 dieses Buches nach, dort finden Sie schnell und übersichtlich alle Antworten auf Ihre Fragen!

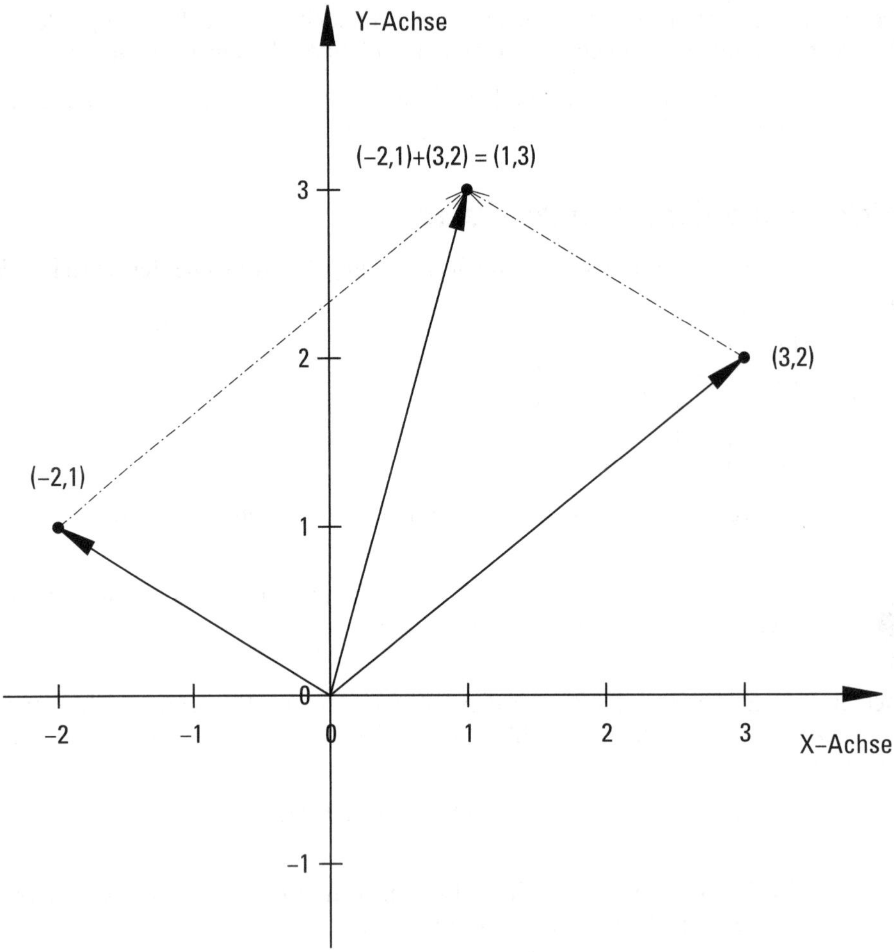

Abbildung 4.3: Kommutativität der Vektoraddition

Die Vektoraddition ist umkehrbar. Sie können also auch Vektoren einfach voneinander *subtrahieren*. Überzeugen Sie sich davon anhand des letzten Beispiels:

$$\begin{pmatrix} 2+i \\ 1 \\ 13-i \\ 3+4i \end{pmatrix} - \begin{pmatrix} 3+2i \\ -4+i \\ 13 \\ 2i \end{pmatrix} = \begin{pmatrix} -1-i \\ 5-i \\ -i \\ 3+2i \end{pmatrix}$$

Skalare Multiplikation von Vektoren

Ein beliebiger Skalar darf mit einem Vektor multipliziert werden, allerdings nur unter der Voraussetzung, dass der einem bestimmten Zahlkörper zugehörige Skalar mit jedem Eintrag multipliziert werden kann. Das ist zwar im Allgemeinen kein Problem, es kann jedoch Schwierigkeiten geben, wenn der Zahlraum des Skalars größer ist als derjenige der Vektorkomponenten. Wenn Sie also komplexe Skalare mit reellen Einträgen multiplizieren, entstehen im Allgemeinen nicht-reelle Produkte, die im Ergebnisvektor nicht erscheinen dürfen; umgekehrt stellt dies dagegen kein Problem dar.

Ebenfalls unproblematisch ist der Fall, wenn die Einträge des Vektors demselben Zahlkörper entnommen werden wie der Skalar selbst.

Zur Definition sei $\vec{v}$ ein beliebiger n-dimensionaler Vektor und r der Skalar eines kompatiblen Zahlkörpers:

$$r \cdot \vec{v} = r \cdot \begin{pmatrix} v_1 \\ v_2 \\ \vdots \\ v_n \end{pmatrix} = \begin{pmatrix} r \cdot v_1 \\ r \cdot v_2 \\ \vdots \\ r \cdot v_n \end{pmatrix}$$

Das Ergebnis der skalaren Multiplikation ist erneut ein n-dimensionaler Vektor.

Die geometrische Darstellung mehrerer skalarer Multiplikationen mit demselben Vektor verdeutlicht Abbildung 4.4 anhand zweier unterschiedlicher Vektoren, nämlich $\vec{u}$ und $\vec{v}$.

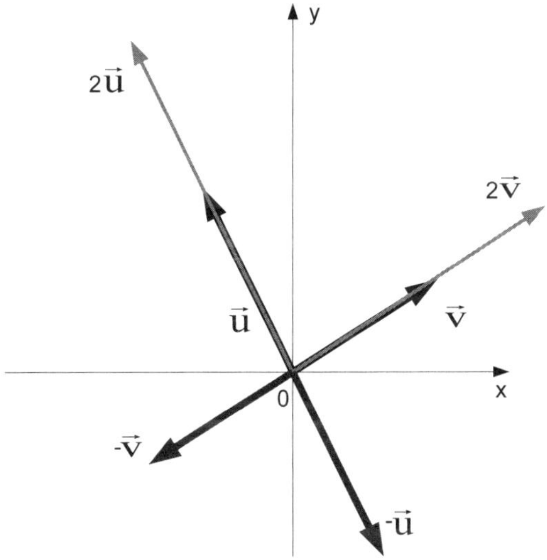

Abbildung 4.4: Skalare Multiplikation

Ein weiteres konkretes Beispiel stellt ein reeller Skalar multipliziert mit einem 4-dimensionalen Vektor dar:

$$\sqrt{2} \cdot \begin{pmatrix} 2 \\ \sqrt{2} \\ \pi \\ 0 \end{pmatrix} = \begin{pmatrix} 2\sqrt{2} \\ 2 \\ \pi\sqrt{2} \\ 0 \end{pmatrix}$$

Die Subtraktion von Vektoren kann durch die Addition eines Vektors mit dem Minus-Eins-Fachen des zweiten Vektor verstanden werden.

$$\vec{u} - \vec{v} = \vec{u} + (-1) \cdot \vec{v}$$

Zwei Vektoren, die beide keine Nullvektoren darstellen und sich nur durch einen skalaren Faktor voneinander unterscheiden, nennt man *kollinear*. Sie zeigen in dieselbe Richtung oder in genau entgegen gesetzte Richtungen.

Das Skalarprodukt von Vektoren

Der Ausdruck *Skalarprodukt* bedeutet für zwei n-dimensionale Vektoren eine Multiplikation, bei der ein Skalar herauskommt. Der Zahlkörper des Ergebnisskalars stimmt demnach mit dem Zahlenraum der Komponenten überein. Einfach zu merken ist das sicherlich, wenn Sie sich den linken Vektor als Artikelvektor und den rechten als Preisvektor in Erinnerung rufen:

$$\vec{u} \cdot \vec{v} = \begin{pmatrix} u_1 \\ u_2 \\ \vdots \\ u_n \end{pmatrix} \cdot \begin{pmatrix} v_1 \\ v_2 \\ \vdots \\ v_n \end{pmatrix} = u_1 \cdot v_1 + u_2 \cdot v_2 + \cdots + u_n \cdot v_n = \sum_{k=1}^{n} u_k \cdot v_k$$

Falls die Einträge jedoch komplexe Zahlen sind, wird das Skalarprodukt etwas verändert. Es sieht dann so aus:

$$\vec{u} \cdot \vec{v} = \begin{pmatrix} u_1 \\ u_2 \\ \vdots \\ u_n \end{pmatrix} \cdot \begin{pmatrix} v_1 \\ v_2 \\ \vdots \\ v_n \end{pmatrix} = u_1 \cdot \overline{v_1} + u_2 \cdot \overline{v_2} + \cdots + u_n \cdot \overline{v_n} = \sum_{k=1}^{n} u_k \cdot \overline{v_k}$$

Die komplexen Einträge des zweiten Faktors müssen Sie also jeweils konjugieren. Eine unschöne Sache, weil das komplexe Skalarprodukt damit seine Kommutativität einbüßt. Andererseits ist diese Modifikation nötig, um eine hübsche Skalarprodukt-Darstellung der komplexen *Vektornorm* zu erhalten, die Sie im nächsten Abschnitt finden.

Zuvor jedoch sollten Sie sich konkrete Beispiele für das reelle

$$\begin{pmatrix} 3 \\ 4 \\ -1 \end{pmatrix} \cdot \begin{pmatrix} 1 \\ -1 \\ 0 \end{pmatrix} = 3 - 4 = -1$$

sowie das komplexe Skalarprodukt ansehen:

$$\begin{pmatrix} 2+i \\ 1 \\ 13-i \\ 3+4i \end{pmatrix} \cdot \begin{pmatrix} 3+2i \\ -4+i \\ i \\ 0 \end{pmatrix} = (2+i) \cdot (3-2i) + 1 \cdot (-4-i) + (13-i) \cdot (-i) + (3+4i) \cdot 0 = 3 - 15i$$

Ein Spezialfall ist an dieser Stelle hervorzuheben.

Wenn das Skalarprodukt zweier Vektoren, die beide keine Nullvektoren sind, dennoch Null ergibt, heißen die beiden Vektoren zueinander *orthogonal*.

Dazu zwei Beispiele:

$$\begin{pmatrix} 2 \\ -1 \end{pmatrix} \cdot \begin{pmatrix} 2 \\ 4 \end{pmatrix} = 0 \text{ sowie } \begin{pmatrix} 1 \\ 2 \\ -3 \end{pmatrix} \cdot \begin{pmatrix} 7 \\ -2 \\ 1 \end{pmatrix} = 0$$

Die geometrische Darstellung des zweidimensionalen Beispiels in Abbildung 4.5 verdeutlicht die Bedeutung der *Orthogonalität*.

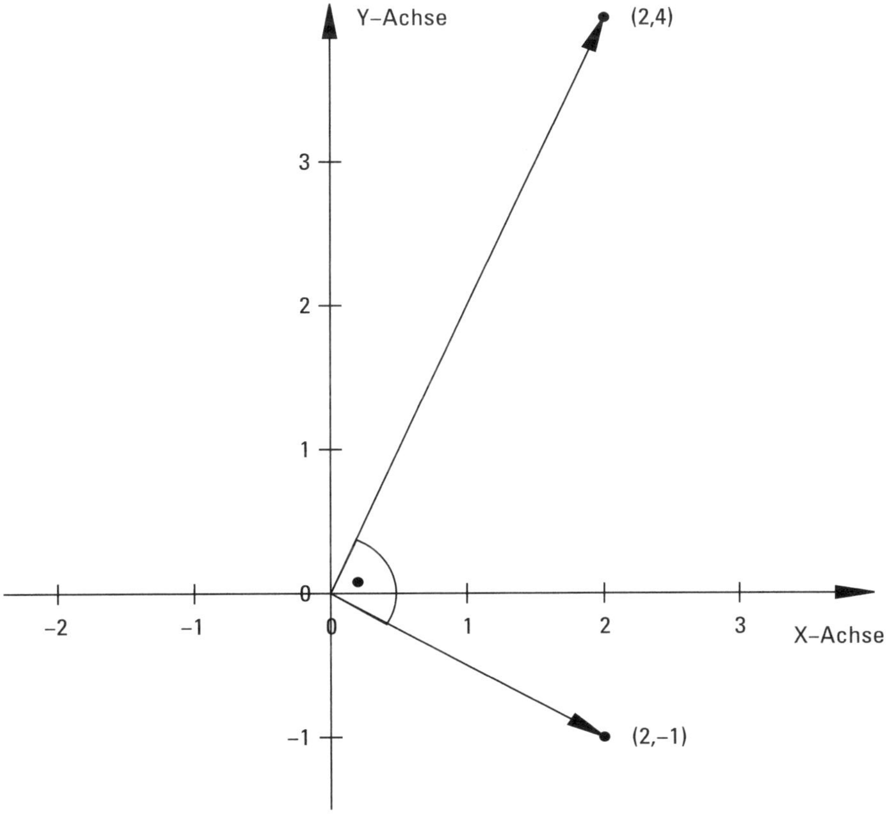

Abbildung 4.5: Orthogonale Vektoren

Orthogonale Vektoren stehen senkrecht aufeinander! Dies gilt nicht nur im zwei- oder dreidimensionalen Raum, sondern grundsätzlich!

Die Norm eines Vektors

Wenn Sie die Richtung eines sich bewegenden Objekts im dreidimensionalen Raum angeben möchten, genügt dazu ein dreidimensionaler Vektor. Die Frage dabei lautet: Müssen Sie zusätzlich noch die Geschwindigkeit angeben? Sollte diese Frage eine positive Antwort nach sich ziehen, würde das ja bedeuten, dass Sie tatsächlich zur Beschreibung des Objekts einen vierdimensionalen Vektor benötigen. Dem ist aber zum Glück nicht so. Es gibt zwar unendlich viele Vektoren, die alle in eine vorgegebene Richtung zeigen, falls sie kollinear sind. Dennoch unterscheiden sie sich – in der *Länge*!

Sie können deshalb Richtung und Geschwindigkeit **gleichzeitig** angeben. Dazu interpretieren Sie einfach die einzelnen Komponenten als Geschwindigkeit in der jeweiligen Koordinatenrichtung.
Die **Gesamtgeschwindigkeit** des Objekts ergibt sich dann als *Norm* oder *Betrag* des Vektors. Er kann als Länge in der Pfeildarstellung angesehen werden (siehe Abbildung 4.6).

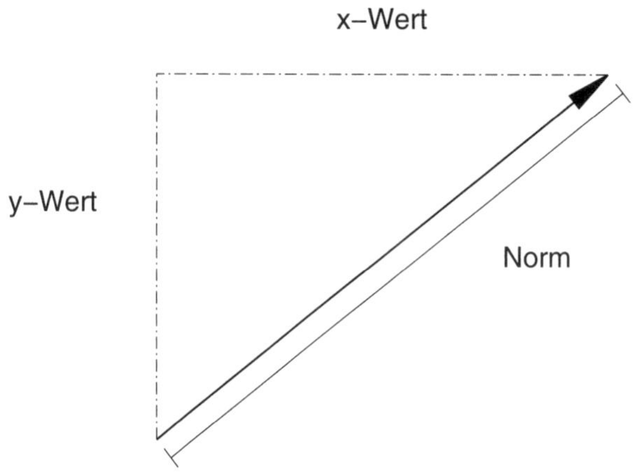

Abbildung 4.6: Norm eines Vektors

Zur Berechnung der Norm verwenden Sie das Skalarprodukt:

$$\|\vec{u}\| = \sqrt{\vec{u} \cdot \vec{u}}$$

Wie Sie sehen, werden zwei senkrechte Striche an jeder Seite für die Norm eines Vektors verwendet, um sie vom einfachen Betrag eines Skalars zu unterschieden.

Des Weiteren hat die obige Darstellung den Vorteil, dass sie stets gültig ist, unabhängig davon, ob die Komponenten von $\vec{u}$ komplexe, reelle oder rationale Zahlen sind. Das ist auch der eigentliche Grund für die recht eigenartige Modifikation des Skalarprodukts für komplexe Zahlen. Sie gestattet Ihnen eine einheitliche Definition der Norm über das Skalarprodukt, unabhängig davon, ob die Komponenten des Vektors reelle oder komplexe Zahlen darstellen. In beiden Fällen ergibt sich die geometrische *Länge* des Vektors!

Natürlich will ich Ihnen auch hier entsprechende Beispiele nicht vorenthalten. Zunächst aus dem reellen Bereich:

$$\left\| \begin{pmatrix} 1 \\ 2 \\ 3 \end{pmatrix} \right\| = \sqrt{\begin{pmatrix} 1 \\ 2 \\ 3 \end{pmatrix} \cdot \begin{pmatrix} 1 \\ 2 \\ 3 \end{pmatrix}} = \sqrt{1+4+9} = \sqrt{14}$$

Und nun aus dem Bereich der komplexen Vektoren:

$$\left\| \begin{pmatrix} 2+i \\ -2i \\ 3 \end{pmatrix} \right\| = \sqrt{\begin{pmatrix} 2+i \\ -2i \\ 3 \end{pmatrix} \cdot \begin{pmatrix} 2-i \\ 2i \\ 3 \end{pmatrix}} = \sqrt{5+4+9} = \sqrt{18} = 3\sqrt{2}$$

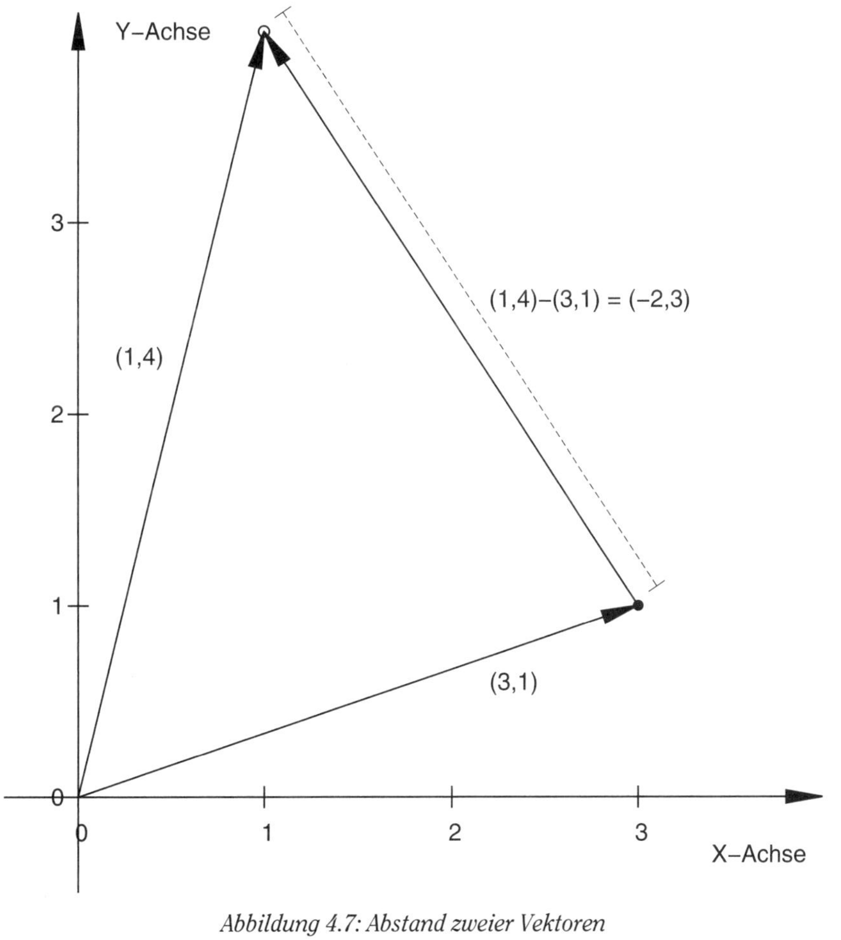

Abbildung 4.7: Abstand zweier Vektoren

Mit diesem Verfahren können Sie genau so gut den *Abstand* d zweier Vektoren bestimmen. Dazu normieren Sie einfach den Differenzvektor. Für die Abstandsfunktion d gilt also:

$$d(\vec{u},\vec{v}) = \|\vec{u} - \vec{v}\|$$

Wie Sie Abbildung 4.7 entnehmen, entspricht die Länge des Differenzvektors genau dem Abstand der Pfeilspitzen, dargestellt am Beispiel von $\vec{u} = \begin{pmatrix} 1 \\ 4 \end{pmatrix}$ und $\vec{v} = \begin{pmatrix} 3 \\ 1 \end{pmatrix}$.

Als Zahlenwert ergibt sich

$$d(\vec{u},\vec{v}) = \|\vec{u} - \vec{v}\| = \left\| \begin{pmatrix} 1 \\ 4 \end{pmatrix} - \begin{pmatrix} 3 \\ 1 \end{pmatrix} \right\| = \left\| \begin{pmatrix} -2 \\ 3 \end{pmatrix} \right\| = \sqrt{4+9} = \sqrt{13}$$

Das Vektorprodukt

Sie kennen bereits zwei wichtige Operationen auf Vektoren, die mit der Multiplikation von Zahlen verwandt sind.

Zum einen wäre da die *skalare Multiplikation* zu nennen. Diese produziert zwar einen Vektor, allerdings ist einer der beiden Operanden nur ein Skalar.

Zum anderen gibt es das *Skalarprodukt*. Hier werden zwei Vektoren miteinander verrechnet, das Ergebnis ist allerdings nur ein Skalar.

Das *Vektorprodukt* ist eine binäre Operation mit zwei Eingabeparametern und einem resultierenden Vektor als Ausgabeparameter.

Das *Vektorprodukt (Kreuzprodukt)* heißt auch *äußeres Produkt* weil es, geometrisch betrachtet, zu einem Ergebnisvektor führt, der etwa im dreidimensionalen Raum aus der Ebene herausführt, die von den beiden vektoriellen Faktoren aufgespannt wird. Dem gegenüber ist das Skalarprodukt nur ein *inneres Produkt*.

Wie bei vielen anderen Vektoroperationen dürfen Sie auch das Vektorprodukt nur zwischen zwei Vektoren gleicher Dimension anwenden!

Die Definition für den dreidimensionalen Raum ist noch recht überschaubar:

$$\vec{u} \times \vec{v} = \begin{pmatrix} u_1 \\ u_2 \\ u_3 \end{pmatrix} \times \begin{pmatrix} v_1 \\ v_2 \\ v_3 \end{pmatrix} = \begin{pmatrix} u_2 \cdot v_3 - u_3 \cdot v_2 \\ u_3 \cdot v_1 - u_1 \cdot v_3 \\ u_1 \cdot v_2 - u_2 \cdot v_1 \end{pmatrix}$$

Wenn Sie sich ein konkretes Beispiel ansehen, etwa

$$\begin{pmatrix} 1 \\ 0 \\ -2 \end{pmatrix} \times \begin{pmatrix} 3 \\ 1 \\ 2 \end{pmatrix} = \begin{pmatrix} 0 \cdot 2 - (-2) \cdot 1 \\ -2 \cdot 3 - 1 \cdot 2 \\ 1 \cdot 1 - 0 \cdot 3 \end{pmatrix} = \begin{pmatrix} 2 \\ -8 \\ 1 \end{pmatrix}$$

wird Ihnen schnell klar, welche **geometrische Bedeutung** das Kreuzprodukt besitzt.

Tatsächlich steht der Ergebnisvektor stets orthogonal auf den beiden Operandenvektoren. Das können Sie leicht überprüfen, indem Sie die jeweiligen Skalarprodukte ausrechnen.

Für das Beispiel ergibt sich:

$$\begin{pmatrix} 1 \\ 0 \\ -2 \end{pmatrix} \cdot \begin{pmatrix} 2 \\ -8 \\ 1 \end{pmatrix} = 2 - 2 = 0 \quad \text{sowie} \quad \begin{pmatrix} 3 \\ 1 \\ 2 \end{pmatrix} \cdot \begin{pmatrix} 2 \\ -8 \\ 1 \end{pmatrix} = 6 - 8 + 2 = 0$$

Dass dies kein Zufall ist, können Sie auch anhand der Definition ganz allgemein ermitteln:

$$\begin{pmatrix} u_2 \cdot v_3 - u_3 \cdot v_2 \\ u_3 \cdot v_1 - u_1 \cdot v_3 \\ u_1 \cdot v_2 - u_2 \cdot v_1 \end{pmatrix} \cdot \begin{pmatrix} u_1 \\ u_2 \\ u_3 \end{pmatrix} = u_1 \cdot (u_2 \cdot v_3 - u_3 \cdot v_2) + u_2 \cdot (u_3 \cdot v_1 - u_1 \cdot v_3) + u_3 \cdot (u_1 \cdot v_2 - u_2 \cdot v_1)$$

$$= u_1 \cdot u_2 \cdot v_3 - u_1 \cdot u_3 \cdot v_2 + u_2 \cdot u_3 \cdot v_1 - u_2 \cdot u_1 \cdot v_3 + u_3 \cdot u_1 \cdot v_2 - u_3 \cdot u_2 \cdot v_1 = 0$$

Dasselbe gilt natürlich auch für den Vektor $\vec{v}$.

Es gibt zwei Möglichkeiten, für zwei gegebene Vektoren einen dritten so auszurichten, dass er senkrecht auf den beiden ersten steht, zum einen den Vektor, der durch das Kreuzprodukt gebildet wird; zum anderen den Vektor, der genau in die entgegengesetzte Richtung des Kreuzprodukt-Vektors zeigt. Das Kreuzprodukt genügt dabei immer der *Rechte-Hand-Regel*. Der erste Operand entspricht dem Daumen und der zweite dem Zeigefinger der rechten Hand. Das Kreuzprodukt ist nun so ausgerichtet, dass es dem gebeugten Mittelfinger entspricht! Die Mathematiker sprechen dabei auch von einem *Rechtssystem*, was jedoch nicht juristisch zu verstehen ist.

Der Winkel zwischen Vektoren

Im Zusammenhang mit dem Skalarprodukt haben Sie gesehen, dass zwei orthogonale Vektoren stets in einer Null resultieren. Zugleich wissen Sie, dass die Länge (der Betrag) eines Vektors als die Wurzel des Skalarprodukts mit sich selbst aufgefasst werden kann. Das Ergebnis ist also stark davon abhängig, welchen Winkel die jeweiligen Faktoren im Skalarprodukt zueinander einnehmen.

Abbildung 4.8 möchte Ihnen das noch einmal verdeutlichen.

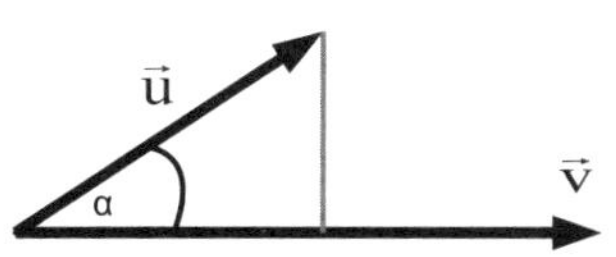

Abbildung 4.8: Winkel zwischen Vektoren

Tatsächlich gilt folgender Zusammenhang für den Winkel α zwischen den beiden Vektoren $\vec{u}$ und $\vec{v}$:

$$\cos\alpha = \frac{\vec{u} \cdot \vec{v}}{\|\vec{u}\| \cdot \|\vec{v}\|}$$

Wenn $\vec{u}$ und $\vec{v}$ orthogonal sind, verschwindet die rechte Seite der Gleichung, wird also Null, da der Zähler Null ist. Daher ist der Winkel α genau 90 Grad beziehungsweise $\pi/2$ im Bogenmaß.

Es ist sinnvoll, alle Winkel in der Mathematik im *Bogenmaß* anzugeben. Sie können jeden Winkel durch die Länge des überstrichenen Bogens im Einheitskreis repräsentierten. Weil der gesamte Kreisumfang die Länge 2π aufweist, erhalten Sie folgende Umrechnungsformeln zwischen der Angabe eines Winkels im *Gradmaß* g oder im Bogenmaß b:

$$g = \frac{2\pi}{360} \cdot b = \frac{\pi}{180} \cdot b \text{ sowie } b = \frac{360}{2\pi} \cdot g = \frac{180}{\pi} \cdot g$$

Sollten $\vec{u}$ und $\vec{v}$ gleich sein, erhalten Sie das Quadrat des Betrags von $\vec{u}$, zweimal dividiert durch die Länge. Das resultiert in 1. Somit ist der Winkel genau 0 Grad.

Für das Kreuzprodukt ergibt sich ebenfalls eine sehr schöne Formel:

$$\sin\alpha = \frac{\|\vec{u} \times \vec{v}\|}{\|\vec{u}\| \cdot \|\vec{v}\|}$$

Allerdings ist das Ausrechnen von α in diesem Fall etwas aufwändiger, weshalb die Formel eher als Spezifikation für das Kreuzprodukt in höherdimensionalen Räumen verwendet wird.

Dennoch gibt es eine sehr sinnvolle geometrische Anwendung für die Norm des Kreuzprodukts, wie Sie Abbildung 4.9 entnehmen können.

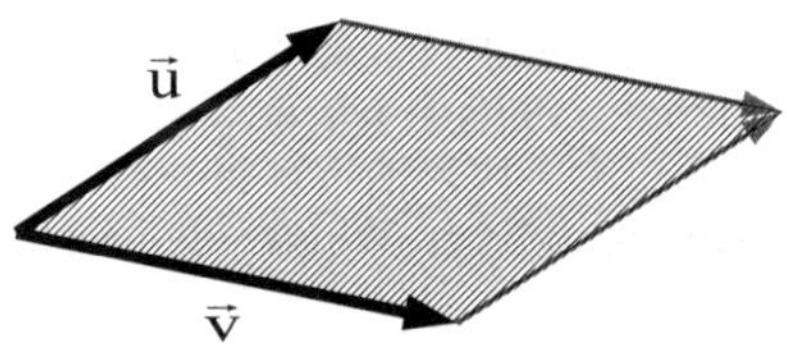

Abbildung 4.9: Flächenberechnung eines Parallelogramms

Die Norm des Kreuzprodukts stellt den Flächeninhalt des von den beiden Vektoren aufgespannten Parallelogramms dar.

Auch für viele andere Gebiete der höheren Mathematik spielt das Kreuzprodukt eine wichtige Rolle. So ist die Norm des Kreuzprodukts zum Beispiel in der Rechenformel für Oberflächenintegrale enthalten. Dort repräsentiert die Norm des Kreuzprodukts der beiden Tangentenvektoren einer Oberfläche gerade ein infinitesimal kleines Flächenstück.

Als Übungsaufgabe dürfen Sie W den Winkel zwischen zwei Vektoren berechnen:

$$\vec{u} = \begin{pmatrix} 1 \\ 1 \\ 0 \end{pmatrix} \text{ und } \vec{v} = \begin{pmatrix} 2 \\ 1 \\ -2 \end{pmatrix}$$

Haben Sie das Ergebnis selbst ermittelt? Dann können Sie es jetzt überprüfen. Es ergibt sich:

$$\cos\alpha = \frac{\vec{u}\cdot\vec{v}}{\|\vec{u}\|\cdot\|\vec{v}\|} = \frac{\begin{pmatrix} 1 \\ 1 \\ 0 \end{pmatrix} \cdot \begin{pmatrix} 2 \\ 1 \\ -2 \end{pmatrix}}{\left\|\begin{pmatrix} 1 \\ 1 \\ 0 \end{pmatrix}\right\| \cdot \left\|\begin{pmatrix} 2 \\ 1 \\ -2 \end{pmatrix}\right\|} = \frac{3}{\sqrt{2}\cdot\sqrt{9}} = \frac{1}{\sqrt{2}} = \frac{1}{2}\cdot\sqrt{2}$$

Demnach ist $\alpha = \frac{\pi}{4}$, was 45 Grad entspricht.

Die in Tabelle 4.1 dargestellten Zusammenhänge zwischen den trigonometrischen Funktionen Sinus und Kosinus sollten Sie stets parat haben. Bitte beachten Sie den Trick mit ½ · $\sqrt{n}$ für die jeweils nächste Zeile bei der Berechnung!

Winkel im Bogenmaß (Grad)	Sinus des Winkels	Kosinus des Winkels
0 (0)	$½ \cdot \sqrt{0} = 0$	$½ \cdot \sqrt{4} = 1$
$\frac{\pi}{6}$ (30)	$½ \cdot \sqrt{1} = ½$	$½ \cdot \sqrt{3}$
$\frac{\pi}{4}$ (45)	$½ \cdot \sqrt{2}$	$½ \cdot \sqrt{2}$
$\frac{\pi}{3}$ (60)	$½ \cdot \sqrt{3}$	$½ \cdot \sqrt{1} = ½$
$\frac{\pi}{2}$ (90)	$½ \cdot \sqrt{4} = 1$	$½ \cdot \sqrt{0} = 0$

Tabelle 4.1:Merktabelle für Sinus und Kosinus

Für den Sinus von α erwarten Sie also zu Recht ebenfalls den Wert $\pi/4$:

$$\sin\alpha = \frac{\|\vec{u}\times\vec{v}\|}{\|\vec{u}\|\cdot\|\vec{v}\|} = \frac{\left\|\begin{pmatrix}1\\1\\0\end{pmatrix}\times\begin{pmatrix}2\\1\\-2\end{pmatrix}\right\|}{\left\|\begin{pmatrix}1\\1\\0\end{pmatrix}\right\|\cdot\left\|\begin{pmatrix}2\\1\\-2\end{pmatrix}\right\|} = \frac{\left\|\begin{pmatrix}-2\\2\\-1\end{pmatrix}\right\|}{\sqrt{2}\cdot\sqrt{9}} = \frac{\sqrt{9}}{\sqrt{2}\cdot\sqrt{9}} = \frac{1}{\sqrt{2}} = \frac{1}{2}\sqrt{2}$$

Diese Vektoren sind nicht normal

Sie haben bereits erfahren, dass der Betrag eines Vektors auch *Norm* genannt werden kann. Im Deutschen ist der Begriff »Norm« mit **Regel**, **Vorschrift** und **Richtlinie** verwandt. Der Ursprung leitet sich vom lateinischen »norma« ab, was soviel wie »Richtschnur« bedeutet. Die Norm legt also eine Richtschnur an Ihren Vektor, und ermittelt so dessen Länge.

Darüber hinaus finden Sie noch eine erweiterte Verwendung des Grundstamms der Norm. Das Adjektiv *normal* meint »einer Norm entsprechend« und so »einer Vorschrift genügend«. Allerdings bedeutet das lateinische »normare« genau genommen »mit dem Winkelmaß abmessen« und so steht »normalis« für »nach dem Winkelmaß gemacht«. Sie finden das im Sprachgebrauch auch beispielsweise im Adjektiv »normativ«.

Diese etwas ausgedehnte Vorrede ist nötig, um Ihnen den Umstand zu erläutern, dass die Bezeichnung *Normalenvektor* in der Mathematik angewendet wird auf einen Vektor, der senkrecht auf einem gegebenen Objekt »steht«.

Beispielsweise kann der Normalenvektor auf einer Kugeloberfläche entweder nach außen oder zum Kugelmittelpunkt hin orientiert sein, nicht anders. Auf einer ebenen oder gekrümmten Fläche steht der Normalenvektor genau senkrecht zu den dort möglichen *Tangentenvektoren,* die die jeweiligen Flächen gerade so berühren. Das geht so weit, dass Sie eine Ebene anstatt über zwei Richtungsvektoren genau so gut über einen Normalenvektor spezifizieren können.

Die Normalendarstellung von Ebenen und noch viel mehr finden Sie in Kapitel 10 »Geometrische Grundelemente«.

Wie Sie bereits im letzten Abschnitt erfahren haben, lässt sich für zwei gegebene Vektoren, die nicht kollinear sind, der dazu gehörige Normalenvektor stets über das Kreuzprodukt ermitteln.

Mit *Normieren* hingegen wird die Division eines Vektors durch seine Norm, also seinen Betrag, bezeichnet.

$$\vec{u} = \begin{pmatrix}u_1\\ \vdots \\ u_n\end{pmatrix} \text{ wird normiert zu } \vec{u}_e = \frac{1}{\|\vec{u}\|}\cdot\vec{u} = \frac{1}{\sqrt{\sum_{i=1}^{n} u_i^2}}\cdot\vec{u}$$

Ein normierter Vektor hat damit per definitionem automatisch die Länge Eins. Damit darf er auch den Ehrentitel *Einheitsvektor* führen. Ein normierter Vektor und ein Normalenvektor sind also zwei vollkommen verschiedene Dinge. Jedoch können Sie auch beide Begriffe kombinieren, Sie halten dann einen *normierten Normalenvektor*. Berühmt sind die *kartesischen Koordinatenvektoren*, die zugleich normiert, also Einheitsvektoren sind und jeweilig orthogonal zueinander stehen. Der jeweilig dritte Vektor bildet zu den beiden anderen einen Normalenvektor. Die kartesischen Koordinatenvektoren im dreidimensionalen Raum lauten:

$$\begin{pmatrix} 1 \\ 0 \\ 0 \end{pmatrix}, \begin{pmatrix} 0 \\ 1 \\ 0 \end{pmatrix} \text{ sowie } \begin{pmatrix} 0 \\ 0 \\ 1 \end{pmatrix}$$

In höherdimensionalen Räumen kommen entsprechend mehr Nullen ins Spiel. Dass es sich um Einheitsvektoren handelt, ist offensichtlich, weil nur eine einzige Komponente ungleich Null ist, und die hat den Wert Eins. Andererseits sind diese Vektoren orthogonal, weil ihr Skalarprodukt auf jeden Fall Null ergibt. Der dritte Vektor ist dabei sogar das Ergebnis des Kreuzproduktes der beiden ersten:

$$\begin{pmatrix} 1 \\ 0 \\ 0 \end{pmatrix} \times \begin{pmatrix} 0 \\ 1 \\ 0 \end{pmatrix} = \begin{pmatrix} 0 \\ 0 \\ 1 \end{pmatrix}$$

Damit bilden diese drei Vektoren in der angegebenen Reihenfolge ein *Rechtssystem*. Sie dürfen das auch ein ***Orthonormalsystem*** nennen, weil die betroffenen Vektoren auf Eins normiert sind und senkrecht aufeinander stehen!

Jetzt wird es eng: der n-Raum

Sie haben nun die wesentlichen Zutaten der Vektorrechnung kennengelernt. Sie wissen, wie Sie Vektoren addieren und auf unterschiedliche Weise multiplizieren können. Die nachfolgende Liste verschafft Ihnen einen kleinen Überblick:

- ✔ Vektoren werden addiert, indem Sie die jeweiligen Komponenten addieren. Entsprechend können Sie Vektoren subtrahieren, indem die entsprechenden Komponenten einzeln subtrahiert werden.
- ✔ Die skalare Multiplikation führen Sie durch, indem Sie den Skalar, also die Zahl vor dem Vektor, in jede einzelne Komponente des gegebenen Vektors multiplizieren.
- ✔ Das Skalarprodukt erhalten Sie, indem Sie die einander entsprechenden Komponenten der beiden Ausgangsvektoren jeweilig multiplizieren, und dann alle Einzelergebnisse zu einem Skalar, also einer einzigen Zahl, aufsummieren.
- ✔ Das Vektorprodukt für zwei gegebene Vektoren führt Sie zu einem Ergebnisvektor, indem Sie auf eine festgelegte Art und Weise die jeweils anderen Komponenten der Ausgangsvektoren multiplizieren und voneinander abziehen.
- ✔ Die Norm oder den Betrag eines Vektors erhalten Sie, indem Sie die Wurzel aus dem Skalarprodukt des jeweiligen Vektors mit sich selbst ziehen.

- ✔ Sie können den Kosinus des Winkels zweier Vektoren über das Skalarprodukt, dividiert durch das Produkt der jeweiligen Beträge der Vektoren, ermitteln. Analog erhalten Sie den Sinus dieses Winkels, indem Sie die Norm des jeweiligen Kreuzprodukts durch das Produkt der Normen der Einzelvektoren dividieren.

Das ist schon ein ganz schönes Paket an Wissen und Fähigkeiten, das Sie sich erworben haben. Die beiden nächsten Abschnitte informieren Sie über die Gesetzmäßigkeiten, die für diese Operationen immer gelten.

Der Euklidische n-Raum

Wir beschränken uns für diesen Unterabschnitt zunächst auf reelle Einträge in den Vektorkomponenten. Außerdem betrachten wir die zu multiplizierenden Skalare ebenfalls als stets aus $\mathbb{R}$ kommend.

Dann nennt man die Menge aller möglichen Vektoren zusammen mit den in der Liste angegebenen Operationen einen *Euklidischen n-Raum*.

Euklid von Alexandria

Einer der berühmtesten Mathematiker der Antike ist Euklid von Alexandria. Er lebte von etwa 360 bis 280 vor Christus und hat auf zahlreichen mathematischen und naturwissenschaftlichen Bereichen bahnbrechende Resultate erzielt.

Bekannt wurde beispielsweise sein Nachweis der Unendlichkeit der Primzahlen, indem er einen indirekten Beweis führt und annimmt, es gäbe nur endlich viele Primzahlen. Das Produkt aller dieser Zahlen plus Eins muss dann aber aus anderen Primzahlen zusammengesetzt oder selbst prim sein, was in beiden Fällen zu einem eleganten Widerspruch führt.

Ebenfalls zum Allgemeinwissen wurde sein Algorithmus zur Bestimmung des größten gemeinsamen Teilers zweier gegebener natürlicher Zahlen, der berühmte »Euklidische Algorithmus«.

Das wichtigste seiner zahlreichen Werke sind die »Elemente«, in denen er ein Kompendium des mathematischen Wissens seiner Zeit abliefert. Sie können die »Elemente«, ein fünfzehnbändiges Mammutprojekt, auch heute noch in deutscher Übersetzung lesen. Aber seien Sie gewarnt: Die algebraische Darstellung, die Sie heute gewohnt sind, gab es zu Euklids Zeit noch nicht und so ist die Lektüre seiner Bücher mit einiger Mühe verbunden, um es gelinde zu formulieren.

In einem Euklidischen n-Raum gilt eine Reihe von Gesetzen, die Sie jetzt schnell und kompakt in Tabelle 4.2 genießen dürfen. Die Vektoren sind dabei u, v, w und x. Für die reellen Skalare wurden r und s als Variablen verwendet.

Kategorie	Algebraische Darstellung
Gesetze der Vektoraddition	$u + v = v + u$
	$r \cdot (u + v) = r \cdot u + r \cdot v$
	$(r + s) \cdot u = r \cdot u + s \cdot u$
	$(r \cdot s) \cdot u = r \cdot (s \cdot u)$
	$1 \cdot u = u, 0 \cdot u = 0$
Gesetze zum Skalarprodukt	$u \cdot v = v \cdot u$
	$(u + v) \cdot w = uw + vw$
	$(ru) \cdot v = r(u \cdot v)$
	$u(r \cdot v) = r(u \cdot v)$
	$u \cdot u \geq 0$, für $u \cdot u = 0$ gilt: $u = 0$
Gesetze zum Kreuzprodukt	$u \times (v + w) = u \times v + u \times w$
	$(u + v) \times w = u \times w + v \times w$
	$u \times v = -(v \times u)$
	$r \cdot (u \times v) = (r \cdot u) \times v = u \times (r \cdot v)$

Tabelle 4.2: Gesetze im Euklidischen n-Raum

Die scheinbar trivialen Darstellungen dürfen Sie nicht darüber hinwegtäuschen, dass es sich um weit reichende Eigenschaften des Euklidischen n-Raumes handelt. Insbesondere sind die Symbole + und · stets in dem jeweiligen Kontext zu sehen.

Nehmen Sie als erstes Beispiel die Zeile $(r+ s) \cdot u = r \cdot u + s \cdot u$. Das + Zeichen auf der linken Seite bezieht sich auf die Addition zweier Skalare im Körper der reellen Zahlen $\mathbb{R}$. Das + Zeichen auf der rechten Seite dagegen ist die Vektoraddition.

Als zweites Beispiel möchte ich Ihre Aufmerksamkeit auf das scheinbar entbehrliche $(r \cdot s) \cdot u = r \cdot (s \cdot u)$ richten. Hier sind quasi nur · Zeichen im Spiel. Das am weitesten links stehende Zeichen bezieht sich wiederum auf die Multiplikation zweier Skalare im Körper von $\mathbb{R}$. Danach folgt eine skalare Multiplikation. Auf der rechten Seite der Gleichung handelt es sich bei beiden · Zeichen jedoch um die skalare Multiplikation.

Als drittes betrachten Sie bitte die Zeile $0 \cdot u = 0$ etwas genauer. Was hier steht ist keineswegs eine Selbstverständlichkeit. Vielmehr ist die Null auf der linken Seite das Neutralelement der Addition im Zahlkörper $\mathbb{R}$. Die rechte Null repräsentiert jedoch den Nullvektor im Euklidischen n-Raum.

Wenn Sie sich diese Zusammenhänge klar machen, erscheinen sie nicht mehr trivial, sondern auf eine erfreuliche Art ästhetisch wohlgeformt.

Der komplexe n-Raum

Sie wollen sich nicht auf reelle Einträge der Komponenten in den Vektoren beschränken, sondern grundsätzlich komplexe Zahlen verwenden? Wunderbar! Dann wird der Euklidische n-Raum zum so genannten *komplexen n-Raum* erweitert. Teilweise finden Sie in der Literatur auch die alternative Bezeichnung *Hermitescher n-Raum*.

Zunächst die gute Nachricht: Viele der Gesetze, die in Tabelle 4.2 dargestellt wurden, gelten weiterhin. Jedoch können nun auch die Skalare r und s aus dem Körper der komplexen Zahlen $\mathbb{C}$ entstammen.

Unterschiede gibt es vor allen Dingen beim Skalarprodukt und beim Kreuzprodukt. Hier dürfen Sie nicht vergessen, vor der Multiplikation der einzelnen Komponenten die Einträge des jeweils zweiten Vektors komplex zu konjugieren.

Daher gilt bereits das einfache Kommutativgesetz beim Skalarprodukt nicht mehr. Sie können die beiden Operanden nicht vertauschen, ohne dass sich am Endergebnis etwas ändert.

Dazu nehmen Sie sich zwei beliebige komplexe Zahlen mit ihren Real- und Imaginärteilen vor und multiplizieren diese:

$$(a+ib)(c+id) = (c+id)(a+ib) = ac - db + i(ad+bc)$$

Wenn Sie die zweite Zahl zur konjugiert Komplexen verändern, ergibt sich:

$$(a+ib)(c-id) = ac + db + i(-ad+bc)$$

Kategorie	Algebraische Darstellung
Gesetze der Vektoraddition	$u + v = v + u$
	$r \cdot (u + v) = r \cdot u + r \cdot v$
	$(r + s) \cdot u = r \cdot u + s \cdot u$
	$(r \cdot s) \cdot u = r \cdot (s \cdot u)$
	$1 \cdot u = u,\ 0 \cdot u = 0$
Gesetze zum Skalarprodukt	$u \cdot v = \overline{v \cdot u}$
	$(u + v) \cdot w = uw + vw$
	$(ru) \cdot v = r(u \cdot v)$
	$u \cdot (rv) = \overline{r} \cdot (u \cdot v)$
	$u \cdot u \geq 0$, für $u \cdot u = 0$ gilt: $u = 0$
Gesetze zum Kreuzprodukt	$u \times (v + w) = u \times v + u \times w$
	$(u + v) \times w = u \times w + v \times w$
	$u \times v = -(v \times u)$
	$r \cdot (u \times v) = (r \cdot u) \times v = u \times (r \cdot v)$

Tabelle 4.3: Gesetze im komplexen n-Raum

Nun betrachten wir den umgekehrten Fall und multiplizieren mit dem konjugiert Komplexen des anderen Faktors:

$$(c+id)(a-ib) = ac - db + i(ad - bc)$$

Das Ergebnis ist also gerade das konjugiert Komplexe des ursprünglichen Resultats. Zur Verdeutlichung zeige ich Ihnen ein konkretes Zahlenbeispiel:

$$(1-3i)(2+i) = (2+i)(1-3i) = 2+3+i(-6+1) = 5-5i$$

$$(1-3i)(2-i) = 2-3+i(-6-1) = -1-7i$$

$$(2+i)(1+3i) = 2-3+i(6+1) = -1+7i$$

Insgesamt finden Sie in Tabelle 4.3 alle Gesetze des komplexen n-Raumes in einer Übersicht.

Warum das alles kein Unsinn ist

Dies ist vielleicht der Moment, wo Sie denken, dass alle diese Regeln möglicherweise interessant, aber keineswegs relevant für konkrete Anwendungen sind, auf die Sie Ihre Aufmerksamkeit viel lieber richten würden. Physikalische, technische oder allgemein naturwissenschaftliche Bereiche gehorchen aber anscheinend genau diesen Prinzipien! Dies ist um so erstaunlicher, als sich die vektoriellen Verknüpfungen auch aus rein mathematischen Gründen genau so konstituieren. Entweder ist also gerade das, was sich algebraisch am einfachsten, am geradlinigsten oder schlicht am naheliegendsten mit Vektoren machen lässt, genau das richtige Rezept, um die Phänomene der Natur zu modellieren, oder, was noch atemberaubender wäre: Die Natur gehorcht, wie es den Anschein hat, just den einfachsten mathematischen Ansätzen.

Die größten Irrtümer der Naturwissenschaften

Dass mathematische und naturwissenschaftliche Modelle scheinbar so gut harmonieren und zusammen passen, hängt leider häufig auch mit der Ungenauigkeit der Messung zusammen.

Bis ins 16. Jahrhundert hinein war das geozentrische Weltbild, nachdem die Erde im Mittelpunkt des Universums zu finden ist, durch bloße Beobachtung von Sonnenauf- und -untergang zu rechtfertigen. Doch mit den systematischen Himmelsbeobachtungen von Kopernikus und den sich verbessernden Möglichkeiten der Messung mittels erster aufkommender Teleskope geriet das komplette Weltbild ins Wanken. Die mathematischen Modelle der Planetenbewegungen wurden zu kompliziert. Die Lösung war jedoch einfach. Mit der heliozentrischen Sicht stand die Sonne im Mittelpunkt des Universums und die Natur gehorchte wieder einfacheren mathematischen Strukturen.

Newtons Gravitationstheorie hielt sich anschließend mehrere Jahrhunderte, nach der die Planetenbewegungen allein aufgrund der jeweiligen Massen zu erklären waren. Dies entspricht einem sehr schönen und einfachen mathematischen Gesetz. Doch es ist im Grunde genommen falsch, wie Einstein in seiner Relativitätstheorie nachwies. Verbesserte Messmethoden haben auch hier dem Gravitationsgesetz den Garaus gemacht. Die Relativitätstheorie ist inzwischen mehrfach bestätigt worden und mit dem Newtonschen Ansatz würde beispielsweise die Satellitennavigation mittels GPS nicht funktionieren. Aber ob auch die Relativitätstheorie möglicherweise in einer fernen Zukunft überholt und durch ein anderes mathematisches Modell ersetzt wird, weiß heute niemand.

Arbeit und Kraft

Es gehört zu den fundamentalsten Prinzipien der Physik und damit ebenso zu allen technischen Anwendungen:

> Geleistete Arbeit ergibt sich aus der aufgewendeten Kraft multipliziert mit der zurückgelegten Wegstrecke.

Aber keineswegs wird die komplette eingesetzte Kraft unmittelbar mit dem Weg multipliziert. Wieviel der Kraft mit dem Weg multipliziert wird, hängt davon ab, welcher Anteil der Kraft auch tatsächlich in Richtung des Weges aufgewendet wurde.

Stellen Sie sich dazu einfach vor, Sie ziehen einen inzwischen aus der Mode gekommenen Bollerwagen hinter sich her. Dabei heben Sie naturgemäß die Deichsel, sagen wir, in einem Winkel von α gegen die horizontale Linie an (siehe Abbildung 4.10).

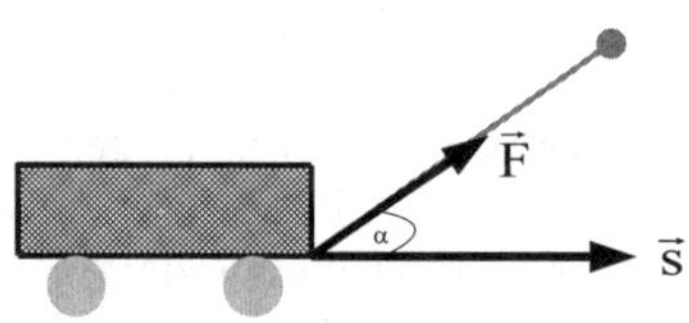

Abbildung 4.10: Zug eines Bollerwagens

Die von Ihnen geleistete Arbeit, nämlich das Bewegen des Wagens, hängt von der aufgewendeten Kraft ab, mit der Sie an der Deichsel ziehen. Aber nur derjenige Anteil der Kraft, der in Bewegungsrichtung des Bollerwagens verläuft, trägt auch tatsächlich zur Arbeit bei:

$$W = \left\| \vec{F} \right\| \cdot \left\| \vec{s} \right\| \cdot \cos\alpha$$

Sicher kommt Ihnen das bekannt vor. Hinter dem Gesetz **»Arbeit ist Kraft mal Weg«** verbirgt sich tatsächlich das Skalarprodukt. Sowohl die Kraft als auch der Weg sind vektoriell anzusetzen. Die Arbeit dagegen ist eine skalare Größe. Es gilt demnach:

$$W = \vec{F} \cdot \vec{s}$$

Im Beispiel könnte sich folgende Formel ergeben. Beachten Sie, dass die z-Komponente von $\vec{s}$ 0 ist, weil sich der Wagen nur horizontal bewegt.

$$\vec{F} = \begin{pmatrix} 65\,\text{N} \\ 33\,\text{N} \\ 12\,\text{N} \end{pmatrix} \text{ und } \vec{s} = \begin{pmatrix} 1\,\text{m} \\ 3\,\text{m} \\ 0\,\text{m} \end{pmatrix}.$$ Dies resultiert in einer geleisteten Arbeit von

$$W = \vec{F} \cdot \vec{s} = \begin{pmatrix} 65\,\text{N} \\ 33\,\text{N} \\ 12\,\text{N} \end{pmatrix} \cdot \begin{pmatrix} 1\,\text{m} \\ 3\,\text{m} \\ 0\,\text{m} \end{pmatrix} = 65\,\text{Nm} + 99\,\text{Nm} + 0\,\text{Nm} = 164\,\text{Nm}$$

Das Drehmoment

Noch erstaunlicher als die technisch-naturwissenschaftliche Anwendung des Skalarprodukts, dessen prinzipielle Nützlichkeit Ihnen ohnehin bewusst war, ist das Kreuzprodukt von Vektoren.

Wieder geht es um Kraft und Weg. Wenn Sie nun anstatt des Skalarprodukts das Vektorprodukt auf diese Größen anwenden, ergibt sich ebenfalls eine bekannte physikalische Formel: das *statische Drehmoment*.

$$\vec{M} = \vec{s} \times \vec{F}$$

Dabei liegt der sich ergebende **Drehmomentvektor** $\vec{M}$ in der Drehachse und ist gerade so orientiert, dass die Vektoren $\vec{s}$, $\vec{F}$ und $\vec{M}$ in dieser Reihenfolge ein Rechtssystem darstellen.

Ein typisches Anwendungsbeispiel für das Konzept des Drehmoments ist das Anziehen von Schraubenmuttern an Rädern, was beim Wechsel von Sommer- auf Winterreifen und umgekehrt typischerweise zweimal jährlich pro Autorad fällig ist.

Abbildung 4.11: Das statische Drehmoment

Wenn Sie in Abbildung 4.11 als Kraft

$$\vec{F} = \begin{pmatrix} 0\,\mathrm{N} \\ 0\,\mathrm{N} \\ -120\,\mathrm{N} \end{pmatrix}$$

ansetzen, indem der Drehmomentschlüssel nach oben betätigt wird, und die Schraube dabei in Richtung

$$\vec{s} = \begin{pmatrix} 0\,\mathrm{m} \\ 1\,\mathrm{m} \\ -1\,\mathrm{m} \end{pmatrix}$$

dreht, ergibt sich ein Drehmomentsvektor M von

$$\vec{M} = \vec{s} \times \vec{F} = \begin{pmatrix} 0\,\text{m} \\ 1\,\text{m} \\ -1\,\text{m} \end{pmatrix} \times \begin{pmatrix} 0\,\text{N} \\ 0\,\text{N} \\ -120\,\text{N} \end{pmatrix} = \begin{pmatrix} -120\,\text{Nm} \\ 0\,\text{Nm} \\ 0\,\text{Nm} \end{pmatrix}$$

Der Betrag oder die Norm dieses Ergebnisses besitzt dieselbe Maßeinheit wie die Arbeit, ist physikalisch jedoch von dieser zu unterscheiden. Typischerweise muss die beim Anzug einer Radmutter aufgewendete Kraft beschränkt sein, um ein Abdrehen zu verhindern. Im Beispiel sollte also der Drehmomentschlüssel auf 120 Newton eingestellt werden.

Es ist nicht gerade leicht zu verstehen, was es bedeuten soll, dass das Drehmoment senkrecht auf dem Kraft- und dem Wegvektor steht. Vielmehr stellt dies eher ein sehr gutes Beispiel dafür dar, wie Sie das ansonsten schwer verständliche physikalische Konzept des Drehmoments mathematisch modellieren und verstehen können.

Denn das Kreuzprodukt zweier Vektoren steht orthogonal auf diesen, und als Betrag ergibt sich der Flächeninhalt des aufgespannten Parallelogramms, der wiederum vom eingeschlossenen Winkel α abhängig ist. Damit lässt sich das physikalische Konzept des statischen Drehmoments geometrisch sofort deuten.

Tricks mit Vektoren

In den vorangegangenen Abschnitten haben Sie gesehen, wie Vektorrechnung in den technischen und naturwissenschaftlichen Anwendungsgebieten hilft, entweder die Naturgesetze effektiv anzuwenden oder umgekehrt, sie zu verstehen.

Vektorrechnung hilft Ihnen aber auch auf rein mathematischen Anwendungsgebieten, wo Sie auch mit alternativen Methoden durchaus eine Lösung finden könnten.

Ein typisches Beispiel ist – wieder einmal – die Geometrie.

Der komplette dritte Teil dieses Buches befasst sich mit allen möglichen Aspekten der Geometrie. Wenn Sie das besonders interessiert, können Sie jetzt gleich ab Kapitel 10 weiter lesen!

Der Kosinussatz

Bestimmt erinnern Sie sich noch an den *Kosinussatz*, wie er typischerweise im Mathematikunterricht der Mittelstufe behandelt wird.

Ausgangspunkt ist ein beliebiges Dreieck (wie in Abbildung 4.12 gezeigt) mit den Eckpunkten A, B und C und den zugehörigen Winkeln α, β und γ.

Der Satz selbst lässt sich anhand einer Formel kompakt darstellen:

$$c^2 = a^2 + b^2 - 2ab \cdot \cos\gamma$$

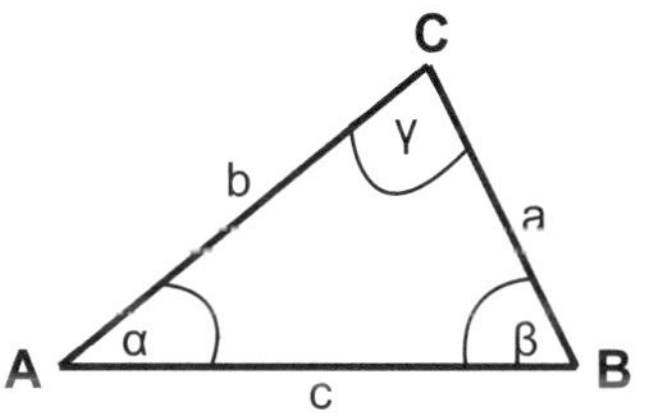

Abbildung 4.12: Kosinussatz am Dreieck

Für den Spezialfall eines rechtwinkligen Dreiecks mit $\gamma = \pi/2$ ergibt sich der berühmte »Satz des Pythagoras«.

$$c^2 = a^2 + b^2$$

Ein rein geometrischer Beweis verwendet als Hilfsgröße das Lot h des Punktes C auf der Strecke c, um so zu zwei rechtwinkligen Dreiecken zu gelangen.

Unter Verwendung des als bewiesen vorauszusetzenden »Satz des Pythagoras« können Sie dann mittels einiger algebraischer Umformungen den Kosinussatz beweisen. Das ist schön und gut, aber mit Vektorrechnung geht das schneller, einfacher und ist darüber hinaus kaum fehleranfällig. Modellieren Sie dazu einfach das Dreieck in vektorieller Schreibweise wie in Abbildung 4.13 gezeigt.

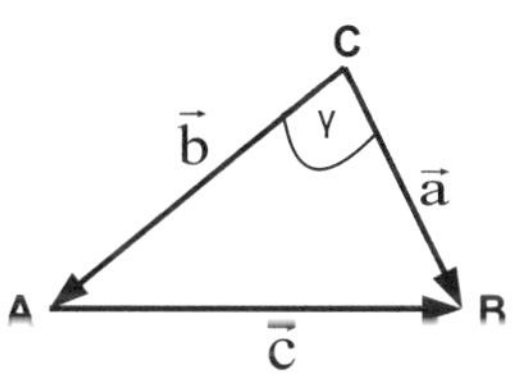

Abbildung 4.13: Das Dreieck als Vektorsumme

Hier gilt offensichtlich $\vec{a} = \vec{b} + \vec{c}$ und damit $\vec{c} = \vec{a} - \vec{b}$.

Nun können Sie folgende Gleichung aufstellen:

$$\begin{aligned} \vec{c} \cdot \vec{c} &= (\vec{a} - \vec{b}) \cdot (\vec{a} - \vec{b}) \\ \vec{c} \cdot \vec{c} &= \vec{a} \cdot \vec{a} - 2\vec{a} \cdot \vec{b} + \vec{b} \cdot \vec{b} \\ \|\vec{c}\|^2 &= \|\vec{a}\|^2 + \left\|\vec{b}\right\|^2 - 2\vec{a} \cdot \vec{b} \end{aligned}$$

Die Norm der Vektoren entspricht genau den im Kosinussatz abgegebenen Längen der Dreieckseiten und wie Sie aus dem Abschnitt »Der Winkel zwischen Vektoren« wissen, können Sie das Skalarprodukt schreiben als

$$\vec{a} \cdot \vec{b} = \|\vec{a}\| \cdot \left\|\vec{b}\right\| \cdot \cos\gamma$$

weil γ ja gerade den von den Seiten a und b eingeschlossenen Winkel darstellt!

Damit haben Sie einen sehr eleganten Beweis des Kosinussatzes kennengelernt, der lediglich ein Grundgesetz der Vektoralgebra sowie die Definition des Skalarprodukts ausnutzt!

Neugierig geworden auf mehr? Weitere Anwendungen der Vektoralgebra auf geometrische Aufgabenstellungen finden Sie im »Übungsbuch Lineare Algebra für Dummies«.

Es ist geschafft! Sie haben den ersten Teil mit den Grundlagen erfolgreich gemeistert. Im zweiten Teil geht es um die eigentliche lineare Algebra mit Vektorräumen, linearen Gleichungssystemen und Matrizen. Wenn Sie wollen, können Sie auch gleich zur Geometrie in Teil III schreiten. Für das Verständnis des vierten Teiles sind die wesentlichen Elemente der linearen Algebra allerdings unabdingbare Voraussetzung!

Teil II
Landschaftserkundung zur linearen Algebra

In diesem Teil ...

Tauchen Sie ein in die Welt der linearen Algebra! Hier erfahren Sie alles Wissenswerte über Vektorräume, die zentrale Struktur der linearen Algebra. Wesentlich sind ebenfalls lineare Gleichungssysteme. Sie lernen die wichtigsten und schnellsten Lösungsverfahren kennen und interpretieren die Dimension der Lösungsräume. Dem Umgang mit Matrizen ist in diesem Teil ebenfalls ein ganzes Kapitel gewidmet, genau wie der Frage nach der linearen Unabhängigkeit, die zwar komisch klingt, aber äußerst wichtig für die lineare Algebra ist. Schließlich erkläre ich ihnen kompakt und verständlich alles, was Sie über Basen und Basisvektoren wissen müssen.

Vektorräume mit Aussicht

5

In diesem Kapitel ...

- Bedeutung und Sinn der Vektorräume erfassen
- Alle Operationen in Vektorräumen präzise und mit Beispielen kennenlernen
- Die wichtigsten Vektorräume kurz und bündig behandeln
- Das Konzept und die Erzeugung der Unterräume verstehen
- Summen von Unterräumen bilden können

Studierende haben im Allgemeinen kein Problem damit, gewisse Rechenvorschriften anzuwenden und Umformungen jeglicher Art durchzuführen. Doch häufig ist es die mathematisch so wichtige zugrundeliegende Struktur, die Schwierigkeiten bereitet. Im Falle der linearen Algebra handelt es sich dabei um den *Vektorraum*.

Dieses Kapitel widmet sich ganz intensiv diesem Begriff und behandelt alles Wissenswerte rund um Vektorräume. Am Ende sollten Sie keinerlei Schwierigkeiten haben, Vektorräume jeglicher Art zu identifizieren und die notwendigen Operationen anzuwenden. Natürlich dürfen Sie Ihr Wissen auch an Ihre Freunde und Bekannten weitergeben, falls diese sich in den Vektorräumen verirren sollten ...

Räume voller Vektoren

Stellen Sie sich ein Zimmer vor, das voll gestopft ist mit Pfeilen, die man auch für das Bogenschießen gut gebrauchen könnte! Genau das ist **kein Vektorraum**.

Es ist zwar richtig, dass die »Bewohner« der Vektorräume *Vektoren* sind, aber das ist auch schon alles. Ein Vektorraum ist nicht begrenzt, in keiner Richtung, und die Vorstellung, dass Vektoren wie Pfeile aussehen, sollten Sie ganz schnell wieder vergessen.

Vektoren können vielmehr alle möglichen mathematischen Objekte sein. Zum Beispiel Matrizen oder Polynome oder sogar lineare Abbildungen, also Funktionen von einem Vektorraum in einen anderen. Genau genommen werden diese Objekte erst dadurch zu Vektoren, dass Sie *Elemente eines Vektorraums* sind.

Aber keine Panik! Die Ihnen vielleicht bereits vertrauten *n-Tupel*, das sind n übereinander geschriebene Zahlen, stellen ebenfalls gute Kandidaten für Vektoren dar. Wenn Sie dieses Kapitel bis zum Ende durcharbeiten, haben Sie die besten Voraussetzungen dafür gelegt, die wesentlichen Erkenntnisse der linearen Algebra zu verstehen.

Dazu gehört auch, dass Sie Vektoren allgemeiner Vektorräume mit einem kleinen Trick eben doch mit n-Tupeln identifizieren dürfen. Aber bis dahin ist es noch ein Stück des Weges!

Wenn Ihnen das jetzt ein wenig zu abstrakt erscheint, gebe ich Ihnen gerne einen Vergleich dazu. Angenommen, in diesem Buch würden die Eigenschaften von **Fahrzeugen mit vier Rädern** behandelt werden, dann hätten Sie vermutlich als Standardbeispiel einen PKW vor Augen. Allerdings fallen unter dieselbe Kategorie auch LKW. Und nicht nur das, auch Quads und Seifenkisten gehören dazu. Aber das ist noch nicht alles: wenn Sie es ganz genau nehmen, müssen auch Fahrräder mit Stützrädern dazu gerechnet werden. Und in der Mathematik nehmen wir alles immer ganz genau. Also halten Sie sich fest, schnallen Sie sich an, jetzt geht es los! Sie werden nun Vektorräume betreten, die jenseits Ihrer bisherigen Vorstellungen liegen könnten …

Vektorraumoperationen

Vektorräume entstehen überall dort, wo auf einer Menge von Elementen zwei Operationen definiert werden, die bestimmten Eigenschaften genügen. Ähnlich wie bei der Definition von Körpern reicht es also anzugeben, welche Gesetze oder Regeln diese Operationen einhalten müssen, um als Vektorraumoperationen durchzugehen.

Kapitel 3 behandelt das Thema Körper und Körpergesetze kompakt und übersichtlich. Wenn Sie mit Körpern nicht vertraut sind, sollten Sie sich dort rasch einen Überblick verschaffen, bevor Sie weiterlesen!

Die erste dieser Operationen ist eine binäre Verknüpfung, die *Addition*, die zwei beliebigen Elementen der Grundmenge ein drittes zuordnet. Dabei müssen alle denkbaren Kombinationen von Eingabemöglichkeiten stets eine eindeutige Ausgabe produzieren.

Die zweite Operation ist die *skalare Multiplikation*. Das bedeutet, dass Sie neben der zu definierenden *Grundmenge V* für Ihren Vektorraum auch einen *Körper K* benötigen. Dieser Körper ist in der linearen Algebra meist einer der bekannten Zahlkörper der rationalen Zahlen $\mathbb{Q}$, der reellen Zahlen $\mathbb{R}$ oder der komplexen Zahlen $\mathbb{C}$. Jedes Element des Körpers ist ab sofort ein *Skalar*. Damit können Sie es von den Elementen der Grundmenge V unterscheiden, die Sie *Vektoren* nennen. Die skalare Multiplikation repräsentiert eine Verknüpfung eines jeden Skalars aus K mit jedem Vektor aus V.

Da es sich um abstrakte Operationen handelt, hätte man theoretisch die Vektoraddition auch »Multiplikation« nennen können und die skalare Multiplikation entsprechend »Addition«. Allerdings gibt es ein sehr starkes Argument dafür, die Bezeichnungen genau so zu wählen, wie das geschehen ist. Wenn Sie einen Vektor zu sich selbst addieren, sollte zweimal dieser Vektor als Ergebnis herauskommen:

$$v + v = 2 \cdot v = 2v$$

Links vom Gleichheitszeichen steht die Vektoraddition und rechts davon die skalare Multiplikation. Dieser Ansatz ist also recht intuitiv.

In den beiden folgenden Unterabschnitten zeige ich Ihnen, wie die beiden Grundoperationen formal definiert werden und welche Eigenschaften erfüllt sein müssen.

Addition von Vektoren

Wenn Sie auf einer Grundmenge V eine *Vektoraddition* + als eine binäre Operation definieren wollen, müssen folgende Bedingungen erfüllt sein:

$$+ : V \times V \to V$$

$$\textit{Assoziativgesetz} : \forall u,v,w \in V : u + (v + w) = (u + v) + w$$

$$\textit{Kommutativgesetz} : \forall u,v \in V : u + v = v + u$$

$$\textit{Neutralelement} : \exists 0 \in V : \forall u \in V : u + 0 = 0 + u = u$$

$$\textit{Inverse Elemente} : \forall u \in V\ \exists v \in V : u + v = v + u = 0$$

Eine Menge mit einem Operator, der sowohl das Assoziativgesetz als auch das Kommutativgesetz erfüllt und darüber hinaus über ein neutrales Element und inverse Elemente verfügt, heißt *kommutative* oder *abelsche Gruppe*.

Erstaunlicherweise stimmen diese Anforderungen weitgehend mit den Anforderungen der Addition eines Körpers überein. Das Neutralelement der Vektoraddition heißt grundsätzlich *Nullvektor*. Daher habe ich in der obigen Darstellung als Symbol des neutralen Elements 0 gewählt. Aber Sie dürfen nicht denken, dass dieses Element deswegen ein Skalar wäre. Im Gegenteil, auch der Nullvektor ist ein vollwertiges Mitglied des Vektorraums V. Für verschiedene Vektorräume entstehen also unterschiedliche Nullvektoren. Allen Vektorräumen ist jedoch gemeinsam, dass ein solches neutrales Element bezüglich der Vektoraddition immer existieren muss.

Inverse Elemente verschiedener Vektoren innerhalb desselben Vektorraums sehen im Allgemeinen unterschiedlich aus. Jedes Element muss mindestens ein inverses Element besitzen. Aufgrund der obigen Gesetze ist der Nullvektor zu sich selbst invers und sonst zu keinem anderen Vektor.

Skalare Multiplikation

Endlich kommt der Körper K ins Spiel, den Sie für jeden Vektorraum neben der Grundmenge V festlegen müssen.

Nachdem Sie die Vektoraddition auf V definiert haben, sollten Sie sich nun der *skalaren Multiplikation* zuwenden. Folgende weitere Bedingungen müssen erfüllt sein, damit Sie am Ende einen vollwertigen *Vektorraum* erhalten:

$$\cdot : K \times V \to V$$

$$\forall r,s \in K\ \forall u \in V : r \cdot (s \cdot u) = (r \cdot s) \cdot u = rs \cdot u$$

$$\forall u \in V :\ 1 \cdot u = u$$

$$\forall r \in K\ \forall u,v \in V : r \cdot (u + v) = r \cdot u + r \cdot v$$

$$\forall r,s \in K\ \forall u \in V : (r + s) \cdot u = r \cdot u + s \cdot u$$

Lesen Sie diese Formeln nicht zu schnell! Dahinter verbirgt sich nämlich ein tieferer Zusammenhang, den ein flüchtiger Blick leicht übersehen könnte.

Das erste »Gesetz« ist bereits erstaunlich. Hier wird gefordert, dass die skalare Multiplikation des Vektorraums *verträglich* mit der Multiplikation im Körper K sein muss. Ob Sie also zwei beliebige Elemente des Körpers zuerst innerhalb des Körpers miteinander multiplizieren und dann das Zwischenergebnis als Skalar mit dem Vektor verknüpfen, oder ob Sie die beiden Körperelemente nacheinander mit dem Vektor multiplizieren, in beiden Fällen muss das Ergebnis für alle Skalare und alle Vektoren stets übereinstimmen! Das ist schon nicht so selbstverständlich.

Wenn Studierende im ersten Semester die zweite Vorschrift lesen, können sie manchmal ein Grinsen nicht vermeiden. Dass einmal u genau u ergibt erscheint doch wie eine Binsenweisheit. Jedenfalls nicht als etwas, das man stolz Eltern und Freunden als neues Wissen verkaufen kann. Ist es nicht sogar Zeitverschwendung, überhaupt darüber nachzudenken?

Das ist es keineswegs! Behalten Sie das Fahrzeug mit vier Rädern im Hinterkopf! Es ist nicht alles so offensichtlich, wenn Sie jede erdenkliche Möglichkeit berücksichtigen. Hier wird gefordert, dass die skalare Multiplikation der Eins, also des neutralen Elements der Körper-Multiplikation, immer genau den Ausgangsvektor ergeben muss. Auch dies ist eine Forderung, die sich auf die *Verträglichkeit der Multiplikation* des Körpers mit den Vektoren bezieht.

Die beiden letzten Regeln sind gewissermaßen *Distributivgesetze*. Die Addition im Körper muss ebenfalls mit der Vektoraddition harmonieren.

Einige unmittelbare Folgerungen ergeben sich aus diesen Vorschriften für alle Zahlenkörper und jeden Vektorraum:

$$(1+1)v = v + v = 2v$$

$$v + (v + v) = v + 2v = 1v + 2v = (1+2)v = 3v$$

$$2v + 2v = 2(v + v) = 2 \cdot 2v = 4v$$

Die Skalare vor den Vektoren zählen diese also ab. Wenn Sie einen Vektor in einem Vektorraum wie ein Ei in einem Eierkorb betrachten, dann erwarten Sie ja auch, dass »4 mal Ei« nichts anderes als vier Eier ergibt. Und damit lässt sich bereits der Grundstock für einen leckeren Kuchen legen …

Beachten Sie, dass die skalare Multiplikation nicht symmetrisch ist! Der Skalar steht immer links vom Multiplikationszeichen, der Vektor befindet sich immer rechts.

Aus Gründen der Konvention werden Klammern überall vermieden, wo sie die Lesbarkeit der Formeln beeinträchtigen würden. Die Regel »Punkt- vor Strichrechnung« wird dabei auch auf Vektoroperationen angewendet.

Vektorraumeigenschaften

Sie gehen also von einer nichtleeren Grundmenge V aus und wählen einen beliebigen Körper K. Als nächstes benötigen Sie die Vektoraddition mit den beschriebenen Eigenschaften und alsdann die skalare Multiplikation, wie Sie im letzten Abschnitt gesehen haben. Und schon sind Sie fertig. Alles zusammen ergibt einen *Vektorraum*!

Obwohl ich ja nicht weiß, welche Elemente sich in Ihrem Vektorraum befinden oder wie Sie die Vektoraddition im Einzelnen definiert haben, kann ich einige Eigenschaften Ihres Vektorraums bereits benennen, die sich alleine aufgrund der Gesetze und Regeln der Vektorraumoperationen ergeben. Weil sich Ihr Vektorraum an die Regeln halten muss, kann ich auch einige Rückschlüsse auf die Eigenschaften Ihrer Vektoren ziehen. Das ähnelt der Straßenverkehrsordnung. Auch wenn Sie ein neues Fahrzeug mit vier Rädern erfinden, müssen Sie sich an alle Paragraphen und Vorschriften halten, sonst könnten die Punkte in Flensburg anwachsen.

Zurück zu den Vektorräumen. Ich behaupte jetzt, dass die skalare Multiplikation der Null aus dem Körper stets zum Nullvektor führt, also dass gilt: $0 \cdot v = 0$.

Woher ich das weiß? Das geht aus dem zweiten Distributivgesetz hervor, wenn Sie für r und s jeweils das Skalar Null einsetzen.

Sie erhalten dann: $0 \cdot v + 0 \cdot v = (0 + 0) \cdot v = 0 \cdot v$. Also muss 0 das neutrale Element der Vektoraddition sein, eben der Nullvektor!

Umgekehrt ist ein *beliebiges Vielfaches* des Nullvektors, also die Multiplikation eines beliebigen Skalars mit dem Nullvektor, ebenfalls gleich dem Nullvektor: $r \cdot 0 = 0$.

Dies geht aus dem anderen Distributivgesetz hervor. Jetzt ersetzen Sie die Vektoren u und v jeweils durch den Nullvektor: $r \cdot 0 + r \cdot 0 = r \cdot (0 + 0) = r \cdot 0$.

Mit dem gleichen Argument wie vorhin muss $r \cdot 0$ ebenfalls der Nullvektor sein.

Ich behaupte weiterhin, egal welchen Zahlenkörper K Sie gewählt haben und wie Ihre Grundmenge V aussieht, das inverse Element bezogen auf die Addition im Körper führt durch skalare Multiplikation stets zum Inversen des Vektors bezüglich der Vektoraddition. Das klingt recht kompliziert. In der Formelschreibweise sieht das so aus:

$$\forall r \in K \ \forall v \in V: (-r) \cdot v = -(rv) = r(-v)$$

Das Minuszeichen drückt im Vektorraum ebenso wie im Körper aus, dass es sich um das Inverse bezüglich der jeweiligen Addition handelt.

Um diese Formel leichter verstehen zu können, beginnen Sie mit dem einfacheren Term: $(-1) \cdot v$. Aufgrund des Distributivgesetzes gilt:

$$0 = 0v = (1 - 1)v = 1v + (-1)v = v + (-1)v$$

Damit ist klar, dass der Term $(-1)v$ just das inverse Element von v bezüglich der Vektoraddition darstellt. Dieses können Sie auch als $-v$ aufschreiben. Also kurz und gut: $(-1)v = -v$.

Mit dem ersten Gesetz der skalaren Multiplikation erhalten Sie nun sofort die gesuchte Formel, indem Sie für $s = -1$ setzen:

$$(-r)v = (rs)v = r(sv) = r((-1)v) = r(-v) = r(sv) = (rs)v = (sr)v = s(rv) = -1(rv) = -(rv)$$

Massenhaft Beispiele für Vektorräume

Es ist jetzt an der Zeit zu sehen, was Ihnen die oben dargestellten Rechenregeln für Vektorräume eingebracht haben. Eine Menge, das versichere ich Ihnen! Davon können Sie sich in den folgenden Unterabschnitten anhand zahlreicher Beispiele überzeugen.

Vektorräume aus n-Tupeln

Wir starten mit dem Klassiker, den n-Tupeln. Diese sehr einfache Form von Vektoren wird im vierten Kapitel dieses Buches ausführlich behandelt. Es handelt sich einfach um n übereinander geschriebene Elemente eines Körpers. Mit den dort beschriebenen Operationen »Vektoraddition« sowie »skalare Multiplikation« bilden die n-Tupel stets einen Vektorraum. Inzwischen haben Sie erkannt, dass Vektoren auch gänzlich anders aussehen können.

Übrigens haben Sie mit n-Tupeln noch weitere Operationen durchgeführt. Zum Beispiel das Skalarprodukt, das Kreuzprodukt, Normen, Abstände und Ähnliches. Dies ist alles schön und gut, aber allein für die Spezifikation eines Vektorraums, so traurig es auch klingt, entbehrlich.

Wenn Sie nun die Komponenten Ihrer n-Tupel aus unterschiedlichen Zahlenkörpern wählen, erhalten Sie logischerweise auch verschiedene Vektorräume. Abgesehen davon, dass für jede Wahl von $n \in \mathbb{N}$ selbstverständlich ein eigener Vektorraum entsteht, können Sie auch die Wahl des zugehörigen Körpers K variieren.

In Tabelle 5.1 erhalten Sie einen kleinen Überblick über die möglichen Vektorräume aus n-Tupeln.

Grundmenge V	Zahlkörper K
$\mathbb{Q}^n$	$\mathbb{Q}$
$\mathbb{R}^n$	$\mathbb{Q}$
	$\mathbb{R}$
$\mathbb{C}^n$	$\mathbb{Q}$
	$\mathbb{R}$
	$\mathbb{C}$

Tabelle 5.1: Vektorräume aus n-Tupeln

Bei der Wahl des Körpers K müssen Sie vorsichtig sein. K darf keine Obermenge desjenigen Körpers sein, aus welchem die Komponenten des n-Tupels zusammengebaut werden. Denn die skalare Multiplikation mit n-Tupeln sieht ja vor, dass der Skalar mit jeder einzelnen Komponente multipliziert wird. Das ist soweit noch nicht schlimm, aber das Resultat muss wieder Komponenten aus demselben Körper ergeben, und dies geht schief, wenn der Körper K eine Obermenge des Körpers der Komponenten des Tupels darstellt. Umgekehrt ist das aber kein Problem.

Als Schreibweise für den Ausdruck: »V ist ein Vektorraum über dem Körper K« hat sich die Indexierung eingebürgert: V_K. Als Standardfälle für K gelten: $V_{\mathbb{Q}}$, $V_{\mathbb{R}}$ sowie $V_{\mathbb{C}}$. Dort, wo der Körper klar ist, dürfen Sie den Index auch ganz lässig weglassen und V schreiben.

Aus jedem beliebigen Vektorraum $V_{\mathbb{C}}$ lässt sich ein entsprechender Vektorraum $V_{\mathbb{R}}$ gewinnen, ebenso kann aus einem beliebigen Vektorraum $V_{\mathbb{R}}$ der entsprechende $V_{\mathbb{Q}}$ gebildet werden. Dies ist wegen $\mathbb{Q} \subset \mathbb{R} \subset \mathbb{C}$ stets möglich. Die Wahl des Skalars für die skalare Multiplikation wird somit einfach eingeschränkt.

Vektorräume aus Polynomen

Bis jetzt verlief alles in gewohnten Bahnen, die Sie aus der Betrachtung der Körpergesetze bereits kennen. Die Struktur der Vektorräume brachte Ihnen vermutlich noch keine besonderen Überraschungen. Das wird jetzt anders!

Wussten Sie beispielsweise, dass sogar alle Polynome höchstens n-ten Grades ebenfalls einen Vektorraum bilden? Dazu muss ich Ihnen aber natürlich erst einmal definieren, wie die Vektoraddition und die skalare Multiplikation in diesem merkwürdigen Vektorraum aussehen.

Für n = 3 sprechen Sie also von Polynomen höchstens dritten Grades, also etwa folgenden:

$$p_1(x) = 3x^3 + 2x^2 - 4x + 5$$

$$p_2(x) = -x^3 + 2x - 4$$

$$p_3(x) = 4x^2 + 5x - 2$$

Für ein allgemeines Polynom höchstens n-ten Grades dürfen Sie folgende Gestalt voraussetzen:

$$p(x) = a_n x^n + a_{n-1} x^{n-1} + \cdots + a_1 x + a_0$$

Die Koeffizienten a_i entstammen dabei – wiederum – dem Körper K und x soll eine Variable aus eben demselben Körper sein. Übrigens können einige oder sogar alle Koeffizienten auch Null sein! Das ist zwar ein langweiliges Element, aber auch ein wesentliches: Es handelt sich bei diesem Polynom um den Nullvektor.

Die Vektoraddition können Sie folgendermaßen definieren:

$$p_a(x) + p_b(x) = p(x) \text{ mit}$$

$$a_n x^n + a_{n-1} x^{n-1} + \cdots + a_1 x + a_0 + b_n x^n + b_{n-1} x^{n-1} + \cdots + b_1 x + b_0$$

$$= (a_n + b_n) x^n + (a_{n-1} + b_{n-1}) x^{n-1} + \cdots + (a_1 + b_1) x + (a_0 + b_0)$$

Dabei sollten Sie beachten, dass es sich bei der Addition in den einzelnen Koeffizienten um eine *Körperaddition* handelt und nicht etwa um eine Vektoraddition! Außerdem ist das Endergebnis der Addition zweier solcher Polynome – zum Glück – wieder gerade ein Polynom höchstens n-ten Grades.

Ein konkretes Beispiel für n = 3 lautet:

$$p_a(x) = 3x^3 - x^2 + 5 \quad p_b(x) = 2x^2 + 2x - 4$$
$$\begin{aligned} p(x) = p_a(x) + p_b(x) &= (3x^3 - x^2 + 5) + (2x^2 + 2x - 4) \\ &= 3x^3 + (-1 + 2)x^2 + 2x + (5 - 4) \\ &= 3x^3 + x^2 + 2x + 1 \end{aligned}$$

Naheliegender Weise erhalten Sie die skalare Multiplikation mit einem Skalar $r \in K$ durch:

$$\begin{aligned} r \cdot p(x) &= r \cdot (a_n x^n + a_{n-1}x^{n-1} + \cdots + a_1 x + a_0) \\ &= (ra_n)x^n + (ra_{n-1})x^{n-1} + \cdots + (ra_1)x + (ra_0) \end{aligned}$$

Auch hier ist es offensichtlich, dass das Endergebnis wieder ein Polynom höchstens n-ten Grades darstellt.

Der Nachweis, dass alle Vektorraumeigenschaften erfüllt sind, ist leicht einzusehen. Bei dem Neutralelement der Vektoraddition, dem Nullvektor also, handelt es sich, wie bereits angedeutet, um das Polynom p(x) = 0. Das ist auch der Grund, warum Sie Polynome **höchstens** n-ten Grades und nicht genau n-ten Grades wählen: ansonsten existiert kein Neutralelement der Addition, keine Inverse und also kein Vektorraum.

Die Kombination des Körpers der Koeffizienten mit den Körpern der skalaren Multiplikation ergibt Tabelle 5.2, die Tabelle 5.1 ganz ähnlich ist.

Koeffizienten des Polynoms aus dem Körper	Zahlkörper K des Vektorraums
$\mathbb{Q}$	$\mathbb{Q}$
$\mathbb{R}$	$\mathbb{Q}$
	$\mathbb{R}$
$\mathbb{C}$	$\mathbb{Q}$
	$\mathbb{R}$
	$\mathbb{C}$

Tabelle 5.2: Vektorräume aus Polynomen höchstens n-ten Grades

Als inverse Elemente der Addition ergeben sich diejenigen Polynome mit negierten Koeffizienten.

Das nächste Beispiel besitzt zur Abwechslung Koeffizienten aus $\mathbb{C}$:

$$p_a(x) = (1 - i)x^3 + (2 + 2i)x^2 - ix - 1 \quad p_b(x) = (-1 + i)x^3 + (-2 - 2i)x^2 + ix + 1$$
$$p(x) = p_a(x) + p_b(x) = p_a(x) + (-1)p_a(x) = p_a(x) - p_a(x) = 0$$

Vektorräume aus Matrizen

Auf eine gewisse Art und Weise können Sie Matrizen, die ja eine beliebige Menge an Spalten und nicht nur eine enthalten, als Verallgemeinerung von n-Tupeln auffassen. Sollten Sie fälschlicherweise n-Tupel mit Vektoren gleichsetzen, wären Vektoren demnach spezielle Matrizen.

Vektoren sind sehr allgemein definiert als Elemente eines beliebigen Vektorraums. Weil das am Anfang recht schwer zu verstehen ist, werden die recht einfachen n-Tupel als typische und einfach zu erlernende Vektoren herangezogen. Auch dieses »Dummies-Buch« bildet da keine Ausnahme. Bei allen in Kapitel 4 erwähnten Vektoren handelt es sich um n-Tupel. Dabei dürfen Sie jedoch nicht denken, n-Tupel seien die einzige Form von Vektoren. Da Matrizen eine Erweiterung von n-Tupeln darstellen, wären diese ansonsten allgemeiner als Vektoren, was nicht der Fall ist.

Ich möchte Sie in diesem Abschnitt jedoch vom Gegenteil überzeugen. Sie können nämlich über der Grundmenge der $n \times m$-Matrizen bequem einen Vektorraum errichten. Die Elemente dieses Vektorraums, also die Matrizen, sind dann jedoch definitionsgemäß Vektoren. Das ist spaßig, nicht wahr? Der »*Vektor*« ist also in Wahrheit der allgemeinere Begriff und Matrizen sind in diesem Sinne spezielle Vektoren, nicht umgekehrt.

Wenn Sie mit den Matrizenoperationen nicht vertraut sind, überspringen Sie diesen Unterabschnitt oder verschaffen Sie sich mittels Kapitel 7 einen raschen Überblick.

Wie immer benötigen Sie zwei fundamentale Operationen. Die Addition und die skalare Multiplikation. Im Falle von $n \times m$-Matrizen wählen Sie einfach die Matrixaddition und die skalare Multiplikation für Matrizen.

Beide Operationen erfüllen alle geforderten Vektorraumeigenschaften. Als neutrales Element dient die Nullmatrix. Wiederum können Sie sich entscheiden, aus welchem Körper die Komponenten der Matrizen entnommen werden sollen.

Im nachfolgenden Beispiel werden die skalare Multiplikation sowie die Addition veranschaulicht.

$$\begin{pmatrix} 6 & 4 \\ -2 & 0 \end{pmatrix} + (-2)\begin{pmatrix} 3 & 2 \\ -1 & 0 \end{pmatrix} = \begin{pmatrix} 6 & 4 \\ -2 & 0 \end{pmatrix} + \begin{pmatrix} -6 & -4 \\ 2 & 0 \end{pmatrix} = \begin{pmatrix} 6-6 & 4-4 \\ -2+2 & 0+0 \end{pmatrix} = \begin{pmatrix} 0 & 0 \\ 0 & 0 \end{pmatrix}$$

Beachten Sie, dass so wichtige Matrixeigenschaften wie Determinanten oder Invertierbarkeit für die Bildung des Vektorraums unerheblich sind.

Vektorräume von Folgen und Funktionen

Im Abschnitt »Vektorräume aus Polynomen« haben Sie gesehen, wie Polynome höchstens n-ten Grades als Vektoren des zugehörigen Vektorraums über einem Zahlkörper K betrachtet werden können. Wer hindert Sie nun daran, beliebige Funktionen zur Bildung eines Vektorraums heranzuziehen?

Sie müssen jedoch gewährleisten, dass die Addition und die skalare Multiplikation möglich bleiben. Dazu darf sich der Definitionsbereich der betrachteten Funktionen nicht unterscheiden. Weiter muss auch der Wertebereich aus einem Körper kommen, der mit jenem des Vektorraums harmoniert. Dies ist zwingend immer gegeben, wenn die beiden Körper gleich sind.

Seien also nun V die Menge der Funktionen eines Definitionsbereichs D in den Wertebereich W. Dabei sei W ein beliebiger Körper. Wenn Sie W die Addition auf V definieren als:

$$\forall f,g \in V : (f+g)(x) = f(x)+g(x)$$

und die skalare Multiplikation mittels

$$\forall r \in K \ \forall f \in V : (r \cdot f)(x) = r \cdot f(x)$$

so bildet V einen Vektorraum über K, falls K = W oder K mit W verträglich ist. Tabelle 5.2. stellt auch hierfür exemplarisch die möglichen Kombinationen dar.

Links finden Sie die Wahlmöglichkeiten für W, rechts jene für K. Allerdings könnte mit K = W auch ein beliebiger anderer Körper gewählt werden.

Wenn Sie sich die Frage gestellt haben, wieso der Definitionsbereich der betrachteten Funktionen überhaupt identisch sein muss, so kann ich Sie hiervon durch ein einfaches Gegenbeispiel hoffentlich schnell überzeugen. Wählen Sie für f beispielsweise die Funktion f(x) = ln(x), also den *Logarithmus naturalis*.

Logarithmus naturalis

Der Logarithmus naturalis oder der natürliche Logarithmus hat als Basis die Eulersche Zahl e. Es gilt beispielsweise:

$$x = \ln(5) \Rightarrow e^x = 5$$

Der Logarithmus verhält sich also immer wie ein Exponent. Als wichtigste Gesetze im Zusammenhang mit Logarithmen sollten Sie sich daher merken:

$$\ln(a \cdot b) = \ln a + \ln b$$

$$\ln\left(\frac{a}{b}\right) = \ln a - \ln b$$

$$\ln(a^b) = b \cdot \ln a$$

Beim Definitionsbereich der Funktion f handelt es sich um die Menge der positiven reellen Zahlen. Als Funktion g betrachten Sie nun beispielsweise

$$g(x) = \sqrt{-x}$$

Für g wäre demnach der maximale Definitionsbereich die Menge der negativen reellen Zahlen plus die Zahl Null. Was aber, bitte schön, sollte f(x) + g(x) ergeben? Eine Funktion, die nirgendwo definiert ist?

Um derartig unangenehme Überraschungen zu vermeiden, setzen Sie einfach die Definitionsbereiche von f und g als gleich voraus. Da der Wertebereich beider Operanden aus einem Körper stammt, ist deren Addition stets »*wohldefiniert*«, also möglich.

Das ist übrigens nicht mehr der Fall, wenn Sie auf die Idee kommen sollten und die Funktionen beispielsweise dividieren wollen. Das Ergebnis der Division durch die Nullfunktion ist höchst unerfreulich. Reden wir besser nicht mehr davon.

Vektorräume von Funktionen über Zahlkörpern heißen auch *Funktionenräume* und spielen insbesondere in der theoretischen Mathematik eine sehr wichtige Rolle.

Spezialfälle von Funktionenräumen sind *Hilberträume*, das sind Funktionenräume, in denen zusätzlich noch ein Skalarprodukt definiert ist. Besonders in der Analysis sind Hilberträume sehr nützlich. Sollten Sie ausschließlich an linearer Algebra interessiert sein, können Sie die Hilberträume vorerst ignorieren.

Anstatt allgemeine Funktionen als Elemente Ihres Vektorraums heranzuziehen, können Sie genauso gut auch *Zahlenfolgen* betrachten, zum Beispiel:

$$1, \frac{1}{2}, \frac{1}{3}, \frac{1}{4}, \ldots, \frac{1}{n}, \ldots$$

Der *Grenzwert* dieser Folge, also der Wert, der theoretisch im Unendlichen erreicht werden würde, ist Null. Das schreibt man so:

$$\lim_{n\to\infty} \frac{1}{n} = 0$$

Folgen mit Grenzwert Null werden als *Nullfolgen* bezeichnet. Nun sind aber Folgen, wenn Sie ganz genau darüber nachdenken, nichts anderes als spezielle Funktionen, nämlich solche, deren Definitionsbereich die Menge der positiven natürlichen Zahlen ist. Im Beispiel wäre das:

$$f\colon \mathbb{N}^+ \to \mathbb{R} \text{ mit } \quad f(n)=1/n$$

Und dann werden die Werte von f für die kleinsten Zahlen einfach aufgelistet: f(1), f(2), f(3), …

Wie Sie sehen, sind etwa reelle Folgen damit lediglich Funktionen aus den natürlichen Zahlen in die Menge $\mathbb{R}$.

Vektorräume aus linearen Abbildungen

Ganz spezielle Funktionen sind lineare Abbildungen, die Vektoren eines Vektorraums V in solche eines anderen Vektorraums W abbilden und dabei einige wichtige Zusatzeigenschaften besitzen.

Das Kapitel 13 erwartet Sie mit allen Details zu linearen Abbildungen, die auch *Homomorphismen* genannt werden.

Halten Sie sich fest: Sie können aus der Menge aller linearen Abbildungen von V nach W ebenfalls einen ganz neuen Vektorraum generieren. Wie immer benötigen Sie dazu lediglich eine Addition sowie die skalare Multiplikation. Dies kann nahe liegender Weise nur funktionieren, wenn die Vektorräume V und W bereits über demselben Zahlkörper K definiert wurden, sonst klappt das nicht.

Aber wozu um alles in der Welt soll das gut sein, einen neuen Vektorraum zu bilden anhand aller linearen Abbildungen von einem gegebenen Vektorraum in einen andern? Der Hauptgrund für dieses etwas abstrus scheinende Vorgehen ist neben der in der Mathematik üblichen Suche nach maximaler Abstraktion wieder einmal die Algebra. Um allgemeine Eigenschaften linearer Abbildungen zu *beweisen*, ist es nicht nur zweckmäßig, sondern geradezu notwendig mit den linearen Abbildungen selbst zu rechnen, also beispielsweise Gleichungen umzuformen, in denen lineare Abbildungen als Variablen auftauchen. Dies geht nur, wenn bestimmte Gesetzmäßigkeiten als gültig vorausgesetzt werden können, etwa jene der Vektorräume – et volià: Allein das wäre schon Grund genug, diese zu konstruieren. Denken Sie immer an das eingangs erwähnte Beispiel der Fahrzeuge mit den vier Rädern. Die lineare Algebra hilft Ihnen, sehr nützliche Schlüsse aus abstrakten Regeln und Gesetzen zu ziehen, auch und gerade weil Sie sich nicht alle möglichen Arten von Vektorräumen vorstellen wollen.

Vektorräume aus Körpern

Nach allem, was Sie nun schon über Vektorräume wissen, ist Ihnen sicher klar, dass die Vektorraumeigenschaften nur eine Untermenge der Körpereigenschaften darstellen. In diesem Sinne sind alle Körper zugleich »*Vektorräume über sich selbst*«. Wenn K etwa ein Körper ist, dann ist K_K ein Vektorraum über K, indem die Addition und die skalare Multiplikation einfach aus der Addition und der Multiplikation des Körpers definiert werden.

Aber damit haben Sie nicht wirklich einen Fortschritt erzielt, denn alles, was Sie daraus ableiten können – und noch viel mehr – hätten Sie allein aufgrund der Körpergesetze, die in K gelten, ohnehin schon folgern können. Spannend wird es erst, wenn Sie einen Zahlkörper als Grundmenge annehmen und damit einen Vektorraum über einen anderen Zahlkörper bilden!

Sie erhalten damit folgende drei neue Vektorräume aus den üblichen Verdächtigen:

$$\mathbb{R}_{\mathbb{Q}}, \mathbb{C}_{\mathbb{Q}}, \mathbb{C}_{\mathbb{R}}$$

Andere Kombinationen scheiden aus, weil wieder einmal das Ergebnis der skalaren Multiplikation nicht aus dem Vektorraum hinausführen darf.

Die Besonderheit dieser Vektorräume ergibt sich aus den Dimensionen: im Gegensatz zu allen bisher betrachteten *endlichdimensionalen Vektorräumen* sind die obigen Kandidaten allesamt *unendlichdimensional*.

Die genaue Vorstellung der Dimension eines Vektorraums erfordert den Begriff der *Basis*. Wenn Sie es nicht erwarten können und wissen wollen, was genau es mit den Basen auf sich hat, dann schlagen Sie einfach das Kapitel 9 auf und lassen sich überraschen!

Unterräume – aber nicht im Kellergeschoss

Vektorräume stellen den inneren Zusammenhang für alle Objekte der linearen Algebra dar. Sie sind das Rahmengerüst, dem sich alle weiteren Strukturen unterordnen müssen. Allerdings ist es häufig möglich, Vektorräume selbst in Substrukturen zu unterteilen, die wiederum kleinere Vektorräume darstellen.

Dabei kann es geschehen, dass ein Vektorraum tatsächlich aus mehreren Unterräumen zusammengebastelt werden kann. Die Idee besteht einfach darin, aus der Grundmenge eines Vektorraums eine Teilmenge zu bilden und daraufhin zu untersuchen, ob diese Teilmenge alle Vektorraumeigenschaften erfüllt. Dabei werden Unterräume stets über demselben Zahlenkörper betrachtet, eben jenem, der auch für den zugrunde liegenden Vektorraum verwendet worden ist.

Die nachfolgenden Abschnitte zeigen Ihnen zunächst die Definition der Unterräume sowie einen Trick, um schnell entscheiden zu können, ob eine gegebene Teilmenge eines Vektorraums tatsächlich einen Unterraum darstellt. Zwischendurch werde ich Ihnen immer wieder zahlreiche Beispiele für Unterräume zeigen und auch auf die Fallstricke hinweisen, die die Spezifikation eines Unterraums manchmal erschweren oder sogar unmöglich machen!

Die formale Spezifikation der Unterräume

Gegeben sei ein Vektorraum V über dem Körper K. Eine Teilmenge $U \subset V$ heißt *Untervektorraum* oder kurz *Unterraum* von V, wenn U selbst mit der Addition und der skalaren Multiplikation aus V über K bereits einen Vektorraum darstellt.

Nehmen Sie sich als erstes Beispiel den Klassiker aller Vektorräume, nämlich den $\mathbb{R}^3$ über $\mathbb{R}$ mit der üblichen Addition von 3-Tupeln und der reellen skalaren Multiplikation vor.

Ich behaupte jetzt einfach, dass folgende Teilmenge des $\mathbb{R}^3$ einen Unterraum darstellt:

$$U = \left\{ \begin{pmatrix} x \\ y \\ 0 \end{pmatrix} \middle| \, x, y \in \mathbb{R} \right\}$$

Dass $U \subset \mathbb{R}^3$ gilt, ist offensichtlich, denn U besteht ja gerade aus allen Elementen von $\mathbb{R}^3$, deren dritte Komponente Null ist.

Die Frage, die Sie sich hier stellen sollen, lautet: erfüllt U auch alle geforderten Vektorraum-Eigenschaften?

Beginnen Sie mit der Vektoraddition. Ist diese immer noch assoziativ? Das ist schnell überprüft:

$$\begin{pmatrix} x_1 \\ y_1 \\ 0 \end{pmatrix} + \left(\begin{pmatrix} x_2 \\ y_2 \\ 0 \end{pmatrix} + \begin{pmatrix} x_3 \\ y_3 \\ 0 \end{pmatrix} \right) = \begin{pmatrix} x_1 \\ y_1 \\ 0 \end{pmatrix} + \begin{pmatrix} x_2 + x_3 \\ y_2 + y_3 \\ 0+0 \end{pmatrix}$$

$$= \begin{pmatrix} x_1 + x_2 + x_3 \\ y_1 + y_2 + y_3 \\ 0+0+0 \end{pmatrix} = \begin{pmatrix} x_1 + x_2 \\ y_1 + y_2 \\ 0+0 \end{pmatrix} + \begin{pmatrix} x_3 \\ y_3 \\ 0 \end{pmatrix} = \left(\begin{pmatrix} x_1 \\ y_1 \\ 0 \end{pmatrix} + \begin{pmatrix} x_2 \\ y_2 \\ 0 \end{pmatrix} \right) + \begin{pmatrix} x_3 \\ y_3 \\ 0 \end{pmatrix}$$

Die Assoziativität ist damit gesichert. Im Grunde wird sie zurückgeführt auf die Assoziativität in der Komponentenaddition, die stets erfüllt sein muss, weil $\mathbb{R}$ ja ein Körper ist. Was ist mit der Kommutativität?

$$\begin{pmatrix} x_1 \\ y_1 \\ 0 \end{pmatrix} + \begin{pmatrix} x_2 \\ y_2 \\ 0 \end{pmatrix} = \begin{pmatrix} x_1 + x_2 \\ y_1 + y_2 \\ 0+0 \end{pmatrix} = \begin{pmatrix} x_2 + x_1 \\ y_2 + y_1 \\ 0+0 \end{pmatrix} = \begin{pmatrix} x_2 \\ y_2 \\ 0 \end{pmatrix} + \begin{pmatrix} x_1 \\ y_1 \\ 0 \end{pmatrix}$$

Auch die Kommutativität ist also erfüllt. Das Neutralelement ist der Nullvektor, der — zum Glück – Element von U ist. Hätten Sie als dritte Komponente eine andere Zahl als die Null gewählt, hätte diese Teilmenge des $\mathbb{R}^3$ unmöglich ein Vektorraum sein können, weil der simple Nullvektor fehlen würde.

Auch die inversen Elemente sind in U vorhanden:

$$\begin{pmatrix} x \\ y \\ 0 \end{pmatrix} + \begin{pmatrix} -x \\ -y \\ 0 \end{pmatrix} = \begin{pmatrix} 0 \\ 0 \\ 0 \end{pmatrix}$$

Betrachten Sie nun die skalare Multiplikation. Für das Distributivgesetz gilt:

$$r \cdot \left(\begin{pmatrix} x_1 \\ y_1 \\ 0 \end{pmatrix} + \begin{pmatrix} x_2 \\ y_2 \\ 0 \end{pmatrix} \right) = r \cdot \begin{pmatrix} x_1 + x_2 \\ y_1 + y_2 \\ 0+0 \end{pmatrix} = \begin{pmatrix} r \cdot (x_1 + x_2) \\ r \cdot (y_1 + y_2) \\ 0 \end{pmatrix} = \begin{pmatrix} r \cdot x_1 + r \cdot x_2 \\ r \cdot y_1 + r \cdot y_2 \\ 0 \end{pmatrix}$$

$$= \begin{pmatrix} rx_1 \\ ry_1 \\ 0 \end{pmatrix} + \begin{pmatrix} rx_2 \\ ry_2 \\ 0 \end{pmatrix} = r \cdot \begin{pmatrix} x_1 \\ y_1 \\ 0 \end{pmatrix} + r \cdot \begin{pmatrix} x_2 \\ y_2 \\ 0 \end{pmatrix}$$

Es ist quasi automatisch erfüllt, weil ja auch das zugehörige Distributivgesetz des zugrunde gelegten Vektorraums $\mathbb{R}^3$ gültig ist. Jetzt müssten Sie eigentlich alle anderen Regeln zur skalaren Multiplikation überprüfen. Puh, das ist ganz schön anstrengend!

Ja, geht das denn nicht einfacher? Sicher haben Sie sich diese Frage schon gestellt, ich kann Sie beruhigen: Es geht! Wie, das erfahren Sie im nächsten Abschnitt!

Eine Abkürzung zu den Unterräumen

Die schlechte Nachricht zuerst: Nicht jede Teilmenge eines Vektorraums ist ein Unterraum. Dennoch müssen – im Prinzip – auch auf allen Teilmengen die üblichen Vektorraumeigenschaften erfüllt sein. Das folgende Beispiel zeigt Ihnen, wo Probleme entstehen können; wiederum anhand des $\mathbb{R}^3$.

$$W = \left\{ \begin{pmatrix} x \\ y \\ 0 \end{pmatrix} \middle| \text{mit } x > y \right\}$$

W ist kein Unterraum des $\mathbb{R}^3$, weil die einfache skalare Multiplikation einer negativen Zahl mit einem beliebigen Element aus W – mit Ausnahme des Nullvektors – zu einem Ergebnis führt, das nicht mehr Element in W ist.

Beispielsweise ist

$$\begin{pmatrix} 4 \\ 2 \\ 0 \end{pmatrix} \in W$$

weil $4 > 2$ gültig ist. Allerdings führt die Multiplikation mit -1 zu

$$(-1) \cdot \begin{pmatrix} 4 \\ 2 \\ 0 \end{pmatrix} = \begin{pmatrix} -4 \\ -2 \\ 0 \end{pmatrix} \notin W$$

denn -4 ist kleiner als -2. Daher genügt es zu überprüfen, ob die Addition und die skalare Multiplikation der Elemente aus dem geplanten Unterraum tatsächlich nicht aus diesem *hinausführen*.

Eine Teilmenge U eines Vektorraums V über einem Körper K heißt *abgeschlossen gegenüber der Addition und der skalaren Multiplikation,* wenn gilt:

$$\forall u, v \in U : u + v \in U$$

$$\forall r \in K \wedge \forall u \in U : r \cdot u \in U$$

Und das genügt bereits!

Die Teilmenge U eines Vektorraums V über K ist genau dann ein Unterraum von V, falls U abgeschlossen ist gegenüber der Addition und der skalaren Multiplikation.

Das erleichtert die Suche nach Unterräumen und deren Überprüfung enorm. Bei dem Beispiel aus dem letzten Abschnitt, dass Sie mit großem Aufwand und viel Mühe auf die Vektorraumeigenschaften überprüfen mussten, hätte die Betrachtung der Abgeschlossenheit genügt.

Schauen Sie sich dazu die Addition zweier beliebiger Elemente aus U an:

$$\begin{pmatrix} x_1 \\ y_1 \\ 0 \end{pmatrix} + \begin{pmatrix} x_2 \\ y_2 \\ 0 \end{pmatrix} = \begin{pmatrix} x_1 + x_2 \\ y_1 + y_2 \\ 0 \end{pmatrix} = \begin{pmatrix} x_3 \\ y_3 \\ 0 \end{pmatrix} \in U$$

Die Summe dieser Elemente ist erneut in U, weil die dritte Komponente Null bleibt. Dasselbe Resultat finden Sie für die skalare Multiplikation:

$$r \cdot \begin{pmatrix} x_1 \\ y_1 \\ 0 \end{pmatrix} = \begin{pmatrix} r \cdot x_1 \\ r \cdot y_1 \\ r \cdot 0 \end{pmatrix} = \begin{pmatrix} x_2 \\ y_2 \\ 0 \end{pmatrix} \in U$$

Und schon ist die Arbeit getan: U ist ein Unterraum des $\mathbb{R}^3$.

Achten Sie darauf, ob der Nullvektor aus V ein Element der zu untersuchenden Teilmenge U ist. Wenn nein, kann U kein Unterraum von V sein und Sie sind fertig. Die Umkehrung gilt aber nicht: Allein das Vorhandensein des Nullvektors ist kein hinreichendes Kriterium für Unterräume!

Aufräumen in den Unterräumen

Mit dem Konzept der Abgeschlossenheit verfügen Sie über ein wirksames Mittel, um rasch auszuloten, ob eine bestimmte Teilmenge eines gegebenen Vektorraums einen Unterraum darstellt. Dazu müssen Sie lediglich überprüfen, ob die angegebene Menge abgeschlossen ist gegenüber der Vektoraddition und der skalaren Multiplikation. Einfach, nicht wahr?

Lassen Sie es uns ausprobieren …

Beispiel 1

Sei V der Vektorraum der 3×3-Matrizen über $\mathbb{R}$. Ist dann die Teilmenge $U \subset V$ der symmetrischen 3×3-Matrizen ein Unterraum von V?

$$U = \left\{ \begin{pmatrix} a & b & c \\ b & d & e \\ c & e & f \end{pmatrix} \middle| \, a,b,c,d,e,f \in \mathbb{R} \right\}$$

Um das zu entscheiden, sehen Sie sich als Erstes an, was die Summe zweier symmetrischer Matrizen ergibt:

$$\begin{pmatrix} a_1 & b_1 & c_1 \\ b_1 & d_1 & e_1 \\ c_1 & e_1 & f_1 \end{pmatrix} + \begin{pmatrix} a_2 & b_2 & c_2 \\ b_2 & d_2 & e_2 \\ c_2 & e_2 & f_2 \end{pmatrix} = \begin{pmatrix} a_1 + a_2 & b_1 + b_2 & c_1 + c_2 \\ b_1 + b_2 & d_1 + d_2 & e_1 + e_2 \\ c_1 + c_2 & e_1 + e_2 & f_1 + f_2 \end{pmatrix} = \begin{pmatrix} a_3 & b_3 & c_3 \\ b_3 & d_3 & e_3 \\ c_3 & e_3 & f_3 \end{pmatrix} \in U$$

Sie können leicht erkennen, dass das Ergebnis wiederum eine symmetrische 3×3-Matrix ergibt.

Alsdann nehmen Sie sich die skalare Multiplikation vor:

$$r \cdot \begin{pmatrix} a_1 & b_1 & c_1 \\ b_1 & d_1 & e_1 \\ c_1 & e_1 & f_1 \end{pmatrix} - \begin{pmatrix} ra_1 & rb_1 & rc_1 \\ rb_1 & rd_1 & re_1 \\ rc_1 & re_1 & rf_1 \end{pmatrix} = \begin{pmatrix} a_2 & b_2 & c_2 \\ b_2 & d_2 & e_2 \\ c_2 & e_2 & f_2 \end{pmatrix}$$

Auch hier können Sie unmittelbar erkennen, dass die skalare Multiplikation nicht aus U hinausführt, sondern ebenfalls in einer symmetrischen 3×3-Matrix resultiert. Damit ist U ein Unterraum von V.

Beispiel 2

Nun sei V der Vektorraum der Polynome höchstens dritten Grades. Ist dann die Menge W der Normalparabeln ein Unterraum von V?

Die Elemente aus W besitzen die Gestalt:

$$f(x) = x^2 + ax + b \text{ mit } a, b \in \mathbb{R}$$

Selbstverständlich ist $W \subset V$. Allerdings ist W kein Unterraum von V. Beispielsweise ergibt

$$f_1(x) + f_2(x) = (x^2 + a_1 x + b_1) + (x^2 + a_2 x + b_2) = 2x^2 + a_3 x + b_3 \notin W$$

Der Koeffizient »2« vor der höchsten Potenz ist verräterisch. Allerdings hätte auch der schnelle Test auf den Nullvektor zum Erfolg geführt: die Nullfunktion ist nicht Element von W.

Beispiel 3

Als nächstes betrachten Sie den Vektorraum $\mathbb{C}$ über $\mathbb{R}$. Als Untermenge U sei die Menge der Vielfachen von i vorgegeben, also die Menge aller rein imaginären komplexen Zahlen:

$$U = \{ \lambda \cdot i \mid \lambda \in \mathbb{R} \}$$

Um zu untersuchen, ob U ein Unterraum von $\mathbb{C}_{\mathbb{R}}$ ist, testen Sie U auf Abgeschlossenheit bezüglich Addition und skalarer Multiplikation:

$$\lambda_1 \cdot i + \lambda_2 \cdot i = (\lambda_1 + \lambda_2) \cdot i = \lambda_3 \cdot i$$
$$r \cdot (\lambda_1 \cdot i) = (r\lambda_1) \cdot i = \lambda_2 \cdot i$$

Wie Sie sehen, führt sowohl die Addition als auch die reelle Multiplikation rein imaginärer Zahlen nicht aus U hinaus. Damit ist U ein Unterraum von $\mathbb{C}_{\mathbb{R}}$.

Hierbei war es übrigens wichtig, dass als Skalare nur reelle Zahlen zugelassen sind. Wenn Sie $\mathbb{C}$ über $\mathbb{C}$ betrachten, ändert sich das Ergebnis grundlegend. Obwohl $U \subset \mathbb{C}_{\mathbb{C}}$ wiederum eine echte Teilmenge des betrachteten Vektorraums ist, ist die skalare Multiplikation diesmal nicht abgeschlossen, wie Sie an einem einfachen Beispiel sehen können:

$$i \cdot i = -1 \neq \lambda \cdot i \text{ mit } \lambda \in \mathbb{R}$$

Damit ist U ist kein Unterraum des $\mathbb{C}_{\mathbb{C}}$.

Beispiel 4

Als nächstes werden Sie sich ein Beispiel aus dem Vektorraum der Homomorphismen vorknöpfen. V ist nun der Vektorraum aller linearer Abbildungen von $\mathbb{R}^3$ über $\mathbb{R}$ in sich selbst. Die Vektoraddition stellt die Summe zweier linearer Abbildungen dar, die skalare Multiplikation entsprechend die Multiplikation einer linearen Abbildung mit einer reellen Zahl.

Stellt jetzt die Menge U aller linearen Abbildungen, bei denen nur der Nullvektor in den Nullvektor abgebildet wird, einen Unterraum von V dar? Formal sieht U so aus:

$$U = \{ A \mid A \in V \wedge A(x) = 0 \Leftrightarrow x = 0 \}$$

Auch hier sollten Sie den Test auf Abgeschlossenheit von U durchführen. Wenn Sie das Gefühl haben, dass die Aussage vielleicht nicht zutreffend ist, sollten Sie nach einem Gegenbeispiel Ausschau halten.

Eine wichtige Frage, die Sie sich hier stellen dürfen, lautet dabei: Wann könnte die Addition zweier linearer Abbildungen, die ausschließlich den Nullvektor in den Nullvektor überführen, noch einen anderen Vektor in die Null abbilden?

Das ist allerdings recht einfach. Nehmen Sie sich als ein Element von U die Identität I vor:

$$\forall x \in \mathbb{R}^3: I(x) = x$$

Als zweites Element betrachten Sie die inverse Identität J:

$$\forall x \in \mathbb{R}^3: J(x) = -x$$

Auch J ist linear, wie Sie schnell überprüfen können:

$$J(\alpha x + \beta y) = -(\alpha x + \beta y) = -\alpha x + (-\beta y) = \alpha(-x) + \beta(-y) = \alpha J(x) + \beta J(y)$$

Nun gilt aber per Konstruktion:

$$\forall x \in \mathbb{R}^3: (I + J)(x) = I(x) + J(x) = x + (-x) = x - x = 0$$

Die Vektoraddition von I und J ergibt die Nullfunktion, die offenbar nicht in U enthalten ist. U ist damit nicht abgeschlossen bezüglich der Vektoraddition.

Alternativ hilft hier wieder einmal die Betrachtung des Nullvektors: die Nullfunktion stellt das neutrale Element der Vektoraddition von V dar. Da dieses nicht in U ist, kann U kein Unterraum von V sein.

Beispiel 5

Zum Abschluss dieses Abschnitts kommt noch ein Beispiel aus dem komplexen 3-Raum $\mathbb{C}^3$ über $\mathbb{R}$. Als Untermenge U sei gegeben:

$$U = \left\{ \begin{pmatrix} a_1 + ib_1 \\ a_2 + ib_2 \\ a_3 + ib_3 \end{pmatrix} \middle| \, b_1 + b_2 + b_3 = 0 \right\}$$

Ist U damit ein Unterraum des $\mathbb{C}^3$ über $\mathbb{R}$?

Der Nullvektor ist offensichtlich ein Element von U, daher scheidet die Abkürzung aus.

Zuerst sollten Sie die Vektoraddition auf Abgeschlossenheit überprüfen. Ist die beliebige Summe zweier Elemente aus U ebenfalls ein Element von U?

$$u+v=\begin{pmatrix} a_1+ib_1 \\ a_2+ib_2 \\ a_3+ib_3 \end{pmatrix}+\begin{pmatrix} x_1+iy_1 \\ x_2+iy_2 \\ x_3+iy_3 \end{pmatrix}=\begin{pmatrix} a_1+x_1+i(b_1+y_1) \\ a_2+x_2+i(b_2+y_2) \\ a_3+x_3+i(b_3+y_3) \end{pmatrix}$$

Wegen

$$b_1+b_2+b_3=0 \wedge y_1+y_2+y_3=0$$

ist immer auch

$$(b_1+y_1)+(b_2+y_2)+(b_3+y_3)=0$$

Somit ist U abgeschlossen bezüglich der Vektoraddition. Entsprechend sieht auch das Resultat der Untersuchung der skalaren Multiplikation aus:

$$r\cdot u=r\cdot\begin{pmatrix} a_1+ib_1 \\ a_2+ib_2 \\ a_3+ib_3 \end{pmatrix}=\begin{pmatrix} r\cdot a_1+i(r\cdot b_1) \\ r\cdot a_2+i(r\cdot b_2) \\ r\cdot a_3+i(r\cdot b_3) \end{pmatrix}$$

Wiederum finden Sie heraus, dass gilt:

$$r\cdot b_1+r\cdot b_2+r\cdot b_3=r\cdot(b_1+b_2+b_3)=r\cdot 0=0$$

Damit ist U ein Unterraum von V.

Im letzten Beispiel war es von entscheidender Bedeutung, dass der komplexe 3-Raum über dem Körper der reellen Zahlen definiert war. Hätten Sie anstatt dessen den $\mathbb{C}^3$ über $\mathbb{C}$ betrachtet, wäre die skalare Multiplikation nicht so einfach auf den Real- und Imaginärteil des Ergebnisvektors aufzuteilen gewesen. Als Gegenbeispiel wäre dabei möglich:

$$i\cdot\begin{pmatrix} 1+i \\ -i \\ 5 \end{pmatrix}=\begin{pmatrix} -1+i \\ 1 \\ 5i \end{pmatrix}$$

Obwohl die Summe der Imaginärteile links Null ergibt, resultiert die Summe rechts in 6.

Viele andere Übungsbeispiele zu Vektorräumen und möglichen Unterräumen finden Sie im »*Übungsbuch Lineare Algebra für Dummies*«.

Summen von Unterräumen

Nachdem Sie sich erfolgreich in diesem schwierigen Kapitel bis zu diesem Abschnitt vorgekämpft haben, erwartet Sie nun ein wenig Entspannung.

Das Konzept der Unterräume können Sie dazu verwenden, ganze Vektorräume aufzubauen. Dazu müssen Sie lediglich die *Summe von Unterräumen* definieren:

Es seien U und W Unterräume eines Vektorraums V. Dann ist die *Summe der Unterräume* U + W definiert als:

$U + W = \{ u + w \mid u \in U \wedge w \in W \}$

Beachten Sie, dass U + W keinesfalls zu verwechseln ist mit $U \cup W$. Vielmehr ist $U \cup W \subseteq U + W$. Denn allein die Addition des Nullvektors, der bekanntlich in U und W als Element enthalten sein muss, zu jedem Vektor des anderen Unterraumes, erzeugt bereits die Vereinigungsmenge.

Zur Veranschaulichung stelle ich Ihnen ein einfaches Beispiel aus dem $\mathbb{R}^3$ über $\mathbb{R}$ zur Verfügung:

$$U = \left\{ \begin{pmatrix} x \\ y \\ 0 \end{pmatrix} \middle| \, x, y \in \mathbb{R} \right\} \text{ und } W = \left\{ \begin{pmatrix} 0 \\ a \\ b \end{pmatrix} \middle| \, a, b \in \mathbb{R} \right\}$$

Beide Mengen erfüllen alle Unterraumeigenschaften. Die Untersuchung der Summe von U + W führt Sie geradewegs in den Vektorraum $\mathbb{R}^3$ über $\mathbb{R}$:

$$U + W = \left\{ \begin{pmatrix} x \\ y \\ 0 \end{pmatrix} + \begin{pmatrix} 0 \\ a \\ b \end{pmatrix} \middle| \, x, y, a, b \in \mathbb{R} \right\}$$

$$= \left\{ \begin{pmatrix} x \\ y + a \\ b \end{pmatrix} \middle| \, x, y, a, b \in \mathbb{R} \right\} = \left\{ \begin{pmatrix} x \\ \lambda \\ b \end{pmatrix} \middle| \, x, \lambda, b \in \mathbb{R} \right\} = \mathbb{R}^3$$

Das war leicht. Wenn die Unterräume unübersichtlicher werden, kann es einige Schwierigkeiten bereiten, die Summe überhaupt darzustellen. Auch hierzu will ich Ihnen ein Beispiel natürlich nicht vorenthalten:

$$U = \left\{ \lambda \begin{pmatrix} 1 \\ 0 \\ -2 \end{pmatrix} + \mu \begin{pmatrix} 1 \\ 1 \\ 1 \end{pmatrix} \middle| \, \lambda, \mu \in \mathbb{R} \right\} \text{ und } W = \left\{ \alpha \begin{pmatrix} 2 \\ 1 \\ -1 \end{pmatrix} + \beta \begin{pmatrix} 0 \\ 1 \\ 3 \end{pmatrix} \middle| \, \alpha, \beta \in \mathbb{R} \right\}$$

Auf den ersten Blick sieht es so aus, als ob U + W locker den $\mathbb{R}^3$ aufspannen könnte. Immerhin stehen mit α, β, λ und μ nicht weniger als 4 Kandidaten für potenzielle Freiheitsgrade zur Verfügung, und das, wo bereits 3 davon genügen, um den $\mathbb{R}^3$ zu erzeugen.

Allerdings muss ich Sie enttäuschen. U + W ergibt nicht den kompletten Vektorraum $\mathbb{R}^3$ über $\mathbb{R}$. Ganz im Gegenteil: Ich behaupte, dass U = W und daher U + W = U = W.

Ich kann Sie hoffentlich von dieser dreisten Behauptung überzeugen, indem ich Ihnen darlege, dass jeder beliebige Vektor $u \in U$ tatsächlich auch in W enthalten ist.

$$\lambda \begin{pmatrix} 1 \\ 0 \\ -2 \end{pmatrix} + \mu \begin{pmatrix} 1 \\ 1 \\ 1 \end{pmatrix} = \frac{\mu + \lambda}{2} \cdot \begin{pmatrix} 2 \\ 1 \\ -1 \end{pmatrix} + \frac{\mu - \lambda}{2} \cdot \begin{pmatrix} 0 \\ 1 \\ 3 \end{pmatrix} = \alpha \begin{pmatrix} 2 \\ 1 \\ -1 \end{pmatrix} + \beta \begin{pmatrix} 0 \\ 1 \\ 3 \end{pmatrix}$$

Dabei ist es egal, welches Element Sie aus U auswählen, Sie müssen nur λ und μ mit beliebigen reellen Zahlen vorgeben. Indem Sie in W einfach $\alpha = \frac{\mu+\lambda}{2}$ sowie $\beta = \frac{\mu-\lambda}{2}$ setzen, erhalten Sie genau dasselbe Element.

Umgekehrt ist auch jedes Element w ∈ W bereits in U enthalten:

$$\alpha\begin{pmatrix}2\\1\\-1\end{pmatrix}+\beta\begin{pmatrix}0\\1\\3\end{pmatrix}=(\alpha-\beta)\begin{pmatrix}1\\0\\-2\end{pmatrix}+(\alpha+\beta)\begin{pmatrix}1\\1\\1\end{pmatrix}=\lambda\begin{pmatrix}1\\0\\-2\end{pmatrix}+\mu\begin{pmatrix}1\\1\\1\end{pmatrix}$$

In U müssen Sie einfach λ als α – β wählen und zugleich μ als α + β, und schon findet sich jeder Vektor aus W zugleich in V.

Habe ich Sie überzeugt? Wenn nicht, probieren Sie konkrete Werte für die Parameter aus, es funktioniert immer!

Es bleibt jedoch die Frage offen, wie ich beispielsweise auf die Werte für α und β gekommen bin. Hierzu musste ich folgende *Vektorgleichung* aufstellen:

$$\lambda\begin{pmatrix}1\\0\\-2\end{pmatrix}+\mu\begin{pmatrix}1\\1\\1\end{pmatrix}=\alpha\begin{pmatrix}2\\1\\-1\end{pmatrix}+\beta\begin{pmatrix}0\\1\\3\end{pmatrix}$$

Jede Vektorgleichung lässt sich zerlegen in gekoppelte Gleichungen für jede der Komponenten. Dadurch entsteht ein *lineares Gleichungssystem*:

$$\begin{array}{rcrcrcr} \lambda & + & \mu & = & 2\alpha & + & 0\cdot\beta \\ 0\cdot\lambda & + & \mu & = & \alpha & + & \beta \\ -2\lambda & + & \mu & = & -\alpha & + & 3\beta \end{array} \Leftrightarrow \begin{array}{rcrcrcr} \lambda & + & \mu & = & 2\alpha & & \\ & & \mu & = & \alpha & + & \beta \\ -2\lambda & + & \mu & = & -\alpha & + & 3\beta \end{array}$$

Das Auflösen nach den gesuchten Parametern führt geradewegs zu den angegebenen Werten.

Das systematische Aufstellen und Lösen linearer Gleichungssysteme wird in Kapitel 6 ausführlich behandelt!

Wenn Sie noch schneller überprüfen möchten, ob sich die Vektoren eines Unterraums durch solche eines anderen erzeugen lassen, bestimmen Sie einfach die *Determinante* derjenigen Matrix, die entsteht, wenn Sie alle *Basisvektoren* des einen Unterraums mit je einem der Basisvektoren des anderen Unterraums kombinieren. Wenn das Ergebnis in allen Fällen Null ist, sind die beiden Unterräume gleich! (Weitere Details dazu finden Sie auch in Kapitel 9). Für das letzte Beispiel ergibt sich:

$$\begin{vmatrix}1&1&2\\0&1&1\\-2&1&-1\end{vmatrix}=0 \wedge \begin{vmatrix}1&1&0\\0&1&1\\-2&1&3\end{vmatrix}=0$$

Direkte Summen von Unterräumen

Die Summen von Unterräumen zu bilden beherrschen Sie nun! Doch es gibt einen wichtigen Spezialfall, der immer dann auftritt, wenn die aufsummierten Unterräume genau den zugehörigen Vektorraum bilden, ohne unnötige Überlappung.

Wenn nichts in den Unterräumen weggelassen werden kann, ohne dass die Summe nicht mehr den gesamten Vektorraum ergibt, spricht man von einer *direkten Summe*.

Ein Vektorraum V ist die *direkte Summe seiner Unterräume U und W*, geschrieben als $U \oplus W$, falls jeder Vektor $v \in V$ eine ***eindeutige*** Darstellung als $v = u + w$ mit $u \in U$ und $w \in W$ besitzt.

Betrachten Sie hier das erste Beispiel aus dem letzten Abschnitt mit den Spezifikationen für U und W, wiederum als Unterräume des Vektorraums $V = \mathbb{R}^3$ über $\mathbb{R}$:

Dort kann keine Rede von einer eindeutigen Darstellung von Vektoren von V als Summe von Elementen von U und W sein. Beispielsweise besitzt der Vektor v mit

$$v = \begin{pmatrix} 4 \\ 3 \\ 1 \end{pmatrix}$$

unendlich viele Darstellungen als Summen von Vektoren aus U und W. Zur Veranschaulichung habe ich Ihnen mehrere davon aufgeführt, der erste Summand stammt dabei immer aus U, der zweite aus W.

$$\begin{pmatrix} 4 \\ 3 \\ 1 \end{pmatrix} = \begin{pmatrix} 4 \\ 3 \\ 0 \end{pmatrix} + \begin{pmatrix} 0 \\ 0 \\ 1 \end{pmatrix}$$

$$\begin{pmatrix} 4 \\ 3 \\ 1 \end{pmatrix} = \begin{pmatrix} 4 \\ 2 \\ 0 \end{pmatrix} + \begin{pmatrix} 0 \\ 1 \\ 1 \end{pmatrix}$$

$$\begin{pmatrix} 4 \\ 3 \\ 1 \end{pmatrix} = \begin{pmatrix} 4 \\ 0 \\ 0 \end{pmatrix} + \begin{pmatrix} 0 \\ 3 \\ 1 \end{pmatrix}$$

$$\begin{pmatrix} 4 \\ 3 \\ 1 \end{pmatrix} = \begin{pmatrix} 4 \\ 3+\pi \\ 0 \end{pmatrix} + \begin{pmatrix} 0 \\ -\pi \\ 1 \end{pmatrix}$$

Anders dagegen verhält es sich mit den folgenden Unterräumen. V und U bleiben wie gehabt, aber anstatt W setzen Sie nun W_1 mit:

$$W_1 = \left\{ \begin{pmatrix} 0 \\ 0 \\ a \end{pmatrix} \middle| \, a \in \mathbb{R} \right\}$$

Nun gilt in der Tat $V = U \oplus W_1$ und der euklidische 3-Raum ist somit die direkte Summe von U und W_1. Für dieses einfache Beispiel ist das leicht einzusehen, denn in U haben alle Vektoren in der untersten Komponente den Wert Null, während in W_1 gerade die beiden obersten Komponenten Null sind. Damit kommen sich die Elemente dieser beiden Unterräume nicht in die Quere und der Weg ist frei für eine direkte Summe.

Vermutlich ahnen Sie schon, dass ein einfaches Kriterium dafür existieren muss, um zu entscheiden, ob zwei Unterräume eine direkte Summe bilden können oder nicht.

Jede Summe zweier Unterräume U und W eines Vektorraums V stellt selbst wiederum einen Unterraum dar. Falls darüber hinaus

- $V = U + W$ sowie
- $U \cap W = \{ 0 \}$ gilt,

dann ist V sogar die *direkte Summe* aus U und W, also:

- $V = U \oplus W$

Damit besitzen Sie eine schnelle Entscheidungsmöglichkeit darüber, ob die Summe zweier Unterräume auch eine direkte Summe darstellen kann. Übrigens kann die Schnittmenge zweier Unterräume eines Vektorraums niemals leer sein, denn der Nullvektor ist mindestes Element eines jeden Unterraums. Insofern stellt eine Schnittmenge, in der nur der Nullvektor vorhanden ist, eine Maximalforderung dar: Alle Elemente aus V, außer dem Nullvektor, stammen im Falle einer direkten Summe aus genau einem der betroffenen Unterräume, die Eindeutigkeit der Darstellung ist damit sofort gegeben.

LGS – Auf lineare Steine können Sie bauen

6

In diesem Kapitel ...

- Lineare Gleichungssysteme als universell erkennen
- Die unterschiedlichen Formen und Darstellungsmöglichkeiten von linearen Gleichungssystemen erfassen
- Lineare Gleichungssysteme geometrisch deuten
- Die wichtigsten Verfahren zur Lösung linearer Gleichungssysteme und deren Anwendungsgebiete beherrschen
- Parametrisierte lineare Gleichungssysteme lösen

Alles was wichtig ist im Zusammenhang mit linearen Gleichungssystemen wird in diesem Kapitel klar und anschaulich beschrieben. Sie starten mit den unterschiedlichen Formen und Darstellungsmöglichkeiten von linearen Gleichungssystemen und lernen anschließend die grundlegenden Methoden kennen, wie Sie derartige Gleichungssysteme lösen.

Dabei werden alle Verfahren anhand übersichtlicher und nachvollziehbarer Beispiele vertieft. Am Ende des Kapitels sind Sie in der Lage, auch schwierige Fragestellungen rund um lineare Gleichungssysteme zu beantworten.

Wie lineare Gleichungssysteme entstehen

Ein *Lineares Gleichungssystem*, kurz LGS genannt, stellt ein enorm wichtiges Modell zur Beschreibung von Vorgängen in Natur und Technik dar. Immer dort, wo die Einzelteile *linear*, also durch einen konstanten Faktor, voneinander abhängen, entsteht auf natürliche Weise ein LGS.

Hier erhalten Sie eine kleine Auswahl an möglichen Anwendungsgebieten:

- ✔ Netzwerke und Schaltungen in der Elektrotechnik
- ✔ Berechnungen von Kräften im Maschinenbau
- ✔ Anwendungen der Statik im Bauingenieurwesen
- ✔ Grafische Anwendungen, etwa zur Bestimmung von Schnittobjekten
- ✔ Zusammensetzung von chemischen Stoffen zur Herstellung von Legierungen
- ✔ Numerische Modellierung (finite Elemente) von technischen Vorgängen in der Festkörperphysik

- Lösung von Differentialgleichungen, die grundlegende Naturgesetze beschreiben
- Berechnung von Regressionen in der Stochastik
- Ausrechnen eines Diätplanes

Wenn Sie Komponenten in einem gleich bleibenden und damit *konstanten Verhältnis* zueinander erkennen, handelt es sich um lineare Gleichungen. Mehrere lineare Gleichungen derselben *Unbekannten* bilden ein lineares Gleichungssystem.

Beispiel

Stellen Sie sich vor, Sie sind gerade erst als Ingenieur einer Produktionsanlage für Elektromotoren mit drei Fertigungslinien eingestellt worden.

Aber was Sie in der Fertigungshalle vorfinden, ist das reinste Chaos. An diesem Tag werden zunächst nur die Linien A und B für 3 Stunden eingeschaltet. Anschließend wird A abgeschaltet, aber dafür C in Betrieb gesetzt. Nach zwei Stunden fällt B aus und C läuft eine Stunde alleine weiter. Bis dahin werden insgesamt 588 Motoren gefertigt.

Der Vorarbeiter begrüßt Sie herzlich und klärt Sie auf. »Wir können aus logistischen Gründen nicht alle drei Straßen gleichzeitig fahren.«

Weil Sie den freundlichen Herrn skeptisch ansehen, fährt er fort und sagt: »Wir haben das schon einmal versucht, aber bereits nach 2 Stunden fielen alle drei Linien komplett aus und haben dabei nur 324 Einheiten produziert. Danach konzentrierten wir uns auf die Linien B und C. Zum Glück hatten wir diese dann noch 2 Stunden einsetzen können.«

»Welche Stückzahl erreichten Sie an diesem Tag insgesamt?«, fragen Sie vorsichtig. Zuerst druckst der Vorarbeiter ein wenig herum, dann lässt er die Katze aus dem Sack. »Wir sind noch auf 516 Einheiten gekommen. Aber das ist ganz normal. Wenn eine Linie in Betrieb ist, läuft sie immer gleich schnell und produziert immer die gleiche Zahl an Einheiten pro Zeit.«

»Ok.«, sagen Sie und stellen dann eine sehr einfache Frage, deren Beantwortung für die weitere Planung jedoch elementar ist. »Wie viele Einheiten kann denn jede der Linien pro Stunde fertigen?«

Der Vorarbeiter schaut Sie an wie einen Mann vom Mars. »Das wurde bisher noch nicht gemessen. Wir haben hier andere Sachen zu tun.«

Sie wollen ihm klarmachen, dass diese Frage doch von entscheidender Bedeutung sei und schon längst hätte geklärt sein müssen. Dann geben Sie es jedoch auf, bedanken sich und gehen in Ihr Büro. Mehr als fünf Minuten sollte es nicht dauern, um diese Frage anhand der bisherigen Erkenntnisse selbst zu beantworten.

In Ihrem Büro angekommen, schreiben Sie nacheinander auf, was Sie über die Fertigungslinien A, B und C wissen.

An diesem Tag haben Sie zunächst selbst folgende Beobachtung gemacht:

$$3(x + y) + 2(y + z) + 1 \cdot z = 588$$

Dabei stehen nun die Kleinbuchstaben x, y und z für die Fertigungsleistung der Linien A, B und C pro Stunde.

Aus den Daten, die der Vorarbeiter über den gleichzeitigen Betrieb der drei Linien mitgeteilt hat, können Sie folgende Gleichung aufstellen:

$$2(x + y + z) = 324$$

Anschließend waren die Linien B und C noch alleine weiter gelaufen:

$$2(y + z) = 516 - 324$$

Jede der Gleichungen kann nun zunächst vereinfacht werden. Sie erhalten:

$$3(x + y) + 2(y + z) + 1z = 588 \Rightarrow 3x + 5y + 3z = 588$$

$$2(x + y + z) = 324 \Rightarrow 2x + 2y + 2z = 324$$

$$2(y + z) = 516 - 324 \Rightarrow 2y + 2z = 192$$

Die vereinfachten Gleichungen werden von Ihnen anschließend in ein *lineares Gleichungssystem* überführt:

$$\begin{array}{ccccccc} 3x & + & 5y & + & 3z & = & 588 \\ 2x & + & 2y & + & 2z & = & 324 \\ & & 2y & + & 2z & = & 192 \end{array}$$

Als Ingenieur arbeiten Sie sehr sorgfältig und schreiben die Koeffizienten zu den gleichen Variablen exakt untereinander.

Bleibt nur noch das kleine Problem, dieses LGS zu lösen. Zum Glück steht eine Ausgabe »Lineare Algebra für Dummies« im Schrank. Im sechsten Kapitel des Buches finden Sie alles, was Sie brauchen.

Sie schreiben das LGS zunächst in einer geeigneten Form auf:

x	y	z	
3	5	3	588
2	2	2	324
0	2	2	192

Dann vertauschen Sie die ersten beiden Zeilen, um eine vom Betrag möglichst kleine Zahl an der vorderen Position zu erhalten:

x	y	z	
2	2	2	324
3	5	3	588
0	2	2	192

Als nächstes dividieren Sie die erste sowie die dritte Zeile durch 2 und erhalten:

x	y	z	
1	1	1	162
3	5	3	588
0	1	1	96

»Gut«, denken Sie, »jetzt kann es losgehen.« Laut Ihrem »Lineare Algebra für Dummies«-Buch nennt sich dieses Verfahren das *Gaußsche Eliminationsverfahren*. Sie addieren nun das Minus-Dreifache der ersten Zeile zur zweiten und erhalten:

x	y	z	
1	1	1	162
0	2	0	102
0	1	1	96

Das sieht schon sehr gut aus, denn in der ersten Spalte sind nun alle Einträge Null, bis auf den ersten. Aber das ist auch gut so.

Als nächstes dividieren Sie die zweite Zeile durch 2:

x	y	z	
1	1	1	162
0	1	0	51
0	1	1	96

Jetzt wird wieder eine klassische Gauß-Operation durchgeführt. Sie ersetzen nun die dritte Zeile durch die Summe dieser Zeile mit dem Minus-Einfachen der zweiten. Das hört sich ziemlich geschwollen an, denn tatsächlich ziehen Sie einfach die zweite Zeile von der dritten ab:

x	y	z	
1	1	1	162
0	1	0	51
0	0	1	45

Alle Elemente unterhalb der Hauptdiagonalen sind jetzt Null. Als nächstes müssen auch die Elemente oberhalb der Hauptdiagonalen verschwinden. Dazu ziehen Sie die dritte Gleichung von der ersten ab:

x	y	z	
1	1	0	117
0	1	0	51
0	0	1	45

Sie sind fast am Ziel! Jetzt wird nur noch die zweite Zeile von der ersten abgezogen:

x	y	z	
1	0	0	66
0	1	0	51
0	0	1	45

Als Gleichungssystem ergibt sich jetzt die denkbar einfachste Gestalt:

$x = 66$

$y = 51$

$z = 45$

Sie gehen zurück zu den Produktionsstraßen und lassen sich den Vorarbeiter rufen. Dann sagen Sie ihm, dass die Linie A 66 Einheiten pro Stunde, die Linie B 51 und die Linie C 45 Einheiten pro Stunde fertigen kann. Mit offenem Mund starrt dieser Sie an. »Wie haben Sie das so schnell herausgefunden?«, fragt er Sie. »Lineare Algebra« lautet Ihre kurze Antwort und sie ist völlig korrekt.

In den folgenden Abschnitten werden Sie Stück für Stück an die systematische Lösung von linearen Gleichungssystemen herangeführt und können Sie ebenso anwenden wie im obigen Beispiel.

Darstellungsmöglichkeiten linearer Gleichungssysteme

Sie haben einen Vorgeschmack darauf erhalten, dass die Welt voller linearer Gleichungssysteme steckt. In diesem Abschnitt erfahren Sie, welche besonders wichtigen und interessanten Formen von LGSen existieren.

Die Quadratische Form

Immer dann, wenn die Anzahl an Gleichungen mit der Anzahl an Unbekannten übereinstimmt, besitzt das zugehörige LGS eine quadratische Form. Wenn Sie beispielsweise n Gleichungen besitzen, ist ihr zugehöriges LGS von folgender Form:

$$\begin{array}{ccccccc} a_{11}x_1 & + & \cdots & + & a_{1n}x_n & = & b_1 \\ a_{21}x_1 & + & \cdots & + & a_{2n}x_n & = & b_2 \\ \vdots & \vdots & \ddots & \vdots & \vdots & \vdots & \vdots \\ a_{n1}x_1 & + & \cdots & + & a_{nn}x_n & = & b_n \end{array}$$

Die *quadratische Form* erlaubt prinzipiell eine eindeutige Lösung. Sie verfügen dann über genügend Informationen, um eine gegebene Problemstellung auf nur eine einzige Belegung der unbekannten Variablen zurückzuführen. Bei technischen Fragestellungen ist das häufig erst einmal ein Beweis dafür, dass das Problem überhaupt lösbar ist. Denn das kann Ihnen ebenso passieren: obwohl das LGS quadratisch ist, gibt es keine einzige Lösung.

Umgekehrt könnte auch zu wenig Information vorhanden sein. Stellen Sie sich dazu einfach vor, zwei der Gleichungen Ihres LGS wären identisch. Dann trägt eine der Gleichungen nicht mehr zur Lösungsfindung bei und kann ignoriert werden. Damit aber würden mehr Unbekannte als Gleichungen existieren, was eine eindeutige Lösung grundsätzlich nicht mehr zulässt. Die Größe des Lösungsraums hängt unmittelbar ab von der Anzahl an überschüssigen Variablen gegenüber der Anzahl an Gleichungen. Je größer dieser Überschuss, die Mathematiker nennen das *Freiheitsgrade*, desto größer der Lösungsraum. Letzterer wird in *Dimensionen* gemessen.

Die *Dimension* des Lösungsraums eines LGS entspricht genau der Anzahl an *Freiheitsgraden* in der Lösungsmenge.

Lust auf noch mehr ***Dimensionen***? Alles Wissenswerte darüber finden Sie in Kapitel 9, insbesondere im Abschnitt »Dimensionen und Basisvektoren«!

Das Thema ***Freiheitsgrade*** wird im Abschnitt »Freie Parameter in der Lösung« weiter unten in diesem Kapitel erneut aufgegriffen.

Im Falle von geometrischen Objekten ist ein quadratisches Gleichungssystem ein Indiz für einen – möglicherweise vorhandenen – *Schnittpunkt*.

Wenn Sie beispielsweise zwei Geraden im zweidimensionalen Raum ($\mathbb{R}^2$) schneiden, ergibt sich ein Gleichungssystem, das so aussehen könnte:

$$\begin{array}{rcrcl} 3x & + & 4y & = & 1 \\ -2x & + & y & = & 3 \end{array}$$

Jede Zeile stellt die Beschreibung einer Geraden dar, die Kombination resultiert im Schnittobjekt. Im vorliegenden Fall ist das der eindeutige Punkt (–1, 1), wie Sie sich auch in Abbildung 6.1 geometrisch klar machen können:

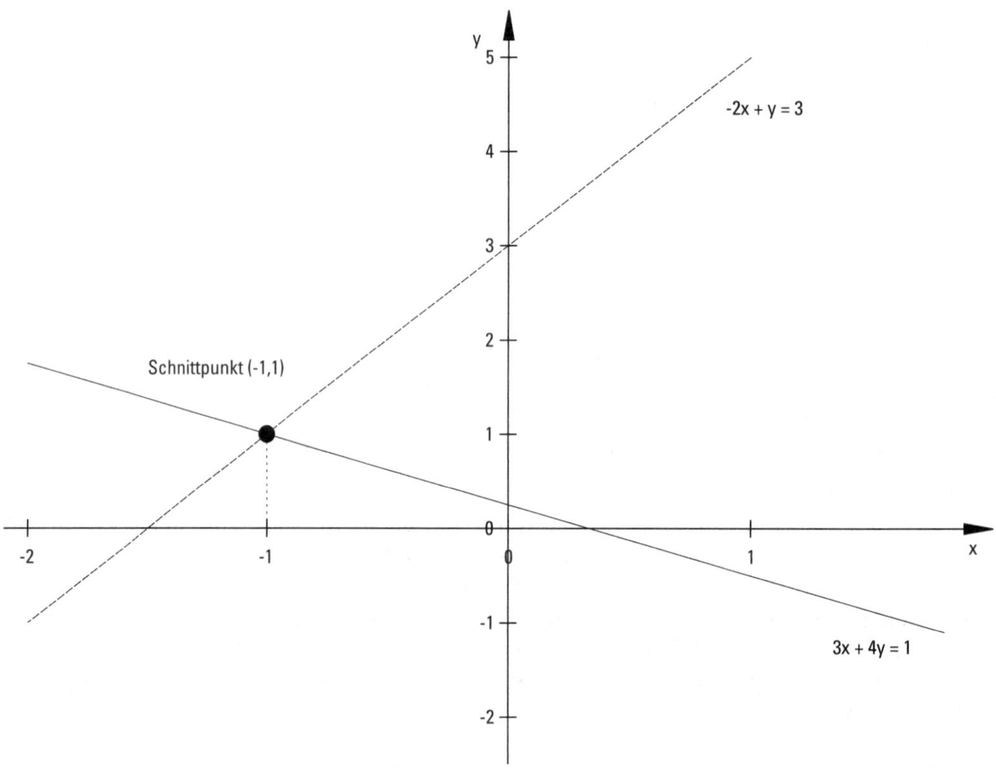

Abbildung 6.1: Schnitt zweier Geraden

Analog kommt es auch beim Schnitt von drei Ebenen im dreidimensionalen Raum ($\mathbb{R}^3$) zu einem quadratischen Gleichungssystem. Etwa zu diesem:

$$\begin{array}{rcrcrcr} -x & + & 4y & + & z & = & 10 \\ 2x & - & 3y & - & 2z & = & -10 \\ 6x & + & y & + & z & = & 11 \end{array}$$

Hier ergibt sich der eindeutige Punkt (1, 2, 3), wie Sie leicht durch Einsetzen in die Gleichung überprüfen können.

Die Stufenform

Im Eingangsbeispiel dieses Kapitels haben Sie gesehen, dass die systematische Lösung nach und nach das ursprüngliche LGS in eine Form überführt, bei der unterhalb der Hauptdiagonalen alle Einträge den Wert Null besitzen. Das ist aber nur ein Spezialfall. Es könnte ja ebenso sein, dass viel mehr Unbekannte als Gleichungen auftauchen. Auch dann wäre es immer noch eine gute Idee, ein Gleichungssystem zu erhalten, bei dem möglichst alle Werte »unten links« mit Null belegt sind. Das könnte zum Beispiel so aussehen:

$$\begin{array}{rcrcrcrcr} 3x_1 & + & 4x_2 & + & 2x_3 & - & 5x_4 & = & 12 \\ & & -x_2 & + & 3x_3 & + & 2x_4 & = & 23 \\ & & & & & & 8x_4 & = & 32 \end{array}$$

Die dicke schwarze Linie sollte Ihnen klarmachen, warum dieses LGS eine *Stufenform* besitzt.

Wer besonders pedantisch ist, kann auch zwischen *Zeilenstufenform* und *Spaltenstufenform* unterscheiden. Für die in diesem Kapitel relevanten Lösungsformen ist die Zeilenstufenform das Mittel der Wahl. Erst im nächsten Kapitel, wenn das Thema »Matrizen« lautet, werden Sie sehen, dass man wirklich alles umdrehen und vertauschen kann, auch Zeilen mit Spalten.

Sobald Sie die Stufenform eines LGS erreicht haben, sind Sie der Lösung schon sehr nahe. Sie beginnen ganz unten im Gleichungssystem und ermitteln den Wert der am weitesten rechts stehenden Variable.

Im obigen Beispiel ist offenbar $x_4 = 4$. Als nächstes ersetzen Sie in allen Gleichungen darüber die betroffene Variable durch deren Wert.

Für das Beispiel ergibt sich:

$$\begin{array}{rcrcrcrcr} 3x_1 & + & 4x_2 & + & 2x_3 & - & 20 & = & 12 \\ & & -x_2 & + & 3x_3 & + & 8 & = & 23 \\ & & & & & & 32 & = & 32 \end{array}$$

Sie können diese Technik *Rückwärtseinsetzen* nennen.

Das Rückwärtseinsetzen beginnt immer mit der untersten Zeile und funktioniert nur, wenn das LGS mindestens die Stufenform erreicht hat.

Die letzte Zeile beinhaltet nun keine Information mehr und kann gestrichen werden.

Bei den beiden oberen Zeilen wird der konstante Anteil wieder rechts vom Gleichheitszeichen gesammelt. Es ergibt sich nun:

$$\begin{array}{rcrcrcl} 3x_1 & + & 4x_2 & + & 2x_3 & = & 32 \\ & & -x_2 & + & 3x_3 & = & 15 \end{array}$$

Das Resultat besitzt nach wie vor eine Stufenform. Sie sollten nun von »rechts unten« beginnen und die überzähligen Variablen mit *freien Parametern* belegen.

Zum Beispiel bietet es sich an, $x_3 = \lambda$ zu setzen, wobei $\lambda \in \mathbb{R}$ jeden beliebigen Wert annehmen kann.

Sie erhalten:

$$\begin{array}{rcrcrcl} 3x_1 & + & 4x_2 & = & 32 & - & 2\lambda \\ & & -x_2 & = & 15 & - & 3\lambda \end{array}$$

Der Wert von x_2 steht schon fest: $x_2 = 3\lambda - 15$. Auch dies wird wiederum von unten nach oben, von rechts nach links eingesetzt:

$$3x_1 + 4(3\lambda - 15) = 32 - 2\lambda$$

Mittels Ausmultiplizieren und Aufsummieren der Konstanten und der »Lambdas« auf die rechte Seite ergibt sich:

$$3x_1 = 92 - 14\lambda \Rightarrow x_1 = \frac{92}{3} - \frac{14}{3}\lambda$$

Insgesamt haben Sie nun alle Variablen einer Lösung zugeführt:

$$x_1 = \frac{92}{3} - \frac{14}{3}\lambda$$

$$x_2 = 3\lambda - 15$$

$$x_3 = \lambda$$

$$x_4 = 4$$

Die Idealform

Angenommen, Sie stehen vor der wichtigen, aber schwierigen Aufgabe, ein LGS systematisch zu lösen. Plötzlich erscheint eine wundersame Fee und fragt Sie nach einer Wunschform für Ihr LGS. Welche würden Sie wählen?

Wie Sie im ersten großen Beispiel dieses Kapitels gesehen haben, ist die einfachste Gestalt eines quadratischen LGS eine solche, bei der alle Einträge bis auf jene in der Hauptdiagonalen Null sind.

$$\begin{array}{cccccccc} x_1 & +0x_2 & \cdots & + & 0x_n & = & b_1 \\ 0x_1 & +x_2 & \cdots & + & 0x_n & = & b_2 \\ \vdots & \vdots & \ddots & \vdots & \vdots & \vdots & \vdots \\ 0x_1 & + & \cdots & + & x_n & = & b_n \end{array}$$

Der Aufwand zur Bestimmung der Lösung hält sich nun sehr in Grenzen, weil der Lösungsvektor sofort abgelesen werden kann:

$$\begin{array}{ccc} x_1 & = & b_1 \\ x_2 & = & b_2 \\ \vdots & \vdots & \vdots \\ x_n & = & b_n \end{array}$$

Nun muss das ursprüngliche LGS jedoch keine quadratische Form aufweisen. Welchen Wunsch würden Sie also der Zauberfee mitteilen?

Sie wollen im Grunde so nah wie möglich an die oben erwähnte Gestalt, unabhängig davon, ob das LGS quadratisch ist oder nicht! Nun ist Ihr Wunsch einfach formuliert: Sie streben die *Idealform* des LGS an.

Um Sie nicht mit zu vielen Indizes zu verwirren, zeige ich Ihnen die Idealform zunächst anhand eines etwas komplizierteren Beispiels. Die Variablen lauten hier u, v, w, x, y, z:

$$\begin{array}{llll} u & & & -9x + 2y - 6z = 12 \\ & v & & +2x + 3y + 7z = 17 \\ & & w & -2x - 66y + 3z = 19 \end{array}$$

Das LGS besitzt nur drei Gleichungen, obwohl sechs Unbekannte im Spiel sind. Für die drei am weitesten links stehenden Variablen, also u, v und w, wurde das LGS so transformiert, dass oberhalb und unterhalb der sehr kurz geratenen Hauptdiagonalen alle Einträge zu Null werden. Der Rest bleibt unangetastet und wird zur Angabe der Lösungsmenge mit Parametern versehen.

In vereinfachter Darstellung, aber mit n Variablen und m+1 Gleichungen sieht das dann so aus:

$$\begin{array}{cccccccc|c} x_1 & x_2 & \cdots & x_k & x_{k+1} & x_{k+2} & \cdots & x_n & \\ \hline 1 & 0 & \ddots & 0 & a_{1k+1} & a_{1k+2} & \cdots & a_{1n} & b_1 \\ 0 & 1 & \cdots & \vdots & a_{2k+1} & a_{2k+2} & \cdots & a_{2n} & b_2 \\ 0 & 0 & \ddots & 0 & \vdots & \vdots & \ddots & \vdots & \vdots \\ \vdots & \cdots & 0 & 1 & a_{mk+1} & a_{mk+2} & \cdots & a_{mn} & b_m \\ 0 & \cdots & \cdots & 0 & 0 & \cdots & \cdots & 0 & b_{m+1} \end{array}$$

Links sehen Sie die bekannte Diagonalgestalt, während rechts die verbleibenden Koeffizienten dargestellt sind. Die unterste Zeile ist kritisch. Wenn $b_{m+1} = 0$, dann kann die Zeile ignoriert werden und für die Variablen x_{k+1} bis x_n sind freie Parameter zu wählen. Daraus lassen sich dann x_1 bis x_k eindeutig ermitteln.

Allerdings besitzt das LGS für $b_{m+1} \neq 0$ keine Lösung, denn dies wäre ja ein Widerspruch. Dazu zeige ich Ihnen ein instruktives Beispiel:

$$3x + 4y - z = 2$$
$$2x - y - 2z = 1$$
$$x + 5y + z = 2$$

Wenn Sie die beiden unteren Gleichungen aufaddieren, erhalten Sie:

$$3x + 4y - z = 3$$

Dies kollidiert mit der Aussage in der ersten Zeile, die bei genau derselben Konstellation an Koeffizienten ein anderes Ergebnis, nämlich 2 verlangt. Beides kann unmöglich durch irgendeine Belegung der Variablen x, y und z erfüllt werden. Das LGS ist damit unlösbar.

Höchste Zeit, dass Sie sich grundsätzlich mit den unterschiedlichen Lösungsmengen linearer Gleichungssysteme befassen.

Prinzipielle Lösungsmengen von LGSen

Bei Gleichungssystemen mit n Variablen kann es nicht eine beliebige Menge an Lösungen geben. Vielmehr sind die möglichen Lösungsräume sehr klar strukturiert. Jede dieser Möglichkeiten wird in den folgenden Abschnitten behandelt.

Eindeutige Lösung

Der einfachste Fall ist derjenige, bei der Sie allen n Variablen genau eine eindeutige reelle Zahl zuweisen. Sie sind inzwischen schon so weit fortgeschritten, dass Ihnen die Darstellung der Lösung als *Vektor* sofort einleuchtend erscheint.

Wenn Sie auch nur halb so vergesslich sind wie ich und Ihnen die genaue Bedeutung des *Vektors* unklar ist, hilft ein Blick in Kapitel 4 »Wen Amors Vektor trifft«. Nach dessen Lektüre sollten keine Fragen offen bleiben.

Falls Ihre Lösung beispielsweise folgende Werte ergibt,

$$\begin{aligned} x_1 &= b_1 \\ x_2 &= b_2 \\ \vdots &= \vdots \\ x_n &= b_n \end{aligned}$$

können Sie diese in vektorieller Schreibweise angeben:

$$\vec{x} = \begin{pmatrix} x_1 \\ \vdots \\ x_n \end{pmatrix} = \begin{pmatrix} b_1 \\ \vdots \\ b_n \end{pmatrix}$$

In der Mathematik ist es gebräuchlich, die Lösung hübsch fein in Form einer *Lösungsmenge* darzustellen:

$$L = \left\{ \begin{pmatrix} b_1 \\ \vdots \\ b_n \end{pmatrix} \right\}$$

Geometrisch können Sie eine eindeutige Lösung als einen Schnittpunkt deuten, der sich beim Schnitt von mehrdimensionalen grafischen Objekten ergibt. Dabei stellt jede lineare Gleichung mit n Variablen eine n – 1-dimensionale *Hyperebene* des n-dimensionalen euklidischen Raumes dar! Wenn Sie n von diesen unvorstellbaren Konstrukten miteinander schneiden, kann genau ein Punkt dabei herausspringen.

Alle Details zu Räumen, Ebenen und vielen anderen geometrischen Objekten finden Sie im Teil III dieses Buches: »Analytische Geometrie fürs Leben«!

Freie Parameter in der Lösung

Ein LGS kann keine zwei Lösungen besitzen, oder drei, oder fünfhundert. Wenn die Lösung eines LGS nicht eindeutig ist, dann gibt es sogleich unendlich viele Lösungen. Am besten zeige ich Ihnen das anhand eines Beispiels.

Betrachten Sie das folgende LGS:

$$\begin{array}{rcrcr} 2x & + & 4y & = & -2 \\ 4x & + & 8y & = & -4 \end{array}$$

Ich verrate Ihnen schon einmal zwei mögliche Lösungen. Das erste Lösungspärchen lautet $x_1 = 1$ und $y_1 = -1$. Ein zweites $x_2 = -3$ und $y_2 = 1$.

Meine Behauptung geht jetzt dahin, dass alle Punkte auf der Geraden, die durch (x_1, y_1) und (x_2, y_2) verläuft, ebenfalls Lösungen des LGS sind.

Wie Sie der Grafik aus Abbildung 6.2 entnehmen können, gehören beispielsweise die Punkte $(-1, 0)$ und $(0, -\frac{1}{2})$ zur Geraden; und diese stellen ebenfalls auch Lösungen des LGS dar.

Allerdings können Sie das auch algebraisch überprüfen, denn immerhin halten Sie ein Buch über lineare Algebra in Ihren Händen!

Gehen Sie zunächst ganz allgemein von einem beliebigen LGS aus; der Anschaulichkeit halber beschränken Sie sich auf zwei Gleichungen mit zwei Unbekannten:

$$\begin{array}{rcrcr} a_{11}x & + & a_{12}y & = & b_1 \\ a_{21}x & + & a_{22}y & = & b_2 \end{array}$$

Wenn (x_1, y_1) und (x_2, y_2) zwei Lösungen dieses LGS darstellen, gilt:

$$\begin{array}{rcrcr} a_{11}x_1 & + & a_{12}y_1 & = & b_1 \\ a_{21}x_1 & + & a_{22}y_1 & = & b_2 \\ a_{11}x_2 & + & a_{12}y_2 & = & b_1 \\ a_{21}x_2 & + & a_{22}y_2 & = & b_2 \end{array}$$

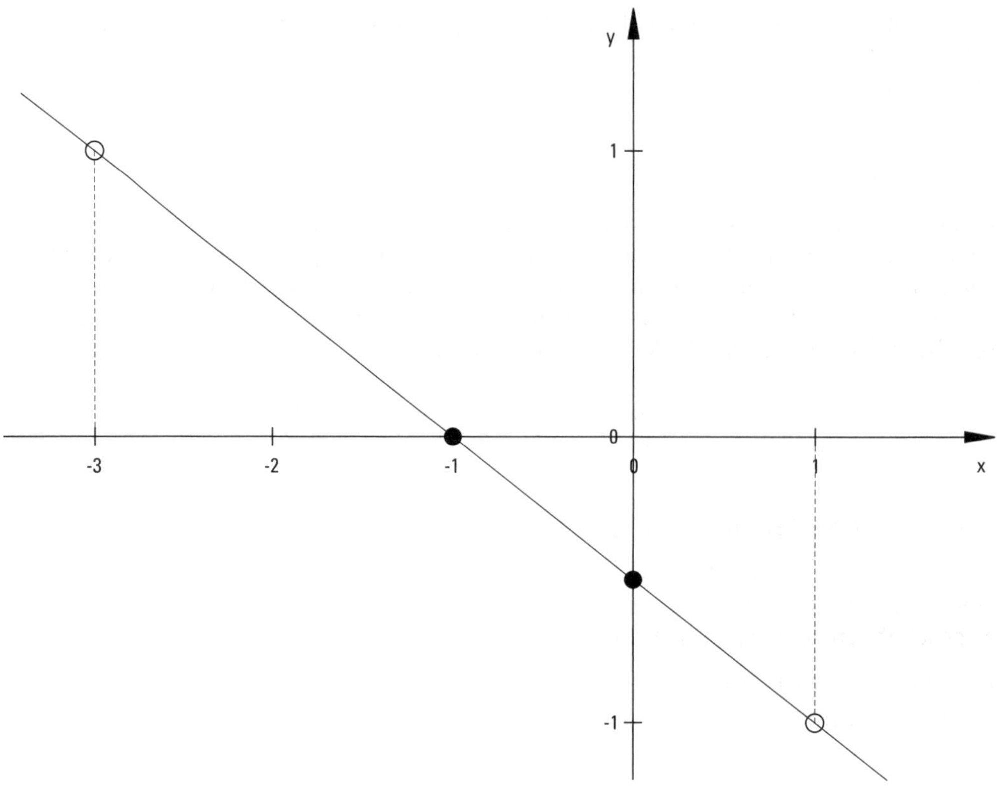

Abbildung 6.2: Lösungsgerade eines LGS

Sie konstruieren nun den Mittelpunkt (x_3, y_3) zwischen den beiden Lösungen. Dazu sollten Sie sich fragen, was $x = x_1 + x_2$ sowie $y = y_1 + y_2$ ergibt. Rechnen Sie es einfach aus! Sie erhalten:

$$\begin{aligned} a_{11}(x_1 + x_2) \quad + \quad a_{12}(y_1 + y_2) &= a_{11}x_1 + a_{12}y_1 + a_{11}x_2 + a_{12}y_2 = b_1 + b_1 = 2b_1 \\ a_{21}(x_1 + x_2) \quad + \quad a_{22}(y_1 + y_2) &= a_{21}x_1 + a_{22}y_1 + a_{21}x_2 + a_{22}y_2 = b_2 + b_2 = 2b_2 \end{aligned}$$

Wenn Sie diese beiden Gleichungen durch 2 dividieren, erwartet Sie auf der linken sowie auf der rechten Seite eine Überraschung:

$$\begin{aligned} a_{11}\left(\frac{x_1 + x_2}{2}\right) \quad + \quad a_{12}\left(\frac{y_1 + y_2}{2}\right) &= b_1 \\ a_{21}\left(\frac{x_1 + x_2}{2}\right) \quad + \quad a_{22}\left(\frac{y_1 + y_2}{2}\right) &= b_2 \end{aligned}$$

Demnach stellt $x_3 = \frac{x_1 + x_2}{2}$ und $y_3 = \frac{y_1 + y_2}{2}$ ebenfalls eine Lösung dar. Und der Punkt (x_3, y_3) liegt per Konstruktion genau in der Mitte auf der Geraden zwischen (x_1, y_1) und (x_2, y_2). Mit demselben Argument liegt zwischen der so erhaltenen dritten Lösung und den beiden ersten ebenfalls je eine weitere. Alle Lösungspunkte haben aber eines gemein: sie liegen auf einer gemeinsamen Geraden!

Eine einfache geometrische Betrachtung macht dies plausibel. Die beiden Gleichungen des LGS können als Beschreibungen je einer Geraden interpretiert werden. Wenn Sie diese Geraden schneiden, ergibt sich normalerweise im $\mathbb{R}^2$ ein Schnittpunkt. Hier aber haben Sie von Anfang an zwei Schnittpunkte erhalten. Dies ist nur möglich, wenn die beiden Geraden vollständig deckungsgleich sind. Damit gehört aber jeder Punkt der beiden Geraden zur Lösungsmenge.

In höherdimensionalen Räumen ist das ganz ähnlich. Wenn sich zwei Ebenen im $\mathbb{R}^3$ schneiden, kann das nicht zu einem einzigen oder zwei oder hundert Schnittpunkten führen. Sollte es überhaupt ein Schnittobjekt geben, dann ist das mindestens eine Gerade. Ebenfalls wäre möglich, dass die beiden Ebenen deckungsgleich sind. Dann ist das Schnittobjekt die Ebene selbst.

Eine Gerade verfügt über einen *Freiheitsgrad*, weil es sich um ein eindimensionales geometrisches Objekt handelt und Sie einen Parameter frei bestimmen können. Sie benötigen nur eine einzige Zahl, um eine exakte Position auf einer Geraden zu bestimmen. Eine Ebene dagegen besitzt zwei Freiheitsgrade, weil es sich um ein zweidimensionales Objekt handelt und Sie immer zwei Zahlen zur Positionsbestimmung brauchen.

Allgemein ist ein Freiheitsgrad eine Erweiterung einer Lösungsmenge um eine weitere Dimension.

Damit wird klar, dass der Lösungsraum eines gegebenen LGS ganz schön groß werden kann. Wenn mehr als ein Punkt zur Lösung gehört, dann sind es gleich unendlich viele.

Keine Lösungen

Ja, das kommt in den besten LGS-Familien vor: die Lösungsmenge kann auch leer sein. Wieder hilft Ihnen die geometrische Vorstellung linearer Gleichungssysteme. Wenn Sie zwei parallele Objekte schneiden wollen, ist das unmöglich. Die Lösungsmenge, die das Schnittobjekt repräsentiert, ist leer.

Sie erkennen eine leere Lösungsmenge bei der Bearbeitung eines LGS an einem – mehr oder weniger offensichtlichen – Widerspruch.

Sollten zwei gleiche linke Seiten eine unterschiedliche rechte Seite ergeben, geht das nicht mit rechten Dingen zu. Eine Lösung ist dann unmöglich. Schauen Sie sich dazu das folgende Beispiel an:

$$\begin{aligned} 3x + 4y - 7z &= 15 \\ 3x + 4y - 7z &= 16 \end{aligned}$$

Keine Belegung der Variablen kann bei gleichen Koeffizienten ein unterschiedliches Ergebnis produzieren. Die Lösungsmenge ist leer. Noch offensichtlicher ist dies, wenn Sie durch geschickte Transformation die linke Seite komplett verschwinden lassen. Sie könnten dazu im obigen Beispiel die obere Gleichung von der unteren abziehen und erhalten:

$$0 \cdot x + 0 \cdot y + 0 \cdot z = 1$$

Deutlicher kann der Widerspruch nicht ausfallen!

Das Gauß'sche Eliminationsverfahren zur Lösung von LGSen

Sie haben bereits im Eingangsbeispiel dieses Kapitels das Standardverfahren zur Lösung von linearen Gleichungssystemen in Aktion erlebt. Es geht zurück auf einen der berühmtesten Mathematiker überhaupt, sein Name ist Gauß.

Carl Friedrich Gauß

kannte im ausklingenden letzten Jahrhundert fast jeder in Deutschland – zumindest optisch – denn sein Konterfei zierte den letzten 10-DM-Schein, bis die Währung komplett durch den Euro abgelöst wurde.

Gauß wurde 1777 in Braunschweig geboren und lehrte ab 1807 in Göttingen. Er leistete auf sehr vielen mathematischen, aber auch physikalischen und astronomischen Gebieten Herausragendes.

Es folgen die wichtigsten Erkenntnisse, die auch heute noch sehr eng mit seinem Namen verbunden sind:

- ✔ Die Gaußsche komplexe Zahlenebene
- ✔ Der Gaußsche Integralsatz
- ✔ Die Gaußsche Glockenkurve (Standardnormalverteilung)
- ✔ Die Gaußsche Formel (der »kleine Gauß«)
- ✔ Die Gaußsche Triangulation
- ✔ Ach ja, nicht zu vergessen: das Gaußsche Eliminationsverfahren zur Lösung linearer Gleichungssysteme

Carl Friedrich Gauß verstarb 1855 und wurde in Göttingen begraben, allerdings kann das Gehirn des Genies noch heute in der medizinischen Fakultät der Universität Göttingen bewundert werden. Niemand konnte jedoch physiologische Ursachen ausmachen, die erklärt hätten, warum gerade dieses Organ derart Großes hervorbringen konnte.

Die Grundidee des *Gaußschen Eliminationsverfahrens* oder auch kurz des *Gaußalgorithmus* kann in einem Satz zusammengefasst werden.

Das Gaußsche Eliminationsverfahren transformiert ein gegebenes LGS in eine Zeilenstufenform.

Dabei müssen Sie allerdings behutsam vorgehen, um den Lösungsraum nicht zu verändern. In der Medizin würde man das Gaußsche Eliminationsverfahren als »minimalinvasiv« bezeichnen. Es geht sehr zart und sorgsam mit einem LGS um. Dabei sind folgende Operationen erlaubt:

- ✔ Vertauschen zweier Zeilen
- ✔ Vertauschen zweier Spalten
- ✔ Ersetzen einer Zeile durch die Summe dieser Zeile mit dem beliebigen Vielfachen einer anderen Zeile

Zunächst sollten Sie verstehen, dass diese Operationen tatsächlich den Lösungsraum nicht »beschädigen«. Das Vertauschen von Zeilen und Spalten ist offenbar unkritisch. Was ist mit der dritten Operation: wieso dürfen Sie eine Zeile ersetzen durch die Summe dieser Zeile und dem Vielfachen einer andern? Dies ist erlaubt, weil jede Zeile eine Rechenvorschrift für die unbekannten Variablen darstellt. Selbst wenn Sie die zu addierende Zeile mit Null multiplizieren würden, wäre die Handlung gestattet, denn hier verändert die Summe Ihre ursprüngliche Zeile nicht. Übrigens wird diejenige Zeile, deren Vielfaches Sie berechnen, im LGS unverändert übernommen.

Nach so viel abstrakter Diskussion machen Sie sich diesen Gedanken am besten anhand eines einfachen Beispiels klar:

$$\begin{array}{rcrcrcr} x & + & 2y & + & 3z & = & 6 \\ 3x & - & y & + & 2z & = & 4 \end{array}$$

Sie wenden nun die dritte Gauß-Operation auf die zweite Zeile des LGS an. Dabei resultiert die Summe dieser Zeile mit dem (–3)-Fachen der oberen Zeile in:

$$\begin{array}{rcrcrcr} x & + & 2y & + & 3z & = & 6 \\ & - & 7y & - & 7z & = & -14 \end{array}$$

Beachten Sie, dass sich die obere Zeile nicht verändert! Bei der unteren Zeile dagegen ist der Term mit der Variable x verschwunden. Das ist kein Zufall, denn gemäß des Gaußschen Eliminationsverfahrens sollte die Anwendung der Operation jeweils eine Unbekannte pro Zeile reduzieren.

Der folgende algorithmische Ablauf des Gaußschen Eliminationsverfahrens verdeutlicht Ihnen die Systematik, mit denen die einzelnen Operationen angewendet werden und die stets zum Ziel führt: ein LGS in die Zeilenstufenform zu transformieren.

1. Sie starten immer mit der obersten Gleichung und der am weitesten links stehenden Variablen. Nennen Sie diese Stelle die »aktuelle Position«. Die zugehörige Zeile ist die »aktuelle Zeile« und die Spalte entsprechend die »aktuelle Spalte«.
2. Der Eintrag an der aktuellen Position darf nicht Null sein. Dies gewährleisten Sie durch einen beliebigen Zeilentausch mit einer Zeile unterhalb der aktuellen oder durch einen beliebigen Spaltentausch mit einer Spalte rechts neben der aktuellen. Wenn Sie die freie Wahl haben, versuchen Sie an der aktuellen Position eine Eins (dem Betrage nach) zu erzeugen. Wenn es keine Möglichkeit mehr gibt, eine Null an der aktuellen Position zu »tauschen«, endet das Verfahren. Die Stufenform des LGS ist erreicht!
3. Alle Einträge exakt unterhalb der aktuellen Position müssen jetzt Null werden. Dazu verwenden Sie die dritte ***Gaußsche Operation***, indem Sie das passende Vielfache der aktuellen Zeile addieren.
4. Wenn entweder die aktuelle Zeile oder die aktuelle Spalte die jeweilig letzte im LGS ist, können Sie sich freuen: Das Ziel ist erreicht, Sie haben die Stufenform gefunden.
5. Ansonsten ermitteln Sie eine neue »aktuelle Position«, und zwar genau in der Zeile unterhalb und in der Spalte rechts neben der aktuellen. Damit haben Sie auch die neue »aktuelle Zeile« und die entsprechende »aktuelle Spalte« festgelegt.
6. Gehen Sie zu Schritt 2 und setzen Sie den Algorithmus fort!

Durch den Schritt 3 *eliminieren* Sie eine Unbekannte in der jeweilig betroffenen Zeile. Daher rührt der Name des Algorithmus.

Obwohl das Eingangsbeispiel zu diesem Kapitel das Verfahren bereits anschaulich illustriert, wird ein weiteres Beispiel an dieser Stelle nicht schaden.

Beispiel

Gegeben sei das folgende LGS:

$$\begin{array}{rcrcrcr} 3x & - & 2y & + & 5z & = & 7 \\ 2x & + & y & + & 2z & = & 5 \\ -x & + & 3y & - & 3z & = & -2 \end{array}$$

Sie überführen dieses System zunächst in eine übersichtliche Gestalt:

x	y	z	
3	–2	5	7
2	1	2	5
–1	3	–3	–2

Die erste *aktuelle Position* findet sich in Zeile 1 und Spalte 1. Der Schritt 2 des beschriebenen Verfahrens muss jetzt nicht unbedingt durchgeführt werden, weil sich an dieser Stelle keine Null findet. Einem Computer wäre die 3 auch recht, jedoch würde ich Ihnen als menschlichen Löser empfehlen, die erste mit der dritten Zeile zu vertauschen, damit der Koeffizient –1 in der ersten Zeile steht. Sie werden sehen, dass dies das Leben erleichtert.

x	y	z	
–1	3	–3	–2
2	1	2	5
3	–2	5	7

Jetzt sind Sie bereits im Schritt 3 des Algorithmus angelangt. Für die Zeilen 2 und 3 des LGS ergeben sich hier klassische Gaußoperationen.

Für die Zeile 2 erhalten Sie als »passendes Vielfaches« von Zeile 1 den Wert 2. Für die dritte Zeile ergibt sich als Vielfaches von Zeile 1 der Faktor 3. Sie sehen, dass es sich ausgezahlt hat, den ersten Zeilentausch vorzunehmen. Anderenfalls wären die nun zu bildenden Vielfachen stets Brüche mit Nenner 3.

Während der Durchführung des Gauß-Algorithmus sollten Sie Brüche so lange wie möglich vermeiden. Ideal ist es, durch Spalten- oder Zeilentausch eine 1 an die aktuelle Position zu bringen.

Sie müssen also die zweite Zeile durch die Summe dieser Zeile und dem Doppelten der ersten Zeile ersetzten. Zugleich ersetzen Sie die dritte Zeile durch die Addition dieser Zeile mit dem 3-Fachen der ersten Zeile. Insgesamt ergibt sich:

x	y	z	
–1	3	–3	–2
0	7	–4	1
0	7	–4	1

Im 5. Schritt des Gaußalgorithmus erhöhen Sie die Indizes der aktuellen Zeile und Spalte. Der 6. Schritt besagt, dass Sie erneut von vorne anfangen müssen, jedoch beginnend in der zweiten Zeile und der zweiten Spalte.

Glücklicherweise ist jetzt kein weiterer Tausch nötig und Sie gehen zum nächsten Schritt über, dem Schritt 3, nun bereits zum zweiten Mal. Als »passendes Vielfaches« ergibt sich –1. Ergo ersetzen Sie die dritte Zeile durch die Summe dieser dritten Zeile und dem Minus-Einfachen der zweiten Zeile. Es ergibt sich:

x	y	z	
–1	3	–3	–2
0	7	–5	1
0	0	0	0

Eine Zeile, die aus lauter Nullen besteht, kann auch weggelassen werden. Der reine Gaußalgorithmus ist jetzt fertig. Durch Vorgabe eines Parameters, etwa $z = \lambda$ und weiteres *Rückwärtseinsetzen* dieses Wertes erhalten Sie die Lösungen für x und y. Allerdings ist das noch mit einem gewissen Aufwand verbunden.

Der Gauß-Jordan-Algorithmus

Der deutsche Mathematiker Wilhelm Jordan, der noch ein kleiner Junge war, als Gauß starb, erweiterte das Eliminationsverfahren konsequent zum *Gauß-Jordan-Algorithmus (GJA)*. Zusätzlich zu den Gaußschen Operationen erlaubt er noch eine weitere:

- ✔ Multiplizieren einer Zeile des LGS mit einem beliebigen Wert ungleich Null

Mit dieser einfachen Erweiterung gelingt es Ihnen, anstatt der Zeilenstufenform des LGS sogar die *Idealform* zu erhalten und so erfüllt sich Ihr Wunsch an die Zauberfee.

Dabei werden primär weiterhin Gauß-Operationen angewendet, diesmal jedoch »von unten nach oben« anstatt umgekehrt. Es bietet sich an, die jeweiligen Ergebnisse auch tatsächlich von unten nach oben aufzuschreiben.

Angenommen, Ihr Gauß-Algorithmus hätte folgendes Resultat erzielt:

x	y	z	
5	2	3	16
0	3	–7	–37
0	0	4	16

Nun dürfen Sie, was im klassischen Gauß-Algorithmus nicht vorgesehen ist, die dritte Zeile durch 4 dividieren:

x	y	z	
5	2	3	16
0	3	–7	–37
0	0	1	4

Als nächstens werden die beiden oberen Werte in der z-Spalte eliminiert. Dazu addieren Sie nacheinander das (–3)-Fache der dritten auf die erste Zeile und das 7-Fache der dritten auf die zweite Zeile.

Sobald der Gauß-Algorithmus mit der Stufenform eines LGS terminiert, setzen Sie die weiteren Jordan-Schritte stets mit der Notation von unten an, das ist übersichtlicher!

x	y	z	
5	2	0	4
0	3	0	–9
0	0	1	4

Jetzt ist die mittlere Zeile durch 3 zu dividieren, damit links nur noch eine 1 übrig bleibt:

x	y	z	
5	2	0	4
0	1	0	–3
0	0	1	4

Sie sind fast fertig! Als nächstes stört die 2 in der y-Spalte. Diese kann durch Addition des (–2)-Fachen der zweiten Zeile zur ersten beseitigt werden:

x	y	z	
5	0	0	10
0	1	0	–3
0	0	1	4

Zum Schluss dividieren Sie die erste Zeile durch 5 und erhalten:

x	y	z	
1	0	0	2
0	1	0	–3
0	0	1	4

Den Lösungsvektor können Sie nun ohne weitere Rechnungen ablesen:

$$\begin{pmatrix} x \\ y \\ z \end{pmatrix} = \begin{pmatrix} 2 \\ -3 \\ 4 \end{pmatrix}$$

Die Jordansche Erweiterung des Gauß-Algorithmus erfolgt im Anschluss an das Erreichen der Zeilenstufenform. Wenn das LGS eine vollständige Dreiecksgestalt mit n Zeilen und n Spalten besitzt, können Sie den GJA folgendermaßen fortsetzen:

1. Sie starten jetzt mit der untersten Gleichung und der am weitesten rechts stehenden Variablen. Nennen Sie diese Stelle analog zur Gauß-Version die »aktuelle Position«. Die zugehörige Zeile ist wieder die »aktuelle Zeile«.
2. Dividieren Sie die komplette aktuelle Zeile durch den Wert an der aktuellen Position.
3. Alle Einträge genau oberhalb der aktuellen Position müssen jetzt Null werden. Dazu verwenden Sie erneut die dritte ***Gaußsche Operation***, indem Sie das passende Vielfache der aktuellen Zeile addieren. Dies ist jetzt viel einfacher, weil die aktuelle Position nach Schritt 2 den Wert 1 besitzt.
4. Sie sind bereits an der obersten Zeile angekommen? Wunderbar, dann besitzt das LGS Idealform und Sie sind fertig!
5. Ansonsten setzen Sie die neue »aktuelle Position« genau eine Zeile höher an und eine Spalte weiter links. Diese Zeile ist zugleich Ihre neue »aktuelle Zeile«.
6. Fahren Sie fort mit Schritt 2!

Lösung eines LGS über die erweiterte Koeffizientenmatrix

Der Gauß-Algorithmus verwendet zur Lösung eines LGS schon eine recht abstrakte Form, indem er alle Gleichheitszeichen »=« entfernt und auch auf die mehrfache Nennung der Variablen verzichtet.

Das können Sie allerdings noch weiter treiben, indem Sie aus den Koeffizienten der Gleichungen eine *Matrix* machen und aus den Konstanten auf der rechten Seite einen *Vektor*.

Wenn Sie zunächst Ihr Wissen in Sachen ***Matrizen*** auffrischen möchten, schlagen Sie einfach das Kapitel 7 auf. Sollten Sie Nachholbedarf in Sachen ***Vektorrechnung*** verspüren, wartet bereits Kapitel 4 auf Sie! Anderenfalls können Sie auch zum letzten Abschnitt des aktuellen Kapitels springen. Dort stelle ich Ihnen parametrisierte LGSe vor und wie diese mittels Gauß-Algorithmus – ganz ohne Matrizen – gelöst werden können.

Ein LGS der Form:

$$\begin{array}{ccccccc} a_{11}x_1 & + & \cdots & + & a_{1n}x_n & = & b_1 \\ a_{21}x_1 & + & \cdots & + & a_{2n}x_n & = & b_2 \\ \vdots & \vdots & \ddots & \vdots & \vdots & \vdots & \vdots \\ a_{m1}x_1 & + & \cdots & + & a_{mn}x_n & = & b_m \end{array}$$

besteht aus der *Koeffizientenmatrix*

$$A = \begin{pmatrix} a_{11} & \cdots & a_{1n} \\ a_{21} & \cdots & a_{2n} \\ \vdots & \ddots & \vdots \\ a_{m1} & \cdots & a_{mn} \end{pmatrix}$$

dem Variablenvektor

$$\vec{x} = \begin{pmatrix} x_1 \\ \vdots \\ x_n \end{pmatrix}$$

und dem Konstantenvektor

$$\vec{b} = \begin{pmatrix} b_1 \\ \vdots \\ b_m \end{pmatrix}$$

Das LGS entspricht damit der Matrizengleichung

$$A \cdot \vec{x} = \vec{b}$$

Tatsächlich lassen sich Informationen über die Lösungsmöglichkeiten eines LGS anhand der Koeffizientenmatrix bestimmen. Eine wichtige Rolle spielt dabei die ***Determinante*** von A.

Wenn die Determinante der Koeffizientenmatrix ungleich Null ist, besitzt das zugehörige LGS eine eindeutige Lösung.

Die Gauß-Operationen verändern den Betrag der Determinante der Koeffizientenmatrix nicht. Erst durch die Jordan-Erweiterung geht dieser Effekt des »minimalinvasiven« Gauß-Algorithmus verloren.

Sie sollten sich an dieser Stelle den üblen Kalauer »durch die Anwendung der Jordan Erweiterung des Gauß-Algorithmus geht die Determinante *über den Jordan*« verkneifen. Ich tue es ebenfalls …

Wenn Sie den Konstantenvektor in die Koeffizientenmatrix integrieren, entsteht die so genannte *erweiterte Koeffizientenmatrix* (A b):

$$(A\ b) = \begin{pmatrix} a_{11} & \cdots & a_{1n} & b_1 \\ a_{21} & \cdots & a_{2n} & b_2 \\ \vdots & \ddots & \vdots & \vdots \\ a_{m1} & \cdots & a_{mn} & b_m \end{pmatrix}$$

Wie Sie sehen, setzt der Gauß-Algorithmus genau bei dieser erweiterten Koeffizientenmatrix an. So können Sie die Gauß-Operationen auch als Manipulation der erweiterten Koeffizientenmatrix interpretieren, was die mathematische Handhabung erleichtert. An den konkreten Rechenschritten ändert dies selbstverständlich nichts.

Interessanterweise ergeben sich durch die Matrizendarstellung sogar neue Interpretationsmöglichkeiten dessen, was der Gauß-Algorithmus leistet. Genaueres erfahren Sie im folgenden Abschnitt, bei dem es um eine Aufteilung der Koeffizientenmatrix in eine linke und eine rechte Dreiecksmatrix geht. Das ganze firmiert unter der Bezeichnung »LR-Zerlegung«.

Es gibt zwei Typen von *Dreiecksmatrizen*. *Untere Dreiecksmatrizen* sind solche, bei denen alle Einträge oberhalb der Hauptdiagonalen Null sind. *Obere Dreiecksmatrizen* dagegen sind Null an allen Stellen unterhalb der Hauptdiagonalen.

Der Gauß-Algorithmus transformiert eine Koeffizientenmatrix in eine obere Dreiecksmatrix!

So geht es auch: LR-Zerlegung nach Gauß

Wenn Sie schon einmal Ihr LGS in Matrizenschreibweise dargestellt haben, stellt sich die Frage, wie die Matrizenoperationen im Gauß-Algorithmus aussehen. Eine typische Aufgabe besteht darin, das Vielfache k einer Zeile i zu einer Zeile j zu addieren. Dies lässt sich mit einer Matrix-Multiplikation bewerkstelligen. Dabei multiplizieren Sie lediglich von links eine Matrix, die einer *Einheitsmatrix* entspricht, bei der nur der Eintrag der Zeile j in Spalte i durch k ersetzt wurde.

Eine Einheitsmatrix ist eine Matrix, die überall auf der Hauptdiagonalen den Wert 1 aufweist, während alle anderen Einträge Null sind.

Beispiel

Am besten zeige ich Ihnen das Verfahren anhand einer allgemeinen 3×3-Matrix A, deren neun Einträge mit den Variablen »a« bis »j« versehen sind. Der Buchstabe »i« wird ausgelassen, damit Sie ihn nicht mit der imaginären Einheit der komplexen Zahlen verwechseln.

Nun soll – exemplarisch – das (–4)-Fache der ersten Zeile von A zur zweiten addiert werden.

Dies können Sie alleine durch eine Matrixmultiplikation erreichen! Multiplizieren Sie dazu einfach – von links – eine 3×3-Einheitsmatrix, bei der in Zeile 2 und Spalte 1 die Null durch –4 ersetzt wird. Sie erhalten:

$$B \cdot A = \begin{pmatrix} 1 & 0 & 0 \\ -4 & 1 & 0 \\ 0 & 0 & 1 \end{pmatrix} \cdot \begin{pmatrix} a & b & c \\ d & e & f \\ g & h & j \end{pmatrix} = \begin{pmatrix} a & b & c \\ -4a+d & -4b+e & -4c+f \\ g & h & j \end{pmatrix} = A'$$

Das entspricht meiner Behauptung: die Matrixmultiplikation erzeugt eine Matrix A', bei der in der zweiten Zeile das (–4)-Fache der ersten Zeile addiert worden ist. Die Gauß-Operationen sind also linksseitige Matrixmultiplikationen. Ändern Sie auch den Eintrag in der dritten Zeile der ersten Spalte, ist ebenso eine Gauß-Operation der dritten Zeile der Koeffizientenmatrix möglich.

Dies gilt für alle Einträge unterhalb der Haupt-Diagonalen. Wenn Sie von einer regulären Matrix ausgehen, produziert der Gauß-Algorithmus nicht nur als Ergebnis eine rechte obere Dreiecksmatrix R, sondern auch eine linke untere Dreiecksmatrix L, bei der alle Einträge der Hauptdiagonalen auf 1 verbleiben. Die Koeffizientenmatrix am Anfang des Algorithmus ist damit das Produkt aus L und R. Die Formel lautet dazu: ***A = L · R***.

Die zugehörige Matrizengleichung können Sie so schreiben:

$$A \cdot \vec{x} = (L \cdot R) \cdot \vec{x} = L \cdot (R \cdot \vec{x}) = \vec{b}$$

Mit $R \cdot \vec{x} = \vec{y}$ ergibt sich: $L \cdot \vec{y} = \vec{b}$. Damit haben Sie aus der ursprünglichen allgemeinen Matrizengleichung zwei Dreiecksmatrizengleichungen erzeugt, deren Lösungen einfacher zu bestimmen sind.

Angenommen, Sie haben die *LR-Zerlegung* erfolgreich durchgeführt. Dann erhalten Sie die Lösung des LGS in zwei Schritten.

1. **Zuerst ermitteln Sie die Werte von y aus der Matrizengleichung $L \cdot \vec{y} = \vec{b}$ durch *Vorwärtseinsetzen***

2. **Danach sollten Sie $R \cdot \vec{x} = \vec{y}$ angehen, indem Sie wie auch beim Gauß-Algorithmus üblich mittels *Rückwärtseinsetzen* die unbekannten Einträge von *x* bestimmen.**

Die Frage bleibt jedoch bestehen, wie Sie ohne Anwendung des Gauß-Algorithmus die ***LR-Zerlegung*** der Koeffizientenmatrix A bewerkstelligen können. Würden Sie nämlich den vollständigen Gauß-Algorithmus benötigen, wäre das Verfahren sinnlos. Dies ist aber glücklicherweise nicht der Fall. Dazu betrachten Sie exemplarisch wieder einmal eine allgemeine 3×3-Matrix mit LR-Zerlegung:

$$A = L \cdot R = \begin{pmatrix} 1 & 0 & 0 \\ d & 1 & 0 \\ g & h & 1 \end{pmatrix} \cdot \begin{pmatrix} a & b & c \\ 0 & e & f \\ 0 & 0 & j \end{pmatrix} = \begin{pmatrix} a & b & c \\ d \cdot a & d \cdot b + e & d \cdot c + f \\ g \cdot a & g \cdot b + e \cdot h & c \cdot g + f \cdot h + j \end{pmatrix}$$

Wie Sie sehen, entspricht die erste Zeile von R genau jener von A. Bei bekanntem a können Sie sofort durch Division d und g ermitteln, woraus wiederum e, f und h zu berechnen sind. Damit schließlich wird auch j klar. Bei geschicktem Vorgehen und der richtigen Wahl der Einträge lässt sich eine gegebene Koeffizientenmatrix A in L · R zerlegen, ohne den wesentlich aufwändigeren Gauß-Algorithmus anwenden zu müssen.

Beispiel

Gegeben sei die Koeffizientenmatrix

$$A = \begin{pmatrix} 2 & 1 & 4 \\ -2 & 3 & -4 \\ 2 & 0 & 3 \end{pmatrix}$$

Die LR-Zerlegung nach obigem Schema ergibt: a = 2, b = 1 und c = 4. Der Wert –2 in Spalte 1, Zeile 2 muss demnach d · a = –2 entsprechen, wodurch d zu –1 führt. Die 3 in der Mitte resultiert aus d · b + e. Demnach muss e = 4 gelten. Mit der entsprechenden Argumentation erhalten Sie –4 = d · c + f, woraus sich f = 0 schließen lässt. Wegen 2 = g · a folgt g = 1.

Weiter gilt g · b + e · h = 0. Das Auflösen nach h ergibt: h = –¼.

Schließlich fehlt nur noch der Wert von j. Hier finden Sie wegen c · g + f · h + j = 3 die Antwort j = –1. Insgesamt resultiert die LR-Zerlegung von A in:

$$A = \begin{pmatrix} 2 & 1 & 4 \\ -2 & 3 & -4 \\ 2 & 0 & 3 \end{pmatrix} = \begin{pmatrix} 1 & 0 & 0 \\ -1 & 1 & 0 \\ 1 & -\frac{1}{4} & 1 \end{pmatrix} \cdot \begin{pmatrix} 2 & 1 & 4 \\ 0 & 4 & 0 \\ 0 & 0 & -1 \end{pmatrix} = L \cdot R$$

Leider bleibt jedoch auch diese Rose nicht ohne Dornen. Durch das zweifache Vorwärts- und Rückwärtseinsetzen der finalen Lösung benötigt die LR-Zerlegung mehr Operationen als der klassische Gauß-Algorithmus. Allerdings gibt es Situationen, bei denen mehrere LGSe zu lösen sind, die sich nur im Konstantenvektor und nicht in der Koeffizientenmatrix unterscheiden. Hier kann die LR-Zerlegung auch aufgrund ihrer leichten Anwendbarkeit das Mittel der Wahl sein!

Betrachten Sie beispielsweise zur oben angegebenen Koeffizientenmatrix den Konstantenvektor

$$\vec{b} = \begin{pmatrix} 2 \\ 4 \\ -1 \end{pmatrix}$$

Es ergibt sich als Lösung des LGS, zunächst durch Vorwärtseinsetzen

$$\begin{pmatrix} 1 & 0 & 0 \\ -1 & 1 & 0 \\ 1 & -\frac{1}{4} & 1 \end{pmatrix} \cdot \begin{pmatrix} y_1 \\ y_2 \\ y_3 \end{pmatrix} = \begin{pmatrix} 2 \\ 4 \\ -1 \end{pmatrix} \Rightarrow \begin{matrix} y_1 & = & 2 \\ -y_1 + y_2 & = & 4 \\ y_1 - \frac{1}{4} y_2 + y_3 & = & -1 \end{matrix} \Rightarrow \vec{y} = \begin{pmatrix} 2 \\ 6 \\ -\frac{3}{2} \end{pmatrix}$$

Anschließend ist die Gleichung $R \cdot \vec{x} = \vec{y}$ durch Rückwärtseinsetzen zu bestimmen:

$$\begin{pmatrix} 2 & 1 & 4 \\ 0 & 4 & 0 \\ 0 & 0 & -1 \end{pmatrix} \cdot \begin{pmatrix} x_1 \\ x_2 \\ x_3 \end{pmatrix} = \begin{pmatrix} 2 \\ 6 \\ -\frac{3}{2} \end{pmatrix} \Rightarrow \begin{matrix} 2x_1 + x_2 + 4x_3 & = & 2 \\ 4x_2 & = & 6 \\ -x_3 & = & -\frac{3}{2} \end{matrix} \Rightarrow \vec{x} = \begin{pmatrix} -\frac{11}{4} \\ \frac{3}{2} \\ \frac{3}{2} \end{pmatrix}$$

Die Probe bestätigt, dass diese Lösung tatsächlich die Matrizengleichung $A \cdot \vec{x} = \vec{b}$ erfüllt:

$$\begin{pmatrix} 2 & 1 & 4 \\ -2 & 3 & -4 \\ 2 & 0 & 3 \end{pmatrix} \cdot \begin{pmatrix} -\frac{11}{4} \\ \frac{3}{2} \\ \frac{3}{2} \end{pmatrix} = \begin{pmatrix} 2 \\ 4 \\ -1 \end{pmatrix}$$

Determinanten zur Bestimmung von Lösungen

Es sieht aus wie Zauberei, aber tatsächlich lassen sich lineare Gleichungssysteme allein über merkwürdige Rechenoperationen der Koeffizienten bestimmen, vorausgesetzt die Lösung ist eindeutig.

Ergo müssen Sie als Erstes herausfinden, ob die Lösung eindeutig ist. Natürlich könnten Sie dazu den Gauß-Algorithmus anwerfen, der »wie eine Waschmaschine den Schmutz der Redundanz aus den Gleichungen auswäscht«. Sollte eine Zeile überflüssig sein, weil sie etwa die Summe aller anderen Zeilen darstellt, dann erkennt dies der Algorithmus und »putzt« das LGS, bis die Zeile eliminiert ist, das heißt, nur noch aus Nullen besteht.

Es geht aber auch einfacher. Dazu erzeugen Sie, wie im vorletzten Abschnitt beschrieben, aus den Koeffizienten des LGS eine *Matrix*. Anschließend bestimmen Sie die *Determinante* dieser Matrix.

Determinanten sind für das Verständnis dieses Abschnitts sehr bedeutsam. Wenn Ihnen dieser Begriff nicht geläufig ist, verschaffen Sie sich zumindest einen Grobüberblick in Kapitel 14 »Ganz bestimmte Determinanten«.

Falls die Determinante der Koeffizientenmatrix Null ist, besitzt das zugehörige LGS keine eindeutige Lösung.

Beispiel

Ein Beispiel sagt mehr als tausend Erklärungen. Aus dem Gleichungssystem

$$\begin{aligned} 3x - 2y + 3z &= -6 \\ 2x + 3y - z &= 15 \\ x + 2y - z &= 10 \end{aligned}$$

entnehmen Sie die Koeffizientenmatrix und bestimmen deren Determinante:

$$\begin{vmatrix} 3 & -2 & 3 \\ 2 & 3 & -1 \\ 1 & 2 & -1 \end{vmatrix} = -9 + 2 + 12 - 9 + 6 - 4 = -2$$

Nun haben Sie nicht nur herausgefunden, dass das LGS eine eindeutige Lösung besitzt, sondern zugleich schon einen wichtigen Schritt getan, um den exakten Wert der Lösung zu ermitteln.

Lösung à la Cramer & Cramer

Wir wissen bereits seit dem Jahre 1750 von der Methode, mittels Determinanten die Lösung eines LGS zu bestimmen. Diese geht auf den Schweizer Mathematiker Gabriel Cramer zurück, und sie ist erstaunlich einfach.

Bezeichnen Sie die Determinante der Koeffizientenmatrix mit Δ und mit Δ_i die Determinante derjenigen Matrix, die entsteht, wenn Sie die i-te Spalte der Koeffizientenmatrix durch den Konstantenvektor ersetzen, so können Sie die *Cramersche Regel* anwenden.

Cramersche Regel für lineare Gleichungssysteme mit eindeutiger Lösung: Die i-te Unbekannte des LGS ergibt sich aus dem Quotienten:

$$x_i = \frac{\Delta_i}{\Delta}$$

Das ist geradezu unfassbar simpel. So können Sie jede Unbekannte eines LGS einzeln bestimmen.

Als Beispiel setzen wir das LGS aus dem letzten Abschnitt an, dessen Determinante Sie bereits kennen. Ersetzen Sie zunächst die erste Spalte der zugehörigen Matrix durch die Konstantenspalte und bestimmen deren Determinante:

$$\begin{vmatrix} -6 & -2 & 3 \\ 15 & 3 & -1 \\ 10 & 2 & -1 \end{vmatrix} = 18 + 20 + 90 - 90 - 12 - 30 = -4$$

Nach der Cramerschen Regel können Sie x unmittelbar angeben:

$$x = \frac{-4}{-2} = 2$$

Weiter geht's! Jetzt ersetzen Sie die zweite Spalte der ursprünglichen Koeffizientenmatrix durch die Konstantenspalte:

$$\begin{vmatrix} 3 & -6 & 3 \\ 2 & 15 & -1 \\ 1 & 10 & -1 \end{vmatrix} = -45 + 6 + 60 - 45 + 30 - 12 = -6$$

Und schon haben Sie y »im Netz«.

$$y = \frac{-6}{-2} = 3$$

Den Wert für z sollten Sie nun selbst ermitteln, das Buch solange schließen und erst wieder öffnen, wenn Sie Ihre Lösung überprüfen möchten.

In der Zwischenzeit blende ich Ihnen noch einen kurzen Werbeblock ein:

Zahlreiche Aufgabenstellungen mit ausführlichen Lösungen zu allen in diesem Buch besprochenen Verfahren finden Sie im »Übungsbuch Lineare Algebra für Dummies«.

Ok. Sie haben Ihre Lösung ausgerechnet? Wunderbar, dann lesen Sie einfach weiter. Alles andere wäre gemogelt.

Für die Ermittlung von z ersetzen Sie die dritte Spalte der Koeffizientenmatrix durch die Konstantenspalte und bestimmen die zugehörige Determinante:

$$\begin{vmatrix} 3 & -2 & -6 \\ 2 & 3 & 15 \\ 1 & 2 & 10 \end{vmatrix} = 90 - 30 - 24 + 18 - 90 + 40 = 4$$

Das Ausrechnen von z ist bei diesen Zahlen auch ohne Taschenrechner möglich:

$$z = \frac{4}{-2} = -2$$

So schön und harmlos die Cramersche Regel aussieht, für größere LGS wird die Ermittlung der jeweiligen Determinanten im Allgemeinen sehr aufwändig. Dann kommt die Cramersche Regel nur noch zum Einsatz, wenn Sie die benötigten Determinanten einfach ermitteln können.

Inverse Matrizen zur Lösung einer Matrizengleichung

Den größten »Aha-Effekt« bei Studierenden erreicht die lineare Algebra im Allgemeinen durch die elegante Anwendung inverser Matrizen zur Lösung linearer Gleichungssysteme.

Wie Sie gesehen haben, können Sie ein LGS mittels der Koeffizientenmatrix A, dem Variablenvektor $\vec{x}$ und dem Konstantenvektor $\vec{b}$ als *Matrizengleichung* schreiben:

$$A \cdot \vec{x} = \vec{b}$$

Sollte die Matrix A regulär sein, lässt sich ihre Inverse A^{-1} ermitteln.

Update in Sachen Matrizeninvertierung gefällig? Dann gleich in Kapitel 7 im Abschnitt »Matrizen invertieren« nachlesen!

Eine Matrix A ist genau dann regulär, wenn ihre Determinante nicht verschwindet, wenn also gilt: $|A| \neq 0$

Sie multiplizieren auf beiden Seiten der Gleichung A^{-1} von links:

$$A^{-1} \cdot A \cdot \vec{x} = A^{-1} \cdot \vec{b}$$

Auf der linken Seite ergibt sich die Einheitsmatrix I, multipliziert mit $\vec{x}$, was wiederum in $\vec{x}$ resultiert. Als Lösung des LGS erhalten Sie:

$$\vec{x} = A^{-1} \cdot \vec{b}$$

Und schon ist die Lösung ermittelt!

Weil das so schön ist, zeige ich Ihnen dazu gleich ein Beispiel. Ausgehend vom LGS

$$\begin{array}{rcrcrcr} 3x & - & y & - & z & = & 2 \\ -x & + & y & & & = & -2 \\ -2x & - & y & + & z & = & 1 \end{array}$$

ergibt sich die Matrizengleichung:

$$\begin{pmatrix} 3 & -1 & -1 \\ -1 & 1 & 0 \\ -2 & -1 & 1 \end{pmatrix} \cdot \begin{pmatrix} x \\ y \\ z \end{pmatrix} = \begin{pmatrix} 2 \\ -2 \\ 1 \end{pmatrix}$$

und mit der Inversen von A die Lösung:

$$\begin{pmatrix} x \\ y \\ z \end{pmatrix} = \begin{pmatrix} -1 & -2 & -1 \\ -1 & -1 & -1 \\ -3 & -5 & -2 \end{pmatrix} \cdot \begin{pmatrix} 2 \\ -2 \\ 1 \end{pmatrix} = \begin{pmatrix} 1 \\ -1 \\ 2 \end{pmatrix}$$

Et voilà!

Parametrisierte LGS

Inzwischen beherrschen Sie alle wichtigen Prinzipien zur Lösung eines LGS; damit sind Sie bereit für die »Reifeprüfung«. Sie erhalten nämlich jetzt nicht nur ein gewöhnliches LGS mit n Unbekannten und m Gleichungen, sondern zusätzlich finden Sie einen Parameter

$r \in \mathbb{R}$ vor. Ihre Aufgabe besteht darin, eine allgemeine Lösung des LGS unter Angabe des Parameters anzugeben.

Die Dimension des Lösungsraumes kann vom Parameter r abhängen!

Einer der Gründe, warum Sie parametrisierte lineare Gleichungssysteme selbst lösen sollten, ist banal: Welcher Taschenrechner kann das schon?

Dazu gehen Sie vor wie gewohnt. Sie transformieren das LGS in eine leichter zu verarbeitende Variante und starten den Gauß-Algorithmus. Anschließend verwenden Sie die Gauß-Jordan Erweiterung, um Ihrem LGS Idealgestalt zu verleihen. Schließlich lesen Sie die Lösung ab beziehungsweise ergänzen Sie die freien Parameter in der Lösungsmenge.

Sie müssen bei jedem Schritt kontrollieren, ob durch die Verwendung des Parameters r eine Multiplikation mit Null erfolgen könnte. Dies ist stets dadurch zu umgehen, dass Sie eine *Fallunterscheidung* durchführen!

Wie immer sorgt auch hier ein Beispiel für Klarheit.

Beispiel

Das nachfolgende LGS repräsentiert mit dem freien Parameter $r \in \mathbb{R}$ eine ganze Schar von ähnlichen Gleichungssystemen, deren Lösungsmengen sich jedoch – je nach Wahl von r – sehr unterschiedlich darstellen.

$$\begin{array}{rcrcrcr} rx & + & ry & + & rz & = & 3r \\ -rx & + & 2y & & & = & -1 \\ x & + & y & + & rz & = & 5 \end{array}$$

Zuerst sollten Sie wie immer aufräumen. Dazu bringen Sie das LGS in eine übersichtliche Gestalt:

x	y	z	
r	r	r	$3r$
$-r$	2	0	-1
1	1	r	5

Für menschliche Löser bietet sich das Orientieren, mathematisch die *Pivotisierung* nach der dritten Zeile an (Einser in die aktuelle Zeile und Spalte setzen), um Brüche zu vermeiden. Sie erhalten:

x	y	z	
1	1	r	5
$-r$	2	0	-1
r	r	r	$3r$

Jetzt kann es richtig losgehen. Und schon taucht das erste Problem auf. Nach Gauß benötigen Sie hier das r-Fache der ersten Zeile. Das ist der richtige Moment für eine ***Fallunterscheidung***: Für den Fall, dass r = 0 gilt, wäre eine Multiplikation der ersten Zeile mit r nicht hilfreich. Also erhalten Sie

Fall A: r = 0

Das Schöne ist, dass Sie innerhalb dieses Falles in Ihrem LGS keinen Parameter vorfinden. Vielmehr ersetzen Sie alle Stellen, an denen ein r vorkommt, mit Null. Das ergibt:

x	y	z	
1	1	0	5
0	2	0	–1
0	0	0	0

Die letzte Zeile können Sie vergessen. Sie enthält keine verwertbare Information mehr. Allerdings ist auch die dritte Spalte komplett Null. Damit vereinfacht sich das LGS dramatisch:

x	y	
1	1	5
0	2	–1

Sie sind sogar mit reinen Gauß-Operationen am Ende Ihrer Bemühungen angelangt. Allerdings geht es nach Gauß-Jordan noch weiter.

Zuerst wird die 2 durch eine 1 ersetzt, indem Sie die untere Zeile durch 2 teilen:

x	y	
1	1	5
0	1	$-\frac{1}{2}$

Jetzt ziehen Sie die zweite Zeile von der ersten ab:

x	y	
1	0	$\frac{11}{2}$
0	1	$-\frac{1}{2}$

Damit können Sie das Ergebnis von x und y sofort ablesen. Da z nicht mehr auftaucht, ergibt sich für diese Variable ein freier Parameter $\lambda \in \mathbb{R}$. Als Lösungsmenge für den Fall A erhalten Sie:

$$L_A = \left\{ \frac{1}{2} \cdot \begin{pmatrix} 11 \\ -1 \\ 0 \end{pmatrix} + \lambda \begin{pmatrix} 0 \\ 0 \\ 1 \end{pmatrix} \middle| \lambda \in \mathbb{R} \right\}$$

Jetzt fahren Sie mit Fall B fort.

Fall B: $r \neq 0$

Sie starten mit dem LGS unmittelbar vor der Fallunterscheidung.

x	y	z	
1	1	r	5
$-r$	2	0	-1
r	r	r	$3r$

Hier dürfen Sie die obere Gleichung mit r multiplizieren und das Ergebnis auf die zweite Zeile aufaddieren. Im Anschluss summieren Sie das (–r)-Fache der ersten Zeile zur dritten auf:

x	y	z	
1	1	r	5
0	$r+2$	r^2	$5r-1$
0	0	$-r^2+r$	$-2r$

Durch einen glücklichen Umstand ist bereits jetzt die Dreiecksgestalt des LGS erreicht. Zur Anwendung des Gauß-Jordan-Verfahrens dividieren Sie die unterste Zeile durch $-r^2 + r$. Dürfen Sie das überhaupt? Um das zu untersuchen, sollten Sie als eine kleine Nebenrechnung feststellen, wann $-r^2 + r = 0$ gilt. Wegen $-r^2 + r = r \cdot (1 - r)$ ist dies genau dann der Fall, wenn entweder $r = 0$ oder $r = 1$. Im Fall B, den Sie hier bearbeiten, ist $r = 0$ ohnehin ausgeschlossen, also ist nur nach $r = 1$ eine weitere Fallunterscheidung auszuführen.

Fall B_1: $r = 1$

Ersetzen Sie nun jedes r durch 1, ergibt sich:

x	y	z	
1	1	1	5
0	3	1	4
0	0	0	-2

Die letzte Zeile ist sehr viel sagend. Der Widerspruch zeigt, dass die Lösungsmenge im Fall B_1 sehr, sehr klein ist:

$$L_{B_1} = \emptyset$$

Weiter geht es mit Fall B_2.

Fall B_2: $r \neq 1$ (sowie immer noch $r \neq 0$ von Fall B)

Hier dividieren Sie die dritte Zeile durch $-r^2 + r$:

x	y	z	
1	1	r	5
0	$r+2$	r^2	$5r-1$
0	0	1	$\frac{-2r}{-r^2+r}$

Das Ergebnis auf der rechten Seite sieht schon etwas wüst aus. Vergessen Sie nicht, den Term zu vereinfachen. Das bedeutet: durch r kürzen (was ok ist, da r = 0 ausgeschlossen) sowie Zähler und Nenner mit –1 multiplizieren.

In allen GJA-Schritten sollten alle Terme so früh als möglich vereinfacht, zusammengefasst oder gekürzt werden!

x	y	z	
1	1	r	5
0	$r+2$	r^2	$5r-1$
0	0	1	$\frac{2}{r-1}$

Das sieht vielleicht immer noch nicht sehr erquicklich aus. Lassen Sie sich dadurch nicht irre machen! Gehen Sie ruhig konsequent weiter nach Gauß-Jordan vor, das heißt zur ersten Zeile das (–r)-Fache der dritten und zur zweiten Zeile das $-r^2$-Fache der dritten addieren:

x	y	z	
1	1	0	$5+(-r)\cdot\frac{2}{r-1}$
0	$r+2$	0	$5r-1+(-r^2)\cdot\frac{2}{r-1}$
0	0	1	$\frac{2}{r-1}$

Die Terme auf der rechten Seite vereinfachen Sie nun zunächst in zwei Nebenrechnungen.

Nebenrechnung 1:

$$5+(-r)\cdot\frac{2}{r-1}=5+\frac{-2r}{r-1}=\frac{5(r-1)-2r}{r-1}=\frac{3r-5}{r-1}$$

Nebenrechnung 2:

$$5r-1+(-r^2)\cdot\frac{2}{r-1}=5r-1+\frac{-2r^2}{r-1}=\frac{(5r-1)(r-1)-2r^2}{r-1}=\frac{3r^2-6r+1}{r-1}$$

Jetzt sieht Ihr LGS so aus:

x	y	z	
1	1	0	$\frac{3r-5}{r-1}$
0	$r+2$	0	$\frac{3r^2-6r+1}{r-1}$
0	0	1	$\frac{2}{r-1}$

Schon besser, nicht wahr? Weiter geht es. Es ist Zeit, die mittlere Gleichung durch r + 2 zu dividieren. Das bedeutet: eine weitere Fallunterscheidung nach r = –2:

Fall B_{21}: r = –2

Das obige LGS sieht nun so aus:

x	y	z	
1	1	0	$\frac{11}{3}$
0	0	0	$-\frac{25}{3}$
0	0	1	$-\frac{2}{3}$

Die mittlere Zeile zeigt hier – wieder einmal – einen Widerspruch.

$$L_{B_{21}} = \varnothing$$

Wenn r ≠ –2 ist, können Sie fortfahren:

Fall B_{22}: r ≠ –2 (sowie immer noch: r ≠ 0, r ≠ 1)

Die Division der mittleren Zeile durch r + 2 ist nun erlaubt. Sie erhalten:

x	y	z	
1	1	0	$\frac{3r-5}{r-1}$
0	1	0	$\frac{3r^2-6r+1}{(r-1)(r+2)}$
0	0	1	$\frac{2}{r-1}$

Es wäre jetzt nicht besonders sinnvoll, den Nenner in der mittleren Konstantenspalte auszumultiplizieren. Vielmehr ist es besser, den Zähler zu faktorisieren, um gegebenenfalls zu kürzen. Dies ist hier jedoch leider nicht möglich.

Es verbleibt der letzte GJA-Schritt. Die zweite Zeile muss von der ersten abgezogen werden. Dazu ist wieder eine kleine Nebenrechnung angezeigt:

Nebenrechnung 3:

$$\frac{3r-5}{r-1} - \frac{3r^2-6r+1}{(r-1)(r+2)} = \frac{(3r-5)(r+2)-(3r^2-6r+1)}{(r-1)(r+2)} = \frac{7r-11}{(r-1)(r+2)}$$

Als Endergebnis für den Fall B_{22} erhalten Sie somit:

x	y	z	
1	0	0	$\frac{7r-11}{(r-1)(r+2)}$
0	1	0	$\frac{3r^2-6r+1}{(r-1)(r+2)}$
0	0	1	$\frac{2}{r-1}$

Die Lösungsmenge ist unmittelbar abzulesen:

$$L_{B_{22}} = \left\{ \begin{pmatrix} \frac{7r-11}{(r-1)(r+2)} \\ \frac{3r^2-6r+1}{(r-1)(r+2)} \\ \frac{2}{r-1} \end{pmatrix} \right\}$$

Als abschließende Aufgabe verbleibt Ihnen, die einzelnen Lösungen innerhalb der Fallunterscheidung in eine Gesamtlösung des parametrisierten LGS zu überführen:

$$L = \begin{cases} \varnothing & \textit{für} \quad r = 1 \vee r = -2 \\ \left\{ \frac{1}{2} \cdot \begin{pmatrix} 11 \\ -1 \\ 0 \end{pmatrix} + \lambda \begin{pmatrix} 0 \\ 0 \\ 1 \end{pmatrix} \middle| \lambda \in \mathbb{R} \right\} & \textit{für} \quad r = 0 \\ \begin{pmatrix} \frac{7r-11}{(r-1)(r+2)} \\ \frac{3r^2-6r+1}{(r-1)(r+2)} \\ \frac{2}{r-1} \end{pmatrix} & \textit{sonst} \end{cases}$$

Für einen konkreten Wert von r ergibt sich auch eine konkrete Lösung. So rechnen Sie zum Beispiel nach, dass für r = 3 eine nette Konstellation entsteht: x = y = z = 1.

Sie haben daher nicht nur ein einziges, sondern gleichzeitig – für jeden möglichen Wert von r – unendlich viele Gleichungssysteme gelöst!

Das ist nicht schlecht für die Arbeit von einer viertel Stunde …

Das nächste Kapitel macht Sie mit dem Thema Matrizen vertraut. Sollten Sie jedoch zuerst weiter an dem Phänomen der redundanten Informationen innerhalb eines LGS forschen wollen, empfehle ich Ihnen die Lektüre des Kapitels 8 »Die lineare Unabhängigkeitserklärung«.

Die Matrix ist überall

7

In diesem Kapitel ...

- Sinn und Konstruktion von Matrizen erkennen
- Die wichtigsten Matrizenoperationen beherrschen
- Bedeutsame Eigenschaften von Matrizen ermitteln
- Matrizen mit komplexen Einträgen verstehen
- Ähnlichkeit von Matrizen berechnen

In diesem Kapitel dreht sich alles um den Begriff der ***Matrix***. Einerseits werden Sie Matrizen als Erweiterung von Vektoren um weitere Spalten kennenlernen, andererseits stellt die Matrix als Element des Vektorraums selbst wiederum einen Vektor dar.

Auch wenn das noch verwirrend klingt, in diesem Kapitel werden alle scheinbaren Paradoxien aufgelöst und Sie werden den Umgang mit Matrizen, auch solchen mit komplexen Einträgen, als sehr wirkungsvoll und effektiv erkennen.

Wie eine Matrix das Leben erleichtert

Die Bedeutung der »Matrix« ist in der Realität nicht ganz so groß wie in dem gleichnamigen Science-Fiction Film der Wachowski-Brüder aus dem Jahre 1999. Dort besteht unsere gesamte sichtbare Welt aus einer gigantischen Matrix.

Allerdings wird Ihnen die Lektüre der nachfolgenden Abschnitte verdeutlichen, dass die mathematische Matrix als ein sehr wichtiges und hilfreiches Konzept die Modellierung komplizierter Sachverhalte erleichtert.

Dabei ist die Grundidee einer *Matrix* recht simpel. Wenn Sie nicht nur eine eindimensionale Anordnung von Zahlen benötigen, wie sie in Form von *Vektoren* aus n-Tupeln entsteht, sondern eine zweidimensionale Anordnung wie in einer Tabelle, ist die Matrix das Mittel der Wahl.

In Kapitel 4 werden alle notwendigen Informationen zum Thema Vektoren behandelt.

Stellen Sie sich vor, Sie sind für den Fuhrpark eines kleinen Beratungsunternehmens tätig, das über fünf PKW verfügt, die als Dienstwagen eingesetzt werden. Für jedes der Fahrzeuge verwalten Sie einige Eigenschaften, die pro Fahrt aktualisiert werden müssen, darunter der alte und neue Kilometerstand, sowie der Stand der Tankfüllung vor und nach der Fahrt.

Aus der so erstellten Tabelle 7.1 für den heutigen Tag

PKW-Nummer	Kilometerstand (vorher)	Kilometerstand (nachher)	Tank in Liter (vorher)	Tank in Liter (nachher)
1	24.299	24.358	64	59
2	898	898	34	34
3	11.879	12.321	54	19
4	23.933	23.985	43	40
5	129.642	129.857	25	12

Tabelle 7.1: Dienstwagenübersicht

entsteht auf natürliche Weise die Matrix A:

$$A = \begin{pmatrix} 24299 & 24358 & 64 & 59 \\ 898 & 898 & 34 & 34 \\ 11879 & 12321 & 54 & 19 \\ 23933 & 23985 & 43 & 40 \\ 129642 & 129857 & 25 & 12 \end{pmatrix}$$

Es hat sich in der Mathematik und auch den ingenieur- und naturwissenschaftlichen Fächern durchgesetzt, die Matrizen zur Unterscheidung von Skalaren und n-Tupeln mit Großbuchstaben zu benennen.

Dabei wird die *Bedeutung* der Zeilen und Spalten nicht mehr explizit notiert, sondern nur noch die Zahlenwerte im Inneren der Matrix, die auch als *Einträge* oder *Elemente* bezeichnet werden.

Bevor ich Ihnen im Detail zeige, welche mathematischen Operationen auf Matrizen möglich sind, sollte der wichtigste Anwendungsfall in einem eigenen Abschnitt behandelt werden.

Lineare Gleichungssysteme als Matrizen darstellen

Aus einem *linearen Gleichungssystem*, kurz *LGS* genannt, entsteht auf natürliche Weise eine Matrix A aus den Koeffizienten

$$\begin{array}{ccccccc} a_{11}x_1 & + & \cdots & + & a_{1n}x_n & = & b_1 \\ a_{21}x_1 & + & \cdots & + & a_{2n}x_n & = & b_2 \\ \vdots & \vdots & \ddots & \vdots & \vdots & \vdots & \vdots \\ a_{m1}x_1 & + & \cdots & + & a_{mn}x_n & = & b_m \end{array}$$

A heißt praktischerweise ***Koeffizientenmatrix***:

$$A = \begin{pmatrix} a_{11} & \cdots & a_{1n} \\ a_{21} & \cdots & a_{2n} \\ \vdots & \ddots & \vdots \\ a_{m1} & \cdots & a_{mn} \end{pmatrix}$$

Sollten Sie das Kapitel 6 über lineare Gleichungssysteme übersprungen haben und sich unsicher fühlen, wäre jetzt der richtige Zeitpunkt, diese Lektüre nachzuholen!

Jede *Zeile* von A entspricht einer Gleichung des LGS, jede *Spalte* einer Unbekannten.

Falls Unbekannte in einer Zeile des linearen Gleichungssystems nicht erscheinen, muss der zugehörige Eintrag der Koeffizientenmatrix auf Null gesetzt werden und darf nicht leer bleiben!

So führt Sie das konkrete LGS

$$\begin{array}{rcrcrcr} 3x & + & 4y & & & = & 7 \\ & - & 3y & + & 4z & = & 19 \end{array}$$

zur Koeffizientenmatrix A:

$$A = \begin{pmatrix} 3 & 4 & 0 \\ 0 & -3 & 4 \end{pmatrix}$$

Matrizen werden aufgrund der Anzahl an Zeilen m und Spalten n als m × n – Matrizen geschrieben (gesprochen: »*m kreuz n-Matrizen*«)

Eine Matrix, deren sämtliche Einträge Null sind, heißt ***Nullmatrix*** und wird mit »0« notiert:

$$\begin{pmatrix} 0 & \cdots & 0 \\ \vdots & \ddots & \vdots \\ 0 & \cdots & 0 \end{pmatrix} = 0$$

Die Darstellung einer Nullmatrix mit dem Zeichen »0« ist ebenso nahe liegend wie gefährlich. In Zukunft müssen Sie sich bei jeder Formel, die eine Null enthält, fragen, um welche Art von »Null« es sich denn handelt: eine klassische Null als Skalar und Körperelement, einen Nullvektor oder eine Nullmatrix? Aber keine Panik! Wenn es nicht eindeutig aus dem Kontext hervorgeht, werde ich Sie auf die jeweilige Bedeutung explizit hinweisen!

Der folgende Abschnitt zeigt Ihnen, was Sie alles mit Matrizen anstellen können.

Grundlegende Matrixoperationen

Vom mathematischen Stand aus betrachtet, spielt es keine Rolle, wo Sie Matrizen einsetzen oder welchen Sinn die jeweiligen Einträge besitzen. Vielmehr befasst sich die lineare Algebra mit den grundsätzlichen Operationen, die auf Matrizen erlaubt sind und den Regeln und Gesetzen, die für alle Matrizen gelten. Dabei sind grundsätzlich auch komplexe Zahlen als Einträge zulässig.

Addition von Matrizen

Analog zu den grundlegenden Vektorraum-Operationen ist die *Addition* zweier Matrizen sehr nahe liegend definiert.

Die in Kapitel 5 behandelten ***Vektorräume*** sind mathematische Strukturen, die neben der Addition die skalare Multiplikation und einige wichtige Regeln voraussetzen. Sobald diese erfüllt sind, heißen die Elemente solcher Vektorräume mit Recht *Vektoren*. Für n × m-Matrizen werden just diese Operationen und Gesetzte in den nachfolgenden Abschnitten beschrieben. Damit sind Matrizen ***Vektoren*** des jeweiligen Vektorraums über einem Zahlenkörper K.

Die einzige Voraussetzung für die Matrizenaddition besteht darin, dass die Anzahl an Zeilen und Spalten der beiden Summanden identisch sein muss. Allgemein sieht die Addition einer m × n-Matrix A

$$A = \begin{pmatrix} a_{11} & \cdots & a_{1n} \\ a_{21} & \cdots & a_{2n} \\ \vdots & \ddots & \vdots \\ a_{m1} & \cdots & a_{mn} \end{pmatrix}$$

und einer m × n-Matrix B

$$B = \begin{pmatrix} b_{11} & \cdots & b_{1n} \\ b_{21} & \cdots & b_{2n} \\ \vdots & \ddots & \vdots \\ b_{m1} & \cdots & b_{mn} \end{pmatrix}$$

dann so aus:

$$A + B = \begin{pmatrix} a_{11} + b_{11} & \cdots & a_{1n} + b_{1n} \\ a_{21} + b_{21} & \cdots & a_{2n} + b_{2n} \\ \vdots & \ddots & \vdots \\ a_{m1} + b_{m1} & \cdots & a_{mn} + b_{mn} \end{pmatrix}$$

Das Ergebnis ist wiederum eine m × n-Matrix, bei der die einander entsprechenden Einträge jeweils summiert werden.

Dazu gebe ich Ihnen noch ein konkretes Beispiel mit komplexen Elementen:

$$\begin{pmatrix} 3-i & 4 \\ 2+2i & -3i \end{pmatrix} + \begin{pmatrix} 5+2i & -4+i \\ -2+i & 1+3i \end{pmatrix} = \begin{pmatrix} 8+i & i \\ 3i & 1 \end{pmatrix}$$

Hier wird die Addition zweier Matrizen auf die Addition der Elemente zurückgeführt, die einem Zahlkörper entstammen.

Sie haben noch Fragen in Sachen Körper und Körpergesetze? Kapitel 3 »Körper und andere Welten« wartet schon mit den Antworten auf Sie!

So übertragen sich die Körpergesetze für die Addition – zumindest ein Stück weit – ebenso auf die Addition von Matrizen.

Im Einzelnen gelten folgende Gesetze für die m x n-Matrizen A, B und C:

- ✔ Das ***Assoziativgesetz***: A + (B + C) = (A + B) + C
- ✔ Das ***Kommutativgesetz***: A + B = B + A
- ✔ Die Nullmatrix als ***Neutralelement***: A + 0 = A, 0 + A = A

Skalare Multiplikation von Matrizen

Als nächstes benötigen Sie die *skalare Multiplikation*, das heißt die Multiplikation eines Skalars mit einer Matrix. Das ist eine gewaltige Aufgabe für einen einfachen Skalar, aber sie ist auf intuitive Weise definiert.

Wenn $k \in K$ ein beliebiger Skalar eines Zahlkörpers, zum Beispiel $\mathbb{R}$ oder $\mathbb{C}$, ist und A eine $m \times n$-Matrix, dann heißt die Operation

$$k \cdot A = \begin{pmatrix} k \cdot a_{11} & \cdots & k \cdot a_{1n} \\ k \cdot a_{21} & \cdots & k \cdot a_{2n} \\ \vdots & \ddots & \vdots \\ k \cdot a_{m1} & \cdots & k \cdot a_{mn} \end{pmatrix}$$

skalare Multiplikation von k mit A. Wie Sie sehen, wird der Skalar einfach mit jedem Element der Matrix multipliziert.

Auch hier zeige ich Ihnen ein Beispiel aus dem Bereich der komplexen Matrizen:

$$2i \cdot \begin{pmatrix} 3+i & 2 & 0 \\ -i & 1+i & 1 \end{pmatrix} = \begin{pmatrix} -2+6i & 4i & 0 \\ 2 & -2+2i & 2i \end{pmatrix}$$

So einfach diese Operation auch definiert ist, Sie müssen dennoch gefährliche Fallstricke vermeiden:

Zu beachten bei der skalaren Multiplikation von Matrizen ist …

- Die skalare Multiplikation erfolgt immer von links, so dass die Matrix immer rechts des Multiplikationszeichens steht
- Der Skalar muss mit den Einträgen der Matrix kompatibel sein. So können Sie einen reellen Skalar zu komplexen Einträgen multiplizieren, aber nicht umgekehrt.

Der Skalar vor der Matrix erlaubt es Ihnen, den Wert mit der bekannten und üblichen Mengenangabe zu identifizieren.

So gilt zum Beispiel:

$$A + A = 2 \cdot A = 2A$$

Das ist kein trivialer Zusammenhang, den Sie jedem Grundschüler klar machen können, sondern zeigt, wie die Matrix-Addition und die skalare Multiplikation harmonieren.

Auch hier kann ein konkretes Beispiel nicht schaden:

$$\begin{pmatrix} 2 & i \\ 3 & 0 \end{pmatrix} + \begin{pmatrix} 2 & i \\ 3 & 0 \end{pmatrix} = \begin{pmatrix} 4 & 2i \\ 6 & 0 \end{pmatrix} = 2 \cdot \begin{pmatrix} 2 & i \\ 3 & 0 \end{pmatrix}$$

Dies gilt allgemein auch für beliebig lange Summen:

$$\underbrace{A + \cdots + A}_{\text{n-mal}} = \sum_{i=1}^{n} A = n \cdot A$$

Im Falle des Skalars (–1) ergibt sich ein besonderer Aspekt, wenn Sie (–1) · A mit –A identifizieren. Dann können Sie nämlich die *Subtraktion* aus der Matrixaddition herleiten: A – B = A + (–1)B. Und damit lassen sich weitere Eigenschaften der skalaren Multiplikation und der Matrixaddition sehr anschaulich notieren. A und B sind wieder m × n-Matrizen, r und s sind jetzt Skalare eines Zahlkörpers K:

- ✔ A – A = 0 (hier kommt wieder die Nullmatrix ins Spiel)
- ✔ 0 · A = 0 (höllisch aufpassen: die linke 0 ist der Skalar des Körpers, rechts vom Gleichheitszeichen steht jetzt die Nullmatrix)
- ✔ 1 · A = A (sieht wieder trivial aus, gilt aber nur deshalb, weil sich das Einselement des Körpers auch bezüglich der Multiplikation innerhalb der Matrixelemente *neutral* verhält)
- ✔ r(A + B) = rA + rB, ein ***Distributivgesetz***
- ✔ (r + s)A = rA + sA, ein weiteres ***Distributivgesetz*** (Achtung: Das Pluszeichen links ist die Addition zweier Skalare im Körper, das Pluszeichen rechts dagegen die Matrixaddition!)

Als konkretes Beispiel für diese Regeln und Gesetze zeige ich Ihnen die Anwendung des oberen Distributivgesetzes, wobei r die komplexe Einheit i darstellt und als Matrizen A und B folgende gewählt wurden:

$$A = \begin{pmatrix} 2 & 1 \\ i & 0 \end{pmatrix}, B = \begin{pmatrix} 3 & -1 \\ 1+i & 1 \end{pmatrix}$$

Zuerst sollten Sie die linke Seite in Augenschein nehmen:

$$r(A+B) = i \cdot \left(\begin{pmatrix} 2 & 1 \\ i & 0 \end{pmatrix} + \begin{pmatrix} 3 & -1 \\ 1+i & 1 \end{pmatrix} \right) = i \cdot \begin{pmatrix} 5 & 0 \\ 1+2i & 1 \end{pmatrix} = \begin{pmatrix} 5i & 0 \\ -2+i & i \end{pmatrix}$$

Dieses Resultat sollte auch die rechte Seite erzielen:

$$rA + rB = i \cdot \begin{pmatrix} 2 & 1 \\ i & 0 \end{pmatrix} + i \cdot \begin{pmatrix} 3 & -1 \\ 1+i & 1 \end{pmatrix} = \begin{pmatrix} 2i & i \\ -1 & 0 \end{pmatrix} + \begin{pmatrix} 3i & -i \\ -1+i & i \end{pmatrix} = \begin{pmatrix} 5i & 0 \\ -2+i & i \end{pmatrix}$$

Erfreulicherweise stimmen beide Ergebnisse überein!

Punkt- vor Strichrechnung

Stets wird in den Formeln bei all den Gesetzen unterschwellig vorausgesetzt, dass die bekannte Regel »Punkt- vor Strichrechnung« eingehalten wird. Das ist weniger eine Rechenvorschrift denn eine Schreibvereinfachung. Wenn Klammern eingespart werden, muss dennoch klar bleiben, was gemeint ist. In diesem Sinne ist die skalare Multiplikation eine Punktrechnung und die Matrixaddition eine Strichrechnung. Daher gilt: $r \cdot A + B = (r \cdot A) + B$. Dagegen ist $r \cdot (A + B) = (r \cdot A) + (r \cdot B)$, was offenkundig einen Unterschied macht!

Matrix-Vektorprodukt

Eine $m \times n$-Matrix A kann mit einem Vektor v, speziell einem n-Tupel, auf folgende Weise multipliziert werden:

$$A \cdot v = \begin{pmatrix} a_{11} & \cdots & a_{1n} \\ a_{21} & \cdots & a_{2n} \\ \vdots & \ddots & \vdots \\ a_{m1} & \cdots & a_{mn} \end{pmatrix} \cdot \begin{pmatrix} v_1 \\ v_2 \\ \vdots \\ v_n \end{pmatrix} = \begin{pmatrix} a_{11} \cdot v_1 + a_{12} \cdot v_2 + \cdots a_{1n} \cdot v_n \\ a_{21} \cdot v_1 + a_{22} \cdot v_2 + \cdots a_{2n} \cdot v_n \\ \vdots \\ a_{m1} \cdot v_1 + a_{m2} \cdot v_2 + \cdots a_{mn} \cdot v_n \end{pmatrix}$$

Das Ergebnis ist dabei ein m-Tupel! In einem konkreten Zahlenbeispiel wird die recht merkwürdige Kombination aus Multiplikationen und Additionen klarer. Eine 2×3-Matrix kann demnach nur mit einem 3-Tupel multipliziert werden, und als Ergebnis erhalten Sie ein 2-Tupel:

$$\begin{pmatrix} 2 & 0 & 1 \\ 3 & -1 & 4 \end{pmatrix} \cdot \begin{pmatrix} 1 \\ 2 \\ -1 \end{pmatrix} = \begin{pmatrix} 2+0-1 \\ 3-2-4 \end{pmatrix} = \begin{pmatrix} 1 \\ -3 \end{pmatrix}$$

Die Einträge in der ersten Zeile der Matrix werden jeweils mit den entsprechenden Komponenten des Vektors multipliziert, die Einzelergebnisse aufaddiert und dies stellt die neue erste Komponente des Ergebnisvektors dar.

Das analoge Verfahren wird für die zweite Zeile der Matrix durchgeführt, um den zweiten Eintrag des Ergebnisvektors zu erhalten. Insgesamt verfügt die Matrix über m Zeilen, sodass im Ergebnisvektor ebenso m Komponenten verfügbar sind.

Als kleine Gedankenstütze können Sie sich folgendes Bild vor Augen führen:

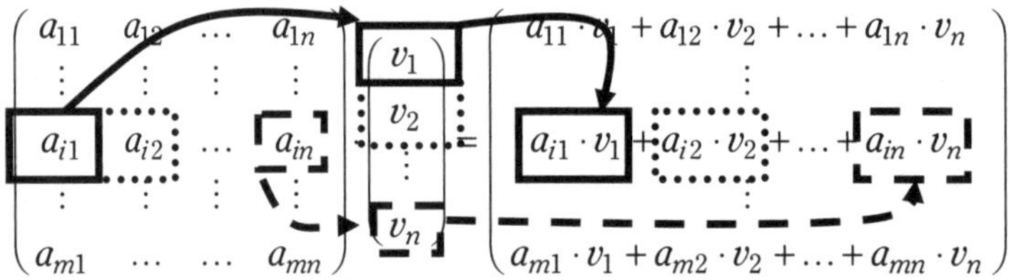

Bei der Matrix-Vektor-Multiplikation wird der Vektor stets rechts von der Matrix angeordnet!

Prägen Sie sich die Matrix-Vektor-Multiplikation ganz genau ein, dann können Sie viel leichter die ansonsten recht schwierige Matrixmultiplikation verstehen!

Matrixmultiplikation

Ein Vektor in Form eines n-Tupels ist doch im Grunde eine spezielle Matrix, die jedoch lediglich über eine einzige Spalte verfügt. Wenn Sie nun allgemein eine Matrix A mit einer zweiten Matrix B multiplizieren möchten, muss die Anzahl an Spalten von Matrix A genau mit der Anzahl an Zeilen der Matrix B übereinstimmen. Das Ergebnis wird dann aus derselben Zahl an Zeilen bestehen, über die auch Matrix A verfügt, während die Anzahl der Spalten im Ergebnis mit der Anzahl der Spalten von Matrix B übereinstimmt.

Die genaue Spezifikation sieht recht wüst aus. A sei dabei eine $m \times n$-Matrix, während B eine $n \times p$-Matrix ist:

$$A \cdot B \begin{pmatrix} a_{11} & \cdots & a_{1n} \\ a_{21} & \cdots & a_{2n} \\ \vdots & \ddots & \vdots \\ a_{m1} & \cdots & a_{mn} \end{pmatrix} \cdot \begin{pmatrix} b_{11} & \cdots & b_{1p} \\ b_{21} & \cdots & b_{2p} \\ \vdots & \ddots & \vdots \\ b_{n1} & \cdots & b_{np} \end{pmatrix}$$

$$= \begin{pmatrix} a_{11} \cdot b_{11} + a_{12} \cdot b_{21} + \ldots + a_{1n} \cdot b_{n1} & a_{11} \cdot b_{12} + a_{12} \cdot b_{22} + \ldots + a_{1n} \cdot b_{n2} & \cdots & a_{11} \cdot b_{1p} + a_{12} \cdot b_{2p} + \ldots + a_{1n} \cdot b_{np} \\ a_{21} \cdot b_{11} + a_{22} \cdot b_{21} + \ldots + a_{2n} \cdot b_{n1} & a_{21} \cdot b_{12} + a_{22} \cdot b_{22} + \ldots + a_{2n} \cdot b_{n2} & \cdots & a_{21} \cdot b_{1p} + a_{22} \cdot b_{2p} + \ldots + a_{2n} \cdot b_{np} \\ \vdots & \vdots & \ddots & \vdots \\ a_{m1} \cdot b_{11} + a_{m2} \cdot b_{21} + \ldots + a_{mn} \cdot b_{n1} & a_{m1} \cdot b_{12} + a_{m2} \cdot b_{22} + \ldots + a_{mn} \cdot b_{n2} & \cdots & a_{m1} \cdot b_{1p} + a_{m2} \cdot b_{2p} + \ldots + a_{mn} \cdot b_{np} \end{pmatrix}$$

Doch wenn Sie sich merken, dass zur Berechnung der ij-ten Komponente der Ergebnismatrix ausschließlich die i-te Zeile von A und die j-te Spalte von B verwendet wird, wirkt die Angelegenheit schon übersichtlicher:

$$\begin{pmatrix} a_{11} & a_{12} & \cdots & a_{1n} \\ \vdots & \vdots & \vdots & \vdots \\ \boxed{a_{i1} \quad a_{i2} \quad \cdots \quad a_{in}} \\ \vdots & \vdots & \vdots & \vdots \\ a_{m1} & \cdots & \cdots & a_{mn} \end{pmatrix} \cdot \begin{pmatrix} b_{11} & \cdots & b_{1j} & \cdots & b_{1p} \\ b_{21} & \cdots & b_{2j} & \cdots & b_{2p} \\ \vdots & \vdots & \vdots & \vdots & \vdots \\ b_{n1} & \cdots & b_{nj} & \cdots & b_{np} \end{pmatrix} = \begin{pmatrix} \cdots & \cdots & \cdots \\ \vdots & \boxed{a_{i1} \cdot b_{1j} + \ldots + a_{in} \cdot b_{nj}} & \vdots \\ \cdots & \cdots & \cdots \end{pmatrix}$$

Sie können die Matrixmultiplikation als eine gleichzeitige Matrix-Vektor-Multiplikation der linken Matrix mit den Spaltenvektoren der rechten auffassen.

Einige Leute versuchen sich das Leben zu vereinfachen, in dem sie die Faktoren der Matrizen geometrisch anders anordnen, und zwar nach dem so bezeichneten »*Falk-Schema*«. An den Kreuzungsstellen von Zeilen und Spalten ergibt sich die Zielkomponente:

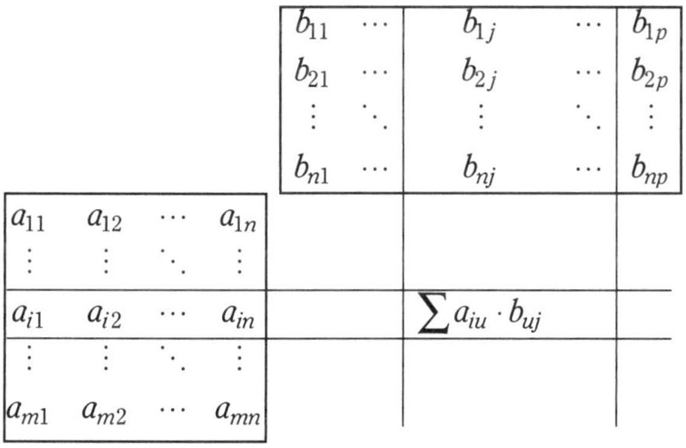

Das ist zwar nett, bedeutet aber einigen zusätzlichen Schreibaufwand für Sie und kann dennoch nicht über die einfache Tatsache hinwegtäuschen:

Um die Matrixmultiplikation zu beherrschen, hilft leider nur üben, üben, üben!

Vielleicht wollen Sie gleich mit folgendem Beispiel beginnen:

$$A = \begin{pmatrix} 2 & -1 & 0 & 4 \\ 3 & 0 & 1 & -2 \\ 1 & -2 & 2 & 1 \end{pmatrix}, B = \begin{pmatrix} -1 & 0 \\ 2 & -2 \\ 2 & 1 \\ -3 & 0 \end{pmatrix}$$

Als Ergebnis von A · B sollten Sie erhalten:

$$\begin{aligned} A \cdot B &= \begin{pmatrix} 2 & -1 & 0 & 4 \\ 3 & 0 & 1 & -2 \\ 1 & -2 & 2 & 1 \end{pmatrix} \cdot \begin{pmatrix} -1 & 0 \\ 2 & -2 \\ 2 & 1 \\ -3 & 0 \end{pmatrix} \\ &= \begin{pmatrix} 2\cdot(-1)+(-1)\cdot 2+0\cdot 2+4\cdot(-3) & 2\cdot 0+(-1)\cdot(-2)+0\cdot 1+4\cdot 0 \\ 3\cdot(-1)+0\cdot 2+1\cdot 2+(-2)\cdot(-3) & 3\cdot 0+0\cdot(-2)+1\cdot 1+(-2)\cdot 0 \\ 1\cdot(-1)+(-2)\cdot 2+2\cdot 2+1\cdot(-3) & 1\cdot 0+(-2)\cdot(-2)+2\cdot 1+1\cdot 0 \end{pmatrix} \\ &= \begin{pmatrix} -16 & 2 \\ 5 & 1 \\ -4 & 6 \end{pmatrix} \end{aligned}$$

Um unnötige Flüchtigkeitsfehler bei der Durchführung des Matrixprodukts zu vermeiden, halten Sie den Zeigefinger Ihrer linken Hand auf den jeweiligen Faktor der aktuellen Zeile der linken Matrix. Dabei bewegt sich die linke Hand nach jedem Teilsummanden um eine Stelle nach rechts. Zugleich weist der Zeigefinger der rechten Hand auf den Faktor in der aktuellen Spalte der rechten Matrix. Dieser Finger bewegt sich nach jeder Teilsumme um eine Stelle nach unten. Probieren Sie es aus: Das geht schnell und verursacht vergleichsweise wenig Fehler, denn wenn einer Ihrer Zeigefinger verrutscht, kommen beide nicht mehr gleichzeitig an und Sie bemerken sofort, dass etwas nicht stimmt!

Die Matrixmultiplikation weist einige sehr bemerkenswerte Eigenschaften auf, die das konkrete Rechnen von Aufgaben erleichtern. So gilt für die Matrizen A, B, C, unter der Voraussetzung, dass diese quadratisch sind (also Zeilen- und Spaltenzahl jeweils übereinstimmen) und den Skalar $k \in K$:

- ✔ $(A \cdot B) \cdot C = A \cdot (B \cdot C)$, das ***Assoziativgesetz***
- ✔ $A \cdot (B + C) = A \cdot B + A \cdot C$, das ***Rechts-Distributivgesetz***
- ✔ $(A + B) \cdot C = A \cdot C + B \cdot C$, das ***Links-Distributivgesetz***
- ✔ $k \cdot (A \cdot B) = (k \cdot A) \cdot B = A \cdot (k \cdot B)$, ***Verträglichkeit*** mit der skalaren Multiplikation
- ✔ $0 \cdot A = 0, A \cdot 0 = 0$, (Achtung: Alle Nullen in dieser Zeile stehen für Nullmatrizen!)

Bei der Matrixmultiplikation wird das Mal-Zeichen · häufig auch ganz weggelassen: $A \cdot B = AB$.

Ebenso kann wegen des Assoziativgesetzes die Klammerung bei mehreren Matrixmultiplikationen entfallen: $A(BC) = (AB)C = ABC$

Die Besonderheit der Matrixmultiplikation und damit auch der Grund, warum ich Ihnen zwei unterschiedliche Distributivgesetze vorstelle, besteht in dem, was *nicht* gilt: das ***Kommutativgesetz***. Sie erhalten also für $A \cdot B$ im Allgemeinen nicht dasselbe wie für $B \cdot A$. Abgesehen davon, dass diese Operation womöglich gar nicht definiert ist, weil die Anzahl an Spalten in B mit der Anzahl an Zeilen in A nicht übereinstimmt, passt es auch dann nicht, wenn diese Grundvoraussetzung zufälligerweise erfüllt ist.

Als ein Beispiel zeige ich Ihnen zwei 3×3-Matrizen A und B, und die beiden verschiedenen Resultate der Multiplikation $A \cdot B$ und $B \cdot A$. Zunächst zu den Matrizen:

$$A = \begin{pmatrix} 1 & 2 & 0 \\ 0 & -1 & 2 \\ -2 & 1 & 3 \end{pmatrix}, B = \begin{pmatrix} 2 & 0 & 4 \\ -1 & 0 & -1 \\ 3 & 1 & 2 \end{pmatrix}$$

Dabei ergibt:

$$A \cdot B = \begin{pmatrix} 1 & 2 & 0 \\ 0 & -1 & 2 \\ -2 & 1 & 3 \end{pmatrix} \cdot \begin{pmatrix} 2 & 0 & 4 \\ -1 & 0 & -1 \\ 3 & 1 & 2 \end{pmatrix} = \begin{pmatrix} 0 & 0 & 2 \\ 7 & 2 & 5 \\ 4 & 3 & -3 \end{pmatrix}$$

was deutlich verschieden ist von:

$$B \cdot A = \begin{pmatrix} 2 & 0 & 4 \\ -1 & 0 & -1 \\ 3 & 1 & 2 \end{pmatrix} \cdot \begin{pmatrix} 1 & 2 & 0 \\ 0 & -1 & 2 \\ -2 & 1 & 3 \end{pmatrix} = \begin{pmatrix} -6 & 8 & 12 \\ 1 & -3 & -3 \\ -1 & 7 & 8 \end{pmatrix}$$

Transposition von Matrizen

Nach dieser schwierigen Operation habe ich einen Abschnitt zur Erholung für Sie eingebaut. Eine sehr einfach zu verstehende und anzuwendende Matrixoperation: die *Transposition*. Das Wort rührt vom lateinischen »*transponere*« und bedeutet soviel wie »umsetzen«. Der Ausdruck selbst ist dabei schon fast komplizierter als die Operation selbst.

Die Transposition einer m × n-Matrix A resultiert in einer n × m-Matrix A^T, bei der alle Einträge in den Zeilen und Spalten genau vertauscht sind.

Formal sieht das so aus:

$$A = \begin{pmatrix} a_{11} & \cdots & a_{1n} \\ a_{21} & \cdots & a_{2n} \\ \vdots & \ddots & \vdots \\ a_{m1} & \cdots & a_{mn} \end{pmatrix} \Rightarrow A^T = \begin{pmatrix} a_{11} & \cdots & a_{m1} \\ a_{12} & \cdots & a_{m2} \\ \vdots & \ddots & \vdots \\ a_{1n} & \cdots & a_{mn} \end{pmatrix}$$

Wenn Sie eine Matrix A transponieren möchten, schreiben Sie die Einträge in den Zeilen von A einfach in die Spalten des Ergebnisses A^T.

Auch hierzu ist ein einfaches Beispiel angebracht:

$$\begin{pmatrix} 2 & 4 & -1 \\ 0 & -5 & 3 \end{pmatrix}^T = \begin{pmatrix} 2 & 0 \\ 4 & -5 \\ -1 & 3 \end{pmatrix}$$

So einfach die Transposition auch ausschaut, einige der hieraus resultierenden Regeln sind schon erstaunlich. A und B sind jetzt zwei m × n-Matrizen und $k \in K$ ein Körperskalar, zum Beispiel eine reelle oder komplexe Zahl:

- ✔ $(A + B)^T = A^T + B^T$, die Transposition ist also mit der Matrixaddition **verträglich**
- ✔ $(A^T)^T = A$, nicht sehr überraschend: die zweifache Anwendung der Transposition führt wieder zur ursprünglichen Matrix
- ✔ $(k \cdot A)^T = k \cdot A^T$, skalare Faktoren stören die Transposition nicht
- ✔ $(A \cdot B)^T = B^T \cdot A^T$, das ist schon etwas Besonderes: die Transposition harmoniert mit der Matrixmultiplikation, aber auf ungewöhnliche Weise, denn die Reihenfolge der Argumente muss **vertauscht** werden!

Insbesondere die letzte Beziehung sollte Ihre besondere Aufmerksamkeit genießen, weil die drei ersten Gesetze kaum der Rede wert sind. Das Vertauschen von Zeilen und Spalten führt weder bei der Matrixaddition noch bei der skalaren Multiplikation zu Komplikationen.

Für die Matrixmultiplikation schauen Sie sich einmal folgendes Beispiel an. Die linke Seite ergibt:

$$(A \cdot B)^T = \left(\begin{pmatrix} 2 & -1 & 0 \\ 3 & 0 & 4 \end{pmatrix} \cdot \begin{pmatrix} 1 & -1 \\ 2 & 0 \\ 3 & 2 \end{pmatrix} \right)^T = \begin{pmatrix} 0 & -2 \\ 15 & 5 \end{pmatrix}^T = \begin{pmatrix} 0 & 15 \\ -2 & 5 \end{pmatrix}$$

Und für die rechte Seite erhalten Sie folgendes Ergebnis:

$$B^T \cdot A^T = \begin{pmatrix} 1 & -1 \\ 2 & 0 \\ 3 & 2 \end{pmatrix}^T \cdot \begin{pmatrix} 2 & -1 & 0 \\ 3 & 0 & 4 \end{pmatrix}^T = \begin{pmatrix} 1 & 2 & 3 \\ -1 & 0 & 2 \end{pmatrix} \cdot \begin{pmatrix} 2 & 3 \\ -1 & 0 \\ 0 & 4 \end{pmatrix} = \begin{pmatrix} 0 & 15 \\ -2 & 5 \end{pmatrix}$$

Sie sehen: Es funktioniert!

Der Rang einer Matrix

Sicher ist Ihnen der Ausdruck »Rang« aus dem militärischen Bereich oder auch bei zivilen Hierarchien geläufig. Personen mit einem höheren Rang geben im Allgemeinen Anweisungen und delegieren Aufgaben an ihre Untergebenen.

Auch eine Matrix verfügt über einen *Rang*. Hier dürfen Sie zu Recht annehmen, dass die Höhe des Ranges mit der Anzahl an verwertbaren Informationen in den Zeilen beziehungsweise Spalten steigt.

Diesen Wert ermitteln Sie mit der »*Gaußschen Waschmaschine*«!

Alles über das Gaußsche Eliminationsverfahren zur »Beseitigung von Schmutz« in linearen Gleichungssystemen, und damit auch in Matrizen finden Sie in Kapitel 6 »LGS – Auf lineare Steine können Sie bauen!«

Der Gauß-Algorithmus transformiert ein lineares Gleichungssystem in die *Zeilenstufenform*.

Die konsequente und ausschließliche Anwendung von Gauß-Operationen verändert den Rang der Koeffizientenmatrix nicht!

Im Verlauf des Verfahrens entstehen möglicherweise Zeilen oder Spalten, die aus lauter Nullen bestehen. Diese Zeilen oder Spalten werden bei der Ermittlung des Ranges der Koeffizientenmatrix nicht mitgezählt!

Eine n × m-Matrix kann höchstens über einen Rang verfügen, der dem Minimum von n und m entspricht. Die Matrix ist dann *höchstrangig*.

Den Rang einer Matrix A notieren Sie mit *Rg(A)*.

Den niedrigsten Rang bekleidet eine Nullmatrix N. Es gilt: Rg(N) = 0. Ansonsten ist der Rang einer Matrix genau die Anzahl an Zeilen oder Spalten, die nach Anwendung des Gauß-Algorithmus nicht nur aus Nullen bestehen.

Auch für den Rang liste ich Ihnen wieder die wichtigsten Zusammenhänge auf:

✔ $Rg(A) = Rg(A^T)$, der Rang wird durch Transposition nicht verändert.

✔ $Rg(A) = Rg(\bar{A})$, der Rang wird durch komplexe Konjugation der Einträge nicht verändert

✔ $Rg(A + B) \leq Rg(A) + Rg(B)$, der Rang der Summe zweier Matrizen ist höchstens so groß wie die Summe der Einzelränge

✔ $Rg(AB) \leq \min\{ Rg(A), Rg(B) \}$, bei der Matrixmultiplikation überträgt sich der kleinere Rang auf das Ergebnis – im besten Falle

Die Matrixmultiplikation kann sogar einen noch niedrigeren Rang produzieren als das Minimum der Ränge der Faktoren, wie ich Ihnen an folgendem Beispiel zeigen möchte. Der Übersichtlichkeit halber gehe ich gleich von Matrizen in Zeilen- beziehungsweise Spaltenstufenform aus, wie sie als Resultat des Gauß-Algorithmus entstehen. Betrachten Sie die folgenden beiden Matrizen:

$$A = \begin{pmatrix} 1 & 2 & 1 \\ 0 & 1 & 0 \\ 0 & 0 & 0 \end{pmatrix}, \mathrm{B} = \begin{pmatrix} 1 & 2 & 1 \\ 0 & 1 & 1 \\ 0 & 0 & 0 \end{pmatrix}$$

Beide Matrizen verfügen über denselben Rang, nämlich Rg(A) = Rg(B) = 2, weil jeweils nur eine Zeile aus lauter Nullen besteht. Wegen $Rg(B^T) = Rg(B)$ ist auch der Rang der zu B transponierten Matrix 2. Allerdings schauen Sie sich einmal das Produkt $A \cdot B^T = C$ an:

$$C = A \cdot B^T = \begin{pmatrix} 1 & 2 & 1 \\ 0 & 1 & 0 \\ 0 & 0 & 0 \end{pmatrix} \cdot \begin{pmatrix} 1 & 0 & 0 \\ 2 & 1 & 0 \\ 1 & 1 & 0 \end{pmatrix} = \begin{pmatrix} 6 & 3 & 0 \\ 2 & 1 & 0 \\ 0 & 0 & 0 \end{pmatrix}$$

Die erste Zeile von C ist exakt das Dreifache der zweiten Zeile. Die Anwendung des Gauß-Algorithmus auf C zur Herstellung der Zeilenstufenform ergibt schließlich:

$$C' = \begin{pmatrix} 6 & 3 & 0 \\ 0 & 0 & 0 \\ 0 & 0 & 0 \end{pmatrix}$$

Wegen $Rg(C') = Rg(C) = Rg(A \cdot B^T) = 1$ ist damit der Rang des Matrixprodukts sogar noch kleiner als das Minimum der Ränge der einzelnen Faktoren!

Attribute von Matrizen

Jetzt wird es höchste Zeit, dass Sie sich mit speziellen Matrizen befassen, für die auch der Rang, aber nicht nur dieser, eine besondere Bedeutung besitzt.

Quadratische Matrizen

Sie haben gesehen, dass für verschiedene Operationen, etwa die Multiplikation, die Anforderungen an die Zeilen- und Spaltenzahl der beteiligten Matrizen genau erfüllt sein müssen.

Um diesem leidigen Thema aus dem Weg zu gehen, möchte ich Ihre Aufmerksamkeit in diesem Abschnitt auf ***quadratische Matrizen*** lenken. Das sind solche, deren Zeilen- und Spaltenzahl gleich ist.

$$A = \begin{pmatrix} a_{11} & \cdots & a_{1n} \\ a_{21} & \cdots & a_{2n} \\ \vdots & \ddots & \vdots \\ a_{n1} & \cdots & a_{nn} \end{pmatrix}$$

Diese n × n- oder passender Weise auch n^2-Matrizen genannt, haben einige hübsche Eigenschaften, die Ihnen gefallen werden:

- ✔ Quadratische Matrizen ändern ihre Dimension durch Transposition nicht.
- ✔ Sie können mit beliebigen anderen quadratischen Matrizen der gleichen Dimension von links oder von rechts multipliziert werden.
- ✔ Quadratische Matrizen können potenziert, also mehrfach hintereinander mit sich selbst multipliziert werden.
- ✔ Für quadratische Matrizen existieren *Einheitsmatrizen*, die von links oder von rechts multipliziert wie ein *Neutralelement* wirken.

Den letzten Punkt sollten Sie sich genauer ansehen. n^2-Einheitsmatrizen werden meist mit I_n abgekürzt und besitzen folgende Gestalt:

$$I_n = \begin{pmatrix} 1 & 0 & \cdots & 0 \\ 0 & 1 & & \vdots \\ \vdots & & \ddots & 0 \\ 0 & \cdots & 0 & 1 \end{pmatrix}$$

Sie bestehen aus lauter Nullen, lediglich auf der langen Diagonalen von oben links nach unten rechts, der *Hauptdiagonalen*, befinden sich Einsen.

Das folgende Beispiel zeigt Ihnen, dass eine Einheitsmatrix tatsächlich von links oder von rechts multipliziert werden darf und sich auf das Endergebnis nicht auswirkt:

$$A \cdot I_3 = \begin{pmatrix} 2 & 2 & -6 \\ 3 & 0 & 4 \\ -4 & 7 & 1 \end{pmatrix} \cdot \begin{pmatrix} 1 & 0 & 0 \\ 0 & 1 & 0 \\ 0 & 0 & 1 \end{pmatrix} = \begin{pmatrix} 2 & 2 & -6 \\ 3 & 0 & 4 \\ -4 & 7 & 1 \end{pmatrix}$$

$$I_3 \cdot A = \begin{pmatrix} 1 & 0 & 0 \\ 0 & 1 & 0 \\ 0 & 0 & 1 \end{pmatrix} \cdot \begin{pmatrix} 2 & 2 & -6 \\ 3 & 0 & 4 \\ -4 & 7 & 1 \end{pmatrix} = \begin{pmatrix} 2 & 2 & -6 \\ 3 & 0 & 4 \\ -4 & 7 & 1 \end{pmatrix}$$

Das gilt sogar für einzelne Vektoren, die Sie dann jedoch zwingend von der rechten Seite multiplizieren müssen:

$$I_3 \cdot v = \begin{pmatrix} 1 & 0 & 0 \\ 0 & 1 & 0 \\ 0 & 0 & 1 \end{pmatrix} \cdot \begin{pmatrix} x \\ y \\ z \end{pmatrix} = \begin{pmatrix} x \\ y \\ z \end{pmatrix}$$

Wo es aus dem Zusammenhang eindeutig hervorgeht oder belanglos ist, wird der Index der Einheitsmatrix auch weggelassen. Sie können dann zum Beispiel I statt I_3 schreiben.

Reguläre Matrizen

Die Existenz eines Neutralelements »schreit« förmlich nach der Frage einer *inversen Matrix*.

Die verschiedenen Verfahren zur Invertierung einer Matrix zeige ich Ihnen im Abschnitt »Matrizen invertieren« am Ende des Kapitels!

Wenn Sie eine quadratische Matrix A betrachten, so handelt es sich bei der Inversen A^{-1} um eine gleichfalls quadratische Matrix, sodass deren Produkt mit der Matrix A die Einheitsmatrix ergibt:

$$A \cdot A^{-1} = I$$

Eindeutigkeit der inversen Matrix

Es kann zu einer Matrix A höchstens eine einzige Inverse geben. Denn angenommen, es gäbe zwei Matrizen B und C, für die gilt:

$$A \cdot B = I \text{ sowie } A \cdot C = I$$

Könnten B und C verschieden sein? Um das herauszufinden, multiplizieren Sie beide Seiten der linken Gleichung von links mit C und erhalten:

$$C \cdot (A \cdot B) = C \cdot I$$

Wegen des Assoziativgesetzes der Matrixmultiplikation können Sie die Klammern auf der linken Seite verschieben:

$$(C \cdot A) \cdot B = C \cdot I$$

Da C Inverse von A ist, muss A auch Inverse von C sein. Das Produkt dieser Matrizen resultiert demnach in der Einheitsmatrix I:

$$I \cdot B = C \cdot I$$

I ist Neutralelement, ob von links oder von rechts multipliziert. Sie erhalten:

$$B = C$$

An dieser Rechnung erkennen Sie nicht nur das Faktum, dass eine Inverse Matrix tatsächlich *eindeutig* sein muss, sondern zugleich die Nützlichkeit der Gesetze, die Sie sich in den letzten Abschnitten erarbeitet haben.

Allerdings besitzt bei weitem nicht jede quadratische Matrix eine Inverse. Knöpfen Sie sich einfach einmal die Nullmatrix vor. Egal, wie Sie es anstellen, ob Sie von links oder von rechts multiplizieren, das Ergebnis der Matrixmultiplikation wird stets in der Nullmatrix resultieren, für die eben keine Inverse existiert. Die Nullmatrix ist also *nicht invertierbar*.

Eine (quadratische) Matrix heißt *regulär*, falls sie invertierbar ist.

Idempotente Matrizen

Im letzten Abschnitt haben Sie gesehen, dass quadratische Matrizen potenzierbar sind, also mehrfach mit sich selbst multipliziert werden dürfen. Daher macht die Schreibweise

$$\underbrace{A \cdots A}_{\text{m-mal}} = A^m$$

für jede quadratische Matrix A Sinn.

Allerdings – ob Sie es glauben oder nicht – es gibt Matrizen, die sich durch Multiplikation mit sich selbst überhaupt nicht verändern. Sie werden deshalb *idempotent* genannt, vom Lateinischen »*idem*« (dasselbe) und »*potentem*« (kraftvoll). Die sinngemäße Übersetzung lautet: »es bleibt dasselbe durch Potenzieren«. Und damit meine ich nicht nur die trivialen Fälle, wie sie Einheitsmatrizen darstellen.

Als Beispiel betrachten Sie einmal die folgende Matrix A:

$$A = \begin{pmatrix} \frac{5}{6} & \frac{1}{3} & -\frac{1}{6} \\ \frac{1}{3} & \frac{1}{3} & \frac{1}{3} \\ -\frac{1}{6} & \frac{1}{3} & \frac{5}{6} \end{pmatrix}$$

Zur besseren Anschauung ziehen Sie den skalaren Faktor von einem Sechstel vor die Matrix:

$$A = \frac{1}{6}\begin{pmatrix} 5 & 2 & -1 \\ 2 & 2 & 2 \\ -1 & 2 & 5 \end{pmatrix}$$

Und jetzt geht es ans Multiplizieren:

$$A^2 = A \cdot A = \frac{1}{6}\begin{pmatrix} 5 & 2 & -1 \\ 2 & 2 & 2 \\ -1 & 2 & 5 \end{pmatrix} \cdot \frac{1}{6}\begin{pmatrix} 5 & 2 & -1 \\ 2 & 2 & 2 \\ -1 & 2 & 5 \end{pmatrix} = \frac{1}{36}\begin{pmatrix} 30 & 12 & -6 \\ 12 & 12 & 12 \\ -6 & 12 & 30 \end{pmatrix}$$

$$= \frac{1}{6}\begin{pmatrix} 5 & 2 & -1 \\ 2 & 2 & 2 \\ -1 & 2 & 5 \end{pmatrix} = A$$

Und wenn $A^2 = A$ ist, gilt das selbstredend für jede noch höhere Potenz: $A^3 = A^2 \cdot A = A \cdot A = A^2 = A$ und so fort. Insgesamt gilt $A^n = A$ für alle $n > 0$.

Einen wichtigen Zusammenhang zwischen idempotenten Matrizen und zugehörigen linearen Abbildungen finden Sie in Kapitel 13 »Raubtierfütterung der Morphismen«.

Neben dem Begriff der *Idempotenz* finden Sie auch jenen der *Nilpotenz*. Das hat aber nichts mit einem sehr stattlichen Fluss in Ägypten zu tun. Vielmehr werden damit armselige Matrizen bezeichnet, deren Potenzierung für eine bestimmte Potenz – und damit automatisch auch für alle noch höheren – die Nullmatrix ergibt. Ein triviales Beispiel dafür ist die Nullmatrix selbst, ein anderes das folgende:

$$\begin{pmatrix} 0 & 1 & 1 \\ 0 & 0 & 0 \\ 0 & 0 & 0 \end{pmatrix}^2 = \begin{pmatrix} 0 & 1 & 1 \\ 0 & 0 & 0 \\ 0 & 0 & 0 \end{pmatrix} \cdot \begin{pmatrix} 0 & 1 & 1 \\ 0 & 0 & 0 \\ 0 & 0 & 0 \end{pmatrix} = \begin{pmatrix} 0 & 0 & 0 \\ 0 & 0 & 0 \\ 0 & 0 & 0 \end{pmatrix}$$

Idempotente Matrizen erzeugen

Falls es Ihnen jetzt »unter den Nägeln brennt«, wie Sie idempotente Matrizen selbst erzeugen können, habe ich das richtige Rezept für Sie parat. Erfinden Sie eine n × m-Matrix B, ganz egal, wie diese aussieht, und berechnen Sie anschließend: $A = B(B^T \cdot B)^{-1} B^T$. Sie werden erfreut feststellen, dass A nun idempotent ist. Übrigens habe ich so das Beispiel konstruiert. Wenn Sie es ganz genau wissen wollen: Ich hatte dazu

$$B = \begin{pmatrix} 1 & 0 \\ 2 & 1 \\ 3 & 2 \end{pmatrix}$$ gewählt.

Diagonalmatrizen

Sie sind schon faszinierend – Matrizen, die lediglich aus Elementen auf der Hauptdiagonalen bestehen. Sie werden als *Diagonalmatrizen* bezeichnet. Ein prominentes Beispiel haben Sie schon kennengelernt: die Einheitsmatrix. Der Rang einer Diagonalmatrix ist einfach die Zahl der Elemente ungleich Null. Außerdem wissen Sie aus dem letzten Kapitel, dass die Anwendung des Gauß-Jordan Algorithmus die Diagonalgestalt der Koeffizientenmatrix anstrebt. Wie Sie sehen, begegnen Sie in der Mathematik allen Begriffen – fast wie im richtigen Leben den Menschen – mindestens zweimal.

Gewissermaßen zwischen den allgemeinen Diagonalmatrizen und den sehr speziellen Einheitsmatrizen findet sich eine weitere Gattung, die so genannten *Skalarmatrizen*. Das sind einerseits vollwertige Diagonalmatrizen, aber die Zahlen auf der Hauptdiagonalen sind alle gleich, analog zur Einheitsmatrix. Nur muss der Wert hier nicht zwingend Eins sein. Skalarmatrizen S_k besitzen also folgende Gestalt:

$$S_k = \begin{pmatrix} k & 0 & \cdots & 0 \\ 0 & k & & \vdots \\ \vdots & & \ddots & 0 \\ 0 & \cdots & 0 & k \end{pmatrix} = k \cdot \begin{pmatrix} 1 & 0 & \cdots & 0 \\ 0 & 1 & & \vdots \\ \vdots & & \ddots & 0 \\ 0 & \cdots & 0 & 1 \end{pmatrix} = k \cdot I$$

Sie entstehen durch Multiplikation eines Skalars mit der Einheitsmatrix, daher der nahe liegende Name.

Spannenderweise gilt für Skalarmatrizen, was im Allgemeinen für Matrizen nicht gilt: sie *kommutieren*, das heißt, für Skalarmatrizen gilt das *Kommutativgesetz*.

Ein kleines Beispiel zur Untermauerung dieser nahezu ungeheuerlichen Behauptung sollte genügen:

$$A \cdot S_3 = \begin{pmatrix} 2 & 1 & 4 \\ 3 & 0 & 2 \\ -2 & -1 & 1 \end{pmatrix} \cdot \begin{pmatrix} 3 & 0 & 0 \\ 0 & 3 & 0 \\ 0 & 0 & 3 \end{pmatrix} = \begin{pmatrix} 6 & 3 & 12 \\ 9 & 0 & 6 \\ -6 & -3 & 3 \end{pmatrix}$$

$$S_3 \cdot A = \begin{pmatrix} 3 & 0 & 0 \\ 0 & 3 & 0 \\ 0 & 0 & 3 \end{pmatrix} \cdot \begin{pmatrix} 2 & 1 & 4 \\ 3 & 0 & 2 \\ -2 & -1 & 1 \end{pmatrix} = \begin{pmatrix} 6 & 3 & 12 \\ 9 & 0 & 6 \\ -6 & -3 & 3 \end{pmatrix}$$

Tatsächlich ist dieses Ergebnis viel weniger überraschend, wenn Sie sich klarmachen, dass eine Skalarmatrix S_k als das Produkt des Skalars k mit der Einheitsmatrix I interpretiert werden kann. Dann sieht die Sache schon wesentlich profaner aus:

$A \cdot S_k = A \cdot (k \cdot I) = k \cdot (A \cdot I) = k \cdot A$ und ebenso

$S_k \cdot A = (k \cdot I) \cdot A = k \cdot (I \cdot A) = k \cdot A$

Adjungierte von Matrizen bestimmen

Werfen Sie einen genauen Blick auf die Überschrift dieses Abschnitts. Das erste Wort lautet »Adjungierte« und nicht »Adjunkte«. Die beiden Wörter *Adjunkte* und *Adjungierte* einer Matrix klingen recht ähnlich, sind aber völlig verschieden!

In diesem Abschnitt werde ich Ihnen ein für allemal Klarheit darüber verschaffen, was die *Adjungierte* einer Matrix bedeutet.

Die *Adjunkte* einer Matrix wird im nächsten Abschnitt genauer unter die Lupe genommen!

Die Krönung der studentischen Irreführung besteht in der teilweisen Vermischung der Abkürzung adj(A) entweder für die Adjunkte oder die Adjungierte von A. Am besten verzichten Sie generell auf diese Darstellung!

Der Terminus der *Adjungierte* einer Matrix setzt bei der Transposition an. Für Matrizen mit reellen Einträgen fallen die beiden Bezeichnungen sogar komplett zusammen. Als Abkürzung für die Adjungierte einer Matrix A ist die Schreibweise A^* geläufig. Es gilt also für jede Matrix A mit Einträgen aus rationalen oder reellen Zahlen:

$$A^* = A^T$$

Sollten die Einträge von A jedoch aus dem Körper der komplexen Zahlen $\mathbb{C}$ stammen, sieht die Formel ein wenig anders aus:

$$A^* = \bar{A}^T = \overline{A^T}$$

Sie müssen die Einträge also zusätzlich noch komplex konjugieren, also das Vorzeichen des Imaginärteils umkehren. Ein kleines Beispiel hierzu:

$$\begin{pmatrix} 3+i & 0 & 1-i \\ -i & 2+2i & 0 \\ 2 & 3i & 6 \end{pmatrix}^* = \begin{pmatrix} 3-i & i & 2 \\ 0 & 2-2i & -3i \\ 1+i & 0 & 6 \end{pmatrix}$$

Komplementäre Matrizen erzeugen

Anstatt den Ausdruck der »*Adjunkten*« zu verwenden, der jede Menge Verwirrung stiftet, dürfen Sie ebenso die Bezeichnung »*komplementäre Matrix*« verwenden. Dummerweise ist »Adjunkte« das kürzere Wort und außerdem schließt der Begriff die »Matrix« bereits mit ein. Verzeihen Sie mir also bitte, wenn ich – aus purer Faulheit – ab und an lieber das kurze »Adjunkte« schreibe anstatt das lange »komplementäre Matrix«. Aber lästern Sie nicht zu früh über mich: Wenn Sie sich noch ein wenig mit linearer Algebra befasst haben, also vielleicht noch ein oder zwei Kapitel, werden Sie möglicherweise auch noch von diesem Virus angesteckt …

Achtung, schnallen Sie sich an, jetzt wird es kompliziert! Die *komplementäre Matrix* berechnet sich aus der Transponierten der vorzeichenbehafteten Unterdeterminanten. Schluck!

Determinanten werden aufgrund ihrer besonderen Bedeutung in einem eigenen Kapitel behandelt. Das Kapitel 14 »Ganz bestimmte Determinanten« beleuchtet alle Berechungsvorschriften für Determinanten!

Ausgehend von einer gegebenen Matrix A bestimmen Sie zuerst die *Minoren*. Zu jedem Eintrag von A, beispielsweise an der Stelle (ij), gibt es genau einen Minor M_{ij}, also eine *Unterdeterminante*, die Sie erhalten, wenn Sie in A die i-te Zeile und die j-te Spalte einfach durchstreichen und von der restlichen Matrix wie gewohnt die Determinante berechnen.

Formal sieht das so aus:

$$M_{ij} = \det \begin{pmatrix} a_{11} & \cdots & a_{1(j-1)} & a_{1j} & a_{1(j+1)} & \cdots & a_{1n} \\ \vdots & \ddots & \vdots & & \vdots & \ddots & \vdots \\ a_{(i-1)1} & \cdots & a_{(i-1)j-1} & a_{(i-1)j} & a_{(i-1)j+1} & \cdots & a_{(i-1)n} \\ a_{i1} & \cdots & a_{i(j-1)} & a_{ij} & a_{i(j+1)} & \cdots & a_{in} \\ a_{(i+1)1} & \cdots & a_{(i+1)j-1} & a_{(i+1)j} & a_{(i+1)j+1} & \cdots & a_{(i+1)n} \\ \vdots & \ddots & \vdots & & \vdots & \ddots & \vdots \\ a_{m1} & \cdots & a_{m(j-1)} & a_{mj} & a_{m(j+1)} & \cdots & a_{mn} \end{pmatrix}$$

$$= \begin{vmatrix} a_{11} & \cdots & a_{1(j-1)} & a_{1(j+1)} & \cdots & a_{1n} \\ \vdots & \ddots & \vdots & \vdots & \ddots & \vdots \\ a_{(i-1)1} & \cdots & a_{(i-1)j-1} & a_{(i-1)j+1} & \cdots & a_{(i-1)n} \\ a_{(i+1)j+1} & \cdots & a_{(i+1)j-1} & a_{(i+1)j+1} & \cdots & a_{(i+1)n} \\ \vdots & \ddots & \vdots & \vdots & \ddots & \vdots \\ a_{m1} & \cdots & a_{m(j-1)} & a_{m(j+1)} & \cdots & a_{mn} \end{vmatrix}$$

Die vielen Indizes sind leider notwendig. Ich zeige Ihnen nun den Minor M_{22} einer 3×3-Matrix A:

$$A = \begin{pmatrix} 2 & 0 & 2 \\ 1 & -1 & 1 \\ 1 & 2 & -1 \end{pmatrix}$$

$$M_{22} = \det \begin{pmatrix} 2 & 0 & 2 \\ 1 & 1 & 1 \\ 1 & 2 & -1 \end{pmatrix} = \begin{vmatrix} 2 & 2 \\ 1 & -1 \end{vmatrix} = -4$$

Das ist doch schon viel sympathischer! Zur Berechnung der komplementären Matrix von A genügt das aber leider noch nicht. Sie können auf die oben geschilderte Weise nun zwar alle 9 Minoren zu A berechnen, doch Sie benötigen die vorzeichenbehafteten Minoren, die dann auch als *Kofaktoren* bezeichnet werden. Dabei hängt das Vorzeichen davon ab, welchen Minor Sie betrachten.

Die Kofaktoren werden mit einer Tilde auf dem Buchstaben gekennzeichnet. Zur Berechnung des Vorzeichens summieren Sie die Zeilen- und Spaltennummer, deren Minor Sie interessiert, und überprüfen, ob die so erhaltene natürliche Zahl gerade ist oder ungerade. Im letzteren Fall wird ein Minus vor den Minor gesetzt, um den Kofaktor zu erhalten, im ersteren Fall ist der Minor bereits der Kofaktor. Um dies mathematisch auszudrücken, potenzieren Sie die Zahl »–1«. Jede ungerade Potenz ergibt ein negatives Vorzeichen:

$$\tilde{a}_{ij} = (-1)^{i+j} \cdot M_{ij}$$

Die komplementäre Matrix $\tilde{A}$ entsteht nun aus der Transponierten der Kofaktoren:

$$\tilde{A} = \begin{pmatrix} \tilde{a}_{11} & \cdots & \tilde{a}_{1n} \\ \vdots & \ddots & \vdots \\ \tilde{a}_{n1} & \cdots & \tilde{a}_{nn} \end{pmatrix}^T$$

Wie Sie sehen, ist die Berechnung der komplementären Matrix ein Kraftakt. Aber es lohnt sich!

Übrigens lautet die Adjunkte, pardon, die komplementäre Matrix aus dem letzten Beispiel:

$$\tilde{A} = \begin{pmatrix} (-1)^{1+1} \cdot \begin{vmatrix} -1 & 1 \\ 2 & -1 \end{vmatrix} & (-1)^{1+2} \cdot \begin{vmatrix} 1 & 1 \\ 1 & -1 \end{vmatrix} & (-1)^{1+3} \cdot \begin{vmatrix} 1 & -1 \\ 1 & 2 \end{vmatrix} \\ (-1)^{2+1} \cdot \begin{vmatrix} 0 & 2 \\ 2 & -1 \end{vmatrix} & (-1)^{2+2} \cdot \begin{vmatrix} 2 & 2 \\ 1 & -1 \end{vmatrix} & (-1)^{2+3} \cdot \begin{vmatrix} 2 & 0 \\ 1 & 2 \end{vmatrix} \\ (-1)^{3+1} \cdot \begin{vmatrix} 0 & 2 \\ -1 & 1 \end{vmatrix} & (-1)^{3+2} \cdot \begin{vmatrix} 2 & 2 \\ 1 & 1 \end{vmatrix} & (-1)^{3+3} \cdot \begin{vmatrix} 2 & 0 \\ 1 & -1 \end{vmatrix} \end{pmatrix}^T$$

$$= \begin{pmatrix} (-1)^2 \cdot (-1) & (-1)^3 \cdot (-2) & (-1)^4 \cdot 3 \\ (-1)^3 \cdot (-4) & (-1)^4 \cdot (-4) & (-1)^5 \cdot 4 \\ (-1)^4 \cdot 2 & (-1)^5 \cdot 0 & (-1)^6 \cdot (-2) \end{pmatrix}^T = \begin{pmatrix} -1 & 2 & 3 \\ 4 & -4 & -4 \\ 2 & 0 & -2 \end{pmatrix}^T = \begin{pmatrix} -1 & 4 & 2 \\ 2 & -4 & 0 \\ 3 & -4 & -2 \end{pmatrix}$$

Der mit Abstand häufigste Fehler bei der Berechnung der komplementären Matrix unterläuft Studierenden mit den Vorzeichen. Um aus den Minoren die Kofaktoren zu gewinnen, wird als Vorzeichen jeweils abwechselnd ein + oder ein – schachbrettartig über die Matrix gelegt. Niemand hindert Sie daran, dieses Muster zart mit Bleistift in die Zielmatrix zu übertragen und erst im letzten Moment, beim Eintrag des Minors, zu berücksichtigen – der damit zum Kofaktor wird! Gestartet wird das Schachbrett oben links immer mit einem »+«. Für eine 5×5-Matrix schaut das beispielsweise so aus:

$$\begin{pmatrix} + & - & + & - & + \\ - & + & - & + & - \\ + & - & + & - & + \\ - & + & - & + & - \\ + & - & + & - & + \end{pmatrix}$$

Matrizen invertieren

Jede reguläre Matrix ist invertierbar, das wissen Sie vielleicht noch aus den vorangegangen Abschnitten. Die folgenden Unterabschnitte beleuchten verschiedene Verfahren, wie Sie die Inverse einer Matrix berechnen können.

Mittels Determinanten und Adjunkten

Die Mühen aus dem letzten Abschnitt zahlen sich endlich aus. Denn die komplementäre Matrix ist nur noch eine skalare Multiplikation von der Inversen entfernt. Dazu benötigen Sie die vollständige Determinante der ursprünglichen Matrix A. Diese darf nicht Null sein. Allerdings ist dies für alle regulären Matrizen erfüllt. Es gilt:

$$A^{-1} = \frac{1}{\det(A)} \cdot \tilde{A}$$

Für die Matrix aus dem letzten Abschnitt, deren Adjunkte Sie schon berechnet haben, finden Sie als Determinante:

$$\det(A) = \det\begin{pmatrix} 2 & 0 & 2 \\ 1 & -1 & 1 \\ 1 & 2 & -1 \end{pmatrix} = 4$$

Damit ermitteln Sie sofort die Inverse von A:

$$A^{-1} = \frac{1}{\det(A)} \cdot \tilde{A} = \frac{1}{4} \cdot \begin{pmatrix} -1 & 4 & 2 \\ 2 & -4 & 0 \\ 3 & -4 & -2 \end{pmatrix}$$

Es bietet sich hier wie so oft an, den skalaren Faktor nicht in die inverse Matrix von A hineinzumultiplizieren, weil sich ansonsten viele unübersichtliche Brüche ergeben. In jedem Fall sollten Sie die Probe durchführen, ob Ihre Berechnungen auch korrekt waren. Das ist im Umgang mit Adjunkten keine Frage der Ehre, sondern zwingend. Die Fehlerquellen sind sehr zahlreich:

$$A^{-1} \cdot A = \frac{1}{4} \cdot \begin{pmatrix} -1 & 4 & 2 \\ 2 & -4 & 0 \\ 3 & -4 & -2 \end{pmatrix} \cdot \begin{pmatrix} 2 & 0 & 2 \\ 1 & -1 & 1 \\ 1 & 2 & -1 \end{pmatrix} = \frac{1}{4} \cdot \begin{pmatrix} 4 & 0 & 0 \\ 0 & 4 & 0 \\ 0 & 0 & 4 \end{pmatrix} = I$$

Oh fein, es hat auf Anhieb funktioniert. (Zum Glück sehen Sie ja nicht mehr, wie viele Fehler ich bei der Adjunkten gemacht habe, ehe die Probe geklappt hat und das Kapitel in Druck ging ...)

Mittels Gauß-Jordan-Algorithmus

In Kapitel 6 »LGS – auf lineare Steine können Sie bauen« werden der Gauß-Algorithmus sowie dessen Erweiterung, der Gauß-Jordan-Algorithmus, ausführlich behandelt. Hätten Sie gedacht, dass Sie mit demselben Verfahren auch Matrizen invertieren können? Die Ironie wird dadurch gesteigert, dass gerade inverse Matrizen zur Lösung von linearen Gleichungssystemen eingesetzt werden können – als Alternative zum Gaußschen Eliminationsverfahren!

Das Vorgehen ist sehr einfach. Wenn Sie auf der linken Seite im Gauß-Jordan-Verfahren eine reguläre Matrix notieren und rechts eine Einheitsmatrix anstatt eines Konstantenvektors, dann erhalten Sie in dem Moment, wo links die Einheitsmatrix entstanden ist, auf der rechten Seite die inverse der ursprünglichen Matrix. Das ist nicht nur witzig, sondern überaus effektiv und das am wenigsten fehlerträchtige Verfahren zur Ermittlung einer Inversen.

Zum Vergleich mit dem Adjunktenverfahren aus dem letzten Abschnitt führe ich Ihnen die Ermittlung der Inversen ein zweites Mal vor, diesmal mittels Gauß-Jordan-Algorithmus.

Sie starten, wie gesagt, indem Sie rechts die Einheitsmatrix ansetzen. Auf Spaltenüberschriften oder ähnlichen Luxus verzichten Sie geflissentlich:

$$\begin{array}{ccc|ccc} 2 & 0 & 2 & 1 & 0 & 0 \\ 1 & -1 & 1 & 0 & 1 & 0 \\ 1 & 2 & -1 & 0 & 0 & 1 \end{array}$$

Zuerst vertauschen Sie die beiden oberen Zeilen:

$$\begin{array}{ccc|ccc} 1 & -1 & 1 & 0 & 1 & 0 \\ 2 & 0 & 2 & 1 & 0 & 0 \\ 1 & 2 & -1 & 0 & 0 & 1 \end{array}$$

Und schon sind Sie mitten drin. Immer daran denken: alles, was Sie auf der linken Seite tun, muss konsequent auch rechts ausgeführt werden.

Vermeiden Sie im Gauß-Jordan-Algorithmus zur Bestimmung einer inversen unbedingt die Operation *Spaltentausch*! Dies führt unweigerlich zu Fehlern.

Jetzt wird mittels der Gauß-Operationen eine obere Dreiecksmatrix auf der linken Seite erzeugt. Es geht los mit der ersten Spalte. Dabei wird zuerst das -2-Fache der oberen Zeile zur mittleren addiert. Anschließend wird von Zeile 3 die Zeile 1 abgezogen. Im Ergebnis sind die Einträge der ersten Spalte Null, mit Ausnahme des obersten Elements:

$$\begin{array}{ccc|ccc} 1 & -1 & 1 & 0 & 1 & 0 \\ 0 & 2 & 0 & 1 & -2 & 0 \\ 0 & 3 & -2 & 0 & -1 & 1 \end{array}$$

Nun ist die zweite Spalte dran. Hierzu müssen Sie das $-\frac{3}{2}$-Fache der mittleren Zeile zur unteren addieren:

$$\begin{array}{ccc|ccc} 1 & -1 & 1 & 0 & 1 & 0 \\ 0 & 2 & 0 & 1 & -2 & 0 \\ 0 & 0 & -2 & -\frac{3}{2} & 2 & 1 \end{array}$$

Brüche sind entstanden, was leider unvermeidlich war. Als nächstes dividieren Sie die mittlere Zeile durch 2 und die untere Zeile durch –2.

$$\begin{array}{ccc|ccc} 1 & -1 & 1 & 0 & 1 & 0 \\ 0 & 1 & 0 & \frac{1}{2} & -1 & 0 \\ 0 & 0 & 1 & \frac{3}{4} & -1 & -\frac{1}{2} \end{array}$$

Schließlich erhalten Sie das Endresultat, indem Sie die untere Zeile von der oberen abziehen und die mittlere aufaddieren:

$$\begin{array}{ccc|ccc} 1 & 0 & 0 & -\frac{1}{4} & 1 & \frac{1}{2} \\ 0 & 1 & 0 & \frac{1}{2} & -1 & 0 \\ 0 & 0 & 1 & \frac{3}{4} & -1 & -\frac{1}{2} \end{array}$$

Das Ergebnis auf der rechten Seite stimmt »auffallend« mit der erwarteten inversen Matrix überein. Schlagen Sie einfach ein paar Seiten zurück, wenn Sie sich nicht mehr daran erinnern. Hier wurde lediglich der skalare Faktor ¼ noch nicht herausgezogen.

Komplexe Matratzen, pardon, Matrizen

Im Abschnitt »Adjungierte von Matrizen bestimmen« (verwechseln Sie Adjungierte nicht mit der Adjunkten) haben Sie bereits erste Eigenschaften von *komplexen Matrizen* kennengelernt. Jetzt stehen weitere Eigenschaften komplexer Matrizen auf Ihrer Tagesordnung.

Unitäre Matrizen

Eine komplexe Matrix A, für die $A^* \cdot A = I$ gilt, heißt *unitär.*

Die Adjungierte einer unitären Matrix A ist demnach genau die Inverse. Die Spalten von A sind stets *orthonormal,* wie der Fachausdruck für senkrecht aufeinander stehende Einheitsvektoren lautet. Je zwei Spaltenvektoren von A sind also nicht nur orthogonal, sondern haben die Länge 1.

Unitäre Matrizen mit rein reellen Einträgen werden *orthogonale Matrizen* genannt.

Das klingt jetzt ein wenig verwirrend. Also noch mal ganz langsam und von vorne. Eine Matrix A heißt *»unitär«,* wenn die Transponierte der konjugiert komplexen Einträge, also die Adjungierte, zugleich die Inverse darstellt. So weit, so gut.

Wenn A nun zufälligerweise aus rein reellen Elementen besteht, dann verändert die komplexe Konjugation A nicht und die Adjungierte von A ist einfach ihre Transponierte. A wird dann als »*orthogonal*« bezeichnet.

Die Spaltenvektoren einer jeden unitären Matrix, egal ob mit reellen oder komplexen Einträgen, sind darüber hinaus normiert und zueinander senkrecht, also »*orthonormal*«!

In Kapitel 17 zeige ich Ihnen, dass unitäre Matrizen stets diagonalisierbar sind.

Noch mehr idempotente Matrizen ...

Wenn Ihnen ein einziges Verfahren nicht reicht, liefere ich Ihnen hier eine weitere Variante zu Erzeugung einer idempotenten Matrix.

Mittels einer frei gewählten aber unitären Matrix A und einer beliebigen, aber idempotenten Matrix B können Sie eine idempotente Matrix C auf folgende Weise erzeugen:

$C = ABA^*$. Jetzt muss C idempotent sein wegen:

$C^2 = CC = ABA^* \cdot ABA^* = AB(A^* \cdot A)BA^* = ABIBA^* = ABBA^* = ABA^* = C$

Beispiel

Ich zeige Ihnen nun ein Beispiel einer unitären Matrix A und fasse anschließend die wesentlichen Eigenschaften dieser seltenen Spezies zusammen.

$$A = \begin{pmatrix} i & 0 & 0 \\ 0 & i & 0 \\ 0 & 0 & -1 \end{pmatrix} \text{ und } A^* = \begin{pmatrix} -i & 0 & 0 \\ 0 & -i & 0 \\ 0 & 0 & -1 \end{pmatrix}$$

Es gilt:

$$A \cdot A^* = \begin{pmatrix} i & 0 & 0 \\ 0 & i & 0 \\ 0 & 0 & -1 \end{pmatrix} \cdot \begin{pmatrix} -i & 0 & 0 \\ 0 & -i & 0 \\ 0 & 0 & -1 \end{pmatrix} = \begin{pmatrix} 1 & 0 & 0 \\ 0 & 1 & 0 \\ 0 & 0 & 1 \end{pmatrix} \Rightarrow A^{-1} = A^*$$

Folgende Charakteristika gelten für alle unitären Matrizen:

- ✔ Die Determinante einer unitären Matrix hat den Betrag 1 (im Beispiel ist det (A) = $i \cdot i \cdot (-1) = 1$)
- ✔ Die Spalten einer unitären Matrix entsprechen Einheitsvektoren
- ✔ Die Spaltenvektoren sind jeweilig orthogonal

Die letzte Bemerkung ist im Beispiel leicht einzusehen, denn wie Sie aus Kapitel 4 wissen, gilt für das Skalarprodukt orthogonaler Vektoren:

$$\begin{pmatrix} i \\ 0 \\ 0 \end{pmatrix} \cdot \begin{pmatrix} 0 \\ i \\ 0 \end{pmatrix} = \begin{pmatrix} i \\ 0 \\ 0 \end{pmatrix} \cdot \begin{pmatrix} 0 \\ 0 \\ -1 \end{pmatrix} = \begin{pmatrix} 0 \\ i \\ 0 \end{pmatrix} \cdot \begin{pmatrix} 0 \\ 0 \\ -1 \end{pmatrix} = 0$$

Hermitesche Matrizen

Die wichtigen und am häufigsten verwendeten komplexen Matrizen heißen *hermitesche Matrizen*. Sie haben richtig gelesen, das ist kein Druckfehler in Ihrem »Dummies-Buch« und sollte keineswegs »hermetisch« heißen. Vielmehr geht die Bezeichnung zurück auf den französischen Mathematiker Charles Hermite, der bereits im 19. Jahrhundert die folgenden und viele anderen mathematischen Zusammenhänge mit komplexen Matrizen untersucht hat.

Eine komplexe Matrix A wird *hermitesch* genannt, wenn $A = A^*$.

Wegen $A = A^* = \overline{A}^T$ gilt: $A^T = \overline{A}$. Damit ist eine Matrix genau dann hermitesch, wenn ihre komplex Konjugierte mit der Transponierten übereinstimmt. Da die Transposition die Elemente auf der Hauptdiagonalen nicht verändert, müssen alle diese Einträge rein reell sein. Des Weiteren muss eine hermitesche Matrix bezogen auf ihre Realteile symmetrisch sein, denn die komplexe Konjugation verändert diese Werte bekanntlich nicht.

Ein Beispiel einer hermiteschen Matrix ist das folgende:

$$\begin{pmatrix} 1 & 2+i & 3-i \\ 2-i & 2 & 4i \\ 3+i & -4i & 3 \end{pmatrix}^T = \overline{\begin{pmatrix} 1 & 2+i & 3-i \\ 2-i & 2 & 4i \\ 3+i & -4i & 3 \end{pmatrix}}$$

Hier liefert die Transposition sowie die komplexe Konjugation dasselbe Ergebnis:

$$\begin{pmatrix} 1 & 2+i & 3-i \\ 2-i & 2 & 4i \\ 3+i & -4i & 3 \end{pmatrix}^T = \begin{pmatrix} 1 & 2-i & 3+i \\ 2+i & 2 & -4i \\ 3-i & 4i & 3 \end{pmatrix}$$

$$\overline{\begin{pmatrix} 1 & 2+i & 3-i \\ 2-i & 2 & 4i \\ 3+i & -4i & 3 \end{pmatrix}} = \begin{pmatrix} \overline{1} & \overline{2+i} & \overline{3-i} \\ \overline{2-i} & \overline{2} & \overline{4i} \\ \overline{3+i} & \overline{-4i} & \overline{3} \end{pmatrix} = \begin{pmatrix} 1 & 2-i & 3+i \\ 2+i & 2 & -4i \\ 3-i & 4i & 3 \end{pmatrix}$$

Ein Höhepunkt der linearen Algebra besteht im Nachweis, dass hermitesche Matrizen nicht nur diagonalisierbar sind, sondern dass deren Eigenwerte allesamt reell sind und zu den Eigenvektoren eine orthogonale Basis existiert. Diese und einige weitere Überraschungen erwarten Sie in Kapitel 17.

Für reelle Matrizen fallen die Begriffe *hermitesch* und *symmetrisch* zusammen.

Schiefhermitesche Matrizen

Darf es auch etwas weniger sein? Diese Grundfrage führt Sie direkt zu Matrizen, die beinahe, aber dann doch nicht hermitesch sind.

Eine Matrix A wird *schiefhermitesch* genannt, wenn $A = -A^*$.

Dabei ist A bezogen auf die Imaginärteile symmetrisch. In den Realteilen ist die Symmetrie nur aufgrund eines unterschiedlichen Vorzeichens nicht erfüllt. Bei rein reellen Matrizen entspricht das der Bezeichnung *schiefsymmetrisch*.

Ein Beispiel für eine schiefhermitesche Matrix sehen Sie hier:

$$\begin{pmatrix} i & -3 & -2-i \\ 3 & 0 & -1+i \\ 2-i & 1+i & -i \end{pmatrix}^T = \begin{pmatrix} i & 3 & 2-i \\ -3 & 0 & 1+i \\ -2-i & -1+i & -i \end{pmatrix}$$

$$-\overline{\begin{pmatrix} i & -3 & -2-i \\ 3 & 0 & -1+i \\ 2-i & 1+i & -i \end{pmatrix}} = -\begin{pmatrix} -i & -3 & -2+i \\ 3 & 0 & -1-i \\ 2+i & 1-i & i \end{pmatrix} = \begin{pmatrix} i & 3 & 2-i \\ -3 & 0 & 1+i \\ -2-i & -1+i & -i \end{pmatrix}$$

Ähnliche Matrizen

Die *Ähnlichkeit* zweier Matrizen ist von besonderer Bedeutung für die gesamte lineare Algebra, deren gesamtes Ausmaß Sie erst nach einer ausführlichen Diskussion linearer Abbildungen (siehe Kapitel 13) gänzlich überblicken können.

Dabei darf die Ähnlichkeit nicht im umgangssprachlichen Sinne verstanden werden. Zwei Matrizen, deren Einträge fast alle gleich sind, mögen mathematisch kaum Gemeinsamkeiten aufweisen, während hingegen zwei Matrizen *ähnlich* sein können, ohne dass auch nur ein einziger Eintrag übereinstimmt.

Um die Ähnlichkeit zweier Matrizen A und B zu verstehen, benötigen Sie eine dritte, nämlich C. C muss invertierbar sein und auf eine besondere Weise A mit B verbinden:

A und B sind genau dann *ähnlich*, wenn eine Matrix C existiert, sodass die Gleichung $A = C^{-1} \cdot B \cdot C$ zutrifft.

In Kapitel 15 »Es reicht, wir wechseln die Basis«, darf ich Ihnen eine außergewöhnliche Deutung der Ähnlichkeit zwischen zwei Matrizen zeigen. Freuen Sie sich schon einmal darauf!

Beispiel

Die beiden Matrizen

$$A = \begin{pmatrix} -1 & -2 & -1 \\ 2 & 0 & 2 \\ 0 & 2 & 2 \end{pmatrix} \text{ und } B = \begin{pmatrix} 1 & -1 & 3 \\ 2 & 0 & 2 \\ 0 & 2 & 0 \end{pmatrix}$$

sind mit

$$C = \begin{pmatrix} 1 & 1 & 1 \\ 0 & 1 & 1 \\ 0 & 0 & 1 \end{pmatrix} \text{ und } \mathrm{C}^{-1} = \begin{pmatrix} 1 & -1 & 0 \\ 0 & 1 & -1 \\ 0 & 0 & 1 \end{pmatrix}$$

wegen

$$A = \mathrm{C}^{-1}BC = \begin{pmatrix} 1 & -1 & 0 \\ 0 & 1 & -1 \\ 0 & 0 & 1 \end{pmatrix} \cdot \begin{pmatrix} 1 & -1 & 3 \\ 2 & 0 & 2 \\ 0 & 2 & 0 \end{pmatrix} \cdot \begin{pmatrix} 1 & 1 & 1 \\ 0 & 1 & 1 \\ 0 & 0 & 1 \end{pmatrix}$$

$$= \begin{pmatrix} -1 & -1 & 1 \\ 2 & -2 & 2 \\ 0 & 2 & 0 \end{pmatrix} \cdot \begin{pmatrix} 1 & 1 & 1 \\ 0 & 1 & 1 \\ 0 & 0 & 1 \end{pmatrix} = \begin{pmatrix} -1 & -2 & -1 \\ 2 & 0 & 2 \\ 0 & 2 & 2 \end{pmatrix}$$

zueinander ähnlich.

Die Ähnlichkeit ist eine symmetrische Relation. Wenn $A = C^{-1}BC$ gilt, dann können Sie durch Multiplikation mit C (von links) und mit C^{-1} (von rechts) sofort schreiben: $CAC^{-1}=B$.

Der Matrix auf der Spur

Zur Abwechselung biete ich Ihnen am Ende dieses doch recht schwierigen und anspruchsvollen Kapitels ein einfaches Konzept. Es handelt sich dabei um die *Spur einer Matrix*.

Die »Spur« als Synonym für das Bleibende nach einer Wanderung durch den Schnee oder den Sand ist vielleicht ein oder zwei Nummern zu pathetisch für das, was jetzt kommt. Es ist einfach die *Summe der Hauptdiagonalelemente*.

$$\mathrm{Spur}\,(A) = \mathrm{Spur}\begin{pmatrix} a_{11} & \cdots & a_{1n} \\ a_{21} & \cdots & a_{2n} \\ \vdots & \ddots & \vdots \\ a_{n1} & \cdots & a_{nn} \end{pmatrix} = a_{11} + a_{22} + \cdots + a_{nn} = \sum_{i=1}^{n} a_{ii}$$

Allerdings gelten einige atemberaubende Zusammenhänge für die Spur einer Matrix. Die besten davon lauten:

- ✔ Die Spur einer idempotenten Matrix A ist gleich ihrem Rang, also Rg(A) = Spur(A)
- ✔ Die Spuren zweier ähnlicher Matrizen A und B sind gleich, Spur(A) = Spur(B)

✔ Die Spur ist invariant bezüglich Matrixmultiplikation: Spur(AB)= Spur(BA)

✔ Die Spur ist eine *lineare Abbildung*, denn für zwei Matrizen A und B sowie zwei Skalare r, s ∈ K gilt: Spur(rA + sB) = r · Spur(A)+s · Spur(B)

Es gibt wohl kaum etwas Einfacheres als die Berechnung der Spur. Für die idempotente Matrix A gilt:

$$A = \frac{1}{6}\begin{pmatrix} 5 & 2 & -1 \\ 2 & 2 & 2 \\ -1 & 2 & 5 \end{pmatrix} \text{ und Spur (A)} = \frac{1}{6}(5+2+5) = 2$$

Die Spur ist nicht nur auf wundersame Weise eine natürliche Zahl, sondern stimmt mit dem Rang von A überein, denn det (A) = 0.

Sie glauben mir nicht? Dann überzeugen Sie sich selbst, indem Sie die Zeilenstufenform von A bestimmen. Sie starten mit:

$$\begin{matrix} 5 & 2 & -1 \\ 2 & 2 & 2 \\ -1 & 2 & 5 \end{matrix}$$

Dabei spielt der Vorfaktor zur Bestimmung des Ranges keine Rolle. Außerdem ist es klug, die oberste und unterste Zeile zu vertauschen, um Brüche zu vermeiden:

$$\begin{matrix} -1 & 2 & 5 \\ 2 & 2 & 2 \\ 5 & 2 & -1 \end{matrix}$$

Los geht es mit dem ersten Gauß-Schritt:

$$\begin{matrix} -1 & 2 & 5 \\ 0 & 6 & 12 \\ 0 & 12 & 24 \end{matrix}$$

Schließlich erhalten Sie:

$$\begin{matrix} -1 & 2 & 5 \\ 0 & 6 & 12 \\ 0 & 0 & 0 \end{matrix}$$

Somit ist der Rang von A 2, weil genau 2 Zeilen ungleich Null übrig bleiben!

Die lineare Unabhängigkeitserklärung

8

In diesem Kapitel ...

- Den Begriff der linearen Unabhängigkeit verstehen
- Die Linearkombination als Kernstück der linearen Abhängigkeit begreifen
- Lineare Abhängigkeit oder Unabhängigkeit in vielen Anwendungsgebieten nachweisen
- Den Zusammenhang zwischen linearer Unabhängigkeit und Matrizen überblicken
- Die Bedeutung der linearen Unabhängigkeit für den Lösungsraum von linearen Gleichungssystemen erkennen

Es ist nicht übertrieben, der wichtigen Eigenschaft der linearen Unabhängigkeit von Vektoren ein eigenes Kapitel zu widmen.

Basis der Bestimmung von linear abhängigen oder unabhängigen Vektoren ist die Linearkombination. Dieser innere Zusammenhang zieht sich durch die gesamte lineare Algebra und hinterlässt dort seine Spuren. Die lineare Unabhängigkeit behebt den Mangel, mit dem ein System linear abhängiger Vektoren behaftet ist. In einer Menge von linear abhängigen Vektoren ist mindestens einer zuviel, überflüssig, unnötig. Dagegen werden linear unabhängige Vektoren alle gebraucht, so wie die Stimmen im Bundestag, wenn die Mehrheiten nur gerade so erreicht werden können ...

Wir kombinieren linear

Um den elementaren Begriff der *linearen Unabhängigkeit* überhaupt verstehen zu können, müssen Sie sich zunächst eingehend mit *Linearkombinationen* befassen.

In diesem und den folgenden Abschnitten werden Sie grundlegende Zusammenhänge von *Vektorräumen* benötigen, die in Kapitel 5 »Vektorräume mit Aussicht« behandelt werden.

Wenn $U = \{v_1, v_2, \ldots v_n\}$ eine Menge von Vektoren aus dem Vektorraum V über einem beliebigen Zahlkörper K ist, dann ist jeder Vektor $v \in V$ der Form

$$v = k_1 \cdot v_1 + k_2 \cdot v_2 + \cdots + k_n \cdot v_n \text{ mit } k_1, k_2, .., k_n \in K$$

eine *Linearkombination* aus den Vektoren v_1 bis v_n.

Also noch mal ganz langsam. Betrachten Sie als Beispiel den Vektorraum der Polynome höchstens zweiten Grades über dem Zahlkörper $\mathbb{R}$ und exemplarisch drei konkrete Vektoren $v_{1,} v_2$ und v_3 daraus.

$$v_1 = 3x^2 + 4x - 5$$
$$v_2 = -x^2 + 3$$
$$v_3 = x + 1$$

Als Koeffizienten entscheiden Sie sich, sagen wir, für $k_1 = 1$, $k_2 = -1$ und $k_3 = 2$. Beliebige andere Zahlen würden es übrigens auch tun.

Dann lautet die Linearkombination v von v_1 bis v_3 bezüglich k_1 bis k_3

$$v = v_1 - v_2 + 2v_3 = 1 \cdot (3x^2 + 4x - 5) - 1 \cdot (-x^2 + 3) + 2 \cdot (x + 1) = 4x^2 + 6x - 6$$

Wie Sie sehen, handelt es sich bei v zwingend wiederum um einen Vektor aus V aufgrund der Abgeschlossenheit eines jeden Vektorraums bezüglich der Addition und der skalaren Multiplikation.

Beispiel

Ein weiteres Beispiel aus dem Vektorraum der symmetrischen 2×2-Matrizen mit Einträgen aus $\mathbb{C}$ über dem Zahlkörper $\mathbb{C}$ erwartet sie nun. Ausgehend von den drei Vektoren

$$v_1 = \begin{pmatrix} i & 2+i \\ 2+i & 1 \end{pmatrix}$$
$$v_2 = \begin{pmatrix} i & 2+2i \\ 2+2i & 2+i \end{pmatrix}$$
$$v_3 = \begin{pmatrix} 0 & i \\ i & 1+i \end{pmatrix}$$

führt Sie deren Linearkombination mit $k_1 = 2$, $k_2 = -1$ und $k_3 = 3$ geradewegs zum Ergebnisvektor v.

$$v = 2\begin{pmatrix} i & 2+i \\ 2+i & 1 \end{pmatrix} - \begin{pmatrix} i & 2+2i \\ 2+2i & 2+i \end{pmatrix} + 3\begin{pmatrix} 0 & i \\ i & 1+i \end{pmatrix} = \begin{pmatrix} i & 2+3i \\ 2+3i & 3+2i \end{pmatrix}$$

Erstaunlich ist nun jedoch, dass sich v, bezogen auf die drei Vektoren v_1 bis v_3, auch auf eine andere Weise linear kombinieren lässt. Denn Folgendes trifft ebenfalls zu:

$$v = \begin{pmatrix} i & 2+3i \\ 2+3i & 3+2i \end{pmatrix} = 1 \cdot \begin{pmatrix} i & 2+i \\ 2+i & 1 \end{pmatrix} + 0 \cdot \begin{pmatrix} i & 2+2i \\ 2+2i & 2+i \end{pmatrix} + 2 \cdot \begin{pmatrix} 0 & i \\ i & 1+i \end{pmatrix}$$

Damit ist v für dieselben Vektoren v_1 bis v_3, diesmal jedoch mit den Koeffizienten $k_1 =1$, $k_2 = 0$ und $k_3 = 2$ noch eine weitere Linearkombination. Woran liegt das?

Dieser Frage können Sie im nächsten Abschnitt nachgehen.

Warum unabhängig besser ist als abhängig

Eines vorneweg: es gibt Mengen von Vektoren, deren Linearkombinationen alle eindeutig sind. Ein einfaches Beispiel dazu stellen die drei folgenden Vektoren aus dem Vektorraum $\mathbb{R}^3$ dar:

$$v_1 = \begin{pmatrix} 1 \\ 0 \\ 0 \end{pmatrix}, v_2 = \begin{pmatrix} 0 \\ 1 \\ 0 \end{pmatrix}, \text{ sowie } v_3 = \begin{pmatrix} 0 \\ 0 \\ 1 \end{pmatrix}$$

Jeder beliebige Vektor v aus $\mathbb{R}^3$ stellt eine *eindeutige* Linearkombination dar, deren Koeffizienten Sie sofort angeben können:

$$v = \begin{pmatrix} x \\ y \\ z \end{pmatrix} = x \cdot \begin{pmatrix} 1 \\ 0 \\ 0 \end{pmatrix} + y \cdot \begin{pmatrix} 0 \\ 1 \\ 0 \end{pmatrix} + z \cdot \begin{pmatrix} 0 \\ 0 \\ 1 \end{pmatrix}$$

Es kann hier sicherlich keine andere Kombinationsmöglichkeit geben, denn jeder der drei Vektoren ist jeweils für eine unterschiedliche Komponente in der Linearkombination zuständig.

Und das ist es auch schon:

Eine Menge von Vektoren über einem Vektorraum ist genau dann *linear unabhängig*, wenn jede daraus gebildete Linearkombination *eindeutige Koeffizienten* besitzt.

Aber was ist schon so schlimm daran, wenn die Linearkombination nicht eindeutig ist? Tatsächlich verweist eine mehrdeutige lineare Kombinationsmöglichkeit auf einen gewissen Defekt innerhalb der Menge von Vektoren, den Sie vielleicht schon im Zusammenhang mit linearen Gleichungen gesehen haben: *Redundanz*!

In einer Menge von linear abhängigen Vektoren können Sie wenigstens einen – nicht unbedingt einen beliebigen – weglassen, ohne dass die Menge an möglichen Linearkombinationen darunter leidet. In der Mathematik heißt eine Menge auch ein *Erzeugendensystem*.

Die Menge aller Linearkombinationen eines Erzeugendensystems bildet einen Unterraum! Man sagt auch: »Das Erzeugendensystem *spannt* den Unterraum *auf*«. Wenn die erzeugenden Vektoren linear unabhängig sind, handelt es sich um ein *minimales Erzeugendensystem*.

Die Frage, welche Vektoren ein minimales Erzeugendensystem für einen kompletten Vektorraum bilden, wird in Kapitel 9 »Basen, keine lästige Verwandtschaft« ausführlich beantwortet!

Lineare Unabhängigkeit ist Ihnen in diesem Buch schon des Öfteren begegnet, ohne dass es Ihnen vielleicht in jedem Falle bewusst war:

- Die Zeilen eines linearen Gleichungssystems (LGS) sind genau dann linear unabhängig, wenn der Gauß-Algorithmus terminiert, ohne dass eine Zeile komplett in Nullen resultiert. Anders formuliert: Die Zeilen eines LGS sind genau dann linear unabhängig, wenn jede zur Bestimmung der Lösungsmenge benötigt wird.
- Die m Zeilen einer $m \times n$-Matrix sind genau dann linear unabhängig, wenn die Dimension des Zeilenraums, also des von den Zeilenvektoren aufgespannten Unterraumes m beträgt.
- Die n Spalten einer $m \times n$-Matrix sind genau dann linear unabhängig, wenn die Dimension des Spaltenraums, also des von den Spaltenvektoren aufgespannten Unterraums n beträgt.
- Die Zeilen (ebenso wie die Spalten) einer n^2-Matrix sind genau dann linear unabhängig, wenn der Rang der Matrix n ist. Dies ist genau dann der Fall, wenn die Determinante der Matrix ungleich Null ist.
- Eine Menge von $n + 1$ oder mehr Vektoren eines n-dimensionalen Vektorraums muss immer linear abhängig sein.
- Falls in einer Menge von Vektoren der Nullvektor vorkommt, ist die Menge zwingend linear abhängig.

Der letzte Punkt erregt hin und wieder die Gemüter, aber seine Aussage ist leicht einzusehen. Der Vorfaktor des Nullvektors innerhalb einer Linearkombination ist völlig irrelevant, weil das Ergebnis wiederum im Nullvektor resultiert. Damit ist die Eindeutigkeit der Koeffizienten sofort zunichte gemacht.

Wie sie ausgehend von einer Menge von Vektoren genau vorgehen, um zu erfahren, ob die Vektoren linear abhängig oder unabhängig sind, erfahren Sie im nächsten Abschnitt.

Bestimmung der linearen Unabhängigkeit

Sie wissen nun genau, was die lineare Unabhängigkeit **bedeutet**. Allerdings eignet sich die Formulierung mit der »eindeutigen Linearkombination« nur wenig zu deren **Berechnung**.

Daher biete ich Ihnen nachfolgende Definition der *linearen Unabhängigkeit* an, die zugleich einen klaren Hinweis darauf gibt, wie sich für eine konkrete gegebene Menge von Vektoren bestimmen lässt, ob diese nun linear abhängig oder unabhängig sind.

Eine Menge von Vektoren v_1 bis v_n eines Vektorraums V über einem Zahlkörper K ist genau dann *linear unabhängig*, wenn die Linearkombination

$$k_1 \cdot v_1 + k_2 \cdot v_2 + \cdots + k_n \cdot v_n = 0$$

nur durch die Koeffizienten $k_1 = k_2 = \ldots = k_n = 0$ erreicht werden kann. Ansonsten sind die Vektoren *linear abhängig*.

Die Untersuchung auf lineare Unabhängigkeit beschränkt sich damit auf eine einzige, besondere Linearkombination, nämlich jene des Nullvektors.

In den folgenden Unterabschnitten zeige ich Ihnen zu den wichtigsten Typen von Vektorräumen jeweils einprägsame Beispiele.

Im Einzelnen wären dies die Vektorräume

- ✔ von n-Tupeln, zum Beispiel $\mathbb{R}^5$ oder $\mathbb{C}^3$
- ✔ von Polynomen höchstens n-ten Grades
- ✔ von Matrizen, beispielsweise 2×5-Matrizen oder symmetrische 2×2-Matrizen
- ✔ von *Homomorphismen*, die auch lineare Abbildungen genannt werden

Zum Schluss verrate ich Ihnen noch ein paar Tipps und Kniffe, wie Sie im Allgemeinen schneller zur Entscheidung darüber gelangen können, ob gegebene Vektoren linear abhängig oder unabhängig sind.

Bei n-Tupel-Vektoren

Der Vektorraum der 5-elementigen reellen Vektoren $\mathbb{R}^5$ ist ein typisches Beispiel für einen n-Tupel-Vektorraum und gleichzeitig ein idealer Ort, um die lineare Unabhängigkeit zu überprüfen.

Beispiel

Betrachten Sie die folgenden vier Vektoren, die auf lineare Unabhängigkeit im $\mathbb{R}^5$ über $\mathbb{R}$ zu untersuchen sind:

$$v_1 = \begin{pmatrix} 1 \\ 4 \\ 1 \\ 3 \\ 1 \end{pmatrix}, v_2 = \begin{pmatrix} 2 \\ 8 \\ 2 \\ 6 \\ 2 \end{pmatrix}, v_3 = \begin{pmatrix} \sqrt{2} \\ 1 \\ 1 \\ 2 \\ 1 \end{pmatrix}, v_4 = \begin{pmatrix} 1 \\ \pi \\ 1 \\ 3 \\ 1 \end{pmatrix}$$

Das grundsätzliche Verfahren sieht jetzt so aus, dass diese vier Vektoren in eine Vektorgleichung eingetragen werden müssen.

Das Ergebnis ist das folgende:

$$k_1 \cdot v_1 + k_2 \cdot v_2 + k_3 \cdot v_3 + k_4 \cdot v_4 = 0 \Rightarrow$$

$$k_1 \cdot \begin{pmatrix} 1 \\ 4 \\ 1 \\ 3 \\ 1 \end{pmatrix} + k_2 \cdot \begin{pmatrix} 2 \\ 8 \\ 2 \\ 6 \\ 2 \end{pmatrix} + k_3 \cdot \begin{pmatrix} \sqrt{2} \\ 1 \\ 1 \\ 2 \\ 1 \end{pmatrix} + k_4 \cdot \begin{pmatrix} 1 \\ \pi \\ 1 \\ 3 \\ 1 \end{pmatrix} = \begin{pmatrix} 0 \\ 0 \\ 0 \\ 0 \\ 0 \end{pmatrix}$$

Als nächstes überführen Sie die Vektorgleichung in ein äquivalentes LGS. Das ist erstaunlich einfach. Die Einträge in den 5-Tupeln stellen nämlich die Koeffizienten dar, während die k_1 bis k_4 die ungewohnte Rolle der Unbekannten übernehmen.

$$\begin{array}{ccccccccc} k_1 & + & 2k_2 & + & \sqrt{2}k_3 & + & k_4 & = & 0 \\ 4k_1 & + & 8k_2 & + & k_3 & + & \pi k_4 & = & 0 \\ k_1 & + & 2k_2 & + & k_3 & + & k_4 & = & 0 \\ 3k_1 & + & 6k_2 & + & 2k_3 & + & 3k_4 & = & 0 \\ k_1 & + & 2k_2 & + & k_3 & + & k_4 & = & 0 \end{array}$$

Das Standardverfahren zur Lösung eines LGS ist der Gauß-Jordan Algorithmus.

Nur falls Sie rasch noch einmal nachschlagen wollen, wie das Lösen linearer Gleichungssysteme funktioniert: Kapitel 6 »LGS – auf lineare Steine können Sie bauen« zeigt Ihnen alle wichtigen Verfahren auf!

Ich darf Sie daran erinnern, dass im Grunde genommen die Lösung als solche irrelevant ist. Einzig und allein von Interesse ist, ob die Lösung *eindeutig* ist oder nicht. Das wiederum heißt, weil Sie wahrscheinlich bereits die offensichtliche triviale Lösung $k_1 = k_2 = k_3 = k_4 = 0$ bemerkt haben: Gibt es wenigstens **eine weitere** Lösung?

Die Antwort auf diese Frage liefert Ihnen der Gauß-Algorithmus weit vor der konkreten Lösung. Sobald die Zeilenstufenform erreicht ist, sehen Sie sofort, ob insgesamt vier Zeilen nicht aus lauter Nullen bestehen. Wenn das der Fall sein sollte, gibt es lediglich die triviale Lösung und die betrachteten Vektoren sind *linear unabhängig*. Anderenfalls sind sie linear abhängig. So oder so: Sie müssen den Algorithmus nicht bis zum Ende ausführen.

Der Anfang besteht wie immer darin, dem LGS eine etwas nettere Gestalt zu verleihen:

k_1	k_2	k_3	k_4	
1	2	$\sqrt{2}$	1	0
4	8	1	π	0
1	2	1	1	0
3	6	2	3	0
1	2	1	1	0

Im ersten echten Gauß-Schritt wird jeweils die erste Zeile mit einem geeigneten Faktor multipliziert, dass das Produkt nacheinander auf die Zeilen 2 bis 5 aufaddiert in der ersten Spalte zu einer Null führt:

k_1	k_2	k_3	k_4	
1	2	$\sqrt{2}$	1	0
0	0	$1-4\sqrt{2}$	$\pi-4$	0
0	0	$1-\sqrt{2}$	0	0
0	0	$2-3\sqrt{2}$	0	0
0	0	$1-\sqrt{2}$	0	0

Wenn Sie die große Anzahl an Nullen erschreckt, rate ich Ihnen zur ersten Regel in Krisensituationen:

Keine Panik! Ruhe bewahren!

Vielleicht haben Sie schon bemerkt, dass neben den vielen Nullen auch die Zeilen 3 und 5 identisch sind. Das war schon so von Anfang an. Aber Vorsicht:

Allein das Vorhandensein einer Zeile, die lediglich aus Nullen besteht, ist kein hinreichendes Kriterium für die Entscheidung, ob gegebene Vektoren linear abhängig sind.

Auch wenn klar ist, dass die Zeilen des LGS linear abhängig sind, muss daraus nicht zwingend die lineare Abhängigkeit der korrespondieren Vektoren folgen.

Ein anschauliches und zugegebenermaßen extremes Beispiel kann Sie hoffentlich ein für alle Mal von diesem häufig gemachten Trugschluss befreien. Die beiden Vektoren

$$u = \begin{pmatrix} 1 \\ 0 \\ 0 \\ 0 \\ 0 \\ 0 \\ 0 \end{pmatrix} \text{ und } v = \begin{pmatrix} 0 \\ 1 \\ 0 \\ 0 \\ 0 \\ 0 \\ 0 \end{pmatrix}$$

sind auf jeden Fall nicht kollinear, denn keiner ist das Vielfache des anderen. Damit sind u und v linear unabhängig.

Wenn Sie die beiden Vektoren per Standardverfahren in ein LGS überführen, entstehen sieben Zeilen, von denen 5 komplett mit Nullen verschwinden. Entscheidend ist lediglich, dass noch 2 Zeilen für die beiden gegebenen Vektoren übrig bleiben und so die lineare Unabhängigkeit garantieren.

Weiter geht es im ursprünglichen Beispiel. Die zweite Spalte ist bereits mit genügend Nullen versehen, also kommt die dritte Spalte zum Zuge.

Hier bietet sich ein Spaltentausch mit der vierten Spalte an:

k_1	k_2	k_4	k_3	
1	2	1	$\sqrt{2}$	0
0	0	$\pi - 4$	$1 - 4\sqrt{2}$	0
0	0	0	$1 - \sqrt{2}$	0
0	0	0	$2 - 3\sqrt{2}$	0
0	0	0	$1 - \sqrt{2}$	0

Für die Spalte vier werden die Gauß-Operationen ab der Zeile 4 angewendet. Das Ergebnis liegt auf der Hand:

k_1	k_2	k_4	k_3	
1	2	1	$\sqrt{2}$	0
0	0	$\pi - 4$	$1 - 4\sqrt{2}$	0
0	0	0	$1 - \sqrt{2}$	0
0	0	0	0	0
0	0	0	0	0

Nur drei »echte« Zeilen bleiben übrig. Damit sind v_1 bis v_4 linear abhängig.

Bei Polynomen

Erinnern Sie sich noch an das erste Beispiel aus dem letzten Abschnitt?

$$v_1 = 3x^2 + 4x - 5$$
$$v_2 = -x^2 + 3$$
$$v_3 = x + 1$$

Es ging dort um den Vektorraum der Polynome höchstens zweiten Grades. Der Nullvektor entspricht dann der Nullfunktion, also 0.

Die Untersuchung auf lineare Abhängigkeit von v_1, v_2 und v_3 ergibt die Frage, für welche Belegung der Koeffizienten k_1, k_2 und k_3 die folgende Linearkombination im Nullvektor resultiert.

$$k_1 \cdot v_1 + k_2 \cdot v_2 + k_3 v_3 = k_1 \cdot (3x^2 + 4x - 5) + k_2 \cdot (-x^2 + 3) + k_3 \cdot (x - 1) = 0$$

Hierzu müssen Sie einen *Koeffzientenvergleich* links und rechts des Gleichheitszeichens anstellen.

Der Vergleich von Koeffizienten auf beiden Seiten einer Gleichung findet sich in der Mathematik des Öfteren. Das prominenteste Beispiel ist vermutlich die ***Partialbruchzerlegung***, die für die Integralrechnung rationaler Funktionen unabdingbar ist und in der ***Analysis*** behandelt wird. Ebenso wird der Koeffizientenvergleich zur Lösung gewisser ***Differentialgleichungen*** gebraucht.

Der Koeffizientenvergleich führt hier wie überall geradewegs in ein lineares Gleichungssystem:

$$\begin{array}{rrrrrrrr} x^2: & 3k_1 & - & k_2 & & & = & 0 \\ x^1: & 4k_1 & & & + & k_3 & = & 0 \\ x^0: & -5k_1 & + & 3k_2 & - & k_3 & = & 0 \end{array}$$

Sie interessiert jedoch nicht so sehr die konkrete Belegung für die Werte von k_1 bis k_3, sondern vielmehr, ob es neben der trivialen Lösung $k_1 = k_2 = k_3 = 0$ überhaupt noch eine weitere Lösung gibt.

Die Lösung des LGS ist genau dann eindeutig, wenn

- ✔ der Gauß-Algorithmus terminiert, ohne dass eine Zeile komplett zu Null wird
- ✔ der Gauß-Jordan-Algorithmus eine eindeutige Lösung produziert
- ✔ die Koeffizientenmatrix invertierbar ist
- ✔ die Determinante der Koeffizientenmatrix ungleich Null ist

Jede dieser Eigenschaften garantiert auch die drei restlichen. Sie können demnach eine der Antworten frei wählen.

Für ein LGS mit drei Gleichungen und drei Unbekannten ist die Determinante der Koeffizientenmatrix schnell bestimmt:

$$\det(A) = \begin{vmatrix} 3 & -1 & 0 \\ 4 & 0 & 1 \\ -5 & 3 & -1 \end{vmatrix} = 0 + 5 + 0 - 0 - 9 - 4 = -8 \neq 0$$

Die Bestimmung der Determinanten nach der »*Regel von Sarrus*« finden Sie in Kapitel 14 »Ganz bestimmte Determinanten«.

Folglich sind die Vektoren

$$v_1 = 3x^2 + 4x - 5$$
$$v_2 = -x^2 + 3$$
$$v_3 = x + 1$$

linear unabhängig.

Bei Matrizen

Auch das zweite Beispiel aus dem letzten Abschnitt können Sie nun professionell auf lineare Unabhängigkeit untersuchen. Es ging dort konkret um folgende Vektoren in Matrixgestalt:

$$v_1 = \begin{pmatrix} i & 2+i \\ 2+i & 1 \end{pmatrix}$$
$$v_2 = \begin{pmatrix} i & 2+2i \\ 2+2i & 2+i \end{pmatrix}$$
$$v_3 = \begin{pmatrix} 0 & i \\ i & 1+i \end{pmatrix}$$

Zur Untersuchung auf lineare Abhängigkeit muss die Gleichung

$$k_1 \cdot \begin{pmatrix} i & 2+i \\ 2+i & 1 \end{pmatrix} + k_2 \cdot \begin{pmatrix} i & 2+2i \\ 2+2i & 2+i \end{pmatrix} + k_3 \cdot \begin{pmatrix} 0 & i \\ i & 1+i \end{pmatrix} = \begin{pmatrix} 0 & 0 \\ 0 & 0 \end{pmatrix}$$

gelöst werden. Auch diese Matrizengleichung zerfällt in ein lineares Gleichungssystem. Allerdings finden Sie hier vier Gleichungen und nur drei Unbekannte vor:

$$\begin{array}{ccccccc} ik_1 & + & ik_2 & & & = & 0 \\ (2+i)k_1 & + & (2+2i)k_2 & + & ik_3 & = & 0 \\ (2+i)k_1 & + & (2+2i)k_2 & + & ik_3 & = & 0 \\ k_1 & + & (2+i)k_2 & + & (1+i)k_3 & = & 0 \end{array}$$

Die beiden mittleren Gleichungen sind jedoch aufgrund der Symmetrie der Matrizen identisch. Eine davon dürfen Sie ohne Schaden entfernen. Es verbleibt ein LGS mit drei Gleichungen und drei Unbekannten, das – zumindest potenziell – eine eindeutige Lösung aufweisen kann.

Die Determinante der Koeffizientenmatrix resultiert jedoch im Wert 0:

$$\det(A) = \begin{vmatrix} i & i & 0 \\ 2+i & 2+2i & i \\ 1 & 2+i & 1+i \end{vmatrix} =$$

$$= i(2+2i)(1+i) + i^2 + 0 - 0 - i^2(2+i) - i(1+i)(2+i) =$$
$$= (2i-2)(1+i) - 1 + (2+i) - (i-1)(2+i) =$$
$$= 2i - 2 - 2 - 2i - 1 + 2 + i - 2i + 1 + 2 + i = 0$$

Also sind die drei Vektoren

$$v_1 = \begin{pmatrix} i & 2+i \\ 2+i & 1 \end{pmatrix}$$
$$v_2 = \begin{pmatrix} i & 2+2i \\ 2+2i & 2+i \end{pmatrix}$$
$$v_3 = \begin{pmatrix} 0 & i \\ i & 1+i \end{pmatrix}$$

linear abhängig. Wenn Sie nun ganz genau wissen wollen, **wie** die lineare Abhängigkeit der drei Vektoren im Einzelnen aussieht, bleibt Ihnen nichts anderes übrig, als die drei Koeffizienten im zugehörigen LGS auszurechnen.

Die lineare Abhängigkeit einer Menge von n Vektoren kann ganz unterschiedliche Ursachen haben. Wenn einer der Vektoren der Nullvektor ist, kann dieser gestrichen werden. Ansonsten können innerhalb der Ausgangsmenge 2 Vektoren kollinear sein. Die lineare Abhängigkeit kann auch durch drei oder mehr Vektoren entstehen. Wenn Sie n linear unabhängige Vektoren aufaddieren und die Linearkombination dieser Menge hinzufügen, entsteht eine linear abhängige Menge von $n + 1$ Vektoren. Sie dürften dann einen beliebigen Vektor entfernen, um wiederum n linear unabhängige Vektoren zu erhalten.

Wenn Sie gerade nichts anderes vorhaben, sollten Sie genau das jetzt tun. Und ich darf hoffentlich davon ausgehen, dass Sie nichts anderes vorhaben. Immerhin lesen Sie gerade in einem Buch über lineare Algebra. Gibt es etwas Schöneres?

Es bietet sich wieder einmal der Gauß-Jordan-Algorithmus an, weil andere Verfahren wie die *Matrixinvertierung* oder die *Cramersche Regel* aufgrund der verschwindenden Determinante ausscheiden.

k_1	k_2	k_3	
i	i	0	0
$2+i$	$2+2i$	i	0
1	$2+i$	$1+i$	0

Zuerst wird die erste mit der dritten Zeile vertauscht, damit eine 1 oben links zu finden ist.

k_1	k_2	k_3	
1	$2+i$	$1+i$	0
$2+i$	$2+2i$	i	0
i	i	0	0

Denken Sie daran, dass $i^2 = -1$ gilt!

Als nächstes multiplizieren Sie die erste Zeile mit $-(2 + i)$ und addieren das Ergebnis zur zweiten Zeile.

Im selben Schritt multiplizieren Sie die erste Zeile mit –i und addieren das Ergebnis auf die dritte Zeile. Das LGS sieht nun so aus:

k_1	k_2	k_3	
1	$2+i$	$1+i$	0
0	$-1-2i$	$-1-2i$	0
0	$1-i$	$1-i$	0

Die Division der zweiten Zeile durch (–1 – 2i) sowie der dritten Zeile durch (1 – i) lässt sofort die lineare Abhängigkeit erkennen:

k_1	k_2	k_3	
1	$2+i$	$1+i$	0
0	1	1	0
0	1	1	0

Der nächste Gauß-Schritt erzeugt eine Null in Zeile 3, Spalte 2. Sie multiplizieren dazu die zweite Zeile mit –1 und addieren das Resultat auf die dritte:

k_1	k_2	k_3	
1	$2+i$	$1+i$	0
0	1	1	0
0	0	0	0

Die dritte Zeile verschwindet, was Sie vielleicht schon erwartet hatten! Der letzte Gauß-Jordan-Schritt besteht darin, in Zeile 1, Spalte 2 eine Null zu generieren. Dazu wird die zweite Zeile mit –(2 + i) multipliziert und das Ergebnis zur ersten hinzugefügt. Das Endresultat sieht so aus:

k_1	k_2	k_3	
1	0	–1	0
0	1	1	0
0	0	0	0

Sie können nun k_3 beliebig vorgeben, zum Beispiel $k_3 = \lambda$ mit $\lambda \in \mathbb{C}$ und erhalten $k_1 = \lambda$ sowie $k_2 = -\lambda$.

Damit sind Sie in der Lage, eine Linearkombination anzugeben:

$$1 \cdot \begin{pmatrix} i & 2+i \\ 2+i & 1 \end{pmatrix} + (-1) \cdot \begin{pmatrix} i & 2+2i \\ 2+2i & 2+i \end{pmatrix} + 1 \cdot \begin{pmatrix} 0 & i \\ i & 1+i \end{pmatrix} = \begin{pmatrix} 0 & 0 \\ 0 & 0 \end{pmatrix}$$

Oder, anders formuliert, können Sie jeden der Vektoren als Linearkombination der beiden restlichen betrachten, zum Beispiel

$$\begin{pmatrix} i & 2+i \\ 2+i & 1 \end{pmatrix} = \begin{pmatrix} i & 2+2i \\ 2+2i & 2+i \end{pmatrix} - \begin{pmatrix} 0 & i \\ i & 1+i \end{pmatrix}$$

oder auch

$$\begin{pmatrix} i & 2+2i \\ 2+2i & 2+i \end{pmatrix} = \begin{pmatrix} i & 2+i \\ 2+i & 1 \end{pmatrix} + \begin{pmatrix} 0 & i \\ i & 1+i \end{pmatrix}$$

Bei linearen Abbildungen

Jetzt wird es ein wenig komplizierter. Betrachten Sie Hom($\mathbb{R}^2$, $\mathbb{R}^3$) über $\mathbb{R}$, den Vektorraum der Homomorphismen vom Vektorraum $\mathbb{R}^2$ über $\mathbb{R}$ in den $\mathbb{R}^3$ über $\mathbb{R}$.

Alles über Homomorphismen und »andere Krankheiten« finden Sie in Kapitel 13 »Raubtierfütterung der Morphismen«

Ich biete Ihnen nun drei konkrete Vektoren aus diesem Vektorraum an, die Sie auf lineare Unabhängigkeit untersuchen sollen.

$$v_1 = f_1 \begin{pmatrix} x \\ y \end{pmatrix} = \begin{pmatrix} 3x+y \\ x-y \\ 2x \end{pmatrix}$$

$$v_2 = f_2 \begin{pmatrix} x \\ y \end{pmatrix} = \begin{pmatrix} 0 \\ y \\ -x+2y \end{pmatrix}$$

$$v_3 = f_3 \begin{pmatrix} x \\ y \end{pmatrix} = \begin{pmatrix} 3x+y \\ x+y \\ 4y \end{pmatrix}$$

Fragen Sie sich zunächst – auch wenn Sie mir vertrauen sollten – ob die angegeben Vektoren tatsächlich aus Hom($\mathbb{R}^2$, $\mathbb{R}^3$) stammen. Dies führt geradewegs zu zwei konkreten Fragen:

✔ Bilden die Funktionen f_1 bis f_3 tatsächlich Vektoren des $\mathbb{R}^2$ in den $\mathbb{R}^3$ ab?

✔ Sind die Funktionen f_1 bis f_3 wirklich linear?

Die erste Frage lässt sich schnell beantworten, denn Sie sehen, dass die abzubildenden Elemente ein x und ein y erfordern, also dem $\mathbb{R}^2$ entstammen. Als Ergebnis produzieren die Funktionen jeweilig drei Komponenten, wie sie der $\mathbb{R}^3$ erfordert. Insofern sieht das gut aus.

Auch die zweite Frage erschließt sich rasch. In den konkreten Termen tauchen keine Quadrate oder höheren Potenzen auf, auch keine trigonometrischen Funktionen, Exponential- oder Logarithmenfunktionen und auch keine anderen unschönen Zeitgenossen. Alles ist hübsch linear, ebenso finden sich keine Faktoren von x und y in den mathematischen Ausdrücken.

Den formalen Beweis für die Linearität der drei Abbildungen zeige ich Ihnen exemplarisch an Funktion f_2. Er besteht aus zwei Teilen,

✔ zum einen aus der Addition:

$$f_2\left(\begin{pmatrix} x_1 \\ y_1 \end{pmatrix}+\begin{pmatrix} x_2 \\ y_2 \end{pmatrix}\right)=\begin{pmatrix} 0 \\ y_1+y_2 \\ -(x_1+x_2)+2(y_1+y_2) \end{pmatrix}=\begin{pmatrix} 0 \\ y_1+y_2 \\ (-x_1+2y_1)+(-x_2+2y_2) \end{pmatrix}=$$

$$=\begin{pmatrix} 0 \\ y_1 \\ -x_1+2y_1 \end{pmatrix}+\begin{pmatrix} 0 \\ y_2 \\ -x_2+2y_2 \end{pmatrix}=f_2\begin{pmatrix} x_1 \\ y_1 \end{pmatrix}+f_2\begin{pmatrix} x_2 \\ y_2 \end{pmatrix}$$

✔ zum anderen aus der skalaren Multiplikation:

$$f_2\left(r\cdot\begin{pmatrix} x \\ y \end{pmatrix}\right)=f_2\left(\begin{pmatrix} rx \\ ry \end{pmatrix}\right)=\begin{pmatrix} 0 \\ ry \\ -rx+2(ry) \end{pmatrix}=$$

$$=\begin{pmatrix} 0 \\ ry \\ r(-x+2y) \end{pmatrix}=r\cdot\begin{pmatrix} 0 \\ y \\ (-x+2y) \end{pmatrix}=r\cdot f_2\begin{pmatrix} x \\ y \end{pmatrix}$$

Gut, dass wir darüber gesprochen haben! Da wir das geklärt haben, sollten Sie nun zur eigentlichen Aufgabe schreiten. Die Untersuchung auf lineare Unabhängigkeit. Der Nullvektor des Hom($\mathbb{R}^2$, $\mathbb{R}^3$) lautet übrigens:

$$f_0\begin{pmatrix} x \\ y \end{pmatrix}=\begin{pmatrix} 0 \\ 0 \\ 0 \end{pmatrix}$$

Insgesamt erhalten Sie die inzwischen bekannte Gleichung:

$$k_1\cdot f_1+k_2\cdot f_2+k_3\cdot f_3=f_0$$

Dabei ist die Addition von linearen Funktionen nichts anderes als die Addition der Funktionswerte und die skalare Multiplikation entspricht der entsprechenden Multiplikation im Bildraum.

$$k_1\begin{pmatrix}3x+y\\x-y\\2x\end{pmatrix}+k_2\begin{pmatrix}0\\y\\-x+2y\end{pmatrix}+k_3\begin{pmatrix}3x+y\\x+y\\4y\end{pmatrix}=\begin{pmatrix}0\\0\\0\end{pmatrix}$$

Möglicherweise überrascht es Sie nun nicht mehr, dass auch in diesem Fall aus der Vektorgleichung ein LGS entsteht:

$$\begin{array}{ccccccc}(3x+y)k_1 & & & + & (3x+y)k_3 & = & 0\\(x-y)k_1 & + & yk_2 & + & (x+y)k_3 & = & 0\\2xk_1 & + & (-x+2y)k_2 & + & 4yk_3 & = & 0\end{array}$$

Die Koeffizienten sehen ein wenig merkwürdig aus, weil sie nicht aus Zahlen, sondern aus Variablen bestehen. Dieses Problem lösen Sie erneut mittels *Koeffizientenvergleich*. Links und rechts des Gleichheitszeichens müssen die Zahlenkoeffizienten der x- und der y-Variablen identisch sein. Somit führt das LGS mit drei Gleichungen, in denen $\boldsymbol{x}$ **und** $\boldsymbol{y}$ vorkommen, zu insgesamt sechs Einzelgleichungen, bei denen $\boldsymbol{x}$ **oder** $\boldsymbol{y}$ verglichen werden.

Zu Ihrer besseren Übersicht stellen die ersten drei Gleichungen das Resultat des Koeffizientenvergleichs bezüglich x dar, während die drei letzten Gleichungen dasselbe bezüglich y leisten:

$$\begin{array}{ccccccc}3k_1 & & & + & 3k_3 & = & 0\\k_1 & & & + & k_3 & = & 0\\2k_1 & - & k_2 & & & = & 0\\k_1 & & & + & k_3 & = & 0\\-k_1 & + & k_2 & + & k_3 & = & 0\\ & & 2k_2 & + & 4k_3 & = & 0\end{array}$$

Inzwischen verfügt Ihr LGS über sechs Gleichungen, jedoch mit nur drei Unbekannten. Allerdings sind die Zeilen 2 und 4 identisch und Zeile 1 ist ebenfalls lediglich das 3-Fache dieser beiden Zeilen.

Übrig bleiben somit vier Zeilen, die ich Ihnen direkt in die Gauß-Gestalt bringe:

k_1	k_2	k_3	
1	0	1	0
2	–1	0	0
–1	1	1	0
0	2	4	0

Eventuell beherrschen Sie den Gauß-Algorithmus schon im Schlaf, Entspannung ist also angezeigt. Im ersten Schritt ergibt sich:

k_1	k_2	k_3	
1	0	1	0
0	–1	–2	0
0	1	2	0
0	2	4	0

Der zweite Gauß-Schritt führt unmittelbar zu:

k_1	k_2	k_3	
1	0	1	0
0	–1	–2	0
0	0	0	0
0	0	0	0

Und da sind sie wieder, die verschwindenden Zeilen 3 und 4. Es verbleiben somit nur noch 2 Zeilen ungleich Null, was nichts anderes bedeutet, als dass die drei Ausgangsvektoren *linear abhängig* sind.

Sie können sogar genau bestimmen, auf welche Weise, denn die Multiplikation der zweiten Zeile mit Minus-Eins produziert schon das finale LGS im Gauß-Jordan-Algorithmus:

k_1	k_2	k_3	
1	0	1	0
0	1	2	0

Eine beliebige Vorgabe des dritten Parameters, beispielsweise mit $k_3 = \lambda$, $\lambda \in \mathbb{R}$ führt zur vollständigen Lösung auch der beiden anderen:

$k_1 = -\lambda$, $k_2 = -2\lambda$. Insgesamt ergibt sich als Lösungsmenge:

$$L = \left\{ \lambda \begin{pmatrix} -1 \\ -2 \\ 1 \end{pmatrix} \middle| \text{ mit } \lambda \in \mathbb{R} \right\}$$

Für $\lambda = 1$ bedeutet dies: $-f_1 - 2f_2 + f_3 = 0$, oder umgestellt nach f_3:

$$f_3 = f_1 + 2f_2$$

Sie können die Anwendung der linearen Abbildung f_3 alternativ ebenso durch die Anwendung von f_1 gefolgt von Anwendung von f_2 mal zwei erreichen. Damit ist f_3 überflüssig und die drei Homomorphismen sind linear abhängig!

Keine der drei linearen Abbildungen ist gegenüber den beiden anderen irgendwie ausgezeichnet. Sie dürfen, anstatt auf f_3 zu verzichten, genauso gut f_1 oder f_2 ignorieren. Aber bitte nur eine der drei Funktionen wegwerfen, die verbleibenden sind nicht kollinear, also automatisch linear unabhängig!

Im Allgemeinen

Wie versprochen, erhalten Sie in diesem Unterabschnitt eine Zusammenfassung von Tipps und Tricks im Umgang mit der *linearen Unabhängigkeit*.

Lineare Unabhängigkeit einer Menge von n Vektoren bedeutet, dass alle Vektoren der Menge benötigt werden, um den erzeugten Unterraum, also die Menge aller daraus resultierenden Linearkombinationen, aufzuspannen.

Lineare Abhängigkeit heißt im Gegenzug, dass wenigstens einer der Vektoren nicht benötigt wird. Die Menge aller Linearkombination der n-1 verbleibenden Vektoren ist genau so groß wir der von allen ursprünglichen n Vektoren aufgespannte Raum.

Die geometrische Deutung der linearen Abhängigkeit ist sehr hilfreich. Mit zwei linear unabhängigen Vektoren spannen Sie eine Ebene auf. Nehmen Sie nun einen dritten Vektor hinzu, entsteht lineare Abhängigkeit genau dann, wenn dieser neue Vektor in der ursprünglichen Ebene der beiden ersten liegt. Ist das nicht der Fall, spannen die drei Vektoren den gesamten dreidimensionalen Raum auf und sind folgerichtig linear unabhängig.

Die Untersuchung auf lineare Unabhängigkeit erfolgt grundsätzlich in vier Schritten:

1. Aufstellen der **Vektorgleichung**, die die Linearkombination des Nullvektors ergibt
2. Überführen der Vektorgleichung in ein gleichwertiges **lineares Gleichungssystem**
3. Lösen des LGS, zumindest bis zum Erreichen der **Zeilenstufenform**.
4. Ist die Anzahl an verbliebenen Zeilen ungleich Null genauso groß wie die Zahl an untersuchten Vektoren, dann ist die ursprüngliche Menge *linear unabhängig*, ansonsten *linear abhängig*.

An Abkürzungen dieses doch recht strapaziösen Weges haben Sie in den letzten Unterabschnitten die folgenden kennengelernt:

✔ Von mehreren **identischen Zeilen** muss nur eine berücksichtigt werden.

✔ Ist eine Zeile das **Vielfache** einer anderen, kann eine der beiden Zeilen ignoriert werden.

✔ Treten nur vereinzelt **irrationale** Komponenten auf, können diese nicht mit rein rationalen Koeffizienten ein **rationales** Ergebnis produzieren.

Der letzte Punkt ist gefährlich. Dazu schauen Sie sich einmal folgende drei Vektoren an:

$$v_1 = \begin{pmatrix} \sqrt{2} \\ 1 \\ -2 \end{pmatrix}, v_2 = \begin{pmatrix} -2 \\ 0 \\ 2\sqrt{2} \end{pmatrix}, v_3 = \begin{pmatrix} 0 \\ \sqrt{2} \\ 0 \end{pmatrix}$$

Ein grober Blick könnte Sie versuchen, sofort von linearer Unabhängigkeit dieser drei Vektoren aus dem $\mathbb{R}^3$ über $\mathbb{R}$ auszugehen, denn die irrationale Zahl $\sqrt{2}$ taucht pro Vektor und pro Komponente jeweils nur in unterschiedlichen Zeilen auf, die somit nicht rational linear kombiniert werden können.

Allerdings sind v_1, v_2 und v_3 linear abhängig, denn es gilt:

$$\sqrt{2}\cdot v_1 + v_2 - v_3 = \sqrt{2}\begin{pmatrix}\sqrt{2}\\1\\-2\end{pmatrix} + \begin{pmatrix}-2\\0\\2\sqrt{2}\end{pmatrix} - \begin{pmatrix}0\\\sqrt{2}\\0\end{pmatrix} = \begin{pmatrix}0\\0\\0\end{pmatrix}$$

Im $\mathbb{R}^3$ über $\mathbb{Q}$ wären v_1, v_2 und v_3 tatsächlich linear unabhängig. Dieses bemerkenswerte Phänomen ist Gegenstand des nächsten Abschnitts!

Eine wichtige Arbeitserleichterung ergibt sich für etliche Fälle, in denen die lineare Unabhängigkeit ausgerechnet werden soll. Sie können nämlich die Komplexität der Analyse deutlich reduzieren, indem Sie – leider nicht immer – auf eine komplette Unbekannte verzichten. Und das geht wie folgt.

Ausgehend von der Gleichung

$$k_1 \cdot v_1 + k_2 \cdot v_2 + \cdots + k_n \cdot v_n = 0$$

schieben Sie einen der Terme von der linken Seite auf die rechte. Exemplarisch wähle ich den Erstbesten:

$$k_2 \cdot v_2 + \cdots + k_n \cdot v_n = -k_1 \cdot v_1$$

Wenn Sie sicher sind, dass k_1 für die Gesamtlösung – abgesehen vom trivialen Fall – ungleich Null ist, können Sie die gesamte Gleichung durch $-k_1$ dividieren. Sie erhalten:

$$-\frac{k_2}{k_1} \cdot v_2 + \cdots + -\frac{k_n}{k_1} \cdot v_n = v_1$$

Eine Umbenennung der ohnehin vom Zahlenwert irrelevanten Koeffizienten resultiert in der neuen Vektorgleichung:

$$k_1^{\text{neu}} \cdot v_2 + \cdots + k_{n-1}^{\text{neu}} \cdot v_n = v_1$$

Das zugehörige LGS besitzt jetzt nur noch $n - 1$ Unbekannte und lässt sich viel einfacher lösen!

Der Trick zur Verminderung des LGS um eine Unbekannte darf *nur* angewendet werden, wenn der zugehörige Koeffizient *nicht Null* ist.

Aber woher um alles in der Welt wissen Sie, wann dies der Fall ist? Zur Auflösung dieser Frage zeige ich Ihnen zwei lehrreiche Beispiele.

Zuerst ein Fall von linearer Abhängigkeit aus einem der letzten Abschnitte.

Der Trick zur Verminderung des LGS um eine Unbekannte darf *immer* angewendet werden, wenn er als Ergebnis eine *lineare Abhängigkeit* liefert.

Erinnern Sie sich noch an die Vektorgleichung

$$k_1\begin{pmatrix}3x+y\\x-y\\2x\end{pmatrix}+k_2\begin{pmatrix}0\\y\\-x+2y\end{pmatrix}+k_3\begin{pmatrix}3x+y\\x+y\\4y\end{pmatrix}=\begin{pmatrix}0\\0\\0\end{pmatrix}$$

Nach dem Trick zur Variablenreduktion können Sie genauso gut ansetzen:

$$k_1\begin{pmatrix}3x+y\\x-y\\2x\end{pmatrix}+k_2\begin{pmatrix}0\\y\\-x+2y\end{pmatrix}=\begin{pmatrix}3x+y\\x+y\\4y\end{pmatrix}$$

Hier tauchen nur noch 2 Unbekannte auf. Und das resultierende LGS wird so einfach, dass Sie die Lösung sofort ablesen.

Die erste Zeile ergibt nämlich:

$$(3x+y)k_1=3x+y$$

Dies funktioniert in jedem Zahlenkörper nur dann, wenn $k_1 = 1$ gilt. Die zweite Gleichung führt Sie dann zu

$$x-y+yk_2=x+y \Rightarrow yk_2=2y$$

Und dies zeigt, dass $k_2 = 2$ sein muss. Die dritte Gleichung entscheidet nun über Wohl und Wehe der linearen Unabhängigkeit. Ist sie erfüllt, sind die Vektoren linear abhängig, ansonsten linear unabhängig.

$$2x+2(-x+2y)=4y$$

Das Resultat ist bekannt. Die dritte Gleichung führt nicht zu einem Widerspruch, damit sind die Vektoren *linear abhängig*.

So weit, so gut. Jetzt kommen wir zu einem Gegenbeispiel, wo der Trick nicht angewendet werden darf. Die folgenden drei Vektoren sind linear abhängig, denn der erste ist das Doppelte des zweiten.

$$v_1=\begin{pmatrix}4\\6\\8\end{pmatrix}, v_2=\begin{pmatrix}2\\3\\4\end{pmatrix}, v_3=\begin{pmatrix}6\\9\\11\end{pmatrix}$$

Würden Sie hier mit einem der beiden ersten Vektoren den Trick versuchen, wäre das Ergebnis korrekt. Allerdings führt die Wahl des dritten Vektors zu einer Überraschung:

$$k_1\begin{pmatrix}4\\6\\8\end{pmatrix}+k_2\begin{pmatrix}2\\3\\4\end{pmatrix}=\begin{pmatrix}6\\9\\11\end{pmatrix}$$

Die beiden oberen Gleichungen des entstehenden LGS können leicht gelöst werden, indem für k_1 sowie k_2 der Wert 1 eingesetzt wird. Die dritte Gleichung ist dann jedoch widersprüchlich. Der Trick würde hier also fälschlicherweise darauf hindeuten, dass die drei Vektoren linear unabhängig wären, was sie aber nicht sind. Merken Sie sich also:

Der Trick zur Verminderung des LGS um eine Unbekannte könnte zu einem Fehler führen, wenn er als Ergebnis eine *lineare Unabhängigkeit* liefert.

Der Grund hierfür ist nach der folgenden Erklärung hoffentlich einleuchtend. Die Vektorgleichung

$$k_1 \cdot v_1 + k_2 \cdot v_2 + k_3 v_3 = 0$$

besitzt nämlich als Lösung

$$L = \left\{ \lambda \begin{pmatrix} 1 \\ 2 \\ 0 \end{pmatrix} \middle| \lambda \in \mathbb{R} \right\}$$

Wie sie sehen, hat k_3 stets den Wert Null. Folglich darf nicht durch diesen Koeffizienten dividiert werden und der Trick scheitert.

Im nächsten Abschnitt zeige ich Ihnen weitere kritische Aspekte der linearen Unabhängigkeit.

Fallstricke der linearen Unabhängigkeit

Die Definition eines Vektorraums beinhaltet stets einen Zahlenkörper, dessen Elemente für die skalare Multiplikation benötigt werden.

Allerdings kann genau dieser Zahlenkörper über die lineare Abhängigkeit oder Unabhängigkeit entscheiden.

Betrachten Sie hierzu drei Vektoren des $\mathbb{C}^3$ zunächst über $\mathbb{C}$.

$$v_1 = \begin{pmatrix} i \\ 1 \\ 2 \end{pmatrix}, v_2 = \begin{pmatrix} 1 \\ 2 \\ i \end{pmatrix}, v_3 = \begin{pmatrix} 2i \\ 1+2i \\ 1 \end{pmatrix}$$

Ich behaupte, diese drei Vektoren sind *linear abhängig* und kann Sie vermutlich davon überzeugen, indem ich Ihnen eine nicht-triviale Lösung der Linearkombination für den Nullvektor liefere. Es gilt nämlich:

$$i \cdot \begin{pmatrix} i \\ 1 \\ 2 \end{pmatrix} + (-1) \cdot \begin{pmatrix} 1 \\ 2 \\ i \end{pmatrix} + (-i) \cdot \begin{pmatrix} 2i \\ 1+2i \\ 1 \end{pmatrix} = \begin{pmatrix} 0 \\ 0 \\ 0 \end{pmatrix}$$

Nun sind diese Koeffizienten nicht alle reell. Daher liefern die Werte **keine Möglichkeit** zur Linearkombination der drei Vektoren im Vektorraum $\mathbb{C}^3$ über $\mathbb{R}$.

Das bedeutet jedoch noch nicht zwingend, dass die Vektoren im $\mathbb{C}^3$ über $\mathbb{R}$ *linear unabhängig* sind.

Die Sache ist schon etwas verzwickter. Notwendig ist hier eine Untersuchung des zugehörigen LGS mit Unbekannten aus $\mathbb{R}$:

$$\begin{array}{ccccccc} ik_1 & + & k_2 & + & 2ik_3 & = & 0 \\ k_1 & + & 2k_2 & + & (1+2i)k_3 & = & 0 \\ 2k_1 & + & ik_2 & + & k_3 & = & 0 \end{array}$$

Da die Koeffizienten dem Körper der komplexen Zahlen entstammen, zerfällt das LGS wiederum aufgrund des *Koeffizientenvergleichs* im Real- und im Imaginärteil in ein System mit sechs Gleichungen und drei Unbekannten.

In die übersichtliche Gauß-Form gegossen ergeben sich die drei oberen Gleichungen zum Realteil und die nachfolgenden Gleichungen zum Imaginärteil:

k_1	k_2	k_3	
0	1	0	0
1	2	1	0
1	0	1	0
1	0	2	0
0	0	2	0
0	1	0	0

Der Koeffizientenvergleich darf nur deswegen angestellt werden, weil die k_1 bis k_3 reelle Zahlen sind. Wären komplexe Zahlen als Unbekannte zugelassen, könnte eine Aufteilung in Real- und Imaginärteil der Koeffizienten nicht erfolgen, denn die Multiplikation einer komplexen Zahl mit einer anderen kann sowohl den Realteil als auch den Imaginärteil betreffen.

Das oben gezeigte LGS ist vergleichsweise einfach zu lösen. Wegen der ersten Zeile muss $k_2=0$ gelten. Die vorletzte Zeile wiederum führt zu $k_3=0$. Mit diesem Wissen ausgestattet bleibt auch gemäß Zeile 2 für die letzte Unbekannte nur die Möglichkeit $k_1=0$ übrig. Sie erhalten also genau die triviale Lösung, und nur diese. Demnach sind die Vektoren v_1, v_2 und v_3 als Elemente des Vektorraums $\mathbb{C}^3$ über $\mathbb{R}$ *linear unabhängig.*

Was lineare Unabhängigkeit mit der Lösung von Gleichungssystemen zu tun hat

Im letzten Abschnitt möchte ich Ihnen eine Zusammenfassung dieses Kapitels liefern und dabei ein besonderes Augenmerk auf lineare Gleichungssysteme legen.

Der zentrale Begriff der *linearen Unabhängigkeit* zieht sich wie ein roter Faden durch die gesamte lineare Algebra. Ausgangspunkt sind die *Linearkombinationen* von Vektoren, die Sie erhalten, wenn Sie alle möglichen Skalare mit den Vektoren multiplizieren und alles aufaddieren.

Formal erzeugen Sie dadurch einen *Unterraum*. Linear unabhängig ist eine Menge von Vektoren genau dann, wenn das Weglassen eines einzigen Vektors zu einem kleineren erzeugten Unterraum führt. Umgekehrt können Sie annehmen, dass eine Menge von Vektoren genau dann linear abhängig ist, wenn Sie zumindest einen – möglicherweise ganz bestimmten – Vektor löschen können, ohne dass dies Auswirkungen auf die Menge der möglichen Linearkombinationen der restlichen Vektoren hätte.

Die Untersuchung auf lineare Unabhängigkeit erfolgt dadurch, dass Sie die möglichen *Linearkombinationen des Nullvektors* betrachten. Gibt es neben der stets vorhandenen *trivialen Lösung* eine weitere, dann sind die Vektoren linear abhängig, ansonsten linear unabhängig.

In der Praxis führt die Vektorgleichung zu einem LGS, dessen Zahl an Unbekannten mit der Anzahl an Vektoren der jeweiligen Menge übereinstimmt. Die Zahl der Gleichungen dagegen hängt vom vorausgesetzten Vektorraum ab.

Die Lösung erfordert keinen vollständigen Gauß-Jordan-Algorithmus, die Zeilenstufenform genügt bereits. Im Falle einer quadratischen Koeffizientenmatrix kann auch die Determinante zur Bestimmung der Lösungsmenge herangezogen werden.

Allerdings fehlt bei diesen Betrachtungen noch ein wichtiger Aspekt. Bis jetzt sieht es so aus, dass allein die Lösung eines LGS notwendig ist zur Bestimmung der linearen Unabhängigkeit einer gegebenen Menge von Vektoren. Dies ist auch richtig, aber umgekehrt können Sie auch die Idee der linearen Unabhängigkeit auf ein zu lösendes LGS anwenden.

Wenn die Anzahl an linear unabhängigen Zeilen eines LGS mit der Zahl der Unbekannten übereinstimmt, verfügt das LGS über eine *einelementige* Lösung. Ist die Zahl unabhängiger Zeilen größer als die Anzahl an Unbekannten, ist die Lösungsmenge *leer*. Wenn die Zahl unabhängiger Zeilen dagegen kleiner als die Anzahl an Unbekannten ist, stimmt die *Dimension* des Lösungsraums mit der Differenz zwischen Zahl der linear unabhängigen Zeilen und der Anzahl an Unbekannten überein.

Basen, keine lästige Verwandtschaft

9

In diesem Kapitel …

- Den Begriff der Basis verstehen
- Den Zusammenhang zwischen Basen und Vektorräumen erkennen
- Entscheiden, ob eine Menge von Vektoren eine Basis bildet
- Eine Gruppe von Vektoren zu einer Basis ergänzen
- Besondere Basen wie die Orthonormalbasis behandeln

Jeder n-dimensionale Vektorraum kann durch n zueinander linear unabhängige Vektoren erzeugt werden, die damit eine Basis bilden. Diesen wichtigen Grundsatz lernen Sie im aktuellen Kapitel zu verstehen und praktisch anzuwenden.

Das bedeutet konkret, dass Sie eine gegebene Menge von Vektoren als Basis identifizieren und sogar in die Lage versetzt werden, für verschiedene Vektorräume Basen zu erzeugen.

Durch die Lektüre dieses Kapitels wird Ihnen auch der Begriff der Koordinate auf eine neue Weise vermittelt und Sie werden altbekannte Koordinatensysteme als lediglich speziell gewählte Basen erkennen.

Auf dieser Basis beruht unsere Arbeit

Zum Verständnis dieses Kapitels ist es unerlässlich, bereits mit den Begriffen des *Vektorraums* sowie der *linearen Unabhängigkeit* vertraut zu sein.

In Kapitel 5 erfahren Sie alles Wissenswerte zum Thema »Vektorräume«, während das Kapitel 8 die »lineare Unabhängigkeit« eingehend behandelt.

Vektorräume können sehr unterschiedlich aussehen. Im einfachsten Fall bestehen Sie aus n-Tupeln reeller Zahlen, aber ebenso sind Polynome höchstens n-ten Grades, $n \times m$-Matrizen oder sogar Homomorphismen denkbar.

Die Wahl einer Basis zu einem gegebenen Vektorraum verschafft Ihnen Struktur und erleichtert die Identifikation der Vektoren.

Dabei ist die Grundidee überraschend einfach.

n zueinander linear unabhängige Vektoren erzeugen mit allen ihren Linearkombinationen einen n-dimensionalen Vektorraum und bilden dessen *Basis*.

Die Wahl einer Basis ist zwar nicht völlig beliebig, denn immerhin brauchen Sie dazu linear unabhängige Vektoren, aber dafür gibt es im Allgemeinen unendlich viele Möglichkeiten.

Merken sollten Sie sich folgende Zusammenhänge in einem n-dimensionalen Vektorraum V:

- ✔ n linear unabhängige Vektoren von V bilden automatisch eine Basis
- ✔ n+1 oder mehr Vektoren von V sind immer linear abhängig
- ✔ aus einer beliebigen Menge linear unabhängiger Vektoren von V können Sie stets durch Hinzunahme weiterer Vektoren eine Basis von V bilden (vorausgesetzt natürlich, Ihre Vektoren bilden nicht schon eine Basis)
- ✔ eine Menge von linear abhängigen Vektoren kann nicht zu einer Basis ergänzt werden

Sobald Sie eine Basis für V gewählt haben, können Sie jeden beliebigen Vektor in V als eine Linearkombination der Basisvektoren beschreiben!

Weil das so wichtig ist, erhalten Sie hier noch einmal die mathematische Formulierung dieses Zusammenhangs. Dabei sei $e = (e_1, \ldots ,e_n)$ eine beliebige Basis des Vektorraums V über K:

$$\forall v \in V \;\; \exists k_1, \ldots, k_n \in K : \; k_1 \cdot e_1 + \cdots + k_n \cdot e_n = v$$

In einigen Büchern kommen als Schreibweise für eine Basis auch die spitzen Klammern ins Spiel. Das sieht dann so aus: $e = <e_1, \ldots ,e_n>$. Weil das recht hässlich aussieht, erspare ich Ihnen diese unnötige Konvention!

Übrigens ist die Festlegung der Koeffizienten k_1 bis k_n bei gegebener Basis eindeutig!

Die Eindeutigkeit der Linearkombination ist eine direkte Folge der linearen Unabhängigkeit der Basisvektoren!

Das führt zu einer sehr wichtigen Folgerung:

Jeder Vektor eines Vektorraums kann durch die Koeffizienten der Linearkombination einer Basis eindeutig identifiziert werden.

Aufgrund ihrer großen Bedeutung tragen die Koeffizienten einen besonderen Namen, nämlich *Koordinaten*.

Wenn sich jetzt in Ihrem Kopf alles dreht ... ist das ein gutes Zeichen! Dann haben Sie womöglich die gewaltige Konsequenz dieser Namensgebung begriffen. Koordinaten sind Ihnen bis dato vermutlich als blanke Zahleneinträge innerhalb eines Koordinatensystems geläufig, aber das ist ja nur die äußerste Spitze des Eisbergs! In Wahrheit sind Koordinaten nicht nur in geometrischen Räumen beheimatet, sondern fundamentaler Bestandteil eines jeden Vektorraums.

Also das Ganze noch einmal, schön langsam. Wenn Sie eine Basis e für einen Vektorraum V bestimmt haben, können Sie jeden Vektor aus V allein mittels der Koordinaten bezüglich e identifizieren. Und das Beste ist: Die n Koordinaten entstammen dem Zahlkörper K und so entsteht ein n-Tupel aus Zahlen, das Ihren Vektor repräsentiert. Passender Weise wird dieses n-Tupel *Koordinatenvektor von v bezüglich e* genannt und in eckige Klammern geschrieben: $[v]_e$.

Beispiel

Ausgangspunkt ist diesmal der Vektorraum V der Polynome höchstens zweiten Grades über $\mathbb{R}$. Gesucht ist zuerst eine Basis.

Sie könnten auf die Idee kommen, einfach drei beliebige Polynome aufzuschreiben und diese auf lineare Unabhängigkeit zu untersuchen. Da der Vektorraum der Polynome höchstens zweiten Grades dreidimensional ist, wären somit drei linear unabhängige Vektoren automatisch eine Basis von V.

Das Verfahren ist aber ein wenig mühsam. Wenn der Test auf lineare Unabhängigkeit schief geht, müssen Sie wieder von vorne anfangen. Es bietet sich daher an, die drei Basisvektoren, die in unserem Falle Polynome sind, systematisch zu erzeugen, und zwar so, dass sie ganz sicher linear unabhängig sind.

Wie können Sie das erreichen? Ganz einfach, indem Sie bereits die Untersuchung auf lineare Unabhängigkeit per Gauß-Verfahren vorweg nehmen und mit einer Dreiecksgestalt der Einträge beginnen. Noch einfacher ist es, bereits eine Diagonalgestalt anzunehmen. Die folgenden drei 3-Tupel sind daher zwingend linear unabhängig:

$$\begin{pmatrix}1\\0\\0\end{pmatrix}, \begin{pmatrix}0\\1\\0\end{pmatrix}, \begin{pmatrix}0\\0\\1\end{pmatrix}$$

Wenn eine Basis aus lauter solchen extrem einfachen aber zwingend linear unabhängigen Vektoren besteht, spricht man auch von der *kanonischen Basis*.

Kanon

Das Wort »Kanon« kommt ursprünglich aus dem Griechischen und bezeichnet einen Rohrstab, um Messungen durchzuführen. Im lateinischen Sprachgebrauch hat sich der Begriff auf eine »Richtschnur« verallgemeinert. Im Deutschen wird das Wort »Kanon« für eine verbindliche Rechtsvorschrift oder eine einzuhaltende Ordnung verwendet.

Aber wie um alles in der Welt sieht eine kanonische Basis des Vektorraums V der Polynome höchstens zweiten Grades aus?

Ich verrate Ihnen zuerst die Antwort und werde sie anschließend anhand der Koordinatenvektoren begründen.

Eine kanonische Basis e von V ist:

$$e = (x^2, x, 1)$$

Die drei Vektoren bestehen jeweils nur aus einem einzigen Term. Jedes beliebige Polynom zweiten Grades besitzt bezüglich e einen eindeutigen Koordinatenvektor.

Dazu mache ich Ihnen drei Beispiele:

$$v_1 = 3x^2 - 4x + 5 \Rightarrow [v_1]_e = \begin{pmatrix} 3 \\ -4 \\ 5 \end{pmatrix}$$

Das Ergebnis überrascht nicht, denn es gilt ja:

$$v_1 = 3 \cdot e_1 + (-4) \cdot e_2 + 5 \cdot e_3$$

Die anderen Beispiele sind nun leichter zu verstehen:

$$v_2 = -x^2 + 6x - 1 \Rightarrow [v_2]_e = \begin{pmatrix} -1 \\ 6 \\ -1 \end{pmatrix}$$

$$v_3 = x^2 + x \Rightarrow [v_3]_e = \begin{pmatrix} 1 \\ 1 \\ 0 \end{pmatrix}$$

Nun leuchtet Ihnen sicher auch ein, wieso gerade die Basis e als kanonisch bezeichnet werden kann.

Sie hätten auch die Reihenfolge der Vektoren in *e* vertauschen können. Jede so entstandene Basis verdient ebenfalls die Bezeichnung *kanonisch*.

Spannender wird es sicher, wenn Sie eine andere Basis wählen. Die folgenden drei Vektoren besäßen in einem LGS die Gestalt einer Dreiecksmatrix, also sind sie zwangsläufig linear unabhängig. Nennen Sie die so entstandene Basis *b*:

$$b = (x^2, x^2 + x, x^2 + x + 1)$$

Zu untersuchen ist nun, wie die Koordinatenvektoren von v_1, v_2 und v_3 aussehen.

Dazu werden die drei Vektoren schön der Reihe nach als Linearkombination der drei Basisvektoren notiert:

$$v_1 = k_1 x^2 + k_2(x^2 + x) + k_3(x^2 + x + 1) = 3x^2 - 4x + 5$$

Der Vektorvergleich resultiert, oh Wunder, wieder einmal in einem LGS, das durch Koeffizientenvergleich ermittelt wird:

$$\begin{array}{ccccccc} k_1 & + & k_2 & + & k_3 & = & 3 \\ & & k_2 & + & k_3 & = & -4 \\ & & & & k_3 & = & 5 \end{array}$$

Und diesmal lohnt es sich wirklich, die Inverse der Koeffizientenmatrix

$$A = \begin{pmatrix} 1 & 1 & 1 \\ 0 & 1 & 1 \\ 0 & 0 & 1 \end{pmatrix}$$

zu bestimmen. Neben dem Adjunktenverfahren steht dazu der Gauß-Jordan-Algorithmus für Sie bereit.

In Kapitel 7 finden Sie alles, was zur Invertierung einer Matrix nötig ist!

Er verläuft folgendermaßen. Sie starten mit A auf der linken Seite und platzieren die Einheitsmatrix auf der rechten.

k_1	k_2	k_3			
1	1	1	1	0	0
0	1	1	0	1	0
0	0	1	0	0	1

Die Gauß-Jordan-Operationen sehen nun vor, dass die ersten beiden Zeilen in der dritten Spalte eine Null generieren. Dazu ziehen Sie die dritte Zeile nacheinander von der ersten und zweiten ab:

k_1	k_2	k_3			
1	1	0	1	0	–1
0	1	0	0	1	–1
0	0	1	0	0	1

Als nächstes wird die zweite Zeile von der ersten abgezogen:

k_1	k_2	k_3			
1	0	0	1	–1	0
0	1	0	0	1	–1
0	0	1	0	0	1

Fertig. Zum Schluss ist eine Probe angezeigt, der Sie die Ergebnismatrix A^{-1} mit der Ausgangsmatrix multiplizieren:

$$A^{-1} \cdot A = \begin{pmatrix} 1 & -1 & 0 \\ 0 & 1 & -1 \\ 0 & 0 & 1 \end{pmatrix} \cdot \begin{pmatrix} 1 & 1 & 1 \\ 0 & 1 & 1 \\ 0 & 0 & 1 \end{pmatrix} = \begin{pmatrix} 1 & 0 & 0 \\ 0 & 1 & 0 \\ 0 & 0 & 1 \end{pmatrix}$$

Die Probe war erfolgreich, weil das Produkt die Einheitsmatrix darstellt. Als nächstes rechnen Sie den gesuchten Koordinatenvektor von v_1 bezüglich der Basis aus, indem Sie den Koordinatenvektor von v_1 bezüglich der kanonischen Basis von rechts mit A^{-1} multiplizieren:

$$[v_1]_b = A^{-1} \cdot [v_1]_e = \begin{pmatrix} 1 & -1 & 0 \\ 0 & 1 & -1 \\ 0 & 0 & 1 \end{pmatrix} \cdot \begin{pmatrix} 3 \\ -4 \\ 5 \end{pmatrix} = \begin{pmatrix} 1 \cdot 3 + (-1) \cdot (-4) + 0 \cdot 5 \\ 0 \cdot 3 + 1 \cdot (-4) + (-1) \cdot 5 \\ 0 \cdot 3 + 0 \cdot (-4) + 1 \cdot 5 \end{pmatrix} = \begin{pmatrix} 7 \\ -9 \\ 5 \end{pmatrix}$$

Ein unglaubliches Verfahren zur Ermittlung eines Koordinatenvektors! Jedoch ist das Ergebnis völlig korrekt, wie eine kleine Kontrollrechnung beweist:

$$v_1 = 7x^2 + (-9)(x^2 + x) + 5(x^2 + x + 1) = 3x^2 - 4x + 5$$

Die Koordinatenvektoren von v_2 und v_3 bezüglich b bestimmen Sie jetzt mit wenig Aufwand, weil die Matrix A^{-1} bereits bekannt ist.

$$[v_2]_b = A^{-1} \cdot [v_2]_e = \begin{pmatrix} 1 & -1 & 0 \\ 0 & 1 & -1 \\ 0 & 0 & 1 \end{pmatrix} \cdot \begin{pmatrix} -1 \\ 6 \\ -1 \end{pmatrix} = \begin{pmatrix} -7 \\ 7 \\ -1 \end{pmatrix}$$

$$[v_3]_b = A^{-1} \cdot [v_3]_e = \begin{pmatrix} 1 & -1 & 0 \\ 0 & 1 & -1 \\ 0 & 0 & 1 \end{pmatrix} \cdot \begin{pmatrix} 1 \\ 1 \\ 0 \end{pmatrix} = \begin{pmatrix} 0 \\ 1 \\ 0 \end{pmatrix}$$

Der Koordinatenvektor von v_3 bezüglich b ist erstaunlich einfach geraten. Die Eins in der Mitte und die beiden Nullen bedeuten, dass es sich bei v_3 just um den zweiten Basisvektor handelt!

Die technischen Hintergründe, warum dieses Verfahren funktionieren muss, werden in Kapitel 15 anschaulich behandelt. Dort finden Sie auch eine Erweiterung des Verfahrens hin zu einem beliebigen *Basiswechsel*!

Erzeugende Systeme

Wie bereits angedeutet, erzeugen die Linearkombinationen von Vektoren einen Unterraum U. Man sagt auch, U wird von den Vektoren *erzeugt* oder *aufgespannt*.

Der zweite Terminus legt eine geometrische Deutung nahe.

Im euklidischen n-Raum stellen die Linearkombinationen gegebener Vektoren geometrische Objekte dar, die stets durch den Ursprung verlaufen. Die Anzahl an linear unabhängigen Vektoren bestimmt dabei die Dimension des entstandenen Raumes. Ein Vektor führt zu einer *Geraden*, zwei Vektoren spannen eine *Ebene* auf und drei linear unabhängige Vektoren produzieren einen dreidimensionalen *Raum* und so fort.

Linear abhängige Vektoren sind bereits Teil des geometrischen Objekts. So können zwei Vektoren eine Ebene aufspannen. Ein dritter Vektor ist dann linear abhängig, wenn er bereits Teil der aufgespannten Ebene ist. Ist das nicht der Fall, dann sind die drei Vektoren linear unabhängig und spannen einen dreidimensionalen Raum auf.

Die Dimension des Unterraums eines beliebigen Vektorraums V entspricht – auch wenn es sich nicht um geometrische Objekte handelt – just der Anzahl an linear unabhängigen Vektoren, die sie aufspannen.

Ein Unterraum, dessen Dimension jener von V entspricht, ist somit bereits mit V identisch. Es lässt sich sogar der noch schärfere Satz formulieren:

V sei ein Vektorraum und U und W seien Unterräume von V. Dann gilt:

$$\dim(U + W) = \dim(U) + \dim(W) - \dim(U \cap W)$$

Damit sind Sie in der Lage, die in Kapitel 5 angesprochene *direkte Summe* von Unterräumen (dargestellt durch das Zeichen ⊕) noch klarer zu umreißen.

$$V = U \oplus W \quad \Leftrightarrow \quad \dim(V) = \dim(U) + \dim(W) \; \wedge U \cap W = \{0\}$$

Ein Vektorraum V ist genau dann die *direkte Summe* seiner Unterräume U und W, falls die Dimension von V genau der Summe der Dimensionen von U und W entspricht und die Schnittmenge von U und W nur den Nullvektor enthält.

Dies korrespondiert mit der geometrischen Deutung. Zwei zweidimensionale Ebenen können keine direkte Summe des dreidimensionalen Raumes sein. Dagegen ist die Summe einer Geraden und einer Ebene als Unterraum typischerweise dreidimensional, wenn die Gerade nicht bereits Teil der Ebene ist.

Lineare Hüllen als Unterräume

Ging das zu schnell? Treten Sie einen Schritt zurück und atmen Sie tief durch. Und jetzt schön langsam weitermachen.

Ausgehend von einem Vektorraum V über einem Zahlkörper K wählen Sie einen beliebigen Vektor $v \in V$.

Der von v aufgespannte Unterraum U sieht so aus:

$$U = \{ k \cdot v \,|\, k \in K \}$$

Geometrisch würde das einer *Ursprungsgeraden* entsprechen, denn der Nullvektor, der Ursprung eines Koordinatensystems, muss in jedem Unterraum vorhanden sein.

Der von einem einzigen Vektor v erzeugte Unterraum wird *lineare Hülle* von v genannt und mit $LH(v)$ bezeichnet.

Beispiele

Ich gebe Ihnen drei Beispiele von linearen Hüllen. Zuerst die bereits angesprochene Ursprungsgerade im $\mathbb{R}^2$.

$$LH\left(\begin{pmatrix}1\\2\end{pmatrix}\right) = \left\{ \lambda \begin{pmatrix}1\\2\end{pmatrix} \middle|\, \lambda \in \mathbb{R} \right\}$$

Die grafische Darstellung sehen Sie in Abbildung 9.1.

Die lineare Hülle eines Polynoms höchstens zweiten Grades sieht so aus:

$$LH(x^2 - 2x + 3) = \left\{ \lambda x^2 - 2\lambda x + 3\lambda \,|\, \lambda \in \mathbb{R} \right\}$$

Zum Schluss zeige ich Ihnen noch die lineare Hülle einer symmetrischen 2×2-Matrix:

$$LH\left(\begin{pmatrix}1 & 2\\2 & -3\end{pmatrix}\right) = \left\{ \lambda \begin{pmatrix}1 & 2\\2 & -3\end{pmatrix} \middle|\, \lambda \in \mathbb{R} \right\}$$

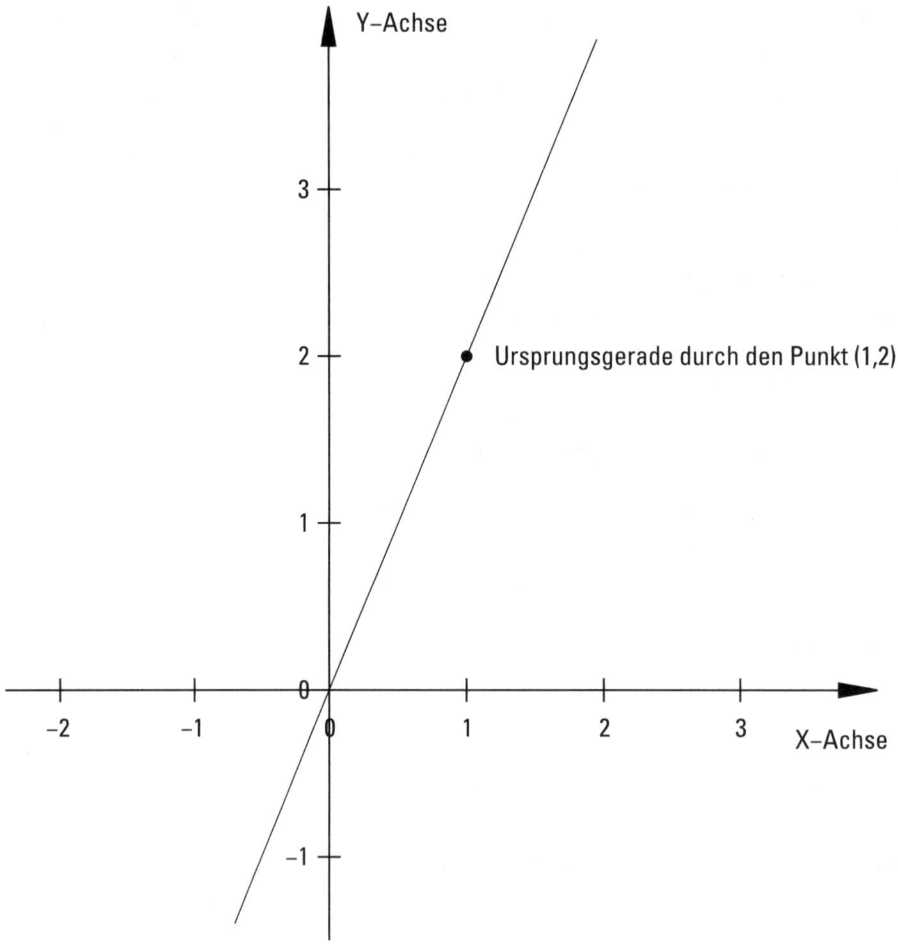

Abbildung 9.1: Ursprungsgerade als lineare Hülle

Lineare Unabhängigkeit von Basisvektoren

Natürlich sind Basisvektoren linear unabhängig. Das ist ja quasi deren einzige Eigenschaft, die sie gegenüber beliebigen Vektoren eines Vektorraums auszeichnet. Außerdem müssen es gerade so viele linear unabhängige Vektoren sein, dass deren Anzahl der zugehörigen Dimension des Vektorraums entspricht. Und das bedeutet: so viele, wie irgend möglich. Wenn Sie allerdings einen n-dimensionalen Vektorraum mit $n + 1$ Vektoren aufspannen wollen, ist diese Menge automatisch linear abhängig. Sie benötigen nämlich dazu n linear unabhängige Vektoren, nicht mehr, aber auch nicht weniger.

In der Praxis ist es häufig so, dass Sie sich die Basisvektoren nicht völlig frei aussuchen können. Bei der Kräftemodellierung eines Krans müssen Sie beispielsweise bestimmte Vektoren von vorneherein so anordnen, dass Sie das physikalische Modell leicht erzeugen können.

Häufig ist aber damit die Basis nicht vollständig vorgegeben, sondern nur zu einem gewissen Teil.

Beispiel

Angenommen, Sie haben die Aufgabe, eine Basis des $\mathbb{R}^3$ zu bestimmen, aber die beiden folgenden Vektoren müssten unbedingt darin vorkommen.

$$v_1 = \begin{pmatrix} 1 \\ -1 \\ 0 \end{pmatrix} \text{ und } \quad v_2 = \begin{pmatrix} 3 \\ 0 \\ 2 \end{pmatrix}$$

Sie sollten sich zuerst davon überzeugen, dass die beiden vorgestellten Vektoren nicht linear abhängig, also *kollinear*, sind. Dies ist offenbar nicht der Fall, denn aufgrund der ersten Komponente müsste v_2 ansonsten das Dreifache von v_1 sein, was aber für die beiden anderen Komponenten nicht mehr funktioniert.

Also sind v_1 und v_2 linear unabhängig. Sie bilden aber noch keine Basis, weil der $\mathbb{R}^3$ bekanntlich als dreidimensionaler Vektorraum auch drei Basisvektoren benötigt. Sie suchen demnach einen Vektor v_3, der zusammen mit den beiden anderen linear unabhängig ist und so eine gemeinsame Basis bildet. Mathematisch sieht das dann so aus:

$$b = \left(\begin{pmatrix} 1 \\ -1 \\ 0 \end{pmatrix}, \begin{pmatrix} 3 \\ 0 \\ 2 \end{pmatrix}, \begin{pmatrix} x \\ y \\ z \end{pmatrix} \right)$$

x, y und z sind natürlich damit nicht eindeutig festgelegt, aber auch nicht frei wählbar. Sie haben lediglich sicher zu stellen, dass der neue Vektor zu den beiden anderen linear unabhängig ist.

Am einfachsten geschieht dies hier durch die Bestimmung der Determinante der entstehenden 3×3-Matrix.

$$\det \begin{pmatrix} 1 & 3 & x \\ -1 & 0 & y \\ 0 & 2 & z \end{pmatrix} = 0 + 0 - 2x - 0 - 2y + 3z = -2x - 2y + 3z$$

Dabei darf das Ergebnis nicht Null sein. Wenn Sie $x = 0$ und $y = 0$ wählen, genügt es, eine beliebige Zahl für z zu wählen, die nicht gerade Null ist; etwa $z = 1$. Dann ist auch die Determinante insgesamt ungleich Null und die drei Vektoren sind linear unabhängig. Diese bilden automatisch eine *Basis* im $\mathbb{R}^3$.

$$b = \left(\begin{pmatrix} 1 \\ -1 \\ 0 \end{pmatrix}, \begin{pmatrix} 3 \\ 0 \\ 2 \end{pmatrix}, \begin{pmatrix} 0 \\ 0 \\ 1 \end{pmatrix} \right)$$

Erzeugte Unterräume

Wie Sie bereits wissen, erzeugt die Menge aller Linearkombinationen beliebiger Vektoren eines Vektorraums V stets einen Unterraum von V. Außerdem können solche Unterräume summiert, gewissermaßen zu einem neuen Unterraum zusammengefasst werden.

Das Problem dabei ist jedoch, für den so entstandenen Unterraum eine Basis zu finden. Das klingt recht kompliziert, verliert aber seinen Schrecken, wenn ich Ihnen anhand eines Beispiels zeige, wie das geht.

Beispiel

Der Vektorraum $\mathbb{R}^4$ über $\mathbb{R}$ verfügt über die Unterräume U und W mit:

$$U = \left\{ \lambda \begin{pmatrix} 1 \\ 0 \\ 1 \\ -1 \end{pmatrix} + \mu \begin{pmatrix} 0 \\ -1 \\ 1 \\ 0 \end{pmatrix} \middle| \text{ mit } \lambda, \mu \in \mathbb{R} \right\}$$

$$W = \left\{ \begin{pmatrix} x+2y \\ y \\ x+y \\ -y \end{pmatrix} \middle| \text{ mit x,y} \in \mathbb{R} \right\}$$

Gesucht ist nun eine Basis von $U + W$. Da sowohl U als auch W über zwei Dimensionen verfügen, weil in beiden Fällen zwei Unbekannte frei gewählt werden können, ist es zumindest denkbar, dass $U + W$ den gesamten $\mathbb{R}^4$ aufspannt. Dann wäre der $\mathbb{R}^4$ die direkte Summe seiner beiden Unterräume U und W und als Ergebnis von $U \oplus W$ wäre die kanonische Basis des $\mathbb{R}^4$ so gut wie jede andere. Allerdings wissen Sie das noch nicht so genau. Vielmehr ist es ebenso gut möglich, dass in Wahrheit U und W identisch sind. Dann wäre der Ergebnisraum lediglich zweidimensional und als Basis könnten Sie die beiden erzeugenden Vektoren von U ebenso gut für den gemeinsamen Unterraum $U + W$ heranziehen. Oder ein Zwischending ist möglich. Wenn $U + W$ dreidimensional ist, genügt weder eine beliebige Basis des $\mathbb{R}^4$ – das wäre zu viel – noch die Basis von U – das wäre zu wenig.

Also bleibt Ihnen nichts anderes übrig, als den Gauß-Algorithmus zu verwenden. Dieser funktioniert wie eine »*Waschmaschine*« für die gemeinsame Menge der erzeugenden Vektoren von U und W und ist in der Lage, die *Redundanz,* also die unnötigen Zeilen sowie jedwede *lineare Abhängigkeit* aus dieser Menge »heraus zu waschen«.

Zur Bestimmung einer gemeinsamen Basis aus der Summe von Unterräumen kann der Gauß-Algorithmus verwendet werden. Die Vektoren sind dann in den **Zeilen** anzuordnen!

Die beiden erzeugenden Vektoren v_1 und v_2 von U sind leicht abzulesen:

$$v_1 = \begin{pmatrix} 1 \\ 0 \\ 1 \\ -1 \end{pmatrix}, v_2 = \begin{pmatrix} 0 \\ 1 \\ 1 \\ 0 \end{pmatrix}$$

Für W sieht die Sache schon etwas schwieriger aus. Da jedoch x und y frei wählbare Parameter sind, können Sie dafür auch λ und μ schreiben und die Komponenten wieder trennen. Sie erhalten:

$$W = \left\{ \lambda \begin{pmatrix} 1 \\ 0 \\ 1 \\ 0 \end{pmatrix} + \mu \begin{pmatrix} 2 \\ 1 \\ 1 \\ -1 \end{pmatrix} \middle| \text{ mit } \lambda, \mu \in \mathbb{R} \right\}$$

In dieser Gestalt sind die erzeugenden Vektoren v_3 und v_4 besser zu erkennen.

$$v_3 = \begin{pmatrix} 1 \\ 0 \\ 1 \\ 0 \end{pmatrix}, v_4 = \begin{pmatrix} 2 \\ 1 \\ 1 \\ -1 \end{pmatrix}$$

Alle vier Vektoren behandeln Sie gemäß dem Gauß-Algorithmus. Die Besonderheit besteht darin, dass jetzt überhaupt keine rechte Seite vorkommt und die Vektoren stattdessen in Zeilenform notiert werden.

Der Gauß-Algorithmus kann dazu verwendet werden, aus einer Menge von potenziell linear abhängigen Vektoren eine Untermenge herauszufiltern, die nicht nur denselben Unterraum aufspannt, sondern darüber hinaus auch linear unabhängig ist.

$$\begin{array}{lrrrr} v_1: & 1 & 0 & 1 & -1 \\ v_2: & 0 & -1 & 1 & 0 \\ v_3: & 1 & 0 & 1 & 0 \\ v_4: & 2 & 1 & 1 & -1 \end{array}$$

Der Rest funktioniert jedoch wie gehabt. Zuerst die Nullen in der ersten Spalte unterhalb der ersten Zeile erzeugen:

$$\begin{array}{rrrr} 1 & 0 & 1 & -1 \\ 0 & -1 & 1 & 0 \\ 0 & 0 & 0 & 1 \\ 0 & 1 & -1 & 1 \end{array}$$

Als nächstes ist die zweite Spalte an der Reihe. Hier ist nur die letzte Zeile durch die Summe der Zeile 2 und 4 zu ersetzen.

$$\begin{matrix} 1 & 0 & 1 & -1 \\ 0 & -1 & 1 & 0 \\ 0 & 0 & 0 & 1 \\ 0 & 0 & 0 & 1 \end{matrix}$$

Die dritte Spalte macht Schwierigkeiten, denn ein Spaltentausch ist tabu. Die vierte Spalte erzeugt durch Subtraktion der dritten von der vierten Zeile eine Nullzeile:

$$\begin{matrix} 1 & 0 & 1 & -1 \\ 0 & -1 & 1 & 0 \\ 0 & 0 & 0 & 1 \\ 0 & 0 & 0 & 0 \end{matrix}$$

Damit terminiert der Algorithmus, die »Wäsche ist sauber« und Sie können die gesuchte Basis b von $U + W$ aus den verbliebenen Zeilen ablesen:

$$b = \left(\begin{pmatrix} 1 \\ 0 \\ 1 \\ -1 \end{pmatrix}, \begin{pmatrix} 0 \\ -1 \\ 1 \\ 0 \end{pmatrix}, \begin{pmatrix} 0 \\ 0 \\ 0 \\ 1 \end{pmatrix} \right)$$

Wie Sie anhand der Basisvektoren erkennen, ist der gesuchte Unterraum dreidimensional. Vielleicht verbleibt bei Ihnen ein mulmiges Gefühl. Ist das Ergebnis wirklich korrekt? Es könnten Rechenfehler vorliegen. Außerdem sehen die Basisvektoren doch etwas anders aus als die Ausgangsvektoren, zumindest für W. Dagegen finden Sie vielleicht die erzeugenden Vektoren von U in b, v_1 und v_2 blieben nämlich erhalten.

Um zu überprüfen, ob Ihr Ergebnis korrekt ist, können Sie mit linearer Abhängigkeit und Linearkombinationen argumentieren.

Ein Vektorraum U ist genau dann Unterraum eines Vektorraums V, wenn sich alle Basisvektoren von U aus den Basisvektoren von V linear kombinieren lassen.

Warum das so sein muss, kann ich Ihnen kurz an einem einfachen Experiment verdeutlichen. Angenommen, eine Basis von V sei $e = (e_1, e_2, e_3)$ und eine von U entsprechend $b = (b_1, b_2)$. Es seien weiter b_1 und b_2 als Linearkombinationen der Vektoren aus e darstellbar, beispielsweise mit

$$b_1 = a \cdot e_1 + b \cdot e_2 + c \cdot e_3 \text{ sowie } b_2 = d \cdot e_1 + f \cdot e_2 + g \cdot e_3$$

dann ist automatisch jede Linearkombination $k_1 \cdot b_1 + k_2 \cdot b_2$ von b auch mittels e darstellbar. Und das geht so:

$$k_1 \cdot b_1 + k_2 \cdot b_2 = k_1 \cdot (a \cdot e_1 + b \cdot e_2 + c \cdot e_3) + k_2 \cdot (d \cdot e_1 + f \cdot e_2 + g \cdot e_3)$$

Nun sind lediglich die neuen Koeffizienten so zu sortieren, dass die Basisvektoren von e jeweils nur einmal als Summand auftreten:

$$k_1 \cdot b_1 + k_2 \cdot b_2 = (k_1 a + k_2 d) \cdot e_1 + (k_1 b + k_2 f) \cdot e_2 + (k_1 c + k_2 g) \cdot e_3$$

Damit ist klar, wie Sie die Linearkombinationen von b aus den Linearkombinationen von e gewinnen, vorausgesetzt, die Basisvektoren in *b* lassen sich linear aus jenen von *e* kombinieren.

Als Probe der neuen Basis von *U* und *W* müssen Sie also alle Basisvektoren von *U* und von *W*, jeweils einzeln, als Linearkombination der neuen Basis darstellen.

Der Anfang ist schnell gemacht: v_1 sowie v_2 als Basisvektoren von *U* kommen ebenfalls als Basisvektoren in *b* vor und sind damit logischerweise linear kombinierbar. Für v_3 gilt:

$$v_3 = \begin{pmatrix} 1 \\ 0 \\ 1 \\ 0 \end{pmatrix} = 1 \cdot \begin{pmatrix} 1 \\ 0 \\ 1 \\ -1 \end{pmatrix} + 0 \cdot \begin{pmatrix} 0 \\ -1 \\ 1 \\ 0 \end{pmatrix} + 1 \cdot \begin{pmatrix} 0 \\ 0 \\ 0 \\ 1 \end{pmatrix}$$

Sie können diese Linearkombination finden, wenn Sie ein bisschen kriminalistischen Spürsinn entwickeln. Schauen Sie sich die vielen Nullen in den Komponenten an! Im Allgemeinen ist das nicht so leicht, dann bleibt Ihnen jedoch immer, ein entsprechendes LGS zu lösen!

Auch v_4 ist linear aus den Basisvektoren von b zu kombinieren:

$$v_4 = \begin{pmatrix} 2 \\ 1 \\ 1 \\ -1 \end{pmatrix} = 2 \cdot \begin{pmatrix} 1 \\ 0 \\ 1 \\ -1 \end{pmatrix} + (-1) \cdot \begin{pmatrix} 0 \\ -1 \\ 1 \\ 0 \end{pmatrix} + 1 \cdot \begin{pmatrix} 0 \\ 0 \\ 0 \\ 1 \end{pmatrix}$$

Damit ist zumindest bewiesen, dass Ihre Basis *b* tatsächlich $U + W$ als Unterraum enthält. Aber umgekehrt müssen auch alle Basisvektoren von *b* aus der Menge aller Basisvektoren von *U* und *W* zusammen linear kombiniert werden können. Für die beiden ersten Vektoren in *b* ist das wieder kein Problem, denn sie sind mit v_1 und v_2 identisch. Für den dritten finden Sie:

$$\begin{pmatrix} 0 \\ 0 \\ 0 \\ 1 \end{pmatrix} = -\frac{3}{2} \cdot \begin{pmatrix} 1 \\ 0 \\ 1 \\ -1 \end{pmatrix} + \frac{1}{2} \cdot \begin{pmatrix} 0 \\ -1 \\ 1 \\ 0 \end{pmatrix} + \frac{1}{2} \cdot \begin{pmatrix} 1 \\ 0 \\ 1 \\ 0 \end{pmatrix} + \frac{1}{2} \cdot \begin{pmatrix} 2 \\ 1 \\ 1 \\ -1 \end{pmatrix}$$

Damit ist das Ergebnis überprüft und als korrekt befunden!

Matrizen und Basen: So geht das!

In den letzten Abschnitten habe ich Ihnen überwiegend Beispiele aus den euklidischen n-Räumen sowie aus Vektorräumen von Polynomen höchstens n-ten Grades gezeigt. Matrizen wurden weniger oft behandelt, das möchte ich hier nachholen.

Beginnen Sie mit der Frage, wie eigentlich die kanonische Basis einer 2×2-Matrix aussieht. Jede der vier Komponenten kann unabhängig von den drei anderen gewählt werden. Als kanonische Basis e des Vektorraums der reellen 2×2-Matrizen über $\mathbb{R}$ ergibt sich somit:

$$e = \left(\begin{pmatrix} 1 & 0 \\ 0 & 0 \end{pmatrix}, \begin{pmatrix} 0 & 1 \\ 0 & 0 \end{pmatrix}, \begin{pmatrix} 0 & 0 \\ 1 & 0 \end{pmatrix}, \begin{pmatrix} 0 & 0 \\ 0 & 1 \end{pmatrix} \right)$$

Entsprechend besitzt dieser Vektorraum vier Dimensionen. Mit analogen Überlegungen wird Ihnen klar, dass der Vektorraum allgemeiner $m \times n$-Matrizen über $m \cdot n$ Dimensionen verfügt.

Einschränkungen wirken sich unmittelbar auf die Größe des Vektorraums aus. So besitzt der Vektorraum der *symmetrischen* 3×3-Matrizen nicht neun, sondern lediglich sechs Basisvektoren, was auch den oberen oder unteren *Dreiecksmatrizen* entspricht.

$$e = \left(\begin{pmatrix} 1 & 0 & 0 \\ 0 & 0 & 0 \\ 0 & 0 & 0 \end{pmatrix}, \begin{pmatrix} 0 & 1 & 0 \\ 1 & 0 & 0 \\ 0 & 0 & 0 \end{pmatrix}, \begin{pmatrix} 0 & 0 & 1 \\ 0 & 0 & 0 \\ 1 & 0 & 0 \end{pmatrix}, \begin{pmatrix} 0 & 0 & 0 \\ 0 & 1 & 0 \\ 0 & 0 & 0 \end{pmatrix}, \begin{pmatrix} 0 & 0 & 0 \\ 0 & 0 & 1 \\ 0 & 1 & 0 \end{pmatrix}, \begin{pmatrix} 0 & 0 & 0 \\ 0 & 0 & 0 \\ 0 & 0 & 1 \end{pmatrix} \right)$$

Um diese Auswahl zu erhalten, beginnen Sie einfach »oben links« und schreiben dort eine 1 in die Matrix, während alle anderen Einträge Null bleiben. Dann arbeiten Sie sich weiter, immer »von links nach rechts« und »oben nach unten«. Beachten Sie jedoch, dass Ihr Ergebnis stets symmetrisch bleiben muss, so dass manchmal auch eine zusätzliche 1 zu ergänzen ist. Identische Matrizen führen Sie dabei natürlich nur jeweils einmal auf.

Bei *Diagonalmatrizen* ist das noch schlimmer! Sie entsprechen einfachen Vektoren, was die Anzahl an Freiheitsgraden angeht. Dies zeige ich Ihnen anhand eines nahe liegenden Vergleichs einer allgemeinen 3×3-Diagonalmatrix sowie eines Vektors aus dem $\mathbb{R}^3$:

$$\begin{pmatrix} x & 0 & 0 \\ 0 & y & 0 \\ 0 & 0 & z \end{pmatrix} \text{ entspricht } \begin{pmatrix} x \\ y \\ z \end{pmatrix}$$

Hermitesche, schiefhermitesche und *schiefsymmetrische Matrizen* verfügen über die gleichen Freiheitsgrade wie symmetrische Matrizen.

Komplizierter wird die Angelegenheit bei *unitären Matrizen,* auf die ich im letzten Abschnitt zurückkommen werde.

Dimensionen und Basisvektoren

Die Anzahl an Basisvektoren stimmt stets mit der Dimension des Vektorraums überein. Im Grunde ist es am einfachsten, die Dimension eines Vektorraums damit zu ***definieren***, aus wie vielen Basisvektoren er besteht. Die räumliche Vorstellung der Dimensionen ist ohnehin nur für euklidische Vektorräume angebracht. Außerdem ersparen Sie sich mit der obigen Definition die Versuchung, sich eine geometrische Vorstellung jenseits von drei Raumdimensionen machen zu wollen. Das ist ein unmögliches Unterfangen.

Hier möchte ich Sie auf ein Problem eines speziellen Vektorraums aufmerksam machen. Und zwar geht es, wieder einmal, um Matrizen.

Vielleicht ist es Ihnen bis jetzt noch nicht bewusst gewesen, aber es sollte unbedingt geklärt werden. Wie können Sie vom Rang einer Matrix auf die Dimension eines zugehörigen Vektorraums schließen? Offensichtlich handelt es sich bei diesem Vektorraum nicht um einen Vektorraum von Matrizen, denn beispielsweise spannen $n \times n$-Matrizen einen n^2-dimensionalen Raum auf, während hingegen der Rang dieser Matrizen höchstens n ist. Auch ist es so, dass eine einzige Matrix und nicht etwa deren lineare Hülle über einen bestimmten Rang verfügt.

Die Lösung dieses kleinen Rätsels besteht in dem von einer konkreten, nicht unbedingt quadratischen Matrix erzeugten *Zeilen*- oder auch *Spaltenraum*. Das ist der aus den Zeilen- oder den Spaltenvektoren gewonnene Unterraum.

Betrachten Sie zum Beispiel die Matrix A.

$$A = \begin{pmatrix} 1 & 0 & 1 \\ 2 & 1 & 1 \end{pmatrix}$$

Der Spaltenraum von A lautet:

$$SR(A) = \left\{ \lambda \begin{pmatrix} 1 \\ 2 \end{pmatrix} + \mu \begin{pmatrix} 0 \\ 1 \end{pmatrix} + \nu \begin{pmatrix} 1 \\ 1 \end{pmatrix} \middle| \text{ mit } \lambda, \mu, \nu \in \mathbb{R} \right\}$$

Der Spaltenraum von A muss ein Unterraum des $\mathbb{R}^2$ sein, weil die Vektoren 2-Tupel sind. Weiter müssen diese drei Vektoren linear abhängig sein, denn im $\mathbb{R}^2$ kann es höchstens zwei jeweils zueinander linear unabhängige Vektoren geben. Andererseits sind keine der Vektorenpaare kollinear, insofern ist der Zeilenraum zweidimensional und spannt ganz $\mathbb{R}^2$ auf. $SR(A) = \mathbb{R}^2$

Der Zeilenraum von A sieht so aus:

$$ZR(A) = \left\{ \lambda \begin{pmatrix} 1 \\ 0 \\ 1 \end{pmatrix} + \mu \begin{pmatrix} 2 \\ 1 \\ 1 \end{pmatrix} \middle| \text{ mit } \lambda, \mu \in \mathbb{R} \right\}$$

Beachten Sie, dass die Vektoren aus den Zeilen jetzt in die Spalten transponiert werden. Auch die Dimension des Spaltenraums ist in diesem Fall 2, denn die beiden Vektoren, diesmal aus dem $\mathbb{R}^3$, sind nicht kollinear.

Das ist kein Zufall!

Die Dimensionen des Zeilenraums und des Spaltenraums einer beliebigen Matrix sind stets gleich. Dieser Wert entspricht dem *Rang* einer Matrix:

$$\dim(ZR(A)) = \dim(SR(A)) = Rg(A)$$

Aber was *bedeutet* dieser Satz? Dazu muss ich ein wenig ausholen und mit Ihnen in die Theorie der linearen Abbildungen eintauchen.

Sollten Sie bis jetzt keine rechte Vorstellung von linearen Abbildungen oder *Homomorphismen* haben, empfehle ich Ihnen die Lektüre von Kapitel 13. Oder Sie überspringen einfach den nächsten Absatz.

Der Dimensionssatz

Betrachten Sie einen beliebigen Homomorphismus f von einem Vektorraum V in einen anderen, sagen wir U. Dann wird zumindest der Nullvektor von V in den Nullvektor von U abgebildet.

Aber es könnten auch noch weitere Vektoren von V in den Nullvektor von U abgebildet werden. Deren Anzahl entspricht den Freiheitsgraden bei der Lösung eines *LGS*. Wenn das Ergebnis nicht eindeutig ist, sind sofort unendlich viele Lösungen möglich.

Der Unterraum von V, der durch f in den Nullvektor von U abgebildet wird, heißt *Kern von f* mit der prägnanten Schreibweise: *Kern(f)*.

Umgekehrt erzeugen alle Vektoren von U, die ein Urbild bezüglich f in V besitzen, einen Unterraum von U.

Der Unterraum von U, der als Bild von f entsteht, heißt *Bild von f.* Auch die zugehörige Schreibweise lässt sich schnell einprägen: *Bild(f)*.

Wenig überraschend ist mit diesem Vorwissen das als *Dimensionssatz* oder *Rangsatz* berühmt gewordene mathematische Theorem:

$$\dim(V) = \dim(\text{Kern}(f)) + \dim(\text{Bild}(f))$$

Mit anderen Worten: Die Dimensionen von V verschwinden entweder im Nullvektor von U, also im Kern von f, oder im Bild von f als Teilmenge von U. Es wird sogar noch besser. Wenn $b = (b_1, \ldots, b_n)$ eine Basis von Kern(f) ist und durch $a = (a_1, \ldots, a_m)$ zu einer Basis von V ergänzt werden kann, wenn also $\{b_1, \ldots, b_n, a_1, \ldots, a_m\}$ eine Menge linear unabhängiger Vektoren von V ist, dann ist $c = (c_1, \ldots, c_m) = (f(a_1), \ldots, f(a_m))$ eine Basis von Bild(f).

Die Dimension von Bild(f) wird übrigens auch als *Rang von f* bezeichnet, also dim(Bild(f)) = Rg(f). Dies kann ich Ihnen sehr schön über die Matrixdarstellung eines Homomorphismus verdeutlichen, was in Kapitel 13 dieses Buches erfolgt.

Jetzt haben Sie endlich die Koordinaten

Ausgehend von einem Vektorraum V über einem Zahlkörper K und einer zugehörigen Basis $b = (b_1, \ldots, b_n)$ lässt sich bekanntlich jeder Vektor v aus V darstellen als Linearkombination von b mit

$$\mathrm{k}_1 \cdot b_1 + \cdots + k_n \cdot b_n = v$$

Dabei heißen die Koeffizienten $k_1, \ldots, k_n$ des Zahlenkörpers K *Koordinaten von v bezüglich b*. Dadurch entsteht der *Koordinatenvektor*

$$[v]_b = \begin{pmatrix} k_1 \\ \vdots \\ k_n \end{pmatrix} \in K^n$$

Beachtenswert ist nun die Tatsache, dass jeder beliebige Vektor eines jeden n-dimensionalen Vektorraums als n-Tupel über dem Zahlkörper K dargestellt werden kann.

Das hat folgende Vorteile:

✔ Sie müssen sich nicht mehr mit Homomorphismen, Matrizen, Polynomen oder sonstigen merkwürdigen mathematischen Objekten befassen, alles reduziert sich auf n-Tupel.

✔ Über die Vektorraum-Operationen hinaus lassen sich auf n-Tupeln hübsche Dinge wie das *Skalarprodukt*, das *Kreuzprodukt* oder die *Norm* ausrechnen.

✔ Wenn Sie nicht nur von allgemeinen Vektoren auf Koordinatenvektoren, sondern auch von linearen Abbildungen auf die zugehörige Matrixdarstellung übergehen, kann die Anwendung eines Homomorphismus als Matrix-Vektor-Multiplikation erfolgen.

✔ *Rang*, *Determinante* und *Singularität* eines Homomorphismus können damit aus der zugehörigen Matrixdarstellung abgelesen werden.

Basen für Orthonormal-Verbraucher

Eine Antwort auf die entscheidende Frage bin ich Ihnen bis jetzt schuldig geblieben. Wenn es eine so große Auswahl an Basen pro Vektorraum gibt, welche Basis ist dann die **beste**? Welche sollten Sie wählen?

Die wirklich allumfassende und abschließende Antwort wird erst am Ende dieses Buches gegeben werden können, wenn die Krone der linearen Algebra im Spektralsatz und anderen Resultaten hell aufleuchtet. Aber eine kleine Antwort liefere ich Ihnen schon jetzt.

Zuerst sind wieder einmal die kanonischen Basen dran. Die wichtigsten Eigenschaften kanonischer Basen lauten:

✔ Jeder Basisvektor besteht nur aus einer 1 und vielen Nullen.

✔ Jeder Basisvektor ist ein Einheitsvektor, besitzt also die Länge 1.

✔ Je zwei Basisvektoren sind orthogonal zueinander.

Wenn nur die beiden letzten Eigenschaften erfüllt sind, spricht man von einer *Orthonormalbasis*.

Allerdings funktioniert das nur für n-Tupel, denn sonst können Sie nicht feststellen, ob ein Vektor die Länge 1 besitzt oder ob zwei Vektoren zueinander orthogonal sind.

Sie dürfen einen Vektorraum V einen *Hilbertraum* nennen, wenn V neben den üblichen Vektorraumeigenschaften für die Vektoraddition und die skalare Multiplikation zusätzlich über ein *Skalarprodukt* und eine *Norm* verfügt. Dies wiederum stellt die Grundlage für die Existenz von *Orthonormalbasen* dar, weil Sie anderenfalls weder die Orthogonalität noch die Normierung zu 1 überprüfen könnten!

Wenn Sie im $\mathbb{R}^2$ »unterwegs« sind, lassen sich die Anforderungen an eine Orthonormalbasis sehr klar umreißen. Die Basisvektoren v_1 und v_2 müssen orthogonal zueinander sein, das bedeutet:

$$v_1 \cdot v_2 = \begin{pmatrix} a \\ b \end{pmatrix} \cdot \begin{pmatrix} c \\ d \end{pmatrix} = ac + db = 0$$

Des Weiteren müssen die Basisvektoren Einheitsvektoren sein, das heißt

$$\|v_1\| = \left\| \begin{pmatrix} a \\ b \end{pmatrix} \right\| = \sqrt{a^2 + b^2} = 1$$

$$\|v_2\| = \left\| \begin{pmatrix} c \\ d \end{pmatrix} \right\| = \sqrt{c^2 + d^2} = 1$$

Allerdings ist diese Bedingung kein Problem. Jeder Vektor, mit Ausnahme des Nullvektors, wird mittels Division durch seine Norm zum Einheitsvektor.

Wenn Sie beispielsweise ansetzen: $a = 1$ und $c = 1$, dann muss aufgrund der Orthogonalität $d \cdot b = -1$ zutreffen, etwa $d = -1$ und $b = 1$.

Anschließend dividieren Sie diese Vektoren durch ihre Norm und erhalten eine Orthonormalbasis o mit $o = (v_1, v_2)$.

$$v_1 = \frac{1}{\sqrt{2}} \begin{pmatrix} 1 \\ 1 \end{pmatrix} = \begin{pmatrix} \frac{1}{2}\sqrt{2} \\ \frac{1}{2}\sqrt{2} \end{pmatrix}$$

$$v_2 = \frac{1}{\sqrt{2}} \begin{pmatrix} 1 \\ -1 \end{pmatrix} = \begin{pmatrix} \frac{1}{2}\sqrt{2} \\ -\frac{1}{2}\sqrt{2} \end{pmatrix}$$

In der rechten Darstellung sind alle Nenner rational, was die typische Schreibweise reeller Zahlen ist.

In Kapitel 7 werden *unitäre Matrizen* behandelt. Das ist eine Matrix A mit komplexen Einträgen, für die gilt: $A^* \cdot A = \mathrm{I}$, die Adjungierten unitärer Matrizen entsprechen also exakt den jeweiligen Inversen.

Dort deute ich Ihnen ebenfalls an, dass die Spalten einer unitären Matrix stets *orthonormal* sind. Das komplexe Skalarprodukt der Spaltenvektoren ergibt demnach für alle Kombinationen Null und die Norm der Vektoren ist Eins.

Dies sollten Sie gleich ausprobieren. Wenn Sie eine quadratische *unitäre Matrix* betrachten, sollten deren Spaltenvektoren orthogonal und auf die Länge Eins normiert sein. Im Falle von rein reellen Einträgen spricht man auch von einer *orthogonalen Matrix*.

Beim komplexen Skalarprodukt multiplizieren Sie jeden Eintrag des ersten Vektors mit dem entsprechenden komplex konjugierten Eintrag des zweiten Vektors, bevor Sie alle Ergebnisse addieren!

Die Konstruktion einer *unitären Matrix* ist eine Kunst, die das Ermitteln von *Eigenwerten* und eine *Diagonalisierung* voraussetzt. Wenn Sie Ihre diesbezügliche Neugierde nicht zügeln können, empfehle ich Ihnen die Lektüre der Kapitel 16 und 17!

Folgende Matrix A ist unitär:

$$A = \begin{pmatrix} i & 0 & 0 \\ 0 & \frac{1}{\sqrt{2}} i & -\frac{1}{\sqrt{2}} i \\ 0 & \frac{1}{\sqrt{2}} & \frac{1}{\sqrt{2}} \end{pmatrix},$$

denn es gilt:

$$A \cdot A^* = \begin{pmatrix} i & 0 & 0 \\ 0 & \frac{1}{\sqrt{2}} i & -\frac{1}{\sqrt{2}} i \\ 0 & \frac{1}{\sqrt{2}} & \frac{1}{\sqrt{2}} \end{pmatrix} \cdot \begin{pmatrix} -i & 0 & 0 \\ 0 & -\frac{1}{\sqrt{2}} i & \frac{1}{\sqrt{2}} \\ 0 & \frac{1}{\sqrt{2}} i & \frac{1}{\sqrt{2}} \end{pmatrix} = \begin{pmatrix} 1 & 0 & 0 \\ 0 & 1 & 0 \\ 0 & 0 & 1 \end{pmatrix}$$

Dass es sich bei allen drei Spaltenvektoren um Einheitsvektoren handelt, ist schnell bestätigt.

$$\left\| \begin{pmatrix} i \\ 0 \\ 0 \end{pmatrix} \right\| = \sqrt{i \cdot (-i) + 0 \cdot 0 + 0 \cdot 0} = \sqrt{1} = 1$$

$$\left\| \begin{pmatrix} 0 \\ \frac{1}{\sqrt{2}} i \\ \frac{1}{\sqrt{2}} \end{pmatrix} \right\| = \sqrt{0 \cdot 0 + \frac{1}{\sqrt{2}} i \cdot \frac{1}{\sqrt{2}} (-i) + \frac{1}{\sqrt{2}} \cdot \frac{1}{\sqrt{2}}} = \sqrt{0 + \frac{1}{2} + \frac{1}{2}} = \sqrt{1} = 1$$

$$\left\| \begin{pmatrix} 0 \\ -\frac{1}{\sqrt{2}} i \\ \frac{1}{\sqrt{2}} \end{pmatrix} \right\| = \sqrt{0 \cdot 0 + \left(-\frac{1}{\sqrt{2}} i \right) \cdot \left(-\frac{1}{\sqrt{2}} (-i) \right) + \frac{1}{\sqrt{2}} \cdot \frac{1}{\sqrt{2}}} = \sqrt{0 + \frac{1}{2} + \frac{1}{2}} = \sqrt{1} = 1$$

Beachten Sie, dass der jeweilig zweite Term komplex konjugiert werden muss, was bedeutet, dass Sie das Vorzeichen des Imaginärteils umkehren!

Am Ende bleibt die Orthogonalität der Spaltenvektoren zu untersuchen. Dabei ist aufgrund der beiden Nullen in der mittleren und unteren Komponente des ersten Vektors sofort klar, dass dieser orthogonal zu den beiden anderen ist, denn just in der oberen Komponente befindet sich dort eine Null. Den letzten Test dagegen müssen Sie explizit ausführen:

$$\begin{pmatrix} 0 \\ \frac{1}{\sqrt{2}} i \\ \frac{1}{\sqrt{2}} \end{pmatrix} \cdot \overline{\begin{pmatrix} 0 \\ -\frac{1}{\sqrt{2}} i \\ \frac{1}{\sqrt{2}} \end{pmatrix}} = 0 + \frac{1}{\sqrt{2}} i \cdot \frac{1}{\sqrt{2}} i + \frac{1}{\sqrt{2}} \cdot \frac{1}{\sqrt{2}} = -\frac{1}{2} + \frac{1}{2} = 0$$

Fertig! Damit haben Sie gezeigt, dass die unitäre Matrix A tatsächlich in den Spalten eine Orthonormalbasis bildet (in den Zeilen übrigens auch).

Geometrisch lassen sich orthogonale Matrizen als *Kongruenzabbildungen* interpretieren, bei denen Form und Größe erhalten bleiben. Mathematisch formuliert heißt das, sie sind winkel- und längentreu. Prominente Vertreter dieser Spezies sind *Drehungen* und *Spiegelungen*, wie sie in Kapitel 12 »Geometrische Transformationen« behandelt werden.

Teil III
Analytische Geometrie fürs Leben

»Erst hat er nur ein paar lineare Gleichungen hingeschrieben und irgendwelche Sätze darauf angewendet, aber ehe ich wusste, wie mir geschieht, hatte ich diesen Hohlraumrostschutz gekauft!«

In diesem Teil ...

Lernen Sie die Sonnenseite der linearen Algebra kennen. Geometrie bereichert die Methodik der linearen Algebra und stellt zugleich eines der wichtigen Anwendungsgebiete dar. Lernen Sie die geometrischen Grundobjekte kennen und in Abhängigkeit von Koordinatensystemen geeignet zu transformieren.

Am Ende dieses Teiles werden Sie nicht nur eine Menge über analytische Geometrie gelernt haben, sondern auch die lineare Algebra besser verstehen.

Geometrische Grundelemente

10

In diesem Kapitel ...

- Sinn und Zweck der analytischen Geometrie erfassen und den Zusammenhang zur linearen Algebra begreifen
- Die geometrischen Grundformen von Punkt und Gerade in Parameterform und Gleichungsform beherrschen
- Die Darstellungsmöglichkeiten von Ebenen kennenlernen und die einzelnen Formen ineinander überführen
- Höherdimensionale Räume gedanklich ergründen und sicher darin rechnen
- Den Rand der linearen Algebra überschreiten und Flächen zweiter Ordnung verstehen

In den ersten beiden Teilen dieses Buches habe ich Sie in die Welt der linearen Algebra geführt. Von den Grundvoraussetzungen bis hin zu den wichtigsten Begriffen und Zusammenhängen haben Sie bereits ein gutes Stück des Weges hinter sich gebracht. Ein Weg, der Sie im vierten Teil auf den hohen Berg der Erkenntnis führen wird.

Vorerst ist dazu jedoch noch eine Menge Arbeit nötig. Das Beschäftigen mit analytischer Geometrie wird Ihnen einige Freude bereiten, weil sie den Verstand inspiriert und so schön anschaulich ist. Allerdings wird es notwendig werden, sehr weit über diesen Horizont hinaus zu blicken und höherdimensionale Räume zu betreten, die noch nie ein Mensch zuvor gesehen hat ...

Affinität zu geometrischen Räumen

Sie können es ruhig offen sagen. Im Gegensatz zur recht trockenen Materie der linearen Algebra macht *Geometrie* an sich bereits großen Spaß! Das mag evolutionstechnisch begründbar sein, denn die anschaulichen Fragestellungen der Geometrie waren vor Jahrtausenden schon überlebenswichtig, während die lineare Algebra doch erst seit der Industrialisierung essentiell für das Überleben am Arbeitsplatz geworden ist.

Dabei ist *analytische Geometrie* auf das Engste mit linearer Algebra verwandt. Beide Gebiete durchdringen sich und ergänzen einander. Die Geometrie wird durch die Konzepte und Modelle der linearen Algebra bereichert, wodurch sie erst zur analytischen Geometrie wird. Beispielsweise ist der *Gauß-Algorithmus* das Mittel der Wahl, wenn Sie *Schnittobjekte* geometrischer Räume ermitteln möchten.

Umgekehrt stellen geometrische Fragen nicht allein den Ursprung der linearen Algebra dar, sondern dienen zu jeder Zeit der Veranschaulichung. Sie können häufig *abstrakte Konzepte* der linearen Algebra *geometrisch* deuten.

Dabei beginnt die analytische Geometrie dort, wo die lineare Algebra bereits einen fruchtbaren Boden »beackert« hat, nämlich bei den *Vektorräumen*.

Sollten Sie – natürlich nur rein zufällig – dieses Buch mit der analytischen Geometrie begonnen haben, empfehle ich Ihnen zumindest eine Kostprobe der *Vektorrechnung* aus Kapitel 4 sowie des Konzepts der *Vektorräume*, wie es in Kapitel 5 behandelt wird.

Das einfachste geometrische Objekt ist ein *Punkt*. Eine Menge von Punkten bezeichnet man in der Mathematik als einen *»affinen Raum« R*, weil er konzeptuell mit dem uns umgebenden Raum verwandt ist. Die Punkte treten dabei in Beziehung zu einem *Vektorraum V*. Je zwei Punkte aus R spezifizieren einen Vektor aus V.

Da Sie gerade das Kapitel über analytische Geometrie lesen, kann ich Ihnen diesen auf den ersten Blick merkwürdigen Zusammenhang leicht anhand einer Grafik (siehe Abbildung 10.1) veranschaulichen.

Die beiden Punkte $P_1(2, 2)$ und $P_2(3, 1)$ bestimmen den Verbindungsvektor $\vec{v} = \overrightarrow{P_1P_2}$.

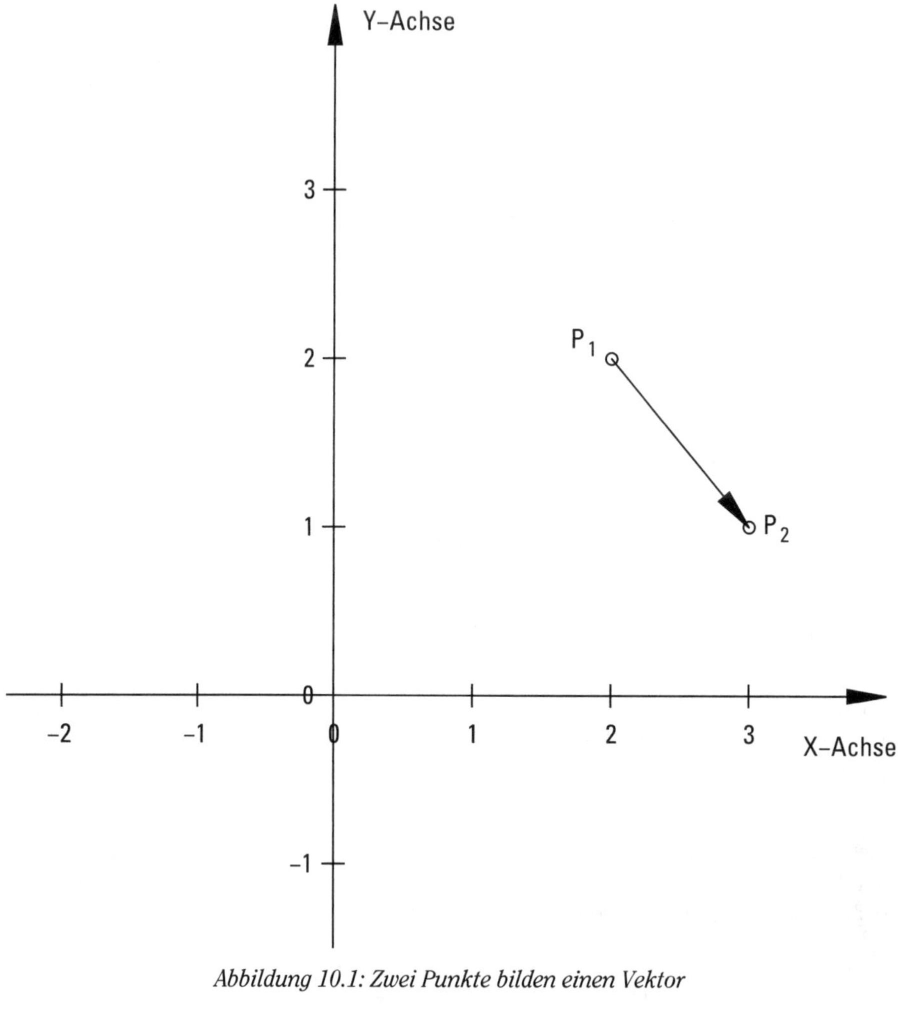

Abbildung 10.1: Zwei Punkte bilden einen Vektor

Dabei ist die Reihenfolge sehr wichtig, denn der Vektor $\vec{w} = \overrightarrow{P_2P_1}$ ist von $\vec{v}$ verschieden, wie Sie sich rasch anhand von Abbildung 10.2 klar machen können.

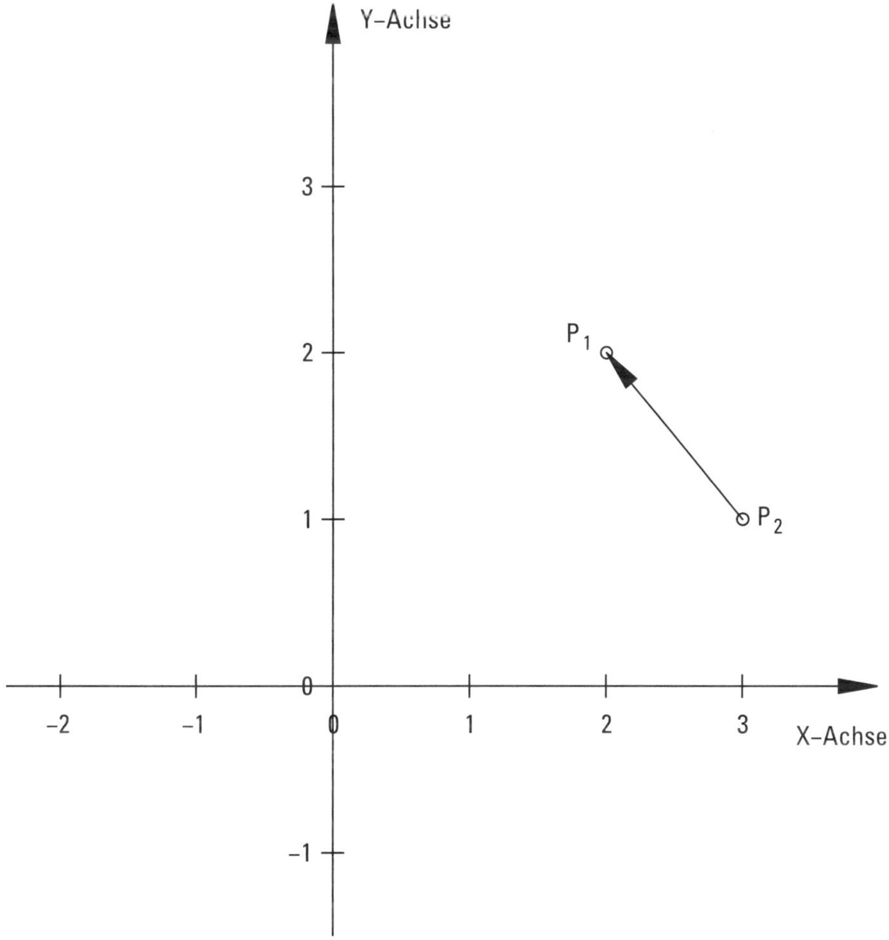

Abbildung 10.2: Ein anderer Vektor

Wundern Sie sich nicht, dass die Vektoren plötzlich wieder einen Pfeil »als Hut auf dem Kopf« haben. In diesem Kapitel, wo es um geometrische Objekte geht, ist die Pfeildarstellung gerechtfertigt. Allerdings bleiben Vektoren im Allgemeinen sehr abstrakte Objekte, etwa Polynome, Matrizen oder lineare Abbildungen, für die die Pfeildarstellung keinen Sinn macht.

Wenn zwei Punkte einen Vektor spezifizieren, spricht man auch von einem *Richtungsvektor*, denn neben der Länge ist einzig die Richtung festgelegt.

Jeder affine Raum verfügt über eine besondere Stelle, nämlich den *Ursprung*. Das ist ein ausgezeichneter Punkt, der gewissermaßen die Mitte Ihres Raumes darstellt. Er wird auch *Referenzpunkt* oder *Nullpunkt* genannt. Damit können Sie jedem beliebigen Punkt P des affinen Raumes auch einen eindeutigen Vektor zuordnen, der als Verbindung zwischen Nullpunkt und P interpretiert werden kann. Dieser Vektor heißt *Ortsvektor*, weil ausgehend vom Ursprung damit der **Ort** eines jeden Punktes eindeutig festgelegt ist.

Abbildung 10.3 zeigt die Ortsvektoren der Punkte $P_1(2, 2)$ und $P_2(3, 1)$.

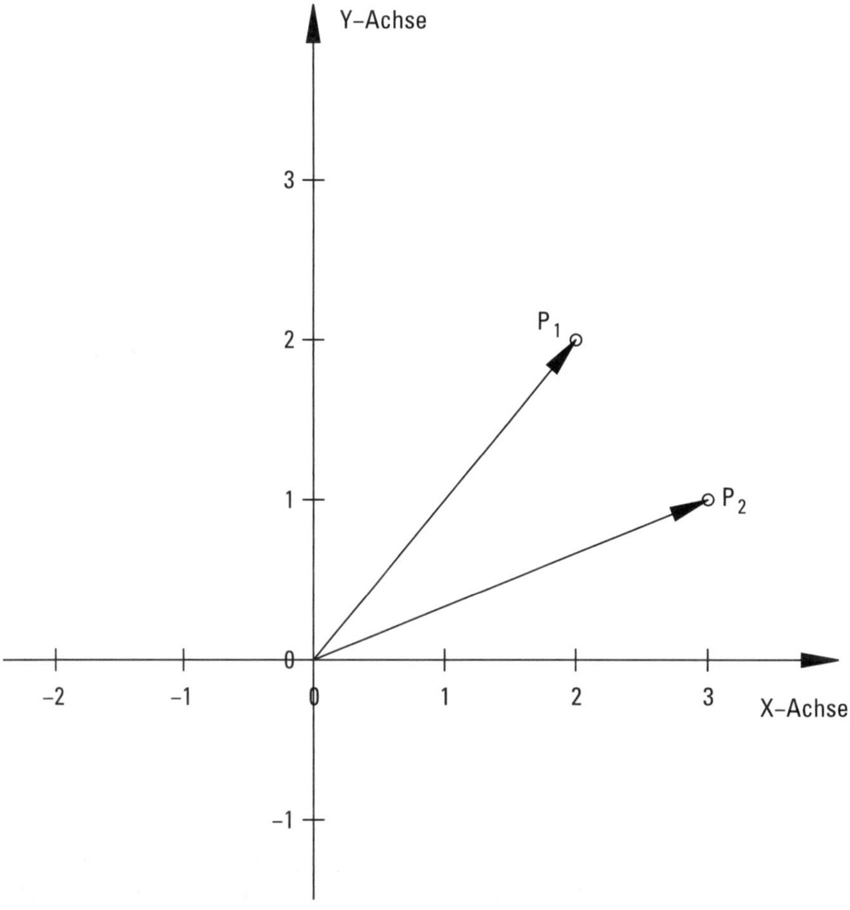

Abbildung 10.3: Ortsvektoren zweier Punkte

Lassen Sie sich nicht verwirren! Sie dürfen jeden beliebigen Vektor entweder als Ortsvektor oder als Richtungsvektor einsetzen, ganz wie Sie wollen. Die genaue Verwendung hängt einfach vom Einsatzzweck ab.

Es folgt eine kleine Liste affiner Räume, die Sie sich merken sollten.

✔ Der so bezeichnete *»euklidische n-Raum«* ist ein affiner Raum über dem n-dimensionalen euklidischen Vektorraum.

- ✔ Wenn Sie den Vektorraum der Lösungen eines homogenen linearen Gleichungssystems (LGS), dessen Konstantenspalte Null ist, heranziehen, bilden die *Lösungen des zugehörigen inhomogenen LGS* einen affinen Raum.
- ✔ Die *algebraische Struktur der Körper* kann als Vektorraum zur Herstellung eines affinen Raumes herangezogen werden.

Ein großer Vorteil der affinen Räume besteht in der Möglichkeit, *affine Abbildungen* zwischen zwei solchen Räumen zu definieren. Im Gegensatz zu linearen Abbildungen muss dort nämlich ein Nullvektor nicht mehr zwingend in den Nullvektor abgebildet werden. So lässt sich beispielsweise das Konzept von Lösungen inhomogener LGSe überhaupt erst vernünftig modellieren.

Punkte im Euklidischen n-Raum

Für die weiteren Betrachtungen möchte ich Ihren Blick auf den Euklidischen n-Raum lenken. Sie wissen bereits, dass jeder Punkt mit einem Ortsvektor identifiziert werden kann.

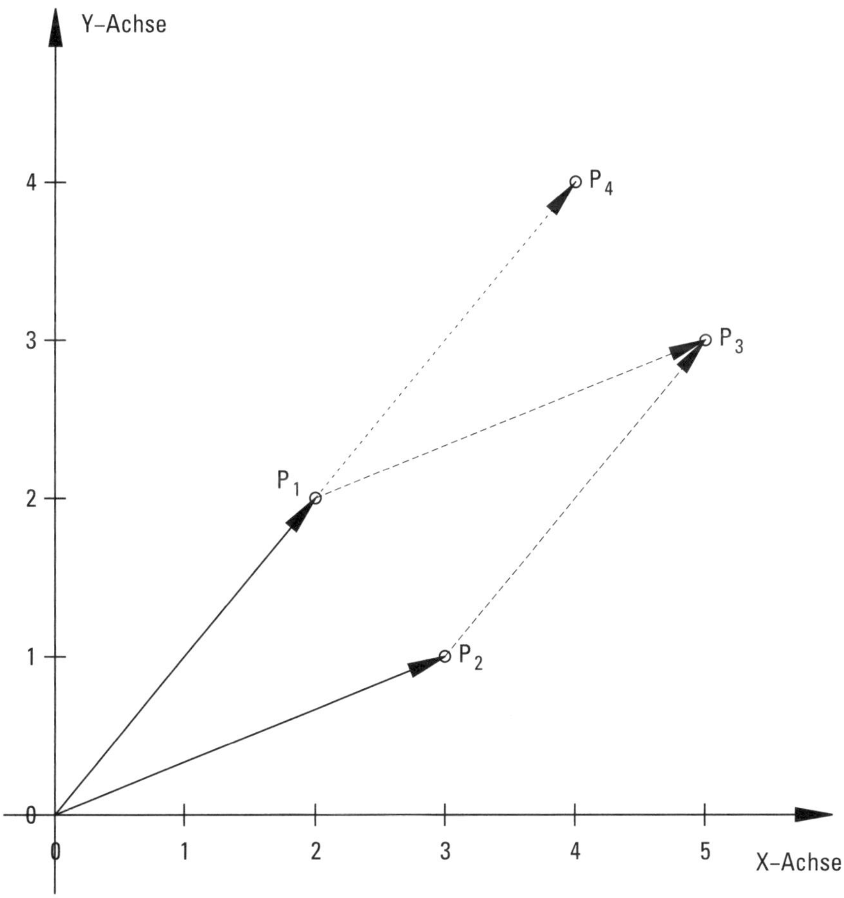

Abbildung 10.4: Vektoroperationen auf Punkten

Dadurch, dass Sie jedem affinen Raum auch gleich einen Vektorraum spendieren, können Sie die elementaren Vektoroperationen, namentlich die *Addition* und die *skalare Multiplikation* ebenso auf Punkten des affinen Raumes ausführen. Die Summe von $P_1(2,2)$ und $P_2(3,1)$ ist dann $P_3(5, 3)$, während das Doppelte von P_1 der Punkt $P_4(4, 4)$ ist (siehe Abbildung 10.4).

Wie Sie sehen, mixen wir einfach die Bedeutung von Vektoren als Orts- und Richtungsvektoren. Beides bleibt jederzeit möglich und ein Vektor »weiß nicht«, wofür Sie ihn einsetzen.

Den Richtungsvektor dürfen Sie an jeder beliebigen Stelle ansetzen, aber nur dann, wenn Sie vom Ursprung ausgehen, erhalten Sie einen Ortsvektor, der einen Punkt festlegt.

Schauen Sie sich in Abbildung 10.5 einmal an, wie der Richtungsvektor zwischen den Punkten P_1 und P_2 als Ortsvektor von P verstanden werden kann. Ganz nebenbei zeige ich Ihnen auch, wo Sie diesen Richtungsvektor noch überall einsetzen dürfen.

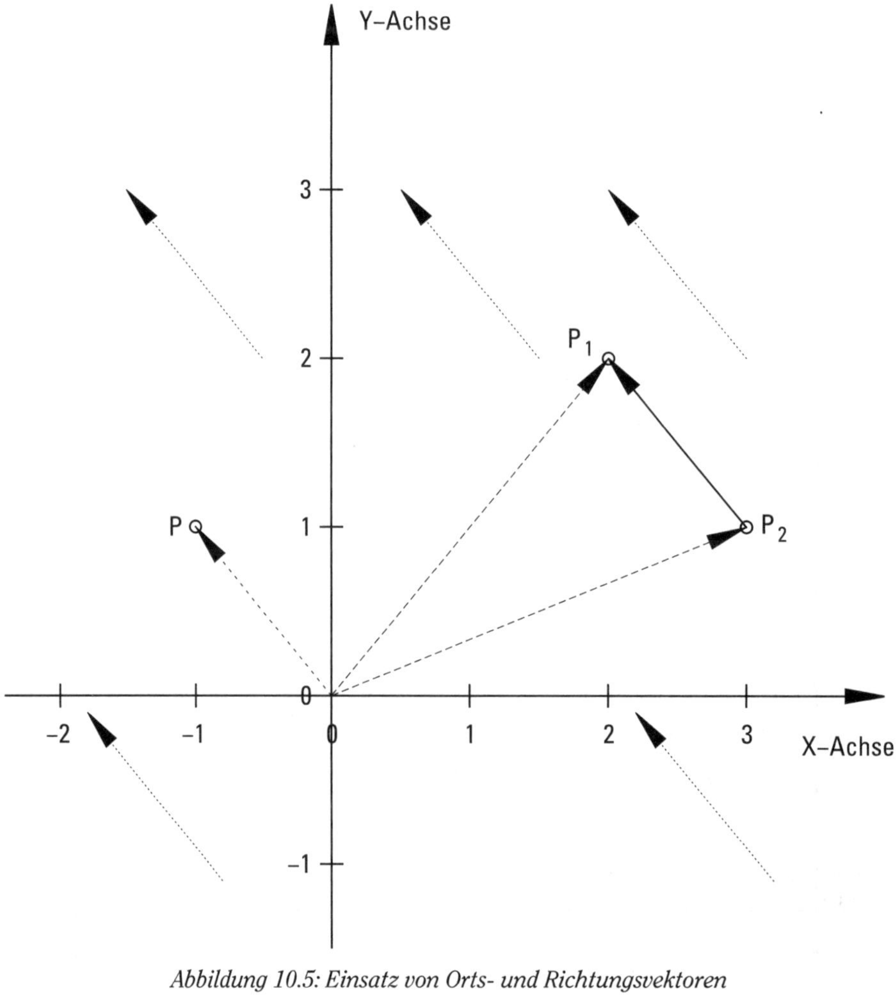

Abbildung 10.5: Einsatz von Orts- und Richtungsvektoren

Darstellungsmöglichkeiten von Geraden

Punkte sind nun nicht gerade die spannendsten geometrischen Objekte, denn sie sind *nulldimensional*. Sie gelangen mit einer Dimension mehr bereits zu einer *Geraden*. Dazu benötigen Sie lediglich *zwei* verschiedene Punkte, zum Beispiel P und Q. Der Ortsvektor von P heißt dann auch *Aufpunkt* $\vec{a}$, und der Vektor zwischen P und Q ist der *Richtungsvektor* $\vec{r}$. Mittels Aufpunkt und Richtungsvektor beschreiben Sie eine *Gerade in Parameterform*.

Parameterform

Alle Punkte zwischen P und Q und auf gerader Verbindung über P und Q hinaus stellen eine *Gerade* G dar. Die Menge aller Punkte ergibt sich als Summe aus dem Aufpunkt $\vec{a}$ und jedem beliebigen skalaren Vielfachen von $\vec{r}$. Die Gerade G in Parameterform sieht so aus:

$$G = \{\vec{x} = \vec{a} + \lambda \cdot \vec{r} \mid \lambda \in \mathbb{R}\}$$

Schauen Sie sich diese Gleichung genau an! Sie stellt bereits ein einfaches aber nettes Beispiel für die Harmonie zwischen analytischer Geometrie und linearer Algebra dar. Die Menge der Punkte einer Geraden wird als *Vektoraddition* zwischen Aufpunkt und der *skalaren Multiplikation* des Richtungsvektors definiert.

Die Definition setzt keine bestimmte Dimension des zugrunde liegenden euklidischen n-Raumes voraus und funktioniert daher für jedes beliebige n >1.

Die *lineare Hülle* eines Vektors aus dem $\mathbb{R}^n$ stellt eine spezielle Gerade dar, nämlich eine *Ursprungsgerade*. Das Konzept von Geraden, die nicht durch den Ursprung verlaufen, passt nicht ganz zum Unterraum eines Vektorraums, weil eine Verschiebung oder *Translation* notwendig ist, die erst durch die affinen Räume möglich wird.

Beispiel

Wenn Sie als Punkte für P(3, 1) und für Q(1, 2) ansetzen, erhalten Sie als Gerade G in Parameterform im euklidischen 2-Raum wegen

$$\vec{r} = \overrightarrow{PQ} = \vec{P} - \vec{Q} = \begin{pmatrix} 1 \\ 2 \end{pmatrix} - \begin{pmatrix} 3 \\ 1 \end{pmatrix} = \begin{pmatrix} -2 \\ 1 \end{pmatrix}$$

folgendes Ergebnis:

$$G: \vec{x} = \begin{pmatrix} x \\ y \end{pmatrix} = \begin{pmatrix} 3 \\ 1 \end{pmatrix} + \lambda \cdot \begin{pmatrix} -2 \\ 1 \end{pmatrix} \text{ mit } \lambda \in \mathbb{R}$$

In Abbildung 10.6 habe ich Ihnen die Gerade dargestellt sowie exemplarisch die Punkte für $\lambda = 1$ und $\lambda = -1$.

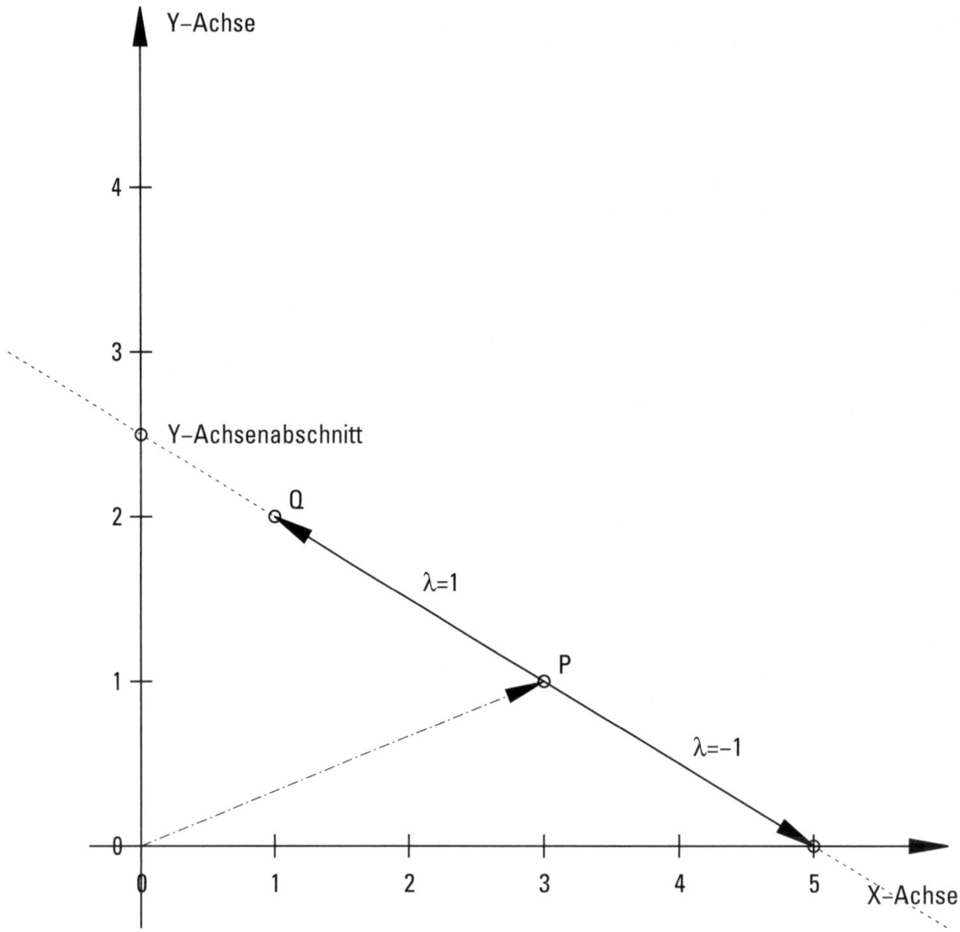

Abbildung 10.6: Gerade durch die Punkte P und Q

Gleichungsform

Vielleicht sind Sie nun ein wenig irritiert. Haben Sie nicht bereits zu Schulzeiten gelernt, dass die *allgemeine Geradengleichung* folgende Form besitzt:

$$y = m \cdot x + b$$

Dabei ist m die *Steigung* der Geradengleichung und b der *Y-Achsenabschnitt*. Ich möchte Ihnen anhand des obigen Beispiels zeigen, dass diese Darstellung für den Spezialfall im $\mathbb{R}^2$ tatsächlich aus der Parameterdarstellung hervorgeht. Denn die Parameterform der Gerade lässt sich als lineares Gleichungssystem begreifen:

$$\begin{aligned} x &= 3 - 2\lambda \\ y &= 1 + \lambda \end{aligned}$$

Wenn Sie das Zweifache der unteren Gleichung zur oberen addieren, eliminieren Sie λ und es verbleibt eine einzige Gleichung:

$$x + 2y = 3 + 2 \;\Rightarrow\; y = -\frac{1}{2}x + \frac{5}{2}$$

Die Steigung beträgt damit –½, und der Y-Achsenabschnitt lautet $\frac{5}{2}$, was die grafische Darstellung in Abbildung 10.6 bestätigt.

Darstellungsmöglichkeiten von Ebenen

Die nächst höheren Gefilde sind bereits zweidimensionale Objekte, die Sie durch die Verwendung von drei Punkten P, Q und R eindeutig definieren. Dabei dürfen die zugehörigen Ortsvektoren nicht *linear abhängig* sein.

Kleines Update in Sachen linearer Unabhängigkeit gefällig? Alles Wissenswerte dazu finden Sie in Kapitel 8!

Sinn machen solche *Ebenen* erst ab dem $\mathbb{R}^3$ aufwärts, weil der gesamte $\mathbb{R}^2$ lediglich aus einer Ebene besteht.

Die lineare Abhängigkeit würde an dieser Stelle bedeuten, dass alle drei Punkte bereits auf einer gemeinsamen Geraden liegen, sodass keine eindeutige Darstellung als Ebene möglich ist.

Parameterform

Die *Parameterform* einer Ebene E ist eine direkte Erweiterung dieser Darstellung aus den Geraden. Hier benötigen Sie allerdings bereits zwei *Freiheitsgrade*, die sich in den Parametern λ und μ ausdrücken.

$$E = \left\{ \vec{x} = \vec{a} + \lambda \cdot \vec{r}_1 + \mu \cdot \vec{r}_2 \,\middle|\, \lambda, \mu \in \mathbb{R} \right\}$$

Beispiel

Mit den Ausgangspunkten P(1, 3, 0), Q(–3, 2, 1) und R(1, –1, 2) erhalten Sie die Richtungsvektoren:

$$\vec{r}_1 = \overrightarrow{PQ} = \begin{pmatrix} -3 \\ 2 \\ 1 \end{pmatrix} - \begin{pmatrix} 1 \\ 3 \\ 0 \end{pmatrix} = \begin{pmatrix} -4 \\ -1 \\ 1 \end{pmatrix} \text{ und } \vec{r}_2 = \overrightarrow{PR} = \begin{pmatrix} 1 \\ -1 \\ 2 \end{pmatrix} - \begin{pmatrix} 1 \\ 3 \\ 0 \end{pmatrix} = \begin{pmatrix} 0 \\ -4 \\ 2 \end{pmatrix}$$

Daraus ergibt sich die Parameterform der Ebene E:

$$E: \vec{x} = \begin{pmatrix} 1 \\ 3 \\ 0 \end{pmatrix} + \lambda \cdot \begin{pmatrix} -4 \\ -1 \\ 1 \end{pmatrix} + \mu \cdot \begin{pmatrix} 0 \\ -4 \\ 2 \end{pmatrix} \text{ mit } \lambda, \mu \in \mathbb{R}$$

Übrigens können Sie sehr schnell testen, ob eine gegebene Parameterdarstellung tatsächlich eine Ebene beschreibt oder ob die Richtungsvektoren linear abhängig sind.

Das *Kreuzprodukt* (Wie Sie dieses berechnen, erfahren Sie in Kapitel 4 im Abschnitt »Das Vektorprodukt«) der beiden Richtungsvektoren ergibt genau dann den Nullvektor, wenn die Vektoren linear abhängig sind und keine Ebene aufspannen!

Normalenvektor und Normalenform

Neben der Parameterdarstellung gibt es eine extravagante Darstellung einer Ebene. Stellen Sie sich dazu vor, Sie müssten mit einem einzigen Richtungsvektor auskommen! Wie würden Sie vorgehen? Die Idee besteht einfach darin, einen Vektor auszuwählen, der genau senkrecht auf der Ebene steht, also *orthogonal* zu den Richtungsvektoren ist.

Einen solchen Vektor nennt man *Normalenvektor* und die zugehörige Ebenendarstellung ist die *Normalenform*.

Ein Normalenvektor steht senkrecht auf dem betrachteten Objekt, das ist doch nicht normal!

Wieder einmal bietet es sich an, ein Problem der Geometrie mittels Vektorrechnung zu lösen, denn just diejenigen Vektoren sind orthogonal zum Normalenvektor, deren Skalarprodukt Null ergibt. Sie erhalten damit die allgemeine Normalenform einer Ebene E mit Aufpunkt $\vec{a}$ und Normalenvektor $\vec{n}$:

$$E = \{\vec{x} \mid \vec{n} \cdot (\vec{x} - \vec{a}) = 0\}$$

Alle Vektoren der Form $\vec{x} - \vec{a}$ sind orthogonal zum Normalenvektor und befinden sich innerhalb der Ebene. Daher muss $\vec{x}$ als Punkt Element der Ebene sein.

Hessesche Normalform

Eine Variante der Normalenform einer Ebene ergibt sich durch Ausmultiplizieren der Gleichung:

$$\vec{n} \cdot (\vec{x} - \vec{a}) = 0 \Rightarrow \vec{n} \cdot \vec{x} - \vec{n} \cdot \vec{a} = 0 \Rightarrow \vec{n} \cdot \vec{x} - d = 0$$

Das »d« in der Gleichung gibt genau die Entfernung der Ebene vom Ursprung des Koordinatensystems an. Diese Darstellung trägt auch den Namen »Hessesche Normalform«, kurz HNF, nach dem preußischen Mathematiker Otto Hesse. Sie sollten diese Darstellung aber nicht überschätzen. In der ursprünglichen Variante erkennen Sie sofort den Aufpunkt der Ebene, was in der HNF nicht möglich ist. Das Skalarprodukt $\vec{n} \cdot \vec{a}$ kann aus d nicht mehr so einfach gewonnen werden!

Im Beispiel von vorhin ergibt sich als Normalenvektor aus dem Kreuzprodukt der Richtungsvektoren:

$$\vec{n} = \begin{pmatrix} -4 \\ -1 \\ 1 \end{pmatrix} \times \begin{pmatrix} 0 \\ -4 \\ 2 \end{pmatrix} = \begin{pmatrix} 2 \\ 8 \\ 16 \end{pmatrix}$$

Vergessen Sie nicht die Probe nach Ausführung des Kreuzprodukts! Der Ergebnisvektor muss als Skalarprodukt mit jeweils beiden Faktoren Null ergeben!

Die Normalenform ist schnell gefunden, denn der Aufpunkt kann »recycelt«, also auch für die Normalenform übernommen werden.

$$E\colon \vec{n} \cdot (\vec{x} - \vec{a}) = 0 \Rightarrow \begin{pmatrix} 2 \\ 8 \\ 16 \end{pmatrix} \cdot \left(\begin{pmatrix} x \\ y \\ z \end{pmatrix} - \begin{pmatrix} 1 \\ 3 \\ 0 \end{pmatrix} \right) = 0$$

Das Ergebnis des Skalarprodukts ist ein Skalar, also eine reelle Zahl. Daher handelt es sich bei der rechten Seite um die Zahl Null, und nicht etwa um einen Nullvektor.

Koordinatenform

Die Ebenendarstellung dürfte Ihnen eventuell in einer anderen Form bekannt sein, nämlich der *Koordinatenform*. Ich zeige Ihnen am besten anhand des letzten Beispiels, wie schnell Sie von der Normalenform in die Koordinatenform gelangen. Dazu multiplizieren Sie einfach das Skalarprodukt auf der linken Seite aus!

$$\begin{pmatrix} 2 \\ 8 \\ 16 \end{pmatrix} \cdot \left(\begin{pmatrix} x \\ y \\ z \end{pmatrix} - \begin{pmatrix} 1 \\ 3 \\ 0 \end{pmatrix} \right) = 0 \Rightarrow 2(x-1) + 8(y-3) + 16(z-0) = 0$$

Sobald Sie die entstandenen Terme ausmultiplizieren und den Konstantenteil auf die rechte Seite bringen, ist die Koordinatenform bereits erreicht.

$$2x + 8y + 16z = 26 \Leftrightarrow x + 4y + 8z = 13$$

Sie sehen, die Koeffizienten der Unbekannten entsprechen genau dem Normalenvektor!

Das ist ein günstiger Moment um Ihnen klar zu machen, wie Sie von der Koordinatenform auf elegante Weise zur Parameterform gelangen. Denn die Koordinatenform kann als LGS mit einer Gleichung und drei Unbekannten interpretiert werden. Somit ist der Gauß-Algorithmus bereits beendet und Sie können zwei Parameter vorgeben, zum Beispiel $y = \lambda$

und z = μ. Der Wert für x lautet im Beispiel: x = 13 – 4λ – 8μ. Diese Information stellen Sie nun in einem LGS zusammen:

$$\begin{array}{lclll} x & = & 13 & -4\lambda & -8\mu \\ y & = & & \lambda & \\ z & = & & & \mu \end{array}$$

Die Lösung des LGS entspricht somit der Parameterform der Ebene:

$$L = \left\{ \begin{pmatrix} 13 \\ 0 \\ 0 \end{pmatrix} + \lambda \begin{pmatrix} -4 \\ 1 \\ 0 \end{pmatrix} + \mu \begin{pmatrix} -8 \\ 0 \\ 1 \end{pmatrix} \middle| \lambda, \mu \in \mathbb{R} \right\}$$

Sie glauben mir nicht? Nun, zugegeben, die Parameterdarstellung entspricht nicht unserer ursprünglichen, allerdings gibt es unendlich viele mögliche korrekte Parameterdarstellungen von ein und derselben Ebene.

Sie werden mir jedoch Glauben schenken müssen, wenn

- ✔ der Aufpunkt von L in E liegt und
- ✔ beide Richtungsvektoren linear aus der ursprünglichen Darstellung kombiniert werden können.

Die erste Anforderung resultiert in einem LGS. Es lautet:

$$\begin{pmatrix} 13 \\ 0 \\ 0 \end{pmatrix} = \begin{pmatrix} 1 \\ 3 \\ 0 \end{pmatrix} + \lambda \cdot \begin{pmatrix} -4 \\ -1 \\ 1 \end{pmatrix} + \mu \cdot \begin{pmatrix} 0 \\ -4 \\ 2 \end{pmatrix} \Rightarrow$$

$$\begin{array}{ccccccc} 13 & = & 1 & - & 4\lambda & & \\ 0 & = & 3 & - & \lambda & - & 4\mu \\ 0 & = & 0 & + & \lambda & + & 2\mu \end{array}$$

Aus der ersten Gleichung folgt λ = –3. Mit diesem Wert ergibt sich aus der zweiten Gleichung $\mu = \frac{3}{2}$. Damit ist auch die dritte Gleichung gelöst; es ergibt sich kein Widerspruch und somit ist klar, dass der Aufpunkt (13, 0, 0) tatsächlich in der ursprünglichen Parameterdarstellung der Ebene liegt.

Die zweite Anforderung können Sie mithilfe der linearen Algebra schnell überprüfen. Die Bedingung bedeutet nichts anderes, als dass die neuen Richtungsvektoren, jeweils nacheinander zusammen mit den beiden ursprünglichen Richtungsvektoren $\vec{r}_1$ und $\vec{r}_2$ eine Menge linear abhängiger Vektoren bilden. Dazu benötigen Sie die Determinante der resultierenden Matrix. Ist sie Null, dann ist auch diese Bedingung erfüllt.

Sie finden für den ersten Vektor

$$\begin{vmatrix} -4 & 0 & -4 \\ -1 & -4 & 1 \\ 1 & 2 & 0 \end{vmatrix} = 0+0+8-16+8-0-0$$

und für den zweiten

$$\begin{vmatrix} -4 & 0 & -8 \\ -1 & -4 & 0 \\ 1 & 2 & 1 \end{vmatrix} = 16+0+16-32-0-0=0$$

Somit ist bewiesen, dass beide Parameterdarstellungen dieselbe Ebene beschreiben.

Achsenabschnittsform

Aus der Koordinatenform lässt sich vergleichsweise stressfrei die so genannte *Achsenabschnittsform* gewinnen, bei der die Variablen x, y und z lediglich Koeffizienten im Nenner tragen und die Konstante auf der rechten Seite den Wert 1 besitzt. Das funktioniert immer, wenn die Ebene nicht selbst durch den Ursprung verläuft. Dieser Spezialfall resultiert in einer Null auf der rechten Seite, die Sie beim besten Willen durch Multiplikation nicht mehr zu einer 1 erheben können. In allen anderen Fällen entspricht der Wert im Nenner genau den Schnittpunkten der Ebene mit den Koordinatenhauptachsen.

Im Beispiel ergibt sich aus der Koordinatenform

$$x+4y+8z=13$$

die Achsenabschnittsform

$$\frac{x}{13}+\frac{y}{\left(\frac{13}{4}\right)}+\frac{z}{\left(\frac{13}{8}\right)}=1$$

Wenn Sie diese Ebene im *Hauptoktanten* eines Koordinatensystems, also dem Bereich, wo alle Werte von x, y und z positiv sind, einzeichnen wollen, müssen Sie lediglich die Punkte $X_a(13, 0, 0)$, $Y_a(0, 3¼, 0)$ sowie $Z_a(0, 0, 1+5/8)$ verbinden (siehe Abbildung 10.7). Jede dieser Verbindungslinien ist eine *Spur* der entsprechenden Koordinatenebenen.

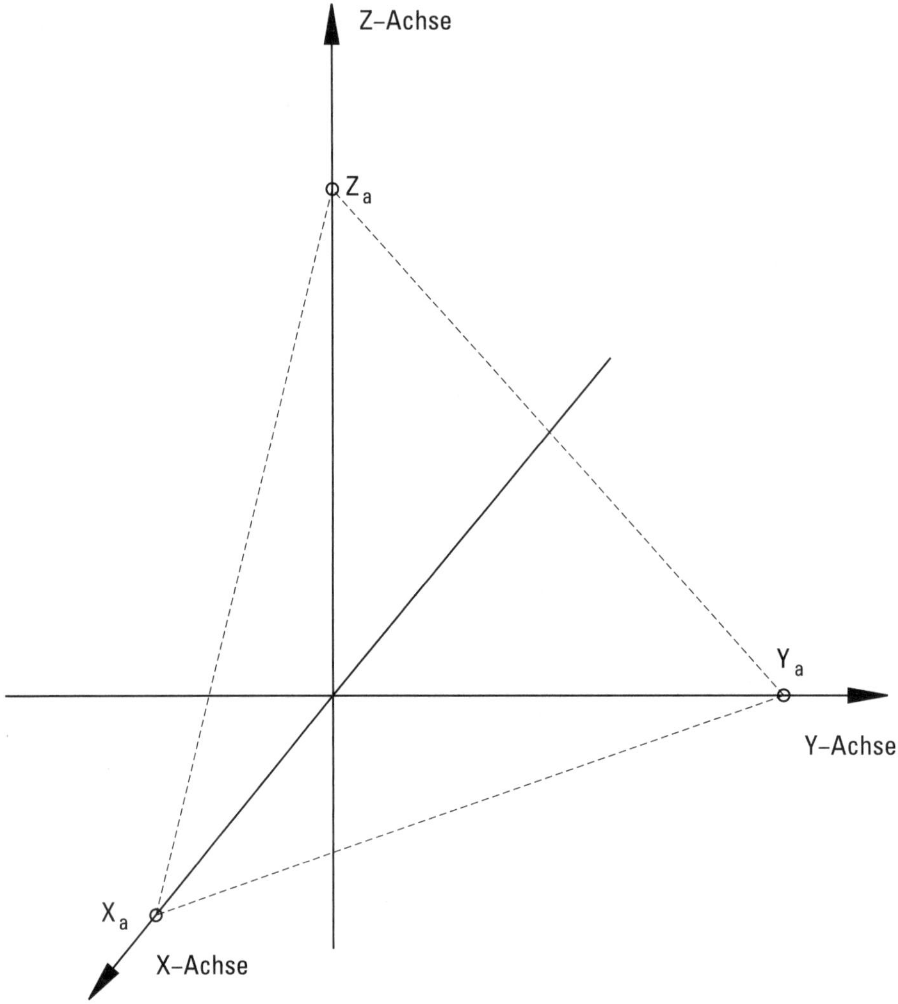

Abbildung 10.7: Ebene in Achsenabschnittsform

Aus der Form gesprungen oder wie Sie von einer Form in die andere gelangen

Ich hoffe nicht, dass Sie die Vielzahl der Darstellungsmöglichkeiten einer Ebene verwirrt. Zur Sicherheit möchte ich Ihnen die einzelnen Möglichkeiten noch einmal auflisten:

- ✔ Drei-Punkte-Form
- ✔ Parameterform
- ✔ Normalenform
- ✔ Koordinatenform
- ✔ Achsenabschnittsform

Tabelle 10.1 zeigt Ihnen, wie Sie am einfachsten von jeder Darstellung in die jeweils andere wechseln können.

	3-Punkte	Parameter	Normalen	Koordinaten	Achsen-abschnitt
3-Punkte-Form		Richtungsvektoren bilden	via Parameterform	via Normalenform	via Koordinaten-form
Parameterform	Aufpunkt, $\lambda = 0 \wedge \mu = 1$, $\lambda = 1 \wedge \mu = 0$		Kreuzprodukt der Richtungsvektoren	LGS in λ und μ lösen	via Koordinaten-form
Normalenform	via Koordinaten-form	via Koordinaten-form		Skalarprodukt ausmultiplizieren	via Koordinaten-form
Koordinatenform	Jeweilig 2 Unbekannte zu 0 setzen	Koordinatenform als LGS betrachten und lösen	Normalenvektor aus Koeffizienten ablesen, Aufpunkt bestimmen		durch Konstante teilen und Koeffizienten in die Nenner bringen
Achsenabschnittsform	Achsenabschnitte sind 3 Punkte	Form als LGS betrachten und lösen	Analog zu Koordinatenform	ist bereits eine Art der Koordinatenform	

Tabelle 10.1: Transformation von Ebenendarstellungen

Die wichtigsten Transformationen wurden bereits in den Beispielen gezeigt. Wie Sie sehen, sind die Parameter- und die Koordinatenform besonders lohnenswert. Ausgehend von der Koordinatenform können Sie beispielsweise einen Aufpunkt bestimmen, indem Sie zwei der Unbekannten auf Null setzen. Dies funktioniert in den meisten Fällen. Sollte es sich jedoch um eine *entartete* Koordinatenform handeln, sind sogar noch mehr Punkte sofort ablesbar.

Beispielsweise ist die Koordinatenform »z = 3« entartet, denn sie enthält weder x noch y in den Unbekannten. Dennoch stellt sie eine eindeutige Ebene dar. Hier sind die Belegungen von x und y beliebig, nur z muss den Wert drei erhalten. Die Ebene ist also eine Parallele zur XY-Koordinatenebene. Als Punkte sind beispielsweise (0, 0, 3), (1, 0, 3) und (0, 1, 3) Elemente der Ebene.

Festhalten, jetzt kommen höherdimensionale Objekte

Wer sollte Sie daran hindern, das Spielchen noch weiter zu treiben? Jetzt greift wieder die lineare Algebra der analytischen Geometrie unter die Arme. Die Anschauung ist ab jetzt weder nötig noch möglich. Der Versuch ist sogar gefährlich. Lernen Sie lieber, allein mittels der Gleichungen der geometrischen Objekte auf deren Eigenschaften zu schließen, egal ob Sie sich das vorstellen können oder nicht.

Parameterformen

Die Parameterform zu einem dreidimensionalen Raum R besitzt drei Freiheitsgrade:

$$R = \{ \vec{x} = \vec{a} + k_1 \cdot \vec{r}_1 + k_2 \cdot \vec{r}_2 + k_3 \cdot \vec{r}_3 \,|\, k_1, k_2, k_3 \in \mathbb{R} \}$$

Die Vektoren stammen ab hier wenigstens aus dem $\mathbb{R}^4$, ansonsten füllt dieses Objekt den gesamten affinen Raum aus. Was mit 3 Dimensionen klappt, sollte auch mit n-Dimensionen kein Problem sein. Daher zeige ich Ihnen nun die Parameterdarstellung eines n-dimensionalen Objekts O:

$$O = \{ \vec{x} = \vec{a} + k_1 \cdot \vec{r}_1 + \cdots + k_n \cdot \vec{r}_n \,|\, k_1, \ldots, k_n \in \mathbb{R} \}$$

Die zugehörigen Richtungsvektoren müssen linear unabhängig sein, ansonsten ist der aufgespannte Raum von einer niedrigeren Dimension.

Ich erspare Ihnen und mir den Versuch, ein höherdimensionales Objekt auf ein zweidimensionales Papier zu bringen. Wenn Sie eine Idee dazu haben, lassen Sie es mich gerne wissen! Aber seien Sie gewarnt. Die Reduktion um zwei Dimensionen führt zu unangenehmen Überraschungen. Ein dreidimensionales Objekt, zum Beispiel ein Würfel, verkümmert auf eine kleine Linie, wenn Sie ihn auf eine eindimensionale Gerade projizieren.

Koordinatenformen und Gleichungssysteme

Was für Parameterdarstellungen recht ist, kann für die jeweiligen Koordinatendarstellungen nur billig sein. Die allgemeine Darstellung macht jedoch ein paar Schwierigkeiten. Dies liegt daran, dass die Zahl der Unbekannten von der Dimension des Raumes abhängig ist. Besonders nette Koordinatendarstellungen finden Sie immer dort, wo das zu beschreibende geometrische Objekt genau eine Dimension kleiner ist als der Raum, in dem es »lebt«. Ein solches Objekt wird als *Hyperebene* bezeichnet. Das ist kein Kommando aus dem Raumschiff Enterprise, sondern der tatsächliche mathematische Fachausdruck!

So sind

- ✔ … eine Gerade im $\mathbb{R}^2$ mittels $a \cdot x + b \cdot y = c$ und
- ✔ … eine Ebene im $\mathbb{R}^3$ wegen $a \cdot x + b \cdot y + c \cdot z = d$

jeweils Hyperebenen und besonders leicht darzustellen.

Weiter besitzt die Koordinatendarstellung einer Hyperebene im $\mathbb{R}^n$ die feine Gestalt:

$$a_1 \cdot x_1 + a_2 \cdot x_2 + \ldots + a_n \cdot x_n = b \text{ mit } a_1, \ldots, a_n \in \mathbb{R}$$

So weit, so gut. Wie gelangen Sie aber zu einem niedriger dimensionierten Objekt? Das beginnt ja schon bei der Koordinatenform einer Geraden im $\mathbb{R}^2$. Hier hilft ein Trick.

Das Schnittobjekt zweier n-dimensionaler Objekte ist im Allgemeinen (n – 1)-dimensional.

Gut! Sie erreichen praktisch jede beliebige Dimension, indem Sie immer weiter Objekte miteinander schneiden. So schneiden sich zwei Geraden in einem Punkt. Zwei Ebenen führen zu einer Geraden. Zwei dreidimensionale Hyperebenen schneiden sich in einer gewöhnlichen Ebene und so fort.

Bleibt nur noch die kleine Frage, wie Sie am besten das Schnittobjekt zweier geometrischer Objekte bestimmen. Hier erwartet Sie eine verblüffend einfache Antwort.

Der *Schnittraum* mehrerer (n – 1)-dimensionaler Hyperebenen des $\mathbb{R}^n$ in Koordinatendarstellung entsteht durch das LGS, dessen Gleichungen die Hyperebenen repräsentieren. Dabei enthält das LGS so viele Gleichungen wie Hyperebenen, die Sie schneiden. Die Anzahl der Unbekannten ist n. Die Lösung repräsentiert schließlich das entstandene Schnittobjekt.

Noch mal schön langsam. Sie konstruieren ein beliebig-dimensionales Objekt im $\mathbb{R}^n$, indem Sie ein LGS aufstellen, das n Unbekannte besitzt und gerade so viele Gleichungen wie Sie benötigen. Jede weitere Gleichung reduziert die Dimension des Schnittobjekts um eins, vorausgesetzt, die Zeilen sind linear unabhängig.

Das ist doch der helle Wahnsinn! Sie bewältigen mit einem der wichtigsten Konzepte der ***linearen Algebra***, nämlich den *linearen Gleichungssystemen*, eine der bedeutendsten Herausforderungen der ***analytischen Geometrie***, und zwar der Konstruktion von *Schnittobjekten*!

An dieser Stelle ist ein konkretes Beispiel hilfreich. Betrachten Sie zwei Ebenen im $\mathbb{R}^3$ in Koordinatenform:

$$\begin{array}{rcrcrcr} x & + & 2y & - & 2z & = & 1 \\ -2x & - & 3y & + & z & = & 3 \end{array}$$

Diese beiden Gleichungen repräsentieren als LGS mit drei Unbekannten eine Gerade im $\mathbb{R}^3$. So einfach ist das!

Und jetzt zeige ich Ihnen auch, warum das funktioniert. Sie führen am besten den Gauß-Jordan-Algorithmus aus. Der fängt so an:

x	y	z	
1	2	–2	1
–2	–3	1	3

Und nun wird zur zweiten Zeile das Doppelte der ersten addiert:

x	y	z	
1	2	–2	1
0	1	–3	5

Zum Schluss ziehen Sie das Doppelte der zweiten Zeile von der ersten ab und erhalten:

x	y	z	
1	0	4	–9
0	1	–3	5

Hier geben Sie, wie üblich, als Parameter z = λ vor und erhalten als Lösung:

$$L = \left\{ \begin{pmatrix} -9 \\ 5 \\ 0 \end{pmatrix} + \lambda \begin{pmatrix} -4 \\ 3 \\ 1 \end{pmatrix} \middle| \lambda \in \mathbb{R} \right\}$$

Volià: die blitzsaubere Parameterdarstellung einer *Geraden*. Somit wäre geklärt, dass die Koordinatendarstellung der Geraden nichts anderes ist als ein LGS aus zwei Ebenen.

Diesen Gedanken können Sie immer weiter spinnen. Ein LGS mit 12 Unbekannten und 5 Gleichungen wäre demnach das Schnittobjekt von fünf elfdimensionalen Hyperebenen des $\mathbb{R}^{12}$, das selbst wiederum, falls die ursprünglichen Zeilen linear unabhängig waren, ein siebendimensionales geometrisches Objekt repräsentiert, denn 12 – 5 = 7.

Falls von heute an jemand von Ihnen verlangen würde, Ihren Horizont zu erweitern, haben Sie eine gute Erwiderung parat: »Ja gerne! Wie viele Dimensionen sollen es denn sein?«

Was sonst noch interessant ist

Genau genommen sind bereits alle wichtigen Grundlagen der analytischen Geometrie gelegt. Aber ich möchte diesen feierlichen Augenblick nutzen und Sie auf einige weiterführende Themen hinweisen, bevor das nächste Kapitel zur Sache geht und Abstände und Schnittwinkel geometrischer Objekte berechnet.

Dazu gehören

- Dreiecke
- Parallelogramme
- Spate
- und ... nein, das wird noch nicht verraten. Das soll, zumindest bis zum letzten Abschnitt, ein Geheimnis bleiben!

Dreiecke

Anhand einer typischen Fragestellung der analytischen Geometrie möchte ich Ihnen aufzeigen, wie Konzepte der linearen Algebra unmittelbare und einfache Lösungen zeitigen.

Der verblüffend einfache Beweis zum *Kosinussatz* in Kapitel 4 stellt ebenfalls ein hübsches Beispiel für diesen Abschnitt dar!

In jedem rechtwinkligen Dreieck gilt der so genannte *Höhensatz*: $h^2 = p \cdot q$, dessen Beweis ich Ihnen nun gerne vorstelle.

Eine vektorielle Lösung erfordert dabei selbstverständlich die Modellierung des rechtwinkligen Dreiecks in Form von Richtungsvektoren. Das könnte zum Beispiel so aussehen wie in Abbildung 10.8 gezeigt.

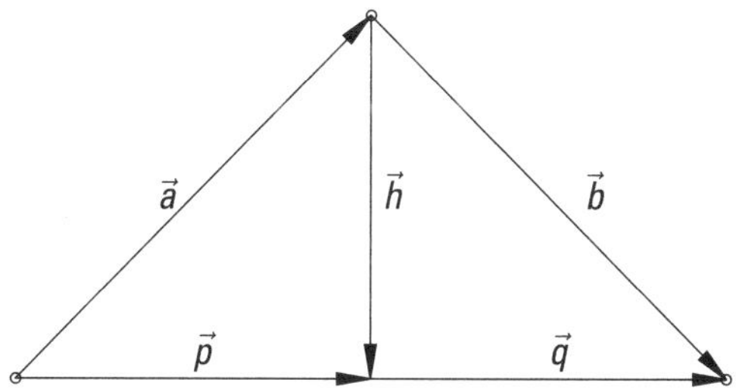

Abbildung 10.8: Höhensatz im rechtwinkligen Dreieck

Der Zeichnung sind folgende vektorielle Zusammenhänge zu entnehmen:

$$\vec{a} = \vec{p} - \vec{h} \text{ und } \vec{b} = \vec{h} + \vec{q}$$

Daher gilt:

$$\vec{a} \cdot \vec{b} = (\vec{p} - \vec{h}) \cdot (\vec{h} + \vec{q}) = \vec{p} \cdot \vec{h} + \vec{p} \cdot \vec{q} - \vec{h} \cdot \vec{h} - \vec{h} \cdot \vec{q}$$

Da es sich bei dem Dreieck um ein rechtwinkliges handelt, verschwindet das Skalarprodukt von $\vec{a} \cdot \vec{b} = 0$. Außerdem steht per definitionem die Höhe senkrecht auf der Hypotenuse: $\vec{h} \cdot \vec{q} = \vec{h} \cdot \vec{p} = 0$. Somit vereinfacht sich obige Gleichung zu:

$$0 = -\vec{h} \cdot \vec{h} + \vec{p} \cdot \vec{q} \Rightarrow \vec{h}^2 = \vec{p} \cdot \vec{q}$$

Und der Höhensatz ist bewiesen!

Parallelogramme

Möglicherweise erinnern Sie sich noch aus dem Geometrieunterricht in der Mittelstufe, dass sich die Diagonalen eines Parallelogramms stets in der Mitte kreuzen.

Jetzt ist der richtige Zeitpunkt gekommen, diesen Sachverhalt mithilfe der linearen Algebra zu klären.

Sie starten wie immer mit einer Abbildung, bei der alle relevanten Strecken in vektorieller Form vorliegen, wie zum Beispiel in Abbildung 10.9.

Die Diagonalen besitzen die algebraischen Darstellungen: $\vec{d_1} = \vec{a} + \vec{b}$ und $\vec{d_2} = \vec{a} - \vec{b}$. Weiter können Sie den Vektor $\vec{a}$ auch durch die gesuchten Anteile der Diagonalen beschreiben: $\vec{a} = \lambda \cdot \vec{d_1} + \mu \cdot \vec{d_2}$

Ein Auflösen der Gleichung führt Sie bereits zur erwünschten Lösung. Dazu ersetzen Sie die Diagonalen

$$\vec{a} = \lambda \cdot \vec{d_1} + \mu \cdot \vec{d_2} = \lambda \cdot \left(\vec{a} + \vec{b}\right) + \mu \cdot \left(\vec{a} - \vec{b}\right)$$

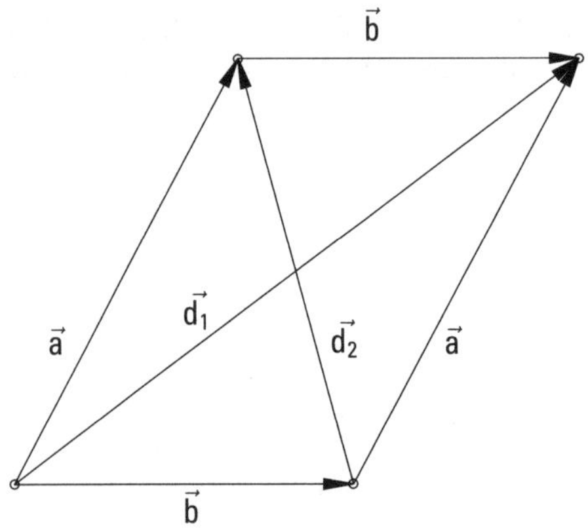

Abbildung 10.9: Parallelogramm

und multiplizieren anschließend die Terme auf der rechten Seite aus.

$$\vec{a} = \lambda\vec{a} + \lambda\vec{b} + \mu\vec{a} - \mu\vec{b}$$

Zum Schluss fassen Sie die skalaren Faktoren vor den Vektoren zusammen und erhalten:

$$(\lambda + \mu - 1)\vec{a} + (\lambda - \mu)\vec{b} = \vec{0}$$

Diese Gleichung stellt eine Linearkombination des Nullvektors dar und entspricht damit exakt der Definition der *linearen Unabhängigkeit*. Da bei jedem Parallelogramm die Vektoren $\vec{a}$ und $\vec{b}$ linear unabhängig sein müssen – ansonsten wäre es kein Parallelogramm, sondern lediglich eine Gerade – darf diese vektorielle Gleichung nur die triviale Lösung besitzen, beide Koeffizienten müssen Null sein. Daraus erhalten Sie das recht übersichtliche LGS:

$$\begin{aligned} \lambda + \mu &= 1 \\ \lambda - \mu &= 0 \end{aligned}$$

Die Summe der Gleichungen ergibt $2\lambda = 1$, woraus $\lambda = ½$ folgt. Wegen der zweiten Gleichung gilt ebenfalls $\mu = ½$. Damit haben Sie gezeigt, dass sich die Diagonalen genau auf halber Strecke schneiden. Herzlichen Glückwunsch!

Spate

Ein *Spat* besteht aus je zwei zueinander parallelen Seiten und kann daher von einem Punkt ausgehend angemessen mit drei linear unabhängigen Vektoren dargestellt werden (siehe Abbildung 10.10).

Wenn Sie bei Freunden und Bekannten Eindruck schinden wollen, greifen Sie auf den mathematischen Fachterminus *Parallelepiped* zurück, was zwar dasselbe bedeutet, sich aber wesentlich intelligenter anhört. Das griechische »*Epipedon*« ist nichts anderes als eine Fläche.

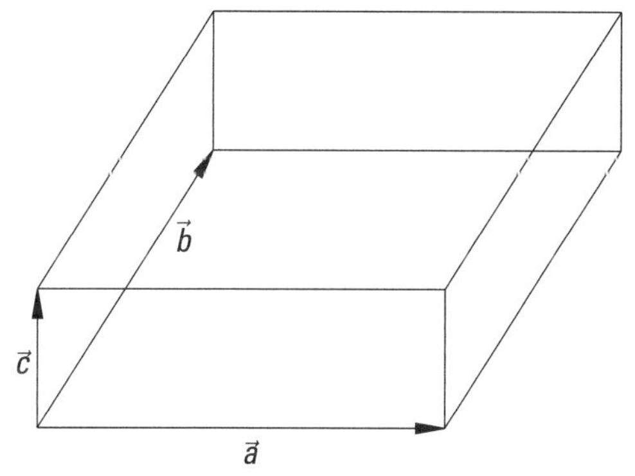

Abbildung 10.10: Spat in vektorieller Darstellung

Sie sind am Volumen eines Spates interessiert? Dann gibt Ihnen die lineare Algebra ein nettes Hilfsmittel an die Hand, das so genannte *Spatprodukt*. Es handelt sich dabei um eine Kombination aus Kreuz- und Skalarprodukt und benötigt drei Eingabevektoren. Es wird normalerweise in eckigen Klammern geschrieben:

$$\left[\vec{a}\vec{b}\vec{c}\right] = \vec{a} \cdot \left(\vec{b} \times \vec{c}\right)$$

Als Ergebnis erhalten Sie genau das gesuchte Volumen des von den drei Vektoren aufgespannten Parallelepipeds, wobei die Vektoren ein *Rechtssystem* bilden. Ist das nicht der Fall, ergibt sich ein negativer Wert aufgrund des Anti-Kommutativgesetzes des Kreuzprodukts.

Wie? Was? Rechtssystem? Anti-Kommutativgesetz? Alles dazu und viel mehr finden Sie in Kapitel 4 dieses Bandes!

Bevor ich Ihnen dazu ein Zahlenbeispiel anbiete, machen Sie sich klar, dass sich das Volumen aus »Grundfläche mal Höhe« berechnen lässt. Der Betrag des Kreuzprodukts könnte dabei für die Grundfläche stehen, und das Skalarprodukt multipliziert die Höhe. So einfach ist lineare Algebra!

Beispiel

Ausgehend von den Vektoren

$$\vec{a} = \begin{pmatrix} 1 \\ 0 \\ -2 \end{pmatrix}, \vec{b} = \begin{pmatrix} 3 \\ 2 \\ 1 \end{pmatrix} \text{ und } \vec{c} = \begin{pmatrix} -1 \\ 1 \\ 0 \end{pmatrix}$$

ermitteln Sie das Spatprodukt zu

$$\left[\vec{a}\vec{b}\vec{c}\right] = \begin{pmatrix} 1 \\ 0 \\ -2 \end{pmatrix} \cdot \left(\begin{pmatrix} -1 \\ 1 \\ 0 \end{pmatrix} \times \begin{pmatrix} 3 \\ 2 \\ 1 \end{pmatrix} \right) = \begin{pmatrix} 1 \\ 0 \\ -2 \end{pmatrix} \cdot \begin{pmatrix} 1 \\ 1 \\ -5 \end{pmatrix} = 11$$

Flächen zweiter Ordnung

Vielleicht werden Sie sich nach der Lektüre der Überschrift fragen, warum Flächen geordnet werden müssen. Und wie messen Sie diese Ordnung?

Stellen Sie sich dazu einfach vor, Sie haben eine Ebene und möchten diese mit einer Geraden schneiden. Wie viele Schnittpunkte kann es maximal geben, wenn die Gerade nicht Teil der Ebene ist?

Die nahe liegende Antwort lautet »1«. Deswegen werden diese Ebenen auch Flächen erster Ordnung genannt. Wie aber sehen dann Flächen zweiter Ordnung aus? Wie kann eine Gerade maximal genau zwei Schnittpunkte mit einer solchen Ebene aufweisen? Bevor ich Sie in die bemerkenswert ästhetische Welt dieser »Flächen zweiter Ordnung«, die auch »Quadriken« genannt werde, entführte, seien Sie gewarnt:

Flächen zweiter Ordnung sind nicht linear!

»Aber was«, so werden Sie sich fragen, »haben sie dann in einem Buch über lineare Algebra verloren?«

Bevor Sie verärgert oder entsetzt das Buch zum Händler zurückbringen, kann ich Ihnen versichern, dass sich anhand der Flächen zweiter Ordnung das große Potenzial der linearen Algebra anschaulich belegen lässt!

Hier geht es erst einmal um diese bemerkenswert ästhetischen geometrischen Objekte selbst, die lineare Algebra kommt am Ende von Kapitel 12 dazu.

Ellipsoid

Ein *Ellipsoid* besitzt die Grundgleichung

$$\frac{x^2}{a^2}+\frac{y^2}{b^2}+\frac{z^2}{c^2}=1$$

und ähnelt verdächtig unserem Heimatplaneten (siehe Abbildung 10.11).

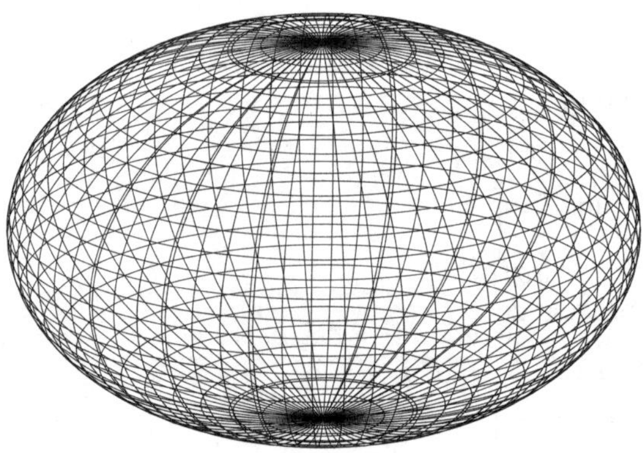

Abbildung 10.11: Ellipsoid

Auch wenn Sie es der folgenden Gleichung nicht sofort ansehen, auch sie repräsentiert ein Ellipsoid:

$$2x^2 + 2y^2 + 2z^2 + 2xy + 2yz + 2xz + 6x + 2y + 2z = -1$$

Durch eine geeignete Transformation, wie ich Sie Ihnen in Kapitel 12 vorstelle, kann diese Gleichung in die Standardlage überführt werden! Das geht zwar auch rein algebraisch, ist aber sehr aufwändig und fehlerträchtig.

Elliptisches Paraboloid

Das *elliptische Paraboloid* genügt folgender Grundgleichung

$$\frac{x^2}{a^2} + \frac{y^2}{b^2} = z$$

und sieht beispielsweise so aus wie in Abbildung 10.12.

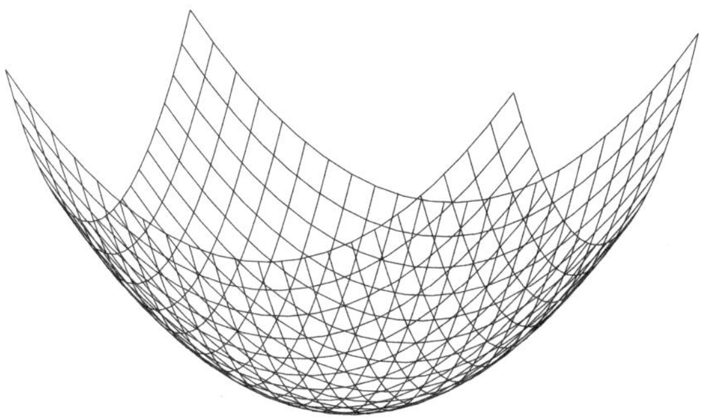

Abbildung 10.12: Elliptisches Paraboloid

Wiederum zeige ich Ihnen ein elliptisches Paraboloid, das sich nicht mehr in Standardlage befindet:

$$x^2 + y^2 + 3z^2 + 2xy + 2yz + 2xz + 6x + 2y + 2z = -1$$

Beachten Sie die Ähnlichkeit zur Gleichung des Ellipsoids. Diesmal handelt es sich jedoch um ein elliptisches Paraboloid!

In Kapitel 12, das sich mit geometrischen Transformationen befasst, finden Sie im Abschnitt über die *Hauptachsentransformation* eine Lösung dieses schwierigen Problems mit Methoden der linearen Algebra!

Hyperbolisches Paraboloid

Meine Lieblingsfläche zweiter Ordnung ist das *hyperbolische Paraboloid* (siehe Abbildung 10.13).

$$\frac{x^2}{a^2} - \frac{y^2}{b^2} = z$$

Gefällt es Ihnen auch?

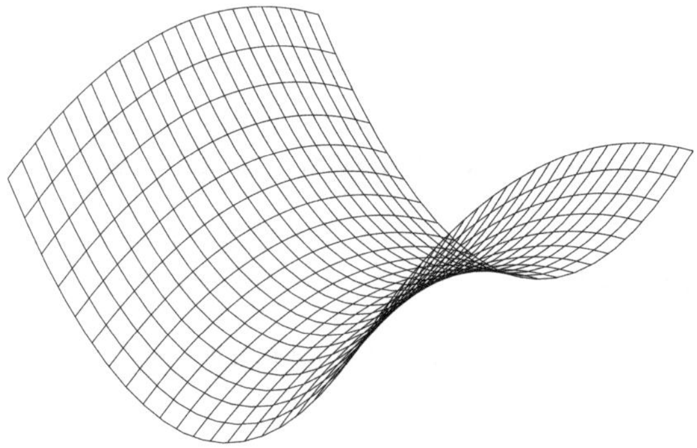

Abbildung 10.13: Hyperbolisches Paraboloid

Dieses Mal zeige ich Ihnen ein extremes Exemplar der Gleichung eines hyperbolischen Paraboloids:

$$z = x \cdot y$$

Kaum zu glauben, dass diese Gleichung und obige Grundgleichung denselben Typus geometrischer Objekte repräsentieren, oder? Am Ende von Kapitel 12 werde ich es Ihnen beweisen! Dazu ist allerdings noch ein wenig Vorbereitung nötig, was in den beiden nächsten Kapiteln geschieht.

Abstand halten und schneiden

11

In diesem Kapitel …

- Den Begriff des Abstands verstehen
- Abstände von Punkten zu anderen geometrischen Objekten bestimmen
- Abstände oder Schnittpunkte von Geraden ermitteln
- Grundlegende Formen von Ebenenschnitten berechnen
- Abstände von Objekten feststellen, die jenseits jeder Vorstellungskraft liegen

Dieses Kapitel ist sehr praktisch angelegt und liefert Ihnen das nötige Rüstzeug, um alle möglichen Abstände von geometrischen Objekten ausfindig zu machen.

Dazu werde ich Ihnen sowohl die allgemeine Herangehensweise als auch die konkreten Berechnungsformeln liefern.

Wenn der Abstand zweier geometrischer Objekte Null ist, dann gibt es stets ein Schnittobjekt, das sich mithilfe der linearen Algebra effizient bestimmen lässt. Zusätzlich werden Sie auch in die Lage versetzt, die Schnittwinkel in den entsprechenden Fällen zu ermitteln.

Am Ende wird Ihnen sogar die Abstandsermittlung höherdimensionaler geometrischer Räume keinen Kummer bereiten!

Wir bestimmen den Abstand von …

Nachdem Sie im letzten Kapitel die geometrische Grundausstattung erarbeitet haben, möchte ich Ihnen jetzt zeigen, was Sie damit anfangen können.

Der *Abstand* zweier geometrischer Objekte ist die kürzeste Länge eines Vektors (des *Abstandsvektors*), dessen Anfang sich im ersten Objekt befindet und dessen Ende Teil des zweiten Objekts ist.

Sie benötigen zur Abstandsmessung zum einen die *Norm* eines Vektors, wie sie in Kapitel 4 definiert worden ist. Des Weiteren finden Sie dort die Definitionen des *Kreuzprodukts* sowie des *Skalarprodukts*, die ebenfalls benötigt werden.

Punkt zu Punkt

Die einfachste Abstandsmessung gilt für zwei Punkte. Sie ermitteln den erforderlichen Abstandsvektor, indem Sie die Differenz der durch die beiden Punkte spezifizierten Ortsvektoren berechnen.

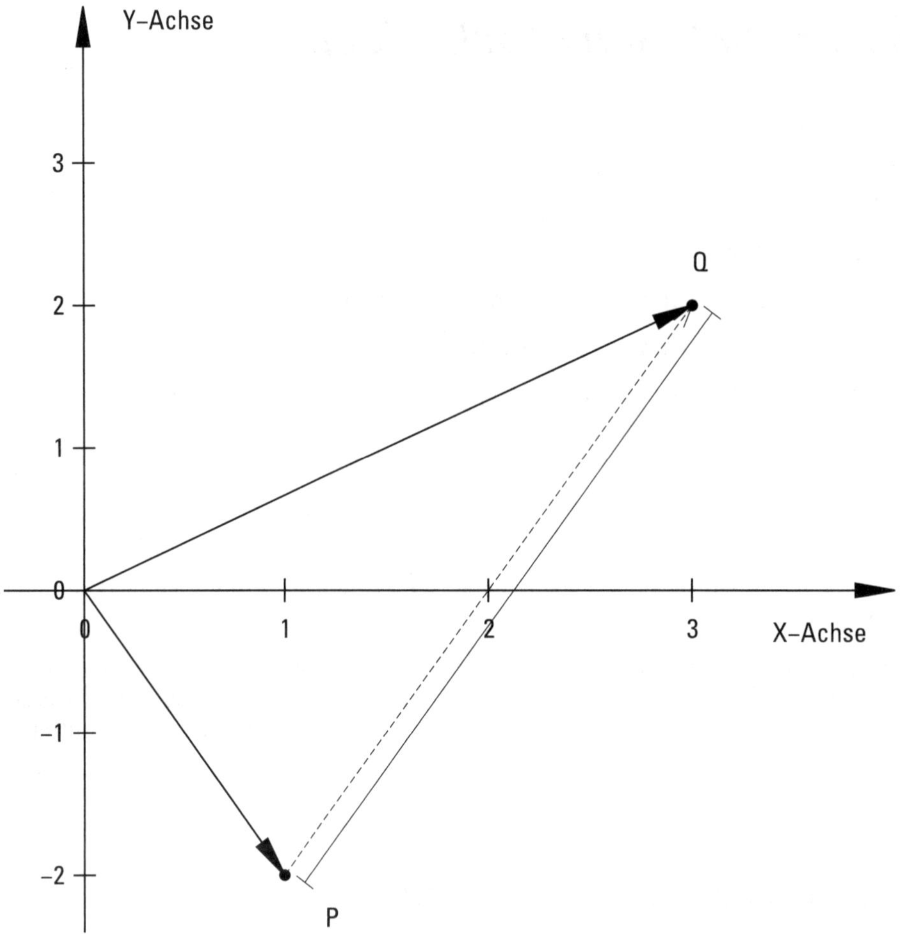

Abbildung 11.1: Abstand zweier Punkte

Abbildung 11.1 veranschaulicht das anhand zweier beliebiger Punkte P und Q.

Als Abstandsvektor finden Sie:

$$\vec{d} = \overrightarrow{PQ} = \begin{pmatrix} 3 \\ 2 \end{pmatrix} - \begin{pmatrix} 1 \\ -2 \end{pmatrix} = \begin{pmatrix} 2 \\ 4 \end{pmatrix}$$

Für die Abstandsmessung ist es unerheblich, in welche Richtung der Abstandsvektor zeigt!

Die Länge beziehungsweise die *Norm* des Abstandsvektors ist bereits der gesuchte Abstand:

$$d = \left\| \vec{d} \right\| = \left\| \begin{pmatrix} 2 \\ 4 \end{pmatrix} \right\| = \sqrt{2^2 + 4^2} = \sqrt{20} = \sqrt{4 \cdot 5} = 2\sqrt{5}$$

Wurzelbehandlung

Keine Angst, es geht in diesem Kasten nicht um einen unangenehmen Zahnarztbesuch, sondern um die Art und Weise, wie Sie am besten mit Wurzeln in mathematischen Termen umgehen.

Falls eine Wurzel im Nenner eines Bruches steht, erweitern Sie den Bruch um genau diese Wurzel, und wie von Wunderhand wird der Nenner rational. Ich zeige Ihnen hier ein konkretes Beispiel sowie die allgemeine Formel:

$$\frac{3}{\sqrt{2}} = \frac{3}{\sqrt{2}} \cdot \frac{\sqrt{2}}{\sqrt{2}} = \frac{3}{2} \cdot \sqrt{2}, \quad \frac{a}{\sqrt{b}} = \frac{a}{\sqrt{b}} \cdot \frac{\sqrt{b}}{\sqrt{b}} = \frac{a}{b}\sqrt{b}$$

»Ok«, werden Sie denken, »das ist ja nicht schwer, aber wozu ist das gut?«. Die Antwort ist erstaunlich einfach. Die Darstellung mit rationalem Nenner zeigt Ihnen, dass die Wurzeln selbst stets lediglich mit einer rationalen Zahl multipliziert werden müssen und somit **Einheiten** repräsentieren. Wie zum Beispiel die Einheit »Meter« ja auch nicht im Nenner erscheint, wenn Sie das Ergebnis einer Längenmessung angeben.

Weiter sollten Sie jeden quadratischen Faktor aus einer Wurzel »herausziehen«, so wie Sie auch jeden Bruch kürzen! Das gehört sich einfach und erleichtert ganz nebenbei auch das Rechnen mit Wurzeln. Dazu zeige ich Ihnen gleich drei Beispiele:

$$\sqrt{8} = \sqrt{4 \cdot 2} = 2\sqrt{2}, \quad \sqrt{18} = \sqrt{9 \cdot 2} = 3\sqrt{2}, \quad \sqrt{108} = \sqrt{36 \cdot 3} = 6\sqrt{3}$$

Das mag vielleicht ein wenig überraschend sein, aber dieses Verfahren funktioniert auch für Punkte aus höherdimensionalen Räumen, beispielsweise dem $\mathbb{R}^5$. Die beiden Punkte P(1,2,0,–3,2) und Q(–1,3,0,4,1) haben den Abstand

$$d = \left\|\vec{d}\right\| = \left\| \begin{pmatrix} -1 \\ 3 \\ 0 \\ 4 \\ 1 \end{pmatrix} - \begin{pmatrix} 1 \\ 2 \\ 0 \\ -3 \\ 2 \end{pmatrix} \right\| = \left\| \begin{pmatrix} -2 \\ 1 \\ 0 \\ 7 \\ -1 \end{pmatrix} \right\| = \sqrt{(-2)^2 + 1^2 + 0^2 + 7^2 + (-1)^2} = \sqrt{55}$$

Punkt zu Gerade

Ein wenig interessanter sieht die Sache bei der Abstandsbestimmung zwischen einem Punkt und einer Geraden aus (siehe Abbildung 11.2).

Um die genaue Länge des Vektors $\vec{d}$ zu bestimmen, konstruieren Sie ein Dreieck aus dem Punkt P, dem Aufpunkt $\vec{a}$ der Geraden und dem Lotfußpunkt L von P (siehe Abbildung 11.3).

Gemäß der Skizze erkennen Sie, dass für den Abstand d gilt:

$$d = \left\|\vec{p} - \vec{a}\right\| \cdot \sin\varphi \text{ wegen } \sin\varphi = \frac{d}{\left\|\vec{p} - \vec{a}\right\|}$$

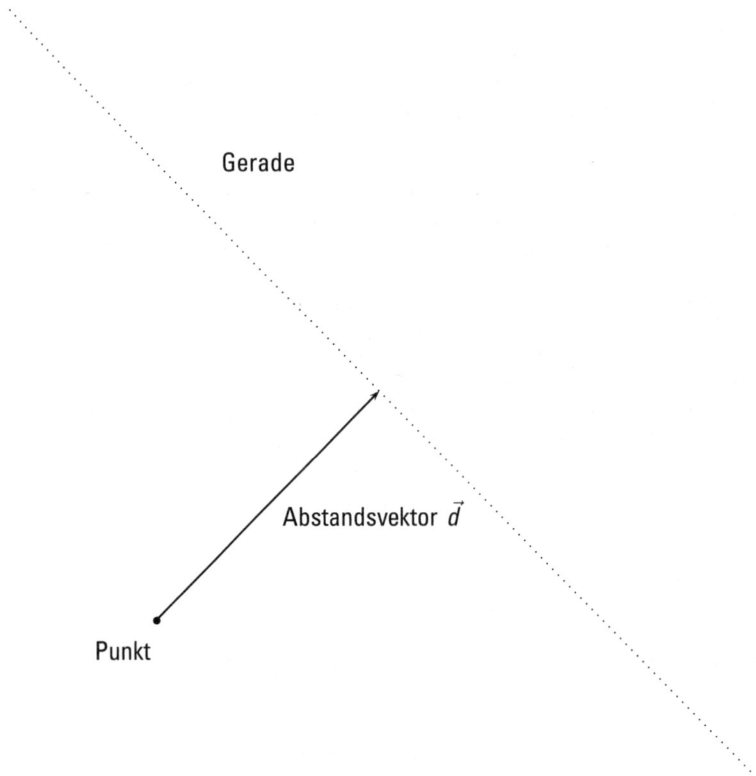

Abbildung 11.2: Abstand zwischen Punkt und Gerade

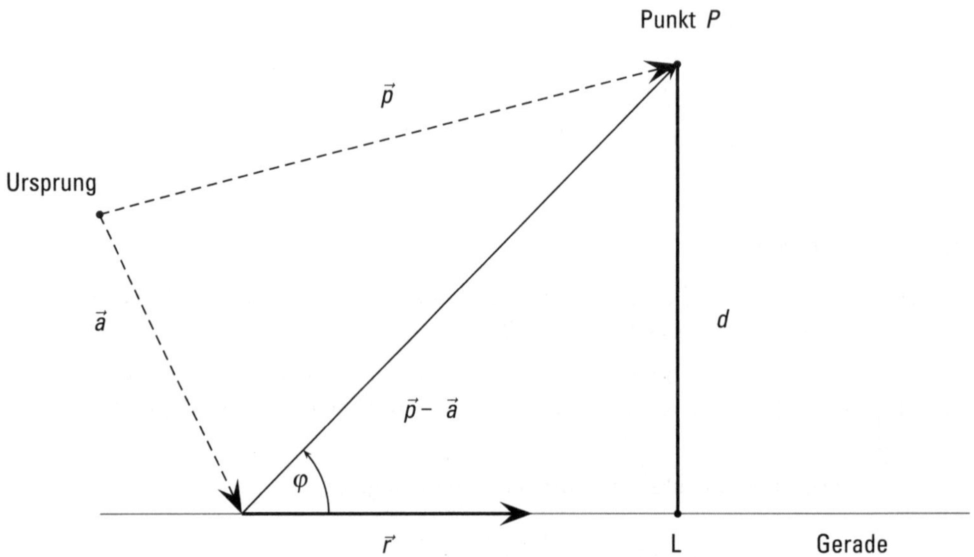

Abbildung 11.3: Skizze zur Abstandsermittlung

In jedem *rechtwinklingen Dreieck* mit den Katheten a und b und der Hypotenuse c sowie dem Winkel φ zwischen den Seiten b und c gelten folgende wichtige Gesetze:

$a^2 + b^2 = c^2$ (Satz des Pythagoras)

$b/c = \cos\varphi$ (b gehört zur *Ankathete* bezüglich φ)

$a/c = \sin\varphi$ (a gehört zur *Gegenkathete* bezüglich φ)

$a/b = \tan\varphi$

$b/a = \cot\varphi$

So weit, so gut. Allerdings kennen Sie den Winkel φ nicht, dafür wissen Sie, dass der Betrag des Kreuzprodukts dem Produkt der Längen der zugehörigen Vektoren mit dem Sinus des eingeschlossenen Winkels entspricht. In diesem Fall handelt es sich bei den beiden Vektoren, deren eingeschlossener Winkel φ gesucht ist, um den Richtungsvektor $\vec{r}$ der Gerade sowie den konstruierten Vektor $\vec{p} - \vec{a}$. Deren Kreuzprodukt hat die Norm:

$$\|(\vec{p} - \vec{a}) \times \vec{r}\| = \|\vec{p} - \vec{a}\| \cdot \|\vec{r}\| \cdot \sin\varphi \Rightarrow \sin\varphi = \frac{\|(\vec{p} - \vec{a}) \times \vec{r}\|}{\|\vec{p} - \vec{a}\| \cdot \|\vec{r}\|}$$

Damit sind Sie in der Lage, den Winkel in obiger Abstandsformel zu ersetzen. Witzigerweise kürzt sich dabei sogar die Norm des Hilfsvektors heraus:

$$d = \|\vec{p} - \vec{a}\| \cdot \sin\varphi = \|\vec{p} - \vec{a}\| \cdot \frac{\|(\vec{p} - \vec{a}) \times \vec{r}\|}{\|\vec{p} - \vec{a}\| \cdot \|\vec{r}\|} = \frac{\|(\vec{p} - \vec{a}) \times \vec{r}\|}{\|\vec{r}\|}$$

Der Abstand d zwischen einem Punkt $\vec{p}$ und einer Geraden, die durch den Aufpunkt $\vec{a}$ und den Richtungsvektor $\vec{r}$ gegeben ist, berechnet sich zu:

$$d = \frac{\|(\vec{p} - \vec{a}) \times \vec{r}\|}{\|\vec{r}\|}$$

Beispiel

Wenn Sie wissen wollen, welchen Abstand d der Punkt (1,2,3) von der Geraden G mit der Parameterdarstellung $\vec{x} = \begin{pmatrix} -1 \\ 0 \\ 2 \end{pmatrix} + \lambda \begin{pmatrix} 1 \\ 2 \\ -2 \end{pmatrix}$ besitzt, dann setzen Sie die notwendigen Vektoren einfach in die obige Formel ein:

$$d = \frac{\left\| \left(\begin{pmatrix} 1 \\ 2 \\ 3 \end{pmatrix} - \begin{pmatrix} -1 \\ 0 \\ 2 \end{pmatrix} \right) \times \begin{pmatrix} 1 \\ 2 \\ -2 \end{pmatrix} \right\|}{\left\| \begin{pmatrix} 1 \\ 2 \\ -2 \end{pmatrix} \right\|} = \frac{\left\| \begin{pmatrix} 2 \\ 2 \\ 1 \end{pmatrix} \times \begin{pmatrix} 1 \\ 2 \\ -2 \end{pmatrix} \right\|}{\sqrt{1^2 + 2^2 + (-2)^2}} = \frac{\left\| \begin{pmatrix} -6 \\ 5 \\ 2 \end{pmatrix} \right\|}{\sqrt{9}} = \frac{\sqrt{65}}{3}$$

Punkt zu Ebene

Etwas mehr Aufwand benötigen Sie, um den Abstand eines Punktes zu einer Ebene zu bestimmen. Am einfachsten gehen Sie von der *Normalenform* der Ebene aus. Sollte die Ebene in Koordinatenform oder in Parameterform vorliegen, empfehle ich Ihnen, zunächst eine Transformation in die Normalenform vorzunehmen.

Die Situation ist dann ähnlich zu jener, die Sie für die Abstandsbestimmung zwischen Gerade und Punkt vorgefunden haben (siehe Abbildung 11.4).

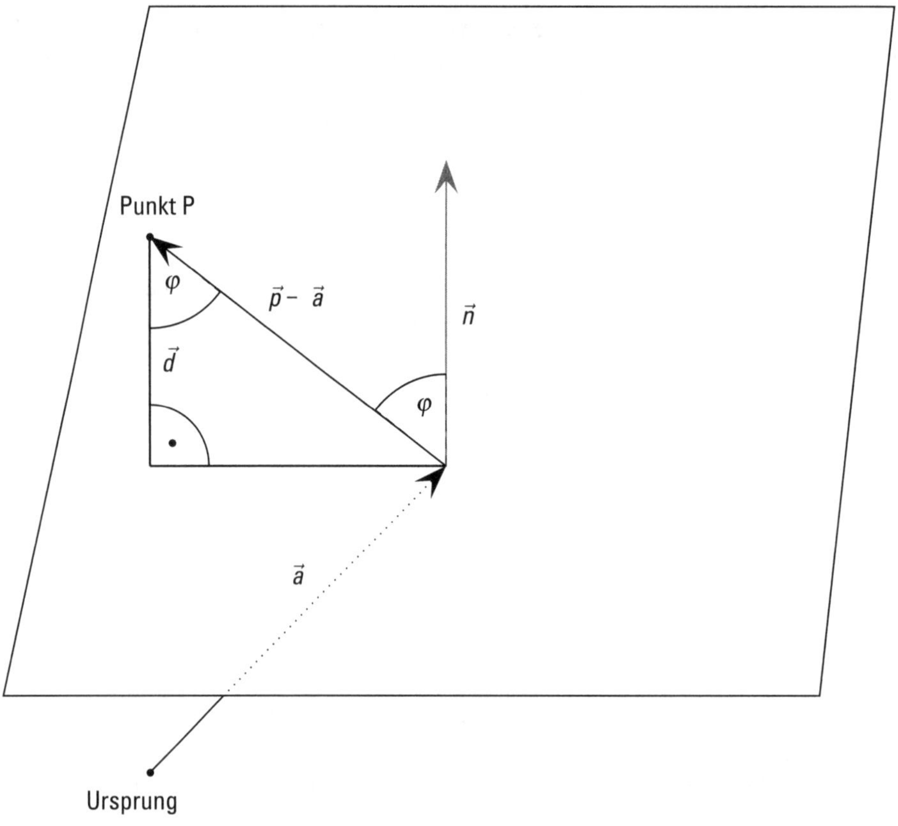

Abbildung 11.4: Abstandsbestimmung zwischen Ebene und Punkt

Zwei Besonderheiten sind hier zu beachten:

- ✔ Der Abstandsvektor $\vec{d}$ ist zum Normalenvektor $\vec{n}$ der Ebene *kollinear*. Das ist schon einmal gut. Aber die Länge von $\vec{d}$ und die Länge von $\vec{n}$ stimmen natürlich nicht überein!
- ✔ Den Winkel φ zwischen $\vec{n}$ und $\vec{p}-\vec{a}$ finden Sie ebenfalls am Punkt P. Wie Sie Abbildung 11.4 entnehmen, ist die Länge von $\vec{d}$ nunmehr die *Ankathete* und nicht mehr die *Gegenkathete* bezüglich φ, daher ist der Kosinus anstatt des Sinus zu bilden!

Die erste Gleichung, die Sie benötigen, lautet somit:

$$d = \|\vec{p} - \vec{a}\| \cdot \cos\varphi$$

Zur Eliminierung des Kosinus hilft das Kreuzprodukt nicht weiter. Gefordert ist vielmehr das *Skalarprodukt*. Jetzt trifft es sich auch gut, dass der Normalenvektor $\vec{n}$ und $\vec{d}$ kollinear sind. Zur Winkelermittlung können Sie daher $\vec{n}$ anstatt $\vec{d}$ verwenden:

$$|(\vec{p} - \vec{a}) \cdot \vec{n}| = \|\vec{p} - \vec{a}\| \cdot \|\vec{n}\| \cdot \cos\varphi \Rightarrow \cos\varphi = \frac{|(\vec{p} - \vec{a}) \cdot \vec{n}|}{\|\vec{p} - \vec{a}\| \cdot \|\vec{n}\|}$$

Das Skalarprodukt ergibt eine Zahl, daher versehen Sie den Betrag der Zahl – im Gegensatz zur Norm eines Vektors – mit einfachen Betragsstrichen anstatt doppelten Normstrichen!

Wie bei der Abstandsermittlung zwischen Punkt und Gerade ersetzen Sie den Kosinus, und erneut kürzt sich die Norm Ihres Hilfsvektors heraus:

$$d = \|\vec{p} - \vec{a}\| \cdot \cos\varphi = \|\vec{p} - \vec{a}\| \cdot \frac{|(\vec{p} - \vec{a}) \cdot \vec{n}|}{\|\vec{p} - \vec{a}\| \cdot \|\vec{n}\|} = \frac{|(\vec{p} - \vec{a}) \cdot \vec{n}|}{\|\vec{n}\|}$$

Der Abstand d zwischen einem Punkt $\vec{p}$ und einer Ebene in Normalenform, die durch den Aufpunkt $\vec{a}$ und den Normalenvektor $\vec{n}$ gegeben ist, berechnet sich zu:

$$d = \frac{|(\vec{p} - \vec{a}) \cdot \vec{n}|}{\|\vec{n}\|}$$

Auch hier zeige ich Ihnen ein konkretes Beispiel zur Veranschaulichung.

Beispiel

Den Abstand d des Punktes (1,2,3) von der Ebene E in Normalenform $\begin{pmatrix} 2 \\ 3 \\ -1 \end{pmatrix} \cdot \left(\vec{x} - \begin{pmatrix} 1 \\ 0 \\ 3 \end{pmatrix} \right) = 0$

berechnen Sie zu:

$$d = \frac{\left| \left(\begin{pmatrix} 1 \\ 2 \\ 3 \end{pmatrix} - \begin{pmatrix} 1 \\ 0 \\ 3 \end{pmatrix} \right) \cdot \begin{pmatrix} 2 \\ 3 \\ -1 \end{pmatrix} \right|}{\left\| \begin{pmatrix} 2 \\ 3 \\ -1 \end{pmatrix} \right\|} = \frac{\left| \begin{pmatrix} 0 \\ 2 \\ 0 \end{pmatrix} \cdot \begin{pmatrix} 2 \\ 3 \\ -1 \end{pmatrix} \right|}{\sqrt{2^2 + 3^2 + (-1)^2}} = \frac{|0+6+0|}{\sqrt{14}} = \frac{6}{\sqrt{14}} \cdot \frac{\sqrt{14}}{\sqrt{14}} = \frac{3}{7}\sqrt{14}$$

Diese soliden Grundlagen helfen Ihnen, die nun folgenden Abstandsprobleme mit komplexeren geometrischen Objekten auf die drei elementaren Abstände zurück zu führen:

- Abstand Punkt zu Punkt
- Abstand Punkt zu Gerade
- Abstand Punkt zu Ebene

Wenn sich zwei Geraden treffen

Im $\mathbb{R}^2$ ist die Sache recht überschaubar. Zwei Geraden schneiden sich genau dann, wenn sie nicht parallel sind. Im $\mathbb{R}^3$ und aufwärts sieht die Sache schon etwas schwieriger aus. Auch wenn zwei Geraden im mindestens dreidimensionalen Raum nicht parallel verlaufen, müssen sie sich nicht unbedingt schneiden. Man sagt dann, die Geraden seien *windschief*.

Windschief

Der Begriff »*windschief*« wird in der Alltagssprache beispielsweise auf die Wände eines Gartenhäuschens verwendet, die zwar an einer Ecke bündig sind, an den drei anderen jedoch noch Lücken aufweisen und nicht zu passen scheinen. Der Ausdruck ist bereits sehr alt und wurde schon vor Jahrhunderten auf Bäume und deren Hölzer angewendet, die durch stürmische Winde nicht mehr gerade, sondern in sich gewunden und krumm waren und daher für die weitere Verarbeitung Probleme bereiteten.

Insgesamt gibt es folgende drei Möglichkeiten für die Lage zweier Geraden zueinander:

- Die Geraden sind *parallel*. Die Abstandsbestimmung ist dann sehr einfach, weil Sie nur den Abstand irgendeines Punktes der ersten Geraden zur zweiten benötigen.
- Die Geraden sind *windschief*. Für die Abstandsermittlung müssen Sie etwas mehr Aufwand treiben. Eine Winkelbestimmung ohne Schnittpunkt ist sinnlos.
- Die Geraden *schneiden* sich. Dann ist ihr Abstand logischerweise Null, allerdings sollten Sie in der Lage sein, den entstehenden *Schnittpunkt* sowie den *Schnittwinkel* der Geraden zu ermitteln.

Für alle drei Möglichkeiten zeigen Ihnen die folgenden drei Abschnitte die ideale Herangehensweise.

Abstand paralleler Geraden

Wie bereits angedeutet, ist die Abstandsbestimmung zweier paralleler Geraden (siehe Abbildung 11.5) recht einfach; sie wird Ihnen keine Mühe bereiten.

Jeder Punkt der Geraden G_1 besitzt zur Geraden G_2 denselben Abstand d. Und genau dieser Abstand ist auch die gesuchte Distanz zwischen den beiden Geraden.

Also greifen Sie sich am besten den Aufpunkt von G_1 heraus und bestimmen seinen Abstand zu G_2 mit der bekannten Formel aus dem letzten Abschnitt. Sie erhalten als Ergebnis:

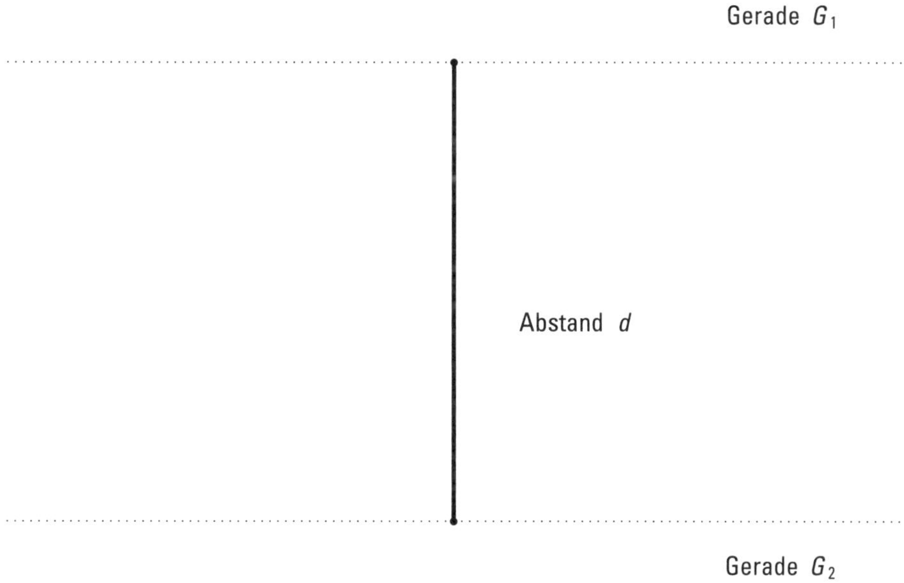

Abbildung 11.5: Abstand zweier paralleler Geraden

Der Abstand d zwischen den parallelen Geraden G_1 mit $\vec{x} = \overrightarrow{a_1} + \lambda \cdot \overrightarrow{r_1}$ sowie G_2 mit $\vec{x} = \overrightarrow{a_2} + \mu \cdot \overrightarrow{r_2}$ ermittelt sich zu:

$$d = \frac{\left\| \left(\overrightarrow{a_1} - \overrightarrow{a_2} \right) \times \overrightarrow{r_2} \right\|}{\left\| \overrightarrow{r_2} \right\|}$$

Sie sehen, dass die Formel nur einen der beiden Richtungsvektoren benötigt, was auch nicht weiter verwunderlich ist, denn $\overrightarrow{r_1}$ und $\overrightarrow{r_2}$ sind kollinear bei parallelen Geraden.

Obwohl die Wahl des Richtungsvektors in obiger Formel beliebig ist, entsteht ein schwerer aber häufiger Fehler dann, wenn Sie im Nenner und im Zähler unterschiedliche Richtungsvektoren verwenden!

Bevor Sie die Formel anwenden dürfen, müssen Sie sicherstellen, dass die zu messenden Geraden auch tatsächlich parallel sind. Das ist genau dann der Fall, wenn einer der Richtungsvektoren das Vielfache des anderen ist. Alternativ können Sie auch das Kreuzprodukt der Richtungsvektoren heranziehen. G_1 und G_2 sind genau dann parallel, falls

$$\overrightarrow{r_1} \times \overrightarrow{r_2} = \vec{0}$$

Beispiel

Gegeben seien die Geraden G_1 und G_2 mit

$$G_1 : \vec{x} = \begin{pmatrix} 1 \\ -3 \\ 2 \end{pmatrix} + \lambda \begin{pmatrix} 6 \\ -4 \\ 2 \end{pmatrix} \text{ und } G_2 : \vec{x} = \begin{pmatrix} 2 \\ 0 \\ -3 \end{pmatrix} + \mu \begin{pmatrix} -3 \\ 2 \\ -1 \end{pmatrix}$$

Die beiden Geraden sind parallel, weil

$$\begin{pmatrix} 6 \\ -4 \\ 2 \end{pmatrix} \times \begin{pmatrix} -3 \\ 2 \\ -1 \end{pmatrix} = \begin{pmatrix} 0 \\ 0 \\ 0 \end{pmatrix} \text{ gilt.}$$

Dabei ist der Richtungsvektor von G_2 genau das Minus-Zweifache desjenigen von G_1. Ihr Abstand d berechnet sich gemäß der Formel für parallele Geraden zu

$$d = \frac{\left\| \left(\begin{pmatrix} 1 \\ -3 \\ 2 \end{pmatrix} - \begin{pmatrix} 2 \\ 0 \\ -3 \end{pmatrix} \right) \times \begin{pmatrix} -3 \\ 2 \\ -1 \end{pmatrix} \right\|}{\left\| \begin{pmatrix} -3 \\ 2 \\ -1 \end{pmatrix} \right\|} = \frac{\left\| \begin{pmatrix} -1 \\ -3 \\ 5 \end{pmatrix} \times \begin{pmatrix} -3 \\ 2 \\ -1 \end{pmatrix} \right\|}{\sqrt{(-3)^2 + 2^2 + (-1)^2}} = \frac{\left\| \begin{pmatrix} -7 \\ -16 \\ -11 \end{pmatrix} \right\|}{\sqrt{9+4+1}}$$

$$= \frac{\sqrt{49+256+121}}{\sqrt{9+4+1}} = \frac{\sqrt{426}}{\sqrt{14}} = \frac{1}{7}\sqrt{1491}$$

Abstand windschiefer Geraden

Auf den ersten Blick sieht die Abstandsbestimmung für windschiefe Geraden (siehe Abbildung 11.6) ziemlich schwierig aus.

Allerdings gibt es einen Trick, den Sie sich merken sollten, weil er die Aufgabenstellung sehr stark vereinfacht. Stellen Sie sich dazu vor, anstatt den Abstand zweier windschiefer Geraden zu bestimmen würde Ihre Aufgabe darin bestehen, den Abstand zweier paralleler Ebenen zu ermitteln. Das ist relativ einfach, denn jeder Punkt der ersten Ebene besitzt von der zweiten Ebene denselben Abstand. Es genügt also, die Formel zur Abstandsbestimmung zwischen Aufpunkt der ersten Ebene und der gesamten zweiten Ebene in Normalenform heranzuziehen.

Aber was haben parallele Ebenen und windschiefe Geraden gemein? Sie können eindeutig zwei Ebenen definieren, in denen jeweils eine der beiden windschiefen Geraden liegt, die aber selbst zueinander parallel sind. In diesem Fall entspricht der Abstand der parallelen Ebenen genau dem gesuchten Abstand d der windschiefen Geraden.

Werfen Sie dazu auch einen Blick in Abbildung 11.11. Sie sehen dort zwei parallele Ebenen. Stellen Sie sich einfach eine beliebige Gerade G_1 vor, die vollständig in E_1 liegt. Eine beliebige andere Gerade G_2, die in E_2 liegt, ist im Allgemeinen windschief zu G_1. Wenn Sie bei den Geraden anfangen, ist die Wahl der zueinander parallelen Ebenen damit eindeutig festgelegt.

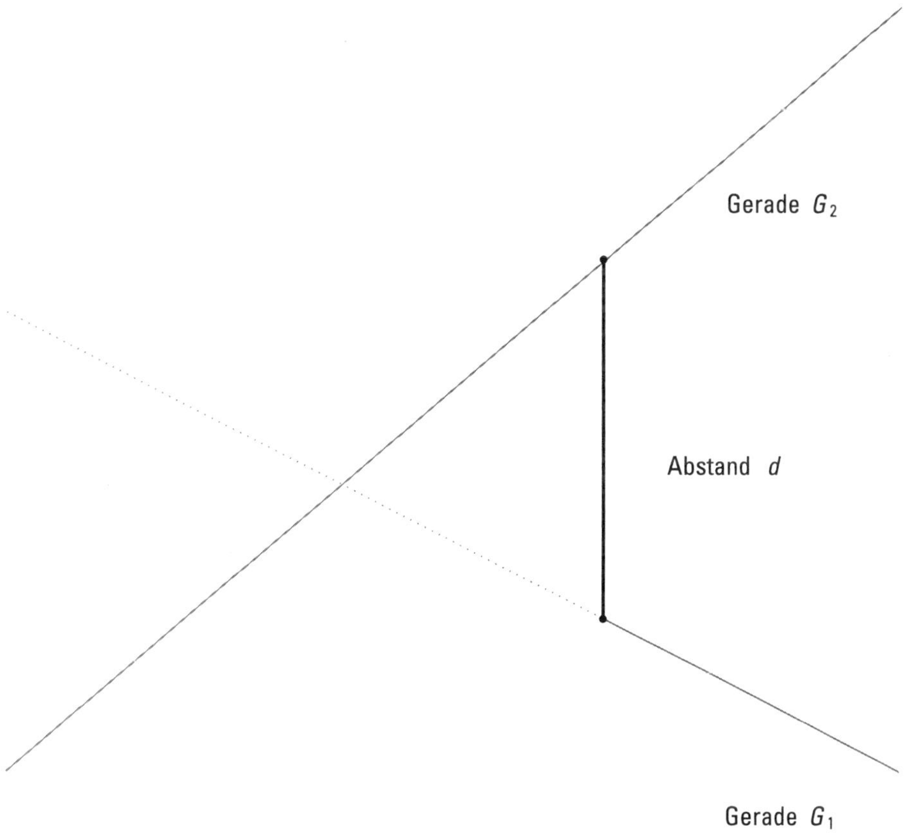

Abbildung 11.6: Abstand windschiefer Geraden

Und es wird noch besser. Schauen Sie sich die Formel für den Abstand von Punkt zu Ebene etwas genauer an:

$$d = \frac{|(\vec{p} - \vec{a}) \cdot \vec{n}|}{\|\vec{n}\|}$$

Als Punkt $\vec{p}$ wählen Sie einfach den Aufpunkt der ersten der beiden windschiefen Geraden. Für $\vec{a}$ bietet sich der Aufpunkt der zweiten Geraden an, der sich ja dann auch logischerweise in der parallelen Ebene befindet. Ansonsten ist nur noch der Normalenvektor $\vec{n}$ verlangt. Wenn die beiden Ebenen parallel sind, verfügen Sie über kollineare Normalenvektoren. Jeder der Richtungsvektoren der beiden windschiefen Geraden innerhalb dieser Ebenen muss aber senkrecht zu $\vec{n}$ sein. Damit ist $\vec{n}$ bis auf die Länge, die ohnehin wieder dividiert wird, eindeutig bestimmt. Das *Kreuzprodukt* der beiden Richtungsvektoren führt sofort zu diesem ominösen Normalenvektor:

$$\vec{n} = \overrightarrow{r_1} \times \overrightarrow{r_2}$$

Als allgemeine Regel, um den Abstand windschiefer Geraden zu bestimmen, erhalten Sie:

Der Abstand d zwischen den windschiefen Geraden G_1 mit $\vec{x} = \vec{a_1} + \lambda \cdot \vec{r_1}$ sowie G_2 mit $\vec{x} = \vec{a_2} + \mu \cdot \vec{r_2}$ ermittelt sich zu:

$$d = \frac{\left|\left(\vec{a_1} - \vec{a_2}\right) \cdot \left(\vec{r_1} \times \vec{r_2}\right)\right|}{\left\|\vec{r_1} \times \vec{r_2}\right\|}$$

Das Schöne dabei ist, dass Sie gleich feststellen, ob die zu untersuchenden Geraden windschief sind: wenn das Kreuzprodukt der Richtungsvektoren verschwindet, müssten Sie durch Null im Nenner dividieren, was Ihnen unmittelbar den Fehler signalisiert. Andererseits funktioniert die Formel auch dann, wenn sich die Geraden schneiden und den Abstand Null liefern. Das folgende Beispiel demonstriert diesen Fall.

Beispiel

Gesucht sei der Abstand der Geraden G_1 und G_2 mit

$$G_1 : \vec{x} = \begin{pmatrix} 1 \\ 0 \\ -2 \end{pmatrix} + \lambda \begin{pmatrix} 0 \\ 2 \\ 5 \end{pmatrix} \text{ und } G_2 : \vec{x} = \begin{pmatrix} 3 \\ -1 \\ 0 \end{pmatrix} + \mu \begin{pmatrix} 2 \\ -3 \\ -3 \end{pmatrix}$$

Zuerst ermitteln Sie das Kreuzprodukt der Richtungsvektoren:

$$\vec{r_1} \times \vec{r_2} = \begin{pmatrix} 0 \\ 2 \\ 5 \end{pmatrix} \times \begin{pmatrix} 2 \\ -3 \\ -3 \end{pmatrix} = \begin{pmatrix} 9 \\ 10 \\ -4 \end{pmatrix}$$

Da das Resultat nicht zum Nullvektor führt, haben Sie nebenbei gezeigt, dass G_1 und G_2 nicht parallel sind. Außerdem benötigen Sie das Kreuzprodukt ohnehin in der Abstandsformel:

$$d = \frac{\left|\left(\vec{a_1} - \vec{a_2}\right) \cdot \left(\vec{r_1} \times \vec{r_2}\right)\right|}{\left\|\vec{r_1} \times \vec{r_2}\right\|} = \frac{\left|\left(\begin{pmatrix} 1 \\ 0 \\ -2 \end{pmatrix} - \begin{pmatrix} 3 \\ -1 \\ 0 \end{pmatrix}\right) \cdot \begin{pmatrix} 9 \\ 10 \\ -4 \end{pmatrix}\right|}{\left\|\begin{pmatrix} 9 \\ 10 \\ -4 \end{pmatrix}\right\|}$$

$$= \frac{\left|\begin{pmatrix} -2 \\ 1 \\ -2 \end{pmatrix} \cdot \begin{pmatrix} 9 \\ 10 \\ -4 \end{pmatrix}\right|}{\sqrt{9^2 + 10^2 + (-4)^2}} = \frac{-18 + 10 + 8}{\sqrt{81 + 100 + 16}} = 0$$

Wenn der Abstand zweier nicht-paralleler Geraden Null ergibt, bedeutet dies, es gibt einen Schnittpunkt. Was dann zu tun ist, verrät Ihnen der nächste Abschnitt.

Schnittpunkt und -winkel zweier Geraden

Geraden können sich in einem Raum beliebiger Dimension schneiden (siehe Abbildung 11.7).

Die Wahrscheinlichkeit sinkt zwar mit steigender Größenordnung, aber das bleibt immer möglich. Sie erkennen das anhand des resultierenden Gleichungssystems.

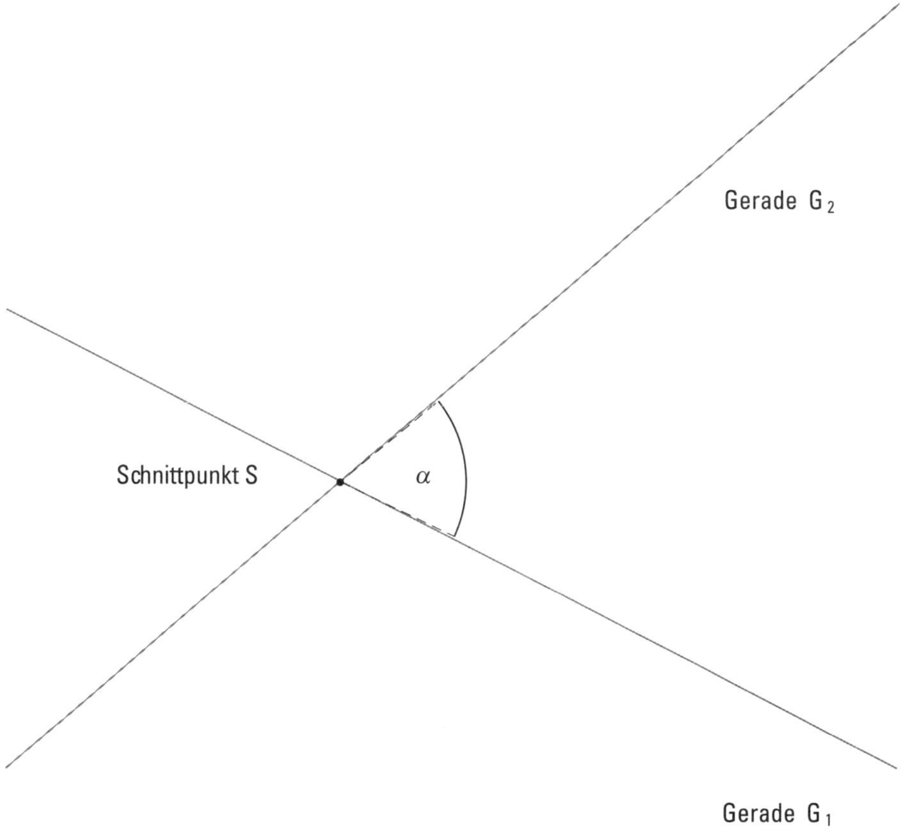

Abbildung 11.7: Schnittpunkt zweier Geraden

Den *Schnittpunkt* zweier Geraden in Parameterdarstellung ermitteln Sie durch Gleichsetzen der $\vec{x}$-Vektoren!

Algebraisch sieht das so aus:

$$G_1 : \vec{x} = \overrightarrow{a_1} + \lambda \cdot \overrightarrow{r_1} \text{ und } G_2 : \vec{x} = \overrightarrow{a_2} + \mu \cdot \overrightarrow{r_2}$$
$$\Rightarrow \overrightarrow{a_1} + \lambda \cdot \overrightarrow{r_1} = \overrightarrow{a_2} + \mu \cdot \overrightarrow{r_2}$$

Die untere Zeile stellt eine Vektorgleichung dar. Zum Eliminieren der gesuchten Unbekannten λ und μ transformieren Sie die Vektorgleichung in ein LGS. Es besitzt zwingend zwei Unbekannte, aber die Anzahl der Gleichungen hängt von der Dimension des betrachteten Raumes ab. Im $\mathbb{R}^2$ besitzt das LGS nur zwei Gleichungen, im $\mathbb{R}^{23}$ besteht es dagegen bereits aus 23 Gleichungen. Einen Schnittpunkt kann es nur geben, wenn Sie λ und μ eindeutig auflösen. Sollte dagegen ein Freiheitsgrad entstehen und alle Zeilen linear abhängig sein, ergibt sich eine *Schnittgerade*. Das bedeutet, dass die beiden ursprünglichen Geraden bereits identisch waren.

Wenn Sie λ und μ ermittelt haben, können Sie den Schnittpunkt durch Einsetzen in die jeweilige Geradengleichung berechnen. Es ist dann eine gute Idee, dies für beide Gleichungen zu tun, weil Sie dadurch eine Probe Ihres Ergebnisses erhalten.

Beispiel

Wir greifen das Beispiel aus dem letzten Abschnitt auf und bestimmen den Schnittpunkt. Die Vektorgleichung sieht so aus:

$$\begin{pmatrix}1\\0\\-2\end{pmatrix}+\lambda\begin{pmatrix}0\\2\\5\end{pmatrix}=\begin{pmatrix}3\\-1\\0\end{pmatrix}+\mu\begin{pmatrix}2\\-3\\-3\end{pmatrix}$$

Sie dürfen diese Gleichung mittels Vektoroperationen noch umstellen, bevor Sie das LGS bestimmen. Dazu subtrahieren Sie den Konstantenvektor der linken Seite sowie den Richtungsvektor der rechten Seite, natürlich jeweils auf beiden Seiten, und erhalten

$$-\mu\begin{pmatrix}2\\-3\\-3\end{pmatrix}+\lambda\begin{pmatrix}0\\2\\5\end{pmatrix}=\begin{pmatrix}3\\-1\\0\end{pmatrix}-\begin{pmatrix}1\\0\\-2\end{pmatrix}=\begin{pmatrix}2\\-1\\2\end{pmatrix}$$

Dies ergibt folgendes LGS mit drei Gleichungen und zwei Unbekannten:

$$\begin{array}{lcccl}-2\mu & & & = & 2\\ 3\mu & + & 2\lambda & = & -1\\ 3\mu & + & 5\lambda & = & 2\end{array}$$

Das Gleichungssystem ist so einfach, dass es sich nicht lohnt, den Gauß-Jordan-Algorithmus anzusetzen.

Aus der ersten Zeile entnehmen Sie $\mu = -1$. Eingesetzt in die zweite Zeile führt Sie das zu $-3 + 2\lambda = -1$. Damit ist $\lambda = 1$. Jetzt ist der Moment der Wahrheit. Wenn die bereits eindeutig festgelegten Werte für λ und μ in der dritten Zeile einen Widerspruch hervorrufen, schneiden sich die betrachteten Geraden nicht. Dies ist im Beispiel aber nicht der Fall. Wie zu erwarten, erhalten Sie einen eindeutigen Schnittpunkt S. $\lambda = 1$, eingesetzt in die Geradengleichung für G_1, ergibt:

$$S=\begin{pmatrix}1\\0\\-2\end{pmatrix}+1\cdot\begin{pmatrix}0\\2\\5\end{pmatrix}=\begin{pmatrix}1\\2\\3\end{pmatrix}$$

Zur Probe setzen Sie ebenfalls $\mu = -1$ in die zweite Geradengleichung ein:

$$S - \begin{pmatrix} 3 \\ -1 \\ 0 \end{pmatrix} + (-1) \begin{pmatrix} 2 \\ 3 \\ -3 \end{pmatrix} = \begin{pmatrix} 1 \\ 2 \\ 3 \end{pmatrix}$$

Zum Glück stimmen die Ergebnisse überein! Es liegt also kein Rechenfehler vor.

Nach erfolgreicher Ermittlung des Schnittpunkts interessiert nun auch der kleinste *Schnittwinkel* α zwischen den beiden Geraden. Hier bietet sich das Skalarprodukt der Richtungsvektoren an, denn es gilt:

$$\vec{r_1} \cdot \vec{r_2} = \left\|\vec{r_1}\right\| \cdot \left\|\vec{r_2}\right\| \cdot \cos\alpha \Rightarrow \cos\alpha = \frac{\vec{r_1} \cdot \vec{r_2}}{\left\|\vec{r_1}\right\| \cdot \left\|\vec{r_2}\right\|}$$

Alternativ können Sie auch das Kreuzprodukt heranziehen. Wenn Sie ohnehin dessen Norm im Rahmen der Abstandsmessung bestimmt haben, kann das sogar schneller gehen:

$$\left\|\vec{r_1} \times \vec{r_2}\right\| = \left\|\vec{r_1}\right\| \cdot \left\|\vec{r_2}\right\| \cdot \sin\alpha \Rightarrow \sin\alpha = \frac{\left\|\vec{r_1} \times \vec{r_2}\right\|}{\left\|\vec{r_1}\right\| \cdot \left\|\vec{r_2}\right\|}$$

Im Beispiel ergibt sich als Winkel α:

$$\cos\alpha = \frac{\begin{pmatrix} 0 \\ 2 \\ 5 \end{pmatrix} \cdot \begin{pmatrix} 2 \\ -3 \\ -3 \end{pmatrix}}{\left\|\begin{pmatrix} 0 \\ 2 \\ 5 \end{pmatrix}\right\| \cdot \left\|\begin{pmatrix} 2 \\ -3 \\ -3 \end{pmatrix}\right\|} = \frac{-21}{\sqrt{29} \cdot \sqrt{22}} \Rightarrow \alpha \approx 146^\circ$$

Dabei handelt es sich jedoch um einen *stumpfen Winkel*. Gesucht ist allerdings immer der kleinste Winkel zwischen den beiden Geraden, also der *spitze Winkel*. Die geforderte Lösung ergibt sich aus der Differenz des Ergebnisses zu 180° (beziehungsweise π im Bogenmaß). Im Beispiel erhalten Sie: $\alpha_{neu} = 180^\circ - \alpha \approx 34^\circ$.

Als *Schnittwinkel* zweier Geraden wird immer der *spitze Winkel* herangezogen, dessen Wert zwischen 0° und 90° beziehungsweise 0 und $\pi/2$ liegt. Ebenso entsteht ein *stumpfer Winkel*, wie in Abbildung 11.8 dargestellt.

Die Anwendung der Sinusformel bestätigt das Ergebnis:

$$\sin\alpha = \frac{\left\|\begin{pmatrix} 9 \\ 10 \\ -4 \end{pmatrix}\right\|}{\left\|\begin{pmatrix} 0 \\ 2 \\ 5 \end{pmatrix}\right\| \cdot \left\|\begin{pmatrix} 2 \\ -3 \\ -3 \end{pmatrix}\right\|} = \frac{\sqrt{197}}{\sqrt{29} \cdot \sqrt{22}} \Rightarrow \alpha \approx 34^\circ$$

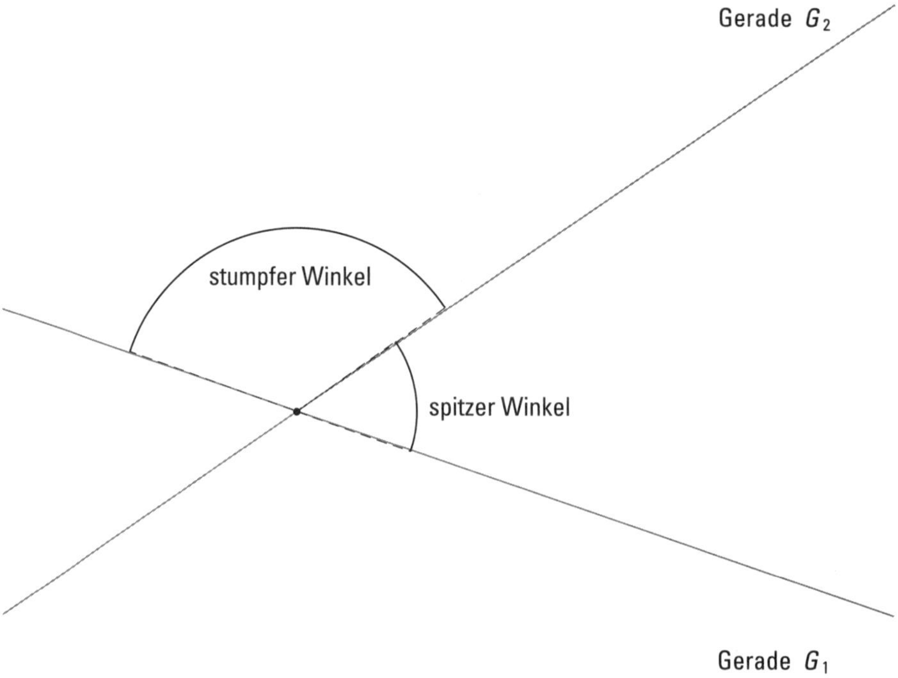

Abbildung 11.8: Schnittwinkel von Geraden

Winkelmaße

Bei der Berechnung des Winkels mittels Taschenrechner verwenden Sie die *Arkuskosinus-* beziehungsweise *Arkussinus-Taste*. Häufig wird auch eine Umstelltaste »*Inverse*« benötigt, die vor der Eingabe des Sinus beziehungsweise Kosinus zu betätigen ist. Auf jeden Fall müssen Sie vorher entscheiden, ob das Ergebnis im mathematisch üblichen *Bogenmaß* oder im Alltag gebräuchlichen *Gradmaß* ausgegebenen werden soll. Die entsprechenden Tasten sind oft mit *RAD (»radiant«)* für das Bogenmaß oder *DEG (»degree«)* für das Gradmaß beschriftet. Gefährlich wird es, wenn auch eine dritte Taste vorhanden ist, die *GRAD (»Neugrad«)* lautet. Deren Angabe entspricht nicht den üblichen 360° für einen Vollkreis, sondern den numerisch einfacher zu handhabenden 400 Neugrad, sodass ein Viertelkreis genau 100 Neugrad entspricht. Wenn Sie sich unsicher sind, führen Sie den nachfolgenden sehr einfachen Test durch. Berechnen Sie Arkussinus von 1!

- ✔ Im Bogenmaß beträgt das Ergebnis $\pi/2 \approx 1{,}57$
- ✔ Im Gradmaß beträgt das Ergebnis 90 (Grad, Altgrad)
- ✔ Im Neugradmaß beträgt das Ergebnis 100 (Neugrad)

Ebenen kommen ins Spiel

Den Abstand eines Punktes von einer Ebene haben Sie bereits im Griff. Wenn Ihre Aufgabe darin besteht, den Abstand einer Geraden von einer Ebene zu ermitteln, ergeben sich im $\mathbb{R}^3$ folgende drei prinzipielle Möglichkeiten:

- ✔ Die Gerade ist parallel zur Ebene. Dann ist der zugehörige Abstand zu bestimmen.
- ✔ Die Gerade ist bereits Teil der Ebene.
- ✔ Die Gerade schneidet die Ebene in einem Punkt, dem so genannten *Durchstoßpunkt*. Neben den Koordinaten dieses Punktes ist auch der kleinste Winkel zwischen Ebene und Gerade anzugeben, der *Durchstoßwinkel* heißt.

Diese drei Möglichkeiten werden in den folgenden Abschnitten behandelt. Danach betrachten Sie die unterschiedlichen Varianten von Schnittobjekten zwischen zwei Ebenen. Folgende Ergebnisse können im $\mathbb{R}^3$ auftreten:

- ✔ Die Ebenen sind parallel. Dann ist der Abstand zu bestimmen.
- ✔ Die Ebenen sind identisch.
- ✔ Die Ebenen schneiden sich in einer Geraden, der so genannten *Schnittgerade*. In diesem Fall macht es Sinn, auch den *Schnittwinkel* der Ebenen zu ermitteln.

Schnittobjekte in höherdimensionalen Räumen werden das Thema am Ende dieses Kapitels sein.

Abstand einer Geraden von einer parallelen Ebene

Sobald sich eine Gerade parallel zu einer Ebene befindet, entspricht ihr Abstand jenem ihres Aufpunkts von der Ebene. Damit können Sie die Formel für den Abstand zwischen Punkt und Ebene verwenden:

Der Abstand d zwischen einer Geraden $\vec{x} = \overrightarrow{a_g} + \lambda\vec{r}$ und einer Ebene in Normalenform, die durch den Aufpunkt $\overrightarrow{a_e}$ und den Normalenvektor $\vec{n}$ gegeben ist, berechnet sich zu:

$$d = \frac{\left|\left(\overrightarrow{a_g} - \overrightarrow{a_e}\right) \cdot \vec{n}\right|}{\left\|\vec{n}\right\|}$$

Es bleibt die Frage zu klären, woran Sie erkennen, dass Gerade und Ebene parallel zu einander sind. Dies ist schnell beantwortet.

Eine Gerade befindet sich genau dann parallel zu einer Ebene (oder innerhalb derselben), falls das Skalarprodukt von Richtungsvektor der Geraden und Normalenvektor der Ebene verschwindet.

Das »Verschwinden« eines Produkts ist eine mathematische Umschreibung für »Null ergeben«.

Beispiel

Gegeben seien eine Ebene E und eine Gerade G mit

$$E: \begin{pmatrix} 2 \\ -2 \\ 1 \end{pmatrix} \cdot \left(\vec{x} - \begin{pmatrix} 1 \\ 0 \\ 2 \end{pmatrix} \right) = 0 \quad \text{sowie} \quad G: \vec{x} = \begin{pmatrix} 4 \\ 1 \\ 2 \end{pmatrix} + \lambda \begin{pmatrix} 3 \\ 2 \\ -2 \end{pmatrix}$$

wegen

$$\begin{pmatrix} 2 \\ -2 \\ 1 \end{pmatrix} \cdot \begin{pmatrix} 3 \\ 2 \\ -2 \end{pmatrix} = 6 - 4 - 2 = 0$$

sind E und G parallel. Ihr Abstand berechnet sich damit zu

$$d = \frac{\left|\left(\overrightarrow{a_g} - \overrightarrow{a_e}\right) \cdot \vec{n}\right|}{\|\vec{n}\|} = \frac{\left|\left(\begin{pmatrix} 4 \\ 1 \\ 2 \end{pmatrix} - \begin{pmatrix} 1 \\ 0 \\ 2 \end{pmatrix}\right) \cdot \begin{pmatrix} 2 \\ -2 \\ 1 \end{pmatrix}\right|}{\left\|\begin{pmatrix} 2 \\ -2 \\ 1 \end{pmatrix}\right\|} = \frac{\left|\begin{pmatrix} 3 \\ 1 \\ 0 \end{pmatrix} \cdot \begin{pmatrix} 2 \\ -2 \\ 1 \end{pmatrix}\right|}{\sqrt{2^2 + (-2)^2 + 1^2}} = \frac{|6 - 2 + 0|}{\sqrt{9}} = \frac{4}{3}$$

Durchstoßpunkt und -winkel von Gerade zu Ebene

Der Schnittpunkt einer Geraden mit einer Ebene (siehe Abbildung 11.9) wird *Durchstoßpunkt* genannt.

Sollte die Ebene in Normalenform und die Gerade in Parameterform vorliegen, können Sie einen Trick anwenden zur Berechnung des Durchstoßpunkts. Setzten Sie dazu die komplette Parameterdarstellung der Geraden in die Ebenengleichung ein!

In algebraischer Notation, also in Formelschreibweise, sieht das so aus:

$$E: \vec{n} \cdot \left(\vec{x} - \overrightarrow{a_e}\right) = 0, \; G: \vec{x} = \overrightarrow{a_g} + \lambda \vec{r} \quad \Rightarrow \quad \vec{n} \cdot \left(\left(\overrightarrow{a_g} + \lambda \vec{r}\right) - \overrightarrow{a_e}\right) = 0$$

Erschrecken Sie sich nicht! Die Gleichung besteht aus zwei Vektoradditionen und einem Skalarprodukt. Im Ergebnis erhalten Sie eine lineare Gleichung mit einer einzigen Unbekannten, und zwar λ. Wenn Sie dieses in die Geradengleichung einsetzen, ergibt sich automatisch der Durchstoßpunkt.

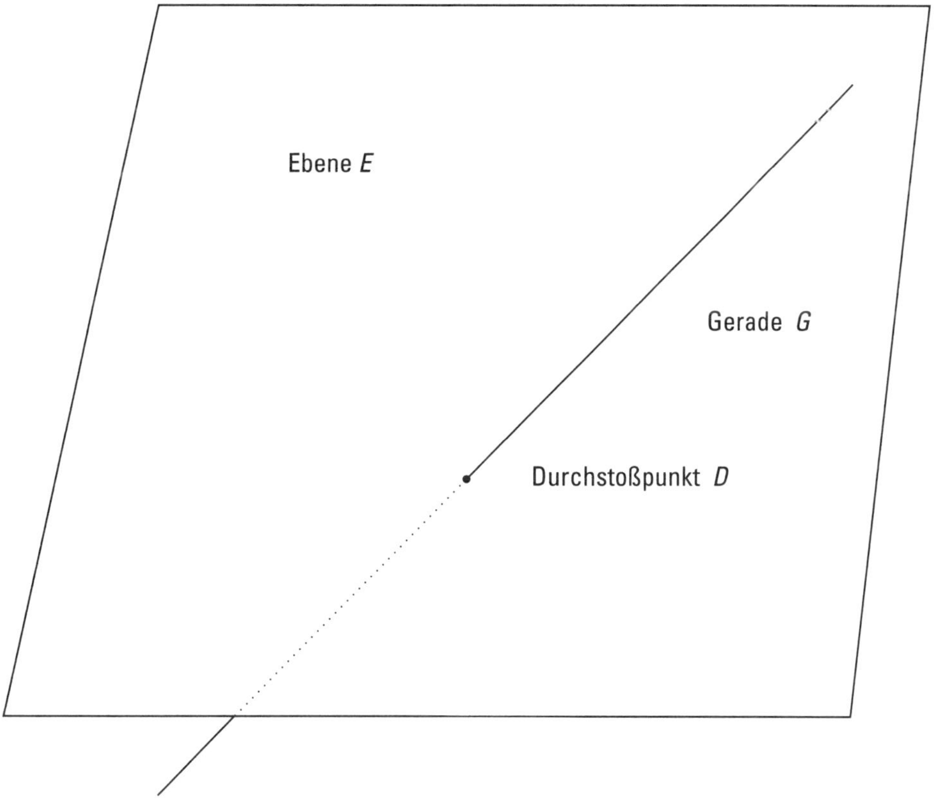

Abbildung 11.9: Schnitt einer Geraden mit einer Ebene

Beispiel

Gegeben seien eine Ebene E und eine Gerade G mit

$$E: \begin{pmatrix} 2 \\ 2 \\ 3 \end{pmatrix} \cdot \left(\vec{x} - \begin{pmatrix} 2 \\ -1 \\ 0 \end{pmatrix} \right) = 0 \text{ sowie } G: \vec{x} = \begin{pmatrix} 1 \\ 0 \\ 2 \end{pmatrix} + \lambda \begin{pmatrix} 1 \\ 1 \\ -1 \end{pmatrix}$$

Die Anwendung des Tricks führt Sie zu:

$$\begin{pmatrix} 2 \\ 2 \\ 3 \end{pmatrix} \cdot \left(\left(\begin{pmatrix} 1 \\ 0 \\ 2 \end{pmatrix} + \lambda \begin{pmatrix} 1 \\ 1 \\ -1 \end{pmatrix} \right) - \begin{pmatrix} 2 \\ -1 \\ 0 \end{pmatrix} \right) = 0$$

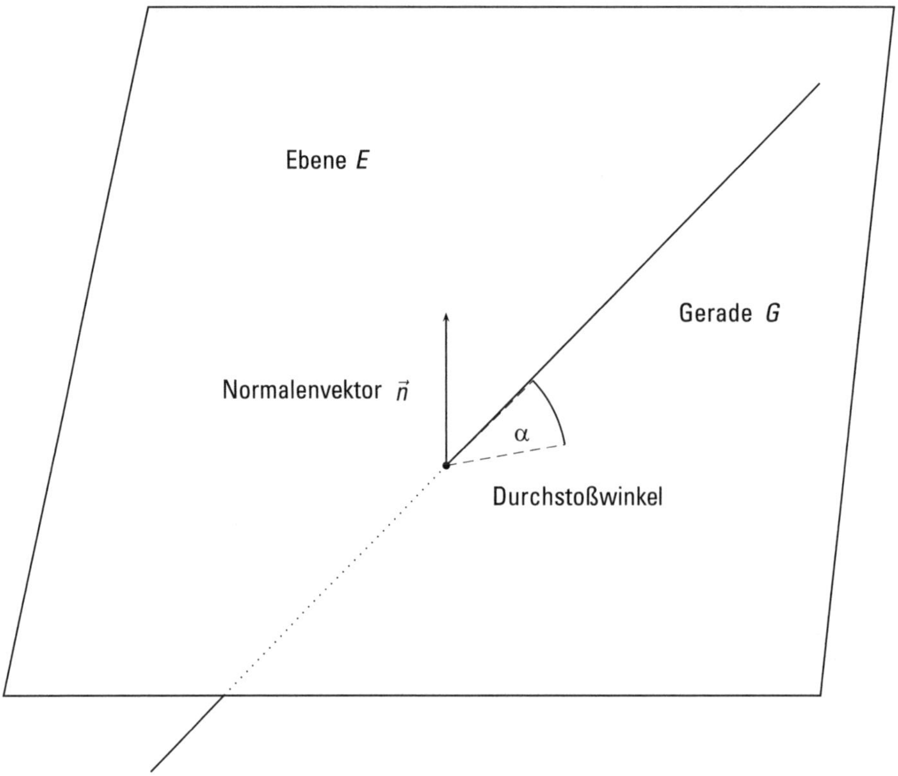

Abbildung 11.10: Durchstoßwinkel

Das Auflösen dieser Gleichung ergibt:

$$
\begin{aligned}
\begin{pmatrix}2\\2\\3\end{pmatrix}\cdot\left(\begin{pmatrix}-1\\1\\2\end{pmatrix}+\lambda\begin{pmatrix}1\\1\\-1\end{pmatrix}\right) &= 0\\
2\cdot(-1+\lambda)+2\cdot(1+\lambda)+3\cdot(2-\lambda) &= 0\\
6+\lambda &= 0
\end{aligned}
$$

Somit ist $\lambda = -6$. Die Geradengleichung ergibt damit den gesuchten Durchstoßpunkt D:

$$D=\begin{pmatrix}1\\0\\2\end{pmatrix}+(-6)\begin{pmatrix}1\\1\\-1\end{pmatrix}=\begin{pmatrix}-5\\-6\\8\end{pmatrix}$$

Zur Probe sollten Sie dieses Ergebnis in die Ebenengleichung einsetzen:

$$\begin{pmatrix}2\\2\\3\end{pmatrix}\cdot\left(\begin{pmatrix}-5\\-6\\8\end{pmatrix}-\begin{pmatrix}2\\-1\\0\end{pmatrix}\right)=2(-5-2)+2(-6+1)+3(8-0)=-14-10+24=0$$

Das passt! Bei der Bestimmung des Durchstoßwinkels α müssen Sie aufpassen (siehe Abbildung 11.10). Der Winkel φ zwischen Normalenvektor der Ebene und Richtungsvektor der Geraden ist nicht der gesuchte Winkel α.

Vielmehr gilt folgender Zusammenhang: $\alpha = \pi/2 - \varphi$. Anstatt zunächst φ und erst anschließend α zu berechnen, schlage ich Ihnen eine Abkürzung vor. Da Sie $\cos\varphi$ aus dem Skalarprodukt der beiden beteiligten Vektoren ermitteln, wird Ihnen folgende Anwendung der Additionstheoreme weiterhelfen.

Einen raschen Überblick der »Additionstheoreme« können Sie sich im entsprechenden Kasten des Abschnitts »Spiegelungen« in Kapitel 12 verschaffen!

$$\begin{aligned}
\cos\varphi &= \cos\left(\frac{\pi}{2} - \alpha\right) \\
&= \cos\frac{\pi}{2}\cdot\cos\alpha + \sin\frac{\pi}{2}\cdot\sin\alpha \\
&= 0\cdot\cos\alpha + 1\cdot\sin\alpha \\
&= \sin\alpha
\end{aligned}$$

Dort, wo Sie den Kosinus des Winkels zwischen Normalenvektor und Richtungsvektor erwarten, erhalten Sie tatsächlich den *Sinus des Durchstoßwinkels*. Im Beispiel beträgt dieser Winkel:

$$\sin\alpha = \frac{\vec{n}\cdot\vec{r}}{\|\vec{n}\|\cdot\|\vec{r}\|} = \frac{\begin{pmatrix}2\\2\\3\end{pmatrix}\cdot\begin{pmatrix}1\\1\\-1\end{pmatrix}}{\left\|\begin{pmatrix}2\\2\\3\end{pmatrix}\right\|\cdot\left\|\begin{pmatrix}1\\1\\-1\end{pmatrix}\right\|} = \frac{2+2-3}{\sqrt{4+4+9}\cdot\sqrt{1+1+1}} = \frac{1}{\sqrt{17}\cdot\sqrt{3}} \Rightarrow \alpha \approx 8^\circ$$

Abstand zweier paralleler Ebenen

Die Abstandsberechnung zweier paralleler Ebenen (siehe Abbildung 11.11) unterscheidet sich kaum von der Situation, den Abstand eines Punktes von einer Ebene zu messen.

Sie wählen dazu einfach den Aufpunkt der ersten Ebene.

Der Abstand d zweier paralleler Ebenen in Normalenform, die durch die jeweiligen Aufpunkte $\overrightarrow{a_1}$ und $\overrightarrow{a_2}$ sowie die entsprechenden Normalenvektoren $\overrightarrow{n_1}$ und $\overrightarrow{n_2}$ gegeben sind, berechnet sich zu

$$d = \frac{\left|\left(\overrightarrow{a_1} - \overrightarrow{a_2}\right)\cdot\overrightarrow{n_2}\right|}{\left\|\overrightarrow{n_2}\right\|}$$

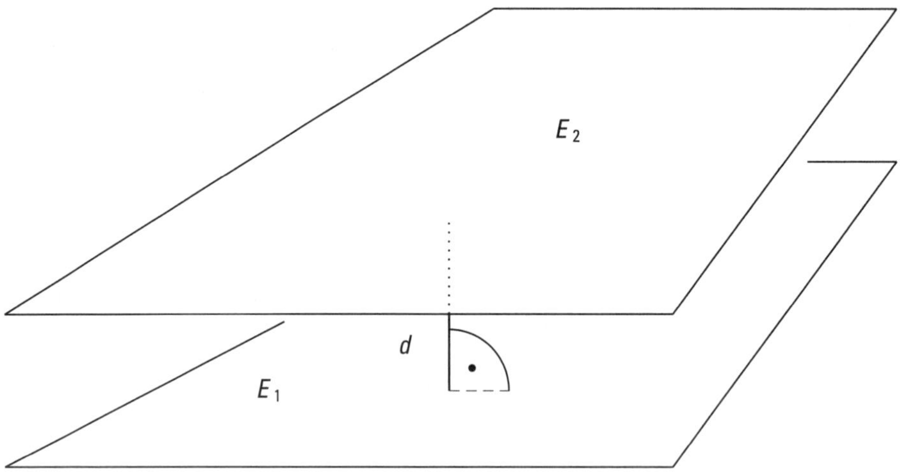

Abbildung 11.11: Abstand zweier paralleler Ebenen

Die Ebenen sind genau dann parallel (oder identisch), wenn die Normalenvektoren kollinear sind. Dazu müsste $\overrightarrow{n_1}$ ein Vielfaches von $\overrightarrow{n_2}$ sein. Alternativ könnten Sie das Kreuzprodukt $\overrightarrow{n_1} \times \overrightarrow{n_2}$ berechnen. Sollte dieses im Nullvektor resultieren, sind die Ebenen parallel, ansonsten nicht.

Beispiel

Bestimmen Sie den Abstand der Ebenen E_1 und E_2 mit

$$E_1 : \begin{pmatrix} 2 \\ 0 \\ -3 \end{pmatrix} \cdot \left(\vec{x} - \begin{pmatrix} 1 \\ 1 \\ 1 \end{pmatrix} \right) = 0 \quad \text{sowie} \quad E_2 : \begin{pmatrix} -4 \\ 0 \\ 6 \end{pmatrix} \cdot \left(\vec{x} - \begin{pmatrix} -2 \\ 0 \\ 1 \end{pmatrix} \right) = 0$$

Wegen

$$\begin{pmatrix} 2 \\ 0 \\ -3 \end{pmatrix} = \left(-\frac{1}{2} \right) \cdot \begin{pmatrix} -4 \\ 0 \\ 6 \end{pmatrix}$$

sind E_1 und E_2 parallel. Ihr Abstand d beträgt

$$d = \frac{\left| \left(\overrightarrow{a_1} - \overrightarrow{a_2} \right) \cdot \overrightarrow{n_2} \right|}{\left\| \overrightarrow{n_2} \right\|} = \frac{\left| \left(\begin{pmatrix} 1 \\ 1 \\ 1 \end{pmatrix} - \begin{pmatrix} -2 \\ 0 \\ 1 \end{pmatrix} \right) \cdot \begin{pmatrix} -4 \\ 0 \\ 6 \end{pmatrix} \right|}{\left\| \begin{pmatrix} -4 \\ 0 \\ 6 \end{pmatrix} \right\|} = \frac{\left| \begin{pmatrix} 3 \\ 1 \\ 0 \end{pmatrix} \cdot \begin{pmatrix} -4 \\ 0 \\ 6 \end{pmatrix} \right|}{\sqrt{52}} = \frac{12}{2\sqrt{13}} = \frac{6}{\sqrt{13}} = \frac{6}{13}\sqrt{13}$$

Schnittgerade und -winkel zwischen Ebenen

Erst der Schnitt zweier Ebenen bringt wieder etwas Neues. Im dreidimensionalen Raum werden werden Sie dabei meist auf eine *Schnittgerade* stoßen (siehe Abbildung 11.12). Im Abschnitt »Überdimensionale Objekte« erwarten Sie jedoch noch einige Überraschungen, wenn Sie ein paar zusätzliche Dimensionen spendieren!

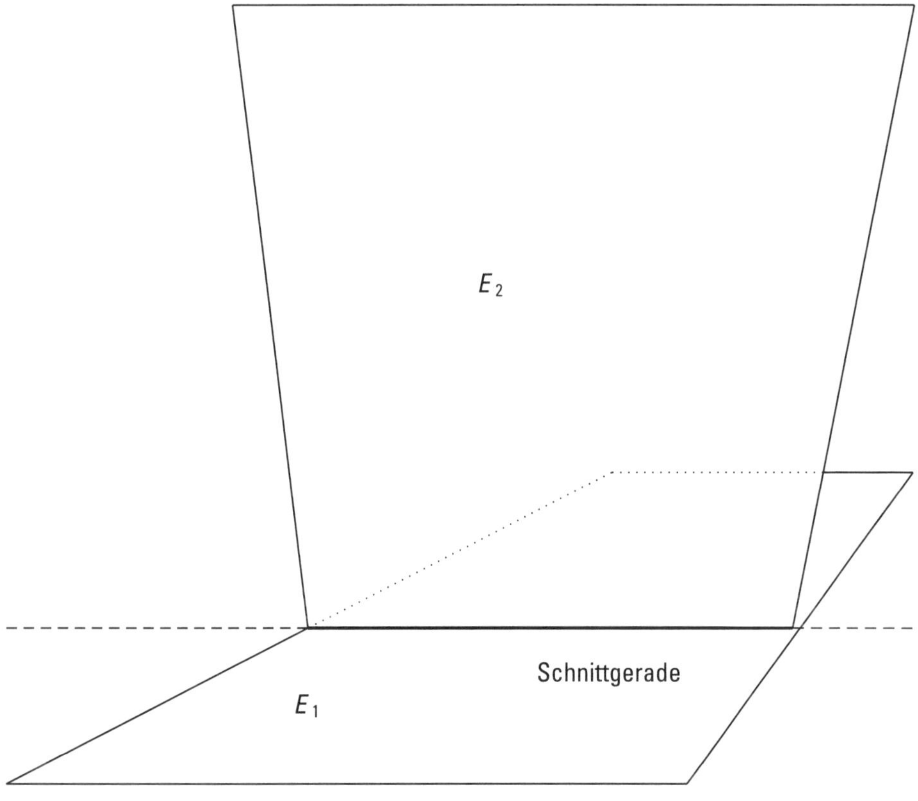

Abbildung 11.12: Schnittgerade zweier Ebenen

Sollten die beiden zu schneidenden Ebenen in Normalenform vorliegen, empfehle ich Ihnen ein Ausmultiplizieren der jeweiligen Vektorgleichungen. Sie erhalten dann zwei lineare Gleichungen mit den Unbekannten x, y und z. Das Schnittobjekt wird durch das zugehörige LGS repräsentiert, das für gewöhnlich einen Freiheitsgrad in der Lösung aufweist. Diese Lösung stellt bereits die gesuchte *Schnittgerade* dar.

Zwei weitere Ergebnisse sind möglich. Die folgende Auflistung fasst alle Situationen zusammen, die entstehen können. Das LGS resultiert

✔ … in einem Widerspruch. Im $\mathbb{R}^3$ sind die Ebenen dann *parallel*, in höherdimensionalen Räumen gibt es auch andere Möglichkeiten für die Lage der Ebenen, wie Sie im nächsten Abschnitt erfahren werden.

- ... in einem Freiheitsgrad. In diesem Fall stellt die Lösung die gesuchte *Schnittgerade* dar.
- ... in zwei Freiheitsgraden. Die beiden Ebenen *fallen* dann *zusammen*, weil ihre Koordinatengleichungen linear abhängig sind.
- ... in einem einzigen Punkt. Ups, da haben Sie sich verrechnet, denn das ist nicht möglich! Es fehlt zu einer eindeutigen Lösung ganz einfach eine dritte Gleichung.

Sollten die gesuchten Ebenen in Parameterform vorliegen, können Sie die x-Vektoren gleichsetzen. Die Vektorgleichung führt Sie dann in den drei Komponenten zu einem LGS, das aus drei Gleichungen und vier unbekannten Parametern besteht. Die Situation führt zu den gleichen Lösungsmöglichkeiten wie oben dargelegt, allerdings müssen Sie ein LGS mit einer Unbekannten und einer Gleichung mehr bestimmen.

Sollten die Ebenen in Parameterform vorliegen, lohnt es sich nicht, zuerst eine Transformation in die jeweilige Normalenform vorzunehmen. Das unmittelbare Gleichsetzen der Parameterformen geht schneller. Wenn jedoch eine der beiden Ebenen bereits in Normalenform vorliegt, empfehle ich Ihnen zunächst die Transformation der anderen Ebene in die Normalenform. Die Berechnung des Schnittobjekts ist so am effektivsten!

Beispiel

Angenommen, Ihre Aufgabe besteht darin, die Schnittgerade und den Schnittwinkel der beiden folgenden Ebenen zu bestimmen.

$$E_1 : \begin{pmatrix} 2 \\ -7 \\ 4 \end{pmatrix} \cdot \left(\vec{x} - \begin{pmatrix} 4 \\ 0 \\ 2 \end{pmatrix} \right) = 0 \quad \text{sowie} \quad E_2 : \begin{pmatrix} 1 \\ -2 \\ 1 \end{pmatrix} \cdot \left(\vec{x} - \begin{pmatrix} -1 \\ -1 \\ 2 \end{pmatrix} \right) = 0$$

Sie gehen dann folgendermaßen vor. Zunächst lösen Sie die beiden Vektorgleichungen auf und erhalten

$$E_1 : 2(x-4) - 7(y-0) + 4(z-2) = 0 \quad \Rightarrow \quad 2x - 7y + 4z = 16$$
$$E_2 : 1(x+1) - 2(y+1) + 1(z-2) = 0 \quad \Rightarrow \quad x - 2y + z = 3$$

Als nächstes betrachten Sie die beiden Gleichungen als Bestandteil eines gemeinsamen LGS mit 2 Gleichungen und 3 Unbekannten.

$$\begin{array}{rcrcrcr} 2x & - & 7y & + & 4z & = & 16 \\ x & - & 2y & + & z & = & 3 \end{array}$$

Die Lösung ermitteln Sie klassisch anhand des Gauß-Jordan-Algorithmus.

Sie starten am besten mit einem Zeilentausch.

x	y	z	
1	−2	1	3
2	−7	4	16

Als nächstes addieren Sie das Minus-Zweifache der ersten Zeile auf die zweite:

x	y	z	
1	–2	1	3
0	–3	2	10

Hier bietet es sich an, die Spalten y und z zu vertauschen.

x	z	y	
1	1	–2	3
0	2	–3	10

Nun dividieren Sie die zweite Zeile durch 2.

x	z	y	
1	1	–2	3
0	1	$-\frac{3}{2}$	5

Zum Schluss ziehen Sie die untere Zeile von der oberen ab und erhalten als Endergebnis:

x	z	y	
1	0	$-\frac{1}{2}$	–2
0	1	$-\frac{3}{2}$	5

Als freien Parameter für y wählen Sie $y = \lambda$ mit $\lambda \in \mathbb{R}$, wodurch Sie $x = -2 + \frac{1}{2}\lambda$ sowie $z = 5 + \frac{3}{2}\lambda$ erhalten. Die Lösung lautet insgesamt

$$L = \left\{ \begin{pmatrix} -2 \\ 0 \\ 5 \end{pmatrix} + \lambda \begin{pmatrix} \frac{1}{2} \\ 1 \\ \frac{3}{2} \end{pmatrix} \middle| \lambda \in \mathbb{R} \right\}$$

Das ist zugleich die gesuchte Schnittgerade G in Parameterform. Wenn Sie die Brüche im Richtungsvektor stören, dürfen Sie den Faktor 2 in allen Komponenten multiplizieren. Dies ist erlaubt, da ohnehin alle Vielfache des Richtungsvektors benötigt werden. Schließlich sieht Ihre Schnittgerade so aus:

$$G: \vec{x} = \begin{pmatrix} -2 \\ 0 \\ 5 \end{pmatrix} + \lambda \begin{pmatrix} 1 \\ 2 \\ 3 \end{pmatrix} \text{ mit } \lambda \in \mathbb{R}$$

Der Aufpunkt der Geraden darf natürlich nicht mit einem Faktor multipliziert werden!

Zur Überprüfung Ihres Ergebnisses multiplizieren Sie den Richtungsvektor von G mit den beiden Normalenvektoren der Ebenen und erhalten jeweils Null. Der Aufpunkt von G muss ebenfalls in beiden Ebenen liegen, was Ihre Probe bestätigt.

Als Schnittwinkel der beiden Ebenen eignet sich der Winkel φ zwischen den Normalenvektoren. Es ergibt sich:

$$\cos\varphi = \frac{\vec{n_1}\cdot\vec{n_2}}{\left\|\vec{n_1}\right\|\cdot\left\|\vec{n_2}\right\|} = \frac{\begin{pmatrix}2\\-7\\4\end{pmatrix}\cdot\begin{pmatrix}1\\-2\\1\end{pmatrix}}{\left\|\begin{pmatrix}2\\-7\\4\end{pmatrix}\right\|\cdot\left\|\begin{pmatrix}1\\-2\\1\end{pmatrix}\right\|} = \frac{20}{\sqrt{69}\cdot\sqrt{6}} \Rightarrow \varphi \approx 11^\circ$$

Überdimensionale Objekte

Nach diesen anstrengenden Rechnungen wird es Zeit, ein wenig Abstand zu nehmen und den tieferen Kern hinter den konkreten Operationen zu betrachten. Insbesondere soll es in diesem letzten Abschnitt des Kapitels darum gehen, die engen Grenzen des dreidimensionalen Raumes zu sprengen und das offene Feld beliebiger Dimensionen zu betreten. Was wird anders sein? Was bleibt erhalten?

Abstandsbestimmung allgemein

Die Frage lautet, wie Sie beispielsweise den Abstand eines siebendimensionalen Raumes von einem zwölfdimensionalen Raum im $\mathbb{R}^{15}$ ermitteln. Das klingt Ihnen zu esoterisch? Aber genau solche Fragestellungen könnten sich ergeben, wenn Sie die Ähnlichkeit von technischen Prototypen mit potenziell 15 Attributen bestimmen wollen, wobei jedoch nur 7 beziehungsweise 12 belegt sind. Dies kann etwa für medizinische Diagnoseprogramme relevant sein.

Grundsätzlich ist die Abstandsbestimmung recht einfach, wenn Sie den jeweiligen Raum durch einen einzigen Normalenvektor plus Aufpunkt beschreiben. Dies gelingt allerdings immer nur für Objekte, die eine Dimension kleiner sind als der Raum, in den sie eingebettet wurden. Im $\mathbb{R}^2$ wären das Geraden, im $\mathbb{R}^3$ Ebenen und so weiter. Der Abstand zweier solcher *Hyperebenen* berechnet sich dann analog zum Abstand Punkt-Ebene.

Die Angelegenheit wird jedoch sehr viel schwieriger, wenn Sie niedriger dimensionierte Räume »vermessen« wollen. Die genauen Berechnungen hängen dabei von den konkreten Dimensionen ab, aber eine allgemeine Empfehlung kann ich Ihnen dennoch liefern.

Die Abstandsbestimmung zweier geometrischer Objekte gelingt besonders elegant, wenn Sie diese als Bestandteile einander paralleler Hyperräume betrachten, deren Dimension nur um 1 unterhalb der jeweiligen Raumdimension liegt. In diesem Fall funktioniert die Abstandsmessung stets über die Normalenvektordarstellung. Jeder beliebige Punkt der einen Hyperebene hat denselben Abstand zur anderen, was die Prozedur besonders einfach macht!

Dieses Verfahren haben Sie übrigens angewendet, als es um die Bestimmung des Abstands windschiefer Geraden ging. Erinnern Sie sich noch?

Schnittobjekte und -winkel ermitteln

Zum Glück ist die ganze Angelegenheit höherdimensionaler Räume nicht mehr sehr kompliziert, sobald sich diese schneiden. Egal um wie viele Dimensionen es sich handelt, *jedes Schnittobjekt wird durch ein LGS repräsentiert*.

Betrachten Sie dazu das siebendimensionale Objekt O_1 aus dem fünfzehndimensionalen Raum von vorhin, das Sie nun mit dem zwölfdimensionalen Objekt O_2 schneiden wollen.

Wenn beide Objekte in Parameterform vorliegen, verfügt O_1 über sieben freie Parameter, während O_2 derer zwölf besitzt. Ein Gleichsetzen dieser Objekte führt aufgrund der 15 Raumdimensionen unmittelbar zu einem LGS mit 15 Gleichungen und insgesamt 7 + 12, also 19 Unbekannten.

Wenn alle 15 Gleichungen linear unabhängig sind, was als Nebenprodukt die Anwendung des Gauß-Algorithmus liefert, sind am Ende 4 freie Parameter wählbar, was bedeutet, dass das gesuchte Schnittobjekt vierdimensional ist. Weniger Dimensionen sind auch möglich; das ist genau dann der Fall, wenn einige der entstehenden Gleichungen linear abhängig sind. Es kann sogar ein Widerspruch auftreten. In dem Fall gibt es kein Schnittobjekt. So einfach ist das!

Im dreidimensionalen Raum resultiert der Schnitt zweier Ebenen bekanntlich in einer *Ebene*, einer *Geraden* oder der *leeren Menge*. Dies liegt daran, dass die beiden zu schneidenden Ebenen jeweils über zwei Parameter verfügen, der sie einbettende Raum jedoch nur 3 Freiheitsgrade kennt. Eine eindeutige Auflösung von 4 Parametern in drei Gleichungen ist nicht möglich. Anders sieht die Angelegenheit im mindestens vierdimensionalen Raum aus: Dort können sich zwei Ebenen problemlos in einem Punkt schneiden! Sie glauben mir nicht? Dann schauen Sie sich einfach das folgende Beispiel an …

Beispiel

Gegeben seien zwei Ebenen im $\mathbb{R}^4$ mit

$$E_1 : \vec{x} = \begin{pmatrix} 1 \\ 1 \\ -1 \\ 0 \end{pmatrix} + \lambda_1 \begin{pmatrix} 0 \\ 2 \\ 3 \\ 6 \end{pmatrix} + \mu_1 \begin{pmatrix} 0 \\ 1 \\ 4 \\ 4 \end{pmatrix} \text{ sowie } E_2 : \vec{x} = \begin{pmatrix} 2 \\ 4 \\ 5 \\ 6 \end{pmatrix} + \lambda_2 \begin{pmatrix} 1 \\ 2 \\ 2 \\ 2 \end{pmatrix} + \mu_2 \begin{pmatrix} 1 \\ 2 \\ 3 \\ 0 \end{pmatrix}$$

Ein Gleichsetzen der x-Vektoren führt Sie zu einem LGS mit vier Gleichungen und vier Unbekannten:

$$\begin{array}{rcrcrcrcl} & & & - & \lambda_2 & - & \mu_2 & = & 1 \\ 2\lambda_1 & + & \mu_1 & - & 2\lambda_2 & - & 2\mu_2 & = & 3 \\ 3\lambda_1 & + & 4\mu_1 & - & 2\lambda_2 & - & 3\mu_2 & = & 6 \\ 6\lambda_1 & + & 4\mu_1 & - & 2\lambda_2 & & & = & 6 \end{array}$$

Die vollständige Anwendung des Gauß-Jordan-Algorithmus resultiert in der eindeutigen Lösung:

$$\begin{array}{rcr} \lambda_1 & = & 0 \\ \mu_1 & = & 1 \\ \lambda_2 & = & -1 \\ \mu_2 & = & 0 \end{array}$$

Somit identifizieren Sie den *Schnittpunkt* S der Ebenen E_1 und E_2 mittels

$$S=\begin{pmatrix}1\\1\\-1\\0\end{pmatrix}+0\cdot\begin{pmatrix}0\\2\\3\\6\end{pmatrix}+1\cdot\begin{pmatrix}0\\1\\4\\4\end{pmatrix}=\begin{pmatrix}1\\2\\3\\4\end{pmatrix} \text{ sowie } S=\begin{pmatrix}2\\4\\5\\6\end{pmatrix}+(-1)\cdot\begin{pmatrix}1\\2\\2\\2\end{pmatrix}+0\cdot\begin{pmatrix}1\\2\\3\\0\end{pmatrix}=\begin{pmatrix}1\\2\\3\\4\end{pmatrix}$$

Aber wie können sich zwei Ebenen in genau einem Punkt schneiden? Das überschreitet den geistigen Horizont eines Erdenbürgers. Leider muss ich auf eine grafische Darstellung dieser Situation hier verzichten, weil die Seiten Ihres Buches leider nur über zwei Dimensionen verfügen …

Geometrische Transformationen

12

In diesem Kapitel ...

- Begreifen, was affine Abbildungen sind
- Die wichtigsten Transformationen kennenlernen
- Hauptachsentransformationen verstehen
- Geometrische Transformationen in das Gebiet der linearen Algebra einordnen und anwenden

In diesem Kapitel geht es rund. Und zwar ganz im Wortsinne, denn auch die *Rotation* als eines von vielen Beispielen geometrischer Transformationen wird eingehend behandelt und anhand von Beispielen erklärt. Derartige Operationen spielen in vielen Anwendungsbereichen eine große Rolle, von der Computergrafik über allgemeine Robotik bis hin zu medizinischen Diagnosesystemen.

Die Hauptachsentransformation wird ebenfalls genauer unter die Lupe genommen. Sie ist ein Paradebeispiel für den Nutzen linearer Algebra in der analytischen Geometrie.

Geometrie jenseits Lineal und Zirkel

Geometrie ist seit Alters her bekannt und wurde schon vor Jahrhunderten erfolgreich betrieben. Der griechische Stamm des Wortes erinnert an die »Vermessung der Erde«. Dabei spielten Lineal und Zirkel eine wesentliche Rolle. In der heutigen Zeit, ausgestattet mit Computer und Farbdrucker, hat sich diese Sichtweise für uns wesentlich erweitert.

Dennoch ist es hilfreich und nützlich, wenn Sie sich mit den grundlegenden geometrischen Operationen auseinandersetzen. Sie werden sehen, dass viele dieser so genannten *Transformationen* in lineare Abbildungen übersetzt werden, die Sie mithilfe der Matrizenrechnungen sogar kombinieren dürfen. Erst damit werden Computer-Grafikprogramme, Spiele oder 3D-Fernsehen möglich.

Ob Sie es glauben oder nicht, ohne lineare Algebra geht heute auf diesen Gebieten gar nichts mehr! Lineal und Zirkel haben zwar ausgedient, aber der mathematische Grundstock ist derselbe wie früher.

Affine Abbildungen

Affine Abbildungen sind Funktionen zwischen affinen Räumen. Ganz allgemein bestehen affine Abbildungen aus einer *linearen Abbildung* und einer *Parallelverschiebung*.

Details zu *affinen Räumen* finden Sie in Kapitel 10; *lineare Abbildungen* werden noch allgemeiner in Kapitel 13 behandelt.

In mathematischer Schreibweise leistet eine affine Abbildung α das folgende:

$$\alpha(\vec{x}) = A \cdot \vec{x} + \vec{v}$$

Dabei ist A eine Matrix, die eine lineare Abbildung repräsentiert und mit $\vec{v}$ wird das Ergebnis am Ende in eine durch diesen Vektor vorgegebene Richtung *verschoben*. Da allen Argumenten von α dasselbe Schicksal blüht, wird die Addition von $\vec{v}$ als *Parallelverschiebung* bezeichnet. Eine affine Abbildung ist genau dann *bijektiv*, also eindeutig umkehrbar, falls die Determinante von A ungleich Null ist. Man nennt sie dann *Affinität*. Das Wort stammt, wie so oft, aus dem Lateinischen und bedeutet *Verwandtschaft*.

Da der Vektor $\vec{x}$ für Affinitäten stets als Punkt betrachtet wird, ersetzen Sie ihn einfach durch $\vec{p}$. Außerdem wird der Bildpunkt von $\vec{p}$ bezogen auf die affine Abbildung als $\vec{p}\,'$ geschrieben. α lautet dann kurz und knackig:

$$\alpha : \vec{p}\,' = A \cdot \vec{p} + \vec{v}$$

Alle Affinitäten besitzen drei wichtige Eigenschaften:

- ✔ *Geradentreue*: Das Bild einer Geraden ergibt wiederum eine Gerade.
- ✔ *Parallelentreue*: Wenn zwei Geraden ursprünglich parallel waren, dann gilt das auch für deren Bilder. Sie können sich leicht klar machen, dass damit auch parallele Ebenen in parallele Ebenen transformiert werden, denn eine Ebene kann ja durch zwei Geraden eindeutig festgelegt werden.
- ✔ *Teilverhältnistreue*: Ein furchtbares Wort, das jedoch ein bedeutendes Merkmal affiner Abbildungen beschreibt. Es werden nicht nur Geraden auf Geraden abgebildet, sondern die relativen Abstände der Punkte auf dieser Geraden bleiben erhalten. Wenn Sie beispielsweise auf der Geraden G die Punkte P, Q und R einzeichnen und P ist doppelt soweit von Q entfernt wie von R, dann gilt das auch für die Bilder. Auf der Geraden G′ besitzt dann der Bildpunkt P′ den doppelten Abstand von Q′ im Vergleich zu R′.

Es gibt Affinitäten, die eine Gerade sogar genau auf dieselbe Gerade abbilden.

Eine Gerade G heißt *Fixgerade* bezüglich α, falls sie mit ihrem Bild zusammenfällt, das heißt: α(G) = G.

Darf es auch etwas weniger sein? Das Bild eines einzelnen Punktes könnte ja auch unverändert bleiben.

Ein Punkt P heißt *Fixpunkt* bezüglich α, falls er mit seinem Bild zusammenfällt, das heißt: α(P) = P.

Wie immer in der Mathematik, fügen Sie je zwei Gedanken zu einem neuen zusammen.

Eine Gerade G heißt *Fixpunktgerade* bezüglich α, falls jeder Punkt von G Fixpunkt von α ist.

Machen Sie sich klar, dass zwar jede Fixpunktgerade automatisch eine Fixgerade ist, aber nicht jede Fixgerade eine Fixpunktgerade.

Beispiel

Betrachten Sie die Parallelverschiebung α (siehe Abbildung 12.1):

$$\alpha: \vec{p}' = I \cdot \vec{p} + \vec{v} = \begin{pmatrix} 1 & 0 \\ 0 & 1 \end{pmatrix} \cdot \begin{pmatrix} x \\ y \end{pmatrix} + \begin{pmatrix} 1 \\ 0 \end{pmatrix} = \begin{pmatrix} x \\ y \end{pmatrix} + \begin{pmatrix} 1 \\ 0 \end{pmatrix} = \begin{pmatrix} x+1 \\ y \end{pmatrix}$$

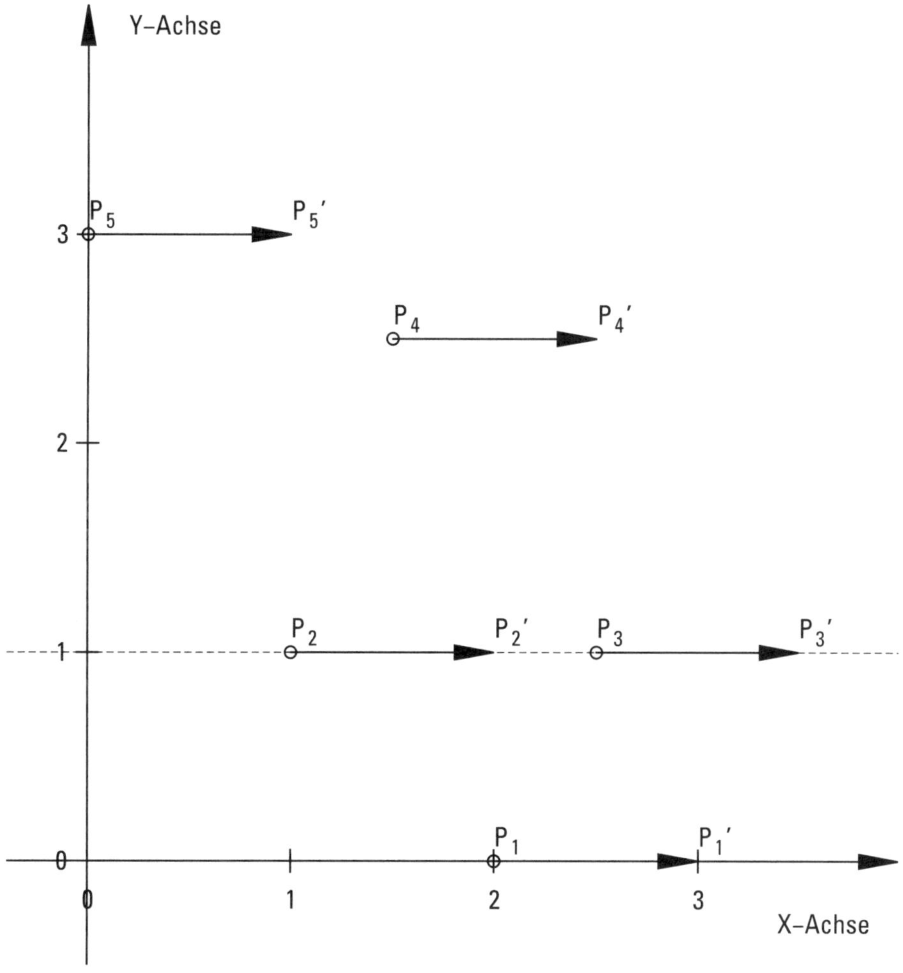

Abbildung 12.1: Parallelverschiebung in Richtung (1, 0)

Die x-Achse und alle Parallelen sind *Fixgeraden*, denn jeder Punkt der Form (x,y) wird wiederum auf einen anderen Punkt der Form (x′, y) abgebildet:

$$\alpha : \vec{p}' = \vec{p} + \vec{v} = \begin{pmatrix} x \\ y \end{pmatrix} + \begin{pmatrix} 1 \\ 0 \end{pmatrix} = \begin{pmatrix} x+1 \\ y \end{pmatrix} = \begin{pmatrix} x' \\ y \end{pmatrix}$$

α weist jedoch keine *Fixpunktgerade* auf, denn dann müsste **jeder** Punkt der Geraden auf sich selbst abgebildet werden!

Ausgestattet mit dieser Erkenntnis sind Sie bereit für einen wichtigen Zusammenhang.

Wenn eine Affinität α im $\mathbb{R}^2$ eine Fixpunktgerade G_F besitzt, dann ist jede Gerade G, die durch einen Punkt P und seinen Bildpunkt P′ verläuft, eine Fixgerade.

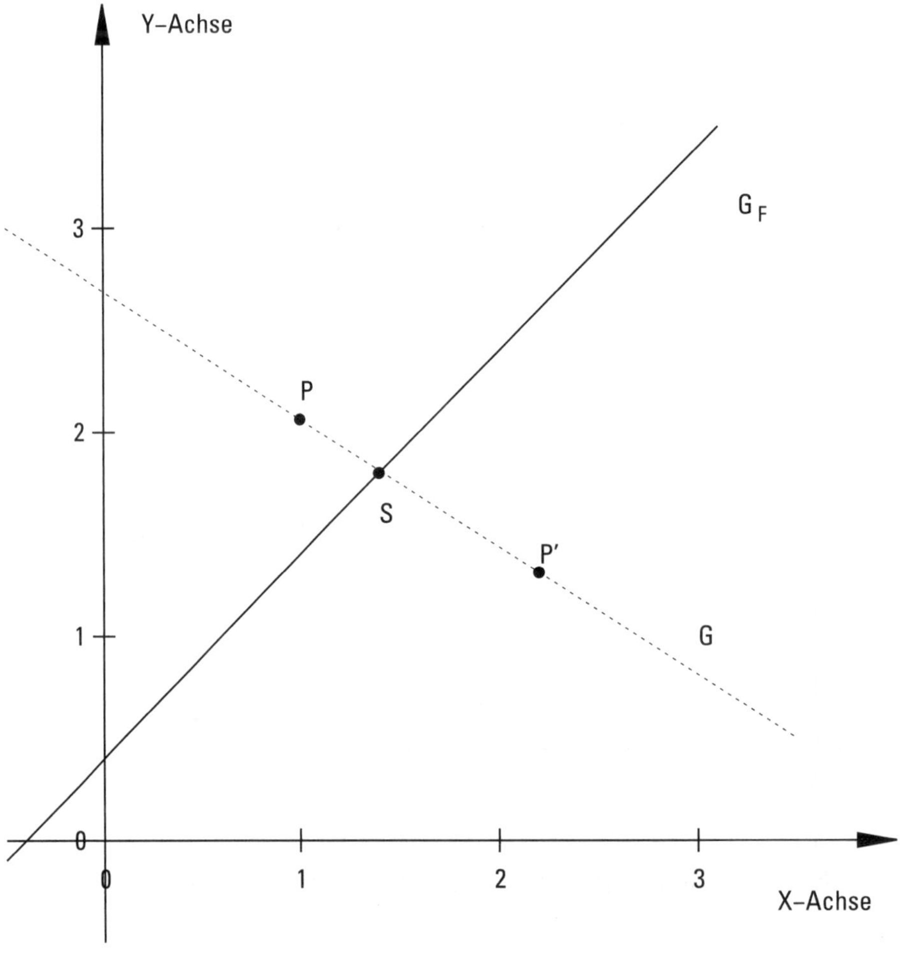

Abbildung 12.2: Fixpunktgerade und Fixgerade

Warum muss das gelten? Für die Gerade G gibt es im $\mathbb{R}^2$ nur zwei Möglichkeiten. Entweder schneidet G die Gerade G_F in einem Punkt S oder sie verläuft parallel zu G_F (beziehungsweise ist sogar identisch zu G_F).

Im ersten Fall, wenn es also nur einen Schnittpunkt gibt, muss das Bild der Geraden durch P und S die Gerade sein, die durch P′ und S verläuft, denn P′ ist das Bild von P und S wird auf sich selbst abgebildet und Geraden werden aufgrund der Geradentreue wieder auf Geraden abgebildet. Nett, nicht wahr?

Um dies besser verstehen zu können, schauen Sie sich Abbildung 12.2 an!

Falls im zweiten Fall G parallel zu G_F verläuft, muss, aufgrund der Parallelentreue, auch G′, also das Bild von G, parallel zu G_F sein. Aber da P′ das Bild von P ist, muss G′ ebenfalls durch P′ verlaufen, und dann gibt es nur eine Möglichkeit, nämlich dass G′ mit G zusammenfällt, wie in Abbildung 12.3 dargestellt.

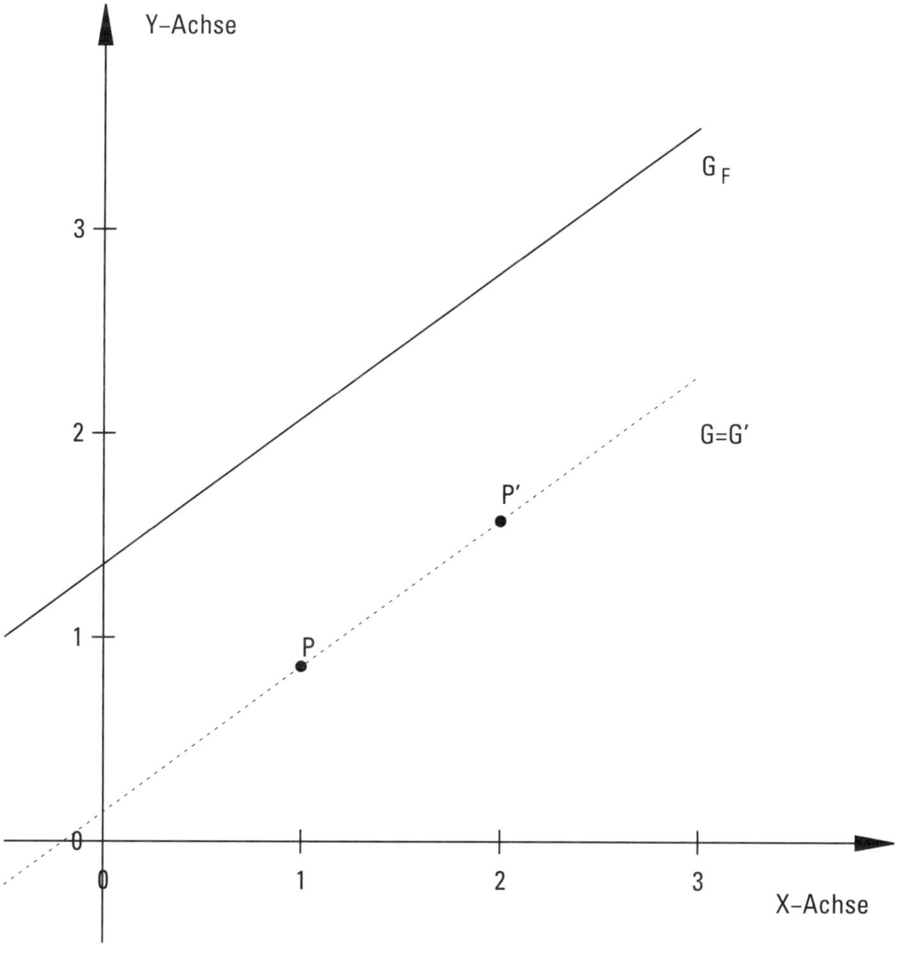

Abbildung 12.3: Parallelen zur Fixpunktgeraden

Ebenso wichtig ist die zweite große Erkenntnis.

Wenn eine Affinität α im $\mathbb{R}^2$ eine Fixpunktgerade G_F besitzt, dann ist jede Parallele G zu einer Fixgeraden F selbst wieder eine Fixgerade, das heißt $G' = G$ (siehe Abbildung 12.4).

Auch wenn diese Aussage vielleicht leichter klingt, ist sie schwieriger zu belegen. Als Erstes machen Sie sich klar, dass G′ zu F parallel sein muss, weil G bereits zu F parallel ist und die Parallelentreue gilt.

Markieren Sie als Zweites einen beliebigen Punkt P auf F und einen Punkt Q auf G_F. Die Gerade durch P und Q muss ebenfalls G schneiden, sagen wir, im Punkt R.

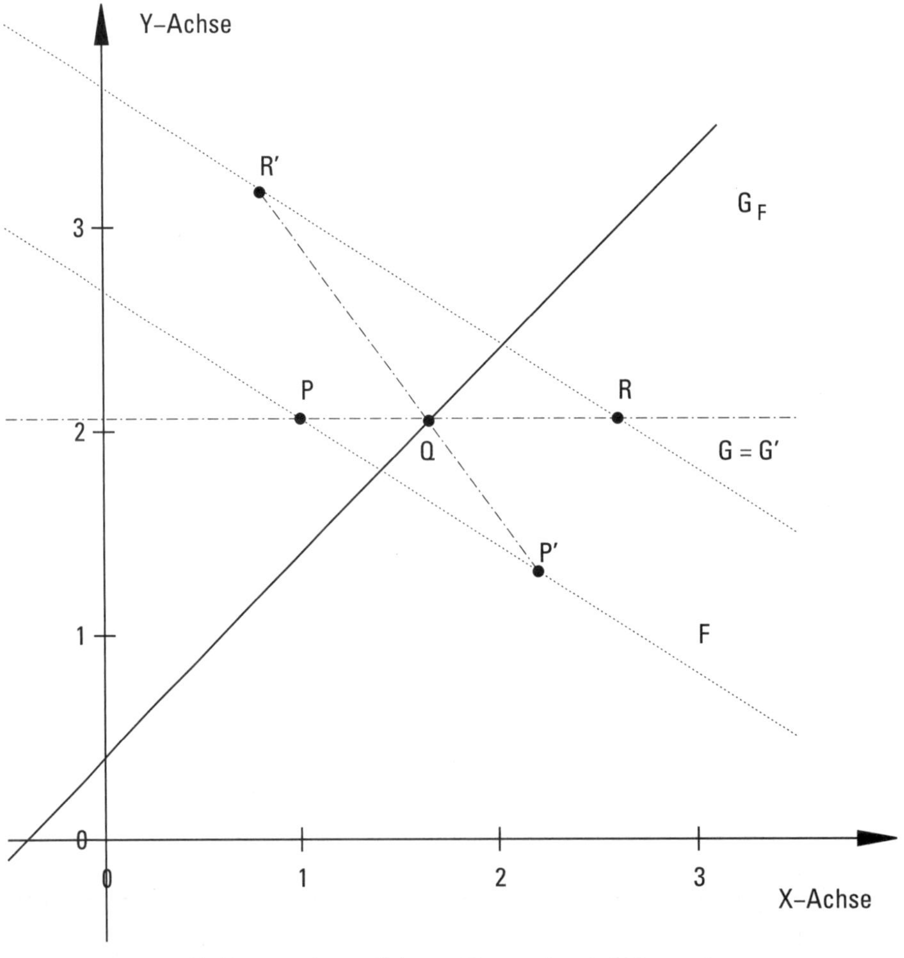

Abbildung 12.4: Parallelen zu Fixgeraden sind Fixgeraden

Als Drittes schauen Sie sich die Bildpunkte an. Da F eine Fixgerade ist, muss P′ irgendwo auf F liegen. Es gilt Q′ = Q, da G_F ja eine Fixpunktgerade darstellt. Wegen der Teilverhältnistreue muss jetzt aber das Verhältnis von PQ zu QR dasselbe sein wie P′Q zu QR′. Daraus folgt, dass R′ ebenfalls auf der Geraden G liegt und dass daher G′ = G gilt, also G ebenfalls eine Fixgerade sein muss.

Doch genug der hehren Vorworte, lassen Sie uns zu Taten schreiten und einige affine Transformationen konkret berechnen.

Identität

Die denkbar einfachste affine Abbildung macht – nichts. Als Ergebnis gibt sie den Punkt unverändert zurück.

Die Matrix A ist deswegen die Einheitsmatrix und der Vektor $\vec{v}$ ist der Nullvektor. Das Ganze trägt die etwas hochtrabende Bezeichnung *Identität*.

Die Identität bildet jeden Eingabevektor auf sich selbst ab:

$$Id:\ \vec{p}\,' = I \cdot \vec{p} + \vec{0} = \vec{p}$$

Jede Gerade ist eine Fixpunktgerade bezüglich Id. Überhaupt sind alle Punkte Fixpunkte; Id ist schon eine merkwürdige Abbildung.

Weil das alles recht einfach ist, verlieren wir keine Zeit und schreiten zur nächsten affinen Transformation.

Translation

Das Wort *Translation* stammt vom lateinischen Wort »translatio« und bedeutet soviel wie »Versetzung«. Als affine Transformation resultiert das »Versetzen« geometrischer Punkte in einer reinen *Parallelverschiebung*. Allgemein sieht das beispielsweise so aus wie in Abbildung 12.5 gezeigt.

Die algebraische Notation ist ebenfalls nicht sehr überraschend.

$$Tl:\ \vec{p}\,' = I \cdot \vec{p} + \vec{v} = \vec{p} + \vec{v}$$

Die Translation besitzt unendlich viele *Fixgeraden*, deren Richtungsvektoren alle zu $\vec{v}$ kollinear sind. Allerdings gibt es keine *Fixpunkte*, weil jeder Punkt um $\vec{v}$ verschoben wird.

Das ist Ihnen zu langweilig? Na schön, wie wäre es mit einer Scherung?

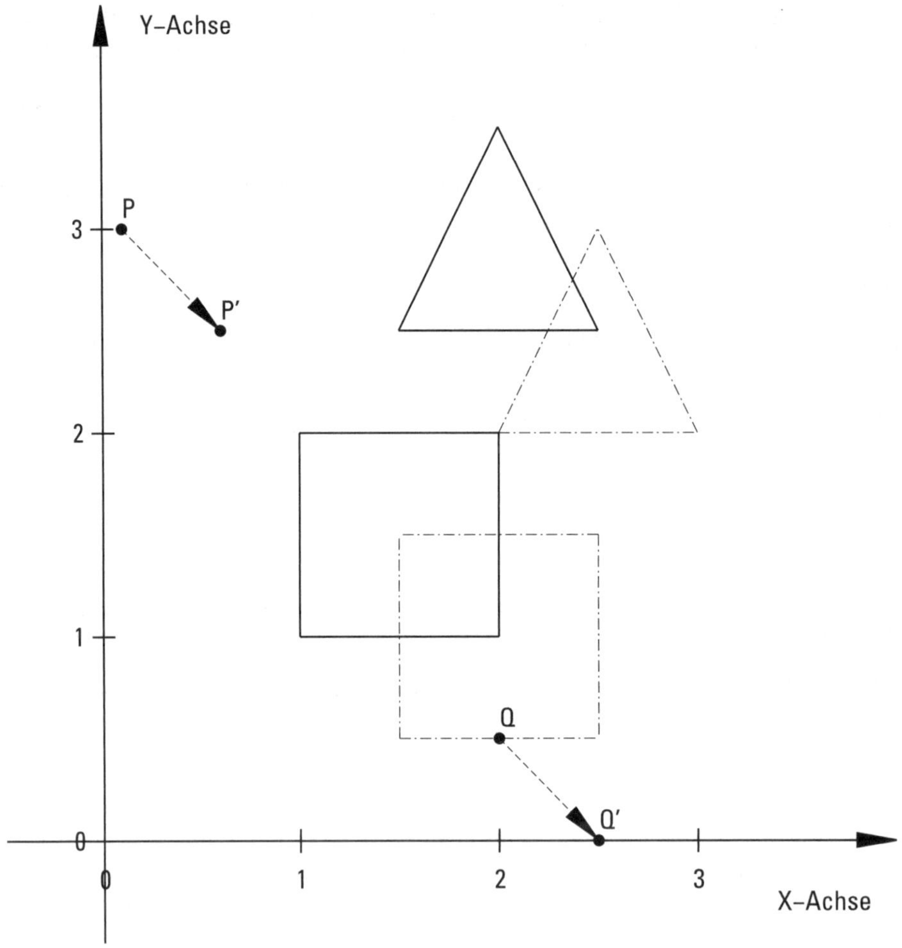

Abbildung 12.5: Translation als affine Abbildung

Transvektion (Scherung)

Der Fachterminus für die *Scherung* lautet *Transvektion*, und wenn Sie auf einer Party Eindruck machen wollen, dann wenden Sie diesen Begriff an geeigneter Stelle an.

Dabei ist eine Transvektion gar nicht einmal so kompliziert wie das Wort vermuten lässt. Betrachten Sie Abbildung 12.6.

Das Dreieck und das Quadrat werden nach rechts *geschert*, gerade so, als ob eine mechanische Kraft in einer bestimmten Richtung auf die Objekte angesetzt würde. Auch in der Geologie ist die Scherung ein bekanntes Phänomen, zum Beispiel bei der Plattentektonik der Kontinente und den dadurch bedingten Erdbeben.

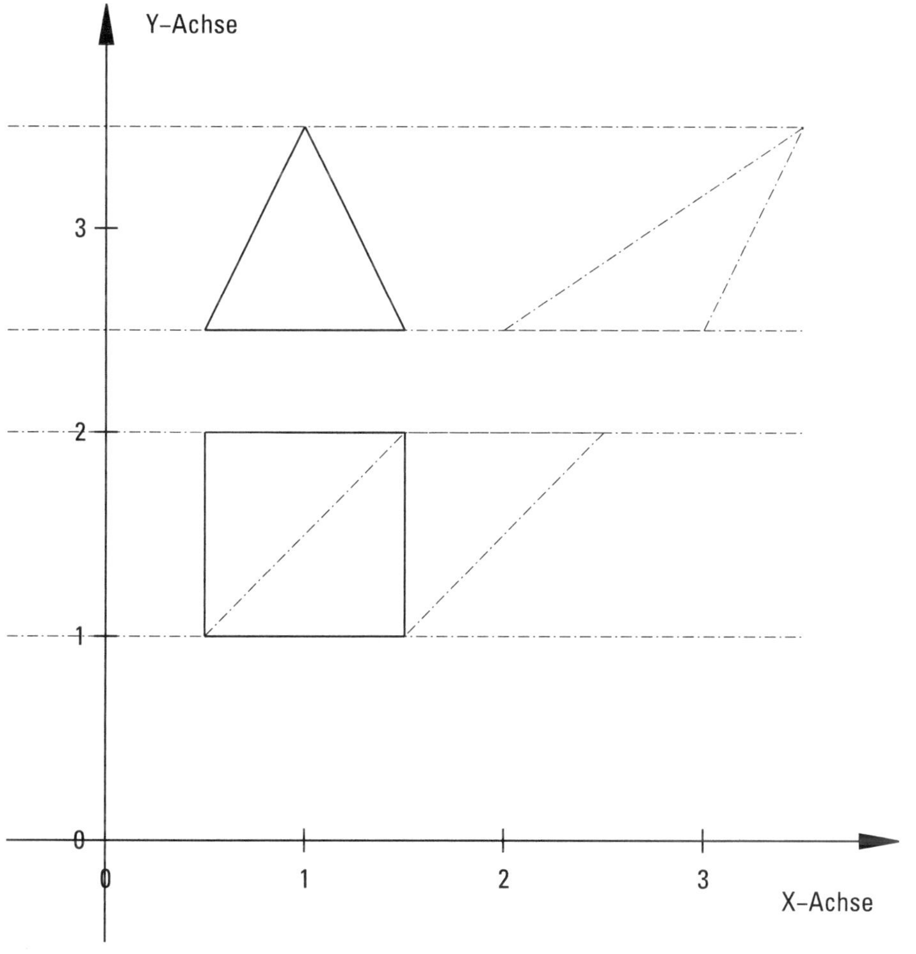

Abbildung 12.6: Scherung

Beachten Sie, dass der »Boden« des Quadrats unverändert bleibt. Dies ist die *Scherachse*, bei der es sich um eine *Fixpunktgerade* handelt. Die dazu parallelen Geraden, die ich Ihnen in Abbildung 12.6 als Hilfslinien eingezeichnet habe, sind allesamt *Fixgeraden*. Mit den Augen der linearen Algebra betrachtet handelt es sich bereits bei der folgenden, vergleichsweise einfach gestrickten Matrix A um eine Scherung, bei der die x-Achse die Scherachse bildet:

$$A = \begin{pmatrix} 1 & s \\ 0 & 1 \end{pmatrix}$$

Wenn Sie einen Punkt P(x,y) von links mit A multiplizieren, erhalten Sie:

$$\vec{p}\,' = A \cdot \vec{p} = \begin{pmatrix} 1 & s \\ 0 & 1 \end{pmatrix} \cdot \begin{pmatrix} x \\ y \end{pmatrix} = \begin{pmatrix} x + sy \\ y \end{pmatrix}$$

Bezogen auf A bleibt die y-Koordinate von $\vec{p}$ unverändert, während das Bild von $\vec{p}$, also $\vec{p}'$, in x-Richtung um einen konstanten Faktor in Abhängigkeit von y verschoben, eben *geschert*, wird. Sie können diesen Sachverhalt auch ein wenig mathematischer formulieren.

Eine *Transvektion* ist eine Affinität mit einer Fixpunktgeraden G_F, bei der alle Geraden parallel zu G_F Fixgeraden sind.

Das Maß, um das die Punkte parallel zu G_F verschoben werden, ist genau proportional zum Abstand von G_F.

Die folgenden Überlegungen setzen grundlegende Matrixoperationen voraus, wie sie in Kapitel 7 »Die Matrix ist überall« dargestellt sind.

Für die Scherung aus Abbildung 12.6 ist die Achse y = 1 die Scherachse mit s = 1 als *Scherfaktor*. Die zugehörige Gleichung lautet:

$$\vec{p}' = \begin{pmatrix} 1 & 1 \\ 0 & 1 \end{pmatrix}\left(\vec{p} - \begin{pmatrix} 0 \\ 1 \end{pmatrix}\right) + \begin{pmatrix} 0 \\ 1 \end{pmatrix} = \begin{pmatrix} 1 & 1 \\ 0 & 1 \end{pmatrix}\vec{p} - \begin{pmatrix} 1 & 1 \\ 0 & 1 \end{pmatrix}\begin{pmatrix} 0 \\ 1 \end{pmatrix} + \begin{pmatrix} 0 \\ 1 \end{pmatrix}$$

$$\Rightarrow \vec{p}' = \begin{pmatrix} 1 & 1 \\ 0 & 1 \end{pmatrix}\vec{p} + \begin{pmatrix} -1 \\ 0 \end{pmatrix}$$

Haben Sie gesehen, wie Sie die Scherachse y = 1 aus der Schermatrix $\begin{pmatrix} 1 & 1 \\ 0 & 1 \end{pmatrix}$ gewinnen?

Alle Bildpunkte werden zuerst um den Wert $-\begin{pmatrix} 0 \\ 1 \end{pmatrix}$ verschoben, geschert und schließlich zurück transformiert $\begin{pmatrix} 0 \\ 1 \end{pmatrix}$.

Prägen Sie sich das Verfahren gut ein, es wird Ihnen in diesem Kapitel noch öfter begegnen!

Sie können relativ einfach nachrechnen, dass nur die Gerade y = 1 eine Fixpunktgerade dieser Gleichung ist. Dazu betrachten Sie alle Punkte, die identisch mit den zugehörigen Bildpunkten sind, also $\vec{p} = \vec{p}' = \begin{pmatrix} x \\ y \end{pmatrix}$:

$$\begin{pmatrix} x \\ y \end{pmatrix} = \begin{pmatrix} 1 & 1 \\ 0 & 1 \end{pmatrix} \cdot \begin{pmatrix} x \\ y \end{pmatrix} + \begin{pmatrix} -1 \\ 0 \end{pmatrix} = \begin{pmatrix} x + y - 1 \\ y \end{pmatrix} \Rightarrow \begin{matrix} x & = & x + y - 1 \\ y & = & y \end{matrix}$$

Die untere Gleichung des LGS kann getrost ignoriert werden, während Sie bei der oberen Gleichung x auf beiden Seiten subtrahieren dürfen. Es bleibt 0 = y – 1 übrig, also y = 1, was zu zeigen war!

Außerdem sind alle Parallelen zur x-Achse selbst wiederum Fixgeraden. Eine solche Parallele G besitzt die allgemeine Gestalt

$$G: \vec{x} = \begin{pmatrix} a \\ b \end{pmatrix} + \lambda \begin{pmatrix} c \\ 0 \end{pmatrix} \text{ mit } \lambda \in \mathbb{R}$$

Die Scherung von G ergibt:

$$\begin{pmatrix} 1 & 1 \\ 0 & 1 \end{pmatrix} \cdot \left(\begin{pmatrix} a \\ b \end{pmatrix} + \lambda \begin{pmatrix} c \\ 0 \end{pmatrix} \right) + \begin{pmatrix} -1 \\ 0 \end{pmatrix} = \begin{pmatrix} 1 & 1 \\ 0 & 1 \end{pmatrix} \cdot \begin{pmatrix} a + \lambda \cdot c \\ b \end{pmatrix} + \begin{pmatrix} -1 \\ 0 \end{pmatrix} = \begin{pmatrix} a + \lambda \cdot c + b - 1 \\ b \end{pmatrix}$$

Dabei bleibt die y-Komponente gleich, also muss G Fixgerade sein.

Allgemein gelten folgende Eigenschaften für Scherungen:

- ✔ Alle Abstände von Punkten parallel zur Fixpunktgeraden bleiben in den Bildpunkten erhalten.
- ✔ Die Abstände zwischen Geraden, die parallel zur Fixpunktgeraden verlaufen, bleiben ebenfalls nach der Scherung erhalten.
- ✔ Die Flächeninhalte bleiben erhalten. Schauen Sie sich dazu die Abbildung 12.5 noch einmal genau an!
- ✔ Außerdem muss das *charakteristische Polynom* der Matrix $(X - 1)^2$ lauten.

Alles über charakteristische Polynome und was dazu gehört finden Sie in Kapitel 16 »Artige Eigenwerte«!

Rotation

Dreht sich nun bei Ihnen alles? Dann handelt es gewiss um eine *Rotation*!

Wie Sie in Abbildung 12.7 sehen, verfügt eine Rotation nur über einen einzigen Fixpunkt, den *Rotationspunkt* R und keine Fixgerade. Die Matrix D der affinen Rotation, die *Drehmatrix*, hat besondere Eigenschaften und besitzt folgende Gestalt für den *Drehwinkel* β.

$$D_\beta = \begin{pmatrix} \cos\beta & -\sin\beta \\ \sin\beta & \cos\beta \end{pmatrix}$$

Ein beliebiger Punkt P(x, y) wird folgendermaßen auf den Bildpunkt P′ abgebildet:

$$\vec{p}\,' = \begin{pmatrix} \cos\beta & -\sin\beta \\ \sin\beta & \cos\beta \end{pmatrix} \cdot \begin{pmatrix} x \\ y \end{pmatrix} = \begin{pmatrix} \cos\beta \cdot x - \sin\beta \cdot y \\ \sin\beta \cdot x + \cos\beta \cdot y \end{pmatrix}$$

Für den konkreten Fall $\beta = \pi/6 = 30°$ ergibt sich:

$$D_{\pi/6} = \begin{pmatrix} 1/2 \cdot \sqrt{3} & -1/2 \\ 1/2 & 1/2 \cdot \sqrt{3} \end{pmatrix} = \frac{1}{2} \cdot \begin{pmatrix} \sqrt{3} & -1 \\ 1 & \sqrt{3} \end{pmatrix}$$

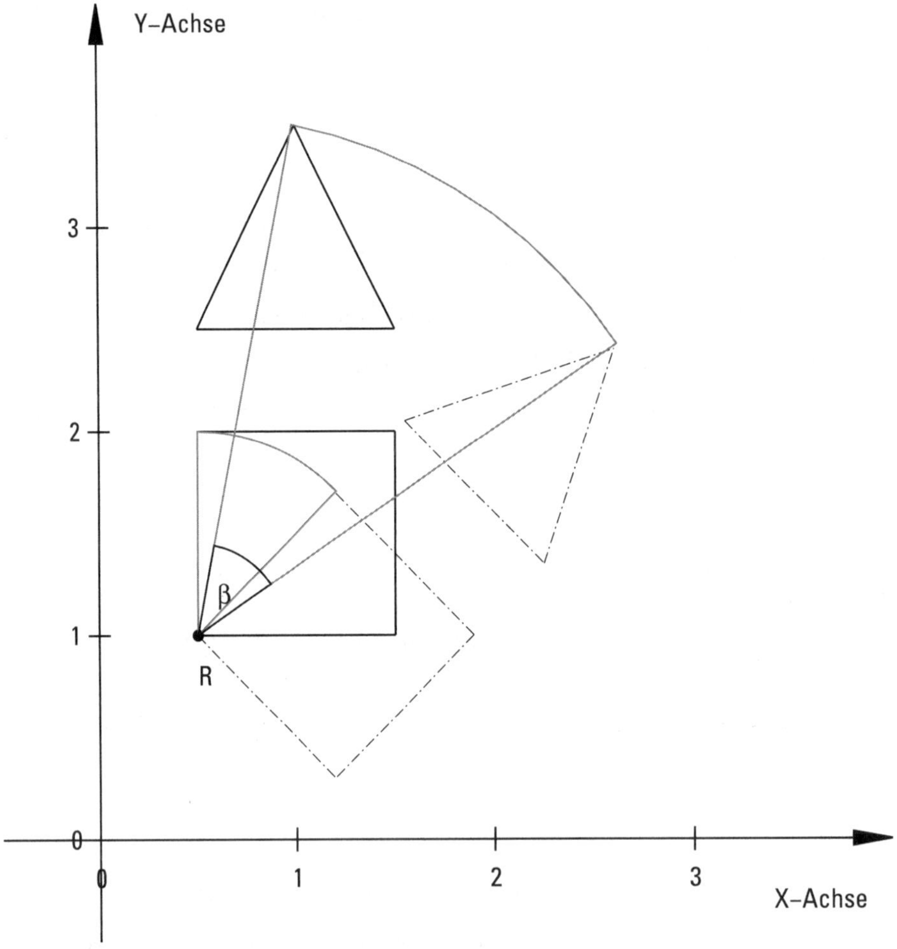

Abbildung 12.7: Rotation als affine Abbildung

Berechnung von Drehungen

Wenn Sie beispielsweise das Dreieck P(1, 1), Q(2, –1) und S(3, 2) in Abbildung 12.8 um 30° nach links, also im mathematisch positiven Sinn, um den Ursprung drehen möchten, multiplizieren Sie jeden der Punkte mit der obigen Drehmatrix und erhalten

$$P' = \frac{1}{2}\cdot\begin{pmatrix} \sqrt{3} & -1 \\ 1 & \sqrt{3} \end{pmatrix}\begin{pmatrix} 1 \\ 1 \end{pmatrix} = \frac{1}{2}\cdot\begin{pmatrix} \sqrt{3}-1 \\ 1+\sqrt{3} \end{pmatrix} \approx \begin{pmatrix} 0{,}37 \\ 1{,}37 \end{pmatrix}$$

$$Q' = \frac{1}{2}\cdot\begin{pmatrix} \sqrt{3} & -1 \\ 1 & \sqrt{3} \end{pmatrix}\begin{pmatrix} 2 \\ -1 \end{pmatrix} = \frac{1}{2}\cdot\begin{pmatrix} 2\sqrt{3}+1 \\ 2-\sqrt{3} \end{pmatrix} \approx \begin{pmatrix} 2{,}23 \\ 0{,}13 \end{pmatrix}$$

$$S' = \frac{1}{2}\cdot\begin{pmatrix} \sqrt{3} & -1 \\ 1 & \sqrt{3} \end{pmatrix}\begin{pmatrix} 3 \\ 2 \end{pmatrix} = \frac{1}{2}\cdot\begin{pmatrix} 3\sqrt{3}-2 \\ 3+2\sqrt{3} \end{pmatrix} \approx \begin{pmatrix} 1{,}60 \\ 3{,}23 \end{pmatrix}$$

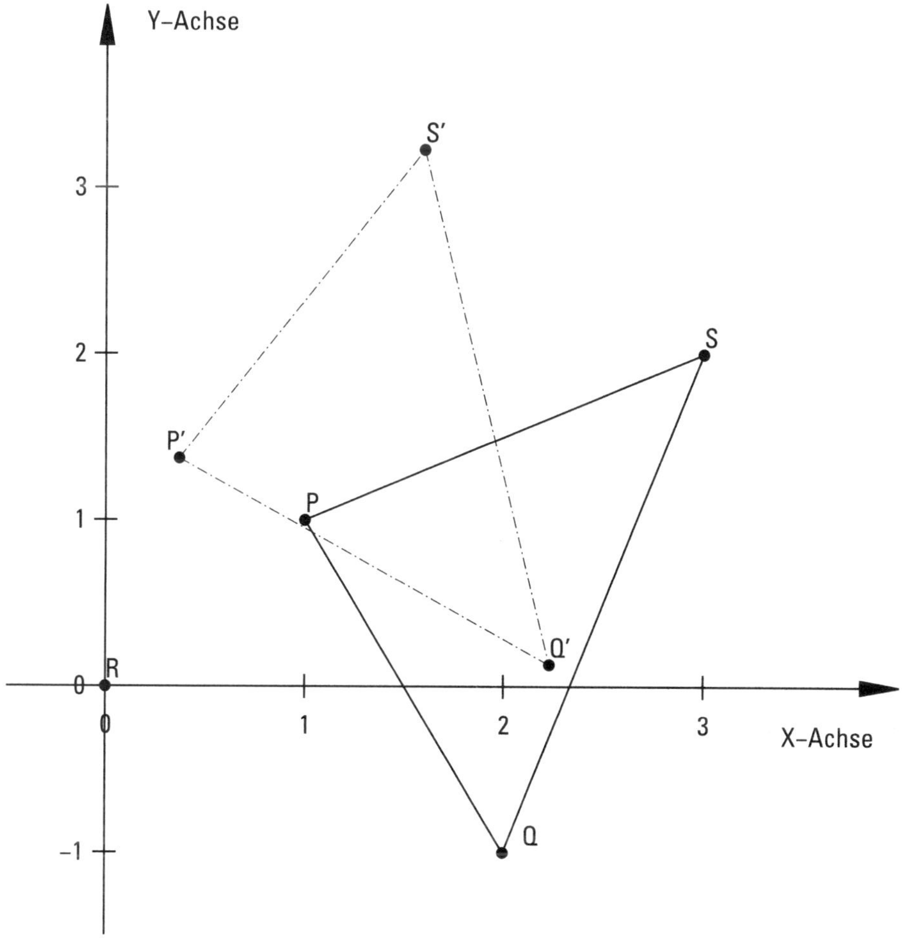

Abbildung 12.8: Rotation um den Ursprung

Das ist allerdings noch recht langweilig, weil der Rotationspunkt R im Ursprung liegt. Dieselbe Drehmatrix eignet sich aber auch für Rotationen um andere Punkte, freilich mit gleichem Drehwinkel. Um das zu bewerkstelligen, verschieben Sie zunächst alle Punkte in den Ursprung, wenden die Drehmatrix an und schieben anschließend wieder die Punkte zurück in Richtung Rotationspunkt R. Kommt Ihnen das Verfahren bekannt vor? Es wurde bereits bei den Scherungen angewendet!

Wenn Sie beispielsweise das oben angegebene Dreieck um den Punkt R(½,1) drehen möchten (siehe Abbildung 12.9), gehen Sie wie folgt vor.

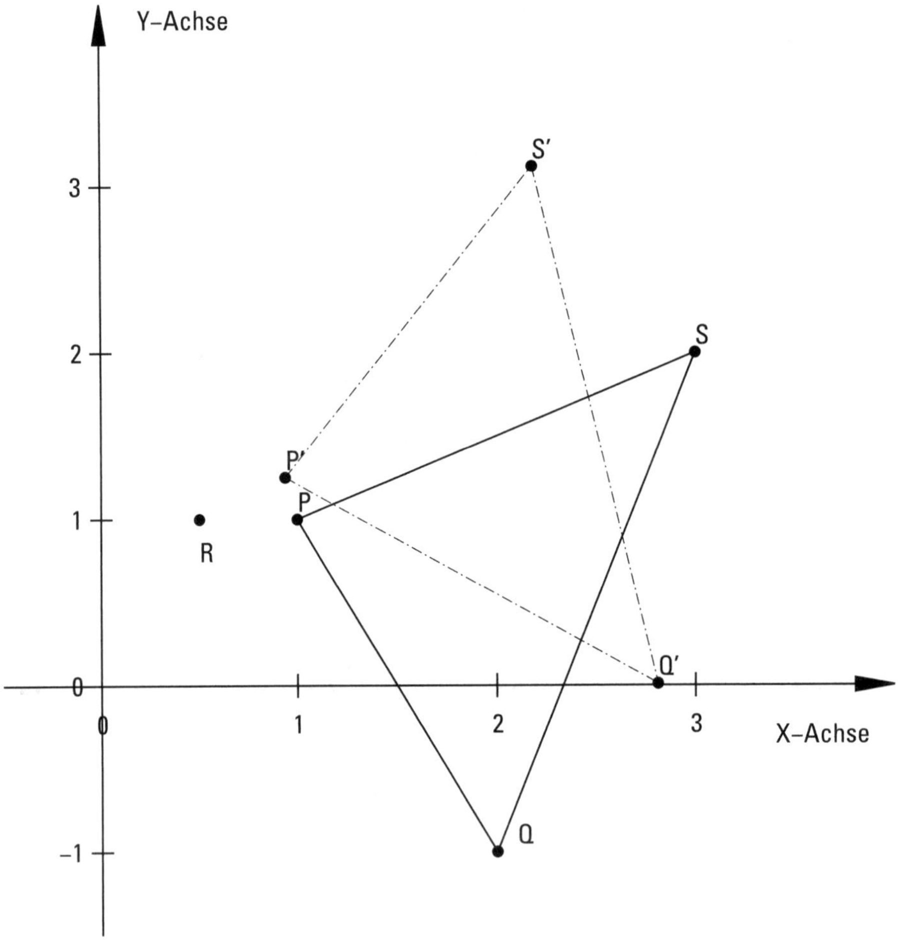

Abbildung 12.9: Rotation um R(½, 1)

Zuerst wird eine Translation gemäß R in Richtung Ursprung vollzogen:

$$\vec{p}\,' = \vec{p} - \begin{pmatrix} \frac{1}{2} \\ 1 \end{pmatrix}$$

Auf das so erhaltene Ergebnis wenden Sie die Drehmatrix an:

$$\vec{p}\,' = D_{\pi/6} \cdot \left(\vec{p} - \begin{pmatrix} \frac{1}{2} \\ 1 \end{pmatrix} \right) = \frac{1}{2} \cdot \begin{pmatrix} \sqrt{3} & -1 \\ 1 & \sqrt{3} \end{pmatrix} \left(\vec{p} - \begin{pmatrix} \frac{1}{2} \\ 1 \end{pmatrix} \right)$$

Schließlich schieben Sie die Punkte wieder zurück in Richtung R:

$$\vec{p}' = D_{\pi/6} \cdot \left(\vec{p} - \begin{pmatrix} \frac{1}{2} \\ 1 \end{pmatrix} \right) + R = \frac{1}{2} \cdot \begin{pmatrix} \sqrt{3} & -1 \\ 1 & \sqrt{3} \end{pmatrix} \left(\vec{p} - \begin{pmatrix} \frac{1}{2} \\ 1 \end{pmatrix} \right) + \begin{pmatrix} \frac{1}{2} \\ 1 \end{pmatrix}$$

Wenn Sie diese Gleichung ausmultiplizieren, entsteht wieder die Standardform einer affinen Transformation »**Bildpunkt gleich Matrix mal Originalpunkt plus Vektor**«:

$$\begin{aligned}
\vec{p}' &= \frac{1}{2} \cdot \begin{pmatrix} \sqrt{3} & -1 \\ 1 & \sqrt{3} \end{pmatrix} \left(\vec{p} - \begin{pmatrix} \frac{1}{2} \\ 1 \end{pmatrix} \right) + \begin{pmatrix} \frac{1}{2} \\ 1 \end{pmatrix} \\
&= \frac{1}{2} \cdot \begin{pmatrix} \sqrt{3} & -1 \\ 1 & \sqrt{3} \end{pmatrix} \vec{p} - \frac{1}{2} \cdot \begin{pmatrix} \sqrt{3} & -1 \\ 1 & \sqrt{3} \end{pmatrix} \begin{pmatrix} \frac{1}{2} \\ 1 \end{pmatrix} + \begin{pmatrix} \frac{1}{2} \\ 1 \end{pmatrix} \\
&= \frac{1}{2} \cdot \begin{pmatrix} \sqrt{3} & -1 \\ 1 & \sqrt{3} \end{pmatrix} \vec{p} + \frac{1}{2} \begin{pmatrix} -\frac{1}{2}\sqrt{3} + 1 \\ -\frac{1}{2} - \sqrt{3} \end{pmatrix} + \begin{pmatrix} \frac{1}{2} \\ 1 \end{pmatrix} \\
&= \frac{1}{2} \cdot \begin{pmatrix} \sqrt{3} & -1 \\ 1 & \sqrt{3} \end{pmatrix} \vec{p} + \begin{pmatrix} -\frac{1}{4}\sqrt{3} + \frac{1}{2} \\ -\frac{1}{4} - \frac{1}{2}\sqrt{3} \end{pmatrix} + \begin{pmatrix} \frac{1}{2} \\ 1 \end{pmatrix} \\
&= \frac{1}{2} \cdot \begin{pmatrix} \sqrt{3} & -1 \\ 1 & \sqrt{3} \end{pmatrix} \vec{p} + \begin{pmatrix} 1 - \frac{1}{4}\sqrt{3} \\ \frac{3}{4} - \frac{1}{2}\sqrt{3} \end{pmatrix}
\end{aligned}$$

Dass es sich bei diesem Ergebnis um eine Rotation handelt, sehen Sie der Drehmatrix an, die sich ja nicht geändert hat. Allerdings ist R nun der einzige Fixpunkt, wie folgende Rechnung beweist:

$$\begin{pmatrix} x \\ y \end{pmatrix} = \frac{1}{2} \begin{pmatrix} \sqrt{3} & -1 \\ 1 & \sqrt{3} \end{pmatrix} \begin{pmatrix} x \\ y \end{pmatrix} + \begin{pmatrix} 1 - \frac{1}{4}\sqrt{3} \\ \frac{3}{4} - \frac{1}{2}\sqrt{3} \end{pmatrix} \Rightarrow \begin{array}{rcl} x &=& \frac{1}{2}\sqrt{3}x - \frac{1}{2}y + 1 - \frac{1}{4}\sqrt{3} \\ y &=& \frac{1}{2}x + \frac{1}{2}\sqrt{3}y + \frac{3}{4} - \frac{1}{2}\sqrt{3} \end{array}$$

$$\Rightarrow \begin{array}{rcrcl} \left(1 - \frac{1}{2}\sqrt{3}\right)x &+& \frac{1}{2}y &=& 1 - \frac{1}{4}\sqrt{3} \\ -\frac{1}{2}x &+& \left(1 - \frac{1}{2}\sqrt{3}\right)y &=& \frac{3}{4} - \frac{1}{2}\sqrt{3} \end{array}$$

Die obere Gleichung multiplizieren Sie mit $-2\left(1-\frac{1}{2}\sqrt{3}\right)$:

$$\begin{array}{rcrcl} -2\left(1-\frac{1}{2}\sqrt{3}\right)^2 x & - & \left(1-\frac{1}{2}\sqrt{3}\right)y & = & -2\left(1-\frac{1}{2}\sqrt{3}\right)\left(1-\frac{1}{4}\sqrt{3}\right) \\ -\frac{1}{2}x & + & \left(1-\frac{1}{2}\sqrt{3}\right)y & = & \frac{3}{4}-\frac{1}{2}\sqrt{3} \end{array}$$

Nach Addition der beiden Zeilen und Ausmultiplizieren der Faktoren erhalten Sie:

$$\left(-4+2\sqrt{3}\right)x = \sqrt{3}-2 \Rightarrow \mathrm{x}=\frac{1}{2}$$

Wenn Sie dieses Resultat in die untere Gleichung einsetzen stellt sich das gewünschte Ergebnis ein: $y = 1$. Somit ist R der einzige Fixpunkt!

Determinante einer Rotation

Die Determinante einer Drehmatrix hat stets den Wert 1. Sie glauben das nicht? Die Angelegenheit ist schnell überprüft:

$$\det(D_\beta) = \begin{Vmatrix} \cos\beta & -\sin\beta \\ \sin\beta & \cos\beta \end{Vmatrix} = \cos^2\beta + \sin^2\beta = 1$$

Das ist der »trigonometrische Pythagoras« (eine Erklärung dazu liefert der graue Kasten)! Deswegen ist die Drehmatrix auch invertierbar. Ihre Inverse ergibt:

$$D_\beta^{-1} = \begin{pmatrix} \cos\beta & -\sin\beta \\ \sin\beta & \cos\beta \end{pmatrix}^{-1} = \begin{pmatrix} \cos\beta & \sin\beta \\ -\sin\beta & \cos\beta \end{pmatrix} = \begin{pmatrix} \cos(-\beta) & -\sin(-\beta) \\ \sin(-\beta) & \cos(-\beta) \end{pmatrix} = D_{-\beta}$$

Trigonometrische Eigenschaften

Der *trigonometrische Pythagoras* leitet sich unmittelbar aus dem berühmten Satz des Pythagoras ab: $a^2 + b^2 = c^2$. Übertragen auf die trigonometrischen Funktionen bedeutet das nach Division durch c^2 auf beiden Seiten:

$$\sin^2 x + \cos^2 x = 1$$

Weiterhin ist die Sinus-Funktion eine *ungerade* Funktion, was bedeutet:

$$\sin(-x) = -\sin x$$

Während der Kosinus *gerade* ist:

$$\cos(-x) = \cos x$$

Dieselben Eigenschaften besitzen Polynome mit ausschließlich geraden beziehungsweise ungeraden Exponenten. Zum Beispiel ist

$x^6 - 3x^4 + 5$ *gerade* wegen: $x^6 - 3x^4 + 5 = (-x)^6 - 3(-x)^4 + 5$

während hingegen

$2x^5 + 8x^3 - x$ *ungerade* ist, weil $2x^5 + 8x^3 - x = -(2(-x)^5 + 8(-x)^3 - (-x))$

Die Inverse der Drehmatrix um den Winkel β ergibt also die Drehmatrix um den Winkel –β. Die Hintereinanderausführung dieser beiden affinen Transformationen entspricht damit der Matrixmultiplikation, die in der Einheitsmatrix resultiert. Das gilt immer:

Die Hintereinanderausführung affiner Transformationen, die durch Matrizen repräsentiert werden, geschieht durch jeweilige Matrixmultiplikationen.

Dabei ist die Reihenfolge wichtig.

Diejenige affine Transformation, die zuerst ausgeführt wird, steht bei der Matrixmultiplikation ganz rechts.

Im $\mathbb{R}^3$ wird es noch spannender. Dort gibt es insgesamt drei mögliche Drehachsen, entsprechend gibt es drei Prototypen von Drehmatrizen.

Die Drehung um die x-Achse um den Winkel β in mathematisch positivem Sinne sieht so aus:

$$D_\beta^X = \begin{pmatrix} 1 & 0 & 0 \\ 0 & \cos\beta & -\sin\beta \\ 0 & \sin\beta & \cos\beta \end{pmatrix}$$

Sie erkennen im rechten unteren Block den klassischen Anteil an der Rotation. Die x-Komponente bleibt jedoch unverändert, was bei einer Rotation um die x-Achse auch zu erwarten ist.

Die entsprechende Matrix für die Rotation um die y-Achse ergibt:

$$D_\beta^Y = \begin{pmatrix} \cos\beta & 0 & \sin\beta \\ 0 & 1 & 0 \\ -\sin\beta & 0 & \cos\beta \end{pmatrix}$$

Sehr viel anders sieht auch die Drehung um die z-Achse nicht aus:

$$D_\beta^Z = \begin{pmatrix} \cos\beta & -\sin\beta & 0 \\ \sin\beta & \cos\beta & 0 \\ 0 & 0 & 1 \end{pmatrix}$$

So richtig rund geht es allerdings erst, wenn Sie eine Drehung um mehrere Achsen gleichzeitig berechnen, was beispielsweise in der Robotik oder bei mehrachsigen Fräsen ein Standardproblem darstellt.

Wie sieht dann die resultierende Rotationsmatrix aus? Das ist gar nicht so schwer, denn das Endergebnis ermitteln Sie einfach aus der Hintereinanderausführung der einzelnen Operationen, die wiederum durch eine Matrixmultiplikation ausgeführt werden.

Beispiel

Zur Programmierung eines Roboterarms mit drei Achsen bestehe Ihre Aufgabe darin, eine Drehmatrix D zu ermitteln, die den Arm zuerst 30° um die x-Achse, dann 90° um die y-Achse und schließlich –90° um die z-Achse rotieren lässt.

»Kein Problem«, sagen Sie und berechnen zunächst die einzelnen Rotationsmatrizen:

$$D_{30^\circ}^X = \begin{pmatrix} 1 & 0 & 0 \\ 0 & 1/2\sqrt{3} & -1/2 \\ 0 & 1/2 & 1/2\sqrt{3} \end{pmatrix} = \frac{1}{2}\begin{pmatrix} 2 & 0 & 0 \\ 0 & \sqrt{3} & -1 \\ 0 & 1 & \sqrt{3} \end{pmatrix}$$

$$D_{90^\circ}^Y = \begin{pmatrix} 0 & 0 & 1 \\ 0 & 1 & 0 \\ -1 & 0 & 0 \end{pmatrix}$$

$$D_{-90^\circ}^Z = \begin{pmatrix} 0 & 1 & 0 \\ -1 & 0 & 0 \\ 0 & 0 & 1 \end{pmatrix}$$

Die Gesamtdrehung D ermittelt sich aus der Matrixmultiplikation der drei Rotationsmatrizen, und zwar in der Reihenfolge der Anwendung von rechts nach links.

$$D = D_{-90^\circ}^Z \cdot D_{90^\circ}^Y \cdot D_{30^\circ}^X = \begin{pmatrix} 0 & 1 & 0 \\ -1 & 0 & 0 \\ 0 & 0 & 1 \end{pmatrix} \cdot \begin{pmatrix} 0 & 0 & 1 \\ 0 & 1 & 0 \\ -1 & 0 & 0 \end{pmatrix} \cdot \frac{1}{2}\begin{pmatrix} 2 & 0 & 0 \\ 0 & \sqrt{3} & -1 \\ 0 & 1 & \sqrt{3} \end{pmatrix}$$

Den skalaren Faktor ½ können Sie getrost ganz nach vorne ziehen und dann die beiden Matrixmultiplikationen ausführen.

Bei der Multiplikation dreier Matrizen ist es egal, mit welcher der beiden Operationen Sie beginnen; dabei dürfen Sie jedoch die Reihenfolge der Operanden nicht vertauschen!

Es ergibt sich weiter:

$$\begin{aligned} D &= \frac{1}{2}\begin{pmatrix} 0 & 1 & 0 \\ -1 & 0 & 0 \\ 0 & 0 & 1 \end{pmatrix} \cdot \begin{pmatrix} 0 & 0 & 1 \\ 0 & 1 & 0 \\ -1 & 0 & 0 \end{pmatrix} \cdot \begin{pmatrix} 2 & 0 & 0 \\ 0 & \sqrt{3} & -1 \\ 0 & 1 & \sqrt{3} \end{pmatrix} \\ &= \frac{1}{2}\begin{pmatrix} 0 & 1 & 0 \\ 0 & 0 & -1 \\ -1 & 0 & 0 \end{pmatrix} \cdot \begin{pmatrix} 2 & 0 & 0 \\ 0 & \sqrt{3} & -1 \\ 0 & 1 & \sqrt{3} \end{pmatrix} \\ &= \frac{1}{2}\begin{pmatrix} 0 & \sqrt{3} & -1 \\ 0 & -1 & -\sqrt{3} \\ -2 & 0 & 0 \end{pmatrix} \\ &= \begin{pmatrix} 0 & 1/2\sqrt{3} & -1/2 \\ 0 & -1/2 & -1/2\sqrt{3} \\ -1 & 0 & 0 \end{pmatrix} \end{aligned}$$

Dies ist ein wunderschönes Beispiel für die Harmonie zwischen linearer Algebra und analytischer Geometrie. Die affinen Transformationen werden durch Matrixoperationen bewerkstelligt, bei denen Sie Ihre Kenntnisse gewinnbringend einsetzen können.

Spiegelung

Abgesehen von Märchen wie »Schneewittchen«, bei dem das »Spieglein, Spieglein an der Wand« wundersame Aussagen über die »Schönheit im ganzen Land« macht, sind die Spiegelungen in der Mathematik die nächst wundersamen Transformationen.

Zuerst ist dabei zwischen *Punktspiegelungen* und *Achsenspiegelungen* zu unterscheiden.

Bei Punktspiegelungen gibt es nur einen Fixpunkt P und alle Geraden durch P sind Fixgeraden.

Der Punkt Q auf einer beliebigen Geraden durch P wird abgebildet auf

$$\vec{q}\,' = \vec{q} + 2 \cdot \overline{PQ} = \vec{q} + 2 \cdot (\vec{p} - \vec{q}) = 2\vec{p} - \vec{q}$$

Die Negation von $\vec{q}$ erreichen Sie durch eine negierte Einheitsmatrix. Die affine Transformation der Spiegelung *Sp* am Punkt P mit dem Ortsvektor $\vec{p}$ im $\mathbb{R}^2$ besitzt demnach folgende Gestalt:

$$Sp(\vec{p}):\ \vec{x}\,' = \begin{pmatrix} -1 & 0 \\ 0 & -1 \end{pmatrix} \cdot \vec{x} + 2 \cdot \vec{p}$$

Wenn Sie als Spiegelpunkt P(1,2) wählen, ergeben die Bilder der Punkte des Dreiecks Q(–1, –1), R(0, 3) und S(3, 1) in Abbildung 12.10:

$$Q' = \begin{pmatrix} -1 & 0 \\ 0 & -1 \end{pmatrix} \cdot \begin{pmatrix} -1 \\ -1 \end{pmatrix} + 2 \cdot \begin{pmatrix} 1 \\ 2 \end{pmatrix} = \begin{pmatrix} 1 \\ 1 \end{pmatrix} + \begin{pmatrix} 2 \\ 4 \end{pmatrix} = \begin{pmatrix} 3 \\ 5 \end{pmatrix}$$

$$R' = \begin{pmatrix} -1 & 0 \\ 0 & -1 \end{pmatrix} \cdot \begin{pmatrix} 0 \\ 3 \end{pmatrix} + 2 \cdot \begin{pmatrix} 1 \\ 2 \end{pmatrix} = \begin{pmatrix} 0 \\ -3 \end{pmatrix} + \begin{pmatrix} 2 \\ 4 \end{pmatrix} = \begin{pmatrix} 2 \\ 1 \end{pmatrix}$$

$$S' = \begin{pmatrix} -1 & 0 \\ 0 & -1 \end{pmatrix} \cdot \begin{pmatrix} 3 \\ 1 \end{pmatrix} + 2 \cdot \begin{pmatrix} 1 \\ 2 \end{pmatrix} = \begin{pmatrix} -3 \\ -1 \end{pmatrix} + \begin{pmatrix} 2 \\ 4 \end{pmatrix} = \begin{pmatrix} -1 \\ 3 \end{pmatrix}$$

Hübsch, nicht wahr? Übrigens ist die Punktspiegelung im $\mathbb{R}^3$ sehr ähnlich:

$$Sp(\vec{p}):\ \vec{x}\,' = \begin{pmatrix} -1 & 0 & 0 \\ 0 & -1 & 0 \\ 0 & 0 & -1 \end{pmatrix} \cdot \vec{x} + 2 \cdot \vec{p}$$

Anders sieht es bei der Achsenspiegelung aus. Dort gibt es genau eine Fixpunktgerade, nämlich die *Spiegelachse,* und alle dazu senkrechten Geraden sind Fixgeraden (siehe Abbildung 12.11).

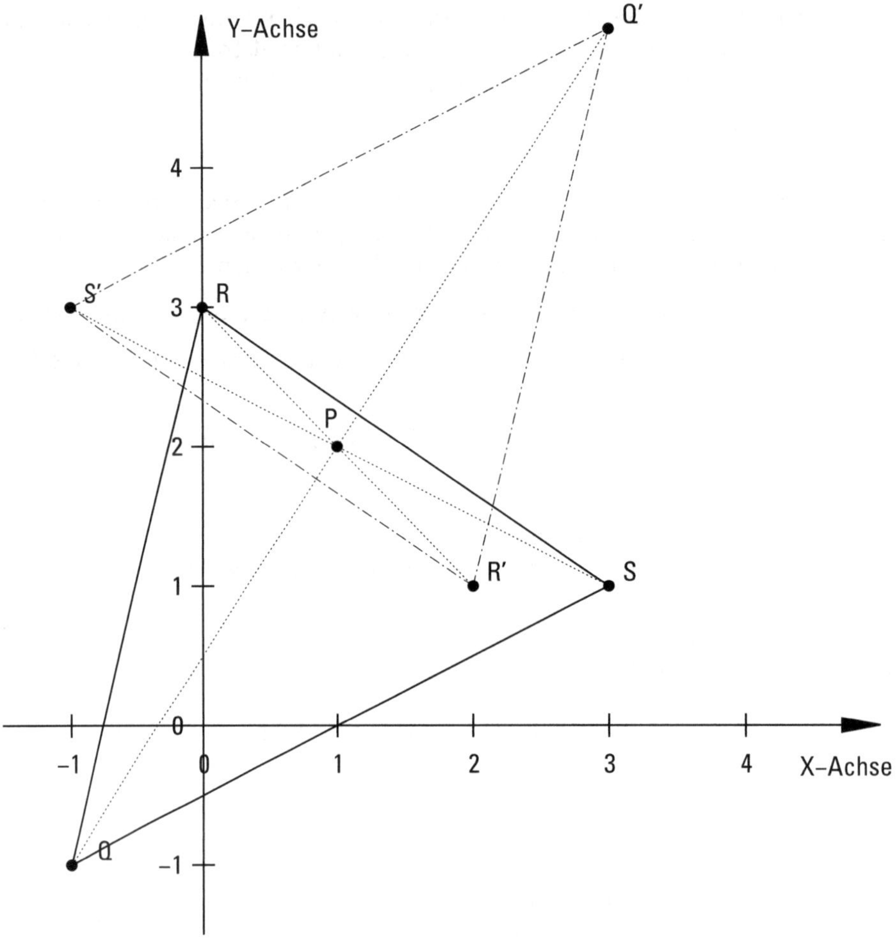

Abbildung 12.10: Punktspiegelung

Bezeichnen Sie die Spiegelachse mit G_F, so befindet sich das Bild des Punktes P, nämlich P′, genau auf der gegenüberliegenden Seite. Die Gerade durch P und P′ schneidet G_F in einem Punkt L, der auch *Lotfußpunkt* genannt wird. Bezüglich L wird P exakt so wie bei der Punktspiegelung behandelt.

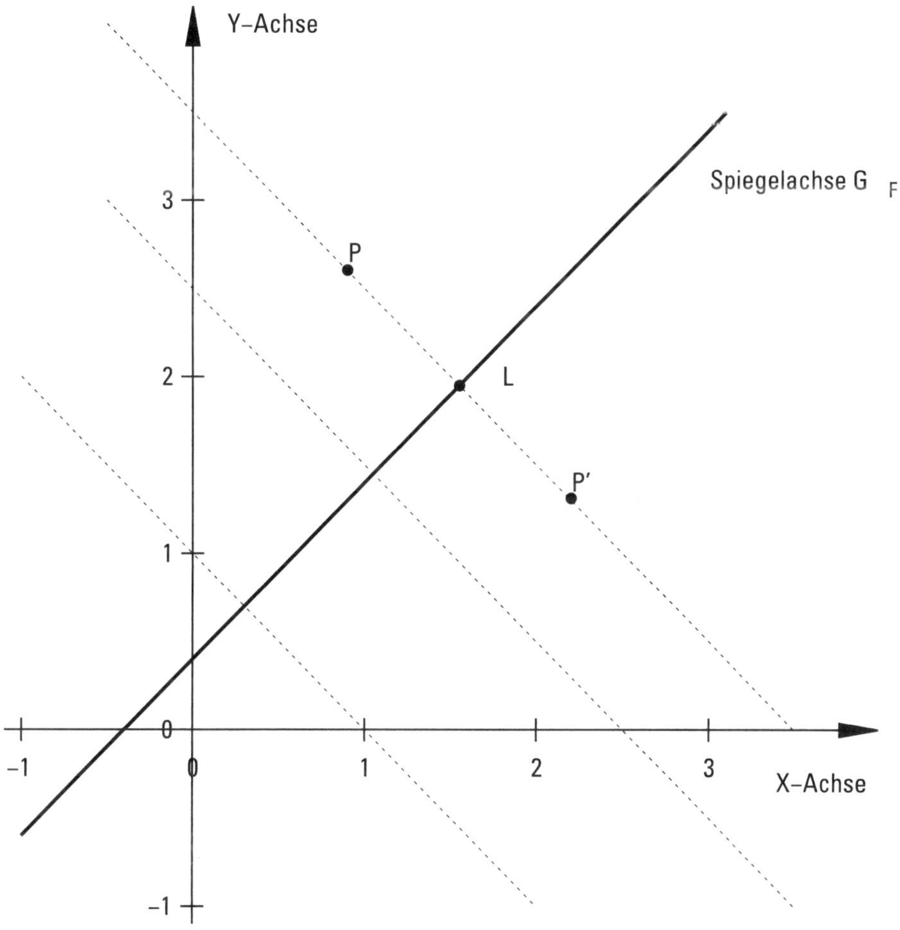

Abbildung 12.11: Achsenspiegelung

Die Herleitung der Matrix für die Achsenspiegelung ist jedoch etwas aufwändiger. Sie werden das in zwei Schritten vollziehen. Im ersten Schritt betrachten Sie die spezielle Spiegelung an einer Geraden G, die durch den Koordinatenursprung verläuft (siehe Abbildung 12.12).

Für einen Neigungswinkel β von G gegenüber der x-Achse lautet die zugehörige Spiegelmatrix

$$Sp_\beta = \begin{pmatrix} \cos 2\beta & \sin 2\beta \\ \sin 2\beta & -\cos 2\beta \end{pmatrix}$$

Diese Matrix hat eine gewisse Ähnlichkeit zur Drehmatrix, allerdings sind einige Vorzeichen vertauscht und der Winkel wird im Argument der trigonometrischen Funktionen verdoppelt.

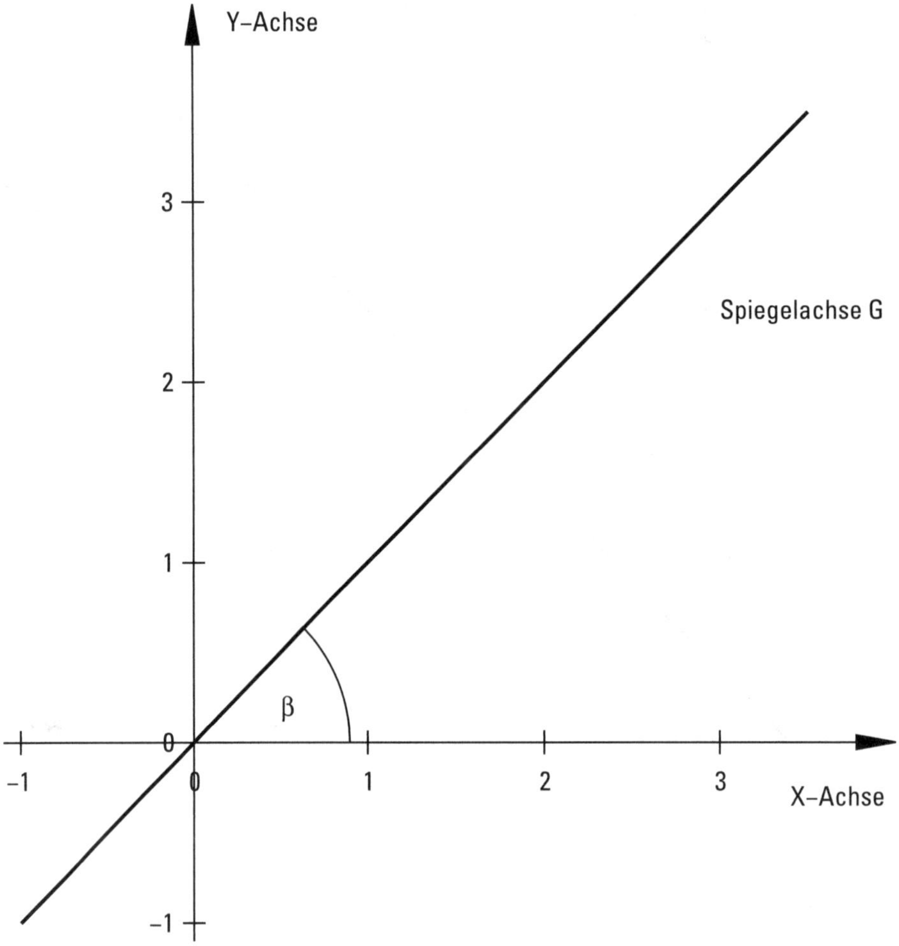

Abbildung 12.12: Spiegelung an einer Ursprungsgerade

Eine Begründung der Darstellung von Dreh- und Spiegelmatrizen über *Eigenwerte* und *Eigenvektoren* erfolgt in Kapitel 16 »Artige Eigenwerte«.

Um nun die affine Transformation einer *allgemeinen Geradenspiegelung* der Geraden G mit $\vec{x} = \vec{a} + \lambda \cdot \vec{r}$ zu erhalten, verschieben Sie den Ausgangspunkt P zunächst um $-\vec{a}$, drehen ihn an der zur Ursprungsgerade verschobenen Darstellung G^*: $\vec{x} = \lambda \cdot \vec{r}$, um ihn schließlich wieder mit $+\vec{a}$ *zurückzuschieben*. Das Verfahren dürfte Ihnen schon leichter fallen, weil Sie es bereits bei der Rotation um einen Punkt R außerhalb des Ursprungs sowie bei der Scherung angewendet haben.

Da der Richtungsvektor der Ursprungsgeraden die Form $\vec{r} = \begin{pmatrix} r_x \\ r_y \end{pmatrix}$ aufweist, verwenden Sie anstatt der Spiegelmatrix bezogen auf den Neigungswinkel eine alternative Darstellung mit den Komponenten von $\vec{r}$:

$$Sp_{\vec{r}} = \frac{1}{r_x^2 + r_y^2} \begin{pmatrix} r_x^2 - r_y^2 & 2r_x^2 r_y^2 \\ 2r_x^2 r_y^2 & r_y^2 - r_x^2 \end{pmatrix}$$

Sie gelangen auf diese Darstellung mithilfe der *trigonometrischen Additionstheoreme*.

Additionstheoreme der trigonometrischen Funktionen

$$\sin(\alpha + \beta) = \sin\alpha \cdot \cos\beta + \sin\beta \cdot \cos\alpha$$
$$\cos(\alpha + \beta) = \cos\alpha \cdot \cos\beta - \sin\alpha \cdot \sin\beta$$

Setzen Sie $\alpha = \beta$, erhalten Sie die kompakte Form der trigonometrischen Funktionen für doppelte Winkel, wie sie bei der Spiegelmatrix benötigt werden:

$$\sin(2\beta) = \sin(\beta + \beta) = \sin\beta \cdot \cos\beta + \sin\beta \cdot \cos\beta = 2\sin\beta \cdot \cos\beta$$
$$\cos(2\beta) = \cos(\beta + \beta) = \cos^2\beta - \sin^2\beta = \cos^2\beta - (1 - \cos^2\beta) = 2\cos^2\beta - 1$$

Die Spiegelmatrix ergibt sich dann aufgrund der Definition von Sinus und Kosinus:

$$\sin\beta = \frac{r_y}{\sqrt{r_x^2 + r_y^2}} \text{ sowie } \cos\beta = \frac{r_x}{\sqrt{r_x^2 + r_y^2}}$$

Insgesamt erhalten Sie:

$$\begin{aligned} \vec{p}' &= \frac{1}{r_x^2 + r_y^2} \begin{pmatrix} r_x^2 - r_y^2 & 2r_x^2 r_y^2 \\ 2r_x^2 r_y^2 & r_y^2 - r_x^2 \end{pmatrix} \cdot (\vec{p} - \vec{a}) + \vec{a} \\ &= \frac{1}{r_x^2 + r_y^2} \begin{pmatrix} r_x^2 - r_y^2 & 2r_x^2 r_y^2 \\ 2r_x^2 r_y^2 & r_y^2 - r_x^2 \end{pmatrix} \cdot \vec{p} + \left(\vec{a} - \frac{1}{r_x^2 + r_y^2} \begin{pmatrix} r_x^2 - r_y^2 & 2r_x^2 r_y^2 \\ 2r_x^2 r_y^2 & r_y^2 - r_x^2 \end{pmatrix} \vec{a} \right) \end{aligned}$$

Der Verschiebvektor besitzt zwar eine recht »wüste« Gestalt, aber ansonsten handelt es sich auch hier wieder um eine typische Matrixmultiplikation mit anschließender Parallelverschiebung.

Beispiel

Gesucht ist die Gleichung der affinen Transformation, die eine Spiegelung an der Geraden G darstellt mit

$$G: \vec{x} = \begin{pmatrix} 1 \\ 3 \end{pmatrix} + \lambda \begin{pmatrix} 2 \\ 1 \end{pmatrix}$$

Hier setzen Sie die Vektoren

$$\vec{a} = \begin{pmatrix} 1 \\ 3 \end{pmatrix} \text{ und } \vec{r} = \begin{pmatrix} 2 \\ 1 \end{pmatrix}$$

in die angegebene Formel ein und erhalten

$$\vec{p}' = \frac{1}{4+1}\begin{pmatrix} 4-1 & 2\cdot 2\cdot 1 \\ 2\cdot 2\cdot 1 & 1-4 \end{pmatrix}\cdot \vec{p} + \left(\begin{pmatrix} 1 \\ 3 \end{pmatrix} - \frac{1}{5}\begin{pmatrix} 3 & 4 \\ 4 & -3 \end{pmatrix}\cdot\begin{pmatrix} 1 \\ 3 \end{pmatrix}\right)$$

Schließlich vereinfachen Sie die Terme und es ergibt sich die Affinität:

$$\vec{p}' = \frac{1}{5}\begin{pmatrix} 3 & 4 \\ 4 & -3 \end{pmatrix}\cdot \vec{p} + \begin{pmatrix} -2 \\ 4 \end{pmatrix}$$

Abbildung 12.13 zeigt das grafische Ergebnis anhand dreier Punkte P, Q und R.

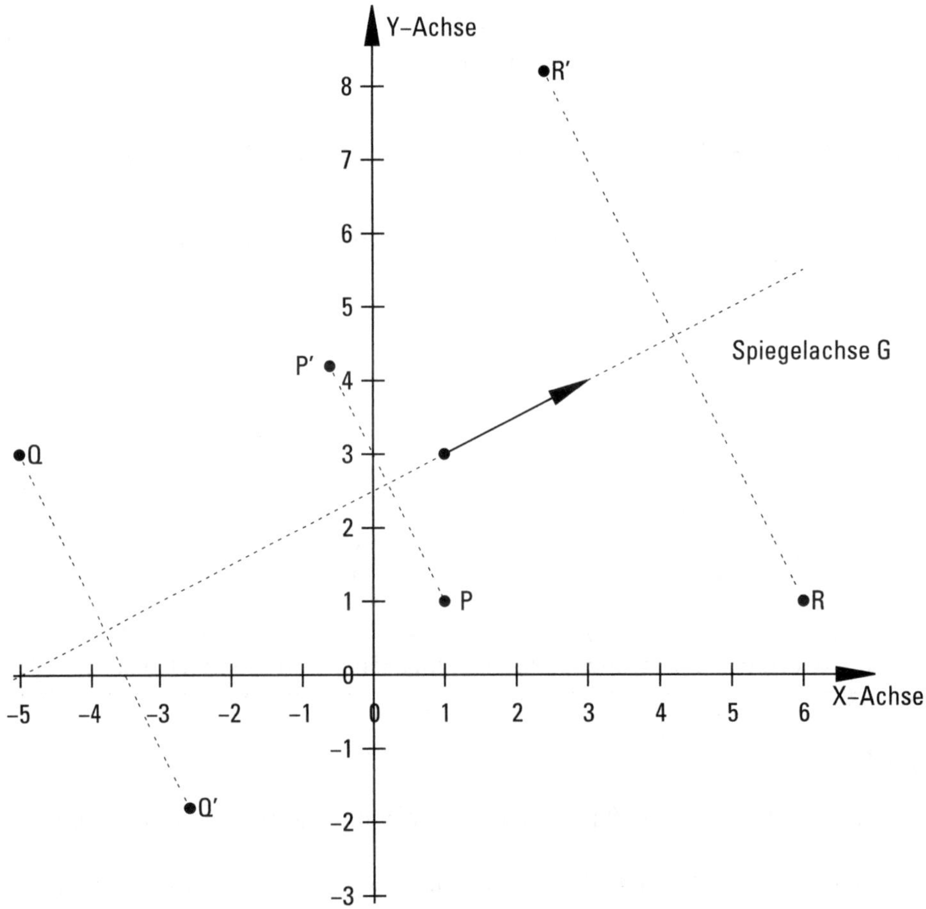

Abbildung 12.13: Einsatz der Spiegelmatrix

Kontraktion

Paradoxerweise können Sie als alternative Bezeichnung der *Kontraktion* auch den Begriff der *zentrischen Streckung* bezogen auf ein *Zentrum Z* für diese Affinität wählen. Das sollte Sie jedoch nicht beunruhigen, denn im Grunde genommen handelt es sich um eine Transformation, die die Größe eines geometrischen Objekts beeinflusst (siehe Abbildung 12.14). Wenn der *Streckungsfaktor* dem Betrage nach kleiner als Eins ist, wird *verkleinert*, ansonsten *vergrößert*. Für den Spezialfall des Streckungsfaktors Eins macht die zentrische Streckung gar nichts und »arbeitet« wie die Identität.

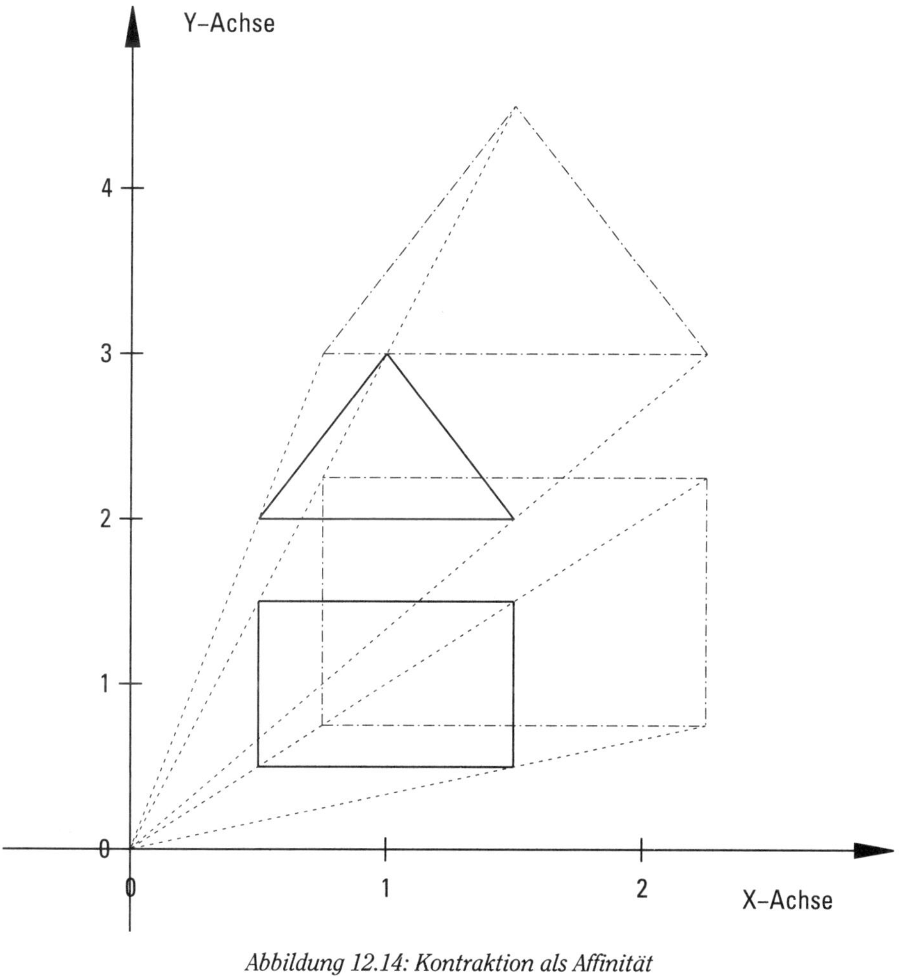

Abbildung 12.14: Kontraktion als Affinität

Bei einem negativen Streckungsfaktor werden alle Objekte auf die Gegenseite projiziert.

Die Darstellung der Kontraktion als Affinität erhalten Sie in zwei Schritten. Wenn das *Streckungszentrum* im Ursprung liegt, dann lautet die *Streckungsmatrix* mit dem Streckungsfaktor s:

$$\vec{p}\,' = s \cdot I \cdot \vec{p} = s\begin{pmatrix} 1 & 0 \\ 0 & 1 \end{pmatrix} \cdot \vec{p} = \begin{pmatrix} s & 0 \\ 0 & s \end{pmatrix} \cdot \vec{p}$$

An dieser Darstellung erkennen Sie, dass jeder Eingangsvektor genau auf sein s-Faches abgebildet, also gestreckt wird. Wenn das Zentrum im Punkt $Z(z_x,z_y)$ liegt, verschieben Sie zunächst den abzubildenden Punkt um –Z in den Ursprung, strecken den so erhaltenen Vektor um s, um ihn anschließend mit +Z parallel zu verschieben. Das Verfahren kommt Ihnen bekannt vor? Sehr gut!

$$Z_s : \vec{p}\,' = \begin{pmatrix} s & 0 \\ 0 & s \end{pmatrix} \cdot (\vec{p} - \vec{z}) + \vec{z} = \begin{pmatrix} s & 0 \\ 0 & s \end{pmatrix} \cdot \vec{p} + \left(\vec{z} - \begin{pmatrix} s & 0 \\ 0 & s \end{pmatrix} \vec{z} \right)$$

Bei genauer Analyse werden Sie feststellen, dass die Punktspiegelung selbst der Spezialfall einer zentrischen Streckung mit Streckungsfaktor –1 ist!

Beispiel

Die zentrische Streckung um den Faktor s = –2 mit dem Zentrum Z(1, 2) ergibt die affine Transformation:

$$\vec{p}\,' = \begin{pmatrix} -2 & 0 \\ 0 & -2 \end{pmatrix} \cdot \vec{p} + \left(\begin{pmatrix} 1 \\ 2 \end{pmatrix} - \begin{pmatrix} -2 & 0 \\ 0 & -2 \end{pmatrix} \begin{pmatrix} 1 \\ 2 \end{pmatrix} \right) = \begin{pmatrix} -2 & 0 \\ 0 & -2 \end{pmatrix} \cdot \vec{p} + \begin{pmatrix} 3 \\ 6 \end{pmatrix}$$

Die Abbildung eines Dreiecks mit den Punkten

$$P = \left(2, \frac{5}{4} \right),\ Q = \left(-\frac{1}{2}, \frac{3}{2} \right) \text{ und } R = \left(1, \frac{7}{2} \right)$$

sieht damit recht anmutig aus (siehe Abbildung 12.15).

Die Werte der Bildpunkte berechnen Sie dabei wie folgt:

$$P' = \begin{pmatrix} -2 & 0 \\ 0 & -2 \end{pmatrix} \cdot \begin{pmatrix} 2 \\ \frac{5}{4} \end{pmatrix} + \begin{pmatrix} 3 \\ 6 \end{pmatrix} = \begin{pmatrix} -4 \\ -\frac{5}{2} \end{pmatrix} + \begin{pmatrix} 3 \\ 6 \end{pmatrix} = \begin{pmatrix} -1 \\ \frac{7}{2} \end{pmatrix}$$

$$Q' = \begin{pmatrix} -2 & 0 \\ 0 & -2 \end{pmatrix} \cdot \begin{pmatrix} -\frac{1}{2} \\ \frac{3}{2} \end{pmatrix} + \begin{pmatrix} 3 \\ 6 \end{pmatrix} = \begin{pmatrix} 1 \\ -3 \end{pmatrix} + \begin{pmatrix} 3 \\ 6 \end{pmatrix} = \begin{pmatrix} 4 \\ 3 \end{pmatrix}$$

$$R' = \begin{pmatrix} -2 & 0 \\ 0 & -2 \end{pmatrix} \cdot \begin{pmatrix} 1 \\ \frac{7}{2} \end{pmatrix} + \begin{pmatrix} 3 \\ 6 \end{pmatrix} = \begin{pmatrix} -2 \\ -7 \end{pmatrix} + \begin{pmatrix} 3 \\ 6 \end{pmatrix} = \begin{pmatrix} 1 \\ -1 \end{pmatrix}$$

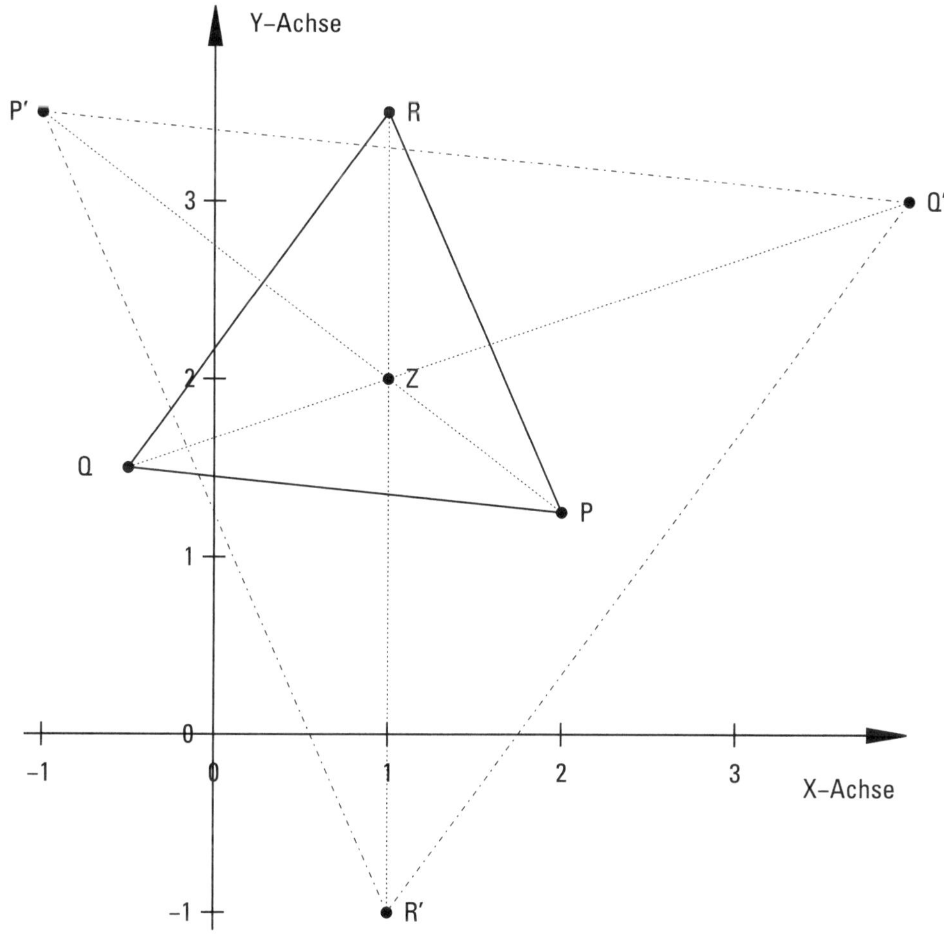

Abbildung 12.15: Beispiel einer Kontraktion

Die Hauptachsentransformation

In diesem Abschnitt schauen Sie über den »Rand des Schachbretts« hinaus und lassen sich auf nicht-lineare Objekte ein, und zwar auf so genannte *Kegelschnitte* und *Flächen zweiter Ordnung*, die auch *Quadriken* genannt werden. Kegelschnitte sind *Hyperbeln, Ellipsen* und *Parabeln* im $\mathbb{R}^2$. Flächen zweiter Ordnung entstehen ebenfalls aus derartigen Grundgebilden, jedoch um eine Dimension erweitert und in den $\mathbb{R}^3$ gebracht.

Flächen zweiter Ordnung werden im letzten Abschnitt von Kapitel 10 »Geometrische Grundelemente« behandelt.

Eine *Hyperbel in Standardlage* besitzt die Funktionsgleichung

$$\frac{x^2}{a^2} - \frac{y^2}{b^2} = 1$$

und sieht mit a = b = 1 so aus wie in Abbildung 12.16 gezeigt.

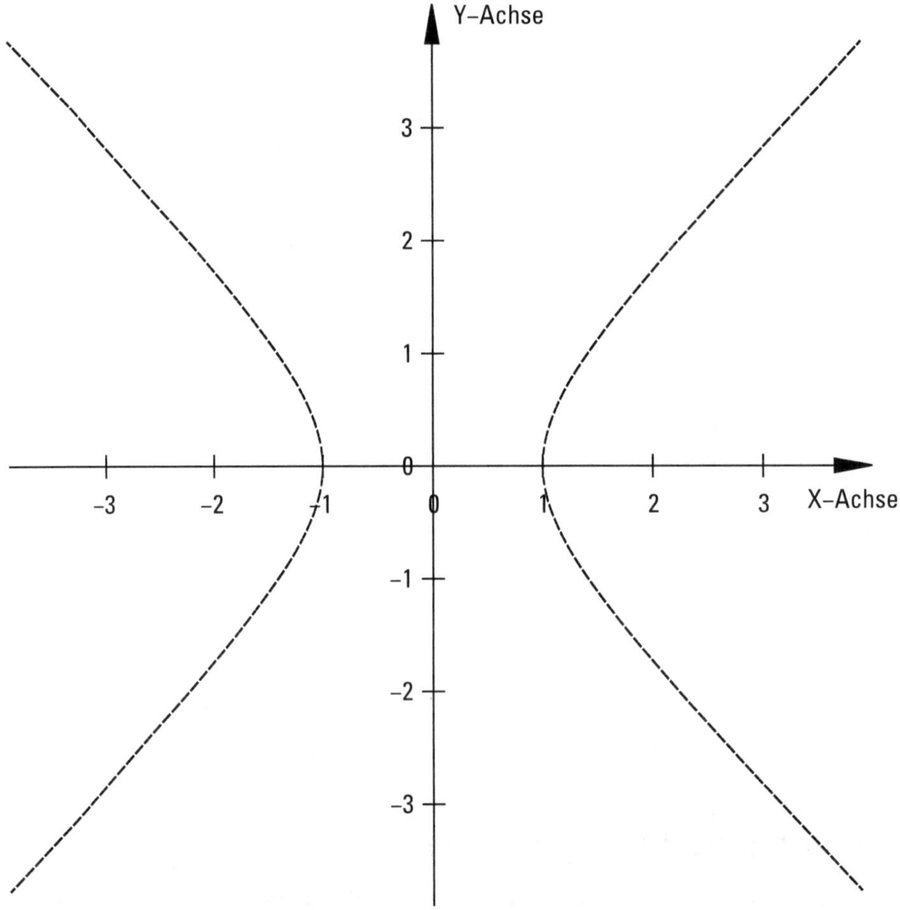

Abbildung 12.16: Hyperbel in Standardlage

Allerdings ist auch $x \cdot y = 1$ eine Hyperbel, jedoch nicht mehr in Standardlage. Die Frage, der Sie in diesem Abschnitt nachgehen, lautet: »Wie kann ein geometrisches Objekt in Standardlage gebracht werden?«

Die Antwort ist einfach: »Es muss gedreht werden!«

Alternativ dürfen Sie auch fragen: »Woran kann ich erkennen, um welche Art von Objekt es sich bei einer gegebenen Gleichung handelt?«

Die Antwort ist sehr ähnlich: »Es muss in Standardlage gedreht werden und dann ist die Gleichung so einfach, dass Sie das zugehörige Objekt erkennen!«

Diese so genannte *Hauptachsentransformation* ist durchaus auch mithilfe der Analysis zu bewerkstelligen, aber mitunter unangenehm aufwändig. Derartige Gedankenspiele lassen Sie weit hinter sich: Die lineare Algebra stellt Ihnen nämlich eine viel elegantere Methode bereit.

Zuerst ist die nicht-lineare Gleichung des geometrischen Objekts in Form linearer Komponenten darzustellen. Sie halten das für einen Widerspruch? Die Quadratur des Kreises? Keineswegs! Die Zauberformel lautet: $\vec{x}^T \cdot (A\vec{x} + \vec{v}) = b$

Im Inneren der Klammer entdecken Sie die übliche Darstellung einer affinen Transformation. Damit wird der transponierte Eingangsvektor **von links** multipliziert. Mit dem ersten Summanden »erschlagen« Sie alle quadratischen und gemischten Terme. Aber was ist mit den übrigen linearen Anteilen? Die erledigt der zweite Summand! Als Ergebnis erhalten Sie eine skalare Gleichung, die die Variablen des Eingangsvektors in allen Kombinationen enthält, und zwar jeweils zwei davon. Durch diese Darstellung gelingt es Ihnen, die nichtlinearen Ausdrücke wie x^2 oder $x \cdot y$ mittels Matrixmultiplikation zu realisieren.

Weil das recht kompliziert klingt, zeige ich Ihnen dieses Verfahren ganz ausführlich anhand der eingangs erwähnten Hyperbel $x \cdot y = 1$:

$$\frac{x^2}{a^2} - \frac{y^2}{b^2} = 1 \Rightarrow (x \quad y) \cdot \left(\begin{pmatrix} \frac{1}{a^2} & 0 \\ 0 & -\frac{1}{b^2} \end{pmatrix} \begin{pmatrix} x \\ y \end{pmatrix} + \begin{pmatrix} 0 \\ 0 \end{pmatrix} \right) = 1$$

$$xy = 1 \Rightarrow (x \quad y) \cdot \left(\begin{pmatrix} 0 & \frac{1}{2} \\ \frac{1}{2} & 0 \end{pmatrix} \begin{pmatrix} x \\ y \end{pmatrix} + \begin{pmatrix} 0 \\ 0 \end{pmatrix} \right) = 1$$

Beachten Sie, dass die gemischten Terme $x \cdot y$ sowie $y \cdot x$ durch Multiplikation der Matrix A von links doppelt vorkommen, daher ist A nicht eindeutig. Beispielsweise würden auch folgende Matrizen in der Gleichung möglich sein:

$$\begin{pmatrix} 0 & 1 \\ 0 & 0 \end{pmatrix}, \begin{pmatrix} 0 & -2 \\ 3 & 0 \end{pmatrix}, \begin{pmatrix} 0 & \frac{3}{2} \\ -\frac{1}{2} & 0 \end{pmatrix}$$

Die Summe der Werte auf der Nebendiagonalen muss lediglich 1 ergeben. Aber nur bei gleichmäßiger Verteilung der Werte ist A *symmetrisch*!

Jede symmetrische Matrix ist diagonalisierbar. Die Details dazu und deren technische Realisierung werden in den Kapiteln 16 und 17 erläutert!

Die Hauptachsentransformation führt, geometrisch gesprochen, eine Drehung aus. Wenn Sie denselben Sachverhalt mit Worten der linearen Algebra formulieren, hört sich das so an:

Die Hauptachsentransformation stellt eine Diagonalisierung der Abbildungsmatrix A dar.

Im konkreten Fall leisten die Matrix T und ihre Inverse T^{-1} die gewünschte Funktionalität:

$$T = \frac{1}{2}\sqrt{2}\begin{pmatrix} 1 & -1 \\ 1 & 1 \end{pmatrix} \text{ und } T^{-1} = \frac{1}{2}\sqrt{2}\begin{pmatrix} 1 & 1 \\ -1 & 1 \end{pmatrix}$$

Denn es gilt:

$$D = T^{-1} \cdot A \cdot T = \frac{1}{2}\sqrt{2}\begin{pmatrix} 1 & 1 \\ -1 & 1 \end{pmatrix} \cdot \begin{pmatrix} 0 & \frac{1}{2} \\ \frac{1}{2} & 0 \end{pmatrix} \cdot \frac{1}{2}\sqrt{2}\begin{pmatrix} 1 & -1 \\ 1 & 1 \end{pmatrix} = \frac{1}{2}\begin{pmatrix} 1 & 0 \\ 0 & -1 \end{pmatrix}$$

dabei ist D die diagonalisierte Version von A. Umgekehrt funktioniert es natürlich auch, und zwar wenn Sie die Gleichung $D = T^{-1} \cdot A \cdot T$ von links mit T und von rechts mit T^{-1} multiplizierten. Es ergibt sich dann: $A = T \cdot D \cdot T^{-1}$.

Generell ersetzen Sie A in der Originalgleichung und erhalten:

$$\begin{aligned} & \vec{x}^T \cdot \left(A\vec{x} + \vec{v} \right) = b \\ \Rightarrow\ & \vec{x}^T \cdot A\vec{x} + \vec{x}^T \cdot \vec{v} = b \\ \Rightarrow\ & \vec{x}^T \cdot TDT^{-1}\vec{x} + \vec{x}^T \cdot \vec{v} = b \end{aligned}$$

Jetzt kommt der wichtigste Schritt. Die geometrischen Koordinaten des gedrehten Objekts, also $\vec{x}'$, werden ausgedrückt mittels:

$$\vec{x}'^T = \vec{x}^T \cdot T \text{ und somit } \vec{x}' = (\vec{x}^T \cdot T)^T = T^T \cdot (\vec{x}^T)^T = T^T \vec{x}$$

Mit dem *Spektralsatz* gilt sogar: $T^T = T^{-1}$.

Keine Panik! Der Spektralsatz wird in allen seinen bunten Farben in Kapitel 17 erläutert.

Damit ergibt sich als neue Gleichung:

$$\begin{aligned} & \vec{x}^T \cdot TDT^{-1}\vec{x} + \vec{x}^T \cdot \vec{v} = b \\ \Rightarrow\ & \underbrace{\vec{x}^T \cdot T}_{\vec{x}'^T} \cdot D \underbrace{T^{-1}\vec{x}}_{\vec{x}'} + \underbrace{\vec{x}^T \cdot T}_{\vec{x}'^T} T^{-1} \cdot \vec{v} = b \\ \Rightarrow\ & \vec{x}'^T \cdot D\vec{x}' + \vec{x}'^T \cdot T^{-1}\vec{v} = b \\ \Rightarrow\ & \vec{x}'^T \cdot \left(D\vec{x}' + T^{-1}\vec{v} \right) = b \end{aligned}$$

Das war eine schwere Geburt. Für die angegebene Gleichung aus dem Beispiel erhalten Sie

$$\vec{x}'^{T} \cdot \left(\frac{1}{2} \begin{pmatrix} 1 & 0 \\ 0 & -1 \end{pmatrix} \vec{x}' + T^{-1} \begin{pmatrix} 0 \\ 0 \end{pmatrix} \right) = 1$$

$$\Rightarrow \frac{1}{2} \cdot \begin{pmatrix} x' & y' \end{pmatrix} \begin{pmatrix} 1 & 0 \\ 0 & -1 \end{pmatrix} \cdot \begin{pmatrix} x' \\ y' \end{pmatrix} = 1$$

$$\Rightarrow \frac{1}{2} \cdot \left(x'^2 - y'^2 \right) = 1$$

$$\Rightarrow \frac{x'^2}{2} - \frac{y'^2}{2} = 1$$

was einer Hyperbel in Standardlage mit a = b = $\sqrt{2}$ entspricht! Damit haben Sie nachgewiesen, dass $x \cdot y = 1$ nichts anderes ist als eine gedrehte Hyperbel. Das funktioniert auch mit komplizierteren Flächen zweiter Ordnung!

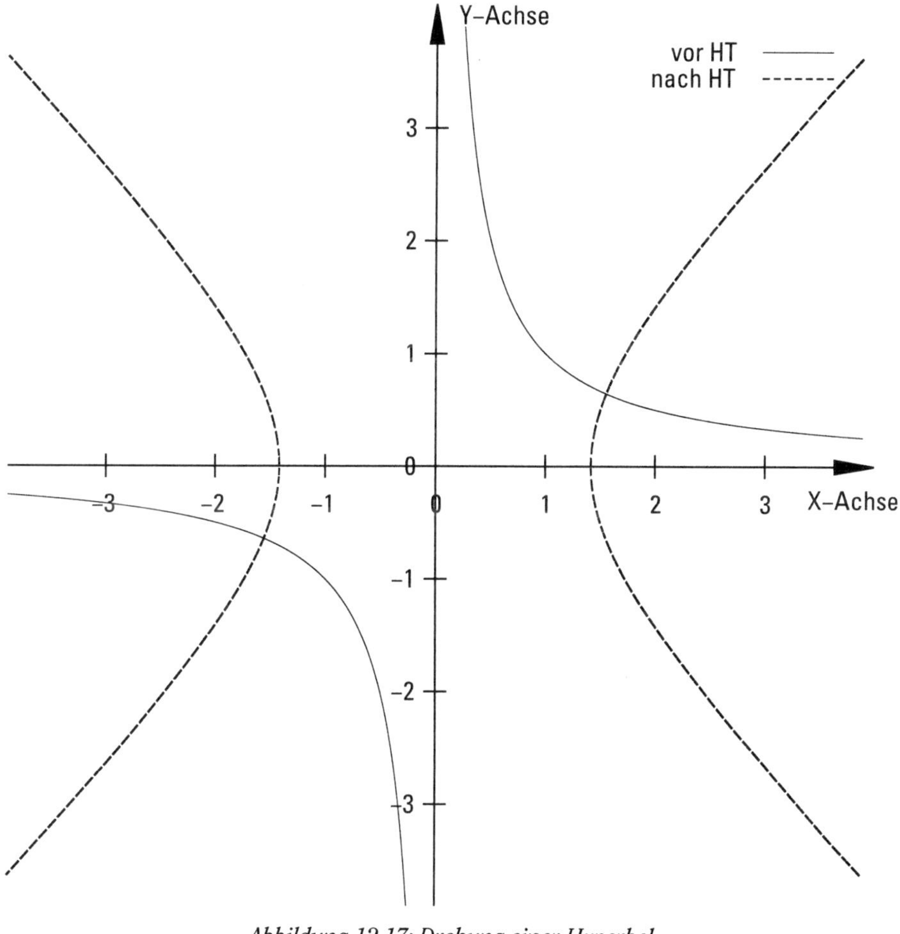

Abbildung 12.17: Drehung einer Hyperbel

Ist Ihnen eigentlich aufgefallen, dass T eine Drehmatrix um $\pi/4 = 45°$ darstellt? In Abbildung 12.17 habe ich Ihnen $x \cdot y = 1$ vor und nach der Hauptachsentransformation (HT) eingezeichnet.

Hauptachsentransformation – 3D

Das Konzept ist sehr mächtig! Auch die Flächen zweiter Ordnung aus Kapitel 10 lassen sich so darstellen. Als Beispiel nehmen Sie das elliptische Paraboloid

$$x^2 + y^2 + 3z^2 + 2xy + 2yz + 2xz + 6x + 2y + 2z = -1$$

in der Darstellung der linearen Algebra:

$$(x \quad y \quad z) \cdot \begin{pmatrix} 1 & 1 & 1 \\ 1 & 1 & 1 \\ 1 & 1 & 3 \end{pmatrix} \begin{pmatrix} x \\ y \\ z \end{pmatrix} + (x \quad y \quad z) \cdot \begin{pmatrix} 6 \\ 2 \\ 2 \end{pmatrix} = -1$$

Auch hier ist eine Hauptachsentransformation fällig.

Alle Details und weitere Begründungen für das Funktionieren dieses Prozedere und weitere Erläuterungen finden Sie in Kapitel 17 im Abschnitt »Der Spektralsatz für Endomorphismen«.

Es geht los mit der *charakteristischen Gleichung* zur Ermittlung der Eigenwerte der Matrix A, die Sie der obigen Darstellung entnehmen:

$$\begin{vmatrix} \lambda - 1 & -1 & -1 \\ -1 & \lambda - 1 & -1 \\ -1 & -1 & \lambda - 3 \end{vmatrix} = 0 \Rightarrow (\lambda - 1)^2 (\lambda - 3) - 2 - 2(\lambda - 1) - (\lambda - 3) = 0$$

An dieser Stelle möchte ich Ihnen einen Tipp geben, der Ihnen die Arbeit bei der Faktorisierung höherdimensionierter Gleichungen hilft:

Bevor Sie zusammengesetzte Terme ausmultiplizieren, untersuchen Sie, ob Sie bereits Faktoren vorab ausklammern können!

Dies ist für den Term $(\lambda - 1)$ der Fall:

$$\begin{aligned} &(\lambda - 1)^2 (\lambda - 3) - 2 - 2(\lambda - 1) - (\lambda - 3) = 0 \\ &\Rightarrow (\lambda - 1)^2 (\lambda - 3) - 3(\lambda - 1) = 0 \\ &\Rightarrow (\lambda - 1)((\lambda - 1)(\lambda - 3) - 3) = 0 \\ &\Rightarrow (\lambda - 1)\left(\lambda^2 - 4\lambda\right) = 0 \\ &\Rightarrow (\lambda - 1)(\lambda - 4)\lambda = 0 \end{aligned}$$

Damit haben Sie die Eigenwerte $\lambda_1 = 1$, $\lambda_2 = 4$ und $\lambda_3 = 0$ gefunden. Als nächstes benötigen Sie die zugehörigen normierten Eigenvektoren.

Zuerst kommt der Eigenwert 1 an die Reihe:

$$\begin{pmatrix} 1 & 1 & 1 \\ 1 & 1 & 1 \\ 1 & 1 & 3 \end{pmatrix}\begin{pmatrix} x \\ y \\ z \end{pmatrix} - 1 \cdot \begin{pmatrix} x \\ y \\ z \end{pmatrix} \Rightarrow \begin{matrix} x & + & y & + & z & = & x \\ x & + & y & + & z & = & y \\ x & + & y & + & 3z & = & z \end{matrix}$$

Die obere Gleichung führt zu y = –z, die zweite zu x = –z. Also muss x = y gelten. Dies ergibt den normierten Eigenvektor:

$$e_1 = \frac{1}{\sqrt{3}}\begin{pmatrix} 1 \\ 1 \\ -1 \end{pmatrix}$$

Jetzt ist der normierte Eigenvektor zum Eigenwert 4 zu ermitteln:

$$\begin{pmatrix} 1 & 1 & 1 \\ 1 & 1 & 1 \\ 1 & 1 & 3 \end{pmatrix}\begin{pmatrix} x \\ y \\ z \end{pmatrix} = 4 \cdot \begin{pmatrix} x \\ y \\ z \end{pmatrix} \Rightarrow \begin{matrix} x & + & y & + & z & = & 4x \\ x & + & y & + & z & = & 4y \\ x & + & y & + & 3z & = & 4z \end{matrix}$$

Nach Subtraktion der jeweils gleichen Variablen finden Sie x = y und z = x + y. Das ergibt:

$$e_4 = \frac{1}{\sqrt{6}}\begin{pmatrix} 1 \\ 1 \\ 2 \end{pmatrix}$$

Schließlich liefert die Untersuchung zum Eigenwert 0:

$$\begin{pmatrix} 1 & 1 & 1 \\ 1 & 1 & 1 \\ 1 & 1 & 3 \end{pmatrix}\begin{pmatrix} x \\ y \\ z \end{pmatrix} = 0 \cdot \begin{pmatrix} x \\ y \\ z \end{pmatrix} \Rightarrow \begin{matrix} x & + & y & + & z & = & 0 \\ x & + & y & + & z & = & 0 \\ x & + & y & + & 3z & = & 0 \end{matrix}$$

Die beiden oberen Zeilen sind identisch und nach Subtraktion der unteren finden Sie z = 0. Demnach gilt x = –y. Das führt zum Eigenvektor:

$$e_0 = \frac{1}{\sqrt{2}}\begin{pmatrix} -1 \\ 1 \\ 0 \end{pmatrix}$$

Aus diesen drei Vektoren setzen Sie die Matrix T zusammen. Die Inverse von T werden Sie ebenfalls noch brauchen. Um Brüche zu vermeiden, habe ich Ihnen den skalaren Vorfaktor $\frac{1}{\sqrt{6}}$ bereits herausgezogen:

$$T = \frac{1}{\sqrt{6}}\begin{pmatrix} \sqrt{2} & 1 & -\sqrt{3} \\ \sqrt{2} & 1 & \sqrt{3} \\ -\sqrt{2} & 2 & 0 \end{pmatrix} \text{ und } T^{-1} = \frac{1}{\sqrt{6}}\begin{pmatrix} \sqrt{2} & \sqrt{2} & -\sqrt{2} \\ 1 & 1 & 2 \\ -\sqrt{3} & \sqrt{3} & 0 \end{pmatrix}$$

Wenn Sie sich die Transformationsmatrizen T und T^{-1} genauer ansehen, werden Sie feststellen, dass T^{-1} nichts anderes ist als die Transponierte zu T. Das gilt immer, sobald Sie eine symmetrische Matrix diagonalisieren und dafür die normierten Eigenvektoren verwenden!

Ich zeige Ihnen, dass die Matrix T und ihre Inverse A tatsächlich diagonalisieren:

$$D = T^{-1}AT = \frac{1}{\sqrt{6}}\begin{pmatrix} \sqrt{2} & \sqrt{2} & -\sqrt{2} \\ 1 & 1 & 2 \\ -\sqrt{3} & \sqrt{3} & 0 \end{pmatrix} \cdot \begin{pmatrix} 1 & 1 & 1 \\ 1 & 1 & 1 \\ 1 & 1 & 3 \end{pmatrix} \cdot \frac{1}{\sqrt{6}}\begin{pmatrix} \sqrt{2} & 1 & -\sqrt{3} \\ \sqrt{2} & 1 & \sqrt{3} \\ -\sqrt{2} & 2 & 0 \end{pmatrix}$$

$$= \frac{1}{6}\begin{pmatrix} \sqrt{2} & \sqrt{2} & -\sqrt{2} \\ 4 & 4 & 8 \\ 0 & 0 & 0 \end{pmatrix} \cdot \begin{pmatrix} \sqrt{2} & 1 & -\sqrt{3} \\ \sqrt{2} & 1 & \sqrt{3} \\ -\sqrt{2} & 2 & 0 \end{pmatrix} = \begin{pmatrix} 1 & 0 & 0 \\ 0 & 4 & 0 \\ 0 & 0 & 0 \end{pmatrix}$$

Sie erkennen, dass im Ergebnis gerade die zuvor bereits ermittelten Eigenwerte auftreten; eine sehr gute Probe!

Für die eigentliche Hauptachsentransformation benötigen Sie sowohl D als auch T^{-1}.

$$\vec{x}'^T \cdot \left(D\vec{x}' + T^{-1}\vec{v} \right) = b$$

$$\Rightarrow \begin{pmatrix} x' & y' & z' \end{pmatrix} \cdot \left(\begin{pmatrix} 1 & 0 & 0 \\ 0 & 4 & 0 \\ 0 & 0 & 0 \end{pmatrix}\begin{pmatrix} x' \\ y' \\ z' \end{pmatrix} + \frac{1}{\sqrt{6}}\begin{pmatrix} \sqrt{2} & \sqrt{2} & -\sqrt{2} \\ 1 & 1 & 2 \\ -\sqrt{3} & \sqrt{3} & 0 \end{pmatrix}\begin{pmatrix} 6 \\ 2 \\ 2 \end{pmatrix} \right) = -1$$

$$\Rightarrow \begin{pmatrix} x' & y' & z' \end{pmatrix} \cdot \left(\begin{pmatrix} 1 & 0 & 0 \\ 0 & 4 & 0 \\ 0 & 0 & 0 \end{pmatrix}\begin{pmatrix} x' \\ y' \\ z' \end{pmatrix} + \frac{1}{\sqrt{6}}\begin{pmatrix} 6\sqrt{2} \\ 12 \\ -4\sqrt{3} \end{pmatrix} \right) = -1$$

Jetzt dürfen Sie die »Ernte« einfahren. Die Rückübersetzung dieser Matrix-Vektorgleichung führt zu einer Quadrik in Standardlage. Allerdings müssen Sie die Terme für x' und y' mittels quadratischer Ergänzung zusammenfassen:

$$(x')^2 + 4(y')^2 + \frac{6}{\sqrt{3}}x' + \frac{12}{\sqrt{6}}y' = \frac{4}{\sqrt{2}}z' - 1$$

$$\Rightarrow \left(x' + \sqrt{3}\right)^2 - 3 + 4\left((y')^2 + \frac{1}{2}\sqrt{6}y' + \frac{3}{8}\right) - \frac{3}{2} = 2\sqrt{2}z' - 1$$

$$\Rightarrow \left(x' + \sqrt{3}\right)^2 + 4\left(y' + \frac{1}{4}\sqrt{6}\right)^2 = 2\sqrt{2}z' + \frac{7}{2}$$

Das Ergebnis ist ein elliptisches Paraboloid in Standardlage!

Das war kein Spaziergang! Aber das Ergebnis rechtfertigt alle Mühen. Aus Kapitel 10 bin ich Ihnen übrigens noch einen weiteren Nachweis schuldig, der aber etwas weniger Stress verursacht.

Meine Behauptung lautet dort:

»Bei z = x · y handelt es sich um ein hyperbolisches Paraboloid.«

Nach der Hauptachsentransformation erwarten Sie also eine Gleichung der Form $\frac{x^2}{a^2}-\frac{y^2}{b^2}=z$. Das Verfahren ist immer dasselbe. Es verläuft systematisch und wird mit jeder neuen Übung leichter. Sie beginnen, wie stets, mit der Transformation in eine Vektor-Matrixgleichung und erhalten:

$$(x \quad y \quad z)\cdot\begin{pmatrix} 0 & \frac{1}{2} & 0 \\ \frac{1}{2} & 0 & 0 \\ 0 & 0 & 0 \end{pmatrix}\begin{pmatrix} x \\ y \\ z \end{pmatrix}+(x \quad y \quad z)\cdot\begin{pmatrix} 0 \\ 0 \\ -1 \end{pmatrix}=0$$

Die Ermittlung der Eigenwerte der Matrix erfolgt über die charakteristische Gleichung:

$$\begin{vmatrix} \lambda & -\frac{1}{2} & 0 \\ -\frac{1}{2} & \lambda & 0 \\ 0 & 0 & \lambda \end{vmatrix}=0 \Rightarrow \lambda^3-\frac{1}{4}\lambda=0$$

Als Eigenwerte ergeben sich $\lambda_1 = ½$, $\lambda_2 = -½$ und $\lambda_3 = 0$. Die zugehörigen Eigenvektoren berechnen Sie schön der Reihe nach.

Beginnen Sie mit dem Eigenwert ½:

$$\begin{pmatrix} 0 & \frac{1}{2} & 0 \\ \frac{1}{2} & 0 & 0 \\ 0 & 0 & 0 \end{pmatrix}\begin{pmatrix} x \\ y \\ z \end{pmatrix}=\frac{1}{2}\cdot\begin{pmatrix} x \\ y \\ z \end{pmatrix} \Rightarrow \begin{matrix} \frac{1}{2}y & = & \frac{1}{2}x \\ \frac{1}{2}x & = & \frac{1}{2}y \\ 0 & = & \frac{1}{2}z \end{matrix}$$

Demnach ist x = y und z = 0. Als normierten Eigenvektor erhalten Sie:

$$e_{\frac{1}{2}}=\frac{1}{\sqrt{2}}\begin{pmatrix} 1 \\ 1 \\ 0 \end{pmatrix}$$

Weiter geht es mit dem zweiten Eigenwert –½:

$$\begin{pmatrix} 0 & \frac{1}{2} & 0 \\ \frac{1}{2} & 0 & 0 \\ 0 & 0 & 0 \end{pmatrix}\begin{pmatrix} x \\ y \\ z \end{pmatrix}=-\frac{1}{2}\cdot\begin{pmatrix} x \\ y \\ z \end{pmatrix} \Rightarrow \begin{matrix} \frac{1}{2}y & = & -\frac{1}{2}x \\ \frac{1}{2}x & = & -\frac{1}{2}y \\ 0 & = & -\frac{1}{2}z \end{matrix}$$

Hier muss x = –y und z = 0 gelten. Als normierten Eigenvektor erhalten Sie:

$$e_{-\frac{1}{2}} = \frac{1}{\sqrt{2}}\begin{pmatrix} -1 \\ 1 \\ 0 \end{pmatrix}$$

Zum Schluss ist der Eigenwert 0 an der Reihe:

$$\begin{pmatrix} 0 & \frac{1}{2} & 0 \\ \frac{1}{2} & 0 & 0 \\ 0 & 0 & 0 \end{pmatrix}\begin{pmatrix} x \\ y \\ z \end{pmatrix} = 0 \cdot \begin{pmatrix} x \\ y \\ z \end{pmatrix} \Rightarrow \begin{matrix} \frac{1}{2}y & = & 0 \\ \frac{1}{2}x & = & 0 \\ 0 & = & 0 \end{matrix}$$

Demnach ist x = y = 0 und z beliebig. Das ergibt den Eigenvektor:

$$e_0 = \begin{pmatrix} 0 \\ 0 \\ 1 \end{pmatrix}$$

Diese drei Vektoren bilden die Matrix T, die zusammen mit der Inversen T^{-1} für die Diagonalisierung benötigt wird:

$$T = \frac{1}{\sqrt{2}}\begin{pmatrix} 1 & -1 & 0 \\ 1 & 1 & 0 \\ 0 & 0 & \sqrt{2} \end{pmatrix} \text{ und } T^{-1} = \frac{1}{\sqrt{2}}\begin{pmatrix} 1 & 1 & 0 \\ -1 & 1 & 0 \\ 0 & 0 & \sqrt{2} \end{pmatrix}$$

Eine Probe schadet an der Stelle nicht. Führt $T^{-1} \cdot A \cdot T$ tatsächlich zu einer Diagonalmatrix?

$$D = T^{-1}AT = \frac{1}{\sqrt{2}}\begin{pmatrix} 1 & 1 & 0 \\ -1 & 1 & 0 \\ 0 & 0 & \sqrt{2} \end{pmatrix} \cdot \begin{pmatrix} 1 & \frac{1}{2} & 0 \\ \frac{1}{2} & 0 & 0 \\ 0 & 0 & 0 \end{pmatrix} \cdot \frac{1}{\sqrt{2}}\begin{pmatrix} 1 & -1 & 0 \\ 1 & 1 & 0 \\ 0 & 0 & \sqrt{2} \end{pmatrix}$$

$$= \frac{1}{2}\begin{pmatrix} \frac{1}{2} & \frac{1}{2} & 0 \\ \frac{1}{2} & -\frac{1}{2} & 0 \\ 0 & 0 & 0 \end{pmatrix} \cdot \begin{pmatrix} 1 & -1 & 0 \\ 1 & 1 & 0 \\ 0 & 0 & \sqrt{2} \end{pmatrix} = \begin{pmatrix} \frac{1}{2} & 0 & 0 \\ 0 & -\frac{1}{2} & 0 \\ 0 & 0 & 0 \end{pmatrix}$$

Wie erwartet stehen in der Hauptdiagonalen von D genau die Eigenwerte von A, und zwar in genau der Reihenfolge, mit der Sie die Matrix T aus den zugehörigen Eigenwerten zusammengebaut haben.

Zum Schluss kommt der innere Kern der Hauptachsentransformation an die Reihe. Hier gilt:

$$\vec{x}'^T \cdot \left(D\vec{x}' + T^{-1}\vec{v} \right) = b$$

$$\Rightarrow \begin{pmatrix} x' & y' & z' \end{pmatrix} \cdot \left(\begin{pmatrix} \frac{1}{2} & 0 & 0 \\ 0 & -\frac{1}{2} & 0 \\ 0 & 0 & 0 \end{pmatrix} \begin{pmatrix} x' \\ y' \\ z' \end{pmatrix} + \frac{1}{\sqrt{2}} \begin{pmatrix} 1 & 1 & 0 \\ -1 & 1 & 0 \\ 0 & 0 & \sqrt{2} \end{pmatrix} \begin{pmatrix} 0 \\ 0 \\ -1 \end{pmatrix} \right) = 0$$

$$\Rightarrow \begin{pmatrix} x' & y' & z' \end{pmatrix} \cdot \left(\begin{pmatrix} \frac{1}{2} & 0 & 0 \\ 0 & -\frac{1}{2} & 0 \\ 0 & 0 & 0 \end{pmatrix} \begin{pmatrix} x' \\ y' \\ z' \end{pmatrix} + \begin{pmatrix} 0 \\ 0 \\ -1 \end{pmatrix} \right) = 0$$

Oder, in der üblichen Notation:

$$\frac{(x')^2}{2} - \frac{(y')^2}{2} = z'$$

Ein »sauberes« Hyperbolisches Paraboloid in Standardlage.

Zur Belohnung für diese anstrengende Arbeit dürfen Sie die Optik dieser Quadrik in ihrer vollen Schönheit genießen (siehe Abbildung 12.18).

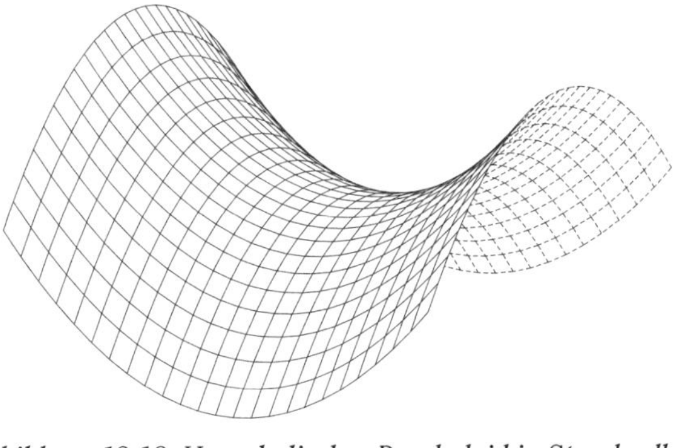

Abbildung 12.18: Hyperbolisches Paraboloid in Standardlage

Teil IV
Lineare Algebra for Runaway Dummies

In diesem Teil ...

Erfahren Sie die tiefsten Geheimnisse, die im Inneren der linearen Algebra verborgen sind. Die verschiedenen Arten von Homomorphismen werden anschaulich beschrieben und so gezähmt, dass Sie Ihnen keine Ängste mehr bereiten. Determinanten als die entscheidenden Invarianten bei wichtigen Operationen der linearen Algebra werden anschließend von allen Seiten beleuchtet. Außerdem geht es um das Verfahren zum Basiswechsel, das nicht nur innerhalb der Mathematik, sondern für zahlreiche technische und naturwissenschaftliche Vorgänge unabdingbar ist. Am Ende werden Sie durch die Diskussion über Eigenwerte und Eigenvektoren in die Lage versetzt, den höchsten Gipfel der linearen Algebra zu erklimmen, und zwar durch Diagonalisierung!

13 Raubtierfütterung der Morphismen

In diesem Kapitel …

- Die Bedeutung und den Sinn der verschiedenen Arten von Homomorphismen erkennen
- Zentrale Eigenschaften der linearen Abbildung zur Klassifikation beherrschen
- Die Konzepte von Kern und Bild eines Homomorphismus verstehen
- Das Potenzial von Isomorphismen ausschöpfen
- Lineare Operatoren als Spezialisierung der Morphismen begreifen

In diesem Teil werden Sie an den Gipfel der Erkenntnis herangeführt, zumindest was lineare Algebra angeht. Bevor Sie sich jedoch im Labyrinth komplexer Zusammenhänge verlaufen und durch die Konzepte von Eigenwerten und Diagonalisierung schreiten, dient das vor Ihnen liegende Kapitel 13 der Vorbereitung, es ist eine Art Basislager. Dazu werden Sie nicht umhin können, die gefährlichen Bestien der Morphismen zu füttern.

Aber keine Panik! Diese angeblichen Raubtiere, die den Studierenden den Weg zum Gipfel der linearen Algebra oftmals versperren, werden sich als possierliche Kätzchen herausstellen, die eigentlich nur spielen wollen …

Was Homomorphismen eigentlich sind

Zu Beginn ist es zwingend erforderlich, dass Sie genau verstehen, was einen *Homomorphismus* auszeichnet. Genau genommen müssten Sie sogar von einem *Vektorraumhomomorphismus* sprechen. Aber da sich in diesem Buch alles mehr oder weniger um lineare Algebra dreht, erspare ich Ihnen diesen Namenszusatz.

Für dieses Kapitel sind elementare Kenntnisse der Vektorräume unerlässlich. Sollten Sie sich dabei unwohl fühlen, empfehle ich Ihnen die Lektüre von Kapitel 5 »Vektorräume mit Aussicht«. Dann geht es Ihnen schon viel besser …

Die alternative Bezeichnung *lineare Abbildung* verrät Ihnen schon das Wichtigste.

Ein Homomorphismus ist eine *lineare* Funktion.

Haben Sie sich jetzt gerade die Frage gestellt, was »linear« in diesem Zusammenhang bedeutet? Sehr gut! Das ist nämlich genau der Kern der Aussage.

Zuvor sollten Sie sich klarmachen, dass eine Funktion grundsätzlich Elemente aus einer Menge, sagen wir U, in eine andere, zum Beispiel V abbildet. Wenn die Funktion f heißt, schreiben Sie das so:

$$f: U \to V$$

Ein konkretes Element aus U, zum Beispiel x, wird mittels f in ein Element von V abgebildet, zum Beispiel y. Die Schreibweise wäre dann:

$$f(x) = y$$

Soweit war Ihnen das vielleicht schon vorher klar. Aber *linear* ist f, falls es auch jedes Vielfache von x in das entsprechende Vielfache von y überführt.

Konkret bedeutet das: $f(3x) = 3y$, $f(-19x) = -19y$ oder auch $f(-x) = -y$.

Da in diesem Buch Urbild- und Bildmengen immer Vektorräume sind, etwa über einem Zahlkörper K, können Sie diese Eigenschaft linearer Abbildungen auf folgende Weise notieren.

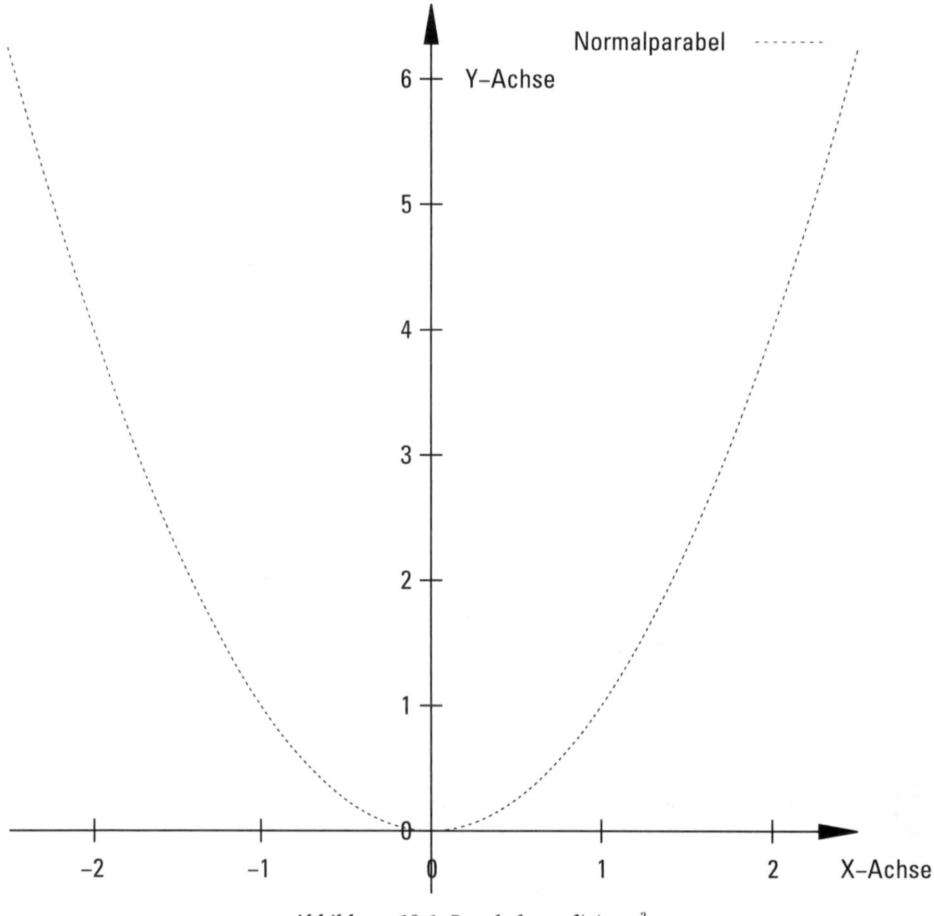

Abbildung 13.1: Parabel von $f(x) = x^2$

Für jeden Homomorphismus $f: U \to V$ über dem Körper K gilt:

$\forall k \in K\ \forall \mathrm{x} \in \mathrm{U}: f(k \cdot x) = k \cdot f(x)$

Um Ihnen diese wichtige Grundvoraussetzung weiter zu verdeutlichen, werfen Sie einmal einen Blick auf einige Funktionen, die *nicht linear* sind.

Beispiel 1: Quadratische Funktionen

Eine der einfachsten Funktionen lautet $f(x) = x^2$. Leider ist f nicht linear. Denn es gilt beispielsweise: $f(1) = 1$, aber $f(3 \cdot 1) = 3^2 = 9 \neq 3 \cdot 1$

Die Darstellung der quadratischen Funktion resultiert in einer **Parabel** (siehe Abbildung 13.1).

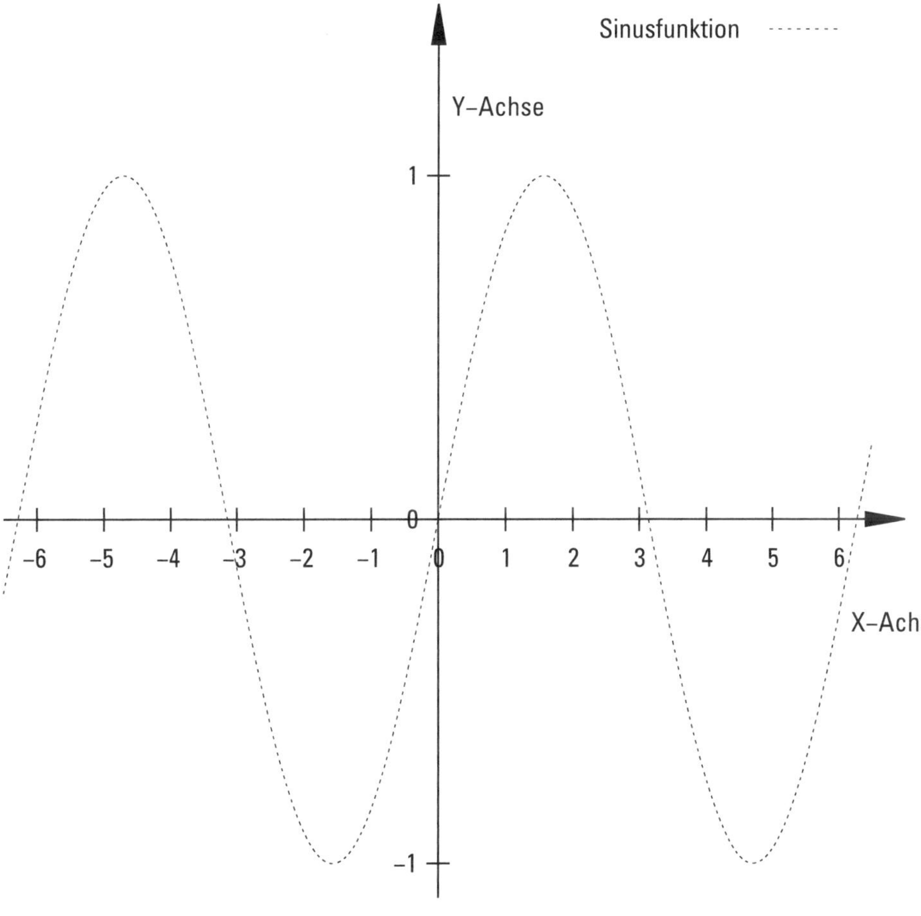

Abbildung 13.2: Die Sinusfunktion

Beispiel 2: Trigonometrische Funktionen

Nicht besser sieht es bei den **trigonometrischen** Funktionen aus. Die berühmteste dieser **Winkelfunktionen** ist der **Sinus**.

Auch wenn Studierende hin und wieder den schweren Fehler begehen, die Sinusfunktion für linear zu halten, so ist sie es dennoch nicht. Es gilt nämlich:

$$\sin(2 \cdot x) = 2 \cdot \sin(x) \cdot \cos(x)$$

und die linke Seite ist fast immer ungleich $2 \cdot \sin(x)$. Schauen Sie sich auch hier die Funktionsdarstellung an (siehe Abbildung 13.2).

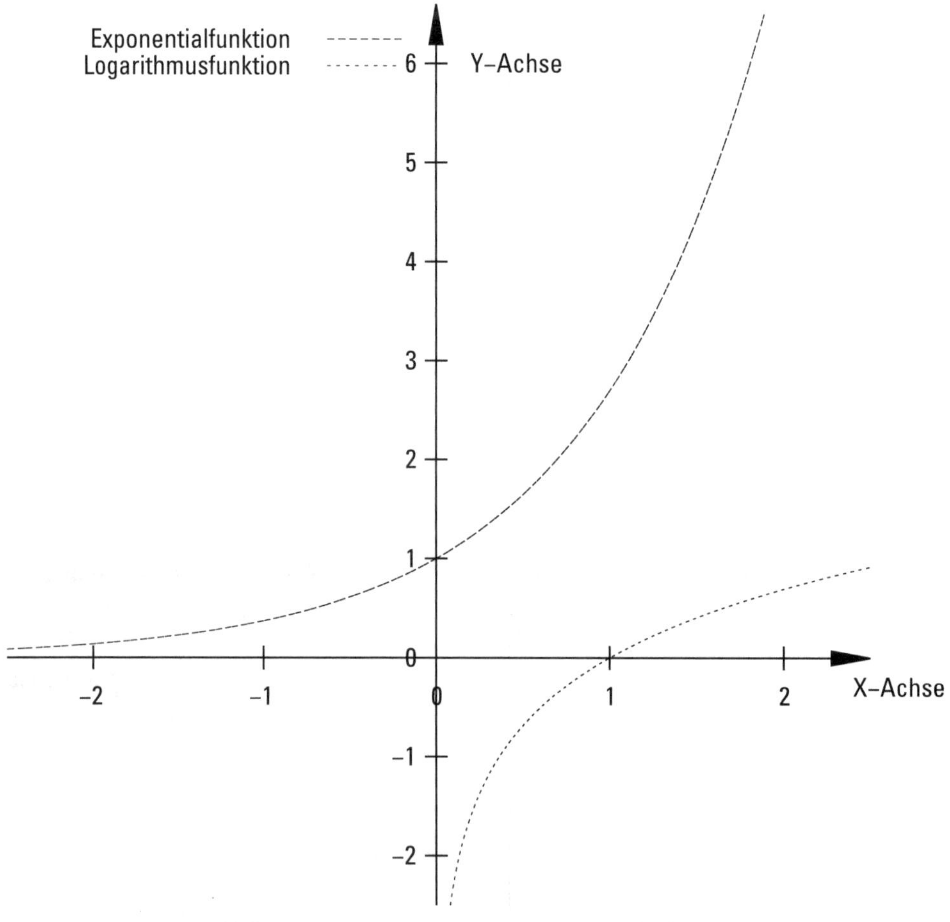

Abbildung 13.3: Exponential- und Logarithmusfunktion

Beispiel 3: Exponential- oder Logarithmusfunktionen

Leider sind auch Exponential- und Logarithmusfunktionen »hochgradig« nicht linear. Es gilt zum Beispiel:

$$e^{2x} = e^{x+x} = e^x \cdot e^x \neq 2 \cdot e^x$$

$$\ln(2x) = \ln 2 + \ln x \neq 2 \cdot \ln x \text{ (für } x \neq 2)$$

Auch hier möchte ich Ihnen die grafischen Darstellungen (siehe Abbildung 13.3) nicht vorenthalten.

Ist Ihnen die Gemeinsamkeit dieser Funktionen aufgefallen? Ihre Funktionsgrafen sind nicht mit einem *Lineal* zu zeichnen und stellen keine gerade *Linie* dar, sie sind eben *nicht linear*.

Es gibt eine weitere, noch erstaunlichere Eigenschaft der Homomorphismen. Betrachten Sie dazu eine beliebige lineare Abbildung f und zwei beliebige Funktionswerte, zum Beispiel:

$$f(x) = a \text{ und } f(y) = b$$

Dann gilt immer $f(x + y) = a + b$, und zwar für alle Werte von x und y.

Für jeden Homomorphismus $f: U \to V$ gilt:

$$\forall x,y \in U : f(x+y) = f(x) + f(y)$$

Denken Sie daran, wenn Sie sich diese Eigenschaft merken, dass das »+« Zeichen im Argument die Vektoraddition von U bezeichnet. Das »+« Zeichen rechts des Gleichheitssymbols bezieht sich dagegen auf die Vektoraddition im Bildbereich V, und die kann vollkommen anders aussehen.

Beispiel 4: Endlich linear

Gehen Sie etwa von 2×2-Matrizen mit Komponenten aus $\mathbb{R}$ über $\mathbb{R}$ als Vektorraum U aus. V dagegen sei der Vektorraum der Polynome höchstens dritten Grades mit Komponenten aus $\mathbb{R}$, ebenfalls über $\mathbb{R}$.

Dann ist f mit:

$$f\left(\begin{pmatrix} a & b \\ c & d \end{pmatrix}\right) = (a+b)x^3 - 3cx^2 + (d-2a)x - (a+2b+3c+4d)$$

ein Homomorphismus von U nach V über $\mathbb{R}$.

Was, Sie glauben mir nicht? Dann überzeugen Sie sich doch selbst! Beginnen Sie mit der ersten Eigenschaft. Wenn Sie das r-Fache der Eingangsmatrix als Argument von f ansetzen, erhalten Sie:

$$f\left(r\cdot\begin{pmatrix} a & b \\ c & d \end{pmatrix}\right)=f\left(\begin{pmatrix} ra & rb \\ rc & rd \end{pmatrix}\right)=$$
$$=(ra+rb)x^3-3rcx^2+(rd-2ra)x-(ra+2rb+3rc+4rd)$$
$$=r\cdot\big((a+b)x^3-3cx^2+(d-2a)x-(a+2b+3c+4d)\big)$$
$$=r\cdot f\begin{pmatrix} a & b \\ c & d \end{pmatrix}$$

Ok, das hat funktioniert. Das r-Fache im Argument von f führt auch zum r-Fachen des ursprünglichen Ergebnisses.

Aber was ist mit der zweiten Eigenschaft? Dazu setzen Sie die Summe zweier Matrizen im Argument von f an. Zur besseren Übersicht werden die Komponenten der Matrizen mit den Indizes 1 und 2 versehen:

$$f\left(\begin{pmatrix} a_1 & b_1 \\ c_1 & d_1 \end{pmatrix}+\begin{pmatrix} a_2 & b_2 \\ c_2 & d_2 \end{pmatrix}\right)=f\left(\begin{pmatrix} a_1+a_2 & b_1+b_2 \\ c_1+c_2 & d_1+d_2 \end{pmatrix}\right)=$$
$$=((a_1+a_2)+(b_1+b_2))x^3-3(c_1+c_2)x^2+((d_1+d_2)-2(a_1+a_2))x$$
$$-((a_1+a_2)+2(b_1+b_2)+3(c_1+c_2)+4(d_1+d_2))$$
$$=((a_1+b_1)+(a_2+b_2))x^3-(3c_1+3c_2)x^2+((d_1-2a_1)+(d_2-2a_2))x$$
$$-((a_1+2b_1+3c_1+4d_1)-(a_2+2b_2+3c_2+4d_2))$$
$$=(a_1+b_1)x^3-3c_1x^2+(d_1-2a_1)x-(a_1+2b_1+3c_1+4d_1)$$
$$+(a_2+b_2)x^3-3c_2x^2+(d_2-2a_2)x-(a_2+2b_2+3c_2+4d_2)$$
$$=f\begin{pmatrix} a_1 & b_1 \\ c_1 & d_1 \end{pmatrix}+f\begin{pmatrix} a_2 & b_2 \\ c_2 & d_2 \end{pmatrix}$$

Tatsächlich ergibt das Bild der Summe der beiden Matrizen die Summe ihrer Bilder. Das ist nett, nicht wahr? Wenn Ihnen das ein wenig wie Hexenwerk erscheint, kann ich Sie beruhigen. Es ging einfach nur darum, die Terme mit Index »1« von denen mit Index »2« zu trennen. Das korrekte Ergebnis stellt sich dann von ganz alleine ein.

Wurfarten, die Sie sich merken sollten

Nachdem Ihnen klar geworden ist, was die wichtigsten Eigenschaften von Homomorphismen sind, können wir gemeinsam einen Schritt voran gehen und uns mit gewissen Klassen linearer Abbildungen befassen.

Dazu möchte ich Ihnen ein hoffentlich anschauliches Bild beschreiben. Stellen Sie sich vor, Sie wollen mehrere Seiten beschriftetes und nicht weiter brauchbares Papier dem Recycling zuführen. Zum Beispiel, weil Sie inzwischen einer Funktion sofort ansehen, ob Sie linear ist und es nicht erst schriftlich ausrechnen müssen.

Sie haben gehört, dass Mathematiker, zu denen Sie sich nach so langer Zeit im Labyrinth der linearen Algebra nun schon zählen können, recht faul sind. Also zerknüllen Sie die Papierseiten und werfen Sie in Richtung Papierkorb. Diesen haben Sie zuvor als *Nullvektor* beschriftet.

Da der Papierkorb sehr weit entfernt ist – Sie lieben ja nicht nur lineare Herausforderungen – wird nur ein Teil der Kugeln dort ankommen.

Kern einer linearen Abbildung

Plötzlich fällt Ihnen auf, dass die Zuordnung der Papiere, die zuvor auf Ihrem Schreibtisch lagen zu dem Ort, wo sie sich nunmehr befinden (wenn ich meine Zielgenauigkeit hier ansetze: überall im Zimmer verstreut), möglicherweise ein Homomorphismus f sein könnte.

Wenn dem so ist, heißen alle Papierkugeln, die jetzt im Papierkorb liegen, *Kern von f*. Denn der Papierkorb ist ja der Nullvektor des Bildraums.

Sei f ein Homomorphismus mit $f: U \to V$. Dann ist der *Kern von f* definiert als:

$Kern(f) = \{u \in U : f(u) = 0\}$

Mit anderen Worten: Die Menge aller Elemente des Urbildraums, die in den Nullvektor des Bildraums abgebildet werden, heißt *Kern* des Homomorphismus.

Wie Sie sehen, kommen wir dem Kern der Sache schon näher…

Bild einer linearen Abbildung

Die Menge aller Orte, an denen sich am Ende die Papierabfälle befinden, also zum Beispiel

- ✔ auf dem Boden
- ✔ auf dem Teppich
- ✔ im Regal
- ✔ auf der Fensterbank
- ✔ im Blumentopf
- ✔ im Drucker
- ✔ ach ja, und natürlich im Papierkorb

heißt *Bild* des Homomorphismus. Oder, etwas mathematischer ausgedrückt:

Sei f ein Homomorphismus mit $f: U \to V$. Dann ist das *Bild von f* definiert als:

$Bild(f) = \{v \in V \mid \exists u \in U: f(u) = v\}$

Das Bild bezeichnet also im Gegensatz zum Kern eine Menge von Vektoren des *Bildraums*, während der Kern eine Teilmenge des *Urbildraums* darstellt.

Surjektivität

Angenommen, jeder mögliche Zielort für das Papier wird durch wenigstens eine Papierkugel »getroffen«. Wäre das nicht eine interessante Eigenschaft Ihres »Abfallentsorgungs-Homomorphismus«?

Und wenn Sie eine solch einfache Situation auch noch mit einem Fachterminus wie *surjektiv* belegen können, haben Sie schon gewonnen! Sobald sich also der nächste Besuch einstellt und sich über die Verwüstung in Ihrem Zimmer beschwert, haben Sie die rechte Antwort parat:

»Das ist keine Unordnung, sondern ein surjektiver Homomorphismus!«

Eine Funktion $f: U \to V$ heißt *surjektiv*, falls gilt:

$\forall v \in V \, \exists u \in U$ mit: $f(u) = v$

Übrigens können Sie sich diesen Zusammenhang auch mit einer kleinen Grafik merken (siehe Abbildung 13.4).

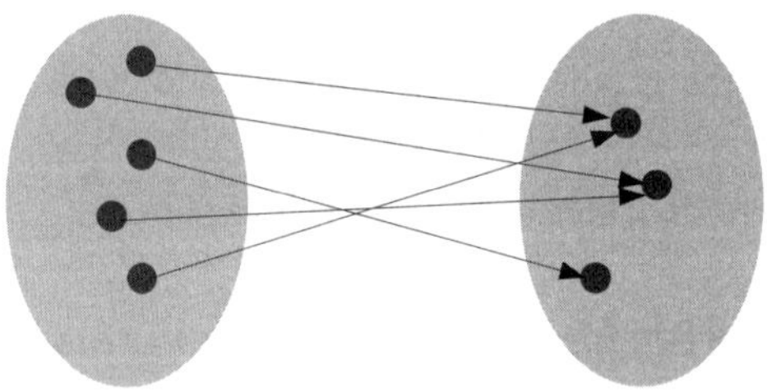

Abbildung 13.4: Surjektive Funktionen

Sie sehen, jedes Element der rechten Bildmenge wird von wenigstens einem Pfeil getroffen. Allerdings darf dieses Bild nicht darüber hinwegtäuschen, dass die Vektorräume im Allgemeinen unendlich groß sind.

Natürlich muss ein Homomorphismus nicht surjektiv sein. Wenn auch nur ein einziges Bildelement nicht »erwischt« wird, also von keiner Papierkugel getroffen wird – die möglichen Orte haben Sie zuvor selbst definiert – ist die lineare Abbildung auch nicht surjektiv.

Im Gegensatz zu Ihren Abfallrecyclingmaßnahmen trifft für jeden Homomorphismus der Nullvektor immer in den Nullvektor.

Es sei f ein Homomorphismus. Dann gilt: $f(0) = 0$

Der Grund dafür ist recht einfach. Da jeder Homomorphismus f linear ist, gilt für beliebige Werte von x und y: $f(x + y) = f(x) + f(y)$. Für $y = -x$ erhalten Sie dabei:

$$f(x - x) = f(x) - f(x) \Rightarrow f(0) = 0$$

Der Nullvektor des Ausgangsvektorraums wird immer in den Nullvektor des Zielvektorraums abgebildet.

Dies ist übrigens auch ein Grund für die Erweiterung der linearen Abbildungen zu *affinen Transformationen* in der Geometrie. Sonst müsste der Ursprung stets ein Fixpunkt sein!

Alles Wichtige zum Thema *affine Transformationen* finden Sie in Kapitel 12!

Injektivität

Wenn Sie *Surjektivität* als Zeichen besonders schlechter Zielgenauigkeit beim Werfen empfinden, dann müsste die *Injektivtät* im Gegensatz dazu eine besonders hohe Treffsicherheit signalisieren. Denn sobald die erste Papierkugel im Blumentopf gelandet ist, wird garantiert kein weiteres Stück Papier dort ankommen, vorausgesetzt, der Homomorphismus ist *injektiv*!

Eine Funktion $f: U \rightarrow V$ heißt *injektiv*, falls gilt:

$$\forall u_1, u_2 \in U: f(u_1) = f(u_2) \Rightarrow u_1 = u_2$$

Die mathematische Formulierung sieht nicht gerade intuitiv aus. Tatsächlich ist sie aber nicht nur korrekt, sondern in dieser Form sehr gut geeignet, entsprechende Beweise zu führen. Sprachlich ausformuliert besagt die Formel:

»Für zwei beliebige Elemente aus dem Urbildbereich, nennen wir sie u_1 und u_2, folgt aus der Tatsache, dass sie dasselbe Bild besitzen, dass u_1 und u_2 gleich sein müssen.«

Im Umkehrschluss bedeutet dies, dass **unterschiedliche** Urbildelemente stets in **unterschiedlichen** Bildelementen resultieren.

Grafisch können Sie sich das folgendermaßen veranschaulichen (siehe Abbildung 13.5).

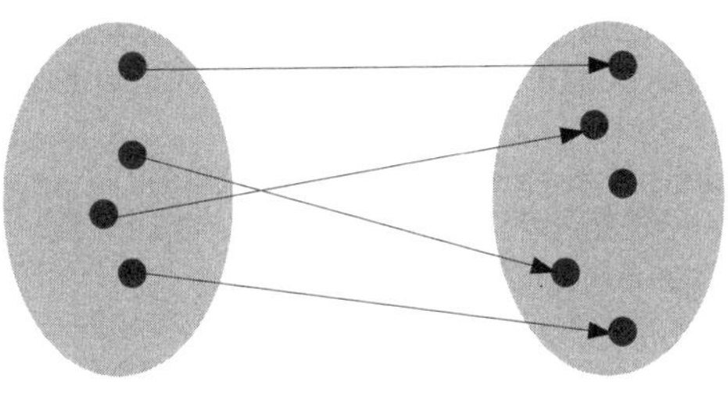

Abbildung 13.5: Injektive Funktionen

Beachten Sie die Mengendarstellung auf der rechten Seite. Kein Element im Bildbereich wird von mehr als einer Pfeilspitze berührt.

Wenn Sie sich konzentrieren, wird Ihnen die folgende Eigenschaft injektiver linearer Abbildungen möglicherweise vollkommen logisch erscheinen:

Es sei f ein injektiver Homomorphismus, dann gilt:

Kern $(f) = \{0\}$

Jedes Bildelement, also auch der mit *Nullvektor* beschriftete Papierkorb, wird höchstens einmal getroffen. Da der Papierkorb aber zwingend getroffen wird, muss der Kern wegen $f(0) = 0$ genau aus dem Nullvektor bestehen, und sonst nichts.

Bijektivität

Das bisher über surjektive und injektive Homomorphismen Gesagte lässt sich hübsch in einem kleinen Merksatz zusammenfassen.

Bei einer surjektiven Funktion wird jedes Bildelement **mindestens** einmal getroffen. Dagegen wird bei injektiven Funktionen jedes Bildelement **höchstens** einmal getroffen.

Aus der Formulierung wird sofort klar, dass die Kombination aus den Eigenschaften *surjektiv* und *injektiv* dazu führt, dass jedes Element **genau einmal** erwischt wird. Dafür gibt es eine eigene Bezeichnung; derartige Funktionen heißen *bijektiv*.

Eine Funktion $f: U \to V$ heißt *bijektiv*, falls sie zugleich injektiv und surjektiv ist!

Der Spruch von vorhin kann dann folgendermaßen erweitert werden:

Bei bijektiven Funktionen wird jedes Element im Bildbereich genau einmal getroffen.

Für den Papierknäuel-Homomorphimus würde die Bijektivität übrigens bedeuten, dass an jedem Zielort genau eine Papierkugel landet. Das wiederum setzt voraus, dass die Anzahl der zu entsorgenden Papierseiten genau der Anzahl an Zielorten entspricht.

Wenn zwischen zwei endlichen Mengen U und V eine bijektive Abbildung existiert, besitzen sie dieselbe Anzahl an Elementen. Bei unendlichen Mengen sagt man, U und V sind *gleich mächtig*.

Die grafische Darstellung der Bijektivität (siehe Abbildung 13.6) ist so einfach, dass sie schon fast langweilig ist.

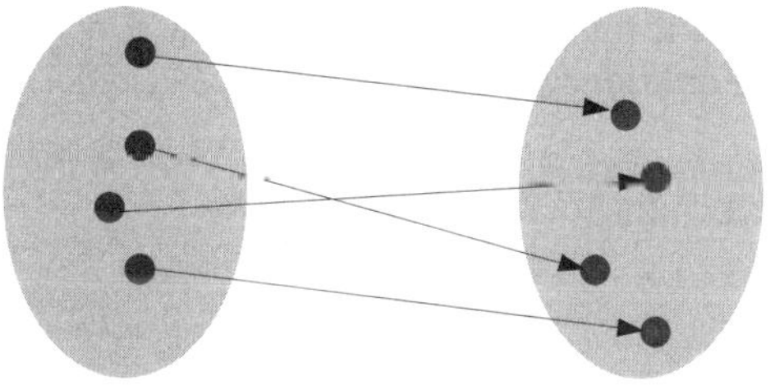

Abbildung 13.6: Bijektive Funktionen

Operationen auf Homomorphismen

Richtig spannend werden lineare Abbildungen, wenn Sie diese als Elemente einer Menge begreifen, auf der wiederum selbst ein Vektorraum errichtet wird. Ja, Sie haben das schon richtig verstanden. Obwohl Homomorphismen selbst Zuordnungsvorschriften zwischen Vektorräumen sind, können Sie genauso gut Abbildungen definieren, deren Eingabeargumente selbst bereits Abbildungen sind.

Das klingt zunächst ziemlich abgefahren, aber bei näherer Betrachtung ist es dann auch wieder nicht so ungewöhnlich.

Beispiel

Betrachten Sie die Menge $H = Hom(\mathbb{R}^2, \mathbb{R}^3)$ aller Homomorphismen zwischen den Vektorräumen $\mathbb{R}^2$ sowie $\mathbb{R}^3$ über $\mathbb{R}$. Jedes Element von H ist selbst eine lineare Abbildung.

Exemplarisch zeige ich Ihnen zwei Elemente von H, nämlich die Homomorphismen f und g:

$$f\colon \mathbb{R}^2 \to \mathbb{R}^3 \text{ mit } f\begin{pmatrix} x \\ y \end{pmatrix} = \begin{pmatrix} 3x-2y \\ x+y \\ 4y \end{pmatrix}$$

$$g\colon \mathbb{R}^2 \to \mathbb{R}^3 \text{ mit } g\begin{pmatrix} x \\ y \end{pmatrix} = \begin{pmatrix} 0 \\ 3x+2y \\ x-y \end{pmatrix}$$

Als nächstes errichten Sie einen Vektorraum über H. Dazu benötigen Sie – hoffentlich erinnern Sie sich noch an die Anforderungen aus Kapitel 5 – eine *skalare Multiplikation* sowie eine *Addition*.

Die skalare Multiplikation geht Ihnen leicht von der Hand. Ein Vielfaches einer Funktion ist einfach das Vielfache des **Funktionswerts**. So ist etwa das Dreifache von f und das Minus-7-Fache von g:

$$3 \cdot f = 3 \cdot f\begin{pmatrix} x \\ y \end{pmatrix} = 3 \cdot \begin{pmatrix} 3x-2y \\ x+y \\ 4y \end{pmatrix} = \begin{pmatrix} 9x-6y \\ 3x+3y \\ 12y \end{pmatrix}$$

$$-7 \cdot g = -7 \cdot g\begin{pmatrix} x \\ y \end{pmatrix} = \begin{pmatrix} 0 \\ -21x-14y \\ -7x+7y \end{pmatrix}$$

In beiden Fällen ist das Ergebnis wieder eine lineare Abbildung des $\mathbb{R}^2$ in den $\mathbb{R}^3$, also ein Element von H. Die skalare Multiplikation ist damit auf H in der Tasche. Allgemein sieht das so aus:

Die *skalare Multiplikation · auf dem Vektorraum der Homomorphismen von U nach V Hom(U, V)* über einem Zahlkörper K ist definiert als:

$\forall f \in Hom(U,V)\ \forall k \in K:\ k \cdot f\ =\ k \cdot f(x)$ für alle $x \in U$

Sie erraten möglicherweise schon, wie Sie die Vektoraddition bewerkstelligen können, zum Beispiel zwischen f und g:

$$f+g = f\begin{pmatrix} x \\ y \end{pmatrix} + g\begin{pmatrix} x \\ y \end{pmatrix} = \begin{pmatrix} 3x-2y \\ x+y \\ 4y \end{pmatrix} + \begin{pmatrix} 0 \\ 3x+2y \\ x-y \end{pmatrix} = \begin{pmatrix} 3x-2y \\ 4x+3y \\ x+3y \end{pmatrix}$$

Auch hier ist es von zentraler Bedeutung, dass das Ergebnis der Addition nichts weiter als ein anderes Element von Hom($\mathbb{R}^2$, $\mathbb{R}^3$) darstellt.

Allgemein definieren Sie das wie folgt:

Die *Addition + auf dem Vektorraum der Homomorphismen von U nach V Hom(U, V)* über einem Zahlkörper K ist definiert als:

$\forall f,g \in Hom(U,V) \qquad f+g = f(x)+g(x)$ für alle $x \in U$

Sie denken, »das war ja gar nicht so schwer, er hat ja nicht gebohrt«? Recht haben Sie! Dennoch stellen derartige Abstraktionsprozesse die größte Hürde im Umgang mit der Mathematik im Allgemeinen und der linearen Algebra im Besonderen dar. Sich vorzustellen, dass die Elemente des Vektorraums der Homomorphismen selbst lineare Abbildungen zwischen anderen Vektorräumen, aber über demselben Zahlkörper sind, ist komisch. Vielleicht ungewöhnlich. Auf jeden Fall gewöhnungsbedürftig. Aber nicht abwegig!

Die Idee der Vektorräume ist, wie alles in der Mathematik, ganz bewusst sehr allgemein gehalten. Gerne erinnere ich Sie an eine mit einem Ausschnitt aus den nahezu unbegrenzten Möglichkeiten daran, was alles Element eines Vektorraumes sein kann:

- ✔ n-Tupel rationaler, reeller oder sogar komplexer Zahlen
- ✔ Elemente eines beliebigen endlichen oder unendlichen Körpers
- ✔ Polynome höchstens n-ten Grades
- ✔ $n \times m$-Matrizen
- ✔ ach ja, Homomorphismen zwischen gegebenen Vektorräumen U und V

Besonders die beiden letzten Punkte sollten Ihnen zu denken geben: Ist das nicht fast dasselbe? Über das Konzept der Koordinatenvektoren kann jeder Homomorphismus endlichdimensionaler Vektorräume durch eine *Matrix* repräsentiert werden.

Kleines Update in Sachen »Koordinatenvektoren« gefällig? Die Basis dazu wird gelegt in Kapitel 9 »Basen, keine lästige Verwandtschaft«.

Damit sind Matrizen und Homomorphismen von einem höheren Standpunkt aus betrachtet gleichwertig. Und die Idee, über den Matrizen einen Vektorraum mit skalarer Multiplikation und Matrixaddition zu definieren, ist nun wirklich nahe liegend! Aber so ist das immer in der Mathematik. Wenn Sie es wagen, eine Abzweigung des Labyrinths zu beschreiten, die vielleicht am Anfang dunkel und beängstigend erscheint, werden Sie – vorausgesetzt Sie halten durch – am Ende des Ganges so viel Licht sehen, dass Sie beinahe geblendet werden: und der dunkle Pfad stellt sich als bequeme Abkürzung durch das Labyrinth heraus.

Morphismen, Aufzucht und Pflege

Nachdem Sie nun nicht nur die wichtigsten Operationen auf Vektorräume von Homomorphismen erarbeitet haben, sondern darüber hinaus die elementaren Eigenschaften der *Surjektivtät*, der *Injektivität* und der *Bijektivität* kennen, dürfen Sie es wagen, weitere Begriffe der linearen Algebra zu verwenden. Dabei empfehle ich Ihnen, das so zu handhaben wie beim Erlernen einer Fremdsprache: Ohne Vokabeln büffeln geht gar nichts!

Homomorphismen

Der allgemeinste Begriff ist derjenige des *Homomorphismus*. Das Wort setzt sich aus dem Griechischen »**homo**« und »**morph**« zusammen, was soviel wie »**gleiche Gestalt**« bedeutet. Man sagt auch:

Ein Homomorphismus ist *Struktur erhaltend*. Er »bewahrt die Gestalt« der Vektorräume.

Alle Beispiele linearer Abbildungen in diesem Buch sind ebenfalls Homomorphismen.

Epimorphismen

Jeder surjektive Homomorphismus ist ein *Epimorphismus*. »**Epi**« steht für »über«, hat also dieselbe Bedeutung wie das französische Wort »sur« in »Surjektivität« und »morph« kennen Sie ja bereits. Inwiefern ein surjektiver Homomorphismus tatsächlich »**übergestaltig**« ist, sollten wir den Germanisten überlassen.

Auf jeden Fall präsentiere ich Ihnen ein Beispiel für einen Epimorphismus, dem Sie unmittelbar ansehen, dass er surjektiv ist, also den Vektorraum überdeckt.

$$f\colon \mathbb{R}^3 \to \mathbb{R}^2 \text{ mit } f\begin{pmatrix} x \\ y \\ z \end{pmatrix} = \begin{pmatrix} x \\ y \end{pmatrix}$$

Wenn x, y und z auf der linken Seite alle reellen Werte annehmen, dann ergeben sich auf der rechten Seite automatisch alle reellen 2-Tupel. Und jeder dieser Vektoren kommt sogar unendlich oft vor, je nach Wert von z.

Monomorphismen

Wenn die surjektiven Homomorphismen einen eigenen Namen wie *Epimorphismen* tragen, wäre es ungerecht und geradezu gemein, den injektiven Homomorphismen dieses Recht zu verweigern. Gesagt, getan. Als Ergebnis erhalten Sie die *Monomorphismen*. Das griechische Wort »**monos**« steht dabei für deutsche Begriffe wie »ein« oder »einzig«, auch »allein« ist möglich und meint damit, dass jedes Bild höchsten ein einziges, alleiniges Urbild besitzt.

Als Beispiel habe ich eine lineare Abbildung des $\mathbb{R}^2$ in den Vektorraum V der Polynome höchstens zweiten Grades gewählt. Folgender Homomorphismus f ist dann zugleich ein *Monomorphismus*:

$$f\colon \mathbb{R}^2 \to V \text{ mit } f\begin{pmatrix} a \\ b \end{pmatrix} = 3ax^2 - (a+b)x + 4b \text{ mit } a,b \in \mathbb{R}$$

Woran können Sie f ansehen, dass es injektiv ist? Das ist gar nicht so schwer. Gehen Sie von der rechten Seite aus und betrachten ein beliebiges Polynom, zum Beispiel $6x^2 - 3x + 4$. Wegen des Koeffizienten 6 von x^2 muss a den Wert 2 haben, wegen der 4 am Ende muss b 1 sein. Damit sind a und b schon festgelegt. Wenn jetzt der Koeffizient von x noch $-(a + b)$ erfüllt, was im Beispiel wegen $-3 = -(1 + 2)$ der Fall ist, besitzt das Polynom als Urbild den eindeutigen Punkt $(2, 1) \in \mathbb{R}$. Ansonsten gäbe es kein Urbild. Somit ist f als Monomorphismus enttarnt.

Isomorphismen

Die mit Abstand wichtigsten Homomorphismen sind solche, die zugleich Epimorphismen und Monomorphismen darstellen. Dafür spendieren wir wiederum einen eigenen Namen, nämlich *Isomorphismen*. Mit anderen Worten: Ein Isomorphismus ist surjektiv und injektiv zugleich, also bijektiv.

»**Iso**« als Vorsilbe bedeutet im Griechischen »gleich«, und das ist genau der springende Punkt. Zwei Vektorräume, zwischen denen ein Isomorphismus existiert, sind – im Wesentlichen – gleich, auch wenn die Elemente der beteiligten Vektoren rein äußerlich unterschiedlich aussehen. Auch hier sind die inneren Werte ausschlaggebend, nämlich die Struktur der Elemente.

Wenn zwischen zwei Vektorräumen U und V große strukturelle Gemeinsamkeiten bestehen, sodass eine bijektive lineare Abbildung zwischen U und V gefunden werden kann, nennt man U und V auch *isomorph*. Da Mathematiker einen kleinen Hang zur Theatralik besitzen, sagen sie auch gerne: U und V seien »bis auf *Isomorphie*« gleich.

Weil Isomorphismen so wichtig sind, zeige ich Ihnen dazu ein Beispiel.

Beispiel

Meine Behauptung lautet, dass folgender Unterraum U des $\mathbb{R}^3$

$$U = \left\{ \lambda \begin{pmatrix} 1 \\ 1 \\ 0 \end{pmatrix} + \mu \begin{pmatrix} 1 \\ 0 \\ 0 \end{pmatrix} \middle| \text{ mit } \lambda, \mu \in \mathbb{R} \right\}$$

zu dem Unterraum V der reellen 2×2-Matrizen *isomorph* ist. Dabei sei V gegeben durch:

$$V = \left\{ \lambda \begin{pmatrix} 0 & 0 \\ 1 & 0 \end{pmatrix} + \mu \begin{pmatrix} 0 & 1 \\ 1 & 0 \end{pmatrix} \middle| \text{ mit } \lambda, \mu \in \mathbb{R} \right\}$$

Dass U und V isomorph sind, wird klar, wenn Sie sich den folgenden Isomorphismus f zwischen U und V ansehen:

$$f \begin{pmatrix} x \\ y \\ 0 \end{pmatrix} = \begin{pmatrix} 0 & y \\ x & 0 \end{pmatrix}$$

Die Surjektivität von f leuchtet ein, weil alle Matrizen aus V an der ersten und vierten Stelle eine Null besitzen; die beiden anderen Werte sind frei zu vergeben. Also ist f schon einmal ein Epimorphimus.

Zugleich ist f aber auch ein Monomorphismus. Denn jedes Bild in V hat genau ein Urbild in U. Nach Wahl von x und y in der Matrix ist auch der Vektor aus V eindeutig festgelegt. Damit ist f ein Isomorphismus und U und V sind – bis auf Isomorphie – gleich!

Endomorphismen

Sie werden sich fragen, was jetzt noch kommen kann, wo wir doch alle Kombinationen aus injektiven und surjektiven Homomorphismen bereits behandelt haben. Es geht aber noch weiter.

Sobald Sie sich bei der Wahl der betroffenen Vektorräume einschränken, sodass Urbild- und Bildvektorraum identisch sind, heißt das Ergebnis *Endomorphismus*. »**Endo**« steht dabei für »innen« und soll darauf hinweisen, dass die lineare Abbildung eigentlich nicht aus dem Urbild-Vektorraum hinausführt, sondern »daheim« bleibt. Eine innere Angelegenheit des betroffenen Vektorraums gewissermaßen, Einmischung von außen unerwünscht.

Endomorphismen auf einem Vektorraum V werden auch als *lineare Operatoren* bezeichnet.

Als gäbe es nicht schon genug Verirrung und Verwirrung um die Morphismen, wird der Begriff *linearer Operator* in der Literatur teilweise auch als Synonym für *lineare Abbildung* allgemein gehandelt. Lassen Sie sich davon nicht abschrecken! Ich werde Sie jedenfalls hin und wieder daran erinnern, dass lineare Operatoren in diesem Buch stets Endomorphismen darstellen.

Als einfaches Beispiel für einen Endomorphismus wähle ich den Vektorraum $\mathbb{R}^4$ über $\mathbb{R}$. Dabei muss ein linearer Operator f weder injektiv noch surjektiv sein, so wie dieser hier:

$$f\begin{pmatrix} w \\ x \\ y \\ z \end{pmatrix} = \begin{pmatrix} 3w - 2x + y + z \\ -x \\ y + z \\ 0 \end{pmatrix}$$

Wegen der Null in der vierten Komponente ist f nicht surjektiv. Umgekehrt gilt:

$$f\begin{pmatrix} 0 \\ 0 \\ 1 \\ 2 \end{pmatrix} = f\begin{pmatrix} 0 \\ 0 \\ 2 \\ 1 \end{pmatrix} = \begin{pmatrix} 3 \\ 0 \\ 3 \\ 0 \end{pmatrix}$$

Daher ist f auch nicht injektiv.

Automorphismen

Der Gipfel der Morphismen sind isomorphe lineare Operatoren, also bijektive Endomorphismen. Sie werden als *Automorphismen* bezeichnet. Die griechische Vorsilbe »**Auto**« bedeutet im Deutschen »selbst«, was jeder Fahrer eines »Automobils« natürlich weiß, da diese Objekte im Gegensatz zu Fahrrädern selbst fahren, was natürlich nicht ganz hundertprozentig zutrifft, weil die Fahrer lenken, Gas geben und auch bremsen. Immerhin werden die Fahrzeuge nicht durch das Treten der eingebauten Pedale voran getrieben.

Noch nicht! Wir warten mal ab, was die Zukunft so bringt.

Genug der Vorrede. Sie sind gewiss gespannt auf einen Automorphismus. Hier ist einer:

$$f: V \to V \; f\begin{pmatrix} a & b \\ b & c \end{pmatrix} = \begin{pmatrix} a+b & c \\ c & b \end{pmatrix} \text{ mit } a, b, c \in \mathbb{R}$$

Der Vektorraum V soll dabei für die symmetrischen 2×2-Matrizen mit reellen Komponenten über $\mathbb{R}$ stehen.

Erkennen Sie, dass es sich bei f um einen *Automorphismus* handelt?

Zunächst einmal ist f ein linearer Operator, denn Urbild- und Bildraum stimmen überein. Alsdann sehen Sie, dass f injektiv ist. Denn jede unterschiedliche Kombination von Werten aus a, b und c bildet auf einen anderen Zielvektor ab. Umgekehrt ist f aber auch surjektiv, denn jede beliebige symmetrische 2×2-Matrix besitzt ein eindeutiges Urbild. Für b und c ist das offensichtlich, aber nach der Festlegung von b ist auch a eindeutig. Daher ist f bijektiv, also ein Automorphismus.

Damit Sie den Überblick behalten, fasse ich Ihnen die lustige Welt der Morphismen in Tabelle 13.1 zusammen.

Bezeichnung	surjektiv?	injektiv?	bijektiv?	von … nach
Homomorphismus	Nicht unbedingt	Nicht unbedingt	Nicht unbedingt	$U \to V$
Epimorphismus	Ja	Nicht unbedingt	Nicht unbedingt	$U \to V$
Monomorphismus	Nicht unbedingt	Ja	Nicht unbedingt	$U \to V$
Isomorphismus	Ja	Ja	Ja	$U \to V$
Endomorpismus	Nicht unbedingt	Nicht unbedingt	Nicht unbedingt	$V \to V$
Automorphismus	Ja	Ja	Ja	$V \to V$

Tabelle 13.1: Übersicht der Morphismen

Projektionen

Die Übersicht der Morphismen ist zwar abgeschlossen, aber das liegt nicht etwa daran, dass Sie nicht noch weitere Kombinationen interessanter Eigenschaften finden könnten. Vielmehr gehen uns langsam die griechischen Vorsilben aus.

Endomorphismen, also Homomorphismen von Vektorräumen in sich selbst, haben eine Besonderheit, die Sie erst bei genauem Hinsehen entdecken. Jeder Homomorphismus auf endlichdimensionalen Vektorräumen kann durch eine Matrix repräsentiert werden; bei linearen Operatoren ist diese sogar quadratisch. Denn die Zahl der Dimensionen im Urbild- und im Bildraum ist selbstverständlich gleich, denn es handelt sich ja um ein und denselben Vektorraum.

So weit klingt das noch nicht besonders spannend. Aber mit quadratischen Matrizen können Sie etwas anstellen, was Sie mit allgemeinen $n \times m$-Matrizen nicht tun können.

Jede quadratische Matrix kann mit sich selbst multipliziert werden.

Das ist schon einmal interessant. Für einen linearen Operator bedeutet dies die *mehrfache Hintereinanderausführung* derselben Abbildung.

Die Grafik 13.7 will Ihnen das verdeutlichen. Das Ergebnis des Operators, also sein Ausgang, wird erneut als Eingang zur Verfügung gestellt.

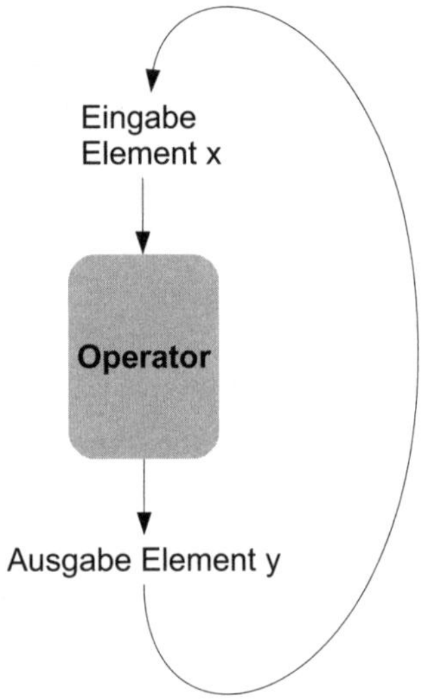

Abbildung 13.7: Hintereinanderausführung eines linearen Operators

Sie können diesen Vorgang beliebig oft wiederholen. Aus der mehrfachen *Matrixmultiplikation* wird dann eine *Potenzierung*!

Es gibt besondere Situationen, wo sich am Ergebnis nichts ändert, egal wie oft Sie den Ausgang wieder in den Eingang leiten. Eine Matrix mit dieser Eigenschaft wird *idempotent* genannt.

Alles über Matrizen, von quadratischen bis idempotenten finden Sie in Kapitel 7 »Die Matrix ist überall«.

Beispiel

Betrachten Sie die Matrix M mit

$$M = \begin{pmatrix} \frac{5}{6} & -\frac{1}{3} & \frac{1}{6} \\ -\frac{1}{3} & \frac{1}{3} & \frac{1}{3} \\ \frac{1}{6} & \frac{1}{3} & \frac{5}{6} \end{pmatrix}$$

Was geschieht, wenn Sie M mit sich selbst multiplizieren, sollten Sie zunächst auf einem Blatt Papier ausrechnen, bevor Sie weiterlesen!

Fertig? Ehrlich? Das ging aber schnell. Sind Sie sich sicher mit dem Ergebnis? Ok. Dann lesen Sie jetzt weiter …

$$M \cdot M = \begin{pmatrix} \frac{5}{6} & -\frac{1}{3} & \frac{1}{6} \\ -\frac{1}{3} & \frac{1}{3} & \frac{1}{3} \\ \frac{1}{6} & \frac{1}{3} & \frac{5}{6} \end{pmatrix} \cdot \begin{pmatrix} \frac{5}{6} & -\frac{1}{3} & \frac{1}{6} \\ -\frac{1}{3} & \frac{1}{3} & \frac{1}{3} \\ \frac{1}{6} & \frac{1}{3} & \frac{5}{6} \end{pmatrix} = \begin{pmatrix} \frac{30}{36} & -\frac{6}{18} & \frac{6}{36} \\ -\frac{6}{18} & \frac{3}{9} & \frac{6}{18} \\ \frac{6}{36} & \frac{6}{18} & \frac{30}{36} \end{pmatrix} = \begin{pmatrix} \frac{5}{6} & -\frac{1}{3} & \frac{1}{6} \\ -\frac{1}{3} & \frac{1}{3} & \frac{1}{3} \\ \frac{1}{6} & \frac{1}{3} & \frac{5}{6} \end{pmatrix} = M$$

Die Multiplikation von M mit sich selbst ergibt wiederum M. Also $M^2 = M$. Weil das so ist, muss ebenso $M^3 = M^{17} = M$ ergeben. Also allgemein: $M^n = M$. Deswegen ist M *idempotent*.

Lineare Operatoren, deren Hintereinanderausführung das Ergebnis nicht weiter verändern, werden *idempotent* genannt.

Wieder einmal wird die Eigenschaft einer Matrix auf einen linearen Operator übertragen; oder umgekehrt, wie Sie wollen.

Lineare, idempotente Operatoren sind *Projektionen*.

Vermutlich fragen Sie sich, was »Projektionen« mit idempotenten Abbildungen zu tun haben. Aber der Name ist wirklich gerechtfertigt. Zum Beispiel sind ja dreidimensionale Objekte, reduziert auf zweidimensionale Flächen, ebenfalls *Projektionen*. Und eine lineare Abbildung, die dies zum Beispiel leistet, könnte folgende Matrixgestalt P besitzen:

$$P = \begin{pmatrix} 1 & 0 & 0 \\ 0 & 1 & 0 \\ 0 & 0 & 0 \end{pmatrix}$$

Sie glauben das nicht? Dann wenden Sie doch allgemeine Koordinaten auf die *Projektionsmatrix* P an:

$$\begin{pmatrix} 1 & 0 & 0 \\ 0 & 1 & 0 \\ 0 & 0 & 0 \end{pmatrix} \cdot \begin{pmatrix} x \\ y \\ z \end{pmatrix} = \begin{pmatrix} x \\ y \\ 0 \end{pmatrix}$$

Die z-Komponente wird damit auf die XY-Koordinatenebene projiziert, genau wie angekündigt. Und was soll ich Ihnen sagen: P ist ein idempotenter Endomorphismus:

$$P \cdot P = \begin{pmatrix} 1 & 0 & 0 \\ 0 & 1 & 0 \\ 0 & 0 & 0 \end{pmatrix} \cdot \begin{pmatrix} 1 & 0 & 0 \\ 0 & 1 & 0 \\ 0 & 0 & 0 \end{pmatrix} = \begin{pmatrix} 1 & 0 & 0 \\ 0 & 1 & 0 \\ 0 & 0 & 0 \end{pmatrix} = P$$

Jede Projektionsmatrix kann als Eigenwerte nur 0 oder 1 aufweisen.

Eigenwerte und daraus resultierende Eigenräume sind das Thema von Kapitel 16 »Artige Eigenwerte«.

Es kommt aber noch besser. Denn wenn Sie ein wenig »rumprobieren«, werden Sie feststellen, dass es gar nicht so einfach ist, idempotente Matrizen wie M zu erzeugen (P war dagegen leicht).

Tatsächlich verrate ich Ihnen nun einen magischen Trick, mit dem Sie systematisch idempotente Matrizen erzeugen. Aber nicht weitersagen, Zauberer tun so etwas nicht!

Gehen Sie von einer beliebigen $m \times n$-Matrix A aus. Dann ist

$M = A \cdot (A^{\mathrm{T}} \cdot A)^{-1} \cdot A^{\mathrm{T}}$

idempotent!

Übrigens, wenn Sie für $A = \begin{pmatrix} 1 & 0 \\ 0 & 1 \\ 1 & 2 \end{pmatrix}$ ansetzen, werden Sie eine Überraschung erleben – und Sie werden sich als David Copperfield der linearen Algebra fühlen!

Es ergibt sich:

$$\begin{aligned}
M &= \begin{pmatrix} 1 & 0 \\ 0 & 1 \\ 1 & 2 \end{pmatrix} \cdot \left(\begin{pmatrix} 1 & 0 & 1 \\ 0 & 1 & 2 \end{pmatrix} \cdot \begin{pmatrix} 1 & 0 \\ 0 & 1 \\ 1 & 2 \end{pmatrix} \right)^{-1} \cdot \begin{pmatrix} 1 & 0 & 1 \\ 0 & 1 & 2 \end{pmatrix} \\
&= \begin{pmatrix} 1 & 0 \\ 0 & 1 \\ 1 & 2 \end{pmatrix} \cdot \begin{pmatrix} 2 & 2 \\ 2 & 5 \end{pmatrix}^{-1} \cdot \begin{pmatrix} 1 & 0 & 1 \\ 0 & 1 & 2 \end{pmatrix} \\
&= \begin{pmatrix} 1 & 0 \\ 0 & 1 \\ 1 & 2 \end{pmatrix} \cdot \frac{1}{6} \begin{pmatrix} 5 & -2 \\ -2 & 2 \end{pmatrix} \cdot \begin{pmatrix} 1 & 0 & 1 \\ 0 & 1 & 2 \end{pmatrix} \\
&= \frac{1}{6} \begin{pmatrix} 1 & 0 \\ 0 & 1 \\ 1 & 2 \end{pmatrix} \cdot \begin{pmatrix} 5 & -2 & 1 \\ -2 & 2 & 2 \end{pmatrix} \\
&= \frac{1}{6} \begin{pmatrix} 5 & -2 & 1 \\ -2 & 2 & 2 \\ 1 & 2 & 5 \end{pmatrix} = \begin{pmatrix} \frac{5}{6} & -\frac{1}{3} & \frac{1}{6} \\ -\frac{1}{3} & \frac{1}{3} & \frac{1}{3} \\ \frac{1}{6} & \frac{1}{3} & \frac{5}{6} \end{pmatrix}
\end{aligned}$$

Diese Matrix habe ich Ihnen zu Beginn des Abschnitts als idempotent vorgestellt ...!

Orthogonale Projektionen

Unter allen Projektionen sind *orthogonale Projektionen* besonders ausgezeichnet. Das sind lineare Abbildungen, die einen beliebigen Vektor auf einen Unterraum *U orthogonal*, also senkrecht, projizieren.

Schauen Sie sich hierzu Abbildung 13.8 aus dem $\mathbb{R}^3$ an.

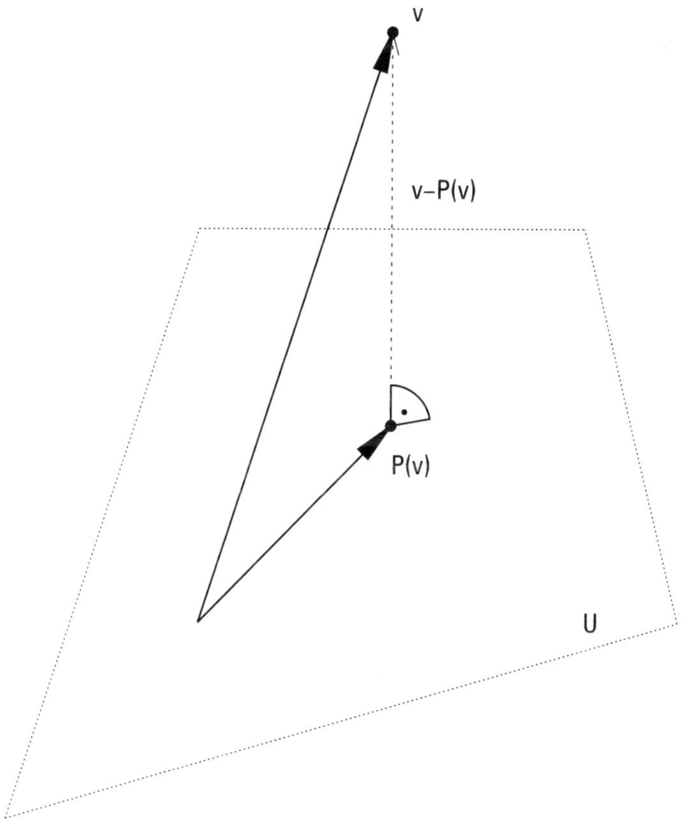

Abbildung 13.8: Orthogonale Projektion

In diesem Fall ist der Unterraum U eine Ebene des $\mathbb{R}^3$ und die Projektion P eines beliebigen Vektors v hat im Wesentlichen zwei Eigenschaften. Zum einen muss das Bild von v, also $P(v)$, in U liegen, zum anderen muss $P(v)$ den geringsten Abstand zu v besitzen. Das erkennen Sie in Abbildung 13.8 daran, dass $v - P(v)$ genau senkrecht, also *orthogonal* zu allen Elementen der Ebene ist.

Eine Projektion P heißt *orthogonale Projektion eines Vektorraums V auf einen Unterraum $U \subset V$*, falls $v - P(v)$ orthogonal ist zu allen Elementen aus U.

Das klingt vielleicht ein wenig kompliziert, ist aber nicht ganz so schlimm. Am Ende des Kapitels werde ich Ihnen ein Anwendungsgebiet dieser orthogonalen Projektionen zeigen, das nichts mit Geometrie zu tun hat.

Und es kommt noch besser. Anhand der Matrixdarstellung einer Projektion rechnen Sie schnell nach, ob sie orthogonal ist.

Die Matrixdarstellung A einer *orthogonalen Projektion* ist *idempotent* und *hermitesch*.

Wunderbar! Damit haben Sie eine schnelle und effektive Möglichkeit, die Projektionen zu klassifizieren.

Sobald ein Endomorphismus idempotent ist, ist er eine Projektion. Ist die zugehörige Matrix auch noch hermitesch, handelt es sich um eine orthogonale Projektion.

Wenn Sie gerade vergessen haben, was eine Matrix M hermitesch macht, hier ein kleiner Hinweis: $M = M^* = \overline{M}^T = \overline{M^T}$. Details dazu lesen Sie am besten in Kapitel 7 »Die Matrix ist überall« nach.

Ein gutes Beispiel ist die idempotente Matrix M aus dem vorangegangenen Abschnitt. Wenn Sie einen scharfen Blick auf M werfen, stellen Sie fest, dass M hermitesch ist:

$$M = \begin{pmatrix} \frac{5}{6} & -\frac{1}{3} & \frac{1}{6} \\ -\frac{1}{3} & \frac{1}{3} & \frac{1}{3} \\ \frac{1}{6} & \frac{1}{3} & \frac{5}{6} \end{pmatrix}$$

Denn die reellen Einträge sind symmetrisch. Demnach ist M eine orthogonale Projektion!

Ansteckungsgefahr bei Morphismen, Diagnose: Singularität

Nach dem Rundgang durch die Käfige der scheinbar so gefährlichen Raubtiere, den *Morphismen*, stellt sich heraus, dass diese possierlichen Kätzchen eigentlich recht harmlos sind.

Die allgemeinen Eigenschaften der Homomorphismen gelten für alle »Unterarten«. Dabei hat sich herausgestellt, dass die *Isomorphie* im Grunde am besten zu gebrauchen ist. Denn die Existenz eines bijektiven Homomorphismus macht eine wichtige Aussage über die betroffenen Vektorräume, nämlich, dass deren Struktur gleich ist, auch wenn die Bewohner dieser Räume sehr unterschiedlich aussehen sollten.

In diesem Abschnitt möchte ich Ihre Aufmerksamkeit erneut auf den Begriff des *Kerns einer Abbildung* lenken.

Ein Homomorphismus f heißt *singulär*, wenn $\text{Kern}(f) \neq \{0\}$.

Wieder so ein neuer Fachterminus. *Singularität* meint im Allgemeinen etwas Unangenehmes, etwas, das man eigentlich nicht haben will. So wie eine **Krankheit**. Ein singulärer Homomorphismus ist in diesem Sinne **krank**, weil sein Kern aus mehr als dem Nullvektor besteht, der ohnehin unvermeidbar ist. Umgekehrt ist eine *nicht-singuläre* lineare Abbildung **gesund**, weil sich in ihrem Kern nur ein einziger Vektor tummelt.

Spannenderweise sehen Sie der Matrixdarstellung eines Homomorphismus dieses »Defizit« gleich an, zumindest wenn es sich um einen Endomorphismus handelt. Dazu übertragen Sie den Begriff der Determinante der zugehörigen Matrix auf die lineare Abbildung selbst.

Ein Endomorphismus ist genau dann *singulär*, wenn seine *Determinante* Null ist.

Determinanten werden sehr ausführlich in Kapitel 14 »Ganz bestimmte Determinanten« erörtert.

Daran erkennen Sie, dass der Kern eines Homomorphismus im Allgemeinen und eines Endomorphismus im Besonderen schon recht wichtig ist. Es kommt aber noch besser.

Jeder nicht-singuläre Endomorphismus ist ein Isomorphismus!

Da haben Sie es! Die wichtige Eigenschaft einer linearen Abbildung, bijektiv zu sein, lässt sich bereits allein anhand der Betrachtung des Kernes erkennen.

Wenn Sie es ganz genau wissen wollen: Auch für allgemeine Homomorphismen lässt sich aus dem Kern und dem Bild ein Isomorphismus konstruieren. Genau genommen sind die Elemente ohne den Kern, abgesehenen vom Nullvektor, isomorph zum Bild einer jeden linearen Abbildung.

Aber warum ist das so? Wieso ist ein Kern, der nur aus dem Nullvektor besteht, zugleich ein Beweis dafür, dass die zugehörige Abbildung injektiv und surjektiv ist? Denken Sie darüber für einen Moment nach! Vielleicht kommen Sie selbst darauf …

Beginnen Sie mit der Injektivität. Ich behaupte, dass jeder nicht-injektive Homomorphismus (und nicht nur der angesprochene Endomorphismus) $H\colon U \to V$ automatisch Elemente im Kern enthält, die nicht dem Nullvektor entsprechen.

Wieso? Wenn H nicht injektiv ist, dann gibt es für zwei verschiedene Elemente a und b aus U dasselbe Bild, also $H(a) = H(b)$. Da H aber linear ist, muss ebenfalls gelten: $H(a - b) = H(a) - H(b) = 0$. Also befindet sich der Vektor $a - b$ im Kern von H, und dieser Vektor kann nicht der Nullvektor sein.

Nun kommen Sie zur Surjektivität. Die Matrixdarstellung M eines nicht-singulären Endomorphismus muss invertierbar sein, weil die zugehörige Determinante ungleich Null ist. Wenn H nicht surjektiv wäre, würden ja gewissermaßen Elemente von V »übrig« bleiben, die kein Urbild in U besäßen. Angenommen, v wäre der Koordinatenvektor eines solchen Elements. Dann können Sie $c = M^{-1} \cdot v$ ausrechnen. Und was soll ich Ihnen sagen: c muss dann genau der Koordinatenvektor des Urbilds von v sein, ein Widerspruch! Somit ist H auch surjektiv.

Wenn die Determinante eines Endomorphismus f ungleich Null ist, ist jede Matrixrepräsentation von f invertierbar. Deshalb muss f bijektiv sein.

Lineare Operatoren in der Technik

An dieser Stelle, am Schluss dieses wichtigen, aber auch recht schwierigen Kapitels, möchte ich einem möglichen Unwohlsein meiner Leser bereits im Vorfeld begegnen.

»Das ist ja alles schön und gut, massenhaft Morphismen, Zusammenhänge zwischen Abbildungen und deren Eigenschaften, Determinanten, Kerne und Bilder, Dimensionen und so fort. Aber wo bleibt die konkrete Anwendung? Was bedeuten diese Dinge, zum Beispiel bezogen auf technische Fragestellungen?«. Die Antwort folgt auf dem Fuße!

Beispiel

Angenommen, Sie haben in Ihrer technischen, natur- oder wirtschaftswissenschaftlichen Fragestellung das Problem, empirisch erhobene Messwerte in einen Zusammenhang zu bringen, der noch nicht einmal linear sein muss.

Beispielsweise wären folgende Ergebnisse von Spannungsmessungen in einer konkreten Schaltung zu beobachten, bei der unterschiedliche Widerstandswerte auf der X-Achse aufgetragen sind (siehe Abbildung 13.9).

Derartige Messungen sind niemals exakt. Vielleicht vermuten Sie, dass eine Gerade die Ergebnisse am besten annähern könnte. Eine derartige Gerade habe ich Ihnen eingezeichnet. Aber wie finden Sie deren analytische Darstellung?

Sobald Sie sich klarmachen, dass die Lösung sehr viel mit der *orthogonalen Projektion* der tatsächlichen Vektoren auf den Unterraum der Ergebnisgeraden zu tun hat, können Sie das Ziel unmittelbar erreichen. Um die Zahlenbeispiele übersichtlich zu halten, habe ich nur exemplarisch drei Punkte ausgewählt (siehe Abbildung 13.10).

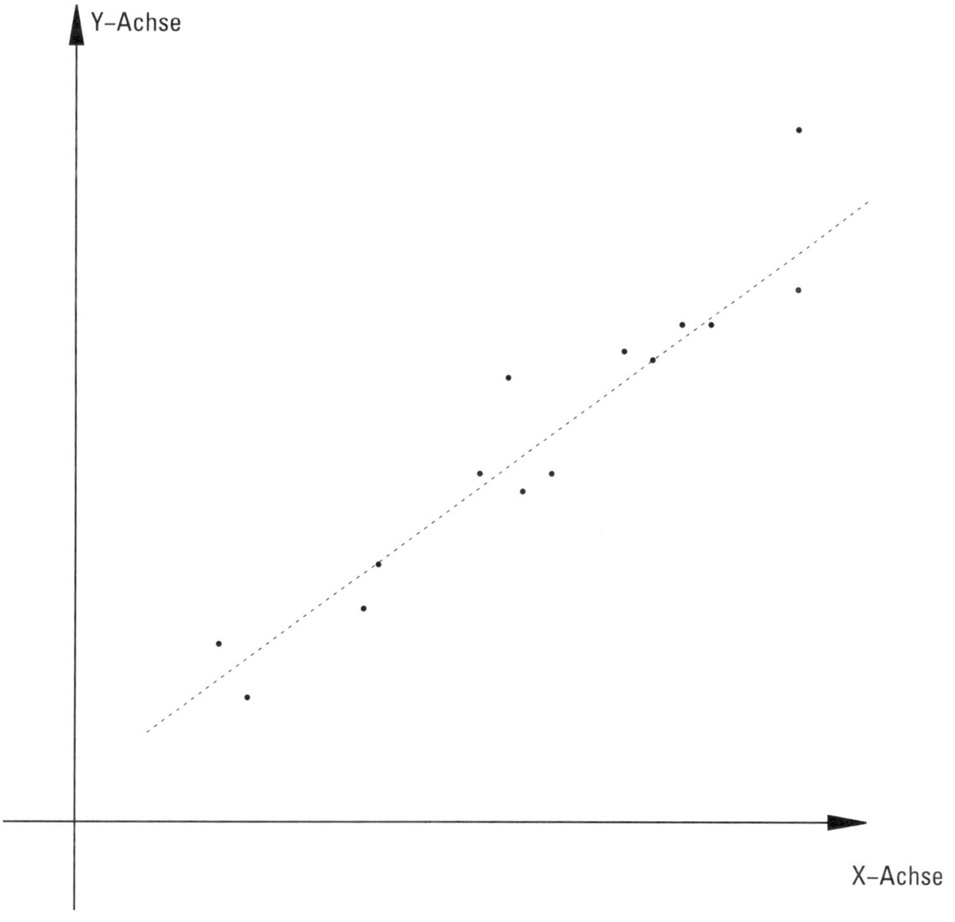

Abbildung 13.9: Messergebnisse als Punkte eingetragen

Die empirischen Messwerte im Beispiel lauten:

(2, 1), (3, 1), (4, 3)

Gesucht ist eine Zielfunktion $f(t) = x_1 \cdot t + x_2$. Ich habe bewusst t als Variable dieser Geraden eingesetzt, weil die unbekannten Parameter x_1 und x_2 den gesuchten Vektor bilden sollen. Sie können den polynomialen Ansatz ganz einfach auch für Parabeln und beliebige noch höhere Potenzen wählen. Es entstehen dadurch lediglich weitere unbekannte Komponenten im Vektor.

Der Abstand der tatsächlichen Punkte von der Geraden f ist dabei zu minimieren.

Carl Friedrich Gauß hat bereits im Neunzehnten Jahrhundert erkannt, dass die beste Näherung durch die Minimierung der Fehlerquadrate erreicht werden kann. Die konkreten Ergebnisse können auch durch Methoden der Analysis erzielt werden.

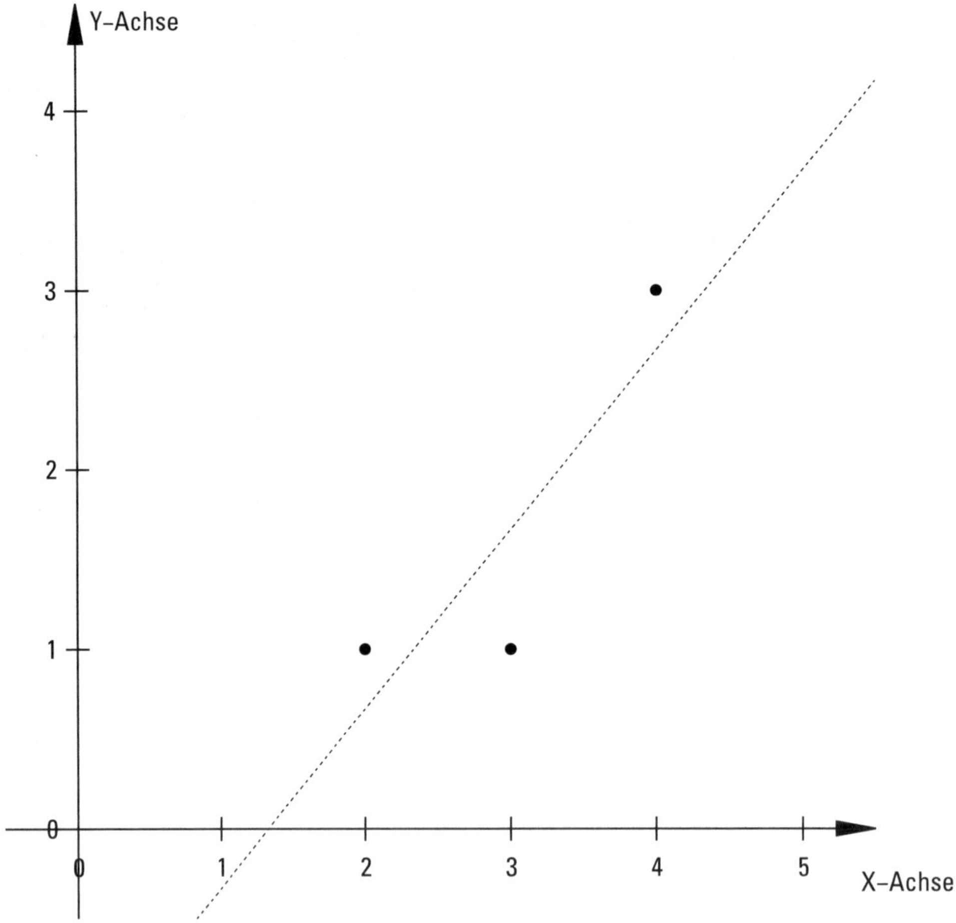

Abbildung 13.10: Ergebnisgerade und orthogonale Projektion

Sie schreiben alle diese Abstände in einem einzigen Term mithilfe der linearen Algebra auf. Dabei werden die Messwerte als Vektor geschrieben, während die Funktionswerte von f in einer Matrix auftauchen, die mit den Variablen der Funktion multipliziert wird.

$$\left\| \begin{pmatrix} 1 \\ 1 \\ 3 \end{pmatrix} - \begin{pmatrix} 2 & 1 \\ 3 & 1 \\ 4 & 1 \end{pmatrix} \cdot \begin{pmatrix} x_1 \\ x_2 \end{pmatrix} \right\|$$

Dieser Ausdruck repräsentiert den Fehler und ist daher zu minimieren. Der linke Vektor enthält die gemessenen Werte, also die rechte Seite der Messpunkte. Sehen Sie, dass dieser Ansatz leicht auf beliebig viele Punkte zu erweitern ist? Als Matrizengleichung sieht das allgemein so aus: $\|b - Ax\|$. Jetzt kommt die orthogonale Projektion ins Spiel. Wenn das Ergebnis zwingend eine Ursprungsgerade sein müsste, wäre A nur ein Vektor und Sie könnten Ax als eine Gerade interpretieren, die selbstverständlich orthogonal zu b sein müsste, um den Abstand zwischen Ax und b zu minimieren. Dies gilt aber auch in höheren Dimensionen! Der Term wird stets minimal, wenn $Ax = b$ gilt. Multiplizieren Sie auf beiden Seiten der Gleichung die Transponierte von A, erhalten Sie $A^T \cdot Ax = A^T \cdot b$. Ihr Lösungsvektor in x ist also eine orthogonale Projektion!

$$(A^T \cdot A)^{-1} \cdot (A^T \cdot A)\, x = (A^T \cdot A)^{-1} \cdot A^T \cdot b$$

$$\Rightarrow x = (A^T \cdot A)^{-1} \cdot A^T \cdot b$$

Damit haben sie eine effektive Methode gefunden, wie Sie diese so genannten *Ausgleichsrechnungen* mithilfe der linearen Algebra bewältigen. Im Beispiel ergibt sich:

$$\begin{pmatrix} 2 & 3 & 4 \\ 1 & 1 & 1 \end{pmatrix} \cdot \begin{pmatrix} 2 & 1 \\ 3 & 1 \\ 4 & 1 \end{pmatrix} \cdot \begin{pmatrix} x_1 \\ x_2 \end{pmatrix} = \begin{pmatrix} 2 & 3 & 4 \\ 1 & 1 & 1 \end{pmatrix} \cdot \begin{pmatrix} 1 \\ 1 \\ 3 \end{pmatrix}$$

$$\begin{pmatrix} 29 & 9 \\ 9 & 3 \end{pmatrix} \cdot \begin{pmatrix} x_1 \\ x_2 \end{pmatrix} = \begin{pmatrix} 17 \\ 5 \end{pmatrix}$$

$$\begin{pmatrix} x_1 \\ x_2 \end{pmatrix} = \frac{1}{6} \cdot \begin{pmatrix} 3 & -9 \\ -9 & 29 \end{pmatrix} \cdot \begin{pmatrix} 17 \\ 5 \end{pmatrix}$$

$$\begin{pmatrix} x_1 \\ x_2 \end{pmatrix} = \frac{1}{6} \cdot \begin{pmatrix} 6 \\ -8 \end{pmatrix} = \begin{pmatrix} 1 \\ -\frac{4}{3} \end{pmatrix}$$

Die gesuchte Lösungsgerade lautet demnach: $f(t) = t - 4/3$. Dieses Ergebnis habe ich Ihnen bereits in Abbildung 13.10 eingezeichnet.

Ganz bestimmte Determinanten

14

In diesem Kapitel ...

- Determinanten als wesentliche Elemente von Matrizen begreifen
- Die wichtigsten Verfahren zum Berechnen von Determinanten einstudieren
- Determinanten auf Homomorphismen übertragen
- Gesetzmäßigkeiten von Determinanten ausnutzen

In diesem Kapitel dreht sich alles um Determinanten. Woher sie kommen, wohin sie gehen, und vor allem, wie sie berechnet werden. Und wie wichtig diese bemerkenswerten Zahlen für Matrizen sind.

Sie sollten allerdings auch über den Rand des Schachbretts hinaus blicken. Auf lineare Abbildungen übertragen werden Determinanten noch weiter reichende Bedeutungen beigemessen. Dies alles und dazu eine Menge Beispiele erwarten Sie hier!

Warum Determinanten wichtig sind

Wenn dieses Kapitel nicht zufällig das erste ist, das Sie in diesem Buch aufschlagen, dann haben Sie schon an der ein oder anderen Stelle von diesen sagenumwobenen und recht eigenwilligen Objekten gehört, den *Determinanten*. Dem Wortsinn nach handelt es sich um eine bestimmungsgebende Eigenschaft, und zwar von Matrizen.

Sie haben »versehentlich« das Matrizen-Kapitel überschlagen und sind im Labyrinth der linearen Algebra an einer Sackgasse angekommen? Kein Problem! Folgen Sie diesem Hinweisschild in Richtung Kapitel 7 »Die Matrix ist überall« und Sie gehen nicht verloren ...

Angenommen, ich hätte Ihnen die Aufgabe gestellt, jeder beliebigen Matrix, ganz gleich wie groß sie auch sei, eine prägnante Zahl zuzuordnen. Welche hätten Sie gewählt? Einfach die erst beste oder eine zufällige Komponente der Matrix? Dann wäre der Rest ja überflüssig. Vielleicht die Summe aller Komponenten oder deren Produkt? Letzteres verbietet sich, weil dann eine einzige Null unter den Matrix-Einträgen bereits alle anderen Werte nivellieren würde.

Ok, es gibt viele Möglichkeiten. Aber weiter angenommen, ich hätte von Ihnen verlangt, dass die Determinante mit der Matrixmultiplikation verträglich sein solle, und zwar auf folgende Weise.

Es sind M und N zwei $n \times n$-Matrizen. Dann ist *die Determinante des Produkts gleich dem Produkt der Determinanten*.

Dieser so genannte *Produktsatz* besitzt natürlich auch eine ganz profane Beschreibung in Form einer mathematischen Gleichung.

$$\det(M \cdot N) = \det(M) \cdot \det(N)$$

Wie Sie unschwer erraten, wird die Determinante einer Matrix M mit det(M) abgekürzt. Sehr gerne werden auch die Betragsstriche verwendet. An der Bedeutung ändert das nichts: $\det(M) = |M|$.

Der Produktsatz ist eigentlich ein Hammer! Denn die Matrixmultiplikation selbst ist ja schon recht schwierig zu beherrschen. Und jetzt sollen Sie darüber hinaus etwas finden, was sich multiplikativ aus dieser Operation zusammensetzt. Abgesehen von trivialen und uninteressanten Festlegungen lässt der Produktsatz der Determinante schon fast keinen Spielraum mehr, sondern legt deren Berechnung in sehr engen Grenzen fest!

Um Sie noch ein wenig auf die Folter zu spannen, zeige ich Ihnen an einem sehr einfachen Beispiel, was das bedeutet.

Beispiel

Es seien die Matrizen M und N gegeben durch

$$M = \begin{pmatrix} 1 & 3 \\ 2 & 4 \end{pmatrix}, \mathrm{N}=\begin{pmatrix} -2 & 1 \\ 0 & 2 \end{pmatrix}$$

Dann müssen die Determinanten von M und N so bestimmt werden, dass die Determinante von M · N, also

$$M \cdot N = \begin{pmatrix} 1 & 3 \\ 2 & 4 \end{pmatrix} \cdot \begin{pmatrix} -2 & 1 \\ 0 & 2 \end{pmatrix} = \begin{pmatrix} -2 & 7 \\ -4 & 10 \end{pmatrix}$$

gerade dem Produkt der beiden anderen Determinanten entspricht.

Viel Spaß bei der Suche …

Was, Sie haben schon aufgegeben? **Gottfried Wilhelm Leibniz** hat als angeblich letzter Universalgelehrter bereits im 17. Jahrhundert eine allgemeingültige Formel für Matrizen beliebiger Dimension aufgestellt, mit denen er jede Determinante bestimmen konnte.

Gottfried Wilhelm Leibniz

ist keineswegs der Erfinder des Butterkekses. Diesen hat ein gewisser Herr Bahlsen erfunden, aber das war schon über einhundertfünfzig Jahre nach Leibniz' Tod.

Gottfried Wilhelm dagegen wurde 1646 geboren, witzigerweise in Leipzig, was aber auch nicht die häufig anzutreffende fehlerhafte Orthografie rechtfertigt, mit der sein Name fälschlicher Weise versehen wird, nämlich mit einem überschüssigen »t« an der vorletzten Stelle.

Leibniz war unter anderem Physiker, Philosoph, Bibliothekar, Kirchenrechtler, Politiker und, ach ja, beinahe hätte ich es vergessen, Mathematiker. Er stand dabei in Konkurrenz zu Sir Isaac Newton, mit dem er sich gegen Ende des 17. Jahrhunderts heftig befehdete.

Es ging um nichts weniger als darum, wer die Infinitesimalrechnung, also Differential- und Integralrechnung als Erster entdeckt hatte. Vermutlich haben beide unabhängig voneinander die wichtigsten Grundzüge der Analysis ausgemacht. Aber die Formel für die Determinante, wie sie in diesem Kapitel angegeben wird, geht eindeutig auf Leibniz zurück.

Was Permutationen mit Determinanten zu tun haben

Um die Formel dieses berühmten Herr Leibniz begreifen zu können, ist es unerlässlich, den Fachterminus der *Permutation* zu verstehen.

Permutationen sind einfach *Vertauschungen*, und zwar der *Anordnung*! Nachfolgend zeige ich Ihnen einmal alle Permutationen von 1, 2, 3 und 4:

1234, 1243, 1324, 1342, 1423, 1432, 2134, 2143, 2314, 2341, 2413, 2431, 3124, 3142, 3241, 3214, 3412, 3421, 4123, 4132, 4231, 4213, 4312, 4321

Es sind genau Vierundzwanzig.

Die Anzahl an *Permutationen* einer n-elementigen Menge beträgt n-Fakultät!

Da $4! = 1 \cdot 2 \cdot 3 \cdot 4 = 24$, wurde in der obigen Auflistung auch keine Möglichkeit der Anordnung der vier ersten Ziffern vergessen.

Benötigt werden die Permutationen im Zusammenhang mit den Indizes einer Matrix. Als Beispiel zeige ich Ihnen eine 4×4-Matrix M:

$$M = \begin{pmatrix} a_{11} & a_{12} & a_{13} & a_{14} \\ a_{21} & a_{22} & a_{23} & a_{24} \\ a_{31} & a_{32} & a_{33} & a_{34} \\ a_{41} & a_{42} & a_{43} & a_{44} \end{pmatrix}$$

Zur Berechnung der Determinante greifen Sie nun aus jeder Zeile jeweils ein Element heraus und multiplizieren diese so erhaltenen 4 Zahlen miteinander. Dabei darf sich aber auch keine Spalte wiederholen!

Wie viele Möglichkeiten gibt es dafür? Das ist nicht schwer. Gehen Sie von folgender Formel aus, wobei die zweiten Indizes durch die Buchstaben w, x, y und z ersetzt wurden:

$$a_{1w} \cdot a_{2x} \cdot a_{3y} \cdot a_{4z}$$

Nun müssen Sie alle Permutationen der Ziffern 1 bis 4, wie oben aufgelistet, der Reihe nach für die Variablen w bis z einsetzen. Es fängt an mit $1234 \rightarrow w = 1$, $x = 2$, $y = 3$ und $z = 4$, also $a_{11} \cdot a_{22} \cdot a_{33} \cdot a_{44}$. Danach kommt $1243 \rightarrow w = 1$, $x = 2$, $y = 4$ und $z = 3$, also $a_{11} \cdot a_{22} \cdot a_{34} \cdot a_{43}$. Am Schluss der 24 Permutationen setzen Sie $4321 \rightarrow w = 4$, $x = 3$, $y = 2$ und $z = 1$, also $a_{14} \cdot a_{23} \cdot a_{32} \cdot a_{41}$.

Das haben Sie im Griff? Sehr gut! Sie benötigen zur Berechnung einer Determinante alle Permutationen an Ziffern von 1 bis n, wenn n die Dimension der Matrix ist. Sollte die Matrix nicht quadratisch sein, definieren Sie ihre Determinante einfach als Null!

Dann ersetzen Sie jeweils den zweiten Index durch den Wert der gerade aktuellen Permutation und multiplizieren pro Permutation die so entstandenen n Werte auf. Das ist noch keineswegs alles. Denn diese Terme werden am Ende nicht alle *addiert*, sondern die Hälfte davon wird *subtrahiert*. Aber welche?

Dazu müssen Sie sich die jeweils verwendete Permutation genauer anschauen. Halten Sie sich fest, denn was jetzt kommt, ist wirklich merkwürdig. Der Term muss

- ✔ **addiert** werden, falls die Anzahl an größeren Zahlen links von kleineren *gerade* ist und
- ✔ **subtrahiert** werden, falls diese Anzahl *ungerade* ist.

Zum Beispiel muss der Term zur Permutation 4213 **addiert** werden, weil gilt: $4 > 2$, $4 > 1$, $4 > 3$, $2 > 1$. Das sind genau 4 Vergleiche und 4 ist bekanntlich eine **gerade** Zahl. Bei allen anderen Möglichkeiten kommt immer die kleinere Zahl vor der größeren, steht also links davon, etwa $2 \not> 3$ oder $1 \not> 3$.

Andererseits muss der Term zur Permutation 1324 **subtrahiert** werden, weil lediglich $3 > 2$ gilt. Somit haben Sie nur **einen** Fall ermittelt und eins ist bekanntlich **ungerade**.

Puh, das war anstrengend! Bevor ich Ihnen jedoch die *Leibnizsche Determinatenformel* präsentiere, die alles oben Gesagte auf engstem Raum wiedergibt, sollten Sie sich zunächst mit den einfachsten Matrizen befassen, bei denen nette Abkürzungen ebenfalls zum Ziel führen.

Berechnung von Determinanten

Eine 1×1-Matrix, die nichts anderes ist als eine skalare Zahl, stellt zugleich ihre Determinante dar, weil es überhaupt nur einen Faktor gibt. Demnach ist das ein witzloser Fall. Spannender wird die Berechnung von 2×2-Matrizen.

Determinanten von 2x2-Matrizen

Bei einer 2×2-Matrix M ist alles schön einfach und übersichtlich.

$$M = \begin{pmatrix} a_{11} & a_{12} \\ a_{21} & a_{22} \end{pmatrix}$$

Es gibt hier insbesondere nur 2 Permutationen, nämlich 12 und 21. Also gibt es auch nur 2 entsprechende Terme, die da lauten $a_{11} \cdot a_{22}$ sowie $a_{12} \cdot a_{21}$. Der erste Term muss **addiert** werden, weil die Anzahl an größeren Indizes vor kleineren Null ist, und das ist definitionsgemäß eine **gerade** Zahl. Der zweite dagegen ist zu **subtrahieren**, weil $2 > 1$ die eine Möglichkeit ist, die eine **ungerade** Zahl darstellt. Sie hätten es aber auch so erraten können, weil bei der Determinantenberechnung die Anzahl an zu addierenden und zu subtrahierenden Termen immer genau gleich ist. Damit gilt allgemein:

Die Determinante einer 2×2-Matrix M berechnet sich zu:

$$\det(M) - \begin{vmatrix} a_{11} & a_{12} \\ a_{21} & a_{22} \end{vmatrix} = a_{11} \cdot a_{22} - a_{12} \cdot a_{21}$$

Beispiele

Die Berechnung von 2×2-Determinanten ist so schön angenehm und wohltuend, dass sie gut und gerne als Yoga-Übung für das Gehirn durchgehen könnte. Exemplarisch zeige ich Ihnen reelle und komplexwertige Einträge:

$$\begin{vmatrix} 1 & 3 \\ 2 & 4 \end{vmatrix} = 4 - 6 = -2$$

$$\begin{vmatrix} -1 & 4 \\ 0 & 3 \end{vmatrix} = -3 - 0 = -3$$

$$\begin{vmatrix} 2 & 3 \\ -2 & -3 \end{vmatrix} = -6 - (-6) = 0$$

$$\begin{vmatrix} 2+i & -i \\ 2 & 2-i \end{vmatrix} = 5 - (-2i) = 5 + 2i$$

Wie Sie sehen, können Determinanten positiv, negativ oder Null sein. Dabei ist der Sonderfall der Null überaus wichtig, denn er ist ein sicherer Indikator dafür, dass die Zeilen (beziehungsweise Spalten) der zugehörigen Matrix *linear abhängig* sind. Ansonsten sind Zeilen und Spalten *linear unabhängig*.

Kapitel 8 führt Sie in die Welt der »linearen Unabhängigkeitserklärung«, die alle wesentlichen Fragen rund um diesen komischen aber sehr wichtigen Ausdruck behandelt.

Ich zeige Ihnen auch gleich, dass der faszinierende Produktsatz für das ursprüngliche Beispiel tatsächlich zutrifft:

$$\det(M) = \det\begin{pmatrix} 1 & 3 \\ 2 & 4 \end{pmatrix} = -2, \ \det(N) = \det\begin{pmatrix} -2 & 1 \\ 0 & 2 \end{pmatrix} = -4$$

$$\det(M \cdot N) = \det\left(\begin{pmatrix} 1 & 3 \\ 2 & 4 \end{pmatrix} \cdot \begin{pmatrix} -2 & 1 \\ 0 & 2 \end{pmatrix}\right) = \det\begin{pmatrix} -2 & 7 \\ -4 & 10 \end{pmatrix} = 8$$

$$\Rightarrow \ \det(M \cdot N) = \det(M) \cdot \det(N)$$

Was, das ist Ihnen zu langweilig? Zugegeben, mit 2×2-Matrizen können Sie beim Gehirnjogging keinen Blumentopf gewinnen. Witziger sind da 3×3-Matrizen, und für diese geht es schnell voran …

Determinanten mit der Regel von Sarrus berechnen

Keine Angst, die »Regel von Sarrus« ist keine komplizierte Geschichte, mit der Sie wieder neue Formeln oder kryptische Zusammenhänge erlernen müssen. Vielmehr hilft Ihnen diese Regel, die allgemeine Berechnungsvorschrift für 3×3-Determinanten leichter zu verinnerlichen. Aber – ganz ehrlich – sie enthält keinen wirklich neuen Gedankengang. Gehen Sie von einer 3×3-Matrix M aus, die folgende Form besitzt:

$$M = \begin{pmatrix} a_{11} & a_{12} & a_{13} \\ a_{21} & a_{22} & a_{23} \\ a_{31} & a_{32} & a_{33} \end{pmatrix}$$

Hier gibt es etwas mehr zu tun. Sie müssen insgesamt 3! = 6 Permutationen untersuchen, und zwar 123, 132, 213, 232, 312 und 321. Dies entspricht den Produkten: $a_{11} \cdot a_{22} \cdot a_{33}$, $a_{11} \cdot a_{23} \cdot a_{32}$, $a_{12} \cdot a_{21} \cdot a_{33}$, $a_{12} \cdot a_{23} \cdot a_{31}$, $a_{13} \cdot a_{21} \cdot a_{32}$ sowie $a_{13} \cdot a_{22} \cdot a_{31}$.

Die Entscheidung darüber, welche Terme addiert und welche subtrahiert werden, ist eine einfache Angelegenheit. Tabelle 14.1 gibt jeweils den Term, die Möglichkeiten für größere Indizes links von kleineren und das daraus resultierende Vorzeichen an:

Term	Möglichkeiten für größere Indizes links von kleineren	Vorzeichen (mit Begründung)
$a_{11} \cdot a_{22} \cdot a_{33}$	– keine –	+ (da 0 gerade ist)
$a_{11} \cdot a_{23} \cdot a_{32}$	$3 > 2$	- (da 1 ungerade ist)
$a_{12} \cdot a_{21} \cdot a_{33}$	$2 > 1$	- (da 1 ungerade ist)
$a_{12} \cdot a_{23} \cdot a_{31}$	$2 > 1, 3 > 1$	+ (da 2 gerade ist)
$a_{13} \cdot a_{21} \cdot a_{32}$	$3 > 1, 3 > 2$	+ (da 2 gerade ist)
$a_{13} \cdot a_{22} \cdot a_{31}$	$3 > 2, 3 > 1, 2 > 1$	- (da 3 ungerade ist)

Tabelle 14.1: Determinantenfaktoren bei 3 ×3-Matrizen

Damit gilt allgemein für 3×3-Matrizen:

Die Determinante einer 3×3-Matrix M berechnet sich zu:

$$\det(M) = \begin{vmatrix} a_{11} & a_{12} & a_{13} \\ a_{21} & a_{22} & a_{23} \\ a_{31} & a_{32} & a_{33} \end{vmatrix} =$$

$$= a_{11} \cdot a_{22} \cdot a_{33} + a_{12} \cdot a_{23} \cdot a_{31} + a_{13} \cdot a_{21} \cdot a_{32} - a_{13} \cdot a_{22} \cdot a_{31} - a_{11} \cdot a_{23} \cdot a_{32} - a_{12} \cdot a_{21} \cdot a_{33}$$

Ist Ihnen das allgemeine Schema aufgefallen? Nein? Dem Herrn **Pierre Frederic Sarrus**, einem französischen Mathematiker schon. Und zwar in der ersten Hälfte des 19. Jahrhunderts. Sein Name ist damit unsterblich geworden und in die Liste der Namensträger von

Formeln und Verfahren eingegangen, mit denen jugendliche Schüler und erwachsene Studierende seither gequält, pardon, ich meine natürlich, erfreut werden. Übrigens ist die *Regel von Sarrus* das mit Abstand populärste Ergebnis seiner Arbeit geblieben.

Den Trick verstehen Sie schnell, wenn Sie die 3×3-Matrix um zwei Spalten verlängern, die nichts anderes als die Kopien der beiden ersten Spalten enthalten, also:

$$\left|\begin{array}{ccc|cc} a_{11} & a_{12} & a_{13} & a_{11} & a_{12} \\ a_{21} & a_{22} & a_{23} & a_{21} & a_{22} \\ a_{31} & a_{32} & a_{33} & a_{31} & a_{32} \end{array}\right.$$

Und jetzt schauen Sie sich einmal an, welche Faktoren addiert und welche subtrahiert werden.

Jeweils miteinander durch einen Pfeil von oben links nach unten rechts verbundene Einträge werden multipliziert, und anschließend **aufaddiert**,

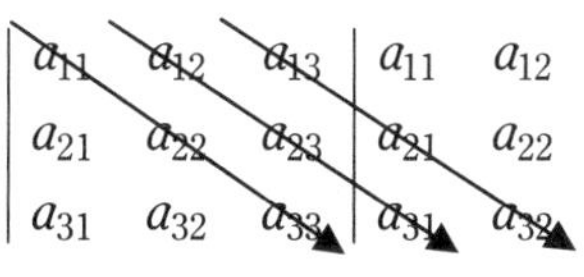

während miteinander durch einen Pfeil von unten links nach oben rechts verbundene Produkte **subtrahiert** werden!

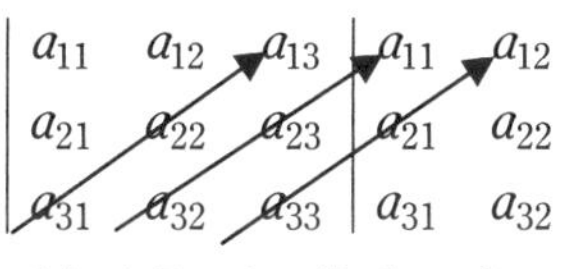

Alles klar? Das ist die berühmte *Regel von Sarrus*.

Lassen Sie es uns gleich ausprobieren! Ich gebe Ihnen als Übung drei 3×3-Matrizen und Ihre Aufgabe besteht darin, die jeweiligen Determinanten zu bestimmen. Bereit? Dann kann es losgehen.

Beispiele

$$\begin{vmatrix} 1 & -2 & -1 \\ 2 & 1 & 2 \\ 3 & 0 & 4 \end{vmatrix} = ?$$

$$\begin{vmatrix} 1 & 2 & -3 \\ 4 & 1 & -2 \\ 5 & 3 & -5 \end{vmatrix} = ?$$

$$\begin{vmatrix} i & 1 & 1 \\ 2i & 1+i & 2 \\ 0 & 3-i & 0 \end{vmatrix} = ?$$

Sie haben die Ergebnisse bereits ermittelt? Sind Sie sich sicher mit den Determinanten? Ok, dann schauen Sie sich die Lösungen an:

$$\begin{vmatrix} 1 & -2 & -1 \\ 2 & 1 & 2 \\ 3 & 0 & 4 \end{vmatrix} = 4 + (-12) + 0 - (-3) - 0 - (-16) = 11$$

$$\begin{vmatrix} 1 & 2 & -3 \\ 4 & 1 & -2 \\ 5 & 3 & -5 \end{vmatrix} = -5 + (-20) + (-36) - (-15) - (-6) - (-40) = 0$$

$$\begin{vmatrix} i & 1 & 1 \\ 2i & 1+i & 2 \\ 0 & 3-i & 0 \end{vmatrix} = 0 + 0 + 2i \cdot (3-i) - 0 - (3-i) \cdot 2 \cdot i - 0 = 6i - 2i^2 - 6i + 2i^2 = 0$$

Die beiden letzten Matrizen enthalten linear abhängige Zeilen (oder Spalten), weil die Determinante Null ergibt.

So ist die untere Zeile der mittleren Matrix genau die Summe der beiden oberen Zeilen, während die Situation bei der untersten Matrix ein wenig komplizierter ist. In jedem Fall ergibt das (4 + 2i)-Fache der ersten Zeile addiert zum (–2-i)-Fachen der mittleren Zeile gerade die untere Zeile:

Erste Zeile: **(i 1 1)** · (4 + 2i) → (–2 + 4i 4 + 2i 4 + 2i)

Zweite Zeile: **(2i 1 + i 2)** · (–2 –i) → (2 – 4i –1 – 3i –4 –2i)

Summe führt zur dritten Zeile:

(–2 + 4i) + (2 – 4i) = **0** (4 + 2i) + (–1 –3i) = **3 – i** (4 + 2i) + (–4 – 2i) = **0**

Sie suchen neue Herausforderungen? Sehr gut! Jetzt geht es um die Determinante im Allgemeinen.

Berechnung von Determinanten im Allgemeinen

Es ist soweit. Sie sind »reif für den Leibniz«!

Gegeben sei eine n × n-Matrix M der Form:

$$M = \begin{pmatrix} a_{11} & \cdots & a_{1n} \\ a_{21} & \cdots & a_{2n} \\ \vdots & \ddots & \vdots \\ a_{n1} & \cdots & a_{nn} \end{pmatrix}$$

$\sigma(k)$ sei die k-te *Permutation* der Indizes von 1 bis n, das heißt $\sigma(k) = k_1 k_2 \ldots k_n$

Weiter sei $\operatorname{sgn}(\sigma(k))$ die *Vorzeichenfunktion*, die genau dann 1 ist, das heißt $\operatorname{sgn}(\sigma(k)) = 1$, wenn die Anzahl an Kombinationen in $\sigma(k)$, bei denen ein größerer Index links von einem kleineren steht, gerade ist. Ansonsten sei $\operatorname{sgn}(\sigma(k)) = -1$.

Dann ist die *Determinante* von M definiert als:

$$|M| = \det(M) - \sum_{k=1}^{n!} (\text{sgn}(\sigma(k)) \cdot a_{1k_1} \cdots a_{nk_n}$$

Sie kennen ja zum Glück bereits die genaue Auflösung dieser berühmt-berüchtigten *Leibnizschen Formel*!

Aber ein echtes Beispiel dazu haben Sie noch nicht gerechnet, oder? Eine 4×4-Matrix sollte fürs Erste genügen. Außerdem ist Ihnen gewiss aufgefallen, dass Nullen innerhalb der Matrix die Sache vereinfachen, also erhalten Sie ein paar davon …

Beispiel

Gesucht ist die Determinante der 4×4-Matrix M:

$$M = \begin{pmatrix} 1 & 0 & 0 & 4 \\ 0 & 3 & -2 & 2 \\ -2 & -1 & 1 & 0 \\ 1 & 2 & 1 & 1 \end{pmatrix}$$

Die Regel von Sarrus darf nur für 3×3-Matrizen angewendet werden. Für 4×4-Matrizen oder noch höherdimensionale Objekte kommt im Allgemeinen ein falsches Ergebnis dabei heraus!

Sie wissen bereits, dass eine 4×4-Matrix über 4! = 24 mögliche Permutationen verfügt. 12 davon sind zu addieren, die restlichen 12 müssen subtrahiert werden. Das ist ein mühsames Geschäft und die Gefahr enorm groß, dabei eine Kombination zu vergessen oder ihr das falsche Vorzeichen zuzuordnen. Probieren Sie es bitte zuerst selbst aus! Anschließend verrate ich Ihnen in Tabelle 14.2, welche Faktoren mit einem positiven und welche mit einem negativen Vorzeichen verbunden werden müssen, je nach vorgegebener Permutation.

Wenn Sie nun die zu addierenden Terme addieren, ergibt sich 3 – 2 – 24 + 8 = –15. Davon abzuziehen ist 2 + 4 + 12 + 32 = 50. Insgesamt ergibt sich: det(M) = –15 – 50 = –65.

Das war Ihnen zu mühsam? So erging es schon den Menschen vor Jahrhunderten, und denen stand noch nicht einmal ein leistungsfähiger Taschenrechner zur Verfügung. Vereinfachungen müssen her, und die gibt es tatsächlich!

Permutation	Zu addierender Term	Permutation	Zu subtrahierender Term
1234	$1 \cdot 3 \cdot 1 \cdot 1$	1243	$1 \cdot 3 \cdot 0 \cdot 1$
1342	$1 \cdot (-2) \cdot 0 \cdot 2$	1324	$1 \cdot (-2) \cdot (-1) \cdot 1$
1423	$1 \cdot 2 \cdot (-1) \cdot 1$	1432	$1 \cdot 2 \cdot 1 \cdot 2$
2143	$0 \cdot 0 \cdot 0 \cdot 1$	2134	$0 \cdot 0 \cdot 1 \cdot 1$
2314	$0 \cdot (-2) \cdot (-2) \cdot 1$	2341	$0 \cdot (-2) \cdot 0 \cdot 1$
2431	$0 \cdot 2 \cdot 1 \cdot 1$	2413	$0 \cdot 2 \cdot (-2) \cdot 1$
3124	$0 \cdot 0 \cdot (-1) \cdot 1$	3142	$0 \cdot 0 \cdot 0 \cdot 2$
3241	$0 \cdot 3 \cdot 0 \cdot 1$	3214	$0 \cdot 3 \cdot (-2) \cdot 2$
3412	$0 \cdot 2 \cdot (-2) \cdot 2$	3421	$0 \cdot 2 \cdot (-1) \cdot 1$
4132	$4 \cdot 0 \cdot 1 \cdot 2$	4123	$4 \cdot 0 \cdot (-1) \cdot 1$
4213	$4 \cdot 3 \cdot (-2) \cdot 1$	4231	$4 \cdot 3 \cdot 1 \cdot 1$
4321	$4 \cdot (-2) \cdot (-1) \cdot 1$	4312	$4 \cdot (-2) \cdot (-2) \cdot 2$

Tabelle 14.2: Faktoren der 4 ×4-Matrix A

Rechenregeln für Determinanten

Es kann doch nicht sein, dass ein so wichtiges Konzept für Matrizen wie das der Determinanten auf so unerquickliche Weise zu ermitteln ist.

Vielleicht helfen Ihnen Beobachtungen darüber weiter, wie sich die Determinanten bei gewissen Matrizenoperationen auswirken. Die wichtigsten davon zähle ich Ihnen jetzt auf.

Wie sich die Transpositionen auf Determinanten auswirken

Für jede Matrix gilt: $det(A) = det(A^T)$.

Die Transposition verändert den Wert der Determinante also nicht. Es spielt daher keine Rolle, ob beispielsweise die lineare Abhängigkeit in den Zeilen oder in den Spalten vorhanden ist. Aber bemerkenswert ist das schon. Werfen Sie noch einmal einen Blick auf die Leibnizsche Formel, dann werden Sie es erkennen: bei der Zusammenstellung der Faktoren darf jeweils nur ein Element aus jeder Zeile betrachtet werden, aber auch keine Spalte darf sich wiederholen! Die Permutationen enthalten keine Zahl doppelt. Daher ist der Wert der Determinante gleich, auch wenn Sie Spalten statt Zeilen betrachten.

Diagonalmatrizen sind die besten Freunde von Determinanten

Eine *Diagonalmatrix* besitzt als Determinante das *Produkt der Elemente auf der Hauptdiagonalen.*

Am einfachsten ist das an einem Beispiel einzusehen. Dabei schrecke ich nicht einmal vor einer 6×6-Matrix A zurück.

$$\det(A) = \det\begin{pmatrix} 2 & 0 & 0 & 0 & 0 & 0 \\ 0 & -1 & 0 & 0 & 0 & 0 \\ 0 & 0 & 3 & 0 & 0 & 0 \\ 0 & 0 & 0 & 1 & 0 & 0 \\ 0 & 0 & 0 & 0 & -2 & 0 \\ 0 & 0 & 0 & 0 & 0 & 1 \end{pmatrix} = 2\cdot(-1)\cdot 3\cdot 1\cdot(-2)\cdot 1 = 12$$

Wieso war das so einfach? Müssen Sie hier nicht etwa auch alle 6! = 720 Produkte mit dem jeweiligen Vorzeichen bestimmen? Doch! Aber 719 davon resultieren in einer Null. Gehen Sie beispielsweise von der obersten Zeile aus. Egal, welche Spalte Sie wählen, jede mit Ausnahme der ersten, wird als Faktor eine Null enthalten. Sobald Sie sich aber für die erste Spalte in der ersten Zeile entschieden haben, bleibt bei der zweiten Zeile auch nur die zweite Spalte, alle anderen Möglichkeiten resultieren wieder in der Null. Und so geht es weiter bis zur sechsten Spalte in der sechsten Zeile. Die zugehörige Permutation lautet 123456. Und sie trägt ein positives Vorzeichen, weil keine einzige größere Zahl links von einer kleineren auftaucht. Nicht schlecht, oder?

Die Determinate der Einheitsmatrix

det (I) = 1

Diese Aussage ist jetzt wahrlich kein Hexenwerk. Einheitsmatrizen besitzen als Determinante eine 1. Das ist nicht nur klar, weil es sich bei Einheitsmatrizen ja um spezielle Diagonalmatrizen handelt, deren Determinante aus dem Produkt der Hauptdiagonalelementen besteht. Sondern auch wegen des *Produktsatzes*: det(A · B) = det(A) · det(B). Setzen Sie im Geiste für A und B dort einmal eine Einheitsmatrix I ein. Der Satz besagt dann, dass die Determinante der Einheitsmatrix gleich dem Quadrat dieses Wertes ist. Wenn Sie die Null ausschließen, trifft das lediglich auf die Zahl 1 zu, volià!

Skalare Multiplikation und Determinanten

Es sei A eine beliebige Matrix und A′ entstehe aus A, indem eine beliebige Zeile mit dem Wert k ∈ K multipliziert wird. Dann gilt: *det(A′) = k · det(A).*

Auf den ersten Blick sieht das überraschend aus, ist es aber nicht. Der Faktor k wird sich in jedem Summanden der Determinante von A′ genau einmal wieder finden. Demnach muss sich das Endergebnis um genau diesen Faktor, den Sie ausklammern können, verändern.

Wenn Ihnen das zu kompliziert klingt, zeige ich Ihnen ein einfaches Beispiel mit einer 3×3-Matrix A, und die Sache wird hoffentlich ein wenig klarer.

$$\det(A) = \det\begin{pmatrix} 1 & 0 & 1 \\ 2 & 2 & -1 \\ -3 & 1 & 0 \end{pmatrix} = 0 + 0 + 2 - (-6) - (-1) - 0 = 9$$

Die mittlere Zeile wird nun mit dem Faktor 3 versehen und Sie können schön beobachten, welche Auswirkungen das auf die Determinante von A′ hat:

$$\det(A') = \det\begin{pmatrix} 1 & 0 & 1 \\ 3\cdot 2 & 3\cdot 2 & 3\cdot(-1) \\ -3 & 1 & 0 \end{pmatrix} = 0 + 0 + 3\cdot 2 - (-3\cdot 6) - (-3\cdot 1) - 0 = 3\cdot 9 = 27$$

Determinanten und der Zeilentausch/Spaltentausch

Versuchen Sie auch die nächste, sehr wichtige Aussage zu verstehen. Sobald Sie sie gelesen haben, klappen Sie das Buch am besten zu und … nein, werfen es nicht in die Ecke, sondern denken Sie darüber nach! Anschließend lesen Sie bitte genau hier weiter.

Es sei A eine beliebige Matrix. Werden in A genau zwei Zeilen miteinander vertauscht, wodurch die Matrix A′ entsteht, dann gilt: $det(A') = -det(A)$.

Ebenso gilt für das Vertauschen von zwei Spalten, dass sich das Vorzeichen der Determinante umdreht.

Haben Sie hinreichend lange sinniert? Wenn ja, dann wird Ihnen diese Aussage logisch erscheinen. Die Determinante setzt sich ja aus Faktoren zusammen, deren Vorzeichen gemäß Leibniz über die komische Regel berechnet werden muss, wie viele größere Indizes links von kleineren stehen. Sollten Sie nun zwei Zeilen vertauschen – oder auch zwei Spalten – so verändern Sie alle betrachteten Permutationen.

Angenommen, bei A handele es sich um eine 7×7-Matrix mit 7! = 5040 Faktoren in der Determinante. Jede Permutation besteht aus den Ziffern 1–7, beispielsweise 1532764. Das Vorzeichen ist wegen $5 > 3$, $5 > 2$, $5 > 4$, $3 > 2$, $7 > 6$, $7 > 4$, $6 > 4$ **negativ**, da Sie eine ungerade Zahl an Relationen finden, nämlich 7. Wenn Sie jetzt beispielsweise die Spalten 3 und 6 vertauschen, entsteht die entsprechende Permutation in A′ mit: 15**6**273**4**.

Das Vorzeichen dieser Permutation in A′ ist jedoch wegen $5 > 2$, $5 > 3$, $5 > 4$, $6 > 2$, $6 > 3$, $6 > 4$, $7 > 3$ und $7 > 4$ **positiv**, denn die Zahl 8 ist gerade. Und das ist immer so! Alle Vorzeichen ändern sich, und damit auch das Vorzeichen des Endergebnisses.

Zur Entspannung führe ich Ihnen das an einer 3×3-Matrix A vor. In A′ wird die zweite mit der dritten Spalte vertauscht:

$$|A| = \begin{vmatrix} 1 & 2 & -1 \\ 3 & 0 & 1 \\ -1 & 3 & 1 \end{vmatrix} = 0 + (-2) + (-9) - 0 - 3 - 6 = -20$$

$$|A'| = \begin{vmatrix} 1 & -1 & 2 \\ 3 & 1 & 0 \\ -1 & 1 & 3 \end{vmatrix} = 3 + 0 + 6 - (-2) - 0 - (-9) = 20$$

Ausgehend von einer Matrix A können Sie mehrere Zeilen und Spalten vertauschen, das Endergebnis hängt davon ab, aus wie vielen einzelnen Vertauschungsoperationen das Gesamtwerk zusammengesetzt ist. Ein Ringtausch der Zeilen einer 3×3-Matrix a → b → c zu b → c → a setzt sich beispielsweise aus dem Vertauschen a ↔ b und anschließendem a ↔ c zusammen, was insgesamt die ursprüngliche Determinante nicht verändert!

Leibniz trifft auf Gauß

Was jetzt kommt ist absolut überraschend:

Es sei A eine beliebige Matrix. Ersetzen Sie in A eine beliebige Zeile durch die Summe dieser Zeile mit dem beliebigen Vielfachen einer anderen Zeile von A und erhalten so die Matrix A′, dann gilt: $det(A) = det(A')$.

Diese etwas umständliche Formulierung hätte ich Ihnen auch viel einfacher präsentieren können:

Gauß-Operationen verändern den Wert der Determinante nicht!

Sollte sich Ihre Freude über die Erwähnung von Gauß-Operationen im Zusammenhang mit Determinanten in Grenzen halten, hilft vielleicht ein Blick in Kapitel 6, wo Lösungsverfahren für lineare Gleichungssysteme (LGS) behandelt werden!

Verstehen Sie jetzt, warum ich im Zusammenhang mit Gauß-Operationen von »minimalinvasiven« Eingriffen in das LGS spreche? Die klassischen und korrekt angewendeten Operationen bewahren die Determinante eines LGS und damit der zugehörigen Koeffizientenmatrix. Dies gilt für die Jordan-Erweiterung selbstverständlich nicht mehr! Durch die Multiplikation einer Zeile mit einem Faktor ungleich Null wird die ursprüngliche Determinante gewissermaßen »zerstört«. Aber warum ist das nicht der Fall für Gauß-Operationen? Am besten führe ich Ihnen das anhand eines anschaulichen Beispiels vor.

Die folgende Matrix A enthält keine Nullen, damit Sie genau sehen können, wie sich die Gauß-Operation auf die Berechnung der Determinante auswirkt.

$$|A| = \begin{vmatrix} 1 & 1 & -1 \\ 2 & -1 & 1 \\ 1 & 3 & 1 \end{vmatrix} = -1 + 1 + (-6) - 1 - 3 - 2 = -12$$

Wenn A die Koeffizientenmatrix eines LGS repräsentiert, wäre der erste Gauß-Schritt das Ersetzen der zweiten Zeile durch die Summe dieser Zeile mit dem Minus-Zwei-Fachen der ersten. Ich führe das durch und fasse die so entstandenen Terme jedoch nicht zusammen, damit Sie leichter nachvollziehen können, was mit der Determinante passiert.

$$\begin{aligned} |A'| &= \begin{vmatrix} 1 & 1 & -1 \\ 2+(-2) & -1+(-2) & 1+2 \\ 1 & 3 & 1 \end{vmatrix} \\ &= (-1-2) + (1+2) + (-6+6) - (1+2) - (3+6) - (2-2) = \\ &= (-1+1-6-1-3-2) + (-2+2+6-2-6+2) = \\ &= -12 + 0 = -12 \end{aligned}$$

Schön, nicht wahr? Klassische Gauß-Operationen rühren die Determinante der ursprünglichen Koeffizientenmatrix nicht an. Dummerweise endet aber die Gestaltungskraft dieser Rechenwege in einer oberen Dreiecksmatrix. Aber was die Determinante dieser Gestalt anbetrifft, sind Sie sehr nahe am Ziel.

Determinantenberechnung für Dreiecksmatrizen

Die Determinante einer (oberen oder unteren) Dreiecksmatrix entspricht dem Produkt der Elemente auf der Hauptdiagonalen.

»Moment mal«, werden Sie jetzt einwenden. Haben wir nicht vorhin erst festgestellt, dass das Produkt der Hauptdiagonalenelemente einer Diagonalmatrix die Determinante repräsentiert?

Das stimmt, aber auch diese letzte, noch weiter reichende Aussage trifft zu.

Dazu ziehe ich wieder ein Beispiel heran, diesmal ist A eine 5×5-Matrix.

$$A = \begin{pmatrix} 1 & 3 & 7 & 9 & 6 \\ 0 & -1 & 4 & 5 & -3 \\ 0 & 0 & 2 & 3 & -1 \\ 0 & 0 & 0 & -2 & 4 \\ 0 & 0 & 0 & 0 & 3 \end{pmatrix}$$

Um die Determinante von A auszurechnen, beginnen Sie am besten ganz unten. Dort sind alle Faktoren Null, es sei denn, Sie wählen die letzte Spalte aus. Dann verbleibt Ihnen in Zeile 4 jedoch nur noch die vorletzte Spalte, denn aus der letzten Spalte stammte bereits der

Index aus Zeile 5. Und so geht das weiter. Für die dritte Zeile bleibt nur Spalte 3 übrig, die anderen Elemente wurden bereits weiter unten vergeben. Am Ende sind Sie in Zeile 1 angelangt und finden: $\det(A) = 1 \cdot (-1) \cdot 2 \cdot (-2) \cdot 3 = 12$

Zusammenhang zwischen Determinante und Invertierbarkeit einer Matrix

Eine Matrix M ist genau dann invertierbar, wenn $|M| \neq 0$.

Diese Aussage ist extrem wichtig und hat erhebliche Auswirkungen. Daher ist die Betrachtung der Determinante überhaupt so bedeutsam. Aber zuerst will ich Sie beruhigen. Das muss so sein! Dazu darf ich Sie erneut an den sehr wichtigen Produktsatz erinnern, der ganz am Anfang unserer Überlegungen zu den Determinanten stand.

Produktsatz für Determinanten: $\det(A \cdot B) = \det(A) \cdot \det(B)$

Wenn Sie in dieser Formel für B die Inverse von A einsetzen, nämlich $B = A^{-1}$, dann ergibt sich:

$$\det(A \cdot A^{-1}) = \det(I) = 1 = \det(A) \cdot \det(A^{-1}) \Rightarrow \det(A^{-1}) = 1/\det(A)$$

Die Determinante der Inversen von A entspricht zwangsläufig dem Kehrwert der Determinante von A. Und der existiert überhaupt nur dann, wenn $\det(A) \neq 0$. Und schon sind Sie einen Schritt weiter!

Unterdeterminanten

Vielleicht haben Sie seit dem letzten Beispiel den Verdacht, dass sich die Suche nach Determinanten dramatisch vereinfachen müsste, wenn viele Nullen in der Matrix auftauchen und zwar auch dann, wenn nicht gerade eine Diagonal- oder Dreiecksmatrix vorliegt. Das ist richtig! Das Zauberwort hierfür lautet *Unterdeterminanten*. Die Idee besteht darin, die Determinante einer großen Matrix auf viele Determinanten kleinerer Untermatrizen zurückzuführen.

Einen großen Vorteil davon können Sie sich insbesondere dann erhoffen, wenn größere zusammenhängende Unterdeterminanten komplett verschwinden, also zu Null werden. Aber auch in den anderen Fällen ist das Zurückführen der Determinante auf Unterdeterminanten eine gute Idee. Das Verfahren ist viel weniger fehleranfällig als die unmittelbare Anwendung von Leibniz' Formel und Sie können sich vom Zauber der *Rekursion* verführen lassen …

Rekursion

Der Begriff stammt vom lateinischen Verb »recurrere« und meint »zurücklaufen«. In der Informatik ist die Rekursion eines der mächtigsten Werkzeuge zum algorithmischen Lösen von Problemen. Der Grundgedanke lautet, ein kompliziertes Problem auf einfachere Fälle zurückzuführen, die dann selbst wiederum *rekursiv* gelöst werden. Auf diese Weise muss jedes Problem nur um einen Schwierigkeitsgrad reduziert werden, um es vollständig zu lösen.

Betrachten Sie exemplarisch die Fakultätsfunktion $n! = 1 \cdot 2 \cdot 3 \ldots n$. Sie könnten alternativ n! auch so definieren: $0! = 1$ und $n! = n \cdot (n-1)!$

Damit haben Sie den Ausdruck für n! auf jenen von (n-1)! *zurückgeführt* und damit rekursiv definiert.

Spannender wird es dagegen bei der *Fibonacci-Funktion*. Ihre rekursive Definition ist schnell beschrieben: $fib(0) = 0$, $fib(1) = 1$ und $fib(n) = fib(n-1) + fib(n-2)$. Somit können Sie jeden Wert ausrechnen, etwa $fib(3) = fib(2) + fib(1) = fib(1) + fib(0) + fib(1) = 2$. Aber die direkte Darstellung ist gar nicht leicht zu finden, probieren Sie es einmal!

In Kapitel 17 zeige ich Ihnen, wie Sie mithilfe der linearen Algebra auch dieses widerspenstige Problem lösen!

Weitere berühmte Beispiele rekursiver Lösungsstrategien sind die *Türme von Hanoi* oder auch der *Euklidische Algorithmus* zur Bestimmung des größten gemeinsamen Teilers.

Ausgehend von einer $n \times n$-Matrix streichen Sie die i-te Zeile und die j-te Spalte und bestimmen die so entstehende *Unterdeterminante*.

Die Unterdeterminante einer Matrix A nach dem Streichen der i-ten Zeile und j-ten Spalte, multipliziert mit $(-1)^{i+j}$ heißt *Adjunkte* oder *das algebraische Komplement* A_{ij}.

Und schon wieder ist es notwendig, neue Begriffe und kuriose Dinge einzuführen. Der Anfang ist ganz einfach. Sie streichen eine Zeile und eine Spalte. Sollte Ihre Matrix M folgende Gestalt besitzen

$$M = \begin{pmatrix} 1 & -1 & 2 & 0 \\ 2 & 0 & -3 & 1 \\ 3 & 1 & 1 & 2 \\ 0 & 1 & 0 & -1 \end{pmatrix}$$

so erhalten Sie etwa als Adjunkte zum Element 12:

$$M = \begin{pmatrix} 1 & -1 & 2 & 0 \\ 2 & 0 & -3 & 1 \\ 3 & 1 & 1 & 2 \\ 0 & 1 & 0 & -1 \end{pmatrix}$$

$$A_{12} = (-1)^{1+2} \cdot \begin{vmatrix} 2 & -3 & 1 \\ 3 & 1 & 2 \\ 0 & 0 & -1 \end{vmatrix} = -1 \cdot (-2+0+0-0-0-9) = 11$$

Oder auch das algebraische Komplement zum Element 23:

$$M = \begin{pmatrix} 1 & -1 & 2 & 0 \\ 2 & 0 & -3 & 1 \\ 3 & 1 & 1 & 2 \\ 0 & 1 & 0 & -1 \end{pmatrix}$$

$$A_{23} = (-1)^{2+3} \cdot \begin{vmatrix} 1 & -1 & 0 \\ 3 & 1 & 2 \\ 0 & 1 & -1 \end{vmatrix} = -1 \cdot (-1+0+0-0-2-3) = 6$$

Schließlich zeige ich Ihnen noch die Adjunkte zum Element 44:

$$M = \begin{pmatrix} 1 & -1 & 2 & 0 \\ 2 & 0 & -3 & 1 \\ 3 & 1 & 1 & 2 \\ 0 & 1 & 0 & -1 \end{pmatrix}$$

$$A_{44} = (-1)^{4+4} \cdot \begin{vmatrix} 1 & -1 & 2 \\ 2 & 0 & -3 \\ 3 & 1 & 1 \end{vmatrix} = 1 \cdot (0+9+4-0-(-3)-(-2)) = 18$$

Das algebraische Komplement ist also eine Zahl, die im Wesentlichen mit der Unterdeterminante übereinstimmt, wobei jedoch noch das Vorzeichen gesondert behandelt wird.

»Schön«, denken Sie vermutlich, »aber was fange ich damit an?«. Die Antwort lautet, dass Sie mithilfe der Adjunkten die Determinante einer beliebigen Matrix berechnen können. Dies geschieht durch den *Entwicklungssatz,* der absolut nichts mit einer Hilfe für unterentwickelte Länder zu tun hat, aber so wichtig ist, dass er einen eigenen Abschnitt verdient.

Der Entwicklungssatz

Der Entwicklungssatz geht auf *Laplace* zurück.

Pierre-Simon Marquis de Laplace

war zweifelsfrei einer der bedeutsamsten französischen Mathematiker. Er lebte von 1749 bis 1827 und war damit ein Zeitgenosse von Gauß.

Wie sein deutscher Kollege lag das Hauptaugenmerk seiner Werke im Bereich der Astronomie, doch auch auf anderen Gebieten hat er sehr Großes geleistet. Ebenfalls mit Gauß verbindet ihn die Erforschung von Sterbestatistiken und daraus resultierenden teilweise abstrusen Schlussfolgerungen.

Am bekanntesten sind neben wichtigen Ergebnissen der Analysis vor allem seine Arbeiten auf dem Gebiet der Wahrscheinlichkeitsrechnung. Ein *Laplace-Experiment* meint bis heute die Situation, bei der idealisierend angenommen wird, dass alle Elementarereignisse gleich wahrscheinlich sind und sich nicht gegenseitig beeinflussen. Beispiele dafür sind der mehrfache Wurf mit einem Würfel oder das Werfen einer Münze.

Laplace selbst sagt über die Wahrscheinlichkeitstheorie:

»Es ist bemerkenswert, dass eine Wissenschaft, die mit Glücksspielen begonnen hat, zu einer der bedeutendsten menschlichen Erkenntnisse geworden ist«

Zur Berechnung der Determinante einer Matrix mittels Entwicklungssatz entscheiden Sie sich, die Determinante **entweder** nach einer bestimmten Zeile **oder** nach einer Spalte zu entwickeln.

Entwicklungssatz: Es sei A eine nxn-Matrix. Dann berechnet sich die Determinante mittels Entwicklung **nach der i-ten Zeile** zu

$$\det(A) = \det\begin{pmatrix} a_{11} & \cdots & a_{1n} \\ \vdots & \ddots & \vdots \\ a_{n1} & \cdots & a_{nn} \end{pmatrix} = a_{i1} \cdot A_{i1} + a_{i2} \cdot A_{i2} + \cdots + a_{in} \cdot A_{in}$$

Alternativ ist die Determinante **nach der j-ten Spalte** zu entwickeln:

$$\det(A) = \det\begin{pmatrix} a_{11} & \cdots & a_{1n} \\ \vdots & \ddots & \vdots \\ a_{n1} & \cdots & a_{nn} \end{pmatrix} = a_{1j} \cdot A_{1j} + a_{2j} \cdot A_{2j} + \cdots + a_{nj} \cdot A_{nj}$$

i und j sind dabei beliebige Zahlen mit $1 \le i, j \le n$

Beispiel

Sie ermitteln die Determinante der Matrix

$$A = \begin{pmatrix} 1 & -1 & 2 & 2 \\ 2 & -1 & 1 & 1 \\ 0 & 0 & 1 & -1 \\ -1 & 2 & 3 & 0 \end{pmatrix}$$

Zuerst müssen Sie entscheiden, nach welcher Zeile oder Spalte Sie entwickeln. Natürlich wählen Sie jene Version, bei der die meisten Nullen auftreten. Da kommt nur Zeile 3 in Frage.

Da die ersten beiden Komponenten dieser Zeile Null sind, reduziert sich die Determinante von A auf die Summe zweier 3×3-Determinanten:

$$\det(A) = \det\begin{pmatrix} 1 & -1 & 2 & 2 \\ 2 & -1 & 1 & 1 \\ 0 & 0 & 1 & -1 \\ -1 & 2 & 3 & 0 \end{pmatrix}$$

$$= 1 \cdot (-1)^{3+3} \cdot \begin{vmatrix} 1 & -1 & 2 \\ 2 & -1 & 1 \\ -1 & 2 & 0 \end{vmatrix} + (-1) \cdot (-1)^{3+4} \cdot \begin{vmatrix} 1 & -1 & 2 \\ 2 & -1 & 1 \\ -1 & 2 & 3 \end{vmatrix}$$

$$= \begin{vmatrix} 1 & -1 & 2 \\ 2 & -1 & 1 \\ -1 & 2 & 0 \end{vmatrix} + \begin{vmatrix} 1 & -1 & 2 \\ 2 & -1 & 1 \\ -1 & 2 & 3 \end{vmatrix} = (1+8-2-2)+(-3+1+8-2-2+6)$$

$$= 5 + 8 = 13$$

Welch' ein nettes Ergebnis! Ich fasse jetzt noch einmal schnell zusammen, wie Sie Determinanten berechnen.

✔ Die *Leibnizsche Formel* funktioniert immer und ist korrekt, doch ist ihre Anwendung nur für sehr kleine Matrizen ein Spaß. Allerdings ist das Berechnen der Determinante einer 2×2-Matrix so einfach, dass Sie sich der berühmten Formel gar nicht gewahr werden. Für alles andere sollten Sie sich ein alternatives Verfahren wählen.

✔ Die *Regel von Sarrus* ist für 3×3-Matrizen das Mittel der Wahl. Leider funktioniert sie auch nur dort, bitte nicht für größere Matrizen anwenden!

✔ Mit dem *Entwicklungssatz* lässt sich die Determinante einer $n \times n$-Matrix auf n Determinanten von $(n-1) \times (n-1)$-Matrizen zurückführen. Das klingt zwar sehr mühsam, ist aber immer zu empfehlen, wenn sich einige Nullen in der Matrix befinden.

✔ Sollte alles nichts mehr helfen, wenden Sie einfach das *Gaußsche Eliminationsverfahren* an, um die ursprüngliche Matrix in eine obere Dreiecksmatrix zu transformieren. Achten Sie jedoch darauf, nur klassische Gauß-Operationen und keine der Jordanschen Erweiterungen anzuwenden! Zeilen- oder Spaltentausch sind ok, dabei aber stets an die Negierung der Determinante denken.

Determinanten von Homomorphismen

Abstraktion ist die wichtigste Fähigkeit, mit der Sie mathematische Zusammenhänge verstehen. Bisher sprach ich von Determinanten lediglich im Zusammenhang mit Matrizen. Allerdings besitzt auch jeder Endomorphismus bezogen auf eine konkrete Basis eine eindeutige Matrixdarstellung.

In Kapitel 13 werden neben allen möglichen Formen von Morphismen auch deren Matrixdarstellungen erläutert!

Es kommt noch besser. Alle Matrixdarstellungen **derselben** linearen Abbildung haben eine Gemeinsamkeit, sie sind *ähnlich*.

Ähnlichkeit zwischen den Matrizen A und B bedeutet, es gibt eine invertierbare Matrix C mit $A = C^{-1} \cdot B \cdot C$.

In Kapitel 7, wo Sie alles Wichtige über Matrizen nachlesen können, wird der Begriff der »Ähnlichkeit« erläutert und auch bereits der Zusammenhang zu Homomorphismen angesprochen.

Ich behaupte jetzt, dass alle Matrixdarstellungen ein und desselben Homomorphismus immer dieselbe Determinante besitzen.

Das ist mittels des Produktsatzes leicht zu verstehen. Wenn A und B Matrixdarstellungen derselben linearen Abbildung sind, muss aufgrund ihrer Ähnlichkeit auch für die Determinanten gelten:

$$\det(A) = \det(C^{-1} \cdot B \cdot C) = \det(C^{-1}) \cdot \det(B) \cdot \det(C) = \det(C^{-1}) \cdot \det(C) \cdot \det(B) = \det(B)$$

Es ist daher gerechtfertigt, die Determinante, also einen eindeutigen Skalar, bereits dem Homomorphismus zuzuordnen.

Die *Determinante eines Homomorphismus* H ergibt sich aus der Determinante einer beliebigen Matrixdarstellung von H.

Determinanten und das Spatprodukt

Unter dem Aspekt »Allerlei Kurioses« möchte ich Sie zum Schluss des Kapitels noch in einen kleinen Seitengang des Labyrinths führen, in dem Sie überraschend auf einen betagten Gast treffen: das *Spatprodukt*.

In Kapitel 10 »Geometrische Grundelemente« wird die Definition und die *Deutung des Spatprodukts* erklärt!

Das Spatprodukt erfordert drei Eingabevektoren und setzt sich aus einer Kombination aus Skalarprodukt und Kreuzprodukt zusammen. Wenn die drei Vektoren a, b und c heißen, sieht das so aus:

$$[abc] = a \cdot (b \times c)$$

Das Ausrechnen des Kreuzprodukts macht jedoch nur Freude im $\mathbb{R}^3$. Schauen Sie sich einmal anhand konkreter Vektoren an, was dabei herauskommt:

$$\left[\begin{pmatrix}1\\2\\3\end{pmatrix}\begin{pmatrix}0\\-1\\2\end{pmatrix}\begin{pmatrix}3\\1\\1\end{pmatrix}\right]=\begin{pmatrix}1\\2\\3\end{pmatrix}\cdot\left(\begin{pmatrix}0\\-1\\2\end{pmatrix}\times\begin{pmatrix}3\\1\\1\end{pmatrix}\right)=\begin{pmatrix}1\\2\\3\end{pmatrix}\cdot\begin{pmatrix}-3\\6\\3\end{pmatrix}=-3+12+9=18$$

Aber warum steht das in einem Kapitel über Determinanten? Die Antwort ergibt sich von ganz alleine, wenn Sie folgende 3×3-Determinante mit der Regel von Sarrus – oder einer anderen Methode Ihrer Wahl – ermitteln:

$$\begin{vmatrix}1&0&3\\2&-1&1\\3&2&1\end{vmatrix}=-1+0+12-(-9)-2-0=18$$

Der Wert des Spatprodukts dreier Vektoren mit jeweils drei Komponenten ist gleich der Determinante der 3×3-Matrix mit den entsprechenden Einträgen!

Das Thema *Determinanten* bereitet Ihnen von jetzt an hoffentlich Freude!

Das nächste Kapitel erwartet Sie mit verblüffenden Ergebnissen zum Thema *Basiswechsel*. Sollten Sie jedoch lieber gleich den Gipfel der Erkenntnis linearer Algebra besteigen wollen, können Sie das gerne tun. Kapitel 17 »Diagonalisieren statt um die Ecke denken« ist dann genau das Richtige für Sie!

Es reicht, wir wechseln die Basis

15

In diesem Kapitel ...

- Die Basis als wesentlichen Bestandteil eines Vektorraums rekapitulieren
- Koordinatendarstellungen von Vektoren erarbeiten
- Die Übergangsmatrix zum Basiswechsel verstehen
- Matrixdarstellungen von Homomorphismen in Abhängigkeit der zugehörigen Basen erkennen
- Die Anwendung des Basiswechsels in der Praxis erleben

Der Basiswechsel ist ein konkretes Verfahren, um Koordinatendarstellungen von Vektoren und die Matrixdarstellung linearer Abbildungen von einer Basis in eine andere zu überführen. Dazu sind zahlreiche Schritte notwendig, die Sie in diesem Kapitel ausführlich behandeln und systematisch durchführen. Dabei wird auch der Blick auf die praktischen Konsequenzen nicht außer Acht gelassen.

Ausgangssituation

Wenn Sie im Labyrinth der linearen Algebra vom Eingang im ersten Kapitel bisher durch alle Gänge geschritten sind, können Sie Ihr Wissen über Vektoren auf folgende Aspekte fokussieren:

- ✔ *Vektoren* sind Elemente eines Vektorraums.
- ✔ Eine minimale Menge von Vektoren, deren Linearkombination den gesamten Vektorraum aufspannt, bezeichnet man als *Basis*.
- ✔ Die Anzahl der Basisvektoren ergibt die *Dimension* des Vektorraums.
- ✔ Eine Basis ist keineswegs eindeutig. Vielmehr gibt es unendlich viele Möglichkeiten, *linear unabhängige Vektoren* in einem Vektorraum zu finden.
- ✔ Jeder Vektor besitzt, bezogen auf eine konkrete Basis, eine eindeutige Darstellung als deren Linearkombination. So entsteht der *Koordinatenvektor*.
- ✔ Jeder Vektorraumhomomorphimus besitzt eine *eindeutige Matrixdarstellung*, sobald Sie sich auf eine bestimmte Basis festgelegt haben.

Sollten Sie sich unsicher bei den erwähnten Fachbegriffen sein, ist ein Blick in Kapitel 9 ratsam; dort werden alle wichtigen Grundlagen zu Basen von Vektorräumen behandelt.

Zur Rekapitulation dieser Vielzahl von Begriffen erhalten Sie jetzt ein ausführlich beschriebenes Beispiel.

Beispiel

Gegeben sei der Vektorraum V der Polynome höchstens zweiten Grades mit Koeffizienten aus $\mathbb{R}$. Da es sich bei V um einen dreidimensionalen Vektorraum handelt, wird eine Basis b, bestehend aus drei Basisvektoren benötigt. Diese könnte zum Beispiel so aussehen:

$$b = \left(2x^2 - x + 1,\ x - 1,\ -x^2 + 2\right)$$

Wenn Sie mir nicht glauben, dass b eine Basis ist, müssen Sie die lineare Unabhängigkeit der einzelnen Basisvektoren überprüfen. Am einfachsten und schnellsten geschieht das mit der *Determinantenmethode*.

Dazu wenden Sie einen kleinen Trick an. Schreiben Sie die einzelnen Koeffizienten der Elemente von b in eine 3×3-Matrix M. Es spielt dabei keine Rolle, ob Sie die Vektoren spaltenweise oder zeilenweise anordnen, die Determinante ist in beiden Fällen identisch.

Bei der Übertragung von Vektoren in eine Matrix müssen fehlende Komponenten durch Nullen ersetzt werden.

Sie erhalten als Determinante von M:

$$\det(M) = \begin{vmatrix} 2 & 0 & -1 \\ -1 & 1 & 0 \\ 1 & -1 & 2 \end{vmatrix} = 4 + 0 + (-1) - (-1) - 0 - 0 = 4$$

Da dieser Wert ungleich Null ist, sind die zugehörigen Vektoren linear unabhängig und bilden eine *Basis*.

Sie durften diesen Trick anwenden und mussten sich nicht mit Polynomen herumschlagen, weil der Übergang zu *Koordinatenvektoren* stets erlaubt ist, sobald eine Basis festgelegt wurde. Das klingt schön und gut, aber welche Basis wurde im vorliegenden Fall festgelegt? Einfach nur die Koeffizienten zu betrachten, setzt die Vorgabe der *kanonischen Basis e* voraus. Dabei handelt es sich immer um die einfachste anzunehmende Basis, die für den Vektorraum V so festgelegt ist:

$$e = (x^2, x, 1)$$

Bis auf die Reihenfolge der drei Basisvektoren, die ein Stück weit willkürlich ist, können Sie mir gewiss keine noch einfachere Basis von V nennen. Die drei Vektoren aus b erhalten bezüglich V folgende Koordinatenvektoren:

$$\left[2x^2 - x + 1\right]_e = \begin{pmatrix} 2 \\ -1 \\ 1 \end{pmatrix}$$

$$\left[x - 1\right]_e = \begin{pmatrix} 0 \\ 1 \\ -1 \end{pmatrix}$$

$$\left[-x^2 + 2\right]_e = \begin{pmatrix} -1 \\ 0 \\ 2 \end{pmatrix}$$

Haben Sie das System erkannt, wie die Koordinatenvektoren zu bilden sind? Klasse! Die formale Begründung dafür steht jedoch noch aus. Ich führe Ihnen das am ersten Vektor langsam und ausführlich vor.

$$\left[2x^2 - x + 1\right]_e = \begin{pmatrix} 2 \\ -1 \\ 1 \end{pmatrix} \text{ da } 2 \cdot \mathrm{x}^2 + (-1) \cdot x + 1 \cdot 1 = 2x^2 - x + 1$$

Der Koordinatenvektor eines Vektors v enthält also immer die *Koeffizienten* der Basisvektoren für die Linearkombination, mit der v identifiziert werden kann.

Das gilt für jeden beliebigen Vektor. Immer gibt es eine *eindeutige Linearkombination* aus Basisvektoren. Allerdings sind die Koeffizienten dieser Linearkombination immer von der Wahl der Basis abhängig. Das kann ich Ihnen jetzt, nachdem geklärt ist, dass b wirklich eine Basis ist, recht schön zeigen. Dazu wähle ich zuerst einen konkreten Beispielvektor v, etwa: $v = 5x^2 - 4x + 6$. Der Koordinatenvektor bezüglich der kanonischen Basis von V wird Sie kaum »vom Hocker reißen«:

$$\left[5x^2 - 4x + 6\right]_e = \begin{pmatrix} 5 \\ -4 \\ 6 \end{pmatrix}$$

Etwas anders sieht die Angelegenheit für b aus. Um herauszufinden, welche Linearkombination v erzeugt, ist ein lineares Gleichungssystem zu lösen.

Die systematische Lösung von linearen Gleichungssystemen wird in Kapitel 6 umfassend behandelt.

Der Ansatz ergibt sich folgendermaßen:

$$k_1 \cdot \left(2x^2 - x + 1\right) + k_2 \cdot (x - 1) + k_3 \cdot \left(-x^2 + 2\right) = 5x^2 - 4x + 6$$

Hier ist ein *Koeffizientenvergleich* fällig. Dazu fassen Sie die Terme für jede Potenz des Polynoms links und rechts des Gleichheitszeichens zusammen. Sie sammeln also jeweilig die Koeffizienten für x^2, x und die verbliebenen Konstanten. Damit erhalten Sie das folgende LGS:

k_1	k_2	k_3	
2	0	–1	5
–1	1	0	–4
1	–1	2	6

Sie lösen dieses LGS mit einem Verfahren Ihrer Wahl. Ich führe Ihnen exemplarisch die *Cramersche Regel* vor, weil Sie die Koeffizientendeterminante praktischerweise schon berechnet haben und im Voraus wissen, dass die Lösung eindeutig sein muss – sonst wäre b keine Basis.

Sie erhalten zuerst für k_1:

$$k_1 = \frac{\begin{vmatrix} 5 & 0 & -1 \\ -4 & 1 & 0 \\ 6 & -1 & 2 \end{vmatrix}}{4} = \frac{10+0-4-(-6)-0-0}{4} = \frac{12}{4} = 3$$

Weiter geht es mit k_2:

$$k_2 = \frac{\begin{vmatrix} 2 & 5 & -1 \\ -1 & -4 & 0 \\ 1 & 6 & 2 \end{vmatrix}}{4} = \frac{-16+0+6-4-0-(-10)}{4} = \frac{-4}{4} = -1$$

Und schließlich gilt für k_3:

$$k_3 = \frac{\begin{vmatrix} 2 & 0 & 5 \\ -1 & 1 & -4 \\ 1 & -1 & 6 \end{vmatrix}}{4} = \frac{12+0+5-5-8-0}{4} = \frac{4}{4} = 1$$

Als Endergebnis lautet damit der Koordinatenvektor von v bezüglich der Basis b:

$$\left[5x^2 - 4x + 6\right]_b = \begin{pmatrix} 3 \\ -1 \\ 1 \end{pmatrix}$$

Das ist zwar korrekt, aber viel zu mühselig und aufwändig. Stellen Sie sich vor, Sie müssten hunderte von Vektoren in eine andere Basis überführen. Es muss einen einfacheren und schnelleren Weg geben, und den zeige ich Ihnen jetzt!

Wo die neuen Basisvektoren herkommen

Um besser zu verstehen, wie Sie generell einen *Basiswechsel* vornehmen, können Sie einen Vektor auch allgemein betrachten. Ziehen Sie dazu den Vektorraum V aus dem letzten Beispiel heran und bestimmen den Koordinatenvektor eines beliebigen Elements aus V bezüglich der kanonischen Basis. Das klingt recht schwierig, ist aber ausgesprochen leicht durchzuführen.

$$\left[a \cdot x^2 + b \cdot x + c\right]_e = \begin{pmatrix} a \\ b \\ c \end{pmatrix}$$

Spannender wird nun die Frage, welche Gestalt der Koordinatenvektor dieses allgemeinen Vektors aus V bezogen auf die Basis b besitzt.

Wiederum ist ein lineares Gleichungssystem zu lösen, das diesmal folgende Gestalt besitzt:

k_1	k_2	k_3	
2	0	−1	a
−1	1	0	b
1	−1	2	c

Bezeichnen Sie nun die Koeffizientenmatrix des LGS mit A und den allgemeinen Vektor mit v, dann ist $[v]_e$ der Koordinatenvektor von v bezüglich der kanonischen Basis und $[v]_b$ der entsprechende Koordinatenvektor von v, diesmal bezogen auf die Basis b.

Dieser Zusammenhang liest sich dann mithilfe der linearen Algebra wie folgt:

$$A \cdot [v]_b = [v]_e$$

Offenbar ist A invertierbar, weil die Matrix aus linear unabhängigen Basisvektoren entsteht. Daher darf A^{-1} auf beiden Seiten der Matrizengleichung multipliziert werden:

$$A^{-1} \cdot A[v]_b = A^{-1} \cdot [v]_e \rightarrow [v]_b = A^{-1} \cdot [v]_e$$

Das ist doch wunderbar! Sie haben ein systematisches Verfahren gefunden, wie Sie die Koordinatenvektoren eines beliebigen Vektors v bezogen auf eine gegebene Basis b finden.

Um die Koordinaten eines Vektors $v \in V$ bezüglich einer beliebigen Basis b zu ermitteln, stellen Sie zunächst die Matrix A auf, deren Spalten genau die Koordinatenvektoren der Basisvektoren von b bezogen auf die kanonische Basis e darstellen. Sie erhalten dann den Koordinatenvektor $[v]_b$ von v bezüglich b, in dem Sie A^{-1} von links mit $[v]_e$ multiplizieren.

Die Sache sieht gut aus, hat aber einen Haken. Denn es wird stets vorausgesetzt, dass die Koordinatenvektoren der kanonischen Basis ohnehin von vorneherein vorliegen.

Das muss aber nicht sein! Die allgemeine Fragestellung in diesem Kapitel lautet, wie sich generell die Koordinatenvektoren einer *neuen Basis* b aus den Koordinatenvektoren einer *alten Basis* g ermitteln lassen, und zwar auch dann, wenn g nicht, wie im obigen Spezialfall, die kanonische Basis darstellt.

Das Verfahren ist ähnlich dem früheren, aber ein wenig komplizierter. Der Schlüssel steckt in der Matrix A. Was genau sind die Bestandteile von A? Wie gesagt enthält A in den *Spalten* die Koordinatenvektoren der *neuen Basisvektoren*, aber bezogen auf die *alte Basis*.

Eine Matrix, die genau das leistet, nennt man *Übergangsmatrix*.

Die Übergangsmatrix bestimmen

Um exakt zu verstehen, was eine Übergangsmatrix ist und wie sie zustande kommt, schauen Sie sich an, welche Linearkombinationen der *alten Basisvektoren* nötig sind, um die *neuen Basisvektoren* zu erzeugen.

Für einen n-dimensionalen Vektorraum betrachten Sie folgende Basen:

$$g = (g_1, g_2, \cdots, g_n) \text{ sowie } b = (b_1, b_2, \cdots, b_n)$$

Jeder Vektor lässt sich durch jede Basis linear kombinieren. Nachfolgend zeige ich Ihnen, wie sich die Vektoren von b als Linearkombinationen von g darstellen:

$$\begin{array}{ccccccc} b_1 & = & a_{11} \cdot g_1 & + & \cdots & + a_{1n} \cdot g_n \\ b_2 & = & a_{21} \cdot g_1 & + & \cdots & + a_{2n} \cdot g_n \\ \vdots & \vdots & \vdots & \vdots & \ddots & \vdots \\ b_n & = & a_{n1} \cdot g_1 & + & \cdots & + a_{nn} \cdot g_n \end{array}$$

Die *Übergangsmatrix U* entsteht aus der Transponierten der Koeffizientenmatrix, die die neuen Basisvektoren mithilfe der alten Basisvektoren linear kombiniert.

Das ergibt folgende Darstellung für U.

$$U = \begin{pmatrix} a_{11} & \cdots & a_{n1} \\ \vdots & \ddots & \vdots \\ a_{1n} & \cdots & a_{nn} \end{pmatrix}$$

U ist zwangsläufig eine reguläre Matrix, weil die lineare Unabhängigkeit der Spaltenvektoren per Konstruktion aus linear unabhängigen Basisvektoren garantiert ist.

Den folgenden Merksatz sollten Sie sich einprägen. Er beschreibt das Verfahren, wie Sie ausgehend von Koordinatenvektoren einer beliebigen Basis g zu den entsprechenden Koordinatenvektoren einer neuen Basis b gelangen.

Wenn U die *Übergangsmatrix* von einer Basis g in eine Basis b ist, dann gilt für die Koordinatenvektoren eines jeden Vektors v:

$$U[v]_b = [v]_g \rightarrow [v]_b = U^{-1}[v]_g$$

Bevor ich Ihnen ein konkretes Zahlenbeispiel dazu zeige, halten Sie einen Moment inne, um genau zu *verstehen*, warum die Übergangsmatrix so und nur so gebildet werden darf.

Dazu ist die Frage zu klären, was die Linearkombinationen der neuen Basisvektoren aus den alten mit dieser Angelegenheit zu tun haben.

Gehen Sie einfach von einem beliebigen Vektor v aus. Dieser Vektor hat bezüglich jeder denkbaren Basis konkrete Koeffizienten der Linearkombination, die zum Koordinatenvektor führen. Der Übersichtlichkeit halber zeige ich Ihnen den allgemeinen Fall für die Dimension zwei. Dort könnte v aus der neuen Basis b folgendermaßen zusammengesetzt sein:

$$v = k_1 b_1 + k_2 b_2$$

Die beiden Koeffizienten k_1 und k_2 stellen den zugehörigen Koordinatenvektor dar.

$$[v]_b = \begin{pmatrix} k_1 \\ k_2 \end{pmatrix}$$

Gehen Sie weiter davon aus, es sei ermittelt worden, welchen Linearkombinationen die neuen Basisvektoren bezogen auf eine alte Basis g entsprächen. Dies würden Sie auf folgende Weise notieren:

$$\begin{aligned} b_1 &= a_{11} \cdot g_1 + a_{12} \cdot g_2 \\ b_2 &= a_{21} \cdot g_1 + a_{22} \cdot g_2 \end{aligned}$$

Schauen Sie sich diese Zeilen genau an! Erkennen Sie, wie Ihnen diese Information nützt, um die Linearkombination von v bezogen auf die alte Basis b zu ermitteln? Nein? Das ist viel leichter als Sie denken.

Ersetzen Sie die Basisvektoren b_1 und b_2 in der ursprünglichen Koordinatendarstellung von v durch die jeweilige Linearkombination aus den Vektoren g_1 und g_2. Sie finden:

$$v = k_1 b_1 + k_2 b_2 = k_1(a_{11} g_1 + a_{12} g_2) + k_2(a_{21} g_1 + a_{22} g_2)$$

Um das gewünschte Ergebnis zu erhalten, fassen Sie nun die Terme auf der rechten Seite der Gleichung so zusammen, dass die Vektoren g_1 und g_2 jeweils nur noch einmal vorkommen. Das sieht so aus:

$$v = (k_1 a_{11} + k_2 a_{21})\, g_1 + (k_1 a_{12} + k_2 a_{22})\, g_2$$

Daraus können Sie unmittelbar den Koordinatenvektor von v bezogen auf die alte Basis ablesen:

$$[v]_g = \begin{pmatrix} k_1 \cdot a_{11} + k_2 \cdot a_{21} \\ k_1 \cdot a_{12} + k_2 \cdot a_{22} \end{pmatrix}$$

Vielleicht ist Ihnen bereits aufgefallen, dass sich dieser neue Koordinatenvektor elegant aus dem alten bestimmen lässt, zusammen mit den Koeffizienten a_{ij}:

$$[v]_g = \begin{pmatrix} k_1 \cdot a_{11} + k_2 \cdot a_{21} \\ k_1 \cdot a_{12} + k_2 \cdot a_{22} \end{pmatrix} = \begin{pmatrix} a_{11} & a_{21} \\ a_{12} & a_{22} \end{pmatrix} \cdot \begin{pmatrix} k_1 \\ k_2 \end{pmatrix} = U[v]_b$$

Zwei Dinge dürfen Sie dabei nicht vergessen:

Die Übergangsmatrix U von der alten Basis g in die neue Basis b setzt sich aus den Koordinatenvektoren der neuen Basisvektoren bezogen auf die alte Basis zusammen. Um jedoch Koordinatenvektoren beliebiger anderer Elemente des Vektorraums zu erhalten, benötigen Sie die Inverse von U, nämlich U^{-1}.

Ein sehr schwerer und leider häufiger Fehler entsteht dann, wenn Sie vergessen sollten, die Koeffizienten der Linearkombinationen, aus denen sich U zusammensetzt, zu transponieren.

Beispiel

Gegeben sei die folgende Basis g des Vektorraums V der symmetrischen 2×2-Matrizen mit Koeffizienten aus $\mathbb{R}$ über $\mathbb{R}$.

$$g = \left(\begin{pmatrix} 1 & -1 \\ -1 & 2 \end{pmatrix}, \begin{pmatrix} 0 & 3 \\ 3 & 4 \end{pmatrix}, \begin{pmatrix} 1 & 0 \\ 0 & 2 \end{pmatrix} \right)$$

Weiter sei ein Vektor v aus V gegeben, der in diesem Fall eine symmetrische Matrix ist:

$$v = \begin{pmatrix} 4 & 5 \\ 5 & 16 \end{pmatrix}$$

Der Koordinatenvektor von v bezüglich g lautet:

$$[v]_g = \begin{pmatrix} 1 \\ 2 \\ 3 \end{pmatrix} \quad \text{da} \quad \begin{pmatrix} 4 & 5 \\ 5 & 16 \end{pmatrix} = 1 \cdot \begin{pmatrix} 1 & -1 \\ -1 & 2 \end{pmatrix} + 2 \cdot \begin{pmatrix} 0 & 3 \\ 3 & 4 \end{pmatrix} + 3 \cdot \begin{pmatrix} 1 & 0 \\ 0 & 2 \end{pmatrix}$$

Als neue Basis b sei weiter bereits vorgegeben:

$$b = \left(\begin{pmatrix} 0 & 1 \\ 1 & -2 \end{pmatrix}, \begin{pmatrix} 1 & 1 \\ 1 & 1 \end{pmatrix}, \begin{pmatrix} 2 & 2 \\ 2 & -1 \end{pmatrix} \right)$$

Die entscheidende Frage lautet nun: Wie finden Sie den Koordinatenvektor von v bezogen auf diese neue Basis b? Dazu bestimmen Sie zuerst die Übergangsmatrix U von der alten Basis in die neue.

Sie könnten alternativ auch den Koordinatenvektor von v bestimmen, ohne U auszurechnen. Demnach würden Sie einfach das LGS lösen, das v als Linearkombination der Vektoren aus b darstellt. Aber in diesem Beispiel gehen wir davon aus, dass die Übergangsmatrix U noch für weitere Vektoren benötigt würde, sodass alternative Verfahren in der Bilanz zu aufwändig wären.

Beginnen Sie mit dem ersten Vektor von b. Die gesuchte Gleichung lautet:

$$\begin{pmatrix} 0 & 1 \\ 1 & -2 \end{pmatrix} = a_{11} \cdot \begin{pmatrix} 1 & -1 \\ -1 & 2 \end{pmatrix} + a_{12} \cdot \begin{pmatrix} 0 & 3 \\ 3 & 4 \end{pmatrix} + a_{13} \cdot \begin{pmatrix} 1 & 0 \\ 0 & 2 \end{pmatrix}$$

Aus dieser Matrizengleichung lässt sich ein LGS in den einzelnen Komponenten aufstellen.

$$\begin{array}{rcrcrcr} 0 & = & a_{11} & & & + & a_{13} \\ 1 & = & -a_{11} & + & 3a_{12} & & \\ 1 & = & -a_{11} & + & 3a_{12} & & \\ -2 & = & 2a_{11} & + & 4a_{12} & + & 2a_{13} \end{array}$$

Wie Sie sehen, sind die Gleichungen 2 und 3 identisch. Das ist kein Wunder bei symmetrischen Matrizen. Sie können eine der beiden Zeilen ignorieren. Aber auch sonst ist die Lösungsfindung nicht schwer.

Da Sie in der Folge nicht nur dieses eine, sondern gleich drei lineare Gleichungssysteme mit jeweilig identischen Koeffizientenmatrizen A lösen müssen, bietet es sich an, die Inverse von A einmalig zu berechnen und so die Arbeit deutlich zu vereinfachen.

Mithilfe des Gauß-Jordan-Algorithmus geht das recht zügig von der Hand. Der Ansatz lautet:

a_1	a_2	a_3			
1	0	1	1	0	0
–1	3	0	0	1	0
2	4	2	0	0	1

Zuerst wird die Spalte 1 »gesäubert«, indem Sie Zeile 1 auf Zeile 2 addieren und anschließend von Zeile 3 das Doppelte der ersten Zeile abziehen:

a_1	a_2	a_3			
1	0	1	1	0	0
0	3	1	1	1	0
0	4	0	–2	0	1

Jetzt geht es Spalte 2 »an den Kragen«. Von Zeile 3 wird das $\frac{4}{3}$-Fache der mittleren Zeile abgezogen:

a_1	a_2	a_3			
1	0	1	1	0	0
0	3	1	1	1	0
0	0	$-\frac{4}{3}$	$-\frac{10}{3}$	$-\frac{4}{3}$	1

Die letzte Zeile verträgt eine Multiplikation mit –3/4.

a_1	a_2	a_3			
1	0	1	1	0	0
0	3	1	1	1	0
0	0	1	$\frac{5}{2}$	1	$-\frac{3}{4}$

Die obere Dreiecksmatrix ist somit erzeugt. Als nächstes werden die beiden oberen Zeilen der dritten Spalte »verputzt«. Dazu subtrahieren Sie die dritte Zeile nacheinander von der ersten und der zweiten:

a_1	a_2	a_3			
1	0	0	$-\frac{3}{2}$	-1	$\frac{3}{4}$
0	3	0	$-\frac{3}{2}$	0	$\frac{1}{4}$
0	0	1	$\frac{5}{2}$	1	$-\frac{3}{4}$

Eine Division der zweiten Zeile durch 3 beendet den Algorithmus:

a_1	a_2	a_3			
1	0	0	$-\frac{3}{2}$	-1	$\frac{3}{4}$
0	1	0	$-\frac{1}{2}$	0	$\frac{1}{4}$
0	0	1	$\frac{5}{2}$	1	$-\frac{3}{4}$

Es ergibt sich als inverse Matrix A^{-1}:

$$A^{-1} = \frac{1}{4}\begin{pmatrix} -6 & -4 & 3 \\ -2 & 0 & 1 \\ 10 & 4 & -3 \end{pmatrix}$$

Damit lassen sich jetzt trefflich alle gesuchten Komponenten der Übergangsmatrix berechnen.

Für den ersten Basisvektor von b ergibt sich:

$$\frac{1}{4}\begin{pmatrix} -6 & -4 & 3 \\ -2 & 0 & 1 \\ 10 & 4 & -3 \end{pmatrix} \cdot \begin{pmatrix} 0 \\ 1 \\ -2 \end{pmatrix} = \frac{1}{4} \cdot \begin{pmatrix} -10 \\ -2 \\ 10 \end{pmatrix} = \begin{pmatrix} -\frac{5}{2} \\ -\frac{1}{2} \\ \frac{5}{2} \end{pmatrix} = \begin{pmatrix} a_{11} \\ a_{12} \\ a_{13} \end{pmatrix}$$

Für den zweiten Vektor in b erhalten Sie:

$$\frac{1}{4}\begin{pmatrix} -6 & -4 & 3 \\ -2 & 0 & 1 \\ 10 & 4 & -3 \end{pmatrix} \cdot \begin{pmatrix} 1 \\ 1 \\ 1 \end{pmatrix} = \frac{1}{4} \cdot \begin{pmatrix} -7 \\ -1 \\ 11 \end{pmatrix} = \begin{pmatrix} -\frac{7}{4} \\ -\frac{1}{4} \\ \frac{11}{4} \end{pmatrix} = \begin{pmatrix} a_{21} \\ a_{22} \\ a_{23} \end{pmatrix}$$

Schließlich finden Sie für den dritten Basisvektor in b:

$$\frac{1}{4}\begin{pmatrix} -6 & -4 & 3 \\ -2 & 0 & 1 \\ 10 & 4 & -3 \end{pmatrix} \cdot \begin{pmatrix} 2 \\ 2 \\ -1 \end{pmatrix} = \frac{1}{4} \cdot \begin{pmatrix} -23 \\ -5 \\ 31 \end{pmatrix} = \begin{pmatrix} -\frac{23}{4} \\ -\frac{5}{4} \\ \frac{31}{4} \end{pmatrix} = \begin{pmatrix} a_{31} \\ a_{32} \\ a_{33} \end{pmatrix}$$

Insgesamt erhalten Sie als Übergangsmatrix U von der Basis g in die Basis b:

$$U = \begin{pmatrix} -\frac{5}{2} & -\frac{7}{4} & -\frac{23}{4} \\ -\frac{1}{2} & -\frac{1}{4} & -\frac{5}{4} \\ \frac{5}{2} & \frac{11}{4} & \frac{31}{4} \end{pmatrix} = -\frac{1}{4}\begin{pmatrix} 10 & 7 & 23 \\ 2 & 1 & 5 \\ -10 & -11 & -31 \end{pmatrix}$$

Mithilfe von U können Sie bereits jetzt beliebige Koordinatenvektoren von b in solche von g transformieren.

Beispielsweise gilt:

$$U \cdot \begin{pmatrix} 1 \\ 1 \\ 1 \end{pmatrix} = -\frac{1}{4}\begin{pmatrix} 10 & 7 & 23 \\ 2 & 1 & 5 \\ -10 & -11 & -31 \end{pmatrix} \cdot \begin{pmatrix} 1 \\ 1 \\ 1 \end{pmatrix} = -\frac{1}{4}\begin{pmatrix} 40 \\ 8 \\ -52 \end{pmatrix} = \begin{pmatrix} -10 \\ -2 \\ 13 \end{pmatrix}$$

Was bedeutet das nun genau? Wenn Sie die drei neuen Basisvektoren einfach alle addieren (die linke Seite), erhalten Sie:

$$1 \cdot \begin{pmatrix} 0 & 1 \\ 1 & -2 \end{pmatrix} + 1 \cdot \begin{pmatrix} 1 & 1 \\ 1 & 1 \end{pmatrix} + 1 \cdot \begin{pmatrix} 2 & 2 \\ 2 & -1 \end{pmatrix} = \begin{pmatrix} 3 & 4 \\ 4 & -2 \end{pmatrix}$$

Die vorletzte Gleichung besagt, dass dieses Ergebnis dem Minus-Zehnfachen des ersten plus dem Minus-Zwei-Fachen des zweiten, addiert mit dem Dreizehnfachen des dritten Basisvektors von g entspricht (die rechte Seite):

$$-10 \cdot \begin{pmatrix} 1 & -1 \\ -1 & 2 \end{pmatrix} - 2 \cdot \begin{pmatrix} 0 & 3 \\ 3 & 4 \end{pmatrix} + 13 \cdot \begin{pmatrix} 1 & 0 \\ 0 & 2 \end{pmatrix} = \begin{pmatrix} 3 & 4 \\ 4 & -2 \end{pmatrix}$$

Allerdings wollen Sie ja nicht Koordinatenvektoren von b in solche von g umrechnen, sondern Sie sind am umgekehrten Fall interessiert. Daher benötigen Sie die Inverse von U und können alle Aufgaben leicht lösen.

Es ergibt sich mit einer Methode Ihrer Wahl:

$$U^{-1} = \begin{pmatrix} -2 & 3 & -1 \\ -1 & \frac{20}{3} & \frac{1}{3} \\ 1 & -\frac{10}{3} & \frac{1}{3} \end{pmatrix} = \frac{1}{3}\begin{pmatrix} -6 & 9 & -3 \\ -3 & 20 & 1 \\ 3 & -10 & 1 \end{pmatrix}$$

Was, Sie glauben mir nicht? Die folgende Rechnung ist als Probe bei der Ermittlung einer inversen Matrix stets geboten:

$$U^{-1} \cdot U = \frac{1}{3}\begin{pmatrix} -6 & 9 & -3 \\ -3 & 20 & 1 \\ 3 & -10 & 1 \end{pmatrix} \cdot \left(-\frac{1}{4}\right)\begin{pmatrix} 10 & 7 & 23 \\ 2 & 1 & 5 \\ -10 & -11 & -31 \end{pmatrix} = -\frac{1}{12}\begin{pmatrix} -12 & 0 & 0 \\ 0 & -12 & 0 \\ 0 & 0 & -12 \end{pmatrix} = I$$

Puh, das war anstrengend, aber es hat sich gelohnt! Ich hoffe, Sie können sich noch an das Ausgangsproblem erinnern. Gesucht war der Koordinatenvektor von v mit

$$v = \begin{pmatrix} 4 & 5 \\ 5 & 16 \end{pmatrix}$$

bezüglich der neuen Basis b. Das ist jetzt eine simple Matrix-Vektor-Multiplikation:

$$[v]_b = U^{-1} \cdot [v]_g = \frac{1}{3}\begin{pmatrix} -6 & 9 & -3 \\ -3 & 20 & 1 \\ 3 & -10 & 1 \end{pmatrix} \cdot \begin{pmatrix} 1 \\ 2 \\ 3 \end{pmatrix} = \frac{1}{3} \cdot \begin{pmatrix} 3 \\ 40 \\ -14 \end{pmatrix} = \begin{pmatrix} 1 \\ \frac{40}{3} \\ -\frac{14}{3} \end{pmatrix}$$

Auch diese Rechnung »schreit« nach einer Probe. Zum Glück gilt:

$$1 \cdot \begin{pmatrix} 0 & 1 \\ 1 & -2 \end{pmatrix} + \frac{40}{3} \cdot \begin{pmatrix} 1 & 1 \\ 1 & 1 \end{pmatrix} - \frac{14}{3} \cdot \begin{pmatrix} 2 & 2 \\ 2 & -1 \end{pmatrix} = \begin{pmatrix} 4 & 5 \\ 5 & 16 \end{pmatrix}$$

Die Übergangsmatrix als linearer Operator

Sie haben gesehen, wie sich aus der Linearkombination der Basisvektoren eine Übergangsmatrix zusammensetzt, mit der fortan beliebige Koordinatenvektoren von einer Basis in eine andere überführt werden können.

Jetzt möchte ich Ihre Aufmerksamkeit auf diese Matrix selbst lenken. Als Matrixdarstellung einer linearen Transformation hat sie besondere Eigenschaften.

Alle wichtigen Informationen zu linearen Transformationen erhalten Sie in Kapitel 12 »Geometrische Transformationen«.

Zunächst einmal muss die lineare Abbildung A, deren Matrixdarstellung eine Übergangsmatrix ist, ein *Automorphismus* sein. Denn einerseits sind Urbild- und Bildvektorraum identisch, nämlich genau derjenige Vektorraum, aus dem alle Basisvektoren, die alten wie die neuen, entstammen. Andererseits muss A bijektiv sein. Ansonsten wäre die Übergangsmatrix nicht invertierbar.

Angenommen, Sie verfügten nun über einen Automorphismus, dessen Matrixdarstellung in M gegeben sei. Dabei ist es für den Moment unerheblich, ob M tatsächlich die Übergangsmatrix für einen Basiswechsel darstellt oder etwas anderes.

Die Frage lautet: Wie verändert sich M, wenn Sie – erneut – die Basis des ursprünglichen Vektorraums verändern?

Die Antwort auf diese Frage ist erstaunlich einfach. Es sei U die Übergangsmatrix von der ursprünglichen Basis g, mit der M erzeugt worden sei, in die neue gewünschte Basis b. Dann transformiert U^{-1} beliebige Koordinatenvektoren bezüglich der Basis g in solche bezüglich der Basis b.

Um nun die Matrix M auf einen Vektor v anzuwenden, dessen Koordinatenvektor bezüglich b gegeben ist, müssen Sie $[v]_b$ in die alte Basis zurück transformieren. Dies leistet die Übergangsmatrix U:

$$U[v]_b = [v]_g$$

Sie benötigen dazu nicht die Inverse von U, weil Sie entgegen den üblichen Gepflogenheiten – ausnahmsweise – tatsächlich von der neuen in die alte Basis wechseln.

Als nächstes können Sie die Matrix M anwenden, die sich ja auf die ursprüngliche Basis g bezieht:

$$MU[v]_b = [M(v)]_g$$

Das Ergebnis stellt jedoch einen Koordinatenvektor bezüglich g dar, was unschön ist. Um diesen nun wiederum auf die Basis b zu beziehen, wenden Sie schließlich U^{-1} an und erhalten:

$$U^{-1}MU[v]_b = [M(v)]_b$$

Damit haben Sie entschlüsselt, wie sich die Matrixdarstellung von linearen Operatoren beim Basiswechsel verändert.

Es sei M die Matrixdarstellung eines linearen Operators A auf einem Vektorraum V bezüglich einer Basis g. Dann lautet die Matrixdarstellung M' von A bezüglich einer Basis b:

$$M' = U^{-1}MU$$

Dabei ist U die Übergangsmatrix von der Basis g in die Basis b.

Können Sie sich noch erinnern, wo Sie schon einmal eine solch merkwürdige Beziehung zwischen zwei Matrizen kennengelernt haben?

Ja genau, es handelt sich dabei um *ähnliche Matrizen*.

Die Ähnlichkeit zwischen Matrizen und viele weitere Eigenschaften sind das Thema von Kapitel 7 »Die Matrix ist überall«.

Die Menge aller zueinander ähnlichen Matrizen kann von nun an von Ihnen wie folgt gedeutet werden:

Alle zueinander ähnlichen Matrizen repräsentieren dieselbe lineare Abbildung, jedoch bezogen auf unterschiedliche Basen.

Beispiel

Gegeben sei die Matrixdarstellung M eines *Endomorphismus* f bezogen auf eine Basis g mit

$$M = \begin{pmatrix} 1 & 1 \\ 2 & 3 \end{pmatrix}$$

Weiter stelle U die Übergangsmatrix von einer alten Basis g in eine neue Basis b dar.

$$U = \begin{pmatrix} 1 & -2 \\ 0 & 1 \end{pmatrix}$$

Wegen

$$U^{-1} = \begin{pmatrix} 1 & 2 \\ 0 & 1 \end{pmatrix}$$

können Sie unmittelbar die Matrixdarstellung M' von f bezogen auf die neue Basis b angeben:

$$\begin{aligned} M' &= U^{-1} \cdot M \cdot U \\ &= \begin{pmatrix} 1 & 2 \\ 0 & 1 \end{pmatrix} \cdot \begin{pmatrix} 1 & 1 \\ 2 & 3 \end{pmatrix} \cdot \begin{pmatrix} 1 & -2 \\ 0 & 1 \end{pmatrix} = \begin{pmatrix} 5 & 7 \\ 2 & 3 \end{pmatrix} \cdot \begin{pmatrix} 1 & -2 \\ 0 & 1 \end{pmatrix} = \begin{pmatrix} 5 & -3 \\ 2 & -1 \end{pmatrix} \end{aligned}$$

Damit verstehen Sie vielleicht, dass alle zueinander ähnlichen Matrizen einige weitere gemeinsame Eigenschaften besitzen; denn es handelt sich ja um dieselbe lineare Abbildung, deren Eigenschaften in die Matrizen übergehen. Beispielsweise gilt:

- ✔ Ähnliche Matrizen besitzen dieselbe Determinante.
- ✔ Ähnliche Matrizen besitzen dieselbe Spur.
- ✔ Ähnliche Matrizen besitzen dieselben Eigenwerte.

Eigenwerte und zugehörige *Eigenvektoren* werden in Kapitel 16 ausführlich behandelt. Die *Spur* wird in Kapitel 7 diskutiert. *Determinanten* sind Gegenstand der Betrachtungen in Kapitel 14.

Für das Beispiel finden Sie bei M und M' den Wert 1 als Determinante. Die Spur beträgt in beiden Fällen 4 und als Eigenwerte ergeben sich jeweilig $2+\sqrt{3}$ sowie $2-\sqrt{3}$.

Basiswechsel bei allgemeinen Homomorphismen

Die nächste (und leider, ja leider schon letzte) Steigerung beim Basiswechsel liegt auf der Hand. Angenommen, bei einer linearen Abbildung f handelt es sich nicht um einen *Endomorphismus*, sondern um einen allgemeinen *Homomorphimus* von einem Vektorraum U in einen anderen Vektorraum V. Weiter sei A die Matrixdarstellung von f bezogen auf eine Basis b_U in U und b_V in V. Da U und V unterschiedliche Vektorräume darstellen, muss A nicht mehr quadratisch sein.

Mit einem konkreten Beispiel möchte ich Ihnen das veranschaulichen. Ausgehend von $U = \mathbb{R}^3$ und $V = \mathbb{R}^2$, jeweils über $\mathbb{R}$, sei f wie folgt festgelegt:

$$f\begin{pmatrix} x \\ y \\ z \end{pmatrix} = \begin{pmatrix} 2x - z \\ y + 3z \end{pmatrix}$$

Der Einfachheit halber gehen Sie davon aus, dass es sich bei b_U und b_V um die kanonischen Basen der jeweiligen Vektorräume handelt, also:

$$b_U = \left(\begin{pmatrix} 1 \\ 0 \\ 0 \end{pmatrix}, \begin{pmatrix} 0 \\ 1 \\ 0 \end{pmatrix}, \begin{pmatrix} 0 \\ 0 \\ 1 \end{pmatrix} \right)$$

$$b_V = \left(\begin{pmatrix} 1 \\ 0 \end{pmatrix}, \begin{pmatrix} 0 \\ 1 \end{pmatrix} \right)$$

Damit sind Sie in der Lage, die Matrixdarstellung A von f bezogen auf die obigen Basen sofort hinzuschreiben:

$$A = \begin{pmatrix} 2 & 0 & -1 \\ 0 & 1 & 3 \end{pmatrix}$$

Erkennen Sie das Strickmuster? Bestimmt sind Sie zu überzeugen, wenn ich Ihnen zeige, was A mit einem beliebigen Vektor des $\mathbb{R}^3$ macht:

$$A \cdot \begin{pmatrix} x \\ y \\ z \end{pmatrix} = \begin{pmatrix} 2 & 0 & -1 \\ 0 & 1 & 3 \end{pmatrix} \cdot \begin{pmatrix} x \\ y \\ z \end{pmatrix} = \begin{pmatrix} 2x - z \\ y + 3z \end{pmatrix}$$

Das ist genau das, was Sie von A erwarten. Außerdem ist A als 2×3-Matrix natürlich nicht invertierbar.

Weiter geht es. Nun sind Sie an einer anderen Matrixdarstellung von f interessiert, die sich auf andere Basen sowohl in U als auch in V bezieht. Das könnten zum Beispiel folgende sein:

$$b'_U = \left(\begin{pmatrix} -1 \\ 0 \\ 2 \end{pmatrix}, \begin{pmatrix} 1 \\ 1 \\ -1 \end{pmatrix}, \begin{pmatrix} 0 \\ 0 \\ 2 \end{pmatrix} \right)$$

$$b'_V = \left(\begin{pmatrix} 3 \\ 1 \end{pmatrix}, \begin{pmatrix} -1 \\ -1 \end{pmatrix} \right)$$

Zum Glück sind die Übergangsmatrizen unmittelbar und ohne große Rechnung anzugeben. Wenn Sie S als Übergangsmatrix von b_U nach b'_U bezeichnen und T entsprechend als Übergangsmatrix von b_V nach b'_V, so ergibt sich:

$$S = \begin{pmatrix} -1 & 1 & 0 \\ 0 & 1 & 0 \\ 2 & -1 & 2 \end{pmatrix}$$

$$T = \begin{pmatrix} 3 & -1 \\ 1 & -1 \end{pmatrix}$$

Jetzt wird es spannend. Sie dürfen nun die Matrixdarstellung A' von f bezogen auf die neuen Basen ermitteln. Wenn A Koordinatenvektoren bezüglich b_U in solche bezüglich b_V transformiert, dann gibt es für A', das entsprechend Koordinatenvektoren bezüglich b'_U in solche bezüglich b'_V zu transformieren hat, eine überraschend elegante Lösung. Dazu müssen die Koordinatenvektoren bezüglich b'_U einem Basiswechsel nach b_U unterzogen werden. Das leistet die Übergangsmatrix S. Auf einen konkreten Vektor angewendet, schreiben Sie das so: $S[v]_{b'_U}$. Auf das so erhaltene Ergebnis wenden Sie A an: $A \cdot S[v]_{b'_U}$. Das genügt jedoch noch nicht, denn A führt zu einem Koordinatenvektor bezüglich b_V, Sie interessieren sich jedoch für den Koordinatenvektor bezogen auf b'_V. Nichts einfacher als das: ein erneuter Basiswechsel im Bildbereich hilft Ihnen dort heraus. Diesmal ist jedoch T^{-1} anzuwenden, denn Sie wollen von den alten zu den neuen Basisvektoren. Als Endergebnis erhalten Sie für A':

$$A' = T^{-1} \cdot A \cdot S$$

Für das aktuelle Zahlenbeispiel ergibt sich:

$$A' = \frac{1}{2}\begin{pmatrix} 1 & -1 \\ 1 & -3 \end{pmatrix} \cdot \begin{pmatrix} 2 & 0 & -1 \\ 0 & 1 & 3 \end{pmatrix} \cdot \begin{pmatrix} -1 & 1 & 0 \\ 0 & 1 & 0 \\ 2 & -1 & 2 \end{pmatrix}$$

$$= \frac{1}{2}\begin{pmatrix} 1 & -1 \\ 1 & -3 \end{pmatrix} \cdot \begin{pmatrix} -4 & 3 & -2 \\ 6 & -2 & 6 \end{pmatrix} = \frac{1}{2}\begin{pmatrix} -10 & 5 & -8 \\ -22 & 7 & -20 \end{pmatrix}$$

Sollte Ihnen das ein wenig zu unübersichtlich erscheinen, wird Ihnen Abbildung 15.1 gefallen.

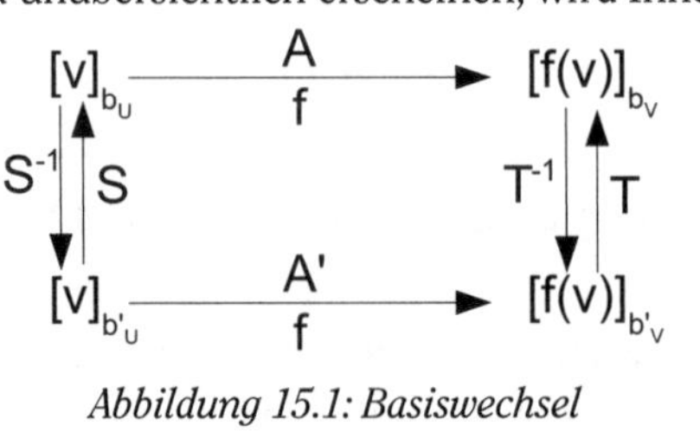

Abbildung 15.1: Basiswechsel

Lustigerweise können Sie vergleichsweise einfach überprüfen, ob Rechenfehler vorliegen.

Denn wenn Sie beispielsweise den Vektor $v = \begin{pmatrix} 1 \\ 2 \\ 3 \end{pmatrix}$ oben links im Diagramm einfügen, dann

führt die Anwendung von A zu:

$$A \cdot [v]_{b_U} = \begin{pmatrix} 2 & 0 & -1 \\ 0 & 1 & 3 \end{pmatrix} \cdot \begin{pmatrix} 1 \\ 2 \\ 3 \end{pmatrix} = \begin{pmatrix} -1 \\ 11 \end{pmatrix} = [f(v)]_{b_V}$$

Ein anschließender Basiswechsel im Bildbereich resultiert in:

$$T^{-1} \cdot [f(v)]_{b_V} = \frac{1}{2}\begin{pmatrix} 1 & -1 \\ 1 & -3 \end{pmatrix} \cdot \begin{pmatrix} -1 \\ 11 \end{pmatrix} = \frac{1}{2}\begin{pmatrix} -12 \\ -34 \end{pmatrix} = \begin{pmatrix} -6 \\ -17 \end{pmatrix} = [f(v)]_{b'_V}$$

Dasselbe Ergebnis können Sie auch auf einem anderen Weg erzielen. Sollten Sie für v zunächst einen Basiswechsel in U vornehmen und anschließend A' anwenden, sind Sie im Diagramm an der gleichen Stelle und müssen dasselbe Ergebnis erhalten. Zuvor ist jedoch S^{-1} zu ermitteln.

$$S^{-1} = \frac{1}{2}\begin{pmatrix} -2 & 2 & 0 \\ 0 & 2 & 0 \\ 2 & -1 & 1 \end{pmatrix}$$

Somit können Sie folgende Rechnung anstellen:

$$A' \cdot S^{-1} \cdot [v]_{b_V} = [f(v)]_{b'_V} \Rightarrow$$

$$\frac{1}{2}\begin{pmatrix} -10 & 5 & -8 \\ -22 & 7 & -20 \end{pmatrix} \cdot \frac{1}{2}\begin{pmatrix} -2 & 2 & 0 \\ 0 & 2 & 0 \\ 2 & -1 & 1 \end{pmatrix} \cdot \begin{pmatrix} 1 \\ 2 \\ 3 \end{pmatrix} = \frac{1}{4}\begin{pmatrix} -10 & 5 & -8 \\ -22 & 9 & -20 \end{pmatrix} \cdot \begin{pmatrix} 2 \\ 4 \\ 3 \end{pmatrix}$$

$$= \frac{1}{4}\begin{pmatrix} -24 \\ -68 \end{pmatrix} = \begin{pmatrix} -6 \\ -17 \end{pmatrix}$$

Das ist eine nette Probe, nicht wahr?

Ein instruktives Beispiel zum Basiswechsel

Viele Studierende fragen mich an dieser Stelle, nachdem Sie die Komplikationen des Basiswechsels überwunden und das Gesamtkonzept verstanden haben, wofür eigentlich der ganze Aufwand nütze sei. Diese Frage zielt weniger in Richtung der anzuwendenden linearen Algebra, denn die ist soweit klar. Welche konkreten praktischen Anwendungen lassen sich mithilfe des Basiswechsels leichter berechnen?

Eine einfache Antwort auf diese Frage ergibt sich aus einem noch größeren Kontext. Der Basiswechsel ist ein Sonderfall der so genannten *Koordinatentransformation*. Das bedeutet, dass in der konkreten praktischen Anwendung vorhandene Koordinaten umgerechnet werden müssen, um den Untersuchungsgegenstand zu vereinfachen. Das ist gang und gäbe in allen ingenieurwissenschaftlichen Bereichen, aber auch im Bereich von empirischer Forschung, beispielsweise in den Wirtschaftswissenschaften. Auch naturwissenschaftliche Experimente werden genau so konstruiert, dass verwendete Koordinaten das Problem nach Möglichkeit einfacher modellieren.

Ein Spezialfall der Koordinatentransformation ist die *Hauptachsentransformation*, die in Kapitel 12 angesprochen und durch Beispiele erläutert wird.

Im folgenden Abschnitt möchte ich Ihnen natürlich ein konkretes Beispiel nicht vorenthalten.

Dem Ingeniör ist nichts zu schwör

Stellen Sie sich vor, als Ingenieur in einem mittelständischen Unternehmen, das innovative und hochwerte Maschinen und elektrotechnische Messapparaturen herstellt, erhalten Sie von der Unternehmensleitung einen Spezialauftrag. Ein wichtiger Kunde möchte eine für bestimmte Einsatzzwecke vorgesehene Apparatur verändern.

Alle im System erfolgten Messungen durch Sensoren würden durch den Kundenwunsch jedoch verfälscht. Ihre Aufgabe besteht darin, die Ausgabe der Anlage so zu filtern, dass die Werte automatisch korrigiert werden. Dabei ist der Geschäftsführer persönlich bei Ihnen erschienen und hat Sie von der Bedeutung dieses Auftrags in der ihm eigenen verbindlichen Art und Weise in Kenntnis gesetzt.

Zu Ihrem Glück lässt sich das Problem in Form einer Koordinatentransformation lösen, wie Abbildung 15.2 grafisch aufzeigt.

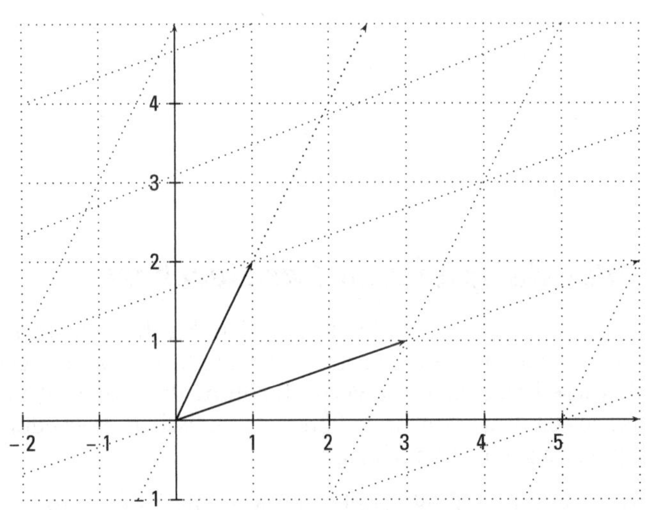

Abbildung 15.2: Koordinatentransformation

Die ursprünglichen kartesischen Koordinaten sind dabei nicht nur in der Größe, sondern auch im Winkel den neuen Basisvektoren anzupassen.

Was auf den ersten Blick vielleicht komplex erscheint, erweist sich bei näherem Hinsehen als ideales Beispiel für einen *Basiswechsel*.

Die alten, also ursprünglichen Basisvektoren der Basis g, setzen Sie an mit:

$$g = \left(\begin{pmatrix} 1 \\ 0 \end{pmatrix}, \begin{pmatrix} 0 \\ 1 \end{pmatrix} \right)$$

Die neuen Basisvektoren von b haben, bezogen auf die alte Basis, gemäß konkretem Kundenwunsch, die folgende Gestalt. Dies entspricht der Darstellung in Abbildung 15.2:

$$b = \left(\begin{pmatrix} 3 \\ 1 \end{pmatrix}, \begin{pmatrix} 1 \\ 2 \end{pmatrix} \right)$$

Damit sieht die Übergangsmatrix U von der Basis g in die Basis b folgendermaßen aus:

$$U = \begin{pmatrix} 3 & 1 \\ 1 & 2 \end{pmatrix}$$

Jetzt können Sie neue Koordinaten in alte umrechnen. Sie wollen in Ihrem Filter aber das Gegenteil und ermitteln deswegen die Inverse:

$$U^{-1} = \frac{1}{5} \begin{pmatrix} 2 & -1 \\ -1 & 3 \end{pmatrix}$$

Schließlich bauen Sie in die Anlage einen Ausgabefilter, der alle bisherigen vektoriellen Ausgaben (x, y) auf folgende Weise zu den neuen Ausgaben (x', y') verändert:

$$\begin{pmatrix} x' \\ y' \end{pmatrix} = \frac{1}{5} \begin{pmatrix} 2 & -1 \\ -1 & 3 \end{pmatrix} \cdot \begin{pmatrix} x \\ y \end{pmatrix} \approx \begin{pmatrix} 0,4x - 0,2y \\ -0,2x + 0,6y \end{pmatrix}$$

Die Berechnung hat fünf Minuten gedauert, das Einfügen des Filters in die Anlage mit einer Ihnen bekannten Programmiersprache weitere fünf Minuten.

Schließlich wenden Sie noch einmal fünf Minuten auf, um darüber nachzudenken, wie Sie dem Geschäftsführer klar machen, dass dieses angeblich schwere Problem, für das der Kunde bereit ist, mehr als 1000 Euro Aufpreis zu zahlen, Sie gerade einmal 15 Minuten aufgehalten hat.

Aber auch diese Frage ist schnell geklärt, denn die Verhandlungen zum Bonus stehen ja auch noch an. Und das alles nur, weil Sie sich gemerkt haben, wie der Basiswechsel in der linearen Algebra funktioniert …

Das folgende Kapitel 16 befasst sich mit Eigenwerten und -vektoren. Wenn Sie die zugehörigen Konzepte bereits beherrschen, können Sie gleich Kapitel 17 aufschlagen, wo alle bisherigen Ergebnisse zusammengefasst werden und sich in den Hauptsätzen der linearen Algebra manifestieren. Das Licht am Ende des Ganges ist bereits der Ausgang aus dem Labyrinth der linearen Algebra!

Artige Eigenwerte

16

In diesem Kapitel ...

- Eigenwerte im Herzen einer Matrix entdecken
- Systematische Verfahren zur Bestimmung von Eigenwerten kennenlernen
- Die Extraktion von Eigenvektoren aus Eigenwerten vornehmen
- Den Gedanken der Eigenwerte auf allgemeine lineare Abbildungen übertragen
- Das Jacobi-Verfahren zur Ermittlung von Eigenwerten symmetrischer Matrizen behandeln
- Praktische Beispiele verstehen und anwenden

Eigenwerte und Eigenvektoren sind neben den Determinanten die bedeutsamste Eigenschaft von Matrizen. Allerdings sind die konkreten Rechenschritte zur Ermittlung dieser Objekte recht aufwändig. In diesem Kapitel werden Sie nicht nur kompakt und übersichtlich die konkrete Methodik zur Bestimmung von Eigenwerten und daraus resultierenden Eigenvektoren erlernen, sondern darüber hinaus auch die Bedeutung von Eigenwerten für Homomorphismen verstehen.

Neben allgemeinen Beispielen aus der Technik, wo Eigenwerte eine sehr wichtige Rolle spielen, zeige ich Ihnen auch exemplarisch ein Verfahren von Jacobi, wie Sie Eigenwerte aus symmetrischen Matrizen gewinnen.

Eigenartige Werte

Zuerst sollte ein für alle mal geklärt werden, was eigentlich an den *Eigenwerten* so »eigen« ist und wieso dieser Ausdruck auch international verwendet wird. Im englischsprachigen Raum heißen diese Dinger **»eigenvalues«**. Allerdings verweisen die französische Übersetzung **»valeur propre«** oder die spanische Variante **»valor propio«** eher auf den Kern der Aussage. Damit ist auch die Idee zu verwerfen, es handele sich um einen »Eigennamen«.

Die Wahrheit sieht – wie so oft – gänzlich anders aus und geht auf keinen geringeren als David Hilbert zurück.

> **David Hilbert**
>
> gehört zu den bedeutendsten deutschen Mathematikern aller Zeiten. Er wurde 1862 in Königsberg geboren und wirkte bald in Göttingen, wo er in die Fußstapfen des großen Gauß trat.

Im Jahre 1900 hielt er die Hauptrede auf einem internationalen Mathematikerkongress in Paris, wo er dreiundzwanzig bis dahin ungelöste Probleme als Ziele für das 20. Jahrhundert proklamierte.

Zahlreiche dieser Probleme wurden daraufhin in einer gewaltigen Anstrengung durch zahllose Mathematiker im Laufe der Jahrzehnte gelöst. Einige wenige, darunter auch das wichtigste ungelöste mathematische Problem überhaupt, die *Riemannsche Vermutung*, wurden bis heute nicht geknackt.

Dieses Rätsel wurde im Jahre 2000 vom Clay Mathematics Institute auf die Liste der sieben **Milleniums-Probleme** gesetzt, übrigens nicht zufällig wiederum in Paris. Dabei wurde für jedes der Milleniums-Probleme das Preisgeld von einer Million US-Dollar ausgelobt. Im Jahr 2010 konnte ein weiteres der Millieniums-Probleme geknackt werden, aber die Riemannsche Vermutung bleibt bis heute ungelöst.

Bevor Sie jetzt das Buch zuklappen und sich im Detail mit der Aufgabe befassen, eine Million Dollar sinnvoll anzulegen – man sollte immer mit allen Eventualitäten rechnen – wenden Sie sich besser wieder der linearen Algebra zu, die zwar nicht unmittelbaren Bezug zu Riemanns Vermutung hat, aber man kann ja nie wissen.

Zurück zu David Hilbert. In seinem 1904 erschienenen Artikel »Grundzüge einer allgemeinen Theorie der linearen Integralgleichungen« steht: »Jeder nicht identisch verschwindende Kern [...] hat mindestens einen *»Eigenwert«* λ [...], für den die zugehörige homogene Integralgleichung [...] die zugehörige *»Eigenfunktion«* besitzt...« Dabei hat Hilbert selbst die beiden Begriffe in Anführungszeichen gesetzt.

Aus Sicht der Anwendung hängen Eigenwerte eng mit **Resonanzen** zusammen. Die **Eigenfrequenz** einer Schaukel gibt genau den zeitlichen Abstand für Impulse von außen an, um das spielende Kind »aufzuschaukeln«. Die Eigenfrequenz eines Glases durch den Schall aus dem Mund eines geschulten Sängers kann dieses zerbrechen. Noch gefährlicher wird die Angelegenheit, wenn marschierende Soldaten die Eigenfrequenz einer Brücke »treffen«.

Doch genug der hehren einleitenden Worte. Jetzt geht es »zur Sache«. Und bevor Sie am Ende des Kapitels die »Ernte« Ihrer Bemühungen einfahren können, ist ein wenig Arbeit zu leisten ...

Eigenwerte von Endomorphismen

Die Grundidee der *Eigenwerte*, wir bezeichnen sie im Folgenden genau wie Hilbert mit λ, entsteht aus einer recht einfachen Überlegung.

Wenn f ein Endomorphismus in einem Vektorraum V ist, dann könnte die Anwendung von f auf einen Vektor $v \in V$ in einem Vielfachen von v resultieren, also kollinear zu v sein:

$$f(v) = \lambda \cdot v$$

Sehen Sie, warum f ein Endomorphismus sein muss? Wenn der Bildraum verschieden vom Urbildraum wäre, wäre dort wohl kaum ein Vielfaches von v zu finden. Also müssen Urbild- und Bildraum identisch sein, was uns auf Endomorphismen einschränkt.

Zur Sicherheit sei jetzt schon einmal angemerkt, dass f immer eine quadratische Matrixdarstellung erhält.

Ein *Eigenwert* ist ein Faktor λ, der das Vielfache eines Vektors v als Ergebnis der Anwendung einer linearen Abbildung auf v darstellt.

Da f als Endomorphismus natürlich eine lineare Abbildung ist, gilt für jedes Vielfache $v' = r \cdot v$ ebenfalls:

$$f(v') = f(r \cdot v) = r \cdot f(v) = r \cdot \lambda \cdot v = \lambda \cdot r \cdot v = \lambda \cdot v'$$

Damit ist λ nicht nur der Faktor für v, sondern auch für die lineare Hülle von v.

Lineare Hüllen und andere Bedeckungen finden Sie in Kapitel 5 »Vektorräume mit Aussicht«.

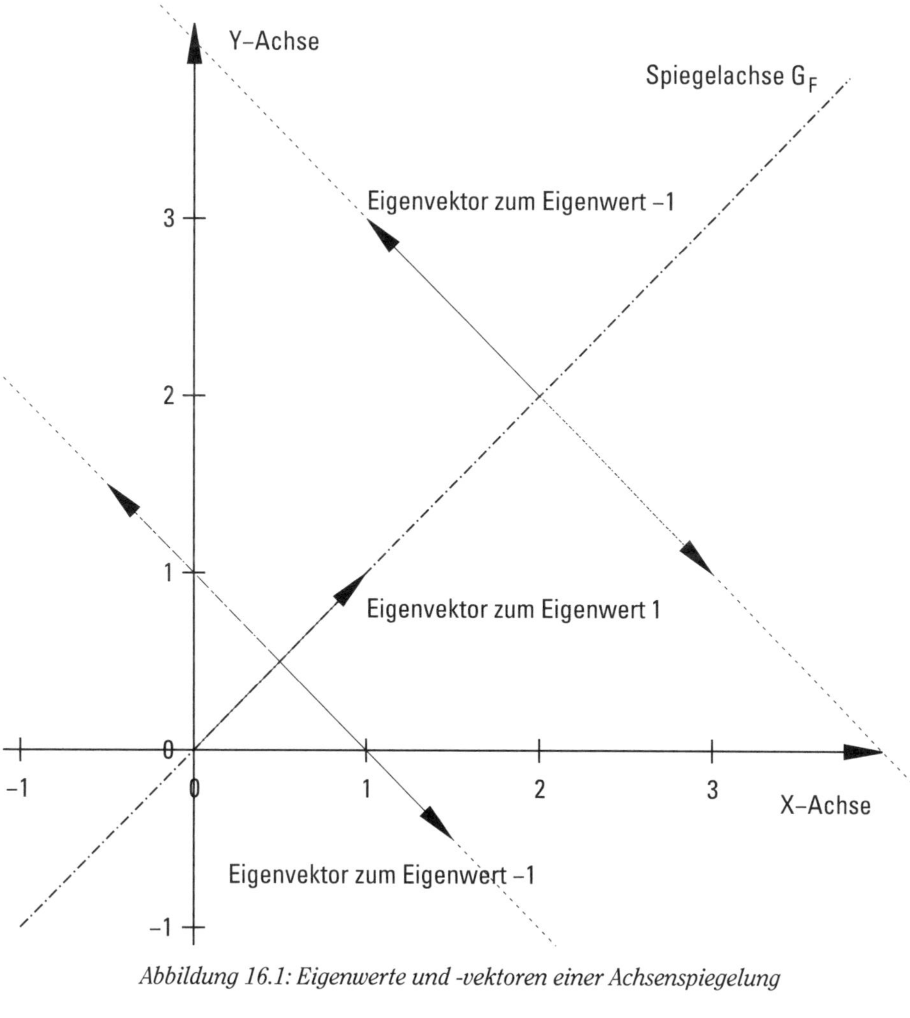

Abbildung 16.1: Eigenwerte und -vektoren einer Achsenspiegelung

Jedoch beschreibt λ keineswegs automatisch die Auswirkung von f auf alle Vektoren in V. Ich kann Ihnen das leicht mittels der geometrischen Deutung einer linearen Transformation klarmachen.

Es sei f eine *Spiegelung*. Dann werden alle Vektoren auf der Spiegelachse auf sich selbst abgebildet. Sie werden dann *Eigenvektoren* zum Eigenwert 1 genannt. Ihr Bild ist genau das 1-Fache des Originals. Umgekehrt werden alle Vektoren senkrecht zur Spiegelachse genau in die entgegen gesetzte Richtung projiziert. Sie stellen daher Eigenvektoren zum Eigenwert –1 dar. Abbildung 16.1 hilft Ihnen, dies zu verinnerlichen.

Falls nun Ihr Interesse an anderen geometrischen Transformationen geweckt worden sein sollte, empfehle ich Ihnen die Lektüre von Kapitel 12 »Geometrische Transformationen«.

Von Eigenwerten über Eigenvektoren zu Eigenräumen

Angenommen, aus irgendeinem Grunde, zum Beispiel wegen der geometrischen Deutung, wüssten Sie um die Eigenwerte eines Endomorphismus f Bescheid. Wie finden Sie die zugehörigen Eigenvektoren? Dabei kann es sein, dass Sie nicht allein die lineare Hülle eines einzigen Vektors finden, sondern sogar ein größerer Unterraum von V durch die Eigenvektoren aufgespannt wird. Diesen Unterraum nennt man *Eigenraum zum Eigenwert* λ. Also noch einmal schön langsam.

1. *Eigenwerte* beschreiben die Faktoren von Bildvektoren gegenüber den Urbildern eines Endomorphismus.
2. Zu jedem Eigenwert gibt es unendlich viele *Eigenvektoren*.
3. Der Unterraum, der von den Eigenvektoren zu einem Eigenwert λ aufgespannt wird, heißt *Eigenraum*.

Aber das ist noch nicht alles. Eine lineare Abbildung f kann selbstverständlich über mehrere unterschiedliche Eigenwerte verfügen. Zwangsläufig sind die zugehörigen Eigenvektoren nicht nur verschieden, sondern sogar linear unabhängig. Die Summe der resultierenden Eigenräume kann dabei sogar den gesamten Vektorraum V ergeben.

Andererseits gibt es Endomorphismen, die über keine Eigenwerte verfügen. Machen Sie sich das anhand eines geometrischen Beispiels klar: Wie sollte eine Drehung über Eigenwerte verfügen? Welcher Vektor wird auf das Vielfache seiner selbst abgebildet, wenn alle Vektoren beispielsweise um $90° = \pi/2$ gedreht werden? Das geht nicht! Den Nullvektor, der natürlich von jeder linearen Abbildung auf sich selbst abgebildet wird, lassen wir dabei nicht mitspielen, der würde zu völlig langweiligen, nämlich nulldimensionalen Eigenräumen führen.

Die *Identität Id* dagegen ist das umgekehrte Extrem, das Sie auch nicht »vom Hocker reißen« dürfte. Jeder Vektor ist dort Eigenvektor zum Eigenwert 1, denn es gilt:

$$Id(v) = v = 1 \cdot v$$

Eigenwerte der Matrixdarstellungen

In diesem »Lineare Algebra für Dummies«-Buch springen wir ständig zwischen einer linearen Abbildung f und der zugehörigen Matrixdarstellung M hin und her, so wie es uns gerade passt.

Das ist gut und richtig und stellt eines der zentralen Erkenntnisse der linearen Algebra dar.

Jeder Homomorphismus $f: U \to V$ besitzt eine Matrixgestalt M, die von den in U und V gewählten Basen abhängig ist.

Weiter erinnern Sie sich möglicherweise noch aus Kapitel 15 daran, dass alle Matrizen, die zu f gehören, zueinander *ähnlich* sind.

Zwei Matrizen A und B sind genau dann *ähnlich*, falls eine invertierbare Matrix C existiert, sodass gilt: $A = C^{-1} \cdot B \cdot C$.

Was hat das mit Eigenwerten und den anderen eigenen Geschichten zu tun? Aus nahe liegenden Gründen müssen die Eigenwerte demzufolge auch auf die zugehörigen Matrizen anzuwenden sein. Besser noch:

Alle zueinander ähnlichen Matrizen besitzen dieselben Eigenwerte!

Denn sie beziehen sich ja auf denselben Endomorphismus, und dessen Eigenwerte sind selbstverständlich nicht von einer willkürlich gewählten Basis abhängig.

Aber wie können Sie die Eigenwerte einer Matrix extrahieren? Ist das schwer? Zum Glück gibt es einen Trick, wie Sie die Eigenwerte einer Matrix M mittels einer speziellen *Determinante* berechnen:

Die Eigenwerte λ, die zu einer Matrix M gehören, berechnen sich aus der *charakteristischen Gleichung*:

$$\det(\lambda \cdot I - M) = 0$$

Diese Gleichung ist das Einzige, was Sie sich zur Berechnung von Eigenwerten merken müssen. Allerdings will ich Ihnen nicht vorenthalten, **warum** das so sein muss! Falls Sie das nicht interessiert, überspringen Sie einfach den nächsten Hinweis.

Ausgangspunkt ist eine Gleichung vom Typ: $M \cdot \vec{x} = \lambda \cdot \vec{x}$, die in ein LGS überführt werden kann:

$$\begin{pmatrix} m_{11} & \cdots & m_{1n} \\ \vdots & \ddots & \vdots \\ m_{n1} & \cdots & m_{nn} \end{pmatrix} \cdot \begin{pmatrix} x_1 \\ \vdots \\ x_n \end{pmatrix} = \lambda \cdot \begin{pmatrix} x_1 \\ \vdots \\ x_n \end{pmatrix}$$

$$\Rightarrow \begin{array}{ccccccc} m_{11} \cdot x_1 & + & \cdots & + & m_{1n} \cdot x_n & = & \lambda \cdot x_1 \\ \vdots & & \ddots & & \vdots & \vdots & \vdots \\ m_{n1} \cdot x_1 & + & \cdots & + & m_{nn} \cdot x_n & = & \lambda \cdot x_n \end{array}$$

Wenn Sie nun alle Terme mit λ durch Subtraktion auf die linke Seite bringen und zu den Unbekannten x_i zusammenfassen, entsteht folgende Darstellung:

$$\begin{array}{ccccccccc} (m_{11}-\lambda)\cdot x_1 & + & & \cdots & & + & m_{1n}\cdot x_n & = & 0 \\ \vdots & \ddots & & & & & \vdots & \vdots & \vdots \\ m_{i1}\cdot x_1 & +\cdots+ & & (m_{ii}-\lambda)\cdot x_i & & +\cdots+ & m_{in}\cdot x_n & = & 0 \\ \vdots & & & & & \ddots & & \vdots & \vdots \\ m_{n1}\cdot x_1 & + & & \cdots & & + & (m_{nn}-\lambda)\cdot x_n & = & 0 \end{array}$$

Dieses Gleichungssystem besitzt neben der witzlosen trivialen Lösung, bei der alle Unbekannten Null sind, genau dann weitere Lösungen, falls die Determinante der Koeffizientenmatrix verschwindet. Und die lautet gerade:

$$\det\begin{pmatrix} (m_{11}-\lambda) & \cdots & m_{1i} & \cdots & m_{1n} \\ \vdots & \ddots & & & \vdots \\ m_{i1} & \cdots & (m_{ii}-\lambda) & \cdots & m_{in} \\ \vdots & & & \ddots & \vdots \\ m_{n1} & \cdots & m_{ni} & \cdots & (m_{nn}-\lambda) \end{pmatrix} = 0$$

Dies entspricht $\det(M - I\cdot\lambda) = 0$, was mit $\det(I\cdot\lambda - M) = 0$ zusammenfällt. Die letztere Form ist ein wenig netter, weil die interessanten Terme mit λ bereits das richtige Vorzeichen aufweisen.

Beispiel

Gegeben sei die 2×2-Matrix M mit:

$$M = \begin{pmatrix} 1 & 2 \\ -1 & 4 \end{pmatrix}$$

Stellen Sie sich einfach vor, M sei die Matrixdarstellung eines Endomorphismus $f\colon \mathbb{R}^2 \to \mathbb{R}^2$ bezogen auf die kanonische Basis. Die charakteristische Gleichung für M lautet:

$$\det\left(\lambda\cdot I - \begin{pmatrix} 1 & 2 \\ -1 & 4 \end{pmatrix}\right) = 0$$

Zuerst ersetzen Sie I durch die passende 2×2-Einheitsmatrix:

$$\det\left(\lambda\cdot\begin{pmatrix} 1 & 0 \\ 0 & 1 \end{pmatrix} - \begin{pmatrix} 1 & 2 \\ -1 & 4 \end{pmatrix}\right) = 0$$

Jetzt wird λ skalar multipliziert:

$$\det\left(\begin{pmatrix} \lambda & 0 \\ 0 & \lambda \end{pmatrix} - \begin{pmatrix} 1 & 2 \\ -1 & 4 \end{pmatrix}\right) = 0$$

Als nächstes führen Sie die Matrix-Subtraktion aus:

$$\det\begin{pmatrix} \lambda-1 & -2 \\ 1 & \lambda-4 \end{pmatrix} = 0$$

Wie Sie sehen, wird auf der Hauptdiagonalen λ addiert und zusätzlich werden alle Werte von M negiert. Weil das immer so ist, können Sie die vorherigen Schritte in Zukunft überspringen und gleich bei der obigen Gestalt der charakteristischen Gleichung beginnen.

Nun kommt die Berechnung der Determinante, die für eine 2 × 2-Matrix nicht gerade eine größere Herausforderung darstellt.

Die Berechnung von Determinanten allgemeiner Matrizen werden systematisch in Kapitel 14 »Ganz bestimmte Determinaten« behandelt.

$$(\lambda - 1)(\lambda - 4) - (-2) = 0$$

Es ist, wie immer im Falle einer 2 × 2-Matrix, eine quadratische Gleichung in λ entstanden. Diese weist generell 3 mögliche Lösungskategorien auf:

- ✔ Es ergeben sich zwei unterschiedliche reelle Lösungen in λ.
- ✔ λ stellt eine doppelte reelle Nullstelle dar.
- ✔ Die reelle Lösungsmenge ist leer, es ergeben sich zwei zueinander konjugiert komplexe Lösungen in λ.

Jede der drei Möglichkeiten korrespondiert mit unterschiedlichen Eigenschaften der zugrunde liegenden linearen Abbildung. Sollten sich zwei unterschiedliche Eigenwerte ergeben, spannen die zugehörigen Eigenräume den gesamten Vektorraum $\mathbb{R}^2$ auf. Falls λ nur in einer einzigen reellen Zahl resultiert, gibt es wiederum zwei Fälle. Entweder der Eigenraum ist zweidimensional, dann würden die Eigenwerte in zwei zueinander linear unabhängigen Vektoren gewissermaßen nur »zufällig« gleich sein, oder der Homomorphismus weist eben nur einen eindimensionalen Eigenraum aus, warum auch nicht. Im letzten Falle gibt es, wie beispielsweise bei Drehungen, überhaupt keine reellen Eigenwerte.

Aber zurück zum Beispiel. Dort ergibt sich:

$$\lambda^2 - 5\lambda + 4 + 2 = 0 \Rightarrow \lambda^2 - 5\lambda + 6 = 0 \Rightarrow (\lambda - 2)(\lambda - 3) = 0$$

Damit erhalten Sie zwei unterschiedliche reelle Eigenwerte, nämlich $\lambda_1 = 2$ sowie $\lambda_2 = 3$. Es bleibt die Suche nach den zugehörigen Eigenvektoren.

Wie man aus Eigenwerten die zugehörigen Eigenvektoren presst

Sobald ein Eigenwert bekannt ist, resultiert die zugehörige Matrixgleichung, im Beispiel etwa für $\lambda_1 = 2$, in der Gleichung

$$M \cdot v = 2v \Rightarrow \begin{pmatrix} 1 & 2 \\ -1 & 4 \end{pmatrix} \cdot \begin{pmatrix} x \\ y \end{pmatrix} = 2\begin{pmatrix} x \\ y \end{pmatrix}$$

Daraus gewinnen Sie ein LGS:

$$\begin{array}{rcrcr} x & + & 2y & = & 2x \\ -x & + & 4y & = & 2y \end{array}$$

Eine kleine Transformation ergibt:

$$\begin{array}{rcrcl} -x & + & 2y & = & 0 \\ -x & + & 2y & = & 0 \end{array}$$

Die Zeilen des linearen Gleichungssystems, das aus dem Ansatz eines gefunden Eigenwerts entsteht, sind stets *linear abhängig*. Das LGS ist daher unterbestimmt!

Eine nicht wirklich große Überraschung! Sie wussten doch bereits vorher, dass es zu jedem Eigenwert unendlich viele Eigenvektoren gibt. Dies spiegelt sich im Lösungsraum des LGS wider. Schön, wie in der Mathematik alles harmoniert …

Falls sie – versehentlich – das Kapitel 6 über die Behandlung linearer Gleichungssysteme übersprungen haben sollten, Ihnen jetzt jedoch die Betrachtung von Dimensionen der Lösungsräume »spanisch« vorkommt, empfehle ich einen kurzen Trip zurück ins Labyrinth!

Es ergibt sich als Eigenraum E_2 zum Eigenwert $\lambda_1 = 2$ demnach:

$$-x + 2y = 0 \Rightarrow x = 2y \Rightarrow E_2 = \left\{ \mu \begin{pmatrix} 2 \\ 1 \end{pmatrix} \middle| \mu \in \mathbb{R} \right\}$$

Als Bezeichnung für Eigenräume wird der große Buchstabe »E« verwendet, bei dem der zugehörige Eigenwert als Index zur Unterscheidung mitgeführt wird, etwa E_λ. Alternativ kann der Eigenwert auch in einer Klammer dahinter stehen: $E(\lambda)$.

Zur Übung rechnen Sie jetzt den Eigenraum zum Eigenwert $\lambda_2 = 3$ am besten selbst aus!

Ich will Ihnen in der Zwischenzeit einen kleinen Hinweis nicht vorenthalten:

Zahlreiche Aufgaben unterschiedlicher Schwierigkeitsgrade zur linearen Algebra im Allgemeinen und selbstverständlich auch zu Eigenwerten und Eigenvektoren im Besondern finden Sie im Buch »Übungsbuch Lineare Algebra für Dummies«. Dort werden ebenso die Lösungsschritte ausführlich angegeben.

Ok. Sie sind mit dieser Übung fertig? Sehr gut! Dann können Sie gewiss das folgende Ergebnis bestätigen. Aus dem Ansatz

$$M \cdot v = 3v \Rightarrow \begin{pmatrix} 1 & 2 \\ -1 & 4 \end{pmatrix} \cdot \begin{pmatrix} x \\ y \end{pmatrix} = 3 \begin{pmatrix} x \\ y \end{pmatrix}$$

ergibt sich das LGS:

$$\begin{array}{rcrcl} x & + & 2y & = & 3x \\ -x & + & 4y & = & 3y \end{array} \Rightarrow \begin{array}{rcrcl} -2x & + & 2y & = & 0 \\ -x & + & y & = & 0 \end{array}$$

Dessen Lösung stellt wegen $x = y$ den Eigenraum E_3 dar:

$$E_3 = \left\{ \mu \begin{pmatrix} 1 \\ 1 \end{pmatrix} \middle| \mu \in \mathbb{R} \right\}$$

Da die Vektorraumsumme von E_2 und E_3 zweidimensional ist, ergeben die Eigenräume zusammen $\mathbb{R}^2$ und spannen somit den gesamten Bildraum auf.

Eigenartige Eigenräume

Wenn Sie sich, wie im letzten Beispiel, in der freudigen Situation befinden, dass die Summe der Eigenräume den gesamten betrachteten Vektorraum aufspannt, hindert Sie selbstverständlich niemand daran, aus den Eigenvektoren eine Basis zu erzeugen.

Wie sieht dann die Matrixdarstellung der ursprünglichen linearen Abbildung bezogen auf die neue Basis aus den Eigenvektoren aus?

Eine ausführliche Antwort auf diese Frage benötigt ein ganzes Kapitel, nämlich das folgende Kapitel 17. Aber eine wichtige Tatsache können Sie sich bereits jetzt klar machen:

Wenn die Summe der Eigenräume eines Endomorphismus $f\colon V \to V$ den gesamten Vektorraum V aufspannt, besitzt die Matrixdarstellung von f, bezogen auf eine Basis aus Eigenvektoren, stets *Diagonalgestalt*!

Wieso das gilt, kann ich Ihnen anhand des letzten Beispiels vorführen. Dazu wenden Sie einen *Basiswechsel* an!

Alles rund um das Verfahren des Basiswechsels finden Sie in Kapitel 15 »Es reicht, wir wechseln die Basis«.

Als neue Basis b wählen Sie zunächst logischerweise Repräsentanten der Eigenvektoren, etwa:

$$b = \left(\begin{pmatrix} 2 \\ 1 \end{pmatrix}, \begin{pmatrix} 1 \\ 1 \end{pmatrix} \right)$$

Als Übergangsmatrix U von der kanonischen Basis e in b ergibt sich:

$$U = \begin{pmatrix} 2 & 1 \\ 1 & 1 \end{pmatrix}$$

Deren Inverse resultiert in:

$$U^{-1} = \begin{pmatrix} 1 & -1 \\ -1 & 2 \end{pmatrix}$$

Damit erhalten Sie die Matrixgestalt M' von f bezogen auf b:

$$M' = U^{-1} \cdot M \cdot U = \begin{pmatrix} 1 & -1 \\ -1 & 2 \end{pmatrix} \cdot \begin{pmatrix} 1 & 2 \\ -1 & 4 \end{pmatrix} \cdot \begin{pmatrix} 2 & 1 \\ 1 & 1 \end{pmatrix}$$

$$= \begin{pmatrix} 1 & -1 \\ -1 & 2 \end{pmatrix} \cdot \begin{pmatrix} 4 & 3 \\ 2 & 3 \end{pmatrix} = \begin{pmatrix} 2 & 0 \\ 0 & 3 \end{pmatrix}$$

In den Diagonalen stehen genau die Eigenwerte, Wahnsinn! Aber das ist keineswegs ein Zufall, denn die Eigenvektoren müssen auf sich selbst abgebildet werden. Bezogen auf die Basis b besitzen die Eigenvektoren die offensichtliche Gestalt:

$$\begin{pmatrix} 1 \\ 0 \end{pmatrix} \text{ sowie } \begin{pmatrix} 0 \\ 1 \end{pmatrix}$$

Bezogen auf die eigene Basis sehen alle Basisvektoren immer so nett aus. Jetzt wird auch klar, warum die Matrixdarstellung von f diagonal sein muss:

$$\begin{pmatrix} 2 & 0 \\ 0 & 3 \end{pmatrix} \cdot \begin{pmatrix} 1 \\ 0 \end{pmatrix} = \begin{pmatrix} 2 \\ 0 \end{pmatrix} \text{ sowie } \begin{pmatrix} 2 & 0 \\ 0 & 3 \end{pmatrix} \cdot \begin{pmatrix} 0 \\ 1 \end{pmatrix} = \begin{pmatrix} 0 \\ 3 \end{pmatrix}$$

Das ist ja der ganze Witz der Eigenvektoren, dass sie stets auf dasjenige Vielfache ihrer selbst abgebildet werden, das den zugehörigen Eigenwerten entspricht. Deshalb sind die Eigenwerte auch genau die Einträge auf der Hauptdiagonalen.

In Kapitel 17 »Diagonalisieren statt um die Ecke denken«, wird näher beleuchtet, unter welchen Umständen Matrizen diagonalisierbar sind und welche Bedeutung diese Eigenschaft für die zugehörigen Endomorphismen besitzt. Das ist der Gipfel der Erkenntnis in der linearen Algebra!

Das Jacobi-Verfahren zur Bestimmung von Eigenwerten

Das entspricht alles einem systematischen Verfahren. Zuerst lösen Sie die charakteristische Gleichung, die Sie für jede beliebige Matrix M aufstellen und aus den sich ergebenden Eigenwerten bestimmen Sie die zugehörigen Eigenvektoren. Anschließend geben Sie die Eigenräume an und hoffen, dass die zusammengezählte Dimension dem ursprünglichen Vektorraum entspricht. Wenn das der Fall ist, stellen Sie die Diagonalmatrix auf. Alles klar? Leider ist der erste Schritt schon recht übel, wenn die Matrix M ein wenig größer ist. Angenommen, M ist eine 6×6-Matrix. Dann ist die Bestimmung der Determinante mit dem Entwicklungssatz zwar aufwändig, aber nicht schwer. Nur stellt die charakteristische Gleichung in λ mit der Potenz 6 ein bereits kaum mehr analytisch zu überwindendes Hindernis dar.

Lassen Sie den Kopf nicht hängen! Für eine Unterklasse von höherdimensionalen Matrizen gibt es eine Lösung, und zwar dann, wenn diese symmetrisch sind! Und, man könnte fast meinen »wie immer«, geht die Grundidee auf einen deutschen Mathematiker zurück, sein Name ist **Jacobi**.

Carl Gustav Jacob Jacobi

wurde 1804, fast dreißig Jahre nach Gauß, in Potsdam geboren, verstarb jedoch bereits mit sechsundvierzig Jahren, noch zu Lebzeiten des Mathematikgenies, in Berlin an den Pocken!

Nichtsdestotrotz hat er in dieser vergleichsweise kurzen Zeit mehr erreicht als die meisten anderen in einer vollen Lebensspanne. Er wurde von seinen Schülern als der **»Euler des 19. Jahrhunderts«** bezeichnet.

Neben den in diesem Kapitel behandelten Verfahren zur Bestimmung von Eigenwerten und zahlreichen anderen Arbeiten auf dem Gebiet der linearen Algebra geht auch die *Jacobi-Matrix* auf den großen Denker zurück, die im Bereich der mehrdimensionalen Analysis von enormer Bedeutung ist.

Übrigens hat Jacobi bereits die *elliptischen Funktionen* untersucht, die gerade heute wieder im Rahmen der Kryptographie eine besondere Rolle spielen.

Die Grundidee beim Jacobi-Verfahren ist recht einfach. Wenn die Matrix M *hermitesch* ist, also $M^T = \bar{M}$ gilt, ist M sukzessive durch Drehungen in eine Diagonalgestalt zu bringen. Die Werte auf der Hauptdiagonalen entsprechen dann, wie Sie oben bereits gesehen haben, genau den Eigenwerten von M.

Dabei fangen Sie systematisch oben links an, alle Elemente, die sich nicht auf der Hauptdiagonalen befinden, nacheinander durch Anwendung einer Rotation R der Form $M' = R^T M R$ zu Null zu machen. Das Schöne an der Sache ist, dass M' zu M ähnlich ist und daher über dieselben Eigenwerte verfügt!

Für ein konkretes Element ij zeige ich Ihnen, wie Sie garantiert den Wert auf Null setzen können. Damit ist – aufgrund der Symmetrie von M – automatisch das Element ji ebenfalls Null. Leider könnte es sein, dass dadurch eine Komponente, die Sie in einem früheren Schritt bereits »genullt« haben, wieder einen Wert ungleich Null enthält. Aber keine Sorge: Das Jacobi-Verfahren garantiert, dass die Summe alle Werte außerhalb der Hauptdiagonalen betragsmäßig immer kleiner wird.

Sie legen dazu einfach eine numerische Schwelle fest, unterhalb derer Sie alle Werte als Null interpretieren, zum Beispiel ein Billionstel, und der Algorithmus liefert stets das gewünschte Ergebnis.

Das Jacobi-Verfahren zur Bestimmung von Eigenwerten kann für alle hermiteschen Matrizen stets angewendet werden!

Es bleibt die Frage, wie Sie es schaffen, einen konkreten Wert durch Anwendung einer Rotation zum Verschwinden zu bringen. Diese Form der Jacobi-Zauberei zeige ich Ihnen am besten anhand eines Beispiels.

Beispiel

Gesucht seien die Eigenwerte der symmetrischen Matrix

$$M = \begin{pmatrix} 1 & 3 & 0 & -1 & 3 & 1 \\ 3 & 0 & 4 & -1 & 2 & 1 \\ 0 & 4 & 0 & 2 & 0 & 0 \\ -1 & -1 & 2 & 0 & 1 & 1 \\ 3 & 2 & 0 & 1 & -1 & 0 \\ 1 & 1 & 0 & 1 & 0 & 0 \end{pmatrix}$$

M ist als reelle symmetrische Matrix automatisch hermitesch.

Wieso reelle symmetrische Matrizen hermitesch sind und alle anderen wichtigen Details zu Eigenschaften von Matrizen finden Sie in Kapitel 7 »Die Matrix ist überall«.

Das *Jacobi-Verfahren* transformiert nun M solange, bis alle Werte außerhalb der Hauptdiagonalen winzig klein geworden sind, sodass die resultieren Einträge der Hauptdiagonalen eine numerische Näherung der Eigenwerte von M darstellen.

Wäre M nicht hermitesch, so könnte nicht gewährleistet werden, dass eine solche Darstellung überhaupt existiert.

So weit, so gut. Exemplarisch zeige ich Ihnen nun für den Eintrag M_{23} in der zweiten Zeile und dritten Spalte von M, wie der Wert durch Anwendung einer konkreten Rotation R der Form $R^T MR$ zu Null wird. Außerdem sollten Sie die Summe aller anderen Beträge jenseits der Hauptdiagonalen im Blick behalten. Diese wird durch jeden Jacobi-Schritt immer kleiner.

Die Rotationsmatrix R besteht in diesem Fall aus einer Einheitsmatrix, bei der nur in den zweiten und dritten Zeilen und Spalten Veränderungen vorgenommen werden:

$$R = \begin{pmatrix} 1 & 0 & 0 & 0 & 0 & 0 \\ 0 & \cos\varphi & \sin\varphi & 0 & 0 & 0 \\ 0 & -\sin\varphi & \cos\varphi & 0 & 0 & 0 \\ 0 & 0 & 0 & 1 & 0 & 0 \\ 0 & 0 & 0 & 0 & 1 & 0 \\ 0 & 0 & 0 & 0 & 0 & 1 \end{pmatrix}$$

R, angewendet auf M, verändert nur die Werte in den Zeilen und Spalten 2 und 3. Alle anderen Einträge bleiben unberührt. Außerdem wird durch Angabe von φ ein Drehwinkel definiert. Natürlich muss φ gerade so gewählt werden, dass $M' = R^T MR$ an der Position (2,3) eine

Null erzeugt. Gehen Sie es einfach an, es ist leichter als Sie vielleicht denken!

$M' = R^T MR =$

$$\begin{pmatrix} 1 & 0 & 0 & 0 & 0 & 0 \\ 0 & \cos\varphi & -\sin\varphi & 0 & 0 & 0 \\ 0 & \sin\varphi & \cos\varphi & 0 & 0 & 0 \\ 0 & 0 & 0 & 1 & 0 & 0 \\ 0 & 0 & 0 & 0 & 1 & 0 \\ 0 & 0 & 0 & 0 & 0 & 1 \end{pmatrix} \cdot \begin{pmatrix} 1 & 3 & 0 & -1 & 3 & 1 \\ 3 & 0 & 4 & -1 & 2 & 1 \\ 0 & 4 & 0 & 2 & 0 & 0 \\ -1 & -1 & 2 & 0 & 1 & 1 \\ 3 & 2 & 0 & 1 & -1 & 0 \\ 1 & 1 & 0 & 1 & 0 & 0 \end{pmatrix} \cdot \begin{pmatrix} 1 & 0 & 0 & 0 & 0 & 0 \\ 0 & \cos\varphi & \sin\varphi & 0 & 0 & 0 \\ 0 & -\sin\varphi & \cos\varphi & 0 & 0 & 0 \\ 0 & 0 & 0 & 1 & 0 & 0 \\ 0 & 0 & 0 & 0 & 1 & 0 \\ 0 & 0 & 0 & 0 & 0 & 1 \end{pmatrix}$$

Jetzt wird $M \cdot R$ berechnet:

$$M' = \begin{pmatrix} 1 & 0 & 0 & 0 & 0 & 0 \\ 0 & \cos\varphi & -\sin\varphi & 0 & 0 & 0 \\ 0 & \sin\varphi & \cos\varphi & 0 & 0 & 0 \\ 0 & 0 & 0 & 1 & 0 & 0 \\ 0 & 0 & 0 & 0 & 1 & 0 \\ 0 & 0 & 0 & 0 & 0 & 1 \end{pmatrix} \cdot \begin{pmatrix} 1 & 3\cos\varphi & 3\sin\varphi & -1 & 3 & 1 \\ 3 & -4\sin\varphi & 4\cos\varphi & -1 & 2 & 1 \\ 0 & 4\cos\varphi & 4\sin\varphi & 2 & 0 & 0 \\ -1 & -\cos\varphi - 2\sin\varphi & -\sin\varphi + 2\cos\varphi & 0 & 1 & 1 \\ 3 & 2\cos\varphi & 2\sin\varphi & 1 & -1 & 0 \\ 1 & \cos\varphi & \sin\varphi & 1 & 0 & 0 \end{pmatrix}$$

Das ist zwar anstrengend, kann aber immer systematisch durchgeführt werden, sodass es sich für ein Computerprogramm besonders gut eignet.

Das Endergebnis lautet:

$$M' = \begin{pmatrix} 1 & 0 & 0 & 0 & 0 & 0 \\ 0 & \cos\varphi & -\sin\varphi & 0 & 0 & 0 \\ 0 & \sin\varphi & \cos\varphi & 0 & 0 & 0 \\ 0 & 0 & 0 & 1 & 0 & 0 \\ 0 & 0 & 0 & 0 & 1 & 0 \\ 0 & 0 & 0 & 0 & 0 & 1 \end{pmatrix} \cdot \begin{pmatrix} 1 & 3\cos\varphi & 3\sin\varphi & -1 & 3 & 1 \\ 3 & -4\sin\varphi & 4\cos\varphi & -1 & 2 & 1 \\ 0 & 4\cos\varphi & 4\sin\varphi & 2 & 0 & 0 \\ -1 & -\cos\varphi - 2\sin\varphi & -\sin\varphi + 2\cos\varphi & 0 & 1 & 1 \\ 3 & 2\cos\varphi & 2\sin\varphi & 1 & -1 & 0 \\ 1 & \cos\varphi & \sin\varphi & 1 & 0 & 0 \end{pmatrix}$$

$$\begin{pmatrix} 1 & 3\cos\varphi & 3\sin\varphi & -1 & 3 & 1 \\ 3\cos\varphi & -8\sin\varphi\cos\varphi & 4\cos^2\varphi - 4\sin^2\varphi & -\cos\varphi - 2\sin\varphi & 2\cos\varphi & \cos\varphi \\ 3\sin\varphi & 4\cos^2\varphi - 4\sin^2\varphi & 8\sin\varphi\cos\varphi & -\sin\varphi + 2\cos\varphi & 2\sin\varphi & \sin\varphi \\ -1 & -\cos\varphi - 2\sin\varphi & -\sin\varphi + 2\cos\varphi & 0 & 1 & 1 \\ 3 & 2\cos\varphi & 2\sin\varphi & 1 & -1 & 0 \\ 1 & \cos\varphi & \sin\varphi & 1 & 0 & 0 \end{pmatrix}$$

Sehen Sie, dass das Ergebnis wieder symmetrisch ist?

Nun verlangen Sie, dass der Eintrag in Zeile 2 und Spalte 3 Null wird, also:

$$4\cos^2\varphi - 4\sin^2\varphi \overset{!}{=} 0$$

Das bedeutet nichts anderes als:

$$\sin\varphi = \cos\varphi$$

Dafür gibt es unterschiedliche Lösungen, eine einzige genügt Ihnen allerdings, zum Beispiel $\varphi = 45° = \pi/4$. Damit hat die Rotationsmatrix R eine sehr nette Gestalt:

$$R = \begin{pmatrix} 1 & 0 & 0 & 0 & 0 & 0 \\ 0 & \frac{1}{2}\sqrt{2} & \frac{1}{2}\sqrt{2} & 0 & 0 & 0 \\ 0 & -\frac{1}{2}\sqrt{2} & \frac{1}{2}\sqrt{2} & 0 & 0 & 0 \\ 0 & 0 & 0 & 1 & 0 & 0 \\ 0 & 0 & 0 & 0 & 1 & 0 \\ 0 & 0 & 0 & 0 & 0 & 1 \end{pmatrix} \text{ sowie } \mathrm{R}^T = \begin{pmatrix} 1 & 0 & 0 & 0 & 0 & 0 \\ 0 & \frac{1}{2}\sqrt{2} & -\frac{1}{2}\sqrt{2} & 0 & 0 & 0 \\ 0 & \frac{1}{2}\sqrt{2} & \frac{1}{2}\sqrt{2} & 0 & 0 & 0 \\ 0 & 0 & 0 & 1 & 0 & 0 \\ 0 & 0 & 0 & 0 & 1 & 0 \\ 0 & 0 & 0 & 0 & 0 & 1 \end{pmatrix}$$

Für M' gilt dann insgesamt:

$$M' = R^T M R = \begin{pmatrix} 1 & \frac{3}{2}\sqrt{2} & \frac{3}{2}\sqrt{2} & -1 & 3 & 1 \\ \frac{3}{2}\sqrt{2} & -4 & 0 & -\frac{3}{2}\sqrt{2} & \sqrt{2} & \frac{1}{2}\sqrt{2} \\ \frac{3}{2}\sqrt{2} & 0 & 4 & \frac{1}{2}\sqrt{2} & \sqrt{2} & \frac{1}{2}\sqrt{2} \\ -1 & -\frac{3}{2}\sqrt{2} & \frac{1}{2}\sqrt{2} & 0 & 1 & 1 \\ 3 & \sqrt{2} & \sqrt{2} & 1 & -1 & 0 \\ 1 & \frac{1}{2}\sqrt{2} & \frac{1}{2}\sqrt{2} & 1 & 0 & 0 \end{pmatrix}$$

Ich habe Ihnen die Zeilen und Spalten zwei und drei markiert, weil nur dort Änderungen in M' gegenüber M vorgenommen wurden. Zu beachten ist, dass in M' an der Stelle (2,3) sowie (3,2) eine Null erzeugt worden ist. Außerdem beträgt die Summe W' der Beträge aller geänderten Werte außerhalb der Hauptdiagonalen:

$$W' = 2 \cdot \left(\frac{3}{2} + \frac{3}{2} + 0 + \left| -\frac{3}{2} \right| + 1 + \frac{1}{2} + \frac{1}{2} + 1 + \frac{1}{2} \right) \cdot \sqrt{2} = 16\sqrt{2} < 23$$

In M dagegen hatte dieser Wert W noch

$$W' = 2 \cdot (3 + 0 + 4 + |-1| + 2 + 1 + 2 + 0) = 26$$

betragen und war damit deutlich größer.

Und so geht das Jacobi-Verfahren immer weiter, erzeugt Nullen und lässt am Ende die Eigenwerte auf der Hauptdiagonalen erkennen. Sehr mühsam, wie sich das Eichhörnchen ernährt, aber das ist systematisch zu erledigen, ohne eine hochpotente Gleichung lösen zu müssen.

Natürlich gibt es eine Reihe weiterer Verfahren, bei denen die Ausgangsmatrix auf andere Weise eingeschränkt werden kann. Allein diese würden schon ein komplettes »Berechnung von Eigenwerten für Dummies«-Buch füllen. Sie können ja spaßeshalber beim Verlag anklopfen, wenn Sie an der Lektüre eines solchen Fundamentalwerks mathematischer Einsichten interessiert sind.

Zum Abschluss des Kapitels möchte ich Ihnen bis dahin anhand konkreter Beispiele aus der Praxis zeigen, wie wichtig die Berechnung von Eigenwerten und den zugehörigen -vektoren ist und an welch' überraschenden Orten Fragestellungen dieser Art auf Sie warten ...

Praxisbeispiele

Eigenwerte tauchen an den unterschiedlichsten Stellen auf. Ob in den Ingenieurwissenschaften, besonders der Elektro- und Regelungstechnik, ob in Physik, Statik, Biologie, Informatik, ja sogar in den Wirtschaftswissenschaften: Stets enthalten konkrete Problemstellungen im Kern die Berechnung von Eigenwerten. Manchmal spricht man daher auch von *Eigenwertproblemen*.

Abstrakt gesprochen handelt es sich um spezielle Zustände von Systemen, bei denen merkwürdige Dinge passieren. In der Regel müssen diese Systeme *schwingungsfähig* sein. Das können Sie aber sehr allgemein verstehen. Es beginnt bei einer Schaukel, die durch rhythmisches Anschubsen zum richtigen Zeitpunkt immer weiter schwingt, geht über Brücken, die beim Erreichen von *Resonanzfrequenzen* zum Einsturz gebracht werden können und endet bei **elektrischen Schwingkreisen**, die ebenfalls beim Auftreten der *Eigenfrequenz* energetisch interessante Zustände erreichen.

In allen diesen Fällen sind Eigenwerte und Eigenvektoren im Spiel. Zuerst zeige ich Ihnen die konkrete Anwendung in einem mechanischen Modell, danach entführe ich Sie – nur für einen Moment – in die Zauberwelt der Differentialgleichungen. Dort führe ich Ihnen vor, wie Sie mittels Eigenwerten elektromagnetische Schwingkreise in den Griff bekommen.

Mechanische Schwingungen

Betrachten Sie zwei reibungsfrei gelagerte, gleich schwere Gewichte G_x und G_y, die durch Spiralfedern gleichen Typs fixiert sind (siehe Abbildung 16.2).

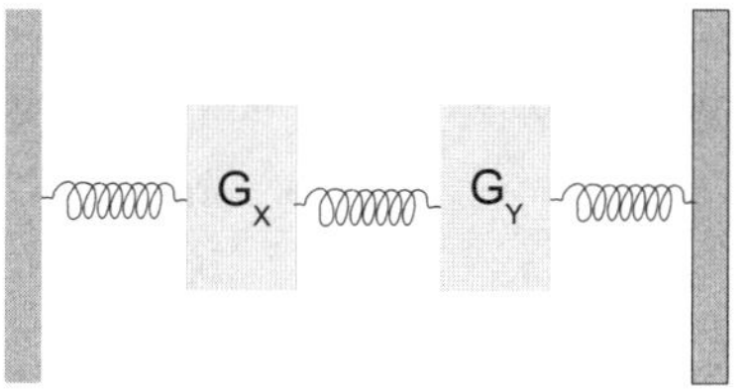

Abbildung 16.2: Zwei Objekte zwischen Spiralfedern

Nehmen Sie an, das System befinde sich im Gleichgewicht. Wenn Sie nun beide Objekte ein wenig anstoßen, geraten die Gewichte in eine chaotische Schwingung, weil die Bewegung von G_x auch Einfluss auf G_y hat. Die beiden Objekte stoßen und zerren aneinander.

Sobald Sie G_x um x Millimeter und G_y um y Millimeter nach links bewegen und anschließend loslassen, können die so entstehenden ***Rückstellkräfte*** F_x und F_y mit folgenden Formeln beschrieben werden:

$$\begin{aligned} F_x &= -kx + k(y-x) &&= -2kx + ky \\ F_y &= -ky - k(y-x) &&= kx - 2ky \end{aligned}$$

Dabei ist k die so genannte **Federkonstante**. Sie können das selbstverständlich auch in Matrixschreibweise notieren:

$$\begin{pmatrix} F_x \\ F_y \end{pmatrix} = \begin{pmatrix} -2k & k \\ k & -2k \end{pmatrix} \cdot \begin{pmatrix} x \\ y \end{pmatrix}$$

Gesucht sind nun Werte für x und y, bei denen das System energetisch stabil bleibt, sodass sich G_x und G_y nicht gegenseitig stören.

Physikalisch ist das nichts anderes als die Forderung, dass die Kräfte ein Vielfaches der Auslenkung betragen, also:

$$\begin{pmatrix} F_x \\ F_y \end{pmatrix} = \lambda \cdot \begin{pmatrix} x \\ y \end{pmatrix} \Rightarrow \begin{pmatrix} -2k & k \\ k & -2k \end{pmatrix} \cdot \begin{pmatrix} x \\ y \end{pmatrix} = \lambda \cdot \begin{pmatrix} x \\ y \end{pmatrix}$$

Das sieht doch schon sehr verdächtig nach einem Eigenwertproblem aus! Und Sie können es sogar vollständig lösen, auf geht's!

$$\left| \lambda \cdot I - \begin{pmatrix} -2k & k \\ k & -2k \end{pmatrix} \right| = 0 \Rightarrow \begin{vmatrix} \lambda + 2k & -k \\ -k & \lambda + 2k \end{vmatrix} = 0$$

Die charakteristische Gleichung lautet demnach:

$$(\lambda + 2k)^2 - k^2 = 0 \Rightarrow \lambda^2 + 4\lambda k + 3k^2 = 0 \Rightarrow (\lambda + 3k)(\lambda + k) = 0$$

Die Eigenwerte sind also $\lambda = -3k$ sowie $\lambda = -k$. Die zugehörigen Eigenvektoren ermitteln Sie zu:

$$\begin{pmatrix} -2k & k \\ k & -2k \end{pmatrix} \cdot \begin{pmatrix} x \\ y \end{pmatrix} = (-3k) \cdot \begin{pmatrix} x \\ y \end{pmatrix} \Rightarrow \left. \begin{aligned} -2kx + ky &= -3kx \\ kx - 2ky &= -3ky \end{aligned} \right\} \Rightarrow x = y$$

Wenn demnach die Auslenkung für beide Gewichte genau gleich ist, schwingen die Objekte im Takt. Aber es gibt eine weitere Lösung des Problems für den Eigenwert $\lambda = -k$.

$$\begin{pmatrix} -2k & k \\ k & -2k \end{pmatrix} \cdot \begin{pmatrix} x \\ y \end{pmatrix} = (-k) \cdot \begin{pmatrix} x \\ y \end{pmatrix} \Rightarrow \left. \begin{aligned} -2kx + ky &= -kx \\ kx - 2ky &= -ky \end{aligned} \right\} \Rightarrow x = -y$$

Wie Sie sehen, besitzt das gekoppelte System auch bei genau entgegengesetzter Auslenkung ein energetisches Gleichgewicht. Dann schwingen die Gewichte auf einander zu und voneinander weg. Außerdem ist klar: Es gibt keine anderen Eigenwerte, somit auch keine anderen energetischen Gleichgewichte, mit Ausnahme der trivialen Lösung, wenn Sie mit $x = 0$ und $y = 0$ beide Objekte einfach in Ruhe lassen …

Elektromagnetische Schwingkreise

Wie Sie im letzten Beispiel gesehen haben, finden sich Eigenwerte überall dort, wo für recht komplizierte Vorgänge bestimmte Sonderfälle ermittelt werden müssen. Die Grundgleichungen sind dabei häufig durch so genannte *Differentialgleichungen* gegeben.

Lust auf noch mehr Differenzierung? Details zur Klassifikation, zu Beispielen und Lösungsmöglichkeiten von Differentialgleichungen finden sich im Buch »Differentialgleichungen für Dummies«.

Dabei werden Funktionen und ihre Ableitungen in eine gemeinsame Gleichung gepackt. Fast alle physikalischen Gesetze werden über derartige Gleichungen beschrieben. Außerdem können gekoppelte Systeme, ganz gleich aus welchem Fachgebiet, in Form von Differentialgleichungen geschrieben werden.

Beispiel

Schauen Sie sich einmal den vergleichsweise übersichtlichen RCL-Parallelschaltkreis in Abbildung 16.3 an.

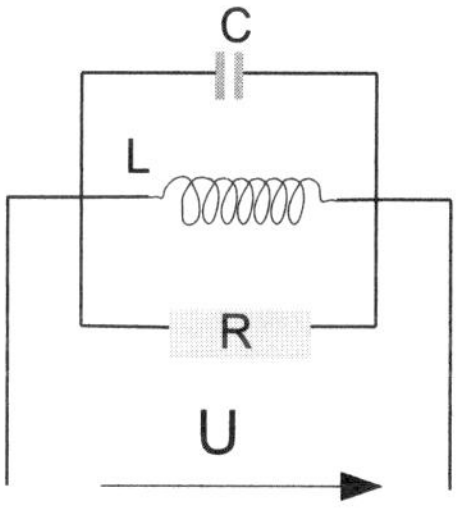

Abbildung 16.3: RCL-Parallelschaltkreis

Dabei steht R für einen **Widerstand**, C für einen **Kondensator** und L für die **Spule**. Wenn der Kondensator zu Beginn geladen ist, führt sein Entladen zu einem Stromfluss, der wiederum ein magnetisches Potenzial an der Spule aufbaut, dessen Energie den Kondensator aufladt. Es entsteht ein ***elektromagnetischer Schwingkreis***. Der allgemeine Zusammenhang zwischen Spannung U und Strom I kann durch folgende Differentialgleichungen ausgedrückt werden, die die aktuellen Werte von Strom I und Spannung U mit deren zeitlicher Veränderung $\dot{I}$ und $\dot{U}$ in Beziehung setzen.

$$\begin{aligned} \dot{I} &= \frac{1}{L} \cdot U \\ \dot{U} &= -\frac{1}{C} \cdot I - \frac{1}{RC} \cdot U \end{aligned}$$

Angenommen, Ihr Widerstand betrage $R = 1$ Ohm, die Kapazität des Kondensators $C = \frac{1}{4}$ Farad und die Induktivität der Spule liege bei $L = 4/3$ Henry. Dann lässt sich das System von

Differentialgleichungen auch so schreiben:

$$\begin{pmatrix} \dot{I} \\ \dot{U} \end{pmatrix} = \begin{pmatrix} 0 & \frac{3}{4} \\ -4 & -4 \end{pmatrix} \cdot \begin{pmatrix} I \\ U \end{pmatrix}$$

Um dieses **schwingende** System zu verstehen, benötigen Sie die *Eigenfrequenz* des Schwingkreises. Dies ist vergleichbar mit der Frequenz eines oszillierenden Federpendels. Sobald Ihnen diese Frequenz bekannt ist, können Sie von außen eine **Zwangsfunktion** anlegen. Im Falle des Pendels etwa das rhythmische Verschieben der Aufhängung. Für Ihren Parallelschwingkreis wäre das mit dem Anlegen einer **Wechselspannung** mittels eines **Transistors** zu erreichen. Alles dreht sich also – wieder einmal – um die Eigenwerte. An die Arbeit!

$$\det\begin{pmatrix} \lambda & -\frac{3}{4} \\ 4 & \lambda+4 \end{pmatrix} = 0 \Rightarrow \lambda(\lambda+4)+3=0 \Rightarrow (\lambda+3)(\lambda+1)=0$$

Als Eigenwerte finden Sie $\lambda_1 = -3$ und $\lambda_2 = -1$. Die zugehörigen Eigenvektoren lauten:

$$\begin{pmatrix} 0 & \frac{3}{4} \\ -4 & -4 \end{pmatrix} \cdot \begin{pmatrix} I \\ U \end{pmatrix} = -3 \cdot \begin{pmatrix} I \\ U \end{pmatrix} \Rightarrow U = -4 \cdot I \Rightarrow \text{LH}\left\{\begin{pmatrix} 1 \\ -4 \end{pmatrix}\right\}$$

Sowie:

$$\begin{pmatrix} 0 & \frac{3}{4} \\ -4 & -4 \end{pmatrix} \cdot \begin{pmatrix} I \\ U \end{pmatrix} = -\begin{pmatrix} I \\ U \end{pmatrix} \Rightarrow U = -\frac{4}{3} \cdot I \Rightarrow \text{LH}\left\{\begin{pmatrix} 4 \\ -3 \end{pmatrix}\right\}$$

Wie Sie sehen, wechseln Spannung und Stromstärke beständig das Vorzeichen. Man nennt das logischerweise den *Schwingungsfall*. Falls nur ein doppelter Eigenwert auftritt, wird auch vom *aperiodischen Grenzfall* gesprochen. Der Kondensator lädt sich dann so schnell auf, wie in keinem anderen Fall. Aber nur einmalig.

Sollten die Eigenwerte jedoch, und Sie können leicht Werte für R, L und C angeben, die das erfüllen, zwei zueinander konjugiert komplexe Werte annehmen, entstehen Eigenvektoren mit jeweils gleichen Vorzeichen in den einzelnen Komponenten. Das heißt, Spannung und Strom sind nicht einander entgegengesetzt und eine Schwingung findet nicht statt. Diese Situation trägt die lustige Bezeichnung *Kriechfall*.

Weiter geht es im nächsten Kapitel mit der Diagonalisierung. Dort werde ich Ihnen auch noch andere spannende Fälle von Eigenwertproblemen darlegen!

Diagonalisieren statt um die Ecke denken

17

In diesem Kapitel ...

- Den Zusammenhang zwischen linearen Abbildungen und Matrizen herausarbeiten
- Vorteile einer Diagonalmatrix erkennen
- Diagonalisierung auf Homomorphismen übertragen
- Den Spektralsatz in seinen diversen Facetten verstehen
- Den Satz von Cayley-Hamilton kennenlernen
- Die Kernideen der gesamten linearen Algebra rekapitulieren

Dieses Kapitel stellt die wichtigsten Zusammenhänge der gesamten linearen Algebra vor. Dabei werden die notwendigen Bausteine und Konzepte erläutert, um bedeutsame Erkenntnisse wie den Spektralsatz oder den Satz von Cayley-Hamilton überhaupt verstehen zu können. Eines dieser Konzepte ist das Diagonalisieren, welches von Matrizen auf allgemeine Homomorphismen übertragen wird.

Was Matrizen und Homomorphismen gemeinsam haben

Sie sind im innersten Kern des Labyrinths der linearen Algebra angekommen! Hier funkelt Sie ein sehr wertvoller Schatz an. Doch um den wahren Wert dieser Kostbarkeit vollständig ermessen zu können, müssen Sie noch einige wenige letzte Hindernisse ausräumen.

Voraussetzung für dieses Kapitel ist ein fundiertes Verständnis einiger zentraler Begriffe der linearen Algebra. Dazu gehören die *Vektorräume*, wie sie in Kapitel 5 vorgestellt werden, die *lineare Unabhängigkeit* aus Kapitel 8 sowie das Konzept der *Basis* aus Kapitel 9. Ebenso sind die *Homomorphismen* aus Kapitel 13 notwendige Voraussetzung.

Vektorräume sind die zentrale Datenstruktur der linearen Algebra. *Homomorphismen* stellen mächtige und stabile Brücken zwischen diesen Räumen dar. Obgleich Vektoren beliebige Objekte sein mögen, etwa Polynome, einfache Zahlen, n-Tupel oder auch Matrizen, so ist doch der Übergang in die geordnete Welt der *Koordinatenvektoren* stets möglich.

Das Rezept hierzu beginnt bei der Wahl einer *Basis*. Das ist eine Menge von *linear unabhängigen* Vektoren, die den gesamten Vektorraum aufspannen. Dabei identifizieren Sie jeden einzelnen Vektor innerhalb des Vektorraums eindeutig durch eine spezifische *Linearkombination* der Basisvektoren. Der jeweilige Anteil der Basisvektoren in der richtigen Reihenfolge resultiert stets in einem n-Tupel aus Elementen desjenigen Körpers, über dem der ursprüngliche Vektorraum definiert wurde.

Hierdurch wird aus einem Vektor eines beliebigen Vektorraums, zum Beispiel einem Polynom, ein *Koordinatenvektor*, etwa reeller Zahlen. Voraussetzung ist und bleibt aber die im Moment noch willkürliche Wahl der Basis.

Beispiel

Es sei V der Vektorraum der Polynome höchstens zweiten Grades über $\mathbb{R}$ und als Basis sei b gegeben:

$$b = (x^2 + 1, x + 1, -x^2 - x + 1)$$

Dann hat der Vektor v mit

$$v = -2x^2 - x + 6$$

bezogen auf die Basis b die eindeutige Darstellung

$$v = 1 \cdot (x^2 + 1) + 2 \cdot (x + 1) + 3 \cdot (-x^2 - x + 1)$$

Somit lautet der Koordinatenvektor von v bezüglich b:

$$[v]_b = \begin{pmatrix} 1 \\ 2 \\ 3 \end{pmatrix}$$

Des Weiteren kann jede beliebige lineare Abbildung f: U → V, die ja eigentlich Vektoren des Vektorraums U in solche von V transformiert, als eine Matrix M dargestellt werden, die – natürlich erst nach Wahl einer konkreten Basis in U und einer ebensolchen in V – Koordinatenvektoren aus U in solche aus V befördert.

Für den Spezialfall eines *Endomorphismus*, bei dem U und V gleich sind, ist M immer quadratisch.

Weiterhin ist es nützlich, dass alle Matrizen, die zum selben Endomorphismus bezüglich unterschiedlicher Basen gehören, einige Gemeinsamkeiten aufweisen. Dazu gehören:

- ✔ Die Determinanten sind stets gleich.
- ✔ Alle Eigenwerte stimmen überein.

Alles Wissenswerte zum Thema *Determinanten* finden Sie in Kapitel 14. Der sehr wichtige Terminus des *Eigenwerts* wird ausführlich in Kapitel 16 behandelt.

Weil das so ist, können Sie die Begriffe *Determinante* und *Eigenwert* gleich auf den entsprechenden Endomorphismus beziehen.

Weiter heißen alle Matrizen, die denselben Endomorphismus repräsentieren, *ähnlich*. Rein algebraisch können Sie das auch so formulieren:

M und M′ sind genau dann *ähnlich*, falls eine invertierbare Matrix U existiert mit:

$$M' = U^{-1} \cdot M \cdot U$$

Wenn Ihnen dieser Gedanke klar ist, lesen Sie einfach weiter. Ansonsten halten Sie inne und rekapitulieren die vorangegangenen Abschnitte!

Die genaue Gestalt der Matrixrepräsentation einer linearen Abbildung f hängt also von der Wahl der Basis ab. Sobald Sie erst einmal bei einer beliebigen Basis beginnen, können Sie über das Verfahren des *Basiswechsels* auch jede möglich andere Basis ansteuern. Dadurch ändert sich natürlich die Matrixdarstellung von f.

Der *Basiswechsel* ist das zentrale Thema von Kapitel 15.

Dabei stellt sich sogleich die Frage, welche Basis Ihnen denn die besten Chancen bietet, die zugehörige lineare Abbildung zu verstehen. Das beginnt bei einer möglichen geometrischen Interpretation und endet bei algebraischen Berechnungen wie der Determinante oder den Eigenwerten.

Die Antwort auf diese Frage wäre vielleicht schwierig, wenn Sie bei den abstrakten Homomorphismen verharren müssten. Sobald Sie aber auf die Matrixdarstellung übergehen, liegt die Lösung auf der Hand.

Die einfachste Darstellung einer Matrix unter allen Möglichkeiten für die Repräsentation eines Endomorphismus ist die *Diagonalgestalt*. Um dies zu unterstreichen, zeige ich Ihnen ein kleines Beispiel.

Die folgenden Matrizen M

$$M = \begin{pmatrix} 2 & 0 & 1 \\ -\frac{1}{2} & 2 & \frac{1}{2} \\ 1 & 0 & 2 \end{pmatrix}$$

und M′

$$M' = \begin{pmatrix} 1 & 0 & 0 \\ 0 & 2 & 0 \\ 0 & 0 & 3 \end{pmatrix}$$

sind ähnlich, denn mit

$$U = \begin{pmatrix} 1 & 0 & 1 \\ 1 & 1 & 0 \\ -1 & 0 & 1 \end{pmatrix} \Rightarrow U^{-1} = \frac{1}{2} \cdot \begin{pmatrix} 1 & 0 & -1 \\ -1 & 2 & 1 \\ 1 & 0 & 1 \end{pmatrix}$$

gilt:

$$M' = U^{-1} \cdot M \cdot U$$

Nun ist M′ jedoch wesentlich aufschlussreicher als M.

Einerseits gilt nämlich für jeden beliebigen *Koordinatenvektor*, den Sie von rechts multiplizieren:

$$M' \cdot [v]_b = \begin{pmatrix} 1 & 0 & 0 \\ 0 & 2 & 0 \\ 0 & 0 & 3 \end{pmatrix} \cdot \begin{pmatrix} x \\ y \\ z \end{pmatrix} = \begin{pmatrix} x \\ 2y \\ 3z \end{pmatrix}$$

Damit ist leicht zu verstehen, was der Homomorphismus in den drei Komponenten tut.

Alsdann ist die Determinante von M' unmittelbar abzulesen, sie ist nämlich das Produkt der Hauptdiagonalelemente, und das ergibt 6. Noch wichtiger aber sind die Eigenwerte 1, 2 und 3, die Sie ohne jede Rechnung der Diagonalmatrix M' entnehmen können. Für M sind alle diese Berechnungen aufwändiger, auch wenn das gleiche Ergebnis dabei herauskommt. Probieren Sie es aus!

Was die Diagonalmatrix eines Homomorphismus bedeutet

Damit sind Sie dem Schatz schon ein gutes Stück näher gerückt:

Streben Sie stets nach der *Diagonalgestalt* einer Matrix!

Demnach ist unter allen Matrizen, die denselben Endomorphismus f repräsentieren, eine etwaige Diagonalmatrix zu bevorzugen.

Spannend sind in diesem Zusammenhang zwei Fragen:

1. Wann besitzt ein Endomorphismus eine Repräsentation als Diagonalmatrix?
2. Wie finden Sie die Diagonalgestalt möglichst schnell und effektiv?

Typischerweise hängen beide Fragen auf das Engste miteinander zusammen und können in einem Zug beantwortet werden.

Leider kann nicht jeder Endomorphismus *diagonalisiert* werden, weil in der Hauptdiagonalen letztlich die zugehörigen Eigenwerte auftauchen. Nicht jede lineare Abbildung besitzt aber überhaupt Eigenwerte, geschweige denn genügend dieser kleinen Goldtaler, um die Hauptdiagonale einer möglicherweise hochdimensionalen Matrix vollständig mit Eigenwerten aufzufüllen.

Damit ist zugleich auch die zweite Frage beantwortet. Anstatt langwierig über die Wahl einer geeigneten Basis mit einem anschließenden rechenintensiven Basiswechsel die *Diagonalisierung* herbeizuführen, genügt die Untersuchung auf Eigenwerte. Und die finden Sie bekanntlich über die *charakteristische Gleichung*.

Weil alle ähnlichen Matrizen dieselbe charakteristische Gleichung besitzen, ist es legitim, einfach von der charakteristischen Gleichung des zugehörigen Endomorphismus zu sprechen.

So lüftet sich der Schleier der Diagonalisierung. Ausgehend von einer beliebigen Matrixdarstellung eines n-dimensionalen Endomorphismus stoßen Sie über die charakteristische Gleichung stets auf dieselben Eigenwerte. Hierbei gibt es grundsätzlich 3 unterschiedliche Ergebnisklassen.

- ✔ Die erste lautet: Sie finden n unterschiedliche reelle Eigenwerte. Das ist der beste Fall. Denn verschiedene Eigenwerte korrespondieren zwingend mit linear unabhängigen Eigenvektoren. Dies wiederum heißt, Ihre Eigenräume sind n-dimensional und der ursprüngliche Endomorphismus ist diagonalisierbar. Das Ergebnis der Diagonalmatrix können Sie sofort aufschreiben, denn in der Hauptdiagonalen finden sich die Eigenwerte in derjenigen Reihenfolge, in der die zugehörigen Eigenvektoren in der Basis auftauchen. Fertig!
- ✔ Die zweite Klasse ist ein Zwischending. Sie finden zwar einige Eigenwerte, jedoch weniger als n. Dennoch könnte es sein, dass die Summe der entsprechenden Eigenräume n-Dimensionen aufspannt. Die Diagonalmatrix enthält dann die zugehörigen Eigenwerte *mehrfach*. Aber das ist nicht schlimm. Im Endergebnis haben Sie nach wie vor eine vollständige Diagonalisierung erreicht.
- ✔ Die dritte Klasse ist manchmal unvermeidlich. Entweder Sie finden überhaupt keine reellen Eigenwerte oder nicht genügend, um n Dimensionen aufzuspannen. Dann ist der Endomorphismus schlicht nicht diagonalisierbar. Das kommt in den besten Matrizen-Familien vor! Zum Beispiel in der Familie der linearen Algebren, die Sie geometrisch als eine *Drehung* deuten.

Die erste Klasse haben Sie bereits im Beispiel aus dem letzten Abschnitt kennengelernt. Die beiden anderen Klassen werde ich Ihnen im Folgenden anhand von Beispielen näher erläutern.

Wann Sie überhaupt diagonalisieren können

Die entscheidende Frage bei der Diagonalisierung besteht also nicht darin, unbedingt n unterschiedliche Eigenwerte zu finden, sondern zu ermitteln wie viele Dimensionen die Summe der Eigenräume aufweist.

Ein Endomorphismus ist genau dann diagonalisierbar, falls eine Basis aus Eigenvektoren existiert. Diese wird auch *Eigenbasis* genannt.

Sie müssen demnach bei den Eigenwerten zwei unterschiedliche Eigenschaften trennen:

- ✔ Die *algebraische Vielfachheit* entspricht der Anzahl an Linearfaktoren im charakteristischen Polynom, die dem Eigenwert entsprechen.
- ✔ Die *geometrische Vielfachheit* gibt die Dimension an, die der zugehörige Eigenraum besitzt.

Die gute Nachricht ist, dass unterschiedliche Eigenwerte stets zu linear unabhängigen Eigenvektoren führen. Außerdem gilt:

Die algebraische Vielfachheit eines Eigenwerts ist stets größer oder gleich der geometrischen.

Die detektivische Suche nach linear unabhängigen Eigenvektoren kann damit sofort nach oben abgeschätzt werden.

Wenn die algebraische Vielfachheit der Eigenwerte in der Summe geringer ist als die Dimension des Vektorraums, sind die zugehörige Matrix und damit der Endomorphismus insgesamt nicht diagonalisierbar.

Umgekehrt führt eine ausreichende algebraische Vielfachheit nicht zwangsläufig zu der erwünschten geometrischen, wie ich Ihnen an folgenden Beispielen klar machen möchte.

Beispiele

Es genügen bereits zwei Dimensionen, um den Unterschied zwischen algebraischer und geometrischer Vielfachheit zu beobachten.

Schauen Sie sich dazu zunächst die Matrix M an:

$$M = \begin{pmatrix} 1 & 1 \\ -1 & 3 \end{pmatrix}$$

Die charakteristische Gleichung ergibt sich aus folgendem Ansatz:

$$\left\| \begin{pmatrix} \lambda & 0 \\ 0 & \lambda \end{pmatrix} - \begin{pmatrix} 1 & 1 \\ -1 & 3 \end{pmatrix} \right\| = 0 \Rightarrow \left\| \begin{pmatrix} \lambda - 1 & -1 \\ 1 & \lambda - 3 \end{pmatrix} \right\| = 0$$

Sie erhalten:

$$(\lambda - 1) \cdot (\lambda - 3) + 1 = 0 \Rightarrow \lambda^2 - 4\lambda + 4 = 0 \Rightarrow (\lambda - 2)^2 = 0$$

Demnach ist der Eigenwert $\lambda = 2$ in der algebraischen Vielfachheit 2 vorhanden. Um die geometrische Vielfachheit beurteilen zu können, berechnen Sie die Eigenvektoren zum Eigenwert 2:

$$\begin{pmatrix} 1 & 1 \\ -1 & 3 \end{pmatrix} \cdot \begin{pmatrix} x \\ y \end{pmatrix} = 2 \cdot \begin{pmatrix} x \\ y \end{pmatrix} \Rightarrow \begin{array}{rcrcl} x & + & y & = & 2x \\ -x & + & 3y & = & 2y \end{array} \Rightarrow \text{x=y}$$

Damit ist beispielsweise $\begin{pmatrix} 1 \\ 1 \end{pmatrix}$ ein Eigenvektor zum Eigenwert 2 und der zugehörige Eigenraum besitzt die Dimension 1:

$$E_2 = \left\{ \mu \cdot \begin{pmatrix} 1 \\ 1 \end{pmatrix} \middle| \mu \in \mathbb{R} \right\}$$

Ergo ist die ursprüngliche Matrix M nicht diagonalisierbar, ebenso wenig wie die sie repräsentierende lineare Abbildung.

Anders verhält sich die Sache bei folgender Matrix A:

$$A = \begin{pmatrix} 9 & -3 & 1 \\ 7 & -1 & 1 \\ -14 & 6 & 0 \end{pmatrix}$$

Die charakteristische Gleichung von A ermittelt sich zu:

$$\det\begin{pmatrix} \lambda-9 & 3 & -1 \\ -7 & \lambda+1 & -1 \\ 14 & -6 & \lambda \end{pmatrix} = 0$$

$$\Rightarrow\ (\lambda-9)(\lambda+1)\lambda-42-42+14(\lambda+1)-6(\lambda-9)+21\lambda=0$$

$$\Rightarrow\ \lambda^3-8\lambda^2+20\lambda-16=0$$

Dieses Polynom dritten Grades lässt sich mit verschiedenen Methoden faktorisieren. Es zerfällt vollständig in reelle Linearfaktoren:

$$\lambda^3-8\lambda^2+20\lambda-16=0\ \Rightarrow\ (\lambda-2)^2\cdot(\lambda-4)=0$$

Die beiden Eigenwerte $\lambda = 2$ und $\lambda = 4$ sind verschieden und produzieren daher linear unabhängige Eigenvektoren. Da die algebraische Vielfachheit des Eigenwerts 2 jedoch 2 ist, könnte dennoch der gesamte dreidimensionale Raum aufgespannt werden. Dazu ist der Eigenraum E_2 zu bestimmen und dessen Dimension zu ermitteln.

Als Ansatz wählen Sie hierzu:

$$\begin{pmatrix} 9 & -3 & 1 \\ 7 & -1 & 1 \\ -14 & 6 & 0 \end{pmatrix}\cdot\begin{pmatrix} x \\ y \\ z \end{pmatrix} = 2\cdot\begin{pmatrix} x \\ y \\ z \end{pmatrix}$$

$$\Rightarrow\ \begin{array}{rcrcrcl} 9x & - & 3y & + & z & = & 2x \\ 7x & - & y & + & z & = & 2y \\ -14x & + & 6y & & & = & 2z \end{array}$$

$$\Rightarrow\ \begin{array}{rcrcrcl} 7x & - & 3y & + & z & = & 0 \\ 7x & - & 3y & + & z & = & 0 \\ -14x & + & 6y & - & 2z & = & 0 \end{array}$$

Wenn Sie nun die unterste Zeile durch –2 dividieren, erkennen Sie, dass alle Einzelgleichungen identisch sind. Der Informationsgehalt des LGS reduziert sich also auf eine einzige Zeile mit drei Unbekannten. Demnach können Sie zwei Parameter frei wählen, zum Beispiel $x = \lambda$ und $y = \mu$. Es ergibt sich $z = -7\lambda + 3\mu$. Der Eigenraum E_2 zum Eigenwert 2 ist somit zweidimensional:

$$E_2 = \left\{ \lambda\begin{pmatrix} 1 \\ 0 \\ -7 \end{pmatrix} + \mu\begin{pmatrix} 0 \\ 1 \\ 3 \end{pmatrix} \middle| \text{mit } \lambda, \mu \in \mathbb{R} \right\}$$

Die geometrische Vielfachheit stimmt in diesem Fall exakt mit der algebraischen überein.

Weniger überraschend verhält es sich bei dem anderen Eigenwert. Der Eigenraum E_4 berechnet sich zu:

$$\begin{pmatrix} 9 & -3 & 1 \\ 7 & -1 & 1 \\ -14 & 6 & 0 \end{pmatrix} \cdot \begin{pmatrix} x \\ y \\ z \end{pmatrix} = 4 \cdot \begin{pmatrix} x \\ y \\ z \end{pmatrix}$$

$$\Rightarrow \begin{array}{rcrcrcl} 9x & - & 3y & + & z & = & 4x \\ 7x & - & y & + & z & = & 4y \\ -14x & + & 6y & & & = & 4z \end{array}$$

$$\Rightarrow \begin{array}{rcrcrcl} 5x & - & 3y & + & z & = & 0 \\ 7x & - & 5y & + & z & = & 0 \\ -14x & + & 6y & - & 4z & = & 0 \end{array}$$

Zur Lösung dieses LGS vertauschen Sie am besten die X- mit der Z-Spalte und erhalten:

z	y	x
1	–3	5
1	–5	7
–4	6	–14

Die lineare Abhängigkeit in den Zeilen wird bereits nach dem ersten Gaußschen Eliminationsschritt augenfällig:

z	y	x
1	–3	5
0	–2	2
0	–6	6

Die dritte Zeile ist das Dreifache der zweiten. Der Algorithmus liefert weiter:

z	y	x
1	–3	5
0	1	–1
0	0	0

Und schließlich:

z	y	x
1	0	2
0	1	–1
0	0	0

Für x = λ erhalten Sie z = –2λ sowie y = λ. Damit ergibt sich als Eigenraum E_4:

$$E_4 = \left\{ \lambda \begin{pmatrix} 1 \\ 1 \\ -2 \end{pmatrix} \middle| \text{mit } \lambda \in \mathbb{R} \right\}$$

Insgesamt erhalten Sie für den Endomorphismus eine vollständige Basis b des Vektorraums $\mathbb{R}^3$ aus Eigenvektoren:

$$b = \left(\begin{pmatrix} 1 \\ 0 \\ -7 \end{pmatrix}, \begin{pmatrix} 0 \\ 1 \\ 3 \end{pmatrix}, \begin{pmatrix} 1 \\ 1 \\ -2 \end{pmatrix} \right)$$

Wunderbar, der Endomorphismus ist diagonalisierbar!

Diagonalisieren ohne Verrenkungen

Zur Überprüfung und Vertiefung der gewonnenen Kenntnisse werden Sie als nächstes das letzte Beispiel tatsächlich diagonalisieren. Ausgangspunkt war die Matrix A mit

$$A = \begin{pmatrix} 9 & -3 & 1 \\ 7 & -1 & 1 \\ -14 & 6 & 0 \end{pmatrix}$$

A repräsentiert eine lineare Abbildung f in kanonischen Koordinaten der Basis e. Die neue Basis b, wie oben angegeben, besteht aus lauter Eigenvektoren.

Als Übergangsmatrix U von e nach b ergibt sich:

$$U = \begin{pmatrix} 1 & 0 & 1 \\ 0 & 1 & 1 \\ -7 & 3 & -2 \end{pmatrix} \Rightarrow U^{-1} = \frac{1}{2} \begin{pmatrix} -5 & 3 & -1 \\ -7 & 5 & -1 \\ 7 & -3 & 1 \end{pmatrix}$$

Aus A gewinnen Sie die diagonalisierte Version A' über:

$$A' = U^{-1} \cdot A \cdot U = \frac{1}{2} \begin{pmatrix} -5 & 3 & -1 \\ -7 & 5 & -1 \\ 7 & -3 & 1 \end{pmatrix} \cdot \begin{pmatrix} 9 & -3 & 1 \\ 7 & -1 & 1 \\ -14 & 6 & 0 \end{pmatrix} \cdot \begin{pmatrix} 1 & 0 & 1 \\ 0 & 1 & 1 \\ -7 & 3 & -2 \end{pmatrix}$$

$$= \frac{1}{2} \begin{pmatrix} -5 & 3 & -1 \\ -7 & 5 & -1 \\ 7 & -3 & 1 \end{pmatrix} \cdot \begin{pmatrix} 2 & 0 & 4 \\ 0 & 2 & 4 \\ -14 & 6 & -8 \end{pmatrix} = \frac{1}{2} \begin{pmatrix} 4 & 0 & 0 \\ 0 & 4 & 0 \\ 0 & 0 & 8 \end{pmatrix} = \begin{pmatrix} 2 & 0 & 0 \\ 0 & 2 & 0 \\ 0 & 0 & 4 \end{pmatrix}$$

Die bereits ermittelten Eigenwerte erstrahlen in ihrer ganzen Schönheit auf der Hauptdiagonalen; und zwar genau entsprechend der angesetzten Reihenfolge innerhalb der Basis b aus Eigenvektoren.

Wenn Sie sich die berechtigte Frage stellen, ob die Matrix U die einzige Möglichkeit ist, A in die diagonalisierte Variante A′ zu überführen, werden Sie von der Antwort vielleicht überrascht:

Es gibt unzählbar viele Matrizen, die eine diagonalisierbare Matrix A vermöge Basiswechsel in eine Diagonalmatrix A′ überführen.

Die Basis aus Eigenvektoren ist ja auch nicht eindeutig. Zum Eigenwert 2 existiert ein zweidimensionaler Unterraum, den Sie sich räumlich als eine Ebene vorstellen dürfen. Andere Richtungsvektoren, die dieselbe Aufgabe erfüllen und somit ebenfalls den Eigenraum E_2 repräsentieren, sind beispielsweise folgende:

$$E_2 = \left\{ \lambda \begin{pmatrix} 1 \\ 2 \\ -1 \end{pmatrix} + \mu \begin{pmatrix} 1 \\ 3 \\ 2 \end{pmatrix} \middle| \text{mit } \lambda, \mu \in \mathbb{R} \right\}$$

Jeder dieser Eigenvektoren ist durch eine Linearkombination der bisherigen Basisvektoren von b zu erzeugen:

$$\begin{pmatrix} 1 \\ 2 \\ -1 \end{pmatrix} = 1 \cdot \begin{pmatrix} 1 \\ 0 \\ -7 \end{pmatrix} + 2 \cdot \begin{pmatrix} 0 \\ 1 \\ 3 \end{pmatrix} \text{ sowie}$$

$$\begin{pmatrix} 1 \\ 3 \\ 2 \end{pmatrix} = 1 \cdot \begin{pmatrix} 1 \\ 0 \\ -7 \end{pmatrix} + 3 \cdot \begin{pmatrix} 0 \\ 1 \\ 3 \end{pmatrix}$$

Demnach erfüllt auch die alternative Übergangsmatrix U_2 mit

$$U_2 = \begin{pmatrix} 1 & 1 & 1 \\ 2 & 3 & 1 \\ -1 & 2 & -2 \end{pmatrix} \Rightarrow U_2^{-1} = \frac{1}{2} \begin{pmatrix} -8 & 4 & -2 \\ 3 & -1 & 1 \\ 7 & -3 & 1 \end{pmatrix}$$

eine »Diagonalisierungsfunktion«. Sehen Sie selbst:

$$A' = U_2^{-1} \cdot A \cdot U_2 = \frac{1}{2} \begin{pmatrix} -8 & 4 & -2 \\ 3 & -1 & 1 \\ 7 & -3 & 1 \end{pmatrix} \cdot \begin{pmatrix} 9 & -3 & 1 \\ 7 & -1 & 1 \\ -14 & 6 & 0 \end{pmatrix} \cdot \begin{pmatrix} 1 & 1 & 1 \\ 2 & 3 & 1 \\ -1 & 2 & -2 \end{pmatrix}$$

$$= \frac{1}{2} \begin{pmatrix} -8 & 4 & -2 \\ 3 & -1 & 1 \\ 7 & -3 & 1 \end{pmatrix} \cdot \begin{pmatrix} 2 & 2 & 4 \\ 4 & 6 & 4 \\ -2 & 4 & -8 \end{pmatrix} = \frac{1}{2} \begin{pmatrix} 4 & 0 & 0 \\ 0 & 4 & 0 \\ 0 & 0 & 8 \end{pmatrix} = \begin{pmatrix} 2 & 0 & 0 \\ 0 & 2 & 0 \\ 0 & 0 & 4 \end{pmatrix}$$

Am besten merken Sie sich folgenden Satz:

Eine $n \times n$-Matrix A ist genau dann diagonalisierbar, wenn die Summe der geometrischen Vielfachheiten aller Eigenwerte n ergibt.

Und weiter:

Jede beliebige Basis aus Eigenvektoren führt zu einer spezifischen Übergangsmatrix U. Das Produkt $A' = U^{-1} \cdot A \cdot U$ resultiert stets in einer bis auf die Reihenfolge der Eigenwerte eindeutigen Diagonalmatrix.

Sind damit alle Diagonalisierungshemmnisse aus dem Weg geräumt? Leider noch nicht. Es gibt noch die ein oder andere Hürde, die Sie überwinden müssen, ehe Sie den Preis der Erkenntnis einstreichen dürfen.

Eine Null als Eigenwert

Da ist zum Beispiel dieser komische Eigenwert »0«. Die charakteristische Gleichung einer Matrix kann durchaus auch für $\lambda = 0$ eine Lösung liefern.

Wenn Sie mir nicht glauben, schauen Sie sich folgende Matrix M an:

$$M = \begin{pmatrix} 1 & -1 \\ -1 & 1 \end{pmatrix} \Rightarrow \begin{vmatrix} \lambda - 1 & 1 \\ 1 & \lambda - 1 \end{vmatrix} = 0 \Rightarrow (\lambda - 1)^2 - 1 = 0 \Rightarrow \lambda(\lambda - 2) = 0$$

Die charakteristische Gleichung resultiert in den beiden Eigenwerten 2 und 0. Die zu der Null gehörigen Eigenvektoren ergeben:

$$\begin{pmatrix} 1 & -1 \\ -1 & 1 \end{pmatrix} \cdot \begin{pmatrix} x \\ y \end{pmatrix} = 0 \cdot \begin{pmatrix} x \\ y \end{pmatrix} \Rightarrow \begin{array}{rcrcl} x & - & y & = & 0 \\ -x & + & y & = & 0 \end{array}$$

Demnach muss $x = y$ gelten und als Eigenraum E_0 finden Sie:

$$E_0 = \left\{ \lambda \begin{pmatrix} 1 \\ 1 \end{pmatrix} \middle| \text{mit } \lambda \in \mathbb{R} \right\}$$

Das sieht doch ganz normal aus!

Zusammen mit dem Eigenraum E_2, der folgende Gestalt besitzt,

$$E_2 = \left\{ \lambda \begin{pmatrix} 1 \\ -1 \end{pmatrix} \middle| \text{mit } \lambda \in \mathbb{R} \right\}$$

erhalten Sie eine Basis b aus Eigenvektoren:

$$b = \left(\begin{pmatrix} 1 \\ 1 \end{pmatrix}, \begin{pmatrix} 1 \\ -1 \end{pmatrix} \right)$$

Die Übergangsmatrix U von der kanonischen Basis e des $\mathbb{R}^2$ über $\mathbb{R}$ in b sowie ihre Inverse lauten:

$$U = \begin{pmatrix} 1 & 1 \\ 1 & -1 \end{pmatrix} \Rightarrow U^{-1} = \frac{1}{2} \begin{pmatrix} 1 & 1 \\ 1 & -1 \end{pmatrix}$$

Hieraus ergibt sich die erwartete Diagonalgestalt M′ von M zu:

$$M' = U^{-1} \cdot M \cdot U = \frac{1}{2}\begin{pmatrix} 1 & 1 \\ 1 & -1 \end{pmatrix} \cdot \begin{pmatrix} 1 & -1 \\ -1 & 1 \end{pmatrix} \cdot \begin{pmatrix} 1 & 1 \\ 1 & -1 \end{pmatrix}$$

$$= \frac{1}{2}\begin{pmatrix} 1 & 1 \\ 1 & -1 \end{pmatrix} \cdot \begin{pmatrix} 0 & 2 \\ 0 & -2 \end{pmatrix} = \frac{1}{2}\begin{pmatrix} 0 & 0 \\ 0 & 4 \end{pmatrix} = \begin{pmatrix} 0 & 0 \\ 0 & 2 \end{pmatrix}$$

Der Eigenwert Null steht brav an seiner Position in Zeile Eins, Spalte Eins. Wenn es Ihnen bis jetzt noch nicht aufgefallen ist: Wenn wenigstens einer der Eigenwerte Null ist, verschwindet auch die Determinante, denn die ist das Produkt der Hauptdiagonalenelemente. Andererseits bedeutet das doch:

Die Diagonalisierbarkeit einer Matrix hängt ausschließlich von den Eigenwerten und nicht von der Determinante ab!

Es gibt »gesunde« Matrizen mit der Determinante 1, etwa eine Drehmatrix, die keine reellen Eigenwerte besitzt und daher nicht diagonalisierbar ist. Umgekehrt kann eine »kranke« Matrix, die nicht einmal invertierbar ist, dennoch diagonalisierbar sein, wie das letzte Beispiel eindrucksvoll bezeugt.

Eigene Werte ohne Potenz

Noch gravierender sieht das bei *nilpotenten Endomorphismen* aus, deren Matrixrepräsentation ebenfalls *nilpotent* ist.

Eine Matrix M ist genau dann *nilpotent*, wenn eine ihrer Potenzen die Nullmatrix ergibt: $\exists n \in \mathbb{N}$ mit $M^n = 0$.

Derartige Matrizen verfügen nur über den Eigenwert Null, der allerdings in höherer algebraischer Vielfachheit auftreten kann. Die *Spur* als Summe der Eigenwerte ist demnach ebenfalls Null und es stellt sich die Frage, ob nilpotente Matrizen überhaupt diagonalisierbar sind. Die deprimierende Antwort lautet »nein«, es sei denn, Sie sprechen von der Nullmatrix selbst. Die ist per definitionem schon diagonalisiert und darüber hinaus lautet ihre charakteristische Gleichung $\lambda^n = 0$, wobei n die Anzahl an Zeilen beziehungsweise Spalten der Nullmatrix angibt.

Neben diesem äußerst langweiligen Beispiel existieren jedoch noch weitere nilpotente Matrizen, zum Beispiel die folgende:

$$A = \begin{pmatrix} 0 & 1 & 1 \\ 0 & 0 & 1 \\ 0 & 0 & 0 \end{pmatrix}$$

Sie sind skeptisch, was die Nilpotenz von A angeht? Dann lassen Sie uns doch einfach A^2 berechnen:

$$A^2 = A \cdot A = \begin{pmatrix} 0 & 1 & 1 \\ 0 & 0 & 1 \\ 0 & 0 & 0 \end{pmatrix} \cdot \begin{pmatrix} 0 & 1 & 1 \\ 0 & 0 & 1 \\ 0 & 0 & 0 \end{pmatrix} = \begin{pmatrix} 0 & 0 & 1 \\ 0 & 0 & 0 \\ 0 & 0 & 0 \end{pmatrix}$$

Das ist noch nicht die Nullmatrix. Aber A^3 ergibt bereits:

$$A^3 = A^2 \cdot A = \begin{pmatrix} 0 & 0 & 1 \\ 0 & 0 & 0 \\ 0 & 0 & 0 \end{pmatrix} \cdot \begin{pmatrix} 0 & 1 & 1 \\ 0 & 0 & 1 \\ 0 & 0 & 0 \end{pmatrix} = \begin{pmatrix} 0 & 0 & 0 \\ 0 & 0 & 0 \\ 0 & 0 & 0 \end{pmatrix}$$

Somit ist A nilpotent. Die charakteristische Gleichung von A sieht so aus:

$$\begin{vmatrix} \lambda & -1 & -1 \\ 0 & \lambda & -1 \\ 0 & 0 & \lambda \end{vmatrix} = 0 \Rightarrow \lambda^3 = 0$$

Wiederum tritt nur der Eigenwert 0 auf, und das sogar in dreifacher algebraischer Vielfachheit. Die noch wichtigere geometrische Vielfachheit erkennen Sie anhand der zugehörigen Eigenvektoren. Es ergibt sich:

$$\begin{pmatrix} 0 & 1 & 1 \\ 0 & 0 & 1 \\ 0 & 0 & 0 \end{pmatrix} \cdot \begin{pmatrix} x \\ y \\ z \end{pmatrix} = 0 \cdot \begin{pmatrix} x \\ y \\ z \end{pmatrix} \Rightarrow \begin{matrix} y & + & z & = & 0 \\ & & y & = & 0 \\ & & 0 & = & 0 \end{matrix}$$

Wegen y = 0 gilt auch z = 0 und x ist beliebig. Der Eigenraum E_0 lautet entsprechend:

$$E_0 = \left\{ \lambda \begin{pmatrix} 1 \\ 0 \\ 0 \end{pmatrix} \middle| \text{mit } \lambda \in \mathbb{R} \right\}$$

und ist leider nur eindimensional. A ist also nicht diagonalisierbar.

Sie können sich merken:

Eine nilpotente Matrix M ist nur dann diagonalisierbar, wenn M die Nullmatrix ist.

Was man Schlaues mit der Diagonalisierung anstellen kann

Bevor Sie den Gipfel der linearen Algebra mit der herrlichen Aussicht auf die weite Welt der Vektorräume, der diversen Morphismen sowie der linearen Gleichungssysteme genießen, sollten Sie für einen Moment innehalten und sich die Sinnfrage stellen.

Ausnahmsweise nicht den Sinn von allem, dem Universum und dem ganzen Rest, sondern ganz speziell der Diagonalisierung.

Nach dem mühsamen Aufstieg bisher sei die Frage gestattet, wozu der Spaß der Diagonalisierung überhaupt nütze ist.

Es gibt zahlreiche Antworten auf diese wichtige Bemerkung. Wenn es Ihnen genügt, dass Diagonalmatrizen einfach, übersichtlich, kurzum »schön« sind und deshalb erstrebenswert, dann möchte ich Sie gar nicht weiter belästigen und Sie dürfen den nächsten Abschnitt überspringen.

Anderenfalls wiederhole ich zunächst ein paar gute Argumente und anschließend zeige ich Ihnen ein noch viel wichtigeres.

Diagonalisierung hilft Ihnen,

- ✔ Eigenwerte sofort abzulesen
- ✔ wesentliche Eigenschaften von Endomorphismen anhand der Matrixrepräsentation zu erkennen
- ✔ Gleichungssysteme schnell zu lösen
- ✔ Ihre Freunde durch an Magie grenzende mathematische Rechenkünste zu beeindrucken

Aber das ist noch nicht alles! Das Sahnehäubchen erwartet Sie im folgenden Abschnitt.

Potenzieren nach Basiswechsel

In vielen Anwendungsbereichen, bei denen Matrizen benötigt werden, ist häufig nicht nur die einfache, sondern gleich die mehrfache Multiplikation der Ausgangsmatrix von Nöten.

In der Sprache der linearen Algebra bedeutet die mehrfache Multiplikation einer Matrix ihre *Potenzierung*. Ein Beispiel für eine derartige Operation haben Sie im Zusammenhang mit nilpotenten Matrizen gesehen.

Vielleicht haben Sie es schon geahnt: Diagonalmatrizen lassen sich sehr, sehr einfach potenzieren. Dagegen ist die allgemeine Matrix-Matrixmultiplikation sehr aufwändig.

Beispiel 1

Sie möchten eine beliebige 3×3-Diagonalmatrix D in die dritte Potenz erheben? Nichts einfacher als das. Beginnen Sie zuerst mit der einfachen Multiplikation, wodurch Sie bereits zur zweiten Potenz vorstoßen:

$$D = \begin{pmatrix} x & 0 & 0 \\ 0 & y & 0 \\ 0 & 0 & z \end{pmatrix}$$

$$\Rightarrow D^2 = D \cdot D = \begin{pmatrix} x & 0 & 0 \\ 0 & y & 0 \\ 0 & 0 & z \end{pmatrix} \cdot \begin{pmatrix} x & 0 & 0 \\ 0 & y & 0 \\ 0 & 0 & z \end{pmatrix} = \begin{pmatrix} x^2 & 0 & 0 \\ 0 & y^2 & 0 \\ 0 & 0 & z^2 \end{pmatrix}$$

Anschließend multiplizieren Sie das – nun wirklich nicht mehr sehr überraschende – Ergebnis erneut mit D und Sie erhalten die gewünschte dritte Potenz:

$$D^3 = D^2 \cdot D = \begin{pmatrix} x^2 & 0 & 0 \\ 0 & y^2 & 0 \\ 0 & 0 & z^2 \end{pmatrix} \cdot \begin{pmatrix} x & 0 & 0 \\ 0 & y & 0 \\ 0 & 0 & z \end{pmatrix} = \begin{pmatrix} x^3 & 0 & 0 \\ 0 & y^3 & 0 \\ 0 & 0 & z^3 \end{pmatrix}$$

Allgemein gilt für die m-te Potenz einer beliebigen n×n-Diagonalmatrix:

$$\begin{pmatrix} x_1 & 0 & \cdots & 0 & 0 \\ 0 & x_2 & \ddots & \vdots & 0 \\ \vdots & \ddots & \ddots & 0 & \vdots \\ 0 & \cdots & 0 & x_{n-1} & 0 \\ 0 & 0 & \cdots & 0 & x_n \end{pmatrix}^m = \begin{pmatrix} x_1^m & 0 & \cdots & 0 & 0 \\ 0 & x_2^m & \ddots & \vdots & 0 \\ \vdots & \ddots & \ddots & 0 & \vdots \\ 0 & \cdots & 0 & x_{n-1}^m & 0 \\ 0 & 0 & \cdots & 0 & x_n^m \end{pmatrix}$$

Die Einträge auf der Hauptdiagonalen werden also einfach mit m potenziert. Schöner und schneller geht das nun wirklich nicht. Probieren Sie spaßeshalber dagegen die Potenzierung einer beliebigen Matrix aus, und Sie werden sehen, dass das Endergebnis im Allgemeinen an keiner einzigen Stelle mit der entsprechenden Potenz der ursprünglichen Werte übereinstimmt.

Weil das Potenzieren einer Diagonalmatrix so einfach ist, können Sie mit einem Trick auch diagonalisierbare Matrizen sehr schnell »versorgen«.

Dazu nehmen Sie an, A sei eine beliebige, aber diagonalisierbare Matrix und Sie wollen A in die m-te Potenz erheben.

Weil A diagonalisierbar ist, gibt es eine Übergangsmatrix U, so dass $A' = U^{-1} \cdot A \cdot U$ Diagonalgestalt besitzt. Eine Multiplikation mit U von rechts und U^{-1} von links ergibt umgekehrt $A = U \cdot A' \cdot U^{-1}$.

Setzen Sie obige Gleichung in den Ausdruck für A^m ein, erleben Sie eine freudige Überraschung. Es geht los mit:

$$A^m = \left(U \cdot A' \cdot U^{-1}\right)^m = \underbrace{U \cdot A' \cdot U^{-1} \cdot U \cdot A' \cdot U^{-1} \cdots U \cdot A' \cdot U^{-1}}_{\text{m-mal}}$$

Verwunderlich daran ist, dass im Inneren dieser Matrixprodukte immer wieder die Kombination $U^{-1} \cdot U$ auftaucht, die als Ergebnis die Einheitsmatrix produziert. Die Multiplikation mit der Einheitsmatrix als neutralem Element wiederum ändert nichts am Gesamtresultat. Sie können alle inneren »U«s also genauso gut weglassen und erhalten:

$$A^m = \left(U \cdot A' \cdot U^{-1}\right)^m = U \cdot \underbrace{A' \cdots A'}_{\text{m-mal}} \cdot U^{-1} = U \cdot A'^m \cdot U^{-1}$$

Das vereinfacht die Aufgabe dramatisch! Die m-te Potenz einer Diagonalmatrix wie A' erhalten Sie ja bekanntlich durch das Potenzieren der Hauptdiagonaleinträge.

Beispiel 2

Sie möchten die Matrix A mit

$$A = \begin{pmatrix} 9 & -3 & 1 \\ 7 & -1 & 1 \\ -14 & 6 & 0 \end{pmatrix}$$

in die siebte Potenz erheben? Das geht schneller als erwartet. A wurde bereits in den vorangehenden Abschnitten diagonalisiert. So gilt:

$$\begin{aligned} A' &= U^{-1} \cdot A \cdot U \\ &= \frac{1}{2}\begin{pmatrix} -5 & 3 & -1 \\ -7 & 5 & -1 \\ 7 & -3 & 1 \end{pmatrix} \cdot \begin{pmatrix} 9 & -3 & 1 \\ 7 & -1 & 1 \\ -14 & 6 & 0 \end{pmatrix} \cdot \begin{pmatrix} 1 & 0 & 1 \\ 0 & 1 & 1 \\ -7 & 3 & -2 \end{pmatrix} = \begin{pmatrix} 2 & 0 & 0 \\ 0 & 2 & 0 \\ 0 & 0 & 4 \end{pmatrix} \end{aligned}$$

Umgekehrt besitzt A demnach die Darstellung $A = U \cdot A' \cdot U^{-1}$. Das ist, wie oben gesehen, keine Zauberei, sondern einfach die Kurzform für das Multiplizieren beider Seiten der ursprünglichen Gleichung zunächst mit U (von links) und dann mit U^{-1} (von rechts).

$$A = U \cdot A' \cdot U^{-1} = \begin{pmatrix} 1 & 0 & 1 \\ 0 & 1 & 1 \\ -7 & 3 & -2 \end{pmatrix} \cdot \begin{pmatrix} 2 & 0 & 0 \\ 0 & 2 & 0 \\ 0 & 0 & 4 \end{pmatrix} \cdot \frac{1}{2}\begin{pmatrix} -5 & 3 & -1 \\ -7 & 5 & -1 \\ 7 & -3 & 1 \end{pmatrix}$$

Die siebte Potenz von A ist demnach so zu schreiben:

$$A^7 = U \cdot A'^7 \cdot U^{-1} = \begin{pmatrix} 1 & 0 & 1 \\ 0 & 1 & 1 \\ -7 & 3 & -2 \end{pmatrix} \cdot \begin{pmatrix} 2^7 & 0 & 0 \\ 0 & 2^7 & 0 \\ 0 & 0 & 4^7 \end{pmatrix} \cdot \frac{1}{2}\begin{pmatrix} -5 & 3 & -1 \\ -7 & 5 & -1 \\ 7 & -3 & 1 \end{pmatrix}$$

Wegen $2^7 = 128$ und $4^7 = 16384$ ergibt die linke Multiplikation:

$$A^7 = \begin{pmatrix} 128 & 0 & 16384 \\ 0 & 128 & 16384 \\ -896 & 384 & -32768 \end{pmatrix} \cdot \frac{1}{2}\begin{pmatrix} -5 & 3 & -1 \\ -7 & 5 & -1 \\ 7 & -3 & 1 \end{pmatrix}$$

Die Zahlen werden jetzt zwar unangenehm groß, aber bedenken Sie, dass die Hauptarbeit der Potenzierung von der Diagonalmatrix bereits geleistet worden ist!

$$A^7 = \begin{pmatrix} 64 & 0 & 8192 \\ 0 & 64 & 8192 \\ -448 & 192 & -16384 \end{pmatrix} \cdot \begin{pmatrix} -5 & 3 & -1 \\ -7 & 5 & -1 \\ 7 & -3 & 1 \end{pmatrix} = \begin{pmatrix} 57024 & -24384 & 8128 \\ 56896 & -24256 & 8128 \\ -113792 & 48768 & -16128 \end{pmatrix}$$

Betrachten Sie den Gipfel

Diese Potenzierungsgeschichte ist zwar ganz erfreulich, aber wird das wirklich so oft benötigt? Die Antwort ist ein ganz klares »ja«! Neben *Differentialgleichungen*, die technische oder wirtschaftswissenschaftliche Systeme modellieren, stellen auch *Rekursionsgleichungen* ein wichtiges Anwendungsgebiet dar.

Beispiel

Der italienische Mathematiker **Leonardo Fibonacci** beschrieb bereits im 13. Jahrhundert ein Problem, dessen Ergebnis zu einer nach ihm benannten Zahlenfolge führte.

Ausgangspunkt ist eine **Kaninchenpopulation**, die rasant wächst, und zwar in Abhängigkeit von der aktuellen Größe. Wenn zu Beginn mit einem Elternpaar gestartet wird, steigert sich die Population pro Zeiteinheit immer um die Summe der aktuellen plus der letzten Größe.

Die *Fibonacci-Folge* lautet entsprechend: 1, 1, 2, 3, 5, 8, 13, 21, 34, 55, …

Die Rekursionsformel sieht so aus:

$$\mathrm{fib}(n) = \mathrm{fib}(n-1) + \mathrm{fib}(n-2) \text{ mit } \mathrm{fib}(1) = \mathrm{fib}(2) = 1$$

In Kapitel 14 wurde das Thema der Fibonacci-Folge bereits angesprochen, systematisch lösen können wir es aber erst jetzt!

In Darstellung der linearen Algebra notieren Sie das sogar noch viel netter:

$$\begin{pmatrix} \mathrm{fib}(n) \\ \mathrm{fib}(n-1) \end{pmatrix} = \begin{pmatrix} 1 & 1 \\ 1 & 0 \end{pmatrix} \cdot \begin{pmatrix} \mathrm{fib}(n-1) \\ \mathrm{fib}(n-2) \end{pmatrix} \text{ mit } \begin{pmatrix} \mathrm{fib}(2) \\ \mathrm{fib}(1) \end{pmatrix} = \begin{pmatrix} 1 \\ 1 \end{pmatrix}$$

Weil n jeden beliebigen Wert annehmen darf, gilt ebenso:

$$\begin{pmatrix} \mathrm{fib}(n-1) \\ \mathrm{fib}(n-2) \end{pmatrix} = \begin{pmatrix} 1 & 1 \\ 1 & 0 \end{pmatrix} \cdot \begin{pmatrix} \mathrm{fib}(n-2) \\ \mathrm{fib}(n-3) \end{pmatrix}$$

Wenn Sie diese Information in die vorhergehende Gleichung einsetzen, erhalten Sie:

$$\begin{pmatrix} \mathrm{fib}(n) \\ \mathrm{fib}(n-1) \end{pmatrix} = \begin{pmatrix} 1 & 1 \\ 1 & 0 \end{pmatrix} \cdot \begin{pmatrix} 1 & 1 \\ 1 & 0 \end{pmatrix} \cdot \begin{pmatrix} \mathrm{fib}(n-2) \\ \mathrm{fib}(n-3) \end{pmatrix} = \begin{pmatrix} 1 & 1 \\ 1 & 0 \end{pmatrix}^2 \cdot \begin{pmatrix} \mathrm{fib}(n-2) \\ \mathrm{fib}(n-3) \end{pmatrix}$$

Wegen

$$\begin{pmatrix} \mathrm{fib}(n-2) \\ \mathrm{fib}(n-3) \end{pmatrix} = \begin{pmatrix} 1 & 1 \\ 1 & 0 \end{pmatrix} \cdot \begin{pmatrix} \mathrm{fib}(n-3) \\ \mathrm{fib}(n-4) \end{pmatrix}$$

können Sie die ursprüngliche Gleichung um einen weiteren Rekursionsschritt voranbringen:

$$\begin{pmatrix} \mathrm{fib}(n) \\ \mathrm{fib}(n-1) \end{pmatrix} = \begin{pmatrix} 1 & 1 \\ 1 & 0 \end{pmatrix}^2 \cdot \begin{pmatrix} 1 & 1 \\ 1 & 0 \end{pmatrix} \cdot \begin{pmatrix} \mathrm{fib}(n-3) \\ \mathrm{fib}(n-4) \end{pmatrix} = \begin{pmatrix} 1 & 1 \\ 1 & 0 \end{pmatrix}^3 \cdot \begin{pmatrix} \mathrm{fib}(n-3) \\ \mathrm{fib}(n-4) \end{pmatrix}$$

Das geht immer so weiter. In jedem Schritt erhöht sich die Potenz der Matrix. Sie sind fertig, sobald das Argument der Fibonacci-Funktion in der unteren Komponente auf der rechten Seite bei 1 angelangt ist. Allgemein dürfen Sie also schreiben:

$$\begin{pmatrix} \mathrm{fib}(n) \\ \mathrm{fib}(n-1) \end{pmatrix} = \begin{pmatrix} 1 & 1 \\ 1 & 0 \end{pmatrix}^{n-2} \cdot \begin{pmatrix} \mathrm{fib}(2) \\ \mathrm{fib}(1) \end{pmatrix}$$

Interessieren Sie sich nun beispielsweise für fib(11), wenden Sie einfach die folgende Formel an:

$$\begin{pmatrix} \text{fib}(11) \\ \text{fib}(10) \end{pmatrix} = \begin{pmatrix} 1 & 1 \\ 1 & 0 \end{pmatrix}^9 \cdot \begin{pmatrix} \text{fib}(2) \\ \text{fib}(1) \end{pmatrix} = \begin{pmatrix} 1 & 1 \\ 1 & 0 \end{pmatrix}^9 \cdot \begin{pmatrix} 1 \\ 1 \end{pmatrix}$$

Damit liegt die Lösung nahe. Zuerst wird die zu potenzierende Matrix diagonalisiert:

$$\det\begin{pmatrix} \lambda-1 & -1 \\ -1 & \lambda \end{pmatrix} = 0 \Rightarrow (\lambda-1)\cdot\lambda - 1 = 0 \Rightarrow \lambda^2 - \lambda - 1 = 0$$

Die charakteristische Gleichung ergibt:

$$\left(\lambda - \frac{1}{2}\right)^2 - \frac{1}{4} - 1 = 0 \Rightarrow \left(\lambda - \frac{1}{2} + \sqrt{\frac{5}{4}}\right)\cdot\left(\lambda - \frac{1}{2} - \sqrt{\frac{5}{4}}\right) = 0$$

Daraus lesen Sie die Eigenwerte ab:

$$\lambda_1 = \frac{1+\sqrt{5}}{2},\ \lambda_2 = \frac{1-\sqrt{5}}{2} \text{ oder } \lambda_2 = 1 - \lambda_1$$

Die Zahlen kommen Ihnen bekannt vor? Sehr gut! Sie firmieren unter dem Begriff »der goldene Schnitt«.

Der goldene Schnitt

Nur ein einziges Teilungsverhältnis erfüllt folgende Bedingung:

Der größere Teil verhält sich zum kleineren wie das Ganze zum größeren.

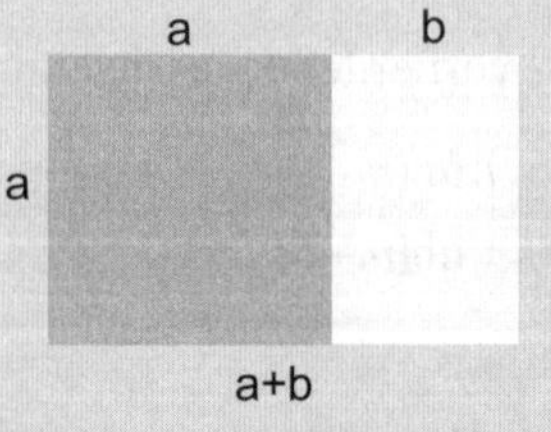

Abbildung 17.1: Der goldene Schnitt

Die Unterteilung der dargestellten Strecke entspricht dem goldenen Schnitt (siehe Abbildung 17.1). Ebenso steht die größere Seite a des Rechtecks zur kleineren b im selben Verhältnis wie die Seite a + b des übergeordneten Rechtecks zur Seite a. Dieser *goldene Schnitt* Φ beträgt

$$\Phi = \frac{1+\sqrt{5}}{2} \approx 1{,}62\,.$$

Weil dieses berühmte Verhältnis nicht nur in der Mathematik als ästhetisch und harmonisch gilt, hat es sich bereits seit der Antike in vielen Lebensbereichen als die ideale Proportion erwiesen.

In der Architektur wie in der Kunst gehört der *goldene Schnitt* zum Basiswissen und garantiert angenehme Gefühle bei der Betrachtung. Allerdings sind auch sehr viele in der Natur vorkommenden Verhältnisse nach diesem Muster angeordnet. Angefangen bei Blütenmustern zahlreicher Pflanzen über die Schulterproportionen von Pferden bis hin zu den Körpermaßen beim Menschen – überall spielt der goldene Schnitt eine Rolle.

Angeblich ist das Verhältnis von Oberkörper zu Unterkörper, gemessen vom Bauchnabel an, genau so groß wie der Unterkörper zur gesamten Länge des Menschen. Dann müsste es sich um einen goldenen Schnitt halten.

Aber ich würde es an Ihrer Stelle nicht so schwer nehmen, wenn Ihre eigenen Messungen das Ergebnis nicht bestätigen sollten. Immerhin brauchte es schon eine »Aphrodite von Melos«, die im Pariser Louvre ausgestellt ist, um diese Verhältnisse nachzuweisen. Allerdings lässt sich an dieser Skulptur nicht wissenschaftlich exakt die Proportion von Ober- zu Unterschenkel nachmessen, die wohl ebenfalls im goldenen Schnitt stehen sollte. Zumindest die Oberschenkel der Dame sind sorgsam verhüllt …

Die zugehörigen Eigenvektoren lauten:

$$\begin{pmatrix} 1 & 1 \\ 1 & 0 \end{pmatrix} \cdot \begin{pmatrix} x \\ y \end{pmatrix} = \frac{1+\sqrt{5}}{2} \cdot \begin{pmatrix} x \\ y \end{pmatrix} \Rightarrow \begin{matrix} x + y = \frac{1+\sqrt{5}}{2} x \\ x = \frac{1+\sqrt{5}}{2} y \end{matrix}$$

Nicht erschrecken! Auf den ersten Blick sehen die Zeilen gar nicht linear abhängig aus, was natürlich nicht sein kann. Multiplizieren Sie einfach die obere Gleichung mit $\frac{1+\sqrt{5}}{2}$ und fassen anschließend alle Terme, in denen ein »x« vorkommt, auf der rechten Seite zusammen. Dann wird die lineare Abhängigkeit der Zeilen offensichtlich:

$$\begin{aligned} x + y &= \frac{1+\sqrt{5}}{2} x \\ x &= \frac{1+\sqrt{5}}{2} y \end{aligned}$$

$$\Rightarrow \begin{aligned} \frac{1+\sqrt{5}}{2} x + \frac{1+\sqrt{5}}{2} y &= \frac{1+\sqrt{5}}{2} \cdot \frac{1+\sqrt{5}}{2} x \\ x &= \frac{1+\sqrt{5}}{2} y \end{aligned}$$

$$\Rightarrow \begin{aligned} \frac{1+\sqrt{5}}{2} x + \frac{1+\sqrt{5}}{2} y &= \frac{1+2\sqrt{5}+5}{4} x \\ x &= \frac{1+\sqrt{5}}{2} y \end{aligned}$$

$$\Rightarrow \begin{array}{rcl} \frac{1+\sqrt{5}}{2}x + \frac{1+\sqrt{5}}{2}y & = & \frac{3+\sqrt{5}}{2}x \\ x & = & \frac{1+\sqrt{5}}{2}y \end{array}$$

$$\Rightarrow \begin{array}{rcl} \frac{1+\sqrt{5}}{2}y & = & x \\ x & = & \frac{1+\sqrt{5}}{2}y \end{array}$$

Insbesondere entdecken Sie bei genauem Hinsehen – wiederum – die charakteristische Gleichung.

Der Eigenraum zu λ_1 lautet beispielsweise:

$$LH\left\{\begin{pmatrix} \frac{1+\sqrt{5}}{2} \\ 1 \end{pmatrix}\right\}$$

Analog finden Sie für den zweiten Eigenwert λ_2:

$$LH\left\{\begin{pmatrix} \frac{1-\sqrt{5}}{2} \\ 1 \end{pmatrix}\right\}$$

Die Übergangsmatrix U sowie ihre Inverse U^{-1} lauten dementsprechend:

$$U = \begin{pmatrix} \frac{1+\sqrt{5}}{2} & \frac{1-\sqrt{5}}{2} \\ 1 & 1 \end{pmatrix} \text{ sowie } U^{-1} = \frac{1}{\sqrt{5}} \cdot \begin{pmatrix} 1 & -\frac{1-\sqrt{5}}{2} \\ -1 & \frac{1+\sqrt{5}}{2} \end{pmatrix}$$

Somit lässt sich die Ausgangsmatrix diagonalisieren:

$$\frac{1}{\sqrt{5}} \cdot \begin{pmatrix} 1 & -\frac{1-\sqrt{5}}{2} \\ -1 & \frac{1+\sqrt{5}}{2} \end{pmatrix} \cdot \begin{pmatrix} 1 & 1 \\ 1 & 0 \end{pmatrix} \cdot \begin{pmatrix} \frac{1+\sqrt{5}}{2} & \frac{1-\sqrt{5}}{2} \\ 1 & 1 \end{pmatrix} = \begin{pmatrix} \frac{1+\sqrt{5}}{2} & 0 \\ 0 & \frac{1-\sqrt{5}}{2} \end{pmatrix}$$

Schön! Die ursprüngliche Formel verändert sich damit für die gesuchte neunte Potenz deutlich.

$$\begin{pmatrix} \text{fib}(11) \\ \text{fib}(10) \end{pmatrix} = \begin{pmatrix} \frac{1+\sqrt{5}}{2} & \frac{1-\sqrt{5}}{2} \\ 1 & 1 \end{pmatrix} \cdot \begin{pmatrix} \left(\frac{1+\sqrt{5}}{2}\right)^9 & 0 \\ 0 & \left(\frac{1-\sqrt{5}}{2}\right)^9 \end{pmatrix} \cdot \frac{1}{\sqrt{5}} \cdot \begin{pmatrix} 1 & -\frac{1-\sqrt{5}}{2} \\ -1 & \frac{1+\sqrt{5}}{2} \end{pmatrix} \cdot \begin{pmatrix} 1 \\ 1 \end{pmatrix}$$

Das sieht noch nicht unbedingt überwältigend aus. Allerdings ist die linke Matrix-Multiplikation nicht besonders schwer:

$$\begin{pmatrix}\text{fib}(11)\\ \text{fib}(10)\end{pmatrix}=\frac{1}{\sqrt{5}}\cdot\begin{pmatrix}\left(\frac{1+\sqrt{5}}{2}\right)^{10} & \left(\frac{1-\sqrt{5}}{2}\right)^{10}\\ \left(\frac{1+\sqrt{5}}{2}\right)^{9} & \left(\frac{1-\sqrt{5}}{2}\right)^{9}\end{pmatrix}\cdot\begin{pmatrix}1 & -\frac{1-\sqrt{5}}{2}\\ -1 & \frac{1+\sqrt{5}}{2}\end{pmatrix}\cdot\begin{pmatrix}1\\ 1\end{pmatrix}$$

Und jetzt lässt sich die Angelegenheit bequem von rechts auflösen:

$$\begin{pmatrix}\text{fib}(11)\\ \text{fib}(10)\end{pmatrix}=\frac{1}{\sqrt{5}}\cdot\begin{pmatrix}\left(\frac{1+\sqrt{5}}{2}\right)^{10} & \left(\frac{1-\sqrt{5}}{2}\right)^{10}\\ \left(\frac{1+\sqrt{5}}{2}\right)^{9} & \left(\frac{1-\sqrt{5}}{2}\right)^{9}\end{pmatrix}\cdot\begin{pmatrix}\frac{1+\sqrt{5}}{2}\\ -\frac{1-\sqrt{5}}{2}\end{pmatrix}$$

Die Matrix-Vektor-Multiplikation erhöht alle Exponenten der Matrix um 1:

$$\begin{pmatrix}\text{fib}(11)\\ \text{fib}(10)\end{pmatrix}=\frac{1}{\sqrt{5}}\cdot\begin{pmatrix}\left(\frac{1+\sqrt{5}}{2}\right)^{11}-\left(\frac{1-\sqrt{5}}{2}\right)^{11}\\ \left(\frac{1+\sqrt{5}}{2}\right)^{10}-\left(\frac{1-\sqrt{5}}{2}\right)^{10}\end{pmatrix}$$

Gratulation! Das ergibt nach Auflösung der Matrixkomponenten, wobei die Hälfte aller Terme durch die Subtraktion entfällt:

$$\begin{aligned}\text{fib}(11)&=\frac{1}{\sqrt{5}}\cdot\frac{2\cdot\left(11\cdot\sqrt{5}+165\cdot\sqrt{5}^3+462\cdot\sqrt{5}^5+330\cdot\sqrt{5}^7+55\cdot\sqrt{5}^9+\sqrt{5}^{11}\right)}{2^{11}}\\ &=\frac{11+165\cdot\sqrt{5}^2+462\cdot\sqrt{5}^4+330\cdot\sqrt{5}^6+55\cdot\sqrt{5}^8+\sqrt{5}^{10}}{2^{10}}=\frac{91136}{1024}=89\end{aligned}$$

Kommen Sie mir bitte nicht mit »Was, so viel Aufwand, nur um das elfte Glied der Fibonacci-Folge zu berechnen? Das hätte ich mit der Rekursionsformel ja in einem Bruchteil der Zeit geschafft«.

Das mag stimmen, doch der eigentliche Erkenntnisgewinn liegt noch tiefer verborgen. Eine Erweiterung der obigen Darstellung auf ein beliebiges Argument, also nicht nur 11, ist wohl keine Hexerei mehr. Sie leiten damit eine *geschlossene*, also nicht-rekursive Formel für die *Fibonacci-Folge* her:

$$\text{fib}(n)=\frac{1}{\sqrt{5}}\cdot\left(\left(\frac{1+\sqrt{5}}{2}\right)^n-\left(\frac{1-\sqrt{5}}{2}\right)^n\right)=\frac{\left(1+\sqrt{5}\right)^n-\left(1-\sqrt{5}\right)^n}{\sqrt{5}\cdot 2^n}$$

Widerstehen Sie der Versuchung, die beiden Summanden mit demselben Exponenten zusammenzufassen. Das funktioniert nur bei Produkten! Denken Sie an den Spruch: »In Summen kürzen nur die …«

Der Spektralsatz für Endomorphismen

Das gleißende Licht am Horizont ist die Sonne! Sie haben den Gipfel erreicht. Oder auch den Goldschatz im tiefsten Inneren des Labyrinths der linearen Algebra, was Ihnen lieber ist.

Sie wissen bereits vom letzten mühevollen Anstieg, dass sich Matrizen und Endomorphismen beliebig gegeneinander austauschen lassen. Außerdem sind die Eigenwerte die eigentlichen Kernelemente einer Matrix. Die Diagonalisierung ist das Verfahren, mit dem Sie aus einer beliebigen Matrix A die Diagonalgestalt A' gewinnen, wobei das Ergebnis A' und A *ähnlich* bleiben. *Ähnlich* bedeutet, sie repräsentieren nach wie vor denselben Endomorphismus, jedoch bezüglich unterschiedlicher Basen.

Diejenige Basis, für die eine lineare Abbildung Diagonalgestalt besitzt, besteht aus lauter Eigenvektoren. Die Einträge auf der Hauptdiagonalen von A' sind die zugehörigen Eigenwerte.

Die latente Schwierigkeit bei dieser ganzen Geschichte besteht allerdings darin, dass nicht jede Matrix diagonalisierbar ist. Wenn es nur eine Möglichkeit gäbe, zumindest für bestimmte Teilmengen von Matrizen von vorneherein zu wissen, ob die Diagonalisierung erfolgreich werden wird …

… genau das und noch viel mehr liefert der so genannte *Spektralsatz*! Der Name ist nicht übertrieben. So wie ein Prisma weißes Licht in seine Spektralfarben zerlegt, liefert der Spektralsatz ein wichtiges Werkzeug, um Endomorphismen, oder, was auf dieselbe Aussage hinausläuft, Matrizen in eine Summe von anderen Matrizen zu zerlegen.

Das klingt noch nicht sehr spektakulär. Jede Matrix kann als Summe x-beliebiger Matrizen zerlegt werden. Aber so wie das Prisma das weiße Licht in genau seine sauberen, monochromen Komponenten zerlegt, so sorgt der Spektralsatz dafür, dass sich Endomorphismen als Summe reiner und eindeutiger *orthogonaler Projektionen* zu erkennen geben.

Eine detaillierte Diskussion der *Projektionen* finden Sie in Kapitel 13 »Raubtierfütterung der Morphismen«.

Zur Erinnerung:

Eine Matrix A heißt *orthogonal*, falls A reell ist und es gilt: $A^* = A^T = A^{-1}$.

Für komplexe Matrizen gibt es eine analoge Definition:

Eine Matrix A heißt *unitär*, falls A komplex ist und es gilt: $A^* = \overline{A}^T = A^{-1}$

Diese Unterscheidung ist äußerst wichtig. Denn die Spektralzerlegung einer diagonalisierbaren Matrix hängt eng mit den Eigenwerten zusammen, und diese wiederum sind Lösungen der charakteristischen Gleichung. In $\mathbb{C}$ ist aber jede algebraische Gleichung in Linearfaktoren zerlegbar und damit besitzt jede komplexe Matrix genügend komplexe Eigenwerte. Daher sind für reelle wie für komplexe Matrizen im Grunde nur reelle Eigenwerte spannend.

Die Eigenwerte entsprechen den Vorfaktoren der orthogonalen Projektionsmatrizen bei der Zerlegung einer diagonalisierbaren Matrix A.

A gleicht vor der Spektralzerlegung dem weißen Licht, einer Kombination aus vielen Farben, die sich nicht unterscheiden.

Nach der Spektralzerlegung erstrahlen dagegen die einzelnen Farben bezüglich aller Eigenwerte hell am Horizont.

Es gibt noch einen letzten Hinweis, den ich Ihnen mit auf den Weg geben möchte, bevor Sie das Gipfelkreuz berühren. Dieser Hinweis bezieht sich auf die Form von *Übergangsmatrizen* beim Basiswechsel orthonormaler Basen.

Eine Basis ist *orthonormal*, wenn je zwei Basisvektoren orthogonal sind und die Länge 1 besitzen.

Den Hinweis gebe ich Ihnen in zwei Formen. Zuerst bezogen auf reelle Zahlen:

Die Übergangsmatrix U von einer orthonormalen Basis des $\mathbb{R}^n$ zu einer anderen ist stets *orthogonal*. Ebenso resultiert eine orthogonale Übergangsmatrix von einer orthonormalen Basis stets in einer wiederum orthonormalen Basis.

Alsdann ganz analog für komplexe Zahlen:

Die Übergangsmatrix U von einer orthonormalen Basis des $\mathbb{C}^n$ zu einer anderen ist stets *unitär*. Ebenso resultiert eine unitäre Übergangsmatrix von einer orthonormalen Basis stets in einer wiederum orthonormalen Basis.

So, das musste raus. Warum das so wichtig ist? Gehen Sie von einer diagonalisierbaren Matrix A aus. Wenn A die Matrixdarstellung eines Endomorphismus f ist, der sich auf eine orthonormale Basis bezieht, dann können Sie für die Diagonalisierung in eine orthonormale Basis aus Eigenvektoren folgende Formel ansetzen:

$$A' = U^{-1} \cdot A \cdot U$$

Das war schon immer so. Neu ist, dass U im reellen Fall orthogonal ist, also vereinfacht sich die Diagonalisierungsaufgabe dramatisch:

$$A' = U^T \cdot A \cdot U$$

Nicht viel komplizierter verhält sich die Angelegenheit im komplexen Fall. Hier dürfen Sie ansetzen:

$$A' = \overline{U}^T \cdot A \cdot U$$

In beiden Varianten ist die Inverse von U quasi ohne Rechnung, sondern durch einfaches Transponieren beziehungsweise zusätzliches komplexes Konjungieren zu haben.

Doch genug der Vorrede. Hier kommt der *Spektralsatz der linearen Algebra*.

Jede reelle symmetrische Matrix besitzt ausschließlich reelle Eigenwerte und ist diagonalisierbar. Jede hermitesche komplexe Matrix besitzt ausschließlich reelle Eigenwerte und ist diagonalisierbar. Jede Matrix A dieser Form kann in n orthogonale Projektionen $P_1, \ldots, P_n$ zerlegt werden, wobei gilt:

- ✔ $A = \lambda_1 \cdot P_1 + \ldots + \lambda_n \cdot P_n$ mit $\lambda_1, \ldots, \lambda_n \in \mathbb{R}$
- ✔ $P_1 + \ldots + P_n = I$
- ✔ $P_i \cdot P_j = 0$ für alle $i \neq j$

Also noch mal schön langsam. Der Spektralsatz macht zwei wichtige Aussagen. Zum einen löst er die bedeutsame Frage der Diagonalisierbarkeit zumindest für zwei wichtige Klassen von Matrizen:

- ✔ Reelle symmetrische Matrizen sind stets diagonalisierbar.
- ✔ Komplexe unitäre Matrizen sind ebenfalls stets diagonalisierbar, und zwar mit reellen Eigenwerten.

Zum anderen zeigt er auf, wie diese Matrizen in ihre »Spektralfarben« mittels orthogonaler Projektionen zu zerlegen sind. Es wird Sie nicht überraschen, dass die reellen Skalare $\lambda_1, \ldots, \lambda_n$ gerade die Eigenwerte sind.

Für Besserwisser: Der Spektralsatz kann noch sehr viel allgemeiner aufgefasst werden. Die besprochenen reellen oder komplexen endlichen Vektorräume sind dann nur Spezialfälle beliebig dimensionaler *Hilbert-Räume*.

Die Aussage des Spektralsatzes ist gar nicht so schwer zu verstehen. Dazu mache ich Ihnen zunächst ein Beispiel für die Spektralzerlegung einer Diagonalmatrix A'.

Beispiel

Gegeben sei die Diagonalmatrix A' mit:

$$A' = \begin{pmatrix} 1 & 0 & 0 & 0 \\ 0 & -7 & 0 & 0 \\ 0 & 0 & -7 & 0 \\ 0 & 0 & 0 & 3 \end{pmatrix}$$

A' lässt sich jetzt bequem als Summe der drei nachfolgenden orthogonalen Projektionen angeben. Beachten Sie die Rolle der Eigenwerte als Vorfaktoren:

$$A' = 1 \cdot P_1 + (-7) \cdot P_2 + 3 \cdot P_3 \Rightarrow$$

$$\begin{pmatrix} 1 & 0 & 0 & 0 \\ 0 & -7 & 0 & 0 \\ 0 & 0 & -7 & 0 \\ 0 & 0 & 0 & 3 \end{pmatrix} = \begin{pmatrix} 1 & 0 & 0 & 0 \\ 0 & 0 & 0 & 0 \\ 0 & 0 & 0 & 0 \\ 0 & 0 & 0 & 0 \end{pmatrix} - 7 \cdot \begin{pmatrix} 0 & 0 & 0 & 0 \\ 0 & 1 & 0 & 0 \\ 0 & 0 & 1 & 0 \\ 0 & 0 & 0 & 0 \end{pmatrix} + 3 \cdot \begin{pmatrix} 0 & 0 & 0 & 0 \\ 0 & 0 & 0 & 0 \\ 0 & 0 & 0 & 0 \\ 0 & 0 & 0 & 1 \end{pmatrix}$$

»Das war ja billig«, werden Sie denken. Nun ist es ist offensichtlich, dass dieses Verfahren für beliebige Diagonalmatrizen immer sehr leicht durchführbar ist. Weiter gilt: $P_1 + P_2 + P_3 = I$ sowie $P_i \cdot P_j$ ergibt immer die Nullmatrix, falls i verschieden ist von j. Außerdem ist klar, dass alle P_i zum einen Projektionen, zum anderen orthogonal sind.

Wenn Sie diese einfache Variante bis hierher verdaut haben, kann nicht mehr viel passieren. Ich zeige Ihnen nun das konstruktive Verfahren der Spektralzerlegung, falls A zwar prinzipiell diagonalisierbar ist, aber im Moment gerade keine Diagonalgestalt besitzt.

1. Im ersten Schritt diagonalisieren Sie A: $A' = U^{-1} \cdot A \cdot U \Rightarrow A = U \cdot A' \cdot U^{-1}$.

2. Im zweiten Schritt wenden Sie die Spektralzerlegung von A' an, die ja stets sehr einfach möglich ist, weil A' bereits Diagonalgestalt besitzt:

   $$A = U \cdot (\lambda_1 \cdot P_1 + \cdots + \lambda_n \cdot P_n) \cdot U^{-1}$$

3. Im dritten Schritt multiplizieren Sie diese Terme aus. Zuerst von links mit U, alsdann von rechts mit U^{-1}. Sie erhalten

   $$\begin{aligned} A &= \lambda_1 \cdot \underbrace{U \cdot P_1 \cdot U^{-1}}_{P_1'} + \lambda_2 \cdot \underbrace{U \cdot P_2 \cdot U^{-1}}_{P_2'} + \cdots + \lambda_n \cdot \underbrace{U \cdot P_n \cdot U^{-1}}_{P_n'} \\ &= \lambda_1 \cdot P_1' + \lambda_2 \cdot P_2' + \cdots + \lambda_n \cdot P_n' \end{aligned}$$

4. Die Zerlegung aus dem dritten Schritt war nicht schwer. Die Rolle der Eigenwerte ist ebenfalls nach wie vor dieselbe. Allerdings haben Sie im vierten Schritt zu klären, ob die Summe der P_i' auch tatsächlich in der Einheitsmatrix resultiert. Das ist rasch erledigt, denken Sie nur daran, dass dies für die Projektionen im diagonalisierten Fall bereits geklärt ist:

   $$\begin{aligned} P_1' + \cdots + P_n' &= U \cdot P_1 \cdot U^{-1} + \cdots + U \cdot P_n \cdot U^{-1} \\ &= U \cdot (P_1 + \cdots + P_n) \cdot U^{-1} \\ &= U \cdot I \cdot U^{-1} \\ &= U \cdot U^{-1} = I \end{aligned}$$

5. Dass je zwei dieser Projektionen orthogonal sind, ist ebenfalls eine lösbare Übung. Für $i \neq j$ gilt nämlich:

   $$\begin{aligned} P_i' \cdot P_j' &= U \cdot P_i \cdot \underbrace{U^{-1} \cdot U}_{I} \cdot P_j \cdot U^{-1} \\ &= U \cdot \underbrace{P_i \cdot P_j}_{0} \cdot U^{-1} \\ &= U \cdot 0 \cdot U^{-1} \\ &= 0 \end{aligned}$$

6. Es bleibt abschließend zu klären, ob es sich bei den P_i' überhaupt um Projektionen handelt. Dazu verwenden Sie einen Tipp, den ich Ihnen weiter oben angeboten habe. Weil die diagonalisierte Variante zu einer Orthonormalbasis gehört, und die kanonische Basis eines jeden Vektorraums per definitionem orthonormal ist, muss U orthogonal bezie-

hungsweise unitär sein. Damit wird die orthogonale Projektion P_i in eine ebensolche P_i' transformiert.

Soweit zur »trockenen Theorie«. Für die Anwendungsbeispiele des Spektralsatzes zeige ich Ihnen die Variante für die reellen Zahlen einerseits und für die komplexen andererseits in jeweils eigenen Unterabschnitten.

Anwendung des Spektralsatzes für den reellen Zahlenkörper

Ich entführe Sie mit den folgenden Zeilen in einen Bereich des Labyrinths, der scheinbar überhaupt nichts Lineares an sich hat.

Gegeben sei eine geometrische Form mit der algebraischen Darstellung:

$$3x^2 - 2xy + 3y^2 = 1$$

Dieser Funktionsgleichung ist es schwer anzusehen, um welchen Typ von Objekt es sich handelt. Sie können diese Gleichung mittels linearer Algebra umschreiben.

$$\begin{pmatrix} x & y \end{pmatrix} \cdot \left(\begin{pmatrix} 3 & -1 \\ -1 & 3 \end{pmatrix} \cdot \begin{pmatrix} x \\ y \end{pmatrix} \right) = 1$$

Im letzten Abschnitt in Kapitel 12 wird dieser Ansatz unter dem Label *Hauptachsentransformation* vom geometrischen Standpunkt aus betrachtet.

Spannend wird es nun, wenn Sie die Matrix A mit

$$A = \begin{pmatrix} 3 & -1 \\ -1 & 3 \end{pmatrix}$$

diagonalisieren. Da es sich um eine symmetrische reelle Matrix handelt, muss dies auf jeden Fall gemäß Spektralsatz möglich sein. Beachten Sie dabei, dass dies kein Zufall ist. Der Anteil der xy-Terme wurde gerade so aufgeteilt, dass A symmetrisch wird.

Die Untersuchung der charakteristischen Gleichung ergibt:

$$\det \begin{pmatrix} \lambda - 3 & 1 \\ 1 & \lambda - 3 \end{pmatrix} = 0 \Rightarrow (\lambda - 3)^2 - 1 = 0 \Rightarrow (\lambda - 2) \cdot (\lambda - 4) = 0$$

Damit sind die Eigenwerte $\lambda_1 = 2$ sowie $\lambda_2 = 4$ identifiziert. Die zugehörigen Eigenvektoren lassen sich ermitteln durch:

$$\begin{pmatrix} 3 & -1 \\ -1 & 3 \end{pmatrix} \cdot \begin{pmatrix} x \\ y \end{pmatrix} = 2 \cdot \begin{pmatrix} x \\ y \end{pmatrix} \Rightarrow \begin{array}{rcl} 3x - y & = & 2x \\ -x + 3y & = & 2y \end{array} \Rightarrow x = y$$

sowie

$$\begin{pmatrix} 3 & -1 \\ -1 & 3 \end{pmatrix} \cdot \begin{pmatrix} x \\ y \end{pmatrix} = 4 \cdot \begin{pmatrix} x \\ y \end{pmatrix} \Rightarrow \begin{array}{rcl} 3x - y & = & 4x \\ -x + 3y & = & 4y \end{array} \Rightarrow x = -y$$

Dies führt zu den Eigenräumen

$$E_2 = \left\{ \lambda \begin{pmatrix} 1 \\ 1 \end{pmatrix} \middle| \lambda \in \mathbb{R} \right\} \text{ und } E_4 = \left\{ \lambda \begin{pmatrix} -1 \\ 1 \end{pmatrix} \middle| \lambda \in \mathbb{R} \right\}$$

Die angegebenen Eigenvektoren sind bereits orthogonal, aber noch nicht normiert. Als Orthonormalbasis b aus Eigenvektoren finden Sie demnach:

$$b = \left(\begin{pmatrix} \frac{1}{\sqrt{2}} \\ \frac{1}{\sqrt{2}} \end{pmatrix}, \begin{pmatrix} -\frac{1}{\sqrt{2}} \\ \frac{1}{\sqrt{2}} \end{pmatrix} \right)$$

Die zugehörige Übergangsmatrix U lautet:

$$U = \begin{pmatrix} \frac{1}{\sqrt{2}} & -\frac{1}{\sqrt{2}} \\ \frac{1}{\sqrt{2}} & \frac{1}{\sqrt{2}} \end{pmatrix} = \frac{1}{\sqrt{2}} \cdot \begin{pmatrix} 1 & -1 \\ 1 & 1 \end{pmatrix}$$

Wie Sie selbst nachrechnen können, ist U orthogonal: $U^{-1} = U^T$.

Weiter sieht die diagonalisierte Version von A so aus:

$$A' = U^T \cdot A \cdot U = \begin{pmatrix} 2 & 0 \\ 0 & 4 \end{pmatrix}$$

Sie können A' als eine Version von A betrachten, die nicht mehr aus Koordinaten x und y, sondern nunmehr aus x' und y' besteht, wie aus einer anderen Welt. Dies leistet die Übergangsmatrix U:

$$\begin{pmatrix} x \\ y \end{pmatrix} = U \cdot \begin{pmatrix} x' \\ y' \end{pmatrix} = \frac{1}{\sqrt{2}} \cdot \begin{pmatrix} 1 & -1 \\ 1 & 1 \end{pmatrix} \cdot \begin{pmatrix} x' \\ y' \end{pmatrix} = \begin{pmatrix} \frac{x'}{\sqrt{2}} - \frac{y'}{\sqrt{2}} \\ \frac{x'}{\sqrt{2}} + \frac{y'}{\sqrt{2}} \end{pmatrix}$$

Insgesamt erhalten Sie eine Vorschrift, um die ursprüngliche Gleichung mit den Koordinaten x, y in die transformierte Gestalt mit x', y' zu bringen:

$$x = \frac{x'}{\sqrt{2}} - \frac{y'}{\sqrt{2}} \text{ und } y = \frac{x'}{\sqrt{2}} + \frac{y'}{\sqrt{2}}$$

Durch Einsetzen von x und y in die ursprüngliche algebraische Darstellung $3x^2 - 2xy + 3y^2 = 1$ ergibt sich:

$$\begin{aligned} 1 &= 3\left(\frac{x'}{\sqrt{2}} - \frac{y'}{\sqrt{2}} \right)^2 - 2\left(\frac{x'}{\sqrt{2}} - \frac{y'}{\sqrt{2}} \right)\left(\frac{x'}{\sqrt{2}} + \frac{y'}{\sqrt{2}} \right) + 3\left(\frac{x'}{\sqrt{2}} + \frac{y'}{\sqrt{2}} \right)^2 \\ &= \left(\frac{3}{2} - \frac{2}{2} + \frac{3}{2} \right) \cdot x'^2 + \left(-\frac{6}{2} + \frac{6}{2} \right) \cdot x'y' + \left(\frac{3}{2} + \frac{2}{2} + \frac{3}{2} \right) \cdot y'^2 \\ &= 2x'^2 + 4y'^2 \end{aligned}$$

Sehen Sie, wie fein der Spektralsatz aus der ursprünglich hässlichen Darstellung die Eigenwerte herausgearbeitet hat? Und das Resultat ist nicht nur hübsch und nett, sondern auch praktisch. Es gilt nämlich:

$$2x'^2 + 4y'^2 = 1 \Rightarrow \frac{x'^2}{\left(\frac{1}{\sqrt{2}}\right)^2} + \frac{y'^2}{\left(\frac{1}{2}\right)^2} = 1$$

Dieser Gleichung sehen Sie an, dass es sich um eine Ellipse mit den Halbachsen $\frac{1}{\sqrt{2}}$ in x′ und $\frac{1}{2}$ in y′ handelt. Dies gilt jedoch auch für die ursprüngliche Darstellung. Denn U ist nichts anderes als eine Drehmatrix um den Winkel 45° = π/4.

Genau so gut hätten Sie übrigens die beiden Eigenvektoren in U vertauschen können. Dann wäre die Ellipse gegenüber der ursprünglichen Gleichung um –45° beziehungsweise –π/4 gedreht worden. Dies hätte eine Ellipse mit vertauschten Halbachsen zur Folge.

Wie Sie es auch drehen und wenden, die ursprünglichen Kennwerte der Ellipse bleiben nicht nur erhalten, sondern stellen aus Sicht der linearen Algebra exakt die Eigenwerte dar!

Und das klappt auch in höheren Dimensionen. Am Ende von Kapitel 12 zeige ich Ihnen eine *Fläche zweiter Ordnung* und behaupte, es handele sich um ein *elliptisches Paraboloid*. Die zugehörige Gleichung ist folgende:

$$\begin{pmatrix} x & y & z \end{pmatrix} \cdot \begin{pmatrix} 1 & 1 & 1 \\ 1 & 1 & 1 \\ 1 & 1 & 3 \end{pmatrix} \begin{pmatrix} x \\ y \\ z \end{pmatrix} + \begin{pmatrix} x & y & z \end{pmatrix} \cdot \begin{pmatrix} 6 \\ 2 \\ 2 \end{pmatrix} = -1$$

Die Diagonalisierung der 3×3-Matrix bereitet Ihnen an dieser Stelle hoffentlich keine Schwierigkeiten. Angefangen mit der charakteristischen Gleichung

$$\det\begin{pmatrix} \lambda-1 & -1 & -1 \\ -1 & \lambda-1 & -1 \\ -1 & -1 & \lambda-3 \end{pmatrix} = 0 \Rightarrow (\lambda-1)^2(\lambda-3) - 1 - 1 - (\lambda-1) - (\lambda-1) - (\lambda-3) = 0$$

$$\Rightarrow (\lambda-1)^2(\lambda-3) - 3(\lambda-1) = 0 \Rightarrow (\lambda-1)(\lambda^2-4\lambda) = 0 \Rightarrow (\lambda-1)\cdot\lambda\cdot(\lambda-4) = 0$$

finden Sie als Eigenwerte 1, 0 und 4. Wiederum können Sie die Übergangsmatrix U aus den zugehörigen Eigenvektoren bestimmen und eine Koordinatentransformation erzwingen. Aber das Endergebnis steht bereits fest. Die resultierende Matrix wird in den Hauptdiagonalelementen nur aus den drei Werten 1, 0 und 4 bestehen.

Damit entspricht die ursprüngliche Gleichung nach einer *Hauptachsentransformation* der äquivalenten Version, die lediglich x^2 und $4z^2$ als quadratische Variablen aufweist und die ursprüngliche Vermutung, es handele sich um ein elliptisches Paraboloid, wird eindrucksvoll bestätigt.

Anwendung des Spektralsatzes für den komplexen Zahlenkörper

Hier zeige ich Ihnen eine konkrete Spektralzerlegung der hermiteschen Matrix A.

$$A = \begin{pmatrix} 3 & 2+i \\ 2-i & -1 \end{pmatrix}$$

A ist hermitesch, weil die Transposition der konjugiert komplexen Version von A wiederum zu A führt:

$$\overline{A}^T = \overline{\begin{pmatrix} 3 & 2+i \\ 2-i & -1 \end{pmatrix}}^T = \begin{pmatrix} 3 & 2-i \\ 2+i & -1 \end{pmatrix}^T = \begin{pmatrix} 3 & 2+i \\ 2-i & -1 \end{pmatrix} = A$$

Der Spektralsatz besagt, dass A lauter reelle Eigenwerte besitzt, und zwar in ausreichender algebraischer und geometrischer Vielfachheit. Die Eigenwerte von A finden Sie mittels der charakteristischen Gleichung:

$$\det\begin{pmatrix} \lambda-3 & -2-i \\ -2+i & \lambda+1 \end{pmatrix} = 0 \Rightarrow (\lambda-3)(\lambda+1)-(-2+\mathrm{i})(-2-\mathrm{i})=0 \Rightarrow \lambda^2-2\lambda-8=0$$

Damit erhalten Sie: $\lambda_1 = 4$ und $\lambda_2 = -2$. Die sind schon einmal beide reell. Die Eigenvektoren zum ersten Eigenwert finden Sie folgendermaßen:

$$\begin{pmatrix} 3 & 2+i \\ 2-i & -1 \end{pmatrix} \cdot \begin{pmatrix} x \\ y \end{pmatrix} = 4 \cdot \begin{pmatrix} x \\ y \end{pmatrix} \Rightarrow \begin{matrix} 3x & + & (2+i)y & = & 4x \\ (2-i)x & - & y & = & 4y \end{matrix}$$

$$\Rightarrow \begin{matrix} (2+i)y & = & x \\ (2-i)x & = & 5y \end{matrix}$$

Die beiden letzten Zeilen sehen nur auf den ersten Blick ungleich aus. Tatsächlich können Sie die untere Zeile umschreiben:

$$(2-i)x = 5y \Rightarrow \mathrm{x}=\frac{5y}{2-i} \Rightarrow \mathrm{x}=\frac{5y}{2-i}\cdot\frac{2+i}{2+i} \Rightarrow \mathrm{x}=\frac{5y(2+i)}{4+1} \Rightarrow \mathrm{x}=(2+i)y$$

Vergessen Sie dabei nicht, dass sowohl x als auch y dem Körper der komplexen Zahlen entstammen. Es gilt also:

$$E_4 = \left\{ \lambda \begin{pmatrix} 2+i \\ 1 \end{pmatrix} \middle| \lambda \in \mathbb{C} \right\}$$

Die Eigenvektoren zum zweiten Eigenwert berechnen Sie analog:

$$\begin{pmatrix} 3 & 2+i \\ 2-i & -1 \end{pmatrix} \cdot \begin{pmatrix} x \\ y \end{pmatrix} = -2 \cdot \begin{pmatrix} x \\ y \end{pmatrix} \Rightarrow \begin{matrix} 3x & + & (2+i)y & = & -2x \\ (2-i)x & - & y & = & -2y \end{matrix}$$

$$\Rightarrow \begin{matrix} (2+i)y & = & -5x \\ (2-i)x & = & -y \end{matrix} \Rightarrow \begin{matrix} (2+i)y & = & -5x \\ y & = & (i-2)x \end{matrix}$$

Wie vorhin sind beide Zeilen linear abhängig. Damit ergibt sich der zweite Eigenraum zu:

$$E_{-2} = \left\{ \lambda \begin{pmatrix} 1 \\ i-2 \end{pmatrix} \middle| \lambda \in \mathbb{C} \right\}$$

Die Eigenvektoren sind übrigens orthogonal:

$$\begin{pmatrix} 2+i \\ 1 \end{pmatrix} \cdot \overline{\begin{pmatrix} 1 \\ i-2 \end{pmatrix}} = 0$$

Das komplexe Skalarprodukt sieht vor, dass der zweite Vektor vor der Multiplikation komplex konjugiert wird!

Nach Normierung ergibt sich folgende Orthonormalbasis b aus Eigenvektoren:

$$b = \left(\frac{1}{\sqrt{6}} \begin{pmatrix} 2+i \\ 1 \end{pmatrix}, \frac{1}{\sqrt{6}} \begin{pmatrix} 1 \\ i-2 \end{pmatrix} \right)$$

Die für die Diagonalisierung von A benötigte unitäre Übergangsmatrix U sowie ihre Inverse lauten:

$$U = \frac{1}{\sqrt{6}} \begin{pmatrix} 2+i & 1 \\ 1 & i-2 \end{pmatrix} \Rightarrow \mathrm{U}^{-1} = U^{*} = \frac{1}{\sqrt{6}} \begin{pmatrix} 2-i & 1 \\ 1 & -i-2 \end{pmatrix}$$

Auch wenn das Ergebnis klar ist, sollten Sie die Diagonalisierung durchführen. Das ist eine gute Übung!

$$A' = U^{*}AU = \frac{1}{\sqrt{6}} \begin{pmatrix} 2-i & 1 \\ 1 & -i-2 \end{pmatrix} \begin{pmatrix} 3 & 2+i \\ 2-i & -1 \end{pmatrix} \frac{1}{\sqrt{6}} \begin{pmatrix} 2+i & 1 \\ 1 & i-2 \end{pmatrix}$$

$$= \frac{1}{6} \begin{pmatrix} 8-4i & 4 \\ -2 & 4+2i \end{pmatrix} \begin{pmatrix} 2+i & 1 \\ 1 & i-2 \end{pmatrix} = \frac{1}{6} \begin{pmatrix} 24 & 0 \\ 0 & -12 \end{pmatrix} = \begin{pmatrix} 4 & 0 \\ 0 & -2 \end{pmatrix}$$

Die Spektralzerlegung von A lautet somit:

$$A = \lambda_1 \cdot UP_1U^{*} + \lambda_2 \cdot UP_2U^{*}$$

$$= 4 \cdot \frac{1}{\sqrt{6}} \begin{pmatrix} 2+i & 1 \\ 1 & i-2 \end{pmatrix} \begin{pmatrix} 1 & 0 \\ 0 & 0 \end{pmatrix} \frac{1}{\sqrt{6}} \begin{pmatrix} 2-i & 1 \\ 1 & -i-2 \end{pmatrix}$$

$$- 2 \cdot \frac{1}{\sqrt{6}} \begin{pmatrix} 2+i & 1 \\ 1 & i-2 \end{pmatrix} \begin{pmatrix} 0 & 0 \\ 0 & 1 \end{pmatrix} \frac{1}{\sqrt{6}} \begin{pmatrix} 2-i & 1 \\ 1 & -i-2 \end{pmatrix}$$

$$= \frac{4}{6} \begin{pmatrix} 2+i & 0 \\ 1 & 0 \end{pmatrix} \begin{pmatrix} 2-i & 1 \\ 1 & -i-2 \end{pmatrix} - \frac{2}{6} \begin{pmatrix} 0 & 1 \\ 0 & i-2 \end{pmatrix} \begin{pmatrix} 2-i & 1 \\ 1 & -i-2 \end{pmatrix}$$

$$= 4 \cdot \begin{pmatrix} \frac{5}{6} & \frac{1}{3} + \frac{i}{6} \\ \frac{1}{3} - \frac{i}{6} & \frac{1}{6} \end{pmatrix} - 2 \cdot \begin{pmatrix} \frac{1}{6} & -\frac{1}{3} - \frac{i}{6} \\ -\frac{1}{3} + \frac{i}{6} & \frac{5}{6} \end{pmatrix} = \begin{pmatrix} 3 & 2+i \\ 2-i & -1 \end{pmatrix}$$

Zu beachten an dieser Stelle ist die vertauschte Rolle von U und U^*. Für die Diagonalisierung von A zu A′ wird die umgekehrte Version benötigt wie für die Spektralzerlegung. Sie hätten das vermeiden können, wenn Sie statt der Diagonalisierung von A die alternative Darstellung $A = U \cdot A' \cdot U^*$ gewählt hätten. Ich hatte Sie ja noch davor gewarnt, oder sollte ich das im Übereifer vergessen haben? Na, so was …

Die charakteristische Gleichung an unerwarteter Stelle

Entspannen Sie und sonnen Sie sich am Gipfel der Erkenntnis. Sie haben den schweren Anstieg erfolgreich hinter sich gebracht und dürfen nun die Früchte Ihrer Arbeit genießen.

Der Spektralsatz stellt den Höhepunkt der Erkenntnis innerhalb der linearen Algebra dar. Aber er ist keineswegs allein.

Ich möchte Ihnen im Folgenden einen Satz präsentieren, dessen Anwendung zunächst jedes Vorstellungsvermögen übersteigt.

Zentraler Gegenstand der Untersuchung ist dabei die charakteristische Gleichung einer beliebigen quadratischen Matrix. Hätten Sie je daran gedacht, die Variable λ in einer charakteristischen Gleichung durch etwas anderes als einen Skalar zu ersetzen? Zum Beispiel durch … Matrizen?

Der Satz von Cayley-Hamilton

Arthur Cayley war ursprünglich ein englischer Notar, der sich jedoch bereits Mitte des 19. Jahrhunderts vom irischen Mathematiker William Rowan Hamilton inspirieren ließ und zahlreiche mathematische Entdeckungen machte.

Der *Satz von Cayley-Hamilton* mutet dabei geradezu abstrus an:

Jede Matrix erfüllt ihre charakteristische Gleichung!

Welch' sonderbarer Gedanke! Wenn A eine beliebige quadratische Matrix ist – ansonsten wäre das charakteristische Polynom ja überhaupt nicht definiert – dann setzt dieser Satz eine komplette Matrix als Variable in diese Gleichung ein. Und zwar nicht irgend eine. Sondern als die höchste Form eines bemerkenswerten Inzests just diejenige Matrix, deren charakteristische Gleichung gerade untersucht wird.

Also, das sollten Sie sich gönnen und in Form eines Beispiels auf sich wirken lassen.

Beispiel

Gegeben sei eine Matrix M mit

$$M = \begin{pmatrix} 1 & 2 & 0 \\ 2 & 1 & 0 \\ -3 & -1 & 3 \end{pmatrix}$$

Ihre charakteristische Gleichung lautet:

$$\det\begin{pmatrix} \lambda-1 & -2 & 0 \\ -2 & \lambda-1 & 0 \\ 3 & 1 & \lambda-3 \end{pmatrix} = 0 \Rightarrow (\lambda-1)^2(\lambda-3)-4(\lambda-3)=0$$

Sehen Sie, dass diese Gleichung leicht gelöst werden kann?

Häufig kann ein Polynom leicht faktorisiert werden, wenn Sie Terme vor dem Ausmultiplizieren ausklammern!

Es ergibt sich nach Ausklammern von $(\lambda - 3)$:

$$(\lambda-3)\left((\lambda-1)^2-4\right)=0 \Rightarrow (\lambda-3)^2(\lambda+1)=0$$

Also besitzt M den Eigenwert 3 in algebraischer Vielfachheit 2 und einen weiteren Eigenwert –1. Das spielt aber für den Satz von Cayley-Hamilton überhaupt keine Rolle. Dieser behauptet nämlich, dass Sie die ursprüngliche Matrix M anstelle des Platzhalters λ setzen können, und die Gleichung ist nach wie vor erfüllt. Das funktioniert selbstverständlich auch dann, wenn sich keine leichte Faktorisierung abzeichnet.

Aber wie soll das gehen? Wie kann zu einer Matrix ein Skalar addiert werden? Das geht natürlich nicht! Sie müssen alle in dieser Gleichung vorkommenden Skalare als Matrizen interpretieren. Die Null auf der rechten Seite der Gleichung stellt also die Nullmatrix dar. Die 3 und die 1 sind die entsprechenden Skalarmatrizen der für M notwendigen Dimension!

Kurzum, Sie setzen M einfach ein und erfreuen Sie sich am Ergebnis …

$$(\lambda-3)^2(\lambda+1)=0 \Rightarrow$$

$$\left(\begin{pmatrix} 1 & 2 & 0 \\ 2 & 1 & 0 \\ -3 & -1 & 3 \end{pmatrix} - 3\begin{pmatrix} 1 & 0 & 0 \\ 0 & 1 & 0 \\ 0 & 0 & 1 \end{pmatrix}\right)^2 \cdot \left(\begin{pmatrix} 1 & 2 & 0 \\ 2 & 1 & 0 \\ -3 & -1 & 3 \end{pmatrix} + \begin{pmatrix} 1 & 0 & 0 \\ 0 & 1 & 0 \\ 0 & 0 & 1 \end{pmatrix}\right)$$

$$= \begin{pmatrix} -2 & 2 & 0 \\ 2 & -2 & 0 \\ -3 & -1 & 0 \end{pmatrix}^2 \cdot \begin{pmatrix} 2 & 2 & 0 \\ 2 & 2 & 0 \\ -3 & -1 & 4 \end{pmatrix} = \begin{pmatrix} -2 & 2 & 0 \\ 2 & -2 & 0 \\ -3 & -1 & 0 \end{pmatrix} \cdot \begin{pmatrix} -2 & 2 & 0 \\ 2 & -2 & 0 \\ -3 & -1 & 0 \end{pmatrix} \cdot \begin{pmatrix} 2 & 2 & 0 \\ 2 & 2 & 0 \\ -3 & -1 & 4 \end{pmatrix}$$

$$= \begin{pmatrix} 8 & -8 & 0 \\ -8 & 8 & 0 \\ 4 & -4 & 0 \end{pmatrix} \cdot \begin{pmatrix} 2 & 2 & 0 \\ 2 & 2 & 0 \\ -3 & -1 & 4 \end{pmatrix} = \begin{pmatrix} 0 & 0 & 0 \\ 0 & 0 & 0 \\ 0 & 0 & 0 \end{pmatrix}$$

Habe ich Ihnen zuviel versprochen? Das ist doch der reinste Wahnsinn, nicht wahr?

Anwendungen des Satzes von Cayley-Hamilton

Der Satz von Cayley-Hamliton löst bereits auf den ersten Blick Erstaunen und Verwunderung aus. Bald darauf stellt sich jedoch Ernüchterung ein. Was, bitte schön, können Sie damit anfangen? Eine Matrix in ihre eigene charakteristische Gleichung einzusetzen hat doch keinen Sinn, oder doch?

Erinnern Sie sich noch an die Potenzierung von Diagonalmatrizen? Das war ein leichtes Spiel, weil nur noch die Hauptdiagonalelemente potenziert werden mussten. Für diagonalisierbare Matrizen können Sie mittels des Basiswechsels eine Menge Arbeit sparen. Aber was tun, wenn die Matrix nicht diagonalisierbar ist?

Der Satz von Cayley-Hamilton hat die wunderbare Eigenschaft, für beliebige quadratische Gleichungen zu gelten und nicht lediglich für diagonalisierbare. Insofern ist sein Anwendungsspektrum noch breiter als jenes des Spektralsatzes.

Nehmen Sie dazu als Beispiel die Matrix M aus dem letzten Abschnitt.

$$M = \begin{pmatrix} 1 & 2 & 0 \\ 2 & 1 & 0 \\ -3 & -1 & 3 \end{pmatrix}$$

Angenommen, Ihre Aufgabe lautet, M^6 zu berechnen. Die Eigenwerte waren 3 und –1, und beide treten nur in einfacher geometrischer Vielfachheit auf. Das bedeutet, M ist nicht diagonalisierbar. Aber keine Sorge, ich verrate Ihnen jetzt einen Trick für Ihren Zauberkasten, den Sie bei Bedarf jederzeit anwenden dürfen!

Der Satz von Cayley-Hamilton kann dazu verwendet werden, Matrizen zu potenzieren!

Wenn Sie die Matrix M in ihre eigene charakteristische Gleichung einsetzen, ergibt sich:

$$(M-3)^2 \cdot (M+1) = 0$$

Die Skalare müssen Sie sich wieder als Skalarmatrizen denken. Ausmultipliziert ergibt sich:

$$M^3 - 5M^2 + 3M + 9 = 0$$

Nun können Sie den Term mit der höchsten Potenz von M auf einer Seite der Gleichung isolieren:

$$M^3 = 5M^2 - 3M - 9$$

Das sieht schon viel versprechend aus. Sie haben die dritte Potenz von M in Form eines Polynoms zweiter Ordnung dargestellt. Was einmal geht, das geht auch öfters, denken Sie an Rekursion:

$$\begin{aligned} M^6 &= M^3 \cdot M^3 \\ &= (5M^2 - 3M - 9) \cdot (5M^2 - 3M - 9) \\ &= 25M^4 - 30M^3 - 81M^2 + 54M + 81 \\ &= 25M(5M^2 - 3M - 9) - 30(5M^2 - 3M - 9) - 81M^2 + 54M + 81 \\ &= 125M^3 - 306M^2 - 81M + 351 \\ &= 125(5M^2 - 3M - 9) - 306M^2 - 81M + 351 \\ &= 319M^2 - 456M - 774 \end{aligned}$$

Genießen Sie die Matrixmultiplikationen, die sich wie Skalare anfühlen! Die sechste Potenz von M auf das einfache Quadrat zurückgeführt, das ist nicht schlecht. Als Endergebnis erhalten Sie:

$$\begin{aligned}
M^6 &= 319M^2 - 456M - 774 \\
&= 319\begin{pmatrix} 1 & 2 & 0 \\ 2 & 1 & 0 \\ -3 & -1 & 3 \end{pmatrix}^2 - 456\begin{pmatrix} 1 & 2 & 0 \\ 2 & 1 & 0 \\ -3 & -1 & 3 \end{pmatrix} - 774\begin{pmatrix} 1 & 0 & 0 \\ 0 & 1 & 0 \\ 0 & 0 & 1 \end{pmatrix} \\
&= 319\begin{pmatrix} 1 & 2 & 0 \\ 2 & 1 & 0 \\ -3 & -1 & 3 \end{pmatrix} \cdot \begin{pmatrix} 1 & 2 & 0 \\ 2 & 1 & 0 \\ -3 & -1 & 3 \end{pmatrix} - \begin{pmatrix} 456 & 912 & 0 \\ 912 & 456 & 0 \\ -1368 & -456 & 1368 \end{pmatrix} - \begin{pmatrix} 774 & 0 & 0 \\ 0 & 774 & 0 \\ 0 & 0 & 774 \end{pmatrix} \\
&= 319\begin{pmatrix} 5 & 4 & 0 \\ 4 & 5 & 0 \\ -14 & -10 & 9 \end{pmatrix} - \begin{pmatrix} 1230 & 912 & 0 \\ 912 & 1230 & 0 \\ -1368 & -456 & 2142 \end{pmatrix} \\
&= \begin{pmatrix} 365 & 364 & 0 \\ 364 & 365 & 0 \\ -3098 & -2734 & 729 \end{pmatrix}
\end{aligned}$$

Wenn Sie diese Rechnung noch nicht überzeugt hat, zeige ich Ihnen eine weitere kleine Anwendung des Satzes von Cayley-Hamilton.

Beispiel

Ausgangspunkt ist hier die Matrix A:

$$A = \begin{pmatrix} 1 & 2 \\ \frac{3}{2} & 3 \end{pmatrix}$$

Diese unscheinbar aussehende Matrix hat es in sich! Die Determinante ist Null, daher ist A nicht invertierbar, was sich auch in der linearen Abhängigkeit der Zeilen – und der Spalten – deutlich zeigt.

Die charakteristische Gleichung von A lautet:

$$(\lambda - 1)(\lambda - 3) - 3 = 0 \Rightarrow \lambda^2 - 4\lambda = 0$$

Die Eigenwerte sind 4 und 0. Aber noch spektakulärer ist hier die Anwendung des Satzes von Cayley-Hamilton:

$$A^2 = 4A$$

Anstatt A zu quadrieren, können Sie genauso gut A mit 4 multiplizieren. Und das geht noch weiter:

$$A^3 = A^2 \cdot A = 4A \cdot A = 4A^2 = 4 \cdot 4A$$

Jede weitere Potenzierung führt zu einer Multiplikation mit 4. Insgesamt erhalten Sie:

$$A^n = 4^{n-1} \cdot A \; \forall \; n \in \mathbb{N}, n > 0.$$

Das sollte Sie überzeugen!

Was Sie tun, wenn Sie oben angekommen sind

Wenn der Gipfel erreicht ist, geht es definitionsgemäß nicht mehr weiter nach oben. Das bedeutet aber noch lange nicht, dass hier oben nur gähnende Langeweile vorherrscht. Vielmehr können Sie sich jetzt mit Themen befassen, die Sie ansonsten überhaupt nicht in den Fokus der Betrachtung rücken würden.

Als abschließenden Gedanken möchte ich Ihnen dazu von der *simultanen Diagonalisierbarkeit* erzählen. In verschiedenen technischen Bereichen sowie in Anwendungen der Statistik, ganz besonders aber in der Quantenmechanik wird an der ein oder anderen Stelle benötigt, dass für eine Menge von Matrizen $M_1, \ldots, M_n$, die alle diagonalisierbar sind, *dieselbe* Übergangsmatrix verwendet werden soll. Das klingt verwegen. Es funktioniert natürlich auch nicht immer. Aber es gibt ein ganz sicheres Verfahren, um das zu testen.

Wie Sie sich vielleicht noch erinnern, ist die Matrix-Multiplikation *nicht kommutativ*, das bedeutet, im Allgemeinen gilt: $A \cdot B \neq B \cdot A$.

Manchmal gilt das aber doch.

Zwei Matrizen A und B heißen *vertauschbar*, wenn $A \cdot B = B \cdot A$.

»Mit der Vertauschbarkeit kamen die Tränen«, befürchten Sie möglicherweise, aber in unserem Fall handelt es sich dabei um Freudentränen. Es gilt nämlich:

Eine Menge von Matrizen $M_1, \ldots, M_n$ ist genau dann *simultan* (*unitär* oder *orthogonal*) *diagonalisierbar*, wenn alle M_i, M_j paarweise *vertauschbar* sind.

Wenn es sich um sehr viele Matrizen handelt, ist das mit der Vertauschbarkeit allein schon ein Problem. Sie müssen dann »jede mit jeder« der Matrizen multiplizieren und schauen, ob sich das Ergebnis durch Vertauschen der Reihenfolge ändert. Wenn das auch nur bei einem einzigen Pärchen nicht funktioniert, ist die gesamte Menge nicht simultan diagonalisierbar. Sollte es sich nur um eine sehr kleine Menge von zwei Matrizen A und B handeln, ist die Vertauschbarkeit aber schnell überprüft.

Bedenken Sie, dass eine einfache simultane Diagonalisierbarkeit nicht ausreichend ist, um die paarweise Vertauschbarkeit zu gewährleisten. Vielmehr ist die *orthogonale* beziehungsweise *unitäre Diagonalisierbarkeit* notwendig!

Beispiel

Ausgangspunkt sind die beiden Matrizen A und B mit

$$A = \begin{pmatrix} 2 & -2 \\ -1 & 1 \end{pmatrix}, B = \begin{pmatrix} 0 & 2 \\ 1 & 1 \end{pmatrix}$$

A und B sind vertauschbar, wie folgende Rechnung beweist:

$$A \cdot B = \begin{pmatrix} 2 & -2 \\ -1 & 1 \end{pmatrix} \cdot \begin{pmatrix} 0 & 2 \\ 1 & 1 \end{pmatrix} = \begin{pmatrix} -2 & 2 \\ 1 & -1 \end{pmatrix} = \begin{pmatrix} 0 & 2 \\ 1 & 1 \end{pmatrix} \cdot \begin{pmatrix} 2 & -2 \\ -1 & 1 \end{pmatrix} = B \cdot A$$

Damit sind A und B ebenso *simultan orthogonal diagonalisierbar*. Die Eigenwerte von A und B, inzwischen sind Sie Experte darin, finden Sie bereits selbst.

Wenn Sie für A als Eigenwerte 0 und 3 ermitteln und sich bei B 2 und –1 ergeben, dann liegen Sie goldrichtig!

Somit ist bereits klar, wie die Diagonalgestalt von A und von B auszusehen hat. Aber wie soll das mit einer gemeinsamen Übergangsmatrix funktionieren? Die Antwort auf diese Frage beginnt mit **Geduld**! Keine Hetze! Die Eigenwerte müssen nicht übereinstimmen, aber die Eigenvektoren sollten schon irgendwie zu einander passen, damit daraus eine Matrix U zum gemeinsamen Basiswechsel zusammengebastelt werden kann.

Gehen Sie es an! Für die Matrix A erhalten Sie folgende Eigenräume:

$$E_3 = \left\{ \lambda \begin{pmatrix} -2 \\ 1 \end{pmatrix} \middle| \lambda \in \mathbb{R} \right\} \text{ sowie } E_0 = \left\{ \lambda \begin{pmatrix} 1 \\ 1 \end{pmatrix} \middle| \lambda \in \mathbb{R} \right\}$$

Spannenderweise ergibt sich für die Matrix B:

$$E_2 = \left\{ \lambda \begin{pmatrix} 1 \\ 1 \end{pmatrix} \middle| \lambda \in \mathbb{R} \right\} \text{ sowie } E_{-1} = \left\{ \lambda \begin{pmatrix} -2 \\ 1 \end{pmatrix} \middle| \lambda \in \mathbb{R} \right\}$$

Sehen Sie die Ähnlichkeit? Aufgrund dieser deutlichen Übereinstimmung ist auch klar, dass eine gemeinsame Diagonalisierung Erfolg haben wird.

Erfreuen Sie sich an diesem Ergebnis, indem Sie es systematisch nachprüfen. Ein und dieselbe Übergangsmatrix wird A und B *simultan diagonalisieren*!

Damit sind Sie am Ziel angelangt, Sie verlassen unbeschadet das Labyrinth der Linearen Algebra. Herzlichen Glückwunsch!

Teil V
Top Ten Teil

In diesem Teil ...

Entspannen Sie nach der anstrengenden Führung durch das Labyrinth der linearen Algebra. Hier erwartet Sie ein Kapitel, das einen Schnelldurchlauf des ganzen Buches darstellt. In zehn Minuten huschen Sie durch die gesamte lineare Welt.

Lineare Algebra in fast zehn Minuten

18

In diesem Kapitel ...

- Durchstreifen Sie in zehn Minuten die gesamte lineare Algebra
- Erhalten Sie eine kompakte Zusammenfassung des gesamten Buches

Hier erhalten Sie Ihre wohlverdiente Erholung nach dem Stress der letzten siebzehn Kapitel. Die bunte Welt der linearen Algebra wird noch einmal kompakt und in den erforderlichen Zusammenhängen dargestellt. Das haben Sie sich verdient!

Linearität verstehen und keine Angst vor Algebra haben

Ausgangspunkt aller Überlegungen in diesem Buch sind Problemstellungen und Lösungsmethoden, die folgende wichtige Eigenschaften verbindet:

- ✔ Die Aufgabenstellung liegt in Form einer mathematischen Gleichung vor, also *algebraisch*.
- ✔ Die Zusammenhänge der Komponenten sind proportional, also nur durch Vorfaktoren unterschieden. Wenn keine Wurzeln, Quadrate oder noch höhere Potenzen, keine trigonometrischen oder exponentiellen Funktionen auftauchen, kurz, wenn alles hübsch *linear* ist, dann sind die Methoden in diesem Buch sehr gut anwendbar.

Dabei spielt es keine Rolle, in wie vielen Dimensionen Ihr geometrisches Problem formuliert ist oder wie viele Unbekannte auftauchen. Stets sind Sie mit den Werkzeugen der linearen Algebra bestens gerüstet.

Grundaspekte der analytischen Geometrie verinnerlichen

Geometrische Objekte und deren Verhalten hängen eng mit den Strukturen der linearen Algebra zusammen. Beide Aspekte helfen Ihnen, die jeweilig andere Seite besser zu verstehen. *Analytische Geometrie* baut deswegen auf linearen Objekten auf, nämlich Punkten, Geraden, Ebenen und drei- oder mehrdimensionalen Räumen. Immer dann, wenn sich diese Objekte schneiden, sind die Schnittmengen wiederum linear. *Geometrische Transformationen* sind wie schwarze Kästen, in denen Punkte aus der Urbildmenge hineingeworfen werden und in der Bildmenge herauskommen.

Gleichungssysteme mit geometrischen Objekten identifizieren

Ganz gleich ob Sie die Schnittmenge zweier Geraden berechnen, einen Diätplan aufstellen oder ein ingenieurwissenschaftliches Problem lösen, zumeist werden Sie am Ende ein lineares Gleichungssystem (LGS) mit n Zeilen und m Spalten erhalten. In jeder Gleichung sind die Zusammenhänge der Unbekannten untereinander linear. Übrigens können Sie jede Zeile dieses Systems als ein geometrisches n-1-dimensionales Objekt im n-dimensionalen Raum interpretieren. Und das Gleichungssystem als Ganzes besitzt als Lösung genau die Schnittmenge aller dieser Objekte.

LGSe mit unterschiedlichen Methoden lösen

Erklären Sie das Lösen linearer Gleichungssysteme zur Chefsache! So wichtig ist das. Diese Aufgabe darf Ihnen keine Angst machen, sondern sollte Ihnen geradezu eine schelmische Freude bereiten. Sie haben die Wahl, wie Sie dieses Ziel erreichen:

- ✔ mittels Gauß-Algorithmus, eventuell mit Jordan-Erweiterung
- ✔ mittels der Cramerschen Regel
- ✔ durch die Bestimmung der inversen Koeffizientenmatrix

Kurzum, wenn Sie alle diese Verfahren »im Schlaf« beherrschen, kann Ihnen nichts mehr passieren und Sie sind bestens gerüstet für noch verwegenere Schritte innerhalb der linearen Algebra!

Zusammenhang von Matrizen und linearen Abbildungen begreifen

Eine Verallgemeinerung linearer Gleichungssysteme führt Sie geradewegs zu *Matrizen*. Im Grunde sind Matrizengleichungen nur komprimierte lineare Gleichungssysteme. Sie dürfen sogar eine Matrix mit einer linearen Abbildung, zum Beispiel einer geometrischen Transformation, identifizieren. Jede Matrix entspricht also einer linearen Abbildung. Aber es kommt noch besser: Auch umgekehrt lässt sich jede lineare Abbildung durch eine Matrix repräsentieren.

Determinanten und Eigenwerte als Herz einer Matrix betrachten

Obwohl Matrizen eigentlich aus linearen Gleichungssystemen hervorgehen, verfügen Sie über erstaunliche Eigenschaften. Insbesondere quadratische Matrizen, bei denen die Anzahl an Zeilen und Spalten identisch ist, spielen dabei eine zentrale Rolle. Die bedeutsamsten und überraschenden Merkmale einer Matrix sind …

- ✔ Determinante und
- ✔ Eigenwerte

Die *Determinante* einer Matrix ist eine reelle Zahl, mit der Sie lineare Gleichungssysteme lösen. Wenn diese jedoch Null ist, gibt es kein eindeutiges Ergebnis. Das ist ein Indiz für die *lineare Abhängigkeit* in den Zeilen beziehungsweise in den Spalten, damit sind gewisse Zeilen oder Spalten überflüssig.

Eigenwerte sind noch eigenartiger. Sie stecken tief in den Matrizen und lassen sich über die *charakteristische Gleichung* berechnen. Eigenwerte gibt es immer dann, wenn die Matrix, als lineare Abbildung verstanden, ein Vielfaches des Eingabevektors als Ausgabe produziert.

Das ist keinesfalls irrelevantes Wissen, sondern enthält häufig die Lösung von natur- oder ingenieurswissenschaftlichen Fragestellungen. Manchmal, zum Beispiel bei erzwungenen Schwingungen in Mechanik oder Elektrotechnik, genügt Ihnen allein die Kenntnis der Eigenwerte, um die kritischen Resonanzfrequenzen und damit das Gesamtverhalten des Systems zu bestimmen.

Basiswechsel als Spezialfall eines Isomorphismus erkennen

Wenn Sie Eindruck machen wollen, sprechen Sie anstatt von linearen Abbildungen einfach von *Homomorphismen*. Sind diese bijektiv, dürfen sie sogar den Ehrentitel *Isomorphismus* tragen. Jeder endliche Isomorphismus f lässt sich durch eine quadratische Matrix M repräsentieren!

Bezogen auf eine beliebige Basis b operiert M auf *Koordinatenvektoren* wie folgt:

$$M \cdot [v]_b = [f(v)]_b$$

Allerdings erscheint die Wahl der Basis b recht willkürlich. Durch den *Basiswechsel*, der mittels einer *Übergangsmatrix* U von einer alten Basis b_a in eine neue Basis b_n erfolgt, überführen Sie beliebige Koordinatenvektoren von einer Basis in eine andere. Und das beste daran ist, dass Sie die durch den Basiswechsel veränderte Matrixrepräsentation M' aus M und U ermitteln, so dass M' ebenfalls f repräsentiert, diesmal jedoch bezogen auf die neue Basis.

$$M' = U^{-1} \cdot M \cdot U$$

Auch U ist jetzt ein Isomorphismus!

Diagonalisieren zur Ermittlung von Eigenwerten

Matrizen sind besonders gern gesehen, wenn sie *Diagonalgestalt* besitzen. Falls eine Basis aus Eigenvektoren existiert, die allesamt linear unabhängig sind, kann die jeweilige Matrix durch die entsprechende Übergangsmatrix mittels Basiswechsel in eine Diagonalgestalt überführt werden. Geradezu irre daran ist, dass die Elemente auf der Hauptdiagonalen, alle anderen sind ohnehin Null, genau den Eigenwerten entsprechen!

Diagonalisierung ist jedoch nicht immer möglich. Wenn Sie über zu wenige reelle Eigenwerte verfügen, reichen die zugehörigen Eigenvektoren nicht aus, um eine Basis zu bilden. Aber aufgepasst: Ein einziger Eigenwert kann auch einen mehrdimensionalen Eigenraum aufspannen. In der Diagonalgestalt der Matrix erscheint dann derselbe Wert mehrfach.

Den Spektralsatz als Gipfel der Erkenntnis ansehen

Es bleibt die Frage, wann die Suche nach einer Diagonalgestalt zum Erfolg führt, denn leider kann nicht jede Matrix diagonalisiert werden. Stellen Sie sich dazu einfach die lineare Abbildung vor, die jeden Eingangsvektor um 90°, also $\pi/2$, dreht. Dort wird niemals – abgesehen vom irrelevanten Nullvektor – ein Eigenvektor entstehen. Also kann die Matrixrepräsentation einer *Rotation*, ganz gleich, welche Basis Sie wählen, niemals diagonalisiert werden.

Ganz anders sieht das bei *hermiteschen Matrizen* aus. Das sind Matrizen, deren Transponierte mit der konjugiert Komplexen übereinstimmt. Im Falle von reellen Einträgen handelt es sich dabei schlicht um *symmetrische Matrizen*. Diese sind immer diagonalisierbar! Das ist eine der Kernaussagen des *Spektralsatzes*.

Etwas merkwürdig mutet dagegen der *Satz von Cayley Hamilton* an, der besagt, dass jede Matrix die eigene charakteristische Gleichung löst.

Wenn Sie ein technisches oder naturwissenschaftliches Phänomen beobachten, wenn Ihnen eine wirtschafts- oder sozialwissenschaftliche Fragestellung die Formulierung in Form einer Matrix gestattet, und das ist sehr häufig der Fall, kann allein aufgrund einer möglichen Symmetrie unmittelbar auf die Existenz von reellen Eigenwerten und damit auf Eigenfrequenzen geschlossen werden. Als Anwender erkennen Sie daran das großmaßstäbliche Verhalten und sind in der Lage, auf *Resonanzen* zu schließen, ohne überhaupt zu rechnen oder gar eine aufwändige Computersimulation anwerfen zu müssen!

So schön ist die bunte Welt der linearen Algebra, wenn Sie erst auf dem Gipfel angekommen sind und auf das weite Tal hinausblicken …

Stichwortverzeichnis

A

B

C

D

E

F

G

FÜR DUMMIES®

D(U+M)+(M-I^e)/S = MATHE SCHNELL, LEICHT UND MIT VIEL SPASS LERNEN

Algebra für Dummies
ISBN 978-3-527-70792-8

Analysis für Dummies
ISBN 978-3-527-70646-4

Analysis II für Dummies
ISBN 978-3-527-70509-2

Grundlagen der Differentialgleichungen für Dummies
ISBN 978-3-527-70795-9

Grundlagen der Mathematik für Dummies
ISBN 978-3-527-70441-5

Lineare Algebra für Dummies
ISBN 978-3-527-70721-8

Mathematik für Ingenieure I für Dummies
ISBN 978-3-527-70504-7

Mathematik für Naturwissenschaftler für Dummies
ISBN 978-3-527-70419-4

Rechnen kompakt für Dummies
ISBN 978-3-527-71104-8

Statistik für Dummies
ISBN 978-3-527-71156-7

Übungsbuch Analysis für Dummies
ISBN 978-3-527-71140-6

Wahrscheinlichkeitsrechnung für Dummies
ISBN 978-3-527-70797-3

Wirtschaftsmathematik für Dummies
ISBN 978-3-527-70375-3